ABHANDLUNGEN DER DEUTSCHEN AKADEMIE
DER WISSENSCHAFTEN ZU BERLIN

Klasse für Mathematik, Physik und Technik

Jahrgang 1966 Nr. 1

BERICHT

ÜBER DIE

III. INTERNATIONALE PULVERMETALLURGISCHE TAGUNG IN EISENACH

vom 13.—15. Mai 1965

Gemeinsam herausgegeben von der
„Gesellschaft Deutscher Berg- und Hüttenleute"
und dem
„Zentralen Arbeitskreis für Forschung und Technik
»Pulvermetallurgie« beim Forschungsrat der DDR"

Mit 310 Abbildungen und 53 Tabellen

AKADEMIE-VERLAG · BERLIN

1966

Vorgelegt von Herrn EISENKOLB in der Klassensitzung vom 20. Mai 1965

Zum Druck genehmigt am gleichen Tage, ausgegeben am 30. Juni 1966

Erschienen im Akademie-Verlag GmbH, 108 Berlin, Leipziger Straße 3—4

Lizenznummer: 202 · 100/433/66

Gesamtherstellung: VEB Druckerei „Thomas Müntzer“, 582 Bad Langensalza

Bestellnummer: 2001/66/I/1 · ES 20 F 8

55,—

INHALTSVERZEICHNIS

F. Eisenkolb	Eröffnungs- und Begrüßungsansprache	7
E. Strobel	Begrüßungsansprache	11
E. P. Wohlfarth	Festvortrag: Wechselwirkungseffekte von ferromagnetischen Pulverteilchen	15
	A. Gewinnung, Eigenschaften, Verarbeitung und Anwendung von Metallpulvern	
A. Domşa, A. Pálfalvi, L. Szabó, L. Botha, und Z. Spîrchez	Über die Herstellung von Eisenpulvern durch direkte Reduktion mit Methan	31
G. Bockstiegel und O. Struglics	Untersuchungen über Pulverbrennschneidvorgänge	37
F. Eisenkolb und M. Kühnel	Korrosion von Metallpulvern	49
N. Hauska	Aluminiumpaste als Ausgangsstoff für Sinteraluminium	57
W. Kind	Herstellung wäßriger Aluminiumpasten	65
E. Morgenthal	Plattieren von Bandstahl mit Aluminium oder Nickel durch Elektrophorese	69
	B. Formgebung von Pulvern	
G. A. Vinogradov und V. P. Katašinskij	Der Verdichtungsmechanismus beim Walzen von Metallpulvern	75
W. Rutkowski, W. Szteke und W. Wieczorkowski	Verdichten von Metall- und Nichtmetallpulvern durch Hämmern in Aluminium- und Stahlrohren	87
Ph. van Asbroeck und G. Luyten	Herstellung von Gammastrahlenquellen durch Verdichtung von Pulvern mittels Schwingungen im Schallbereich	95
	C. Sintervorgänge	
R. V. Makarova, A. N. Piljankevič, O. K. Teodorovič und I. N. Francevič	Vorgänge beim Sintern mit flüssiger Phase in den Systemen W–Ni–Fe und W–Ni–Cu	103
B. Čech	Teilchenkoaleszenz bei der Sinterung mit flüssiger Phase	107
W. Missol	Die Verteilung der Komponenten beim Sintern mit flüssiger Phase und guter gegenseitiger Benetzung	117
E. Exner	Zur Theorie des Sinterns mit flüssiger Phase und zum Sinterverhalten im System WC–Co	127
H. Steinkopff	Sintern von Uransilizid in Gegenwart flüssiger Phase	133
E. Thümmler und W. Thomma	Sintervorgänge im System Kobalt–Nickel	137
E. Hampe	Untersuchungen zur Sinterung von Uran	149

D. Porige Werkstoffe

K. Mauer, L. Elssner und P. Kassner	Einfluß des Kaltwalzens auf die Eigenschaften von gesinterten Filtern aus Monel	157
K. Mauer, H. H. Weigand und H. Grewe	Eigenschaften von gesinterten Filtern aus Titan	167
E. Strobel und R. Siegel	Herstellungsverfahren für Filterwerkstoffe aus unlegierten und legierten Stählen	179
H. Scheibe	Herstellung poröser Nickelelektroden	185

E. Hochschmelzende Metalle

G. V. Samsonov, V. M. Slepcov, A. N. Krasnov und E. M. Pršedromirskaja	Methoden zur Erzeugung kugeliger Teilchen hochschmelzender Metalle und Verbindungen	193
Ckrista-Maria Grasme und J. Staudt	Moderne Verfahren zur Erhöhung der Dispersität von oxidischen Zusätzen in hochschmelzenden Metallen	207
B. Jesionek und A. Kostkowski	Einfluß der Glühbehandlung auf die Struktur, den elektrischen Widerstand und die Formbeständigkeit von Wolframwendeln in Glühlampen	213
H. Dietz und W. Klostermann	Verfahrenstechnische Untersuchungen bei der Sublimation von Molybdäntrioxid	221
D. Radloff	Probleme bei der Herstellung von Tantalsinterelektroden für Elektrolytkondensatoren	231

F. Hartstoffe und Hartmetalle

A. Merz	Untersuchungen über die Existenzbedingungen und die Eigenschaften kubischer Hartstoffphasen	237
K. Müller	Beitrag zum Oxydationsverhalten von Mo–Si–Al-Legierungen	245
H. Kotsch und G. Putzky	Die Verträglichkeit von Metallschmelzen mit einigen Nitriden der Übergangsmetalle und Aluminiumnitrid	249
Jutta Morgenthal-Uhlmann	Oxydationsverhalten von Hartstoffen auf Chromkarbidbasis	253
W. Mader, H. Horn und R. Ziegelbecker	Elektronenoptische Untersuchungen an Wolfram- und Wolframkarbidpulvern	257
R. Kohlermann und W. Dübel	TiC-Hartmetalle geeigneter Zähigkeit für die spanende Formung	263
E. Bryjak, J. Bujok und Ch. Leśniak	Physikalische und metallographische Eigenschaften von Titankarbid–Stahl–Tränklegierungen	269

G. Verbundwerkstoffe und Pseudolegierungen

V. Dufek	Die Anwendung der Reibungstheorie auf die Weiterentwicklung metallkeramischer Reibwerkstoffe	277
E. Strobel, H. Rebsch und H. Henkel	Eisen–Graphit-Friktionswerkstoffe für hohe Gleitgeschwindigkeiten	285
I. M. Fedorčenko und L. I. Pugina	Metall–Graphit-Verbundwerkstoffe mit hohem Graphitgehalt	295
W. Cegielski und W. Missol	Reibwerkstoffe auf Kupferbasis für Arbeiten unter Öl	299
V. Procházka, E. Navara und A. Šalak	Ermüdungserscheinungen bei niedrig legierter Sinterbleibronze	303
W. Scharfe	Über die Herstellung wartungsfreier Sintermetall-Gleitlager	311

G. STOLARZ — Untersuchungen über das Tränken von Eisensinterkörpern mit Kupfer und Kupferlegierungen 321

R. SCHMIDT — Untersuchungen an Sinteraluminium-Legierungen mit zusätzlichem Oxidgehalt 327

H. Festigkeitsverhalten, Materialprüfung, Korrosionsschutz

A. MERZ — Die Beurteilung des Bruchverhaltens spröder Sinterkörper 333

L. BOTHA — Beitrag zu den mechanischen Prüfverfahren von porösen ringförmigen Sintereisenwerkstücken 341

A. PÁLFALVI — Pneumatische Methode zur Feststellung der wahren Dichte pulverförmiger Materialien 345

W. FLURSCHÜTZ — Fertigungskontrolle pulvermetallurgischer Erzeugnisse durch Röntgenfluoreszenzanalyse 349

PÁLMA SZÉKI — Korrosionsschutz für Sintereisenteile 357

ERÖFFNUNGS- UND BEGRÜSSUNGSANSPRACHE

Prof. Dr. F. Eisenkolb
Mitglied der deutschen Akademie der Wissenschaften zu Berlin und Ehrenmitglied der Gesellschaft Deutscher Berg- und Hüttenleute

Meine sehr geehrten Damen und Herren!

Als sich vor etwa 9 Jahren die Mitglieder des Zentralen Arbeitskreises „Pulvermetallurgie" entschlossen, 1957 eine internationale Tagung in Eisenach zu veranstalten, hofften sie, daß ihre Arbeiten dadurch gefördert und ihrem Fachgebiet neue Möglichkeiten zur Ausweitung und Anwendung gegeben würden. Immerhin bestanden noch bei manchen Fachleuten Bedenken, ob dieses Unternehmen genügend Anklang im In- und Ausland finden werde. Wie den vielen von Ihnen, die damals teilgenommen haben, noch in guter Erinnerung sein wird, erwiesen sich alle Befürchtungen als unbegründet, und als man dann nach Abschluß der Tagung mit zahlreichen Anregungen auseinanderging, bestand überall der Wunsch, solche Konferenzen, die sowohl den Wissenschaftlern als auch den Praktikern viel bieten, in regelmäßigen Zeitabständen zu wiederholen. Einen bedeutenden Anteil an diesem ersten Erfolg hat sicherlich der Tagungsort: die schöne und an historischen Erinnerungen so reiche Stadt Eisenach mit ihrer Wartburg, gelegen in dem herrlichen Thüringer Land. Es war deswegen naheliegend, daß die weiteren Tagungen ebenfalls hier stattfinden sollten. Um genügend Möglichkeit zur Vorbereitung neuer Ergebnisse zu haben, wurde ein zeitlicher Abstand von 4 Jahren als für unsere Verhältnisse am günstigsten angesehen. Dabei war auch Rücksicht zu nehmen auf in anderen Ländern durchzuführende ähnliche Veranstaltungen.

Unsere Zweite Internationale Pulvermetallurgische Tagung fand dann auch, wie vorgesehen, 1961 wiederum in Eisenach statt. Der Teilnehmerkreis war zum großen Teil der gleiche geblieben, es waren aber auch neben den alten Bekannten eine Reihe neuer Gäste erschienen. Die zahlreichen Vorträge und die oft recht lebhaften Diskussionen bewiesen das große Interesse an dem hier gebotenen Erfahrungsaustausch. Immer wieder kam in den Ansprachen und den Diskussionen im kleineren Kreis zum Ausdruck, wie wertvoll es für die Weiterentwicklung unseres Fachgebietes sei, daß sich die Kollegen aus Ost und West in einem größeren Rahmen kennen lernen und miteinander aktuelle Probleme besprechen. Gerade diese Möglichkeiten wissen wir als Veranstalter besonders hoch zu schätzen.

Nach der ersten Tagung konnte nur ein Teil der Vorträge als Aufsätze in einzelnen Fachzeitschriften des Hüttenwesens, des Maschinenbaues und der Fertigungstechnik veröffentlicht werden, um ihren wertvollen Inhalt auch den Interessenten zugänglich zu machen, die nicht anwesend sein konnten. Dies wurde sehr bedauert. Es wurden deswegen noch vor Beginn der zweiten Tagung Vorkehrungen getroffen, die Vorträge mit den anschließenden Diskussionen in einem Sammelband zusammenzufassen. Er erschien in verhältnismäßig kurzer Zeit nach Abschluß dieser Tagung in den Abhandlungen der Deutschen Akademie der Wissenschaften zu Berlin und war nach wenigen Monaten vergriffen, ein deutlicher Beweis für die Aktualität und den Wert der Tagung, obwohl wegen des großen Umfanges des Bandes dieser keineswegs billig war.

Wir stehen nun heute vor unserer Dritten Internationalen Pulvermetallurgischen Tagung, für die grundsätzlich die gleichen Richtlinien gewählt wurden wie bei den vorausgegangenen. Wiederum sind es mehr als 300 Fachkollegen, die unserer Einladung gefolgt sind. Was uns diesmal besonders freut, ist die starke Beteiligung aus dem Ausland und der Deutschen Bundesrepublik, die gegenüber 1961 auf das Doppelte gestiegen ist. Wir betrachten dies als eine besondere Anerkennung unserer Bestrebungen, auf dem Gebiet der Pulvermetallurgie den friedlichen Meinungsstreit zwischen den Fachleuten aus den sozialistischen und kapitalistischen Staaten anzuregen und damit zu einer allgemeinen Verständigung beizutragen, die dem Weltfrieden dient.

Die Organisatoren der Tagung, der ZAK „Pulvermetallurgie" und die Gesellschaft Deutscher Berg- und Hüttenleute in der Deutschen Demokratischen Republik, waren bemüht, verschiedene Vorschläge, die ihnen nach den vorangegangenen Tagungen gemacht wurden, zu berücksichtigen, damit die jetzige Veranstaltung noch wirksamer werde. Das drückt sich bereits in der Wahl des Tagungsgebäudes aus, in dem zwei nahe beieinander liegende Säle zur Verfügung stehen, während früher die Sitzungen der einzelnen Sektionen in auseinander liegenden Gebäuden stattfanden. Wir konnten uns dann darauf einrichten, den Hauptteil der Vorträge in zwei parallel verlaufenden Folgen durchzuführen, deren Programm so gewählt wurde, daß ihre Themen verschiedenen Interessengebieten angehören. Unerwartet groß war die Zahl der Anmeldungen von Vorträgen und Diskussionsbeiträgen, obwohl wir die Thematik etwas enger begrenzt hatten als zuvor. Damit die Abwicklung des Gesamtprogramms trotzdem im vorgesehenen Sinn einschließlich der gesellschaftlichen und kulturellen Darbietungen möglich wurde, blieb nur der Ausweg, auf einige Vorträge, die weniger in das Programm paßten, zu verzichten und andere so zu kürzen, daß die Redezeit 20 Minuten nicht überschreitet. Ich bin überzeugt, daß die betroffenen Autoren im Gesamtinteresse Verständnis dafür aufbringen werden.

Die Pulvermetallurgie hat seit der letzten Eisenacher Tagung, also seit 4 Jahren, wiederum viele Fortschritte und Erfolge aufzuweisen. Dies wird sich auch in den Vorträgen auswirken. Nach wie vor verdienen die Sintervorgänge großes Interesse und sind Gegenstand der Grundlagenforschung. Das gleiche gilt für die Vorgänge bei der Formgebung von Metallpulvern und das Festigkeitsverhalten von Sinterkörpern. Die Weiterentwicklung der Pulvermetallurgie der hochschmelzenden Metalle und der intermetallischen sowie intermediären Phasen hat die Anwendung bisher wenig beachteter Elemente zur Folge. Der moderne Maschinenbau, die Elektrotechnik, die Kerntechnik und der Bau von Flugkörpern für die Erforschung des Weltraumes sind die unmittelbaren Nutznießer. Die Einführung von Verbundwerkstoffen nimmt immer mehr zu. Ein wesentlicher Teil von ihnen wird pulvermetallurgisch hergestellt. Zu ihnen gehören die aufsehenerregenden dispersionsgehärteten metallischen Werkstoffe, deren Zahl in den letzten Jahren beachtlich zunahm, aber auch die Verbundwerkstoffe, in denen sich weiche nichtmetallische Stoffe zur Verbesserung der Gleiteigenschaften feinverteilt in einem Grundmetall befinden, gewinnen immer mehr an Bedeutung. Dazu kommen noch die vielseitigen Anwendungsmöglichkeiten der Metallpulver selbst auf zahlreichen Gebieten der modernen Technik.

Wir hoffen, daß trotz der sich aus zeitlichen Einschränkungen ergebenden Begrenzungen des auf unserer Tagung zu behandelnden Stoffgebietes recht viel geboten werden kann, so daß Sie die Überzeugung mit nach Hause nehmen, der Besuch der Tagung, oft verbunden mit einer weiten Reise, habe sich gelohnt. Und denken Sie bitte auch immer daran: Tagungen werden nicht allein wegen der dort gehaltenen Referate veranstaltet, denn diese werden schließlich, wie es auch bei uns wieder der Fall sein wird, später in Buchform veröffentlicht, so daß man sich danach informieren kann. Der Besuch der Tagungen hat seinen besonderen Wert noch dadurch, daß man sich kennen lernt, daß man Beziehungen anknüpft zu Menschen, die man oft nur dem Namen nach aus der Literatur kennt, daß man alte Bekanntschaften erneuert und vertieft. Man kommt durch einen unmittelbaren Gedankenaustausch rascher zum Ziel als durch einen sich lang hinziehenden Schriftwechsel. Jüngeren Kollegen wird die Möglichkeit gegeben, mit eigenen Ergebnissen hervorzutreten, die Ausführungen älterer, erfahrener Wissenschaftler und Praktiker anzuhören und aus den Diskussionen, auch wenn sie sich selbst noch nicht beteiligen können, zu lernen.

Dies alles macht den Besuch einer Tagung wertvoll, insbesondere, wenn es eine internationale ist, auf der sich so viele bedeutende Fachleute aus zahlreichen Ländern eingefunden haben wie auf unserer jetzigen. Der Vorsitzende des ZAK „Pulvermetallurgie", Herr Dr. Strobel, wird noch Gelegenheit nehmen, wenigstens einen Teil unserer prominenten Gäste besonders zu nennen. Gestatten Sie mir aber, daß ich Sie in der Gesamtheit, zugleich im Namen des Vorsitzenden der Gesellschaft Deutscher Berg- und Hüttenleute, Herrn Prof. Juretzek, der heute leider dienstlich verhindert ist, auf das herzlichste hier bei uns willkommen heiße. Ihnen allen, die Sie von weither aus der Volksrepublik China, aus der Sowjetunion, aus Schweden, England, Frankreich, Italien, Bulgarien, Rumänien und Österreich oder aus der unmittelbaren Nachbarschaft, das sind die Volksrepublik Polen, die Tschechoslowakische Sozialistische Republik und die Deutsche Bundesrepublik, zu uns gekommen sind, gilt mein Gruß ebenso wie unseren Kollegen aus der Deutschen Demokratischen Republik. Mögen Sie sich in unserem Kreis wohlfühlen, mögen Sie den gleichen guten Eindruck von der Tagung erhalten wie die Teilnehmer unserer vorangegangenen Veranstaltungen!

BEGRÜSSUNGSANSPRACHE

Dr.-Ing. E. STROBEL
Vorsitzender des Zentralen Arbeitskreises „Pulvermetallurgie“

Sehr geehrte Damen und Herren, werte Gäste, sehr verehrte Fachkollegen aus Fern und Nah!

Mit großer Freude kann ich feststellen, daß Sie der Einladung der Gesellschaft Deutscher Berg- und Hüttenleute und des Zentralen Arbeitskreises „Pulvermetallurgie“ so zahlreich Folge geleistet haben und in die Wartburgstadt Eisenach gekommen sind, um an der III. Internationalen pulvermetallurgischen Tagung teilzunehmen.

Gestatten Sie mir, daß ich mich den Ausführungen von Herrn Professor Dr. EISENKOLB anschließe und Sie alle in meiner Eigenschaft als Vorsitzender des Zentralen Arbeitskreises „Pulvermetallurgie“ beim Forschungsrat der Deutschen Demokratischen Republik bestens willkommen heiße und auf das herzlichste begrüße. Ich möchte dabei den Wunsch zum Ausdruck bringen, daß Sie nicht nur der Ablauf unserer Tagung vom beruflichen und wissenschaftlichen Standpunkt aus gesehen zufriedenstellen wird, sondern daß Sie auch persönlich eine Anzahl schöner Tage hier in Eisenach verleben werden, wozu wir durch einige kulturelle Darbietungen beizutragen hoffen.

Es ist mir eine große Ehre und aufrichtige Freude, im Namen der Fachkollegen der Deutschen Demokratischen Republik unsere Fachkollegen aus dem Ausland und aus der Deutschen Bundesrepublik willkommen zu heißen.

Ich begrüße in diesem Sinne herzlich
die Delegation der Sowjetunion, insbesondere den Leiter derselben
Herrn ČEPAEV
und Herrn Dr. VINOGRADOV aus Kiew.

Ferner habe ich die Freude,
die Delegation der VR Polen, darunter unsere guten, alten Bekannten
Herrn Prof. Dr. RUTKOWSKI,
Herrn Dr. STOLARZ
und Herrn Mgr. Ing. BRYJAK
zu begrüßen.

Des weiteren heiße ich willkommen
die Teilnehmer der Delegation aus der Tschechoslowakischen Sozialistischen Republik,
Herrn Professor Dr. KUBELÍK
und Herrn Ing. CRHA,
sowie die Delegation der VR Ungarn, davon insbesondere
Herrn Dr. NAGY,
und die Delegation der VR Rumänien, die durch
Herrn Professor DOMŞA
geführt wird.

Ich habe die Ehre, erstmalig Vertreter der VR Bulgarien, unter ihnen
die Herren Ing. TODOROW
und Ing. BRADWAROW,
begrüßen zu können, des weiteren 2 Fachkollegen aus der VR China.

Aus den westlichen Ländern sind Vertreter aus Österreich, Schweden, Frankreich, Italien, der Deutschen Bundesrepublik und aus Großbritannien zugegen.

Ich habe die besondere Ehre, Herrn Professor Dr. Wohlfarth aus London begrüßen zu dürfen, welcher sich freundlicherweise bereiterklärt hat, den Festvortrag über „Wechselwirkungseffekte von ferromagnetischen Pulverteilchen“ zu übernehmen. Gestatten Sie bitte, sehr geehrter Herr Professor Dr. Wohlfarth, daß ich Ihnen im Namen der Veranstalter hierfür bereits jetzt verbindlich danke.

Weiter möchte ich in diesem Zusammenhang begrüßen

unsere Kollegen aus Österreich	Herrn Dipl.-Chem. Mader aus Kapfenberg
	sowie Herrn Dr. Machenschalk aus Reutte,
aus Schweden	Herrn Dr. Bockstiegel aus Höganäs,
	Herrn Obering. Bergström aus Stockholm
sowie die französischen Kollegen	Herrn Dr. Foglar aus Grenoble
	und Herrn Ing. Fabry aus Paris
und unsere italienischen Kollegen,	
	die Herren Dr. Rossi und Ing. Perin aus Genua.

Aus der Deutschen Bundesrepublik darf ich insbesondere unseren Fachkollegen und alten Freund,

Herrn Direktor Silbereisen aus Mönchengladbach, begrüßen sowie
die Herren Dr. Schreiner aus Nürnberg,
Dr. Mauer und Eifert aus Krefeld
und Herrn Dr. Reiser aus Meitingen.

Ich habe die Ehre, namhafte Vertreter des Staatssekretariats für Forschung und Technik, der Staatlichen Plankommission, des Volkswirtschaftsrates, der Deutschen Akademie der Wissenschaften sowie eine große Anzahl Angehöriger von Hochschulen, Forschungsinstituten und Industriebetrieben sowie von Vereinigungen volkseigener Betriebe willkommen zu heißen. Die große Beteiligung der genannten Institutionen darf als Beweis dafür angesehen werden, daß unser Staat und unsere Wirtschaft der Pulvermetallurgie immer größere Bedeutung beimessen.

Besonderer Dank gebührt der Stadtverwaltung von Eisenach, vor allem dem Herrn Bürgermeister von Eisenach, dafür, daß die Tagung wieder in der schönen Wartburgstadt Eisenach durchgeführt werden kann. Wir Pulvermetallurgen der Deutschen Demokratischen Republik konnten damit der Tradition treu bleiben und Sie, meine verehrten Damen und Herren, wieder nach Eisenach einladen. War es doch unser hochverehrter Herr Professor Dr. Agte, der seinerzeit in seiner Eigenschaft als erster Vorsitzender des Zentralen Arbeitskreises „Pulvermetallurgie“ für die ersten beiden internationalen pulvermetallurgischen Tagungen die Wartburgstadt Eisenach vorschlug. So ist es für uns alle, und ich glaube in gleicher Weise für die Fachkollegen aus Fern und Nah, eine große Freude, Sie, hochverehrter Herr Professor Dr. Agte, auch heute wieder in unserer Mitte begrüßen zu dürfen.

Nun möchte ich mich an unsere Damen wenden. Gestatten Sie mir, meine sehr verehrten Damen, daß ich Sie hier besonders herzlich willkommen heiße. Wir sind über Ihre rege Beteiligung außerordentlich erfreut und dürfen wohl annehmen, daß dies darauf zurückzuführen ist, daß Ihnen Ihre Ehemänner recht viel Interessantes von unseren Eisenacher pulvermetallurgischen Tagungen erzählt haben. Es freut uns, daß Sie durch Ihre Teilnahme Gelegenheit nehmen, sich ein Bild von der Arbeit Ihrer Männer zu machen. Ich danke Ihnen daher für Ihr damit bewiesenes Interesse und wünsche Ihnen recht schöne und abwechslungsreiche Tage für Ihren Aufenthalt in Eisenach und seiner wunderschönen Umgebung. Von Frau Agte wurde für Sie ein umfangreiches Damenprogramm vorbereitet.

Meine sehr verehrten Fachkollegen! Die Vorträge unserer heutigen Tagung sollen Sie über den Stand unserer Wissenschaft in den verschiedenen Ländern unterrichten. Wie Herr Prof. Dr. EISENKOLB bereits betonte, haben unsere Fachgespräche das weitere und höhere Ziel, zu einem näheren, persönlichen und menschlichen Kennenlernen zu führen und damit das gegenseitige Verständnis und Verstehen zu vertiefen. Die III. Internationale Pulvermetallurgische Tagung möge damit ein kleiner Baustein zur Erhaltung des Friedens unter den Völkern werden.

Meine Damen und Herren!

Leider ist es einer Anzahl von prominenten Persönlichkeiten nicht möglich gewesen, zu uns zu kommen. Sie haben aber ihre Absage mit besten Wünschen für einen erfolgreichen Verlauf unserer Tagung verbunden.

So liegt uns ein Schreiben von Herrn Prof. Dr. STEENBECK, Vizepräsident der Deutschen Akademie der Wissenschaften zu Berlin, vor, aus dem hervorgeht, daß er wegen anderweitiger dienstlicher Verpflichtungen bedauert, an der Tagung nicht teilnehmen zu können. Er wünscht dieser einen erfolgreichen Verlauf. In ähnlicher Weise hat sich der Vorsitzende der Forschungsgemeinschaft der Deutschen Akademie der Wissenschaften zu Berlin, Herr Professor Dr. KLARE, geäußert.

Auch Herr Professor Dr. THIESSEN, der Vorsitzende des Forschungsrates der Deutschen Demokratischen Republik, der Ihnen sicherlich durch seinen Festvortrag auf der II. Internationalen Pulvermetallurgischen Tagung noch in guter Erinnerung sein wird, bedauert sehr, sich diesmal auf die Übermittlung bester Wünsche und Grüße beschränken zu müssen. Desgleichen grüßen der Rektor der Bergakademie Freiberg, Herr Professor Dr.-Ing. WRANA, sowie Herr Professor Dr. ALFRED LANGE der Bergakademie Freiberg und das Vorstandsmitglied des Forschungsrates der Deutschen Demokratischen Republik, Herr Professor Dr. WERNER LANGE, alle Tagungsteilnehmer herzlich und wünschen ein gutes Gelingen der Tagung. Ihnen schließt sich auch der stellvertretende Vorsitzende des Volkswirtschaftsrates der DDR, Herr Dr. FICHTNER, in einem besonderen Schreiben an.

Es besteht der Wunsch, an drei Wissenschaftler, die sich um die Entwicklung der Grundlagen der Pulvermetallurgie besonders verdient gemacht haben, Grußtelegramme zu senden. Es sind dies die Herren Prof. Dr. SAUERWALD, Halle (Saale), Prof. Dr. SKAUPY, Berlin, und Prof. Dr. THIESSEN, Berlin. Wir glauben, im Einvernehmen mit den Tagungsteilnehmern zu handeln, wenn wir vorschlagen, diese Grußadressen wie folgt zu formulieren:

„Die 300 Teilnehmer der III. Internationalen Pulvermetallurgischen Tagung in Eisenach haben heute Ihrer gedacht. Sie sind sich bewußt, daß Sie durch Ihre grundlegenden Arbeiten einen maßgebenden Beitrag zur Entwicklung der modernen Pulvermetallurgie geleistet haben.“

Meine sehr geehrten Damen und Herren, liebe Fachkollegen!

Zum Schluß drücke ich den Wunsch aus, daß Ihnen der Ablauf der Tagung einen recht guten und bleibenden Eindruck vermitteln möge und Sie von unserem wissenschaftlichen und kulturellen Programm befriedigt nach Haus mit dem Entschluß zurückkehren, bei der nächsten, für 1969 geplanten internationalen pulvermetallurgischen Tagung in Eisenach wiederum unsere Gäste zu sein.

Anschließend nahm eine Reihe auswärtiger Teilnehmer Gelegenheit, an die Teilnehmer kurze Begrüßungsansprachen zu richten.

Es waren dies die Herren

Professor Dr. DOMŞA, für die rumänische Delegation,

Professor Dr. RUTKOWSKI, für die polnische Delegation,

Dr. Vinogradov, für die sowjetische Delegation,
Professor Dr. Kubelík, für die tschechoslowakische Delegation, und
Direktor Silbereisen, für die Kollegen aus der Deutschen Bundesrepublik.

Danach verlas Herr Dipl.-Ing. oec. Wagner, wissenschaftlicher Mitarbeiter des Staatssekretariats für Forschung und Technik, die Grußadresse des Staatssekretärs für Forschung und Technik, Herrn Dr. Weiz, die wie folgt lautete:

„Sehr geehrter Herr Professor Eisenkolb!

Meine sehr geehrten Damen und Herren!

Zur III. Internationalen Pulvermetallurgischen Tagung übermittelte ich Ihnen meine herzlichsten Grüße.

Namhafte Wissenschaftler des In- und Auslandes haben sich nach vier Jahren wieder an historischer Stätte zusammengefunden, um im Rahmen von Vorträgen und Diskussionen die aktuellen Probleme der Pulvermetallurgie zu behandeln.

Angesichts der zunehmenden volkswirtschaftlichen Bedeutung der Pulvermetallurgie und der beachtenswerten Fortschritte auf diesem Gebiet haben der Zentrale Arbeitskreis für Forschung und Technik „Pulvermetallurgie" beim Forschungsrat der DDR und die Gesellschaft Deutscher Berg- und Hüttenleute wiederum zu diesem internationalen Erfahrungsaustausch aufgerufen.

In der Deutschen Demokratischen Republik haben die Probleme der Pulvermetallurgie entsprechend der volkswirtschaftlichen Bedeutung dieses Industriezweiges ihren Niederschlag in den Volkswirtschaftsplänen gefunden. Hierbei ist besonders das Forschungsinstitut für metallische Spezialwerkstoffe, Dresden, das der Forschungsgemeinschaft der Deutschen Akademie der Wissenschaften zu Berlin angehört, zu einem wesentlichen Teil mit pulvermetallurgischen Forschungsaufgaben betraut worden.

Innerhalb der III. Internationalen Pulvermetallurgischen Tagung ist allen Beteiligten die Gelegenheit gegeben, den gegenwärtigen Stand der Forschung im gegenseitigen Erfahrungsaustausch kennenzulernen, über ihre eigenen Leistungen vor kritischen Zuhörern zu berichten mit dem Ziel, neue Anregungen für die weitere Arbeit zu erhalten.

In diesem Sinne wünsche ich der Veranstaltung einen guten und erfolgreichen Verlauf."

Wechselwirkungseffekte von ferromagnetischen Pulverteilchen

FESTVORTRAG

Von E. P. WOHLFARTH

Auf der II. Internationalen Pulvermetallurgischen Tagung in Eisenach gab H. G. MÜLLER [1] einen Überblick über die Entwicklung von Dauermagneten aus formanisotropen Feinstpulvern. Diese allgemeine Beschreibung enthielt zwar einige Andeutungen über die Probleme der Wechselwirkungseffekte, ging aber nicht auf alle Einzelheiten dieser Effekte ein. Deshalb fühlte ich mich angeregt, nachdem ich die freundliche Einladung erhielt, den Festvortrag zu der III. Tagung zu halten, das Gebiet der Wechselwirkungen etwas ausführlicher zu beschreiben. Obwohl diese Effekte für technologische Anwendungen ziemlich wichtig sind, ist es noch nicht gelungen, die verschiedenen komplizierten theoretischen Probleme auch nur einigermaßen zu lösen. Deshalb hat man immer wieder probiert, die Effekte entweder modellmäßig zu betrachten oder aber verschiedene experimentelle Untersuchungen anzuregen, deren Erklärung vielleicht Auskünfte über die Einzelheiten der Effekte geben kann. Mein heutiger Vortrag soll einige von diesen Modellen beschreiben und ihre Nachteile hervorheben (Abschnitt 2, 3). Andererseits ist es auch die Absicht, auf die verschiedenen experimentellen Arbeiten kurz einzugehen, damit der Zusammenhang zwischen Theorie und Experiment besonders angedeutet wird (Abschnitt 4 bis 7). Hier ist es mit eine besondere Freude, Ihnen mitteilen zu können, daß ich, bei meinem letzten Besuch in diesem Lande, die Möglichkeit hatte, eine fruchtvolle Zusammenarbeit mit O. HENKEL einzuleiten; einige Ergebnisse dieser Zusammenarbeit werde ich auch hier beschreiben.

Als Wissenschaftler auf dem Gebiet Pulvermetallurgie wundern Sie sich vielleicht, warum diese Probleme für Sie überhaupt interessant sind. Ich kann nur darauf hinweisen, daß Wissenswertes aus dem einen Gebiet der Wissenschaft (hier der Magnetismus) sehr oft wertvolle Anregung für ein anderes Gebiet geben kann; und überhaupt sprechen wir ja alle über kleine Teilchen!

Zunächst noch ein kleiner Hinweis: Die Probleme, auf die es hier ankommt, sind kompliziert, und es ist nicht leicht, sie in einfacher Weise zu beschreiben. Ich bitte Sie deshalb, nicht zu versuchen, alle Einzelheiten meines Vortrages genau zu verstehen. Der Vortrag soll lieber als ein Überblick über den *Sinn* des Problems mit allen seinen Schwierigkeiten angesehen werden.

1. Dauermagnetwerkstoffe aus kleinen Teilchen

Wie MÜLLER [1] schon beschrieben hat, sind kleine ferromagnetische Teilchen besonders für die Herstellung von Dauermagneten geeignet. Der Grund dafür ist, daß, wenn die Teilchengröße unter einem kritischen Wert liegt, es energetisch ungünstig ist, das Teilchen mit einer Blochwand zu belegen; es ist dann, in Abwesenheit eines Magnetfeldes, ein Einzelbezirk. In Abhängigkeit von der Anisotropieenergie des Teilchens kann dann die Koerzitivkraft sehr hoch sein. Die technologisch wichtigsten Anisotropietypen sind Formanisotropie und Kristallanisotropie. Der erste Typ ist in Abb. 1, 2 und 3 dargestellt. Abb. 1 zeigt [2] eine elektronenmikroskopische Aufnahme des Dauermagnetwerkstoffes Ticonal X; links sieht man die länglichen Ausscheidungen der einen Phase dieser Legierung parallel zu dem Magnetfeld, das bei der Herstellung angelegt war, rechts dieselben Teilchen senkrecht zu dem Magnetfeld. Dieser

Werkstoff hat, wie von der ausgeprägten Formanisotropie zu erwarten ist, eine hohe Koerzitivkraft, und Abb. 2 zeigt [2] einen Teil der Hystereseschleife. In Abb. 3 sieht man [3] einen Ultramikrotomschnitt parallel zur Oberfläche eines Magnetonbandes, welches längliche teilweise ausgerichtete Eisenoxidteilchen enthält. Diese Bänder haben wieder ziemlich hohe Koerzitivkräfte (ca. 250 Oersted), was auch bei den Anwendungen nötig ist. Obwohl also diese Werte hoch sind, sind sie nicht so hoch, als man sich es mit einfachen theoretischen Überlegungen vorstellen kann. Wenn man nämlich annimmt, daß bei dem Anlegen des Koerzitivfeldes alle

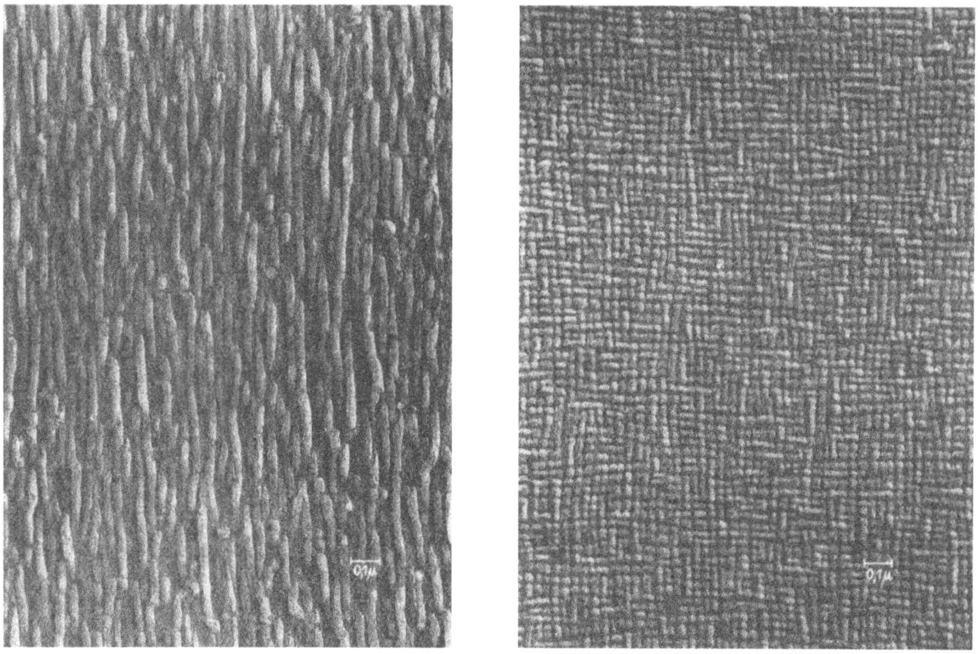

links rechts

Abb. 1. Elektronenmikroskopische Aufnahme von Ticonal X [2]

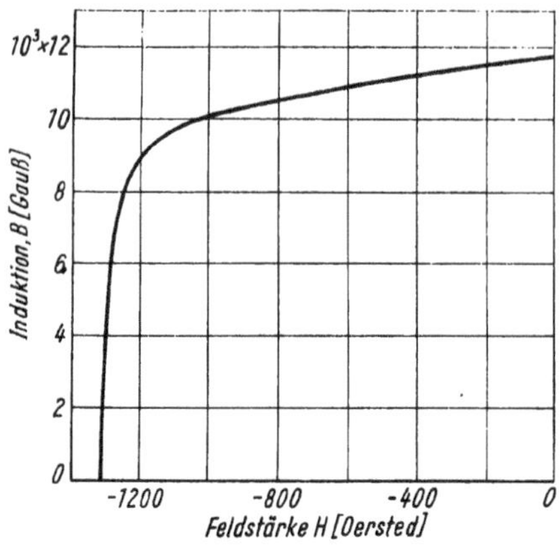

Abb. 2. Entmagnetisierungskurve von Ticonal X [2]

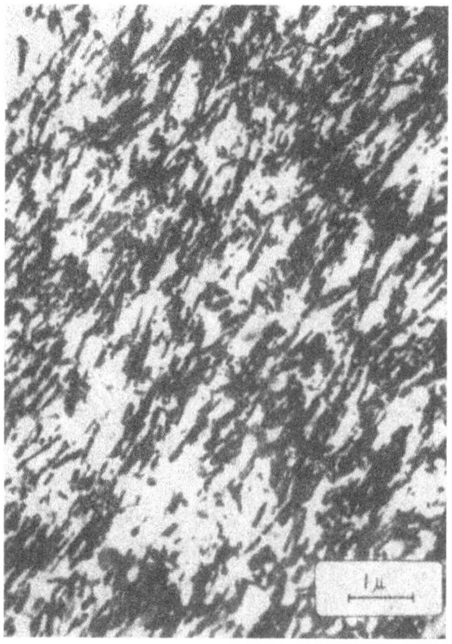

Abb. 3. Ultramikrotomschnitt eines Magnetonbands [3]

Elektronenspins sich kohärent drehen, würde man erwarten, daß das erst bei Feldern der Größenordnung $2\pi I_s$ passiert, wo I_s die Sättigungsmagnetisierung ist. Für die beschriebenen Eisenoxidteilchen ist dann der erwartete Wert der Koerzitivkraft ca. 2,500 Oersted. Der Unterschiedsfaktor ca. 10 wird *sehr grob* wie folgend erklärt [4]: Ein Faktor ca. 3 kommt von Wechselwirkungseffekten und ein weiterer Faktor ca. 3 von den inkohärenten Drehungen der Elektronenspins. Einige Modelle für solche inkohärente Drehungstypen wurden schon in [1] beschrieben und sind hier noch einmal wiederholt (Abb. 4). In allen Fällen ist die Koerzitivkraft kleiner oder in extremen Fällen genau so groß wie bei kohärenten Drehungen, wo der größte Energieaufwand magnetostatischer Art nötig ist.

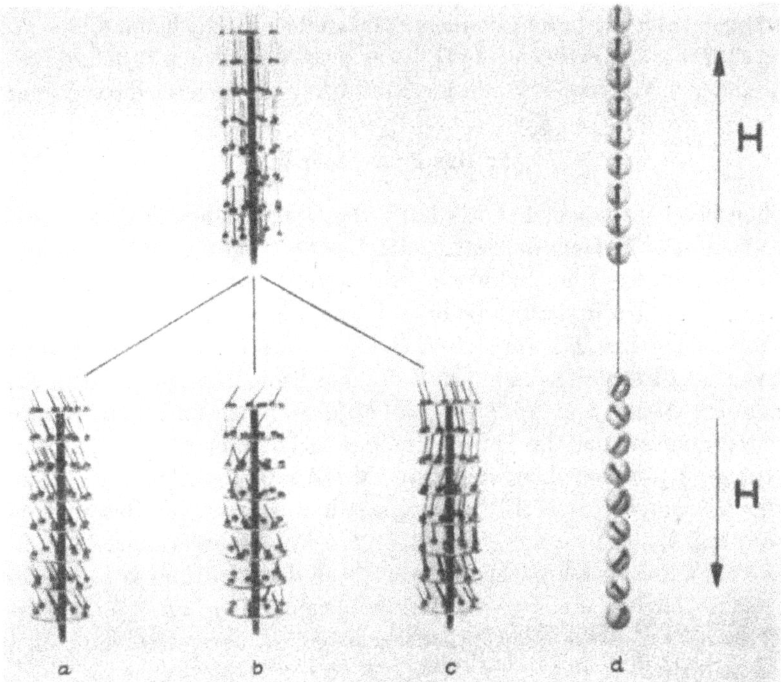

Abb. 4. Drehungsprozesse der Magnetisierung bei kleinen Pulverteilchen

a, kohärent; *b*, curling-Umkehr; *c*, buckling-Umkehr; *d*, fanning-Umkehr bei Kugelketten (mit Dank an K. HOSELITZ)

Man hat schon gesehen, daß z. B. bei den Eisenoxidteilchen im Magnetonband die Wechselwirkungen die Koerzitivkraft um einen Faktor ca. 3 erniedrigen. Der 4. Abschnitt kehrt noch zu diesem Problem zurück. Hier kann nur gesagt werden, daß für Teilchen mit kohärenten Drehungseffekten im koerzitiven Zustand die Anwesenheit freier magnetischer Polverteilungen größere Wechselwirkungseffekte verursacht als für Teilchen mit inkohärenten Drehungen, wo die Poldichte kleiner ist. So ähnlich ist es auch bei Dauermagnetwerkstoffen, welche kleine Teilchen mit hoher Kristallanisotropie enthalten, z. B. gesinterte Bariumferrite. Die Wechselwirkungen können nämlich nur einen Einfluß auf die Formanisotropie haben, da beide magnetostatische Urgründe haben; man erwartet aber keinen Einfluß auf die effektive Kristallanisotropie. Das steht ungefähr in Einklang mit den Untersuchungen an Bariumferrit [5], [6] und auch runden und Kobalt-dotierten Eisenoxidteilchen (siehe Abschnitt 4 und 5).

Wir sprachen schon über Magnetonbänder. Heutzutage werden diese unter Gebrauch der Wechselfeldvormagnetisierung angewendet. Im akademischen Magnetismus ist der folgende ähnliche Vorgang als Anhysterese bekannt: Man legt auf einen ferromagnetischen Körper ein Gleichfeld $H_{\sim}$ und ein Wechselfeld mit maximaler Stärke $H_{=}$, die groß genug sein muß, an und verkleinert das Wechselfeld langsam zu Null. Die Magnetisierung als Funktion von $H_=$ ist dann die anhysteretische Magnetisierungskurve. Wenn endlich auch $H_=$ abgeschaltet wird, erhält man die sogenannte anhysteretische Remanenzkurve $I_{\mathrm{ar}}(H\ )$. Diese Kurve ist für kleine Werte von $H_=$ streng linear, was teilweise den Vorteil des Wechselfeldprozesses in der Technik erklärt. Es handelt sich jetzt um den Wert der Anfangssteilheit der $I_{\mathrm{ar}}(H_=)$-Kurve. Es ist nämlich leicht zu verstehen, daß für ein einzelnes Teilchen diese Steilheit unendlich ist: Der kleinste Wert von $H_=$ erlaubt es, die Sättigung zu erreichen. Deswegen kann man sagen, daß endliche Werte dieser Steilheit auf Wechselwirkungen zwischen Teilchen hinzeigen. Die Probleme auf diesem Gebiet werden im 6. Abschnitt beschrieben.

Endlich beschreibt der 7. Abschnitt den Einfluß der Wechselwirkungen auf die thermische Stabilität der Magnetisierung in sehr kleinen Pulverteilchen. Nachdem dieses Problem auf der II. Tagung kurz beschrieben worden ist [7], ist es jetzt vielleicht möglich, dieses komplizierte Problem anhand neuer Messungen [8] an Fe–Ni–Cu-Legierungen wiederaufzunehmen.

2. Das Paar-Modell

Wie wir schon gesehen haben, hat die anhysteretische Remanenzkurve für ein einzelnes Teilchen eine unendliche Anfangssteilheit. Auch bestehen für diesen Fall einige einfache Verhältnisse zwischen anderen Remanzkurven, auf welche wir noch im 5. Abschnitt zurückkommen werden. Es wäre deshalb angebracht, die Eigenschaften eines *Teilchenpaares* zu untersuchen, um zu bestimmen, wie sich z. B. die Hystereseschleife und die verschiedenen Remanenzkurven für diesen einfachsten Fall der Wechselwirkungen benehmen. Dieses Problem wurde zum ersten Mal von NÉEL [9], [10] aufgenommen und dann später in [3] verallgemeinert. Man nimmt an, daß die Teilchen magnetische Momente μ, μ', Koerzitivkräfte H_c, H_c' und rechteckige Hystereseschleifen haben. Mit der letzten Annahme schaltet man also reversible Magnetisierungsprozesse, die wichtig sein können, von den Betrachtungen aus. Man nimmt dann an, daß Teilchen μ auf Teilchen μ' ein Wechselwirkungsfeld $+m\,\mu$ *oder* $-n\,\mu$ ausübt; dieses Feld ändert seine Richtung, wenn sich die Richtung von μ ändert. Ebenfalls übt Teilchen μ' auf Teilchen μ ein Wechselwirkungsfeld $+m\,\mu'$ *oder* $-n\,\mu'$ aus. Man spricht also von positiven oder negativen Wechselwirkungsfeldern, deren Ursache z. B. Dipolwechselwirkungen sein können.

Für positive Felder (m) kann man die H_c', H_c'-Fläche in 5 verschiedene Unterflächen einteilen und für jeden Fall Hystereseschleifen und $I_{\mathrm{ar}}(H_=)$-Kurven berechnen, welche in Abb. 5

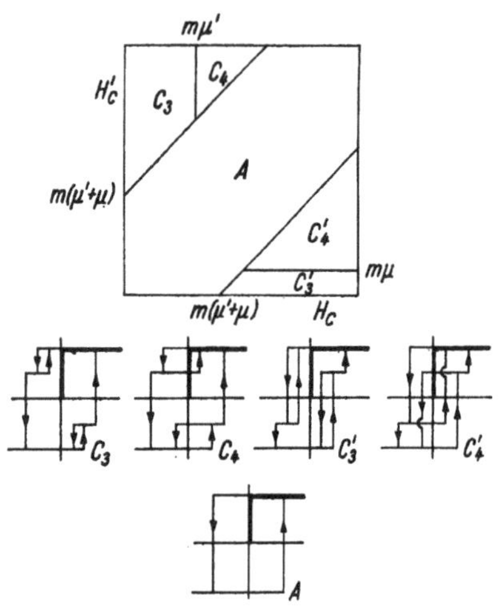

Abb. 5. Paar-Modell mit positiven Wechselwirkungen [3]

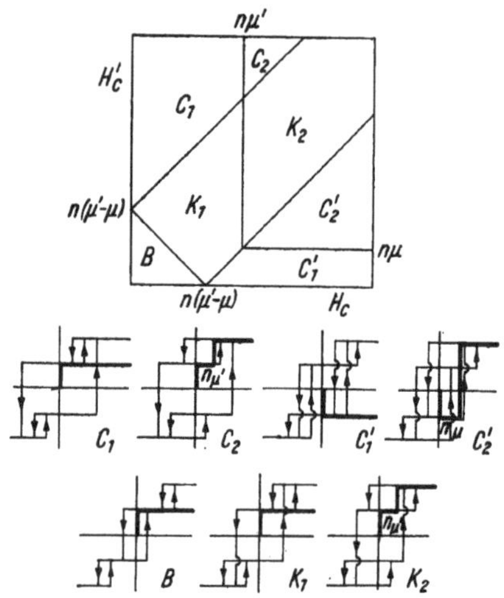

Abb. 6. Paar-Modell mit negativen Wechselwirkungen [3]

gezeigt sind. Schleife A des Teilchenpaares ist immer noch rechteckig mit Koerzitivkraft $H_c + m\,\mu'$ *oder* $H_c' + m\,\mu$, so daß die Wechselwirkungen hier die Koerzitivkraft erhöhen können (siehe auch Abschnitt 4). In den 4 anderen Fällen sind die Schleifen außerordentlich kompliziert. In allen Fällen ist aber die anhysteretische Remanenzkurve, hier dick gezeichnet, identisch mit der Kurve für ein isoliertes Teilchen. *Positive* Wechselwirkungen haben also hier keinen Einfluß auf diese Kurven, was ziemlich leicht zu verstehen ist.

Für negative Wechselwirkungsfelder (n) bestehen 7 Unterflächen, welche in Abb. 6 gezeigt sind. Die Hystereseschleifen sind alle kompliziert, und die I_{ar}-Kurven, obwohl die Anfangssteilheit immer unendlich (manchmal $-\infty$!) ist, ändern sich hier in Einzelheiten gegenüber der Kurve eines isolierten Teilchens. Negative Wechselwirkungen haben also einen Einfluß auf das anhysteretische Benehmen; das Modell ist aber natürlich viel zu einfach, um alle Einzelheiten der Beobachtung exakt wiederzugeben. Für den Fall $\mu = \mu'$ [11] ist die Anfangssteilheit der I_{ar}-Kurve gleich Null (dieser Fall kann von den Kurven C_2 oder C_2' der Abb. 6 abgeleitet werden). Für ein Ensemble isolierter *Teilchenpaare* dieser Art und mit Verteilungsfunktion $G(H_i)$ der Wechselwirkungsfelder $H_i (= n\,\mu = n\,\mu')$ ist die Anfangssteilheit dann endlich und hat den Wert

$$\chi_{ar} = G(0)\; I_r(\infty)\,, \tag{1}$$

wo $I_r(\infty)$ die Sättigungsremanenz ist.

Leider hat dieses Modell, trotzdem es so einfach ist, mehrere Schönheitsfehler: Es ist z. B. möglich, daß es „verborgene Zwänge" (englisch: hidden constraints) enthält [12]. Es ist nämlich möglich, daß während des Umklappens des magnetischen Momentes in einem Teilchen der Moment in dem anderen Teilchen auch unerwartet umklappt, was man nicht immer ohne weiteres in die Rechnungen einführen kann. Aus allen diesen Gründen wäre es nicht sehr nützlich, das Paar-Modell noch zu verallgemeinern. Es hat vielleicht den Vorteil der Anschaulichkeit, ist aber nicht allzu ernst zu nehmen.

3. Das Preisach-Modell

Um die Wechselwirkungen in einem Teilchenensemble modellmäßig anders als im 2. Abschnitt zu beschreiben, wird immer wieder das bekannte Preisach-Modell benutzt.[1]) Man nimmt hier an, daß die Hystereseschleife eines Teilchens wieder rechteckig ist (so daß dieses Modell in einfachster Form auch nur irreversible Magnetisierungsprozesse beschreibt); die Schleife ist aber längs der Feldachse verschoben, und die beiden „Koerzitivkräfte" sind dann H_+ und H_-, wo $H_\pm = H_c \pm H_i$ ist und H_c die Koerzitivkraft des isolierten Teilchens und H_i ein fiktives Wechselwirkungsfeld ist. Für das ganze Ensemble führt man dann eine Verteilungsfunktion $\Phi(H_+, H_-)$ oder $\Phi'(H_c, H_i)$ ein, wo z. B. Φ' symmetrisch gegenüber der H_c-Achse sein muß und wo verschiedene experimentelle Methoden [13], [14] zur Aufnahme der Preisach-Funktion eine stabile Kurvenschar geben müssen. In verschiedenen Untersuchungen an Magnetonbändern mit Eisenoxidpulverteilchen findet man manchmal stabile und symmetrische Funktionen [13], manchmal aber nicht. So zeigt z. B. Abb. 7 zwei Preisach-Diagramme, wo die Kurven $\Phi = \text{const}$ weder symmetrisch noch stabil sind [14].

Diese modellmäßige Beschreibung ist außerordentlich formell basiert, da nichts über die spezifischen Ursachen des Wechselwirkungsfeldes H_i gesagt wird. Es hat aber noch weitere Nachteile, welche besonders in [9], [10] und [12] hervorgehoben werden. Man nimmt hier nämlich an, daß das Wechselwirkungsfeld unabhängig von der Magnetisierung ist, was z. B. bei dem Paar-Modell nicht allgemein der Fall ist. Deswegen wurde öfters der Ansatz gemacht [14], [15], die Verteilungsfunktion $\Phi'(H_c, H_i)$ in eine Funktion $\Phi'(H_c, H_i + M\,I)$ umzuwandeln.

[1]) Das Paar-Modell mit $\mu = \mu'$, $H_c = H_c'$ ist dem Preisach-Modell weitgehend äquivalent [11].

Hier ist M ein positiver Faktor; es handelt sich also um ein positives Wechselwirkungszusatzfeld, ähnlich der Beschreibung im Abschnitt 2 und manchmal als LORENTZ-Feld gekennzeichnet.

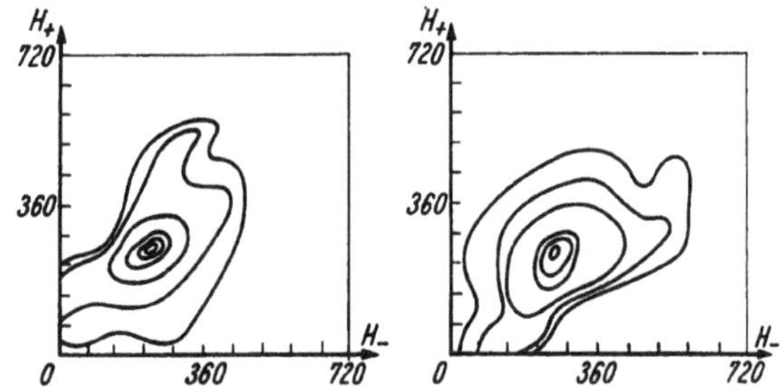

Abb. 7. PREISACH-Diagramme für ein Magnetonband [14]

Das Wechselwirkungsfeld ist jetzt magnetisierungsabhängig, und es ist dann möglich, verschiedene Eigenschaften, z. B. Anhysteresekurven, befriedigender ausrechnen zu können. Dazu ist man manchmal gezwungen [14], die Annahme

$$\Phi' \sim F(H_c)\, G(H_i + M\, I) \tag{2}$$

zu machen, wo G z. B. eine GAUSS-Funktion mit Mittelwert $M\, I$ ist. Weitere Einzelheiten sind in [3] beschrieben; es ist aber ganz offenbar, daß auch dieses erweiterte PREISACH-Modell nur einen beschränkten Wert hat. Es wäre z. B. nötig, es noch so zu erweitern, daß auch reversible Magnetisierungsprozesse, die Erscheinung Reptation und Bascule [9], [10], Zeiteffekte usw. in die Analyse eingeschaltet werden können [16]. Man kann vielleicht sagen, daß das Modell wertvoll ist, um experimentelle Ergebnisse in anschaulicher Art darstellen zu können.

4. Koerzitivkraft

Messungen an Pulverwerkstoffen verschiedener Art [17], [18] zeigen öfters, daß die Koerzitivkraft stark von der Packungsdichte p der Teilchen abhängt und daß die Formel

$$H_c(p) = H_c(0)\,(1 - p) \tag{3}$$

einigermaßen zutrifft. Das ist aber nicht immer der Fall, wie in Abb. 8 und 9 zu sehen ist.

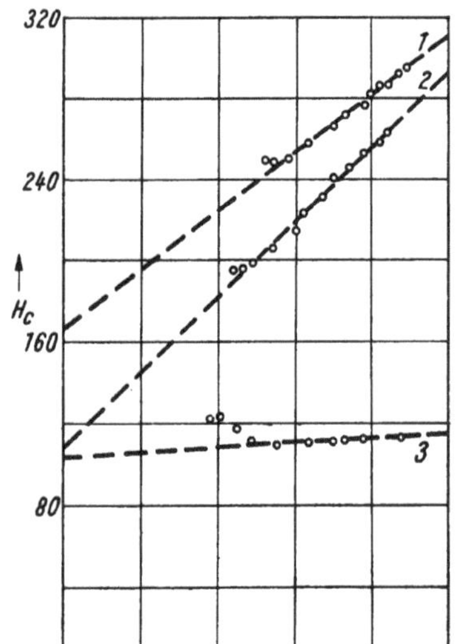

Abb. 8. Koerzitivkraft in Abhängigkeit von der Packungsdichte für Eisenoxidpulverteilchen [19]

Abb. 8 zeigt die Koerzitivkraft [19] für (*1*) längliche Magnetit-Teilchen (Fe_3O_4), (*2*) längliche γ Fe_2O_3-Teilchen, (*3*) nicht längliche γ Fe_2O_3-Teilchen. In keinem Fall ist die Formel streng anwendbar, obwohl ein linearer Anstieg mit $(1 - p)$ doch vorhanden ist. Die Unterschiede von der Formel (3) sind wahrscheinlich teilweise auf die Anwesenheit der Kristallanisotropie zurückzuführen (siehe Abschnitt 1), und man sieht auch, daß die runden Teilchen (Kurve 3) die schwächste Änderung der Koerzitivkraft vorweisen, da hier wohl der Hauptanteil von H_c von der Kristallanisotropie herstammt.

Abb. 9 zeigt die Abhängigkeit von H_c, der remanenten Induktion B_r und des maximalen Energieprodukts $(B\,H)_{max}$ länglicher Eisen–Kobalt-Teilchen [20], [1] mit den angezeichneten Durchmessern von der Packungsdichte p und der Induktion. Bei hohen Werten der Packungsdichte ändert sich H_c nicht mehr der Formel (3) gemäß. Man weiß hier nicht, ob dieses Ergebnis auf die Mängel der Formel zurückzuführen ist, oder ob bei so hohen p-Werten die Zusammenballung der Teilchen in unregelmäßige Gruppen, von den magnetostatischen Kräften stark angezogen, es überhaupt nicht mehr erlaubt, irgendeine einfache p-Abhängigkeit von H_c zu erwarten. Die Anwesenheit solcher Gruppen beeinflußt natürlich immer die Beschreibung von Wechselwirkungseffekten.

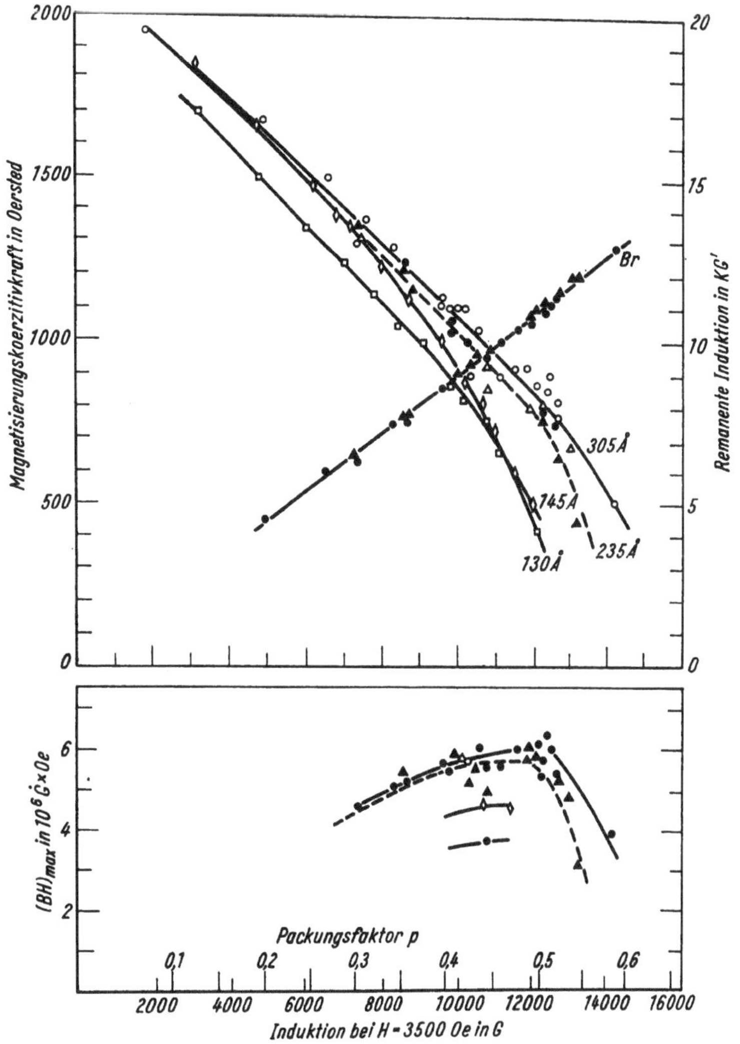

Abb. 9. Koerzitivkraft, Remanenz und maximales Energieprodukt in Abhängigkeit von der Packungsdichte für ESD-Magnete (längliche Fe–Co-Pulverteilchen) [20], [1]

Die Formel (3), obwohl sie öfters doch beobachtet worden ist, hat nämlich keine sehr starken theoretischen Unterlagen. NÉEL [21] zeigte als erster (siehe auch [22]), daß die magnetostatische Energiedichte eines isotropen Ensembles von Teilchen, dessen Magnetmomente parallel und Magnetisierung I_s homogen sind, durch die Formel

$$E_m = \frac{2}{3} \pi p(1 - p) I_s^2 \tag{4}$$

gegeben ist. Es ist aber nicht unbedingt korrekt, daß H_c ganz einfach mit E_m verbunden ist, und deshalb kann (4) nicht ohne weiteres gebraucht werden, um (3) zu erhalten [12], [23]. Andere Modelle zu diesem Problem wurden von SHTRIKMAN (siehe [18]) angesetzt.

Wie schon in Abschnitt 1 beschrieben worden ist, ist der Magnetisierungsprozeß bei kleinen Teilchen am Koerzitivpunkt allgemein eine inkohärente Drehung. Wenn man im idealen Fall annehmen kann, daß der irreversible Prozeß die sogenannte curling-Umkehr ist (siehe Abbildung 4b), dann soll die Koerzitivkraft überhaupt nur wenig von der Packungsdichte abhängen, denn die magnetische Poloberflächendichte ist bei diesem Prozeß kleiner als bei kohärenten Drehungen (ideal Null bei unendlich langen Zylindern). Auch bei anderen inkohärenten Prozessen sollte die p-Abhängigkeit der Koerzitivkraft schwächer sein als bei der kohärenten Umkehr; experimentelle Ergebnisse dazu stehen noch aus. Endlich wird noch wiederholt, daß die relativ schwache p-Abhängigkeit für Teilchen mit relativ großer Kristallanisotropie theoretisch und experimentell gut übereinstimmt. Sonst, besonders für längliche Teilchen, ist aber das Problem dieses Abschnitts im großen und ganzen theoretisch ungelöst.

5. Remanenzkurven

Für ein Teilchenensemble *ohne Wechselwirkungen* kann man [24] unter sehr allgemeinen Bedingungen zeigen, daß die folgenden Beziehungen gültig sind:

$$I_D(H) = I_r(\infty) - 2\, I_r(H), \tag{5}$$

$$I'_D(H) = I_r(\infty) - I_r(H), \tag{6}$$

so daß

$$I'_D(H) = 1/2\, I_r(\infty) + 1/2\, I_D(H), \tag{7}$$

$$I_{\text{ar}}(H) = I_r(\infty). \tag{8}$$

Hier ist $I_r(H)$ die statische Remanenzkurve (Gleichfeld $H = H_=$ angelegt, vom entmagnetisierten Zustand anfangend, und dann wieder abgeschaltet), $I_D(H)$ die Gleichfeldentmagnetisierungs-Remanenzkurve (Gleichfeld $H = -H_=$ angelegt, vom Sättigungszustand in der positiven Richtung anfangend, und dann wieder abgeschaltet), $I'_D(H)$ die Wechselfeldentmagnetisierungs-Remanenzkurve (Wechselfeld mit Anfangsamplitude $H = H_\sim$ angelegt, vom Sättigungszustand anfangend, und dann *langsam* abgeschaltet), und $I_{\text{ar}}(H)$ die anhysteretische Remanenzkurve, die schon in Abschnitt 1 und 2 beschrieben worden ist. Wenn man diese Beziehungen für einen Werkstoff beobachtet, kann man ziemlich sicher sein, daß die Wechselwirkungen schwach sind oder wenigstens sich aufheben. Andererseits kann man sagen, daß die quantitativen Abweichungen von diesen Formeln ein Maß für die Wechselwirkungen geben.

Die meisten Messungen auf diesem Gebiet wurden von HENKEL ausgeführt. Abb. 10 zeigt zum Beispiel Messungen [25] an Fe–Ni–Cr-Dauermagnetdrähten, welche nach mechanischer und thermischer Behandlung [26] längliche Teilchen einer ferromagnetischen Phase in einer nichtferromagnetischen Matrix enthalten sollen. Durch die Behandlung kann die Koerzitivkraft, Packungsdichte p usw. kontrolliert werden. Die ausgezogenen Kurven sind gemessene $I'_D(H)$-Kurven, die gestrichelten sind $I_r(H)$- und $I_D(H)$-Kurven, die nach (6) und (7) in $I'_D(H)$-Kurven umgewandelt worden sind. Überlappung der Kurven bedeutet kleine Wechselwirkung, große Unterschiede bedeuten große Wechselwirkung. Man sieht also von der Kurvenschar, daß, wenn p klein und H_c groß ist, die Wechselwirkungen klein sind, wenn aber p groß und H_c klein ist, dann sind sie groß. Die p-Abhängigkeit ist vernünftig; die H_c-Abhängigkeit ist vielleicht so zu verstehen, daß bei kleinen Koerzitivkräften die Teilchen nicht mehr Einzelbezirke sind. In späteren Arbeiten auch an anderen Dauermagnetwerkstoffen (Fe–Mn–Ti, Fe–Co–V, Cu–Fe–Ni) hat HENKEL [27] das Paar-Modell von Abschnitt 2 ($\mu = \mu'$) angewendet, um die Wechselwirkungen weiter zu untersuchen (siehe Abschnitt 6), den Fall teilweiser Sättigung [24] untersucht [28] und die Zeiteffekte und den Reptation-Effekt [9], [10] in ihren Einflüssen besonders auf die gemessene $I'_D(H)$-Kurven auch bemessen [29]. Noch später [30] wurden auch Messungen an Cu–Fe–Ni-Legierungen nach verschiedener Anlaßzeit t durchgeführt. Bei kleinen Werten von t waren die Abweichungen zwischen gemessenen und berechneten $I'_D(H)$-Kurven groß, wurden mit anwachsender Zeit kleiner, sind bei einem bestimmten Wert von t (ca. 30 Minuten für 71% Cu, 20% Ni, Rest Fe bei Anlaßtemperatur 600 °C) gleich Null und wachsen dann in entgegengesetzter Richtung wieder an. Das kann man vielleicht [30] als einen Übergang von positiven zu negativen Wechselwirkungsfeldern, im Sinne von Abschnitt 2, ansehen.

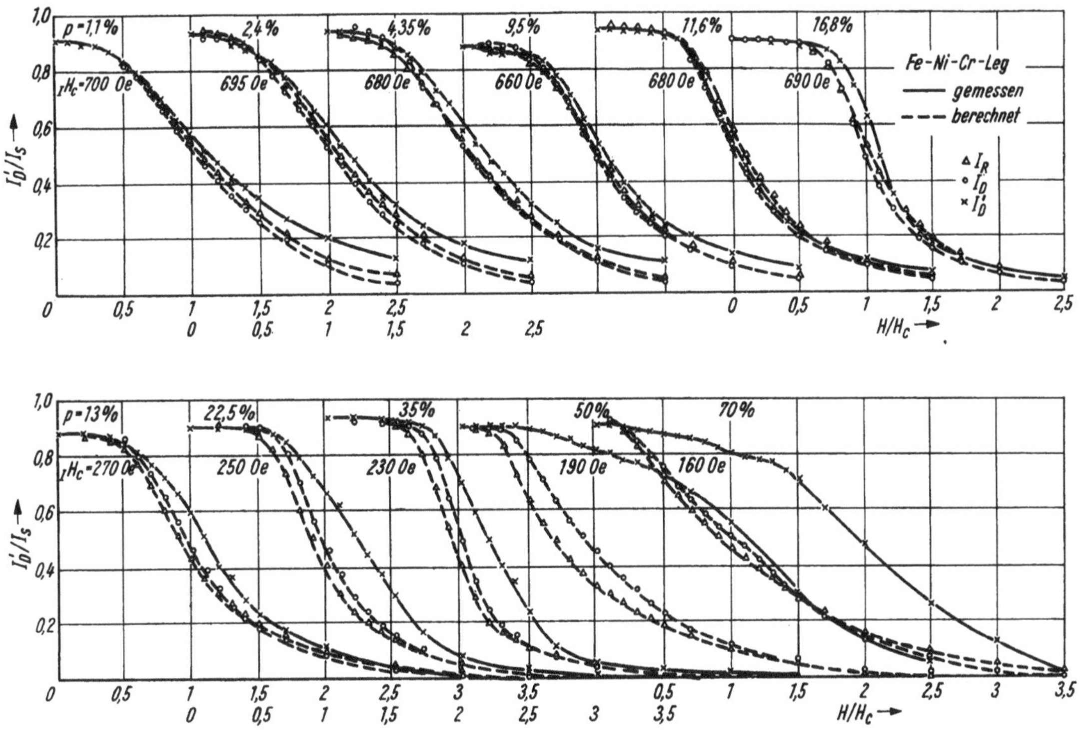

Abb. 10. Remanenzkurven für Fe–Ni–Cr-Dauermagnetdrähte [25]

Messungen an eigentlichen Pulverteilchen wurden von diesem Standpunkt auch durchgeführt. Abb. 11 zeigt [31] $I_r(H)$-Kurven, die gemessen, und $I_D(H)$-Kurven, die nach (5) in $I_r(H)$ umgewandelt sind. In (a) sieht man Ergebnisse für γ Fe_2O_3-Teilchen mit Packungsdichte $p = 0{,}2$ und in (b) für γ Fe_2O_3-Teilchen, die 3% Kobalt enthalten und einen p-Wert 0,4 haben. Die Wechselwirkungen sind also für (b) kleiner als für (a), obwohl p größer ist. Das ist,

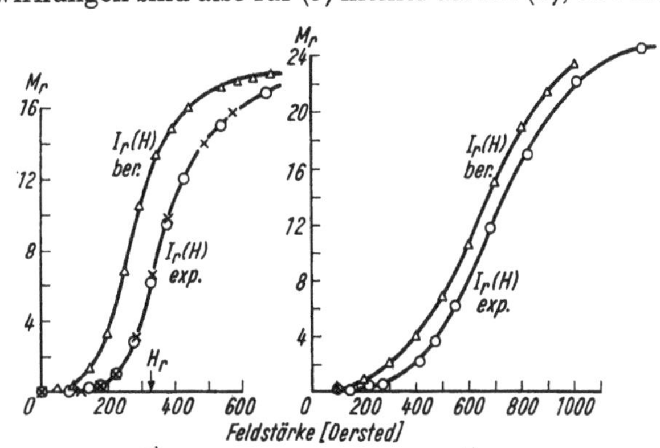

Abb. 11. Remanenzkurven für Eisenoxidpulverteilchen [31]

wie schon beschrieben, auf einen starken Einfluß der Kristallanisotropie auf die Eigenschaften der Kobalt-dotierten Teilchen zurückzuführen.

Remanenzkurven sind also dazu geeignet, die Wechselwirkungen durch experimentelle Untersuchungen antasten zu können. Erweiterte Untersuchungen auf diesem Gebiet wären deshalb sehr erwünscht. Hier kann der Magnetiker dem Pulvermetallurgen wirklich helfen!

6. Anhysterese

Da die anhysteretische Anfangssteilheit, von hier ab Anfangssuszeptiblität χ_{ar} genannt, für ein einzelnes Teilchen oder für ein Ensemble ohne Wechselwirkungen unendlich ist, sollte der gemessene endliche Wert dieser Größe oder verwandter Größen ein Maß der Wechselwirkungen darstellen. Sehr leider ist es aber unmöglich, ohne ein Modell irgendwelche quantitative Folgerungen aus Meßkurven zu ziehen. Eine frühe Rechnung wurde von NÉEL [32] durchgeführt. Obwohl diese Rechnung nicht genau auf den Fall Wechselwirkung angewendet wurde, kann man das, obwohl nicht ohne Bedenken, darauf erweitern, indem man sagt, daß die Wechselwirkungen einem effektiven inneren Feld äquivalent sind, nämlich $H_i = +M\,I$ *oder* $-N\,I$, wo I die Magnetisierung während des Prozesses ist. (Hier muß der äußere Entmagnetisierungsfaktor auch noch mitgerechnet werden.) Nach NÉEL kann man die Anhysterese als einen Wachstumsprozeß ansehen, wo die Magnetisierung während der Abnahme des Wechselfeldes bis auf ihren Sättigungswert anwächst. Die respektiven Werte von χ_{ar} sind nach NÉELS Rechnungen

$$\chi_{ar} = M^{-1}\,[\exp(M\,\chi_0) - 1]$$

oder

$$\chi_{ar} = N^{-1}\,[1 - \exp(-N\,\chi_0)], \tag{9}$$

wo χ_0 eine Konstante ist. Leider ist die NÉELsche Analyse nicht ganz einwandfrei [16] und es ist deshalb nicht einfach zu übersehen, welche Bedeutung neue Messungen von HENKEL [33] an Cu–Fe–Ni-Legierungen haben. Die Proben hatten einen bekannten *äußeren* Entmagnetisierungsfaktor N_g, aber der Faktor N aus (9) war entweder kleiner oder größer als N_g, abhängend von der Anlaßtemperatur T, was dann auf einen *inneren* Faktor N_i zurückgeführt wurde. Bei tiefen T-Werten war N_i positiv und bei höheren negativ (LORENTZ-Feld!). Dazwischen liegt also ein wechselwirkungsfreier Bereich, wo sich vielleicht die lokalen positiven und negativen Effekte aufheben. Es ist dann interessant, daß gerade in diesem Gebiet die HENKELschen I'_D-Kurven (Abschnitt 5) ungefähr übereinstimmen, was wieder kleine Wechselwirkungen bedeuten soll; der Wert von χ_0 in (9) hat hier auch ein Maximum.

Der Wachstumsprozeß, der zu Anhysterese führt, ist auch an Magnetonbändern beobachtet worden [34]. Es wurde gefunden, daß der größte Anteil des Wachstums von I_{ar} erscheint, wenn das Wechselfeld in der Nähe der pauschalen Koerzitivkraft liegt, was sehr vernünftig ist. Das Wachsen der anhysteretischen Magnetisierung ist durch das äußere Gleichfeld, aber auch durch das Wechselwirkungsgleichfeld solcher Gebiete des Ferromagnetikums beeinflußt, welche schon, auf Grund ihrer relativen großen lokalen Koerzitivkraft, irreversible Magnetiserungsprozesse im Wechselfeld ausgeschaltet haben. Da der Wachstumsprozeß also von magnetisierungsabhängigen Wechselwirkungseffekten abhängt, kann das PREISACH-Modell vom Abschnitt 3 eigentlich nicht angewendet werden, ohne daß man es z. B. nach Gleichung (2) erweitert [14].

Andererseits wurde das Paar-Modell vom Abschnitt 2 hier angewendet [27]. Hier ist es nämlich einfach zu zeigen [4], [16], daß die Fläche F zwischen zwei I'_D-Kurven, die man aus (6) und (7) berechnet, gleich der Fläche F' zwischen der anhysteretischen Remanenzkurve und ihrer Asymptote ist. Abb. 12 zeigt solche Flächenwerte für Fe–Mn–Ti-Legierungen mit verschiedenen magnetischen Eigenschaften; das Verhältnis $F' : F$ ändert sich zwischen ca. 1 und 2, so daß das einfache Paar-Modell nur eine grobe Näherung darstellt.

Wir sprachen schon über den Begriff eines inneren Entmagnetisierungsfaktors, den man vielleicht grob als den Faktor von einer Teilchengruppe ansehen kann. So wird z. B. nach (9)

$$\chi_{\text{ar}} = 1/N_i\,, \tag{10}$$

wenn $N = N_i$ und $\chi_0 \to \infty$. Dieser Begriff war wohl der erste [35], der gebraucht wurde, um endliche Werte von χ_{ar} zu erklären. Da wir jetzt gesehen haben, wie kompliziert das Problem der Anhysterese eigentlich ist, verliert der N_i-Begriff wohl seine Bedeutung. Trotzdem wird

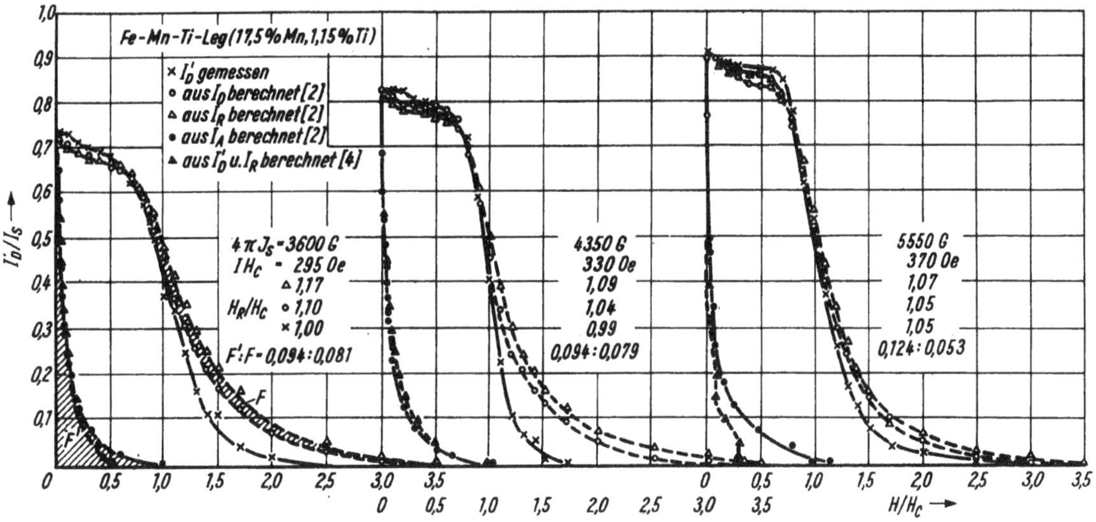

Abb. 12. Remanenzkurven für Fe–Mn–Ti [27]

er doch immer wieder angewendet und ist auch quasi-qualitativ geeignet, einige anhysteretischen Eigenschaften wenigstens andererseits zu beschreiben. Zum Beispiel ist es bekannt, daß bei ausgerichteten Pulverteilchen χ_{ar} parallel zur leichten Richtung viel größer als senkrecht dazu sein kann. Bei dem Magnetband von Abb. 3 ist z. B. $\chi_{\text{ar}}^p/\chi_{\text{ar}}^s$ gleich 11,6. Abb. 13 zeigt die Abhängigkeit dieses Verhältnisses für Cu–Fe–Ni-Legierungen [36] als Funktion des Ausrichtungsgrades; man sieht wieder sehr hohe Werte bei guter Ausrichtung. Wenn N_i hier schlicht als der Entmagnetisierungsfaktor von länglichen Teilchengruppen anzusehen ist, können diese Ergebnisse, obwohl mit Zweifeln, ganz einfach erklärt werden.

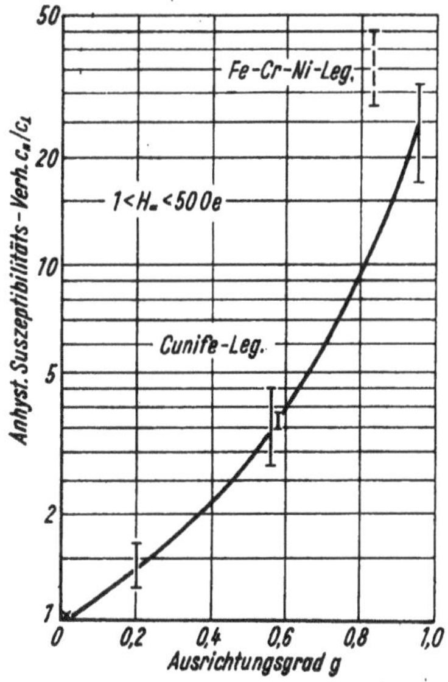

Abb. 13. Anhysteretische Anfangssuszeptibilitäten in paralleler und senkrechter Richtung in Abhängigkeit von dem Ausrichtungsgrad für Cu–Fe–Ni [36]

Alle Modelle scheinen aber zu versagen, um den Einfluß der Packungsdichte p auf die χ_{ar}-Werte zu erklären, der bei verschiedenen Werkstoffen beobachtet worden ist [36]. Es erwies sich, daß für Fe–Ni–Cr-Legierungen mit p oberhalb ca. 0,17 die anhysteretische Anfangssuszeptibilität mit p *ansteigt*. Es ist nur möglich, daß bei kleinen *pauschalen* p-Werten die Teilchenensembles sich mehr in Gruppen verballen, so daß größere lokale p-Werte angebracht sind als bei Proben, wo der pauschale p-Wert größer und die Verteilung der Teilchen vielleicht mehr uniform ist (siehe auch den folgenden Abschnitt).

7. Superparamagnetismus

In [7] wurde anhand magnetischer Messungen an sehr dünnen Schichten gezeigt, daß die zeitliche Änderung der Magnetisierung in diesem Fall auf eine sehr starke Wechselwirkung zwischen den Kristalliten der Schicht hindeutet. Wenn ein isoliertes Teilchen angesehen wird, dann ist es, abhängig von der Volumengröße V, der Temperatur T und den magnetischen Eigenschaften (Sättigungsmagnetisierung, Anisotropie), entweder magnetisch stabil oder, wegen thermischer Fluktuationen der Magnetisierung, instabil (Superparamagnetismus) oder letztens in einem Zwischenzustand, der manchmal als Kriechzustand beschrieben wird. Dieser letzte Zustand ist also der, welcher bei den dünnen Schichten in [7] angebracht ist. Die Volumengröße V_e, die man braucht, um die Zeiteffekte in diesem Fall quantitativ zu erklären, war aber viel größer als der eigentliche Wert V. Es ist jetzt das Problem, das Verhältnis V_e/V anhand der Wechselwirkungen zu erklären. Leider ist das genauso schwer zu übersehen wie die anderen Probleme in diesem Vortrag. Es ist deshalb interessant, daß neue Messungen [8] an Cu–Fe–Ni-Legierungen Auskünfte über dieses Problem geben sollen, obwohl es möglich ist [37], daß die Ergebnisse, die jetzt zusammengefaßt werden sollen, nicht allzuviel mit Wechselwirkungen zu tun haben!

Die in [8] untersuchten Teilchen sind Fe–Ni-reiche Ausscheidungen in einer Cu–Ni-reichen Matrix. Abb. 14 zeigt das Gefüge für eine Legierung mit 74% Cu, 2% Fe, 24% Ni nach angebrachter thermischer Behandlung, welche zu einer pauschalen Packungsdichte $p = 0{,}045$ führt. Im Anfangsstadium der Ausscheidung sind die Teilchen viel kleiner, als in Abb. 14 gezeigt ist, und sie sind dann superparamagnetisch; die Teilchenvolumina V können durch die Behandlungszeit kontrolliert werden.

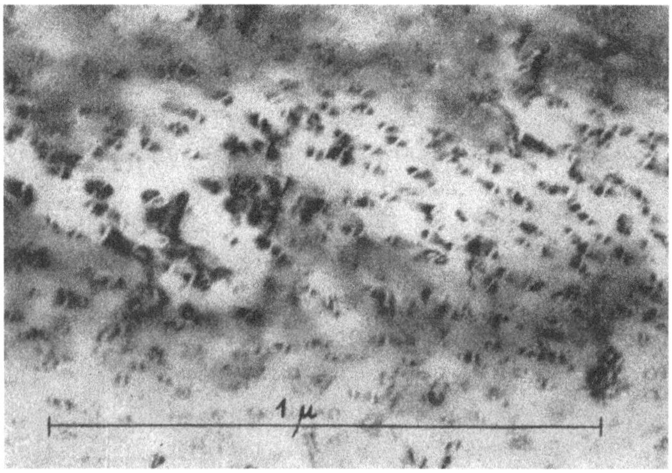

Abb. 14. Elektronenmikroskopische Aufnahme für Cu–Fe–Ni [8]

Für isolierte Teilchen ist die superparamagnetische Anfangssuszeptibilität χ_0 durch

$$\frac{1}{\chi_0} j_s^2 = \left(\frac{3\,k}{p\,V\,M_0^2}\right) T = A\,T \tag{11}$$

gegeben, wo $j_s = M_s(T)/M_0$, $M_s(T)$ der Sättigungsmoment bei Temperatur T und M_0 gleich $M_s(0)$ ist. Die Meßergebnisse in Abb. 15 [8] zeigen jetzt, daß $(1/\chi_0)\,j_s^2$ nicht durch die aus (11) ausgerechneten gestrichelten Kurven, sondern durch die ausgezogenen Kurven bestimmt ist, wo diese Kurven der Formel

$$\frac{1}{\chi_0} j_s^2 = A\,T \exp\left(-B\,j_s^2/T\right),$$

mit Ansatz

$$B = C\,p_e\,V\,M_0^2/k\,, \tag{12}$$

gehorchen. Hier ist p_e eine lokale Packungsdichte, wo zu erwarten ist, daß für die zutreffenden p-Werte p_e/p ziemlich viel größer als 1 ist. Von (11) und (12) kann man jetzt formell sagen, daß die Teilchen sich so benehmen, als ob sie eine effektive Volumengröße V_e haben, wo

$$V_e/V = \exp\,(C\,p_e\,V\,M_s^2(T)/k\,T)\,. \tag{13}$$

Leider ist es schwer, dieses schöne Ergebnis mit Annahme der Wechselwirkungseffekte theoretisch zu erklären, obwohl es mit anderen Annahmen vielleicht eher möglich ist [37]. Wenn

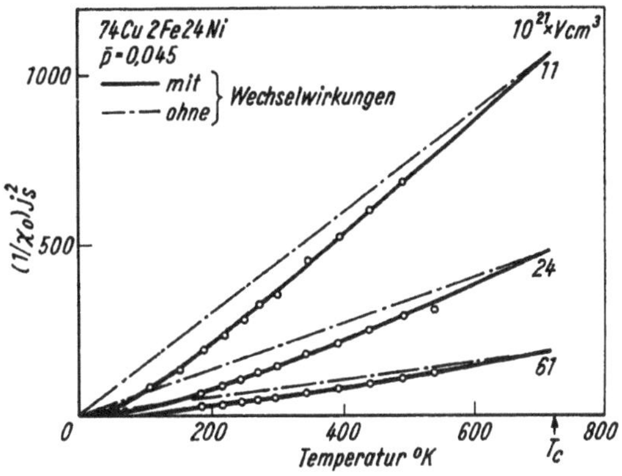

Abb. 15. Superparamagnetische Suszeptibilität für Ausscheidungen in Cu–Fe–Ni; V, Teilchenvolumen; T_c, CURIE-Temperatur [8]

die Wechselwirkungen doch etwas mit dem Problem zu tun haben, ist es wahrscheinlich, daß magnetostatische Effekte einen entscheidenden Einfluß haben, denn die Größe $A\,B$ ist gleich $3\,C\,p_e/p$, wo für die Konstante C in diesem Fall ein Wert der Größenordnung 1—10 zu erwarten ist. Wirklich sind die beobachteten Werte von $A\,B$ in dieser Hinsicht ganz vernünftig.

Zum Abschluß danke ich D. L. A. TJADEN sehr für wertvolle Ratschläge bei der Vorbereitung dieses Vortrages.

Imperial College, London

Literatur

[1] MÜLLER, H. G., Bericht, II. Internationale Pulvermetallurgische Tagung, Eisenach, (1962) 23.
[2] DE JONG, J. J., SMEETS, J. M. G. und HAANSTRA, H. B., J. Appl. Phys. **29** (1958) 297; LUTEIJN, A. I. und DE VOS, K. J., Philips Res. Rep. **11** (1956) 489.
[3] WOHLFARTH, E. P., J. Appl. Phys. **35** (1964) 783.
[4] DANIEL, E. D. und WOHLFARTH, E. P., J. Phys. Soc. Japan **17** (1962), Suppl. B–1, 670.
[5] SIXTUS, K. J., KRONENBERG, K. J. und TENZER, R. K., J. Appl. Phys. **27** (1956) 1051.
[6] FLANDERS, P. J. und SHTRIKMAN, S., J. Appl. Phys. **33** (1962) 1318.
[7] WOHLFARTH, E. P., Bericht, II. Internationale Pulvermetallurgische Tagung, Eisenach, (1962) 215.
[8] KNELLER, E., Proceedings, International Conference on Magnetism, Nottingham (1965) 174.
[9] NÉEL, L., Compt. Rend. **246** (1958) 2313.
[10] NÉEL, L., J. Phys. Radium **20** (1959) 215.
[11] SHTRIKMAN, S. und TREVES, D., J. Appl. Phys. **31** (1960) 58 S.
[12] BROWN, W. F., J. Appl. Phys. **33** (1962) 1308; „Magnetostatic Principles in Ferromagnetism“ (1962) (Amsterdam: North Holland Publishing Co.).
[13] BATE, G., J. Appl. Phys. **33** (1962) 2263.

[14] Noble, R., Proc. Intermag. Conf. (1963) Paper 4—2.
[15] Della Torre, E., Proc. I.E.E.E. Conf. (1963) Paper CP 63-407; J. Appl. Phys. **36** (1965) 518.
[16] Tjaden, D. L. A., Privatmitteilung.
[17] Wohlfarth, E. P., Advances in Physics 8 (1959) 87.
[18] Wohlfarth, E. P., „Magnetism" (New York: Academic Press) **3** (1963) 351.
[19] Morrish, A. H. und Yu, S. P., J. Appl. Phys. **26** (1955) 1049.
[20] Luborsky, F. E., J. Appl. Phys. **32** (1961) 171 S.
[21] Néel, L., Compt. Rend. **224** (1947) 1550.
[22] Compaan, K. und Zijlstra, H., Phys. Rev. **126** (1962) 1722.
[23] Wohlfarth, E. P., Proc. Roy. Soc. A **232** (1955) 208.
[24] Wohlfarth, E. P., J. Appl. Phys. **29** (1958) 595.
[25] Henkel, O., phys. stat. solidi **2** (1962) 78.
[26] Rassmann, G. und Henkel, O., Neue Hütte 8 (1963) 232.
[27] Henkel, O., phys. stat. solidi **2** (1962) 725.
[28] Henkel, O., phys. stat. solidi **2** (1962) 1096.
[29] Henkel, O., „Metallische Spezialwerkstoffe" Berlin 1963, 156.
[30] Henkel, O., phys. stat. solidi **7** (1964) 919.
[31] Speliotis, D. E., Morrison, J. R. und Bate, G., Proceedings, International Conference on Magnetism, Nottingham (1965) 623.
[32] Néel, L., Cahiers Phys. **17** (1943) 47.
[33] Henkel, O., phys. stat. solidi **7** (1964) 81.
[34] Pearce, R. R., Proceedings, International Conference on Magnetic Recording, London (1964) 18.
[35] Westmijze, W. K., Philips Res. Rep. 8 (1953) 245; Wohlfarth, E. P., Phil. Mag. **5** (1960) 717.
[36] Henkel, O., phys. stat. solidi **2** (1962) 1393.
[37] Kneller, E., Privatmitteilung.

A. Gewinnung, Eigenschaften, Verarbeitung und Anwendung von Metallpulvern

Über die Herstellung von Eisenpulvern durch direkte Reduktion mit Methan

Von A. DOMŞA, A. PÁLFALVI, L. SZABÓ, L. BOTHA und Z. SPÎNCHEZ

1. Einleitung

Die unmittelbare Anwendung gasförmiger Kohlenwasserstoffe zur Reduktion von Eisenoxiden ist durch vielfältige Vorteile, die daraus erwachsen, gerechtfertigt. Dieses Verfahren ist besonders in jenen Ländern vorzuziehen, die über bedeutende Reserven an Naturgas verfügen [1], [2], [3], [4], [5].

Der untersuchte Prozeß bedingt keine vorangehende Konversion des Gases, deren Einrichtungen schwer zu handhaben sind [6], [7]. Hierbei läuft die Spaltung und Konversion des Kohlenwasserstoffes durch die Erreichung des Reaktionsgleichgewichtes lt. Tab. 1 simultan mit der Reduktion der Oxide ab.

$CH_4 \xrightarrow{Fe} C + 2\,H_2$	(katalytisch	(1)
$CH_4 \xrightarrow{C} C + 2\,H_2$	(autokatalytisch)	(2)
$H_2 \xrightarrow{C,\,Fe} H \ldots H$	(katalytische Aktivierung)	(3)
$FeO + H_2 \rightleftarrows Fe + H_2O$		(4)
$FeO + C \rightleftarrows Fe + CO$		(5)
$FeO + CO \rightleftarrows Fe + CO_2$		(6)
$CH_4 + H_2O \rightleftarrows CO + 3\,H_2$		(7)
$CH_4 + CO_2 \rightleftarrows 2\,CO + 2\,H_2$		(8)
$C + H_2O \rightleftarrows CO + H_2$		(9)
$C + CO_2 \rightleftarrows 2\,CO$		(10)

Tabelle 1. Reaktionsgleichungen, für die Reduktion des Eisenoxids durch CH_4

2. Versuche

Bei direkter Reduktion mit Methan entstehen gleichzeitig sowohl reduziertes Eisen in „statu nascendi" wie auch Ruß, beide mit intensiv katalytischer Wirkung. Andererseits aber verschieben sich durch die ununterbrochene Regenerierung der Reduktionsmittel die Gleichgewichte der Oxydation–Reduktion-Reaktionen in die Richtung der Reduktion. Infolgedessen ist die Gesamtreduktionsgeschwindigkeit viel größer als jene, die mit dem üblichen Verfahren (mit Kohlenstoff, H_2, CO oder $H_2 + CO$) erreicht werden kann [8].

Die bedeutendste Schwierigkeit, die bei dem System Eisenoxid–metallisches Eisen-Kohlenwasserstoff zu überwinden ist, ist die Aufkohlung des reduzierten Eisens infolge der Spaltung des Kohlenwasserstoffes. Dieser Prozeß ließ das Problem der direkten Reduktion von Oxiden durch Kohlenwasserstoffe als unlösbar erscheinen. In vorliegender Arbeit wird die Güte des durch verschiedene technologische Varianten erhaltenen Eisenpulvers erörtert. Zur Reduktion des Eisenoxides wurde ausschließlich Methangan verwendet, in einigen Fällen aber auch ein Teil der bei dem Reduktionsvorgang gebildeten Gase.

Variante I

Gegenstromreduktion der Eisenoxide durch Methan im Durchlaufofen bei 1000—1200 °C. Die mit einer Labor-Einrichtung sowie einer industriellen Versuchsanlage erhaltenen Ergebnisse sind in Abb. 1 dargestellt.

Die Qualität des erhaltenen Endproduktes ist jedoch nur begrenzt anwendbar, wie z. B. zum Pulverbrennschneiden und zur Herstellung von den Schweißelektroden, bei denen der Sauerstoffgehalt des Pulvers nicht an allzu strenge Vorschriften gebunden ist.

Die Qualität eines solchen Erzeugnisses (z. B. mit 0,2% Kohlenstoff und 5,6% Sauerstoff) kann man durch eine thermochemische Behandlung in gespaltenem Ammoniak verbessern.

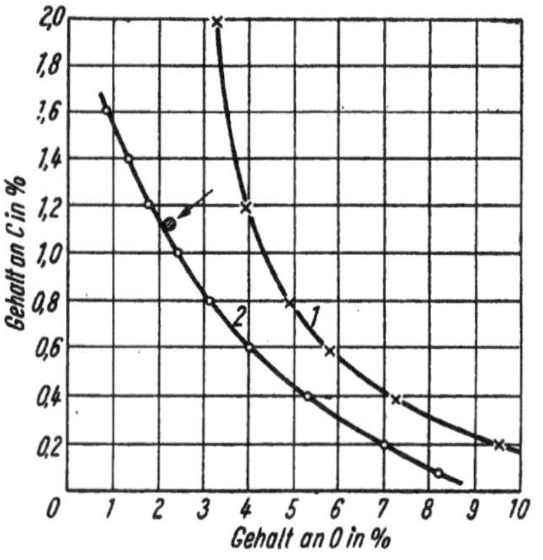

Abb. 1. Sauerstoff- und Kohlenstoffgehalt des Eisenpulvers, reduziert in Labor-Einrichtung (1) und in der industriellen Versuchseinrichtung (2), gemäß der I. technologischen Variante

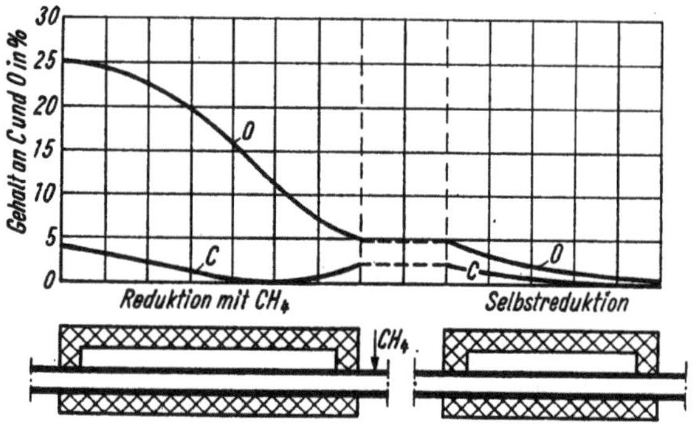

Abb. 2. Veränderung des Sauerstoff- und Kohlenstoffgehaltes bei der Reduktion der Eisenoxide, gemäß der II. technologischen Variante

Variante II

Zunächst erfolgt eine Vorreduktion der Eisenoxide mit Methan bei gleichzeitiger Aufkohlung, bis ein optimales Verhältnis von O/C = 2 erreicht wird (entsprechend dem angezeigten Punkt aus Abb. 1). In der zweiten Etappe wird eine Behandlung in eigener CO- und CO_2-Atmosphäre durchgeführt. Durch diesen Prozeß vermindert sich (nach den Reaktionen 5, 6 und 10 aus Tab. 1) gleichzeitig sowohl der Kohlenstoff- als auch der Sauerstoffgehalt [9], [10]. Schematisch kann diese Variante in folgender Weise wiedergegeben werden (Abb. 2):

Der Kohlenstoffgehalt des Endproduktes liegt unter 0,2% und der Sauerstoffgehalt unter 1,5%. Da in diesem Fall eine zweimalige Erwärmung nötig ist, steigt der Energieverbrauch.

Variante III

Eine Verbesserung der Variante II kann erreicht werden, wenn die Vorreduktion mit Methan und die thermochemische Behandlung (Selbstreduktion) gleichzeitig (in einem einzigen Durchgang) in einer multizonalen Anlage durchgeführt werden, also mit einmaliger Erwärmung der Beschickung.

In diesem Falle wird die betreffende Einführungsstelle des Methans in das System derart ausgewählt, daß in einer Zone die Reduktion durch Methan und in einer anderen die Selbstreduktion verwirklicht werden kann (Abb. 3).

Die Arbeitsbedingungen in der Methanreduktionszone (anfängliche Zugabe von Ruß, Körnung des Ausgangsmaterials, Methanmenge, Durchgangsgeschwindigkeit, Dicke der Beschickung, Größe der Briketts usw.) müssen so gewählt werden, daß das O/C-Verhältnis des in dieser Zone erhaltenen Erzeugnisses ungefähr 2 ist. Auf diese Weise erreicht man am Ende der Selbstreduktionszone ein Pulver mit folgender Endqualität:

C unter 0,2%, O unter 1%.

Variante IV

Nach der Festlegung der Vorgänge bei der direkten Reduktion von Eisenoxiden mit Methan laut Abb. 2 und 3 muß die Aufkohlung des reduzierten Erzeugnisses vermieden werden. Dieses kann leicht erreicht werden, wenn eine entsprechende Menge des während der Reduktion entstandenen Gases (Abb. 4) von folgender Zusammensetzung:

$$H_2 - 60\%,\ CO - 20\%,\ CH_4 - 12\%,\ CO_2 - 8\%$$

und auch ca. 0,05 g/l Wasserdampf

wieder dem Prozeß zugeführt wird.

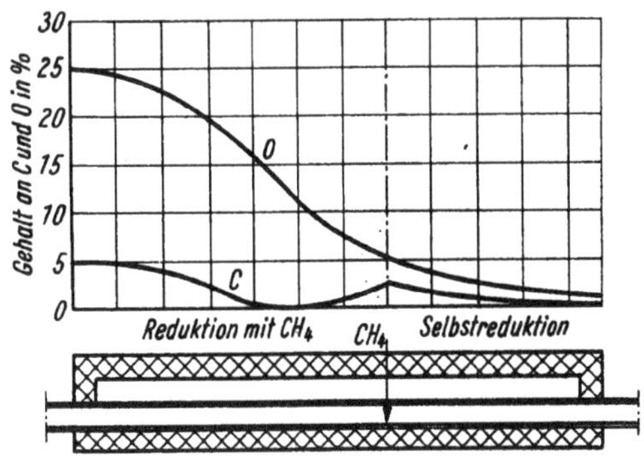

Abb. 3. Veränderung des Sauerstoff- und Kohlenstoffgehaltes bei der Reduktion der Eisenoxide, gemäß der III. technologischen Variante

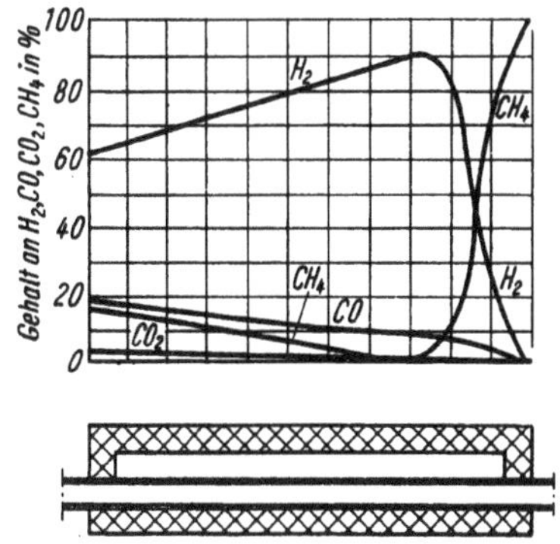

Abb. 4. Veränderung der Gaszusammensetzung im Verlaufe der Reduktion der Eisenoxide direkt mit Methangas, ohne Gasumwälzung

Durch entsprechende Regelung der Menge und Zusammensetzung der rezirkulierten Gase werden gleichzeitig mit dem Methan auch die nötigen Mengen von CO_2 und Wasserdampf in das System eingeführt, um das Methan und den Rußabsatz zu konvertieren (entsprechend den in Tab. 1 dargestellten Reaktionen 7, 8, 9 und 10). Der spezifische Methanverbrauch wird gleichfalls verringert.

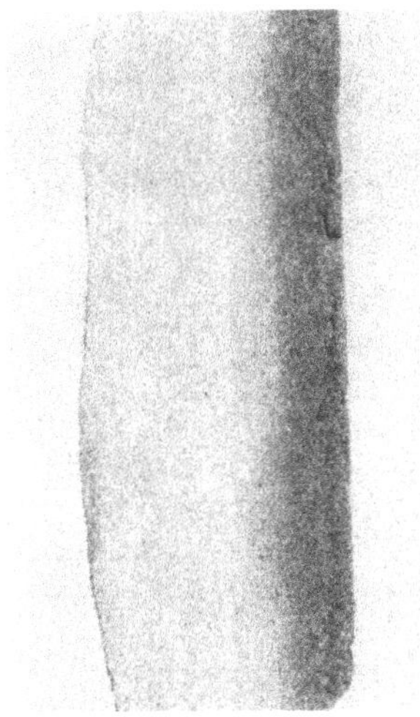

a) Durchschnitt eines halbreduzierten Eisenschwammes bei frei geschüttetem Eisenoxid

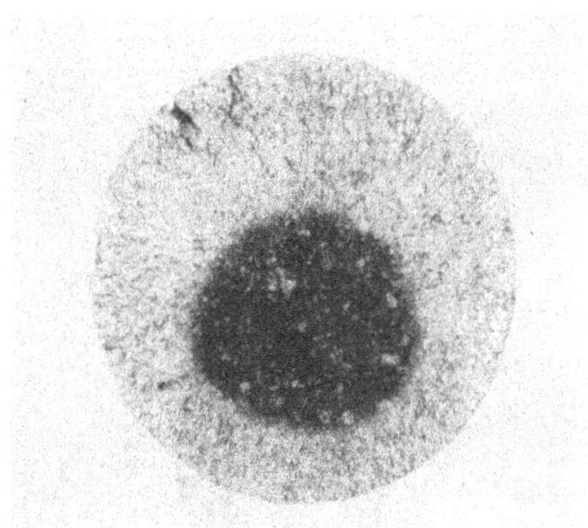

b) Durchschnitt eines halb reduzierten Eisenbrikettes

Abb. 5

Die einmalige Beschickung wie auch die Bewegung der Gase in Gegenstrom kann man sowohl in waagerechten als auch in senkrechten Anlagen verwirklichen [11], [12]. Der Ausgangsstoff kann geschüttelt, in brikettierter Form oder als Pellets eingesetzt werden. Die Höhe der geschütteten Schicht darf höchstens 45 bis 50 mm betragen. Da es sich in diesem Falle nur um eine einzige Diffusionsrichtung handelt (senkrecht), ist eine größere Schütthöhe nicht zu empfehlen. Das ist aus einem in Abb. 5a wiedergegebenen Zwischenprodukt ersichtlich.

Bei Verwendung von brikettiertem Ausgangsstoff von 50 bis 70 mm ∅ wurde größere Reduktionsgeschwindigkeit festgestellt. Es sind in diesem Falle mehrere Diffusionsrichtungen möglich (Abb. 5b). Dadurch ist eine wesentliche Steigerung der Produktivität zu erreichen. In Abb. 6 werden der Querschnitt und die Größenordnung eines reduzierten Briketts dargestellt.

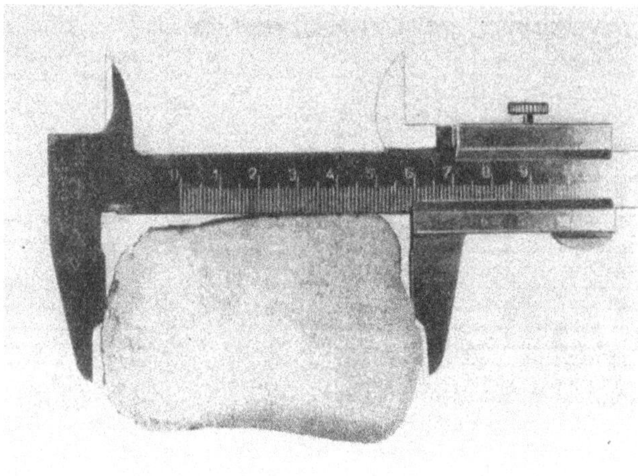

Abb. 6. Durchschnitt eines reduzierten Briketts

Da die Herstellungsbedingungen in ziemlich weiten Grenzen verändert werden können, weisen auch die Sorten des Endproduktes unterschiedliche Eigenschaften auf. Diese sind in Tab. 2 zusammengefaßt.

Tabelle 2. Physikalische und technologische Eigenschaften der FREM-Pulver

Nr.	Eigenschaften		Maß-Einheit	Wert	Bemerkungen
1	2		3	4	5
1.	Korngrößenverteilung mm	0,4 –0,20	%	0–45	
		0,20–0,10		20–40	
		0,10–0,06		10–30	
		–0,06		10–50	
2.	Fülldichte		g/cm³	1,6–2,6	
3.	Klopfdichte		g/cm³	2,3–2,9	
4.	Fließverhalten ∅ 4,0 mm		g/s	3,4–5,8	
5.	Preßdichte für Preßdruck	2 Mp/cm²	g/cm³	4,6–5,0	FREM-Pulver 150
		4 Mp/cm²		5,5–5,8	
		6 Mp/cm²		6,1–6,3	
6.	Füllfaktor bei $p = 5$ Mp/cm²		–	2,6–3,1	
7.	Kantenfestigkeit bei $p = 2$ Mp/cm²		%	99,4–99,8	

Die FREM-Pulver-Teilchen sind schwammig, haben unregelmäßige Form und rauhe Oberflächen. Ein derartiges Pulver ist gut verpreßbar, wodurch auch bei geringerem Preßdruck bereits Preßlinge mit hoher Kantenfestigkeit hergestellt werden können.

Die verschiedenen Sorten von FREM-Eisenpulver sind erfolgreich auf vielen Gebieten eingesetzt worden, ebenso bei der Herstellung von Hochleistungsschweißelektroden, beim Pulverbrennschneiden, bei magnetischer Reinigung der Kleesamen in der Landwirtschaft und nach einer thermochemischen Behandlung zur Herstellung von Preßteilen aus Sintereisen.

3. Zusammenfassung

Es wird die Qualität des von den Autoren durch verschiedene Herstellungsvarianten erhaltenen reduzierten Eisenpulvers untersucht. Als reduzierendes Mittel wurde Methan verwendet oder eine Mischung von Methan mit aus dem Reduktionsprozeß entstandenen Gasen. Zur Durchführung der Verfahren waren keine zusätzlichen Anlagen für vorangehende Konversion des Methans nötig.

Die intensiv katalytischen und autokatalytischen Eigenarten der in dem entstandenen komplexen System ablaufenden Reaktionen bedingen eine hohe Reduktionsgeschwindigkeit. Dadurch arbeiten diese Anlagen mit einer sehr günstigen Produktivität.

Cluj (Rumänien) Institutul Politechnic Cluj, Laboratorium f. Pulvermetallurgie

Literatur

[1] Domşa, A. und Pálfalvi, A., Realizări în domeniul obtinerii pulberilor de fier tip FREM (Pulvermetallurgische Tagung 1957). Editura IDT Bucuresti, 1959, S. 18–27.
[2] Domşa, A. und Pálfalvi, A., Cercetări în domeniul obţinerii pulberilor de fier tip FREM. Studii şi cercetari ale Academiei RPR, Nr. 1, IV. 1959, S. 59–72.
[3] Domşa, A. und Pálfalvi, A., Issledovanie v oblasti polučenija železnogo poroška. Poroškovaja metallurgija. Kiev, USSR (1961) 5, S. 102–111.
[4] Pálfalvi, A., Dissertationsarbeit. Instituttul politehnic Cluj, 1962.
[5] Rumänisches Patent Nr. 45838/19. XI. 1962.
[6] Franzevič, J. N. und Radomyselskij, J. D., Technologija proizvodstva železnogo poroška vostanovlenijem okaliny prirodnym konvertirovanym gazom. Poroskovaja metallurgija – Sammlung – Jaroslavl' (1956), S. 129–152.
[7] Fedočenko, J. M. und Andrievskij, R. A., Osnovy poroškovoj metallurgii. Izd. Akad. Nauk Ukr. SSR, Kiev (1961). S. 25–28.
[8] Domşa, A., Spîrchez, Z., Szabó, L. und Pálfalvi, A., Cinetica reducerii oxizilor de fier cu hidrocarburi gazoase (unveröffentlicht).
[9] Domşa, A., Botha, L. und Pálfalvi, A., Asupra decarburării şi reducerii simultane a unor pulberi de fier. Buletinul ştiinţific al IPC, Nr. 5/1962, S. 235–242.
[10] Japanisches Patent Nr. 130/1964.
[11] Rumänisches Patent Nr. 48528/18. VII. 1964.
[12] Rumänisches Patent Nr. 49042/12. I. 1965.

Diskussion

H. Silbereisen, Mönchengladbach: Nach den Ausführungen des Vortragenden sind die mit Methan aus Walzzunder reduzierten Pulver für alle Verwendungszwecke brauchbar, obwohl im Durchschnitt die Pulver einen Kohlenstoffgehalt von 0,2% haben und die Sauerstoffgehalte über 1% liegen. Nach den heute allgemein gültigen Forderungen der verschiedenen Abnehmerkreise werden als Standardwerte ein Sauerstoffgehalt von 0,8% und ein Kohlenstoffgehalt von weniger als 0,1% gefordert, wobei es bei Pulver für Schweißelektroden-Umhüllungen noch auf niedrige Phosphor- und Schwefelgehalte ankommt.

J. Kubelík, Kosiče (ČSSR): Der Kohlenstoffgehalt hängt vom Verhältnis CO zu CO_2 ab. Das Verhältnis ist einstellbar. Bei 25% CO_2 liegt der Kohlenstoffgehalt unter 0,25%.

M. Michalke, Mönchengladbach: Mit steigendem CO_2-Anteil kann zwar der Kohlenstoffgehalt gesenkt werden, jedoch wird der Sauerstoffgehalt größer. Es ist deshalb in der Praxis nicht möglich, gleichzeitig den Kohlenstoff- und den Sauerstoffgehalt niedrig zu halten.

J. Kubelík: Bei kontinuierlichem Betrieb kann man niedrige Werte erreichen. Das Sauerstoffangebot wird durch den eingesetzten Zunder bestimmt. Das Gleichgewicht CO/CO_2 kann durch den Kohlenstoffträger beeinflußt werden. Bei unseren Versuchen haben wir nach 2- bis 3stündigem Reduzieren und 3 cm dicken Schichten einen Sauerstoffgehalt von $< 1\%$ erreicht.

I. Kalning, Dresden: Vom Wirbelschichtverfahren her ist bekannt, daß für eine einwandfreie Verfahrensführung eine vollständige Konvertierung des Erdgases bevorzugt wird. Gelingt es nach Ihrer Methode, bei der das Methan an bestimmten Stellen des Reduzierofens dosiert wird, ein Eisenpulver mit gleichbleibendem Kohlenstoff–Sauerstoff-Verhältnis herzustellen?

A. Domşa: Die Reduktion mit konvertierten Gasen ist kostspielig, deshalb findet die Konvertierung bei unserem Verfahren in der Reaktionszone statt, und der Vorgang kann in geeigneter Weise gesteuert werden.

Untersuchungen über Pulverbrennschneidvorgänge

Von G. Bockstiegel und O. Struglics

1. Einleitung

Beim Schneiden oder Flämmen von rostfreien oder anderen hoch-chromhaltigen Stählen mit gewöhnlicher Acetylen-Sauerstoffflamme macht sich die dabei auftretende zähflüssige Schlacke sehr nachteilig bemerkbar, da sie die Sauerstoffzufuhr zur brennenden Stahloberfläche stark behindert und somit die Schnittgeschwindigkeit wesentlich herabsetzt.

Zur Beseitigung dieser Schwierigkeit, die bei niedrig legierten Stählen im allgemeinen nicht auftritt, hat sich das Einblasen von Eisenpulver in die Flamme des Schneidbrenners gut bewährt. Das dazu benötigte Spezialmundstück ist aus Abb. 1 zu ersehen. Um die günstige Wirkung des Eisenpulvers recht zu verstehen, sind im wesentlichen folgende drei Gesichtspunkte zu beachten:

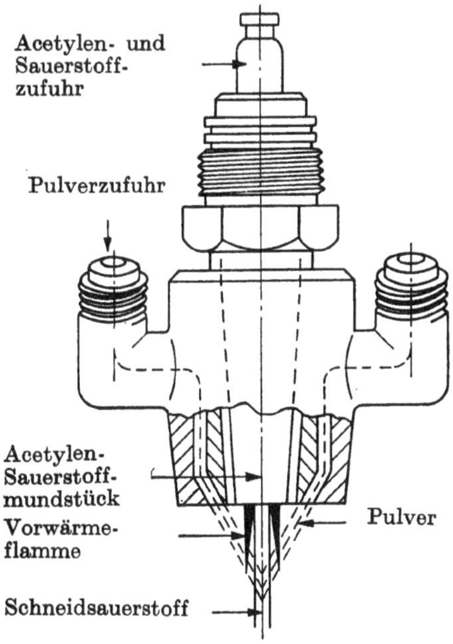

Abb. 1. Spezialmundstück zum Pulverbrennschneiden

1. Das Eisenpulver verbrennt zum großen Teil in der Sauerstoff-Acetylenflamme zu Fe_3O_4, ehe es auf die der brennenden Stahloberfläche anhaftende Schlackenschicht auftrifft. Dadurch wird die Flammentemperatur wesentlich erhöht, was die Zähflüssigkeit der Schlacke bereits etwas herabsetzt.
2. Die beim Verbrennen des Eisenpulvers entstehende stark Fe_3O_4-haltige Schlacke verdünnt nicht die beim Verbrennen des Stahls entstehende stark chromhaltige Schlacke und macht letztere somit nicht nur leichtflüssiger, sondern mit dem Einbringen von Fe_3O_4 werden der Schlacke auch sehr wertvolle Sauerstoffträger zugeführt. Das Fe_3O_4 der Schlacke wird nämlich an der Stahloberfläche zu FeO reduziert und trägt somit wesentlich zum Unterhalt der Stahlverbrennung bei. Das entstehende FeO wird von dem ständig auf die Schlackenoberfläche auftreffenden Sauerstoff wieder zu Fe_3O_4 oxydiert, so daß der Gehalt an Fe_3O_4 in der Schlacke während des ganzen Schneidvorganges etwa konstant bleibt. Dieser Kreislauf des Sauerstoffträgers Eisen in der Schlacke findet natürlich, wenn auch in wesentlich geringerem Ausmaß, auch dann statt, wenn kein Eisenpulver in die Flamme eingeblasen wird. Auf Grund des dann wesentlich höheren Chromgehaltes der Schlacke ist jedoch das Gleichgewicht zwischen FeO und Fe_3O_4 in der Schlacke zu höheren FeO-Gehalten verschoben und somit die Zahl der die Verbrennung des Stahls unterhaltenden Sauerstoffträger wesentlich herabgesetzt. (Beim Schneiden von Gußeisen ist es der hohe Kohlenstoffgehalt, der das Verhältnis Fe_3O_4/FeO verringert.)
3. Auf Grund seiner kinetischen Energie trägt das in die Flamme eingeblasene Eisenpulver zum Teil auch rein mechanisch zur Reinigung der Stahloberfläche von überflüssiger Schlacke bei.

Aufschlußreich ist in diesem Zusammenhang die aus der Schlackenanalyse berechnete und in Tabelle 1 wiedergegebene Wärmebilanz des Pulverbrennschneidvorgangs.

Tabelle 1. Wärmebilanz für den Pulverbrennschneidvorgang

1. Berechnung der Wärmetönung aus der Schlackenanalyse

Metallanteile	Schlacke	Wärmetönung
	28 % Fe-met	0,0 kcal/kg Oxid
75,4%	13 % FeO	116,5 kcal/kg Oxid
	31,1% Fe_3O_4	356,1 kcal/kg Oxid
16,9% Cr	19,9% Cr_2O_3	352,5 kcal/kg Oxid
7,7% Ni	7,9% NiO	62,5 kcal/kg Oxid
100,0%	100,0%	887,6 kcal/kg Schlacke = 1103,0 kcal/kg Stahl

2. Wärmezufuhr

149 g Eisenpulver	238 kcal/kg Stahl	16,2%
1000 g Stahl (18/8)	1103 kcal/kg Stahl	75,5%
11 g Acetylen	121 kcal/kg Stahl	8,3%
Summa:	1462 kcal/kg Stahl	100,0%

3. Mindestwärmeverbrauch beim Schmelzen des Stahls

Erwärmung von 1 kg Stahl auf ca. 1500 °C:	ca. 230 kcal/kg Stahl
Schmelzen von 1 kg Stahl	ca. 65 kcal/kg Stahl
Summa	ca. 295 kcal/kg Stahl

4. Sauerstoffverbrauch

Theoretischer Sauerstoffverbrauch für 2.:	ca. 0,05 Nm^3/kg Stahl
Tatsächlicher Sauerstoffverbrauch:	ca. 0,4 Nm^3/kg Stahl

Abb. 2. Automatische Pulverbrennschneidanlage für Versuchszwecke. Links im Bild der für die Untersuchung speziell umgebaute Pulverdispenser

Auf der Holztafel im Hintergrund Fluß- und Druckmesser für Acetylen und Sauerstoff

A = Lufttrockner, W = Wasserabscheider

P = Manometer zur Anzeige des Dispenserdrucks

F = Strömungsmesser für die gesamte Trägerluftmenge

f_c = Strömungsmesser für die ins Zyklongehäuse direkt eingeblasene Luftmenge

Es ist deutlich ersichtlich, daß die Verbrennungswärme des Eisenpulvers nur von geringer Bedeutung für die Gesamtwärmebilanz des Vorgangs ist (16,2%). Außerdem ist zu ersehen, daß der gesamte Vorgang stark exotherm ist, da zur Erwärmung und zum Schmelzen der entstehenden Schlacke offenbar weitaus weniger Wärme verbraucht wird, als bei ihrer Bildung durch Verbrennen des Stahls entsteht.

Interessant ist auch, daß der tatsächliche Sauerstoffverbrauch um etwa eine Größenordnung über der theoretisch benötigten Menge liegt.

Es hat sich nun gezeigt, daß die soeben kurz angedeutete reaktionskinetische Seite des Pulverbrennschneidvorgangs weniger praktische Probleme und (abgesehen von einer eventuell möglichen Herabsetzung des Sauerstoffverbrauchs) wahrscheinlich auch geringere Möglichkeiten für wesentliche Verbesserungen bietet als die aerodynamisch-mechanische Seite, d. h. die Art und Weise der Pulver- und Sauerstoffzufuhr zur Schneidflamme.

Insbesondere hat es sich gezeigt, daß die richtige Einstellung des Pulverdispensers sowie des Verhältnisses von Acetylen- und Sauerstoffmenge häufig Schwierigkeiten in der Praxis bereitet hat, da bei den meisten handelsüblichen Geräten zu viele Kombinationsmöglichkeiten der verschiedenen Ventileinstellungen und anderer Faktoren bestanden, bei gleichzeitiger großer Unklarheit über die wechselseitige Verknüpfung aller dieser Faktoren und ihres Einflusses auf das Schneidergebnis.

Zur Klärung dieser Dinge wurde daher die folgende systematische Untersuchung durchgeführt. Die in dieser Untersuchung verwendete Versuchsanlage ist aus dem Foto der Abb. 2 zu ersehen.

2. Das Prinzip des Pulverdispensers

Um das Eisenpulver in die Flamme des Schneidbrenners einblasen zu können, muß es zuvor mit der Trägerluft gemischt werden, die es durch einen Zuführungsschlauch zum Brennermundstück transportiert. Zu diesem Zwecke dient ein sogenannter Pulverdispenser, dessen Prinzip aus Abb. 3 zu ersehen ist und im folgenden näher erläutert wird.

Wie aus Abb. 3 zu ersehen ist, besteht der Dispenser im wesentlichen aus einem Pulverbehälter, der unter erhöhten Luftdruck gesetzt wird, und aus dem das Pulver durch einen verstellbaren Spalt am Boden in ein Zyklongehäuse eintritt, in welchem es von einem veränderlich einstellbaren Luftstrahl aufgewirbelt und durch einen Schlauch dem Brennermundstück zugeführt wird.

Um die Strömungsverhältnisse im Dispenser besser verfolgen zu können, wurde der ursprüngliche Aufbau (obere Skizze in Abb. 3) des handelsüblichen Dispensers (Typ Knappsack-Griesheim 20 kg) durch Anbringung zusätzlicher bzw. genauerer Flußmesser und Manometer vervollständigt (untere Skizze in Abb. 3).

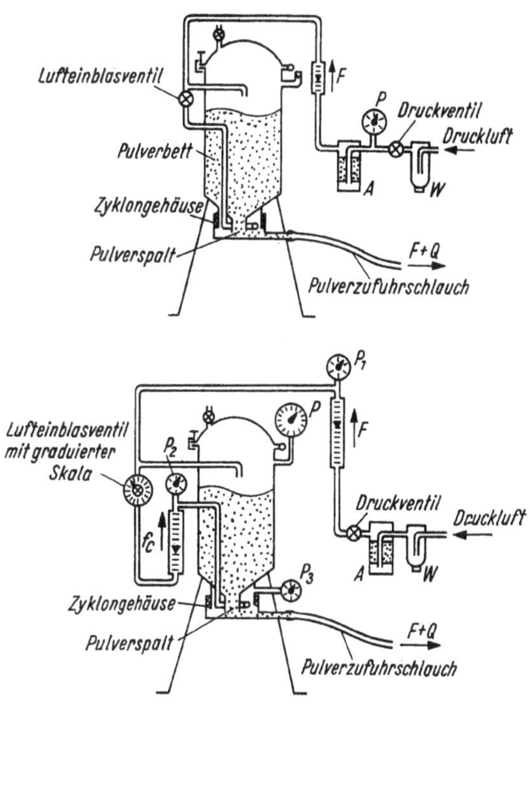

Abb. 3. Das Prinzip des verwendeten Pulverdispensers

In handelsüblicher Form: oben

Für die Untersuchung umgebaut: unten

Insbesondere sind folgende Ventile am Dispenser zu beachten, die alle unabhängig voneinander verstellt werden können:

1. das Luftdruckreduzierventil, welches den Luftdruck im Dispenser beeinflußt,
2. das Lufteinblasventil, welches die Stärke des Luftwirbels im Zyklon beeinflußt,
3. der Pulverspalt, durch welchen die Menge des aus dem Behälter ins Zyklongehäuse eintretenden Pulvers beeinflußt wird.

Das richtige Einstellen dieser drei Ventile wird erschwert durch die Tatsache, daß die Verstellung eines dieser Ventile nicht nur diejenige Größe verändert, für die es hauptsächlich vorhanden ist, sondern gleichzeitig auch die Größen wesentlich beeinflußt, die eigentlich durch die beiden anderen Ventile geregelt werden sollen. Bereits auf Grund der hierdurch bedingten Vielzahl an Kombinationsmöglichkeiten und einer gewissen Überempfindlichkeit des Dispensers gegen geringe zufällige Veränderungen der Ventileinstellungen entstehen in der Praxis beim Aufsuchen der optimalen Einstellung häufig unnötige Zeitverluste durch mehr oder weniger ratloses Herumstellen an den drei vorhandenen Ventilen. Noch mehr werden die Verhältnisse erschwert durch den unglücklichen Umstand, daß die Ventile vieler handelsüblicher Pulverdispenser keine Gradeinteilung besitzen, an der eine einmal als günstig erkannte Einstellung leicht wieder aufgefunden werden kann. In dieser Hinsicht erscheint vieles verbesserungswürdig.

Von einer theoretischen Erörterung der Luft- und Pulverströmungsverhältnisse im Dispenser muß aus räumlichen Gründen an dieser Stelle Abstand genommen werden. Doch dürften die praktischen Versuchsergebnisse zunächst von größerem Interesse sein.

3. Der Einfluß verschiedener Dispenservariablen auf Luft- und Pulverstrom

Der Einfluß verschiedener Einstellungen des Pulverspalts im Zyklongehäuse auf die zum Brennermundstück transportierte Pulvermenge ist in Abb. 4 dargestellt. Man erkennt, daß bei konstant gehaltenem Dispenserdruck die Pulvermenge erst stark und dann langsamer mit zunehmender Spaltbreite zunimmt. Für Dispenserdrücke von 0,20 bis 0,33 Atü ist sogar eine vorübergehende Rückläufigkeit der Kurven zu bemerken. Alle Kurven zeigen einen scharfen

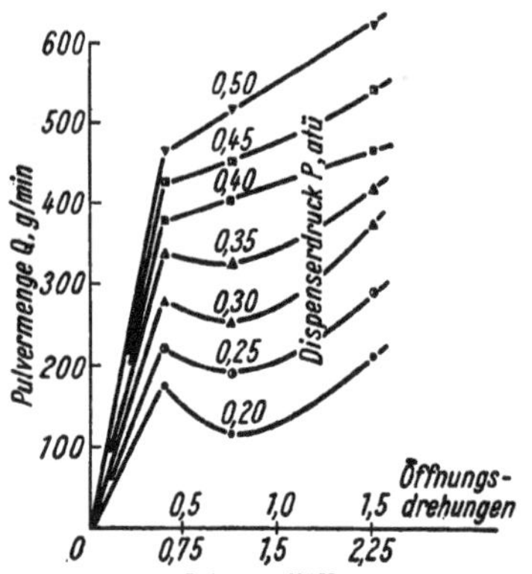

Abb. 4. Einfluß der Pulverspaltöffnung auf die dem Brenner zugeführte Pulvermenge bei verschiedenen Luftdrücken im Dispenser

Eisenpulvertyp: W 100.25

Öffnung des Lufteinblasventils: 0,2 mm

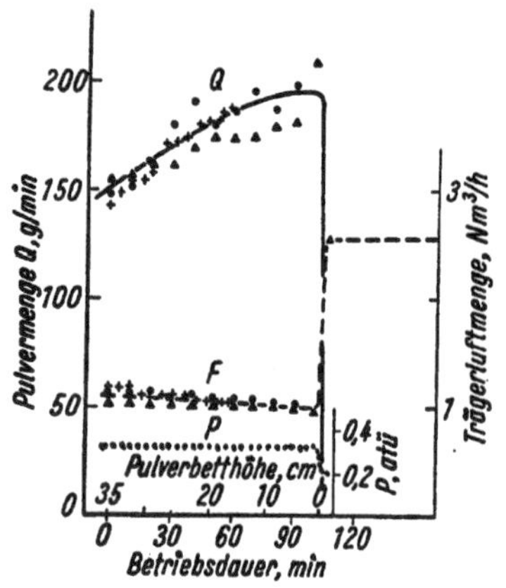

Abb. 5. Einfluß der Höhe des Pulverbetts bzw. der Betriebszeit auf Pulverstrom, Trägerluftstrom und Luftdruck im Dispenser

Eisenpulvertyp: W 100.25

Öffnung des Pulverspalts: ca. 1 mm ($^3/_4$ Drehung)

Öffnung des Lufteinblasventils: 0,2 mm

Versuch Nr. 1 Versuch Nr. 2 Versuch Nr. 3

Knick bei einer Spaltbreite von etwa 0,5 mm. Um den Pulverstrom so unempfindlich wie möglich gegen zufällige Veränderungen der Spaltbreite zu machen, ist es daher empfehlenswert, den Spalt auf etwa 1 mm Spaltbreite einzustellen, entsprechend etwa einer $^3/_4$ Öffnungsdrehung des aufgeschraubten Zyklongehäuses. In dieser Lage sollte das Zyklongehäuse gut fixiert werden.

Der Einfluß der Höhe des Pulverbettes im Dispenser auf Pulverstrom, Luftstrom und Luftdruck ist in Abb. 5 dargestellt. Da der Dispenser während des Brennschneidvorgangs nicht nachgefüllt werden kann, sinkt die Höhe des Pulverbettes ständig. Dies hat, wie Abb. 5 zeigt, zur Folge, daß die dem Brennermundstück zugeführte Pulvermenge ständig zunimmt, bis der Dispenser fast ganz entleert ist und der Pulverstrom plötzlich abbricht. Der Druck im Dispenser bleibt jedoch während der ganzen Zeit konstant, und auch der Trägerluftstrom ändert sich kaum.

Der Einfluß der Länge des Pulverzufuhrschlauches auf die zum Brennermundstück transportierte Pulvermenge geht aus Abb. 6 hervor. Wie etwa zu erwarten war, wird bei konstan-

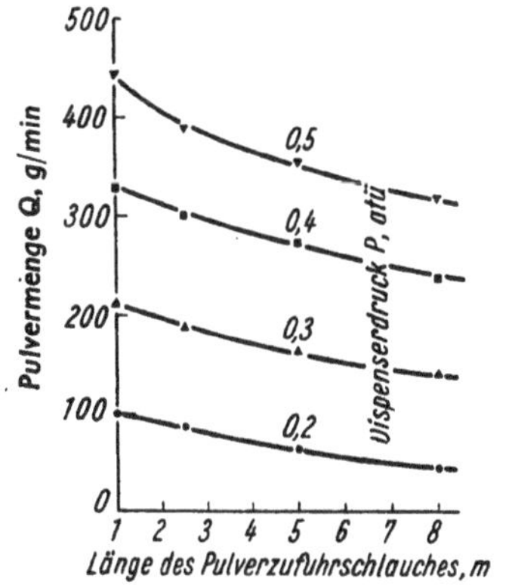

Abb. 6. Einfluß der Länge des Zufuhrschlauches auf die dem Brenner zugeführte Pulvermenge
Eisenpulvertyp: W 100.25
Öffnung des Pulverspalts: ca. 1 mm ($^3/_4$ Drehung)

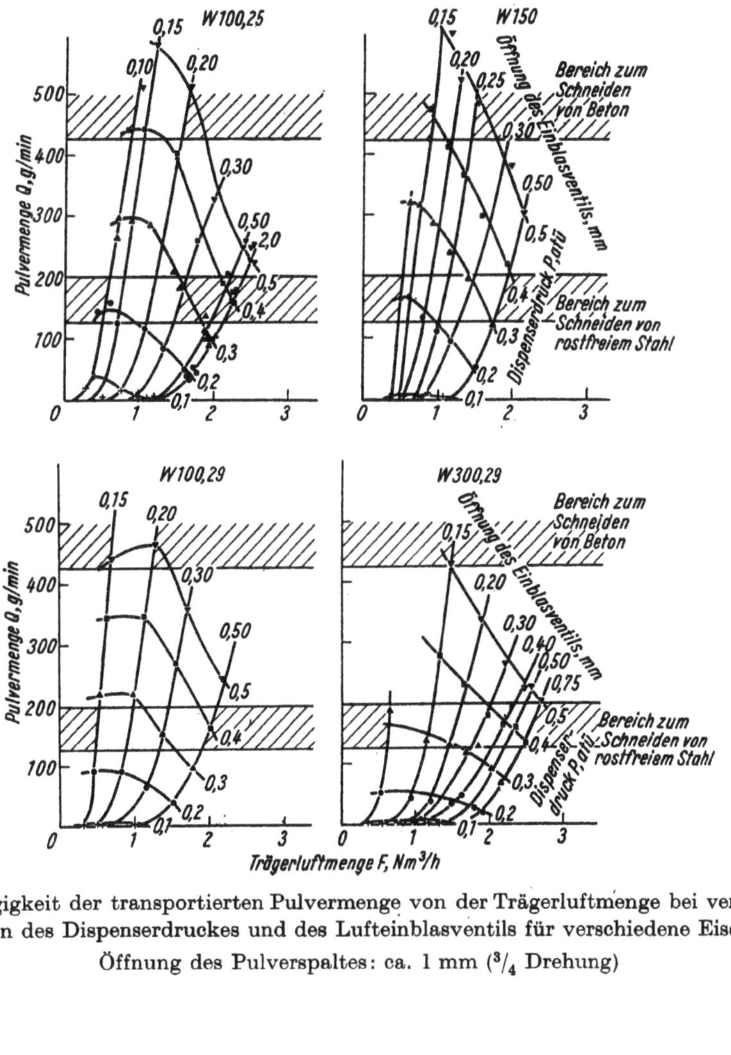

Abb. 7. Abhängigkeit der transportierten Pulvermenge von der Trägerluftmenge bei verschiedenen Einstellungen des Dispenserdruckes und des Lufteinblasventils für verschiedene Eisenpulver
Öffnung des Pulverspaltes: ca. 1 mm ($^3/_4$ Drehung)

tem Dispenserdruck die Pulvermenge mit zunehmender Schlauchlänge etwas geringer. Dies ist in um so stärkerem Maße der Fall, je höher der Dispenserdruck ist.

Die Abhängigkeit der transportierten Pulvermenge von der Trägerluftmenge bei verschiedener Einstellung des Dispenserdruckes und des Lufteinblasventils ist in Abb. 7 dargestellt.

Aus der Darstellung ist ersichtlich, daß bei konstant gehaltenem Dispenserdruck die Pulvermenge um so größer wird, je weiter das Lufteinblasventil zum Zyklongehäuse geöffnet wird.

Umgekehrt steigen bei fester Einstellung des Lufteinblasventils sowohl die Pulvermenge als auch die Trägerluftmenge mit zunehmendem Dispenserdruck an.

In der Praxis hat es sich als vorteilhaft herausgestellt, die Einstellung des Lufteinblasventils zu fixieren (auf eine Öffnung von etwa 0,20 bis 0,25 mm) und die gewünschte Pulvermenge lediglich durch Drehen am Luftdruckreduzierventil einzustellen. Siehe Darstellungen in Abb. 8 . Auf diese Weise ist auch die größtmögliche Garantie für einen gleichmäßigen Pulverstrom gegeben.

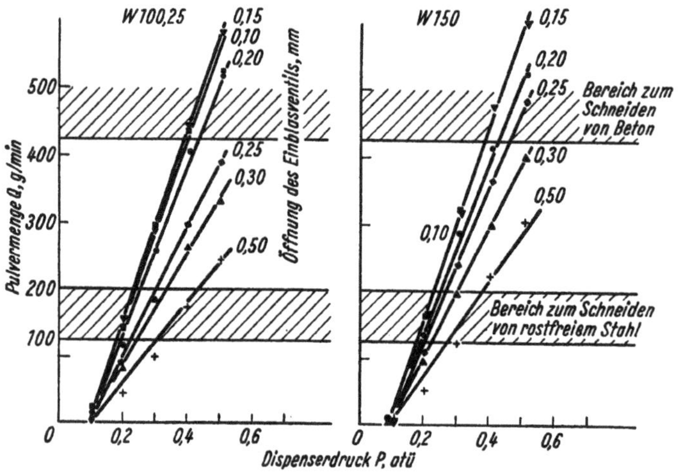

Abb. 8. Abhängigkeit der transportierten Pulvermenge vom Dispenserdruck bei verschiedener Einstellung des Lufteinblasventils, für die Pulvertypen W 100.25 und W 150

Öffnung des Pulverspaltes: ca. 1 mm ($^{3}/_{4}$ Drehung)

Die Bereiche optimaler Pulvermengen für das Schneiden von 10 cm dicken Platinen aus rostfreiem Stahl bzw. für das Schneiden von armiertem Beton sind in der Darstellung durch Schraffierung angedeutet.

4. Der Einfluß der Gasmischung, des Brennerabstands und der Pulvermenge auf das Schneidergebnis

Die eigentlichen Brennschneidversuche wurden mit der in Abb. 2 gezeigten automatischen Schneidanlage durchgeführt. Diese Anlage wurde unter Verwendung handelsüblicher Geräte speziell für diese Untersuchung aufgebaut und gestattete unter anderem eine kontinuierliche Änderung der Schneidgeschwindigkeit von 100 bis 800 mm/min. Jede gewählte Schneidgeschwindigkeit konnte mit einer Genauigkeit von $\pm 2{,}5$ mm/min konstant gehalten werden.

Sauerstoff und Acetylen wurden aus Flaschen entnommen und ihre Mengenanteile mittels Gasflußmessern vom Typ „Rotameter" gemessen.

Es wurden Stahlplatinen vom Typ 18/8-3Mo geschnitten, die eine Dicke von 100 mm, eine Breite von 325 mm und eine Länge von etwa 4000 mm hatten.

Die chemische Analyse dieser Platinen ist in Tabelle 2 angegeben.

Tabelle 2. Chemische Analyse der geschnittenen rostfreien Stahlplatinen

	C	Si	Mn	Cr	Ni	Mo
Gew.-%	0,08	0,46	1,58	17,79	12,19	2,56

Der verwendete Sauerstoff hatte folgende chemische Analyse: O_2 = 99,6 Vol.-%, N_2 + Ar = 0,4 Vol.-%, H_2O = max 0,01 Vol.-% (= 80 mg/Nm³).

Die Teilchengröße, das Schüttgewicht und der Gehalt an Verunreinigungen der untersuchten Eisenpulver sind aus Tabelle 3 zu ersehen.

Tabelle 3. Siebanalyse, Windsichtanalyse (Roller), Schüttgewicht und Verunreinigungsgehalt der untersuchten Eisenpulver

	W 100.25	FC 100	W 100.29	W 300.29
> 100 mesh	0,5%	0,1%	0,0%	0,0%
100–150 mesh	21,0%	1,3%	20,4%	0,1%
150–200 mesh	25,6%	29,6%	27,5%	0,2%
200–250 mesh	12,1%	15,4%	7,0%	0,2%
250–325 mesh	18,2%	36,2%	21,6%	3,3%
< 325 mesh	22,6%	17,5%	23,5%	96,2%
Total	100,0%	100,0%	100,0 %	100,0%
45–40 μ	18,5%	14,7%	n.b.	n.b.
40–20 μ	3,3%	1,8%	n.b.	n.b.
20–10 μ	0,7%	0,7%	n.b.	n.b.
10–5 μ	0,1%	0,2%	n.b.	n.b.
5–0 μ	0,0%	0,1%	n.b.	n.b.
< 325 mesh	22,6%	17,5%	n.b.	n.b.
Schüttgewicht g/cm³	2,48	2,68	2,8	2,86
H_2-loss, %	1,9	1,2	1,8	2,0
C-tot, %	0,10	0,05	0,08	0,08
HCl unlösl., %	ca. 0,5	ca. 0,5	ca. 0,5	ca. 0,5

n.b. = nicht bestimmt

Als Maß für die Schneideigenschaften der Pulver wurde der sogenannte Nachlauf, D/H, photographisch bestimmt. Dabei bedeutet D den horizontalen Abstand, um welchen der an der Unterseite der Stahlplatine austretende Schlackenstrahl hinter der auf die Oberseite der Stahlplatine auftreffenden Schneidflamme herhinkt, und H bedeutet die Dicke der Stahlplatine.

Die Schneideigenschaften des Pulvers werden um so besser bewertet, je kleiner der Nachlauf bei konstanter Schnittgeschwindigkeit ist.

Zur photographischen Bestimmung des Nachlaufs wurden bei jeder Schnittgeschwindigkeit mittels einer Robot-Kamera in Abständen von etwa 2 bis 3 Sekunden 10 bis 15 Aufnahmen der Lage von Schneidflamme und Schlackenstrahl gemacht. Nachdem der Film entwickelt war, wurde er mittels eines vertikalen Projektors auf eine weiße Papierunterlage projiziert und mittels Lineal und Bleistift graphisch ausgewertet. Auf diese Weise lassen sich der Nachlauf und seine Streuung wesentlich zuverlässiger bestimmen als durch Anlegen eines Winkelmessers in der Schnittkerbe nach unterbrochenem Schneidvorgang.

Das Prinzip der Auswertung der photographischen Aufnahmen ist aus Abb. 9 zu ersehen. *Der Einfluß der Pulvermenge und der Trägerluftmenge* geht aus Abb. 10 hervor. Aus dem Kurvenverlauf erkennt man, daß der Nachlauf in empfindlicherer Weise auf Schwankungen der Trägerluftmenge als auf Schwankungen der Pulvermenge anspricht.

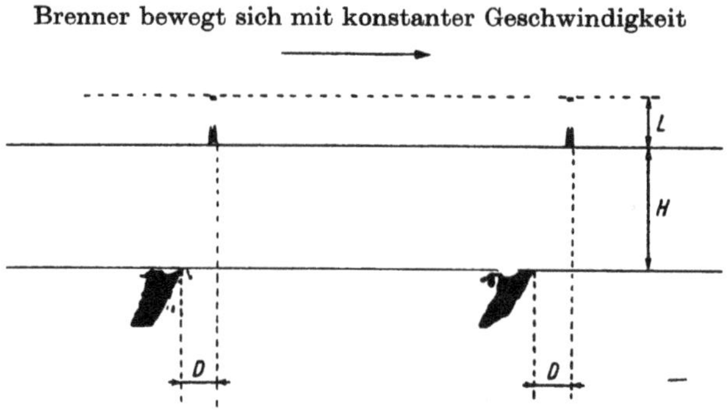

Abb. 9. Prinzip der graphischen Bestimmung des Nachlaufs, D/H, aus photographischen Serienaufnahmen des Schneidvorgangs

L = Brennerabstand

D = horizontaler Abstand zwischen Schneidflamme und Schlackenstrahl

H = Dicke der Stahlplatine

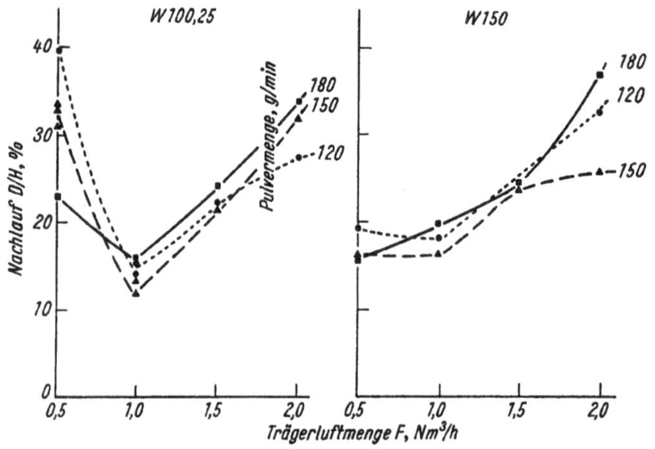

Abb. 10. Einfluß der Pulvermenge und der Trägerluftmenge auf den Nachlauf

Eisenpulvertypen: W 100.25 bzw. W 150

Öffnung des Pulverspalts: ca. 1 mm ($^3/_4$ Drehung)

Öffnung des Lufteinblasventils: 0,2 mm

Acetylenmenge: 1 Nm^3/h, Sauerstoffmenge: 16 Nm^3/h

Brennerabstand: 45 mm, Schneidgeschwindigkeit: 250 mm/min

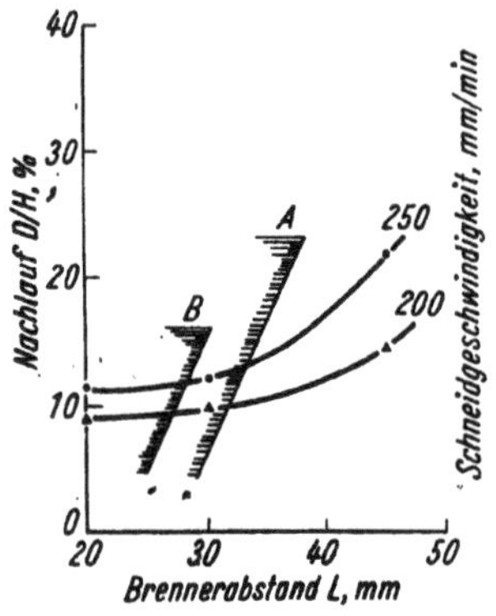

Abb. 11. Einfluß des Brennerabstandes auf den Nachlauf bei zwei verschiedenen Schneidgeschwindigkeiten

Eisenpulvertyp: W 100.25

Öffnung des Pulverspaltes: ca. 1 mm ($^3/_4$ Drehung)

Acetylenmenge: 1 Nm^3/h,

Sauerstoffmenge: 16 Nm^3/h

Pulvermenge: 150 g/min

Trägerluftmenge: 1 Nm^3/h

Schneidgeschwindigkeit: 200 bzw. 250 mm/min

Oberhalb von etwa 1 Nm^3/h nimmt der Nachlauf mit größer werdender Trägerluftmenge stark zu, was vermutlich darauf beruht, daß der Trägerluftstrom den aus dem Mittelkanal des Brennermundstücks strömenden Sauerstoffstrahl mehr und mehr ummantelt und so den direkten Kontakt zwischen Sauerstoff und Stahloberfläche behindert. Bei Trägerluftmengen unterhalb etwa 0,5 Nm^3/h kommt der Pulverfluß ins Stocken und der Schneidvorgang bricht häufig ab.

Optimale Verhältnisse scheinen vorzuliegen, wenn die Trägerluftmenge auf etwa 1 Nm³/h und die Pulvermenge auf etwa 150 g/min eingestellt werden.

Der Einfluß des Brennerabstands von der Stahlplatine ist in Abb. 11 dargestellt. Man erkennt, daß der Nachlauf mit abnehmendem Brennerabstand kleiner und kleiner wird, um schließlich bei einem Abstand von etwa 20 mm asymptotisch einen Kleinstwert zu erreichen.

Dieser Grenzwert kann jedoch im Dauerbetrieb nicht eingehalten werden, da bei so kleinem Brennerabstand auf Grund von Schlackenspritzern häufig die Schneidflamme erlischt (Grenze A) oder auch Rückschläge im Brenner auftreten (Grenze B). Ein Brennerabstand von etwa 45 mm hat sich im Dauerbetrieb als am günstigsten erwiesen.

Der Einfluß der Sauerstoff- und der Acetylenmenge ist aus Abb. 12 zu ersehen. Aus dem Kurvenverlauf geht hervor, daß der Nachlauf mit zunehmender Acetylenmenge erst schnell und dann langsamer abnimmt, um bei etwa 1 bis 1,5 Nm³/h ein Minimum zu erreichen. Bei höheren Acetylengehalten erlischt die Schneidflamme häufig. Die günstigste Sauerstoffmenge liegt bei etwa 16 Nm³/h. Größere Mengen vergrößern den Nachlauf auf Grund der zunehmenden Kühlwirkung. Bei Sauerstoffmengen unterhalb etwa 14 bis 15 Nm³/h treten Störungen des Schneidverlaufes auf Grund von Sauerstoffmangel an der brennenden Stahloberfläche auf.

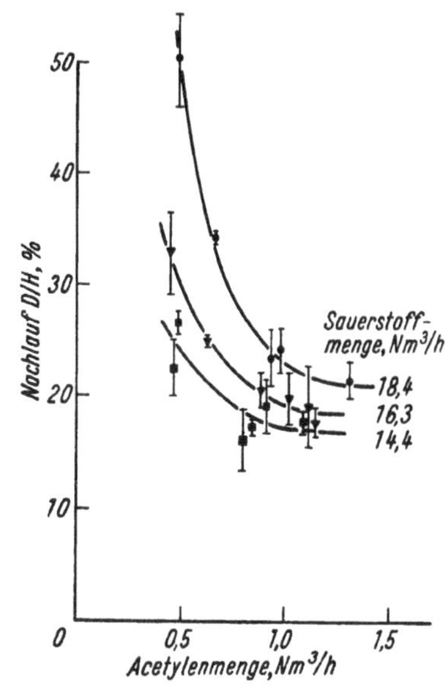

Abb. 12. Einfluß der Acetylen- und der Sauerstoffmenge auf den Nachlauf

Eisenpulvertyp: W 100.25
Öffnung des Pulverspalts: ca. 1 mm (³/₄ Drehung)
Öffnung des Lufteinblasventils: 0,2 mm
Pulvermenge: 150 g/min
Trägerluftmenge: 1 Nm³/h
Schneidgeschwindigkeit: 250 mm/min

Optimale Schneidverhältnisse wurden also festgestellt bei einer Acetylenmenge von etwa 1 Nm³/h und einer Sauerstoffmenge von etwa 16 Nm³/h.

In diesem Zusammenhang sei besonders darauf hingewiesen, daß die erforderliche Genauigkeit beim Einstellen der Gasmengen nicht, wie irrtümlich in der Praxis oft behauptet wird, lediglich auf Grund des Aussehens der Schneidflamme erreicht werden kann. Innerhalb des in Abb. 12 dargestellten Untersuchungsbereichs änderte sich das Aussehen der Schneidflamme nur unwesentlich und keineswegs in eindeutiger Weise, obwohl die Gasmengen ganz erheblich verändert wurden. Die Benutzung geeigneter Gasflußmesser ist daher unbedingt zu empfehlen. (Manometer sind im allgemeinen für diesen Zweck wenig geeignet, da die Gasflußmenge nicht nur vom Druck, sondern auch von den veränderlichen Strömungswiderständen in den verschiedenen Reduzierventilen abhängt.)

Der Einfluß der Schneidgeschwindigkeit auf den Nachlauf kann aus Abb. 13 ersehen werden. Um die Reproduzierbarkeit des Schneidergebnisses besonders zu prüfen, wurde jedes Pulver je fünfmal bei 2 bis 4 verschiedenen Schneidgeschwindigkeiten von 150 bis 275 mm/min untersucht. Vor jeder neuen Versuchsserie wurde die Stahlplatine auf Raumtemperatur (etwa 22 °C) abgekühlt. Die mittleren Nachlaufwerte jeder der fünf Versuchsserien wurden zu Kurven verbunden. Die Streuung des Nachlaufs innerhalb einer Versuchsserie ist bei jedem einzelnen Meßpunkt (Mittelwert) durch entsprechend lange vertikale Striche angegeben. Wie zu erwarten, nimmt der Nachlauf mit zunehmender Schnittgeschwindigkeit erst langsamer und dann schneller zu. Interessant ist die Feststellung, daß die Reproduzierbarkeit des Schneidergebnisses von Versuchsserie zu Versuchsserie schlechter ist als die Streuungen innerhalb einer Versuchsserie. Eine vollkommen befriedigende Erklärung hierfür kann zur Zeit noch nicht gegeben werden. Es ist jedoch zu vermuten, daß hierfür folgende in der Untersuchung nicht kontrollierte Faktoren verantwortlich zu machen sind. (Die Reihenfolge der Aufzählung entspricht nicht notwendig der Wahrscheinlichkeit der Störung.)

1. Unbemerkte lokale Verstopfungserscheinungen am Brennermundstück,
2. Unterschiede im Feuchtigkeitsgehalt des Sauerstoffs (von Flasche zu Flasche),
3. Seigerungsunterschiede in der Struktur der stranggegossenen Stahlplatinen.

Nicht verantwortlich für die Schwankungen des Schneidverlaufes von einer Versuchsserie zur anderen war erwiesenermaßen das Pulver, da dieses vor jeder neuen Versuchsserie genau kontrolliert wurde. Auch konnte festgestellt werden, daß die Art des Pulvers nur geringen Einfluß auf das Schneidergebnis hatte.

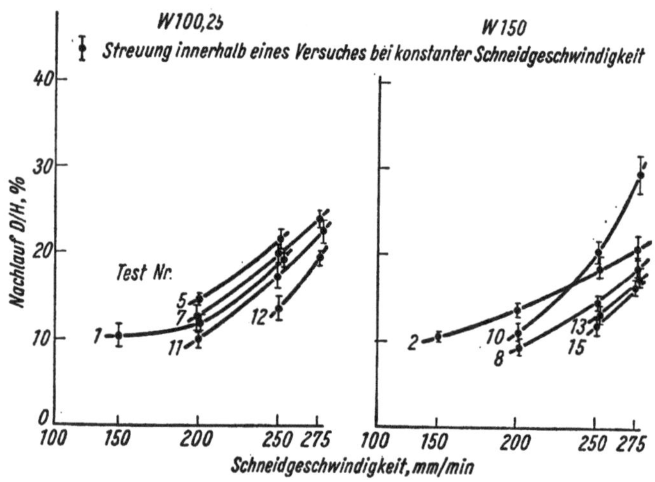

Abb. 13. Einfluß der Schneidgeschwindigkeit auf den Nachlauf

Eisenpulvertypen: W 100.25 bzw. W 150
Öffnung des Pulverspalts: ca. 1 mm ($^3/_4$ Drehung)
Öffnung des Lufteinblasventils: 0,2 mm
Acetylenmenge: 1 Nm^3/h, Sauerstoffmenge: 16 Nm^3/h
Pulvermenge: 150 g/min
Trägerluftmenge: 1 Nm^3/h
Brennerabstand: 45 mm

5. Schlußfolgerungen

Aus unserer Untersuchung lassen sich folgende Schlüsse ziehen.

Handelsübliche Dispenser von der Art des hier untersuchten besitzen unnötig viele Ventile, was in der Praxis, besonders bei nicht speziell für diesen Zweck ausgebildeten Arbeitern, oft große Unklarheiten betreffend der richtigen Einstellung des Dispensers hervorruft. Außerdem fehlen an den vorhandenen Ventilen meistens die für ihre genaue Einstellung erforderlichen Skalen.

Pulverdispenser für den genannten Zweck könnten wesentlich vereinfacht werden, wenn Pulverspalt und Lufteinblasventil zum Zyklongehäuse vom Hersteller fest auf den optimalen Wert eingestellt würden und vom Bedienungspersonal später nicht mehr berücksichtigt zu werden brauchten. Die jeweils erforderliche Pulvermenge könnte dann in einfacher und zuverlässiger Weise allein über den Luftdruck im Dispenser geregelt werden. Die Anbringung genauer Gasflußmesser für Acetylen und Sauerstoff sowie eines genaueren Flußmessers für den Trägerluftstrom wären ebenfalls wünschenswerte Verbesserungen. (Schwankungen des Trägerluftstroms zeigen in empfindlicher Weise Schwankungen der Pulverflußmenge an, die sonst nicht während des Schneidvorgangs kontrolliert werden kann.)

Die Art des Eisenpulvers ist für das Schneidergebnis von geringerer Bedeutung als die richtige Dispensereinstellung und die richtige Wahl des Acetylen-Sauerstoffgemisches. Es muß jedoch dabei beachtet werden, daß sehr feinkörnige Eisenpulver zwar aus reaktionskinetischen Gründen vorteilhaft sind, aber häufig Schwierigkeiten im Dispenser bereiten. Auch eine geringe Feuchtigkeitsaufnahme des Eisenpulvers wirkt sich oft bereits nachteilig auf das Fließverhalten im Dispenser aus. Mit dem üblichen Hall-Flußmesser (ASTM-Norm) kann die Fließfähigkeit eines Eisenpulvers im Pulverdispenser nicht beurteilt werden, da dieser Typ des Flußmessers nicht auf kleine Pulverunterschiede anspricht, die sich bereits wesentlich im Dispenser bemerkbar machen. Die Fließfähigkeit des Pulvers wird zu diesem Zweck besser mittels eines gröberen Siebes (etwa 35 Maschen pro Zoll) gemessen, welches sehr empfindlich auch auf geringe Pulverunterschiede anspricht.

Im übrigen scheint weder die chemische Analyse noch die Körnung des Pulvers von besonderer Wichtigkeit zu sein. Pulver gröber als 100 mesh oder zu mehr als 50% feiner als 325mesh sollten jedoch vermieden werden.

Höganas (Schweden), Höganas-Billesholms AB

Diskussion

Th. Brüggemann, Thale: In der DDR fordern die Betriebe zum Pulverbrennschneiden ein Pulver der Körnung 0,06 bis 0,15 mm. Ist es unbedingt notwendig, diese engen Grenzen einzuhalten oder kann man auch Pulver mit größerem Korngrößenbereich anwenden?

G. Bockstiegel: Der Anteil an sehr feinem Pulver kann dazu führen, daß das Pulver im Dispenser nicht fließt. Ist der Anteil an Feinstpulver zwischen 0,04 und 0,05 mm nicht allzu groß und das Pulver trocken, so daß es durch ein Kontrollsieb von 0,50 mm Maschenweite gut hindurch läuft, dann treten keine Schwierigkeiten auf. Eine Kontrolle mit einem Sieb ist auf jeden Fall zweckmäßiger als die Prüfung mit dem nach ASTM standardisierten Fließtrichter. Die Teilchengröße sollte auch 0,30 mm oder besser 0,15 mm nicht überschreiten, da grobkörniges Pulver sich schlechter in der Flamme entzündet und nicht vollständig verbrennt, so daß weniger Eisenoxid gebildet wird.

M. Michalke, Mönchengladbach: Beim Brennschneiden von chromlegiertem Stahl bildet sich eine zähflüssige Chromoxidschicht mit höherem Schmelzpunkt. Durch Zugabe des Eisenoxids wird die Schlacke dünnflüssiger, so daß die Flamme leichter durch die Oxidschmelze dringen kann, um das Metall zu erreichen. Bevor sich das Pulverbrennschneiden durchgesetzt hatte, wendete man leichtflüssige Alkalien oder Salze hierfür an. Diese Aufgabe übernimmt nun das Eisenpulver.

G. Bockstiegel: Besonders geeignet sind auch Mischungen von Kupfer und Eisenpulver; es bilden sich Schlacken, die schon bei 500 °C schmelzen. Dieses Gemisch hat aber gesundheitsschädigende Wirkung.

E. Bryjak, Katowice (Polen): Können Zusätze von Aluminium, Silizium, Manganpulver oder Ferrolegierungspulver die Wärmebilanz beim Pulverbrennschneiden verbessern?

G. Bockstiegel: Eisen–Aluminium-Pulverzusätze mit entsprechend hoher Verbrennungswärme werden beispielsweise beim Pulverlanzen verwendet, wobei nach einem patentierten Verfahren Beton oder feuerfeste Steine geschnitten werden. Aber für das normale Pulverbrennschneiden haben legierte Eisenpulver keine Bedeutung. Das wesentliche Problem sind die hohen Wärmeverluste, die durch die hohe Gasgeschwindigkeit im Brenner und die Wärmeleitfähigkeit der Platine bedingt sind.

E. Bryjak: Kann man das Pulverbrennschneiden mit dem Plasmastrahlschneiden hinsichtlich der Wirtschaftlichkeit vergleichen?

G. Bockstiegel: Das Plasmaschneiden hat außerordentliche Vorteile; man kann sehr dünne Schnitte erzielen, und durch die verhältnismäßig große Schnittgeschwindigkeit sind die Wärmeverluste durch Wärmeleitung in der Platine sehr gering. Andererseits sind die Kosten für die Plasmaanlagen und die Energie relativ hoch, so daß man den Einsatz nur für Spezialfälle empfehlen kann.

H. Silbereisen, Mönchengladbach: Besteht die Möglichkeit einer Art Schabung oder Schälung oder eines Korrekturschnittes, wenn der erste Schnitt unsauber ausgefallen ist, da dann die saubere Führung der Flamme durch den Schlitz entfällt?

G. Bockstiegel: Hierzu liegen keine eigenen Erfahrungen vor. Aber grundsätzlich müßte es möglich sein, denn das Pulverflämmen ist eine Art des Schälens. Die Art des Brenners und die Pulvermenge sind für diesen Zweck besonders auszuwählen.

Korrosion von Metallpulvern

Von F. Eisenkolb und M. Kühnel

Das Korrosionsverhalten der Metalle wird außer durch die chemischen und physikalisch-chemischen Wechselbeziehungen zwischen den Reaktionspartnern auch durch die Oberflächenbeschaffenheit bestimmt. Es ist deshalb von Metallpulvern mit ihrer großen spezifischen und vielgestaltigen Oberfläche ein besonderes Verhalten zu erwarten. Mit zunehmender Feinheit der Teilchen wachsen das Adsorptionsvermögen und die Reaktionsgeschwindigkeit bei chemischen Umsetzungen. In jedem Pulver liegen nun Teilchen verschiedener Größe und Gestalt vor. Unter der Einwirkung von aggressiven Mitteln wird eine Änderung der Teilchengrößenverteilung und meist auch eine Änderung der Gestalt der Teilchen eintreten.

Aufgabenstellung und Werkstoffe

Unter diesen Voraussetzungen bestand Interesse dafür, den Einfluß eines Korrosionsangriffs auf Siebanalyse und Teilchenform bei verschiedenen Versuchsbedingungen kennenzulernen, um danach gegebenenfalls Maßnahmen zu treffen, diese beiden Kenngrößen eines Pulvers in einer bestimmten Richtung zu verändern.

In die Untersuchungen sollten Pulver einbezogen werden, die für Massenwerkstoffe in Betracht kommen. Von der Werkstoffseite waren das Eisenpulver, Kupferpulver und Bronzepulver, die nach üblichen Verfahren gewonnen wurden. Eisenpulver mit kompakten, aber unregelmäßig geformten Teilchen ist nach dem Hametag-Verfahren mechanisch aus Draht- oder Blechstückchen herstellbar, als Pulver mit kugeligen oder tropfenförmigen Teilchen und schwammartiger Oberfläche nach dem Roheisen–Zunder-Verfahren, bei dem eine kohlenstoffhaltige Eisenschmelze zunächst verdüst und die anfallenden Teilchen reduzierend geglüht werden. Kupfer- und Bronzepulver lassen sich ebenfalls durch Verdüsen erzeugen, wobei je nach den angewandten Bedingungen kugelige oder spratzige Teilchen gebildet werden. Kupfer lag ferner als Elektrolytpulver vor.

Die Auswahl der Korrosionsmittel wurde so getroffen, daß einmal Säuren verwendet wurden, die das Metall unter Gasentwicklung lösen. Dazu gehörten die Lösungsversuche von Eisenpulver in Salzsäure und Kupfer- und Bronzepulver in Salpetersäure, wobei allerdings Unterschiede in der Art der chemischen Reaktion vorhanden sind. Bei einer anderen Gruppe wurde das Auflösen des Metalls ohne Gasentwicklung angestrebt. Dies ist der Fall beim Einwirken von wäßriger Ammoniaklösung auf Kupfer- und Bronzepulver. Schließlich wurde noch eine dritte Gruppe von Versuchen aufgenommen, bei der die Korrosion durch Reaktion der Pulver mit trockenen Gasen, im nächstliegenden Fall als Verzunderung, hervorgerufen wurde. Ihre Stärke wurde dann durch Ablösen der Zunderschicht ermittelt, ohne daß dabei das darunterliegende Metall angegriffen wurde, z. B. Ablösen des Eisenoxids in Säure, die einen Inhibitor enthält.

Durchführung und Auswertung der Versuche

Bei den ersten Versuchen wurden 100 g Hametag-Eisenpulver mit einer Siebanalyse, wie sie dem Anlieferungszustand entsprach, in einem Gefäß unter ständigem Rühren bestimmte Zeiten dem Angriff von Salzsäure unterschiedlicher Konzentration ausgesetzt. Nach der vorgesehenen Behandlungsdauer wurde die Reaktion jeweils dadurch beendet, daß die relativ kleine Menge des Reaktionsgemisches von etwa 200 ccm in 4 Liter Wasser gegossen wurde. Aus der Suspension setzte sich das ungelöst Metallpulver bald zu Boden, und die Flüssigkeit konnte abgehebert werden. Dieser Waschprozeß wurde zweimal wiederholt und schließlich das am Pulver anhaftende Wasser mit Alkohol und Aether verdrängt. Nach dem Trocknen wurde das Pulver gewogen und der Siebanalyse unterzogen. Es ergaben sich so der Gesamtverlust des Pulvers sowie die Verluste der einzelnen Teilchenklassen. Sie führten zu einer Verschiebung der Teilchengrößenverteilung, die durch Eintragen der erhaltenen Zahlen in das Körnungsnetz nach Rosin-Rammler-Sperling nachweisbar war. Über das Ergebnis wird später berichtet. Bei der Fortführung der Versuche wurde dann so vorgegangen, daß das jeweilige Pulver durch Sieben zunächst in Teilchenklassen aufgeteilt wurde und daraus bestimmte Mischungen zusammengestellt wurden. Als „grobe" Pulver wurden solche bezeichnet, deren Teilchen zwischen 0,10 und 0,315 mm Siebmaschinenweite lagen, die „feinen" umfaßten den Bereich 0,04 bis 0,10 mm.

Bei den als Korrosionsmittel verwendeten Lösungen wurden die Konzentration und die Temperatur variiert. Für diese Versuche wurden Pulverproben von 20 g verwendet. Bei solchen geringen Mengen ist die Auswertung der Versuche im RRS-Körnungsnetz nicht mehr möglich. Sie wurde deshalb in anderer Weise vorgenommen, die bei der Besprechung der Ergebnisse noch beschrieben wird.

Fehlermöglichkeiten bei der Versuchsdurchführung

Es soll nun auf einige Probleme, die mit der Versuchsdurchführung verbunden sind, hingewiesen werden. Zunächst sei auf die Siebdauer und den Probenumfang eingegangen. Fehler, die sich aus der Siebdauer ergeben können, lassen sich umgehen, wenn man die Siebanalysen nur vergleichend auswertet. Es muß bloß gewährleistet sein, daß das Pulver in seine Kornklassen aufgeteilt wird. Bei gleicher Siebdauer für alle Pulvermischungen entstehen keine größeren Fehler. Bei unseren Versuchen war sie mit 10 min festgelegt. Eine andere Fehlermöglichkeit war durch die gewählte Probengröße von 20 g gegeben. Nach W. Batel [1] ist die Güte der Absiebung nahezu unabhängig von der Einsatzmenge, es muß nur für die Bestimmung der Korngrößenverteilung die Zahl der Teilchen genügend groß sein. Über die Mindestgröße lassen sich verständlicherweise keine genauen Angaben machen. Es gilt aber die Regel, daß man im Teilchengrößenbereich unter 0,2 mm nicht viel weniger als 20 g Pulver verwenden soll. Vergleichssiebungen mit Proben von 100 g und 20 g ergaben ausreichende Übereinstimmung in der Siebanalyse.

Ein weiteres Problem betraf den Anteil des beim Waschen und Trocknen auf den Teilchen entstandenen Oxids. Vorversuche mit Eisenpulvern zeigten, daß dieser Fehler vernachlässigt werden darf, wenn man der Waschflüssigkeit Passivierungsmittel, wie Natriumchromat oder Natriumnitrit, zusetzt. Deshalb konnte dann auch auf eine nachträgliche Reduktionsglühung verzichtet werden.

Schließlich ist noch das Zusammenballen von Pulverteilchen eine Fehlermöglichkeit bei der Bestimmung der Korngrößenverteilung. Sie tritt vor allem in feuchten Haufwerken und beim Reduzieren der Pulver auf. Die Agglomerate sind oft so stabil, daß sie beim anschließenden Sieben nicht zerfallen. Sie müssen deshalb vorher in einem Mörser durch vorsichtiges Reiben des Pulvers beseitigt werden. Unter dem Mikroskop kann leicht an einer Probe festgestellt werden, ob echte Teilchen vorliegen.

Die Versuchsergebnisse

In Abb. 1 sind die Korngrößenverteilungen von Hametag-Eisenpulvern im ROSIN-RAMMLER-SPERLING-Diagramm wiedergegeben, wie sie sich im Ausgangszustand und nach der

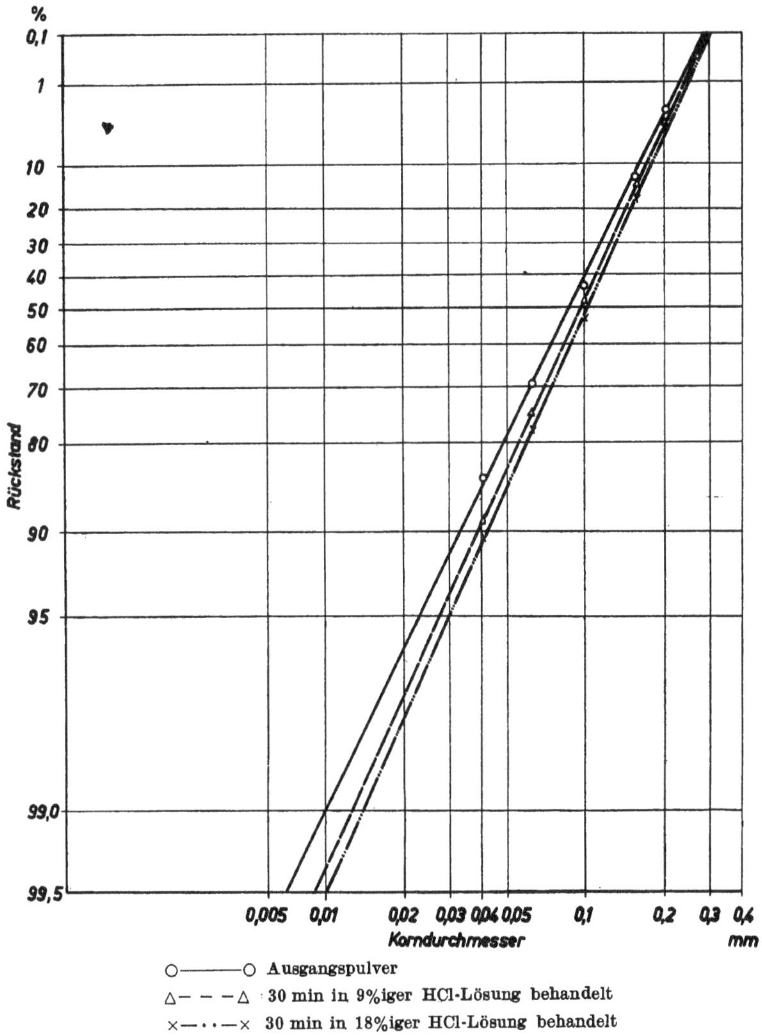

Abb. 1. RRS-Diagramm von Hametag-Eisenpulver im Ausgangszustand und nach der Behandlung in HCl

Behandlung in 9%iger und in 18%iger Salzsäure ergeben. Aus der Richtungsänderung der Geraden ergibt sich, daß sich durch die Säurewirkung die gröberen Teilchen im Pulvergemisch angereichert haben. Anschaulicher als im RRS-Körnungsnetz kann dies durch die relative Häufigkeitsverteilung der Korngrößen dargestellt werden. Aus der Siebanalyse wurden die entsprechenden Werte errechnet und zu dem in Abb. 2 gezeigten Diagramm zusammengestellt. Deutlich ist die relative Verarmung an kleinen Teilchen und die daraus folgende Verschiebung in der Verteilung nach der Seite der größeren Teilchen zu erkennen. Dies wird auch durch die Berechnung der mittleren Teilchengröße d_m bestätigt. Sie ergibt sich für das Ausgangspulver zu $d_m = 0{,}097$ mm und steigt für das in 18%iger Salzsäure behandelte Pulver auf 0,111 mm.

Aus beiden Diagrammen geht aber nicht der durch Auflösung entstandene Masseverlust der Pulver hervor. In der schwächeren Lösung wurden etwa 15%, in der stärkeren etwa 30% der angewandten Menge aufgelöst.

Im folgenden wurde noch ein anderes Auswertungsverfahren angewandt, das auch die Gesamtverluste mit erfaßt. Ein Teil der Versuche wurde wiederum mit Hametag-Eisenpulver durchgeführt. Wie schon vordem erwähnt, wurden dazu „grobes" Pulver mit Teilchen von 0,10 bis 0,315 mm Durchmesser und „feines" Pulver mit Teilchen von 0,04 bis 0,10 mm Durchmesser vorbereitet.

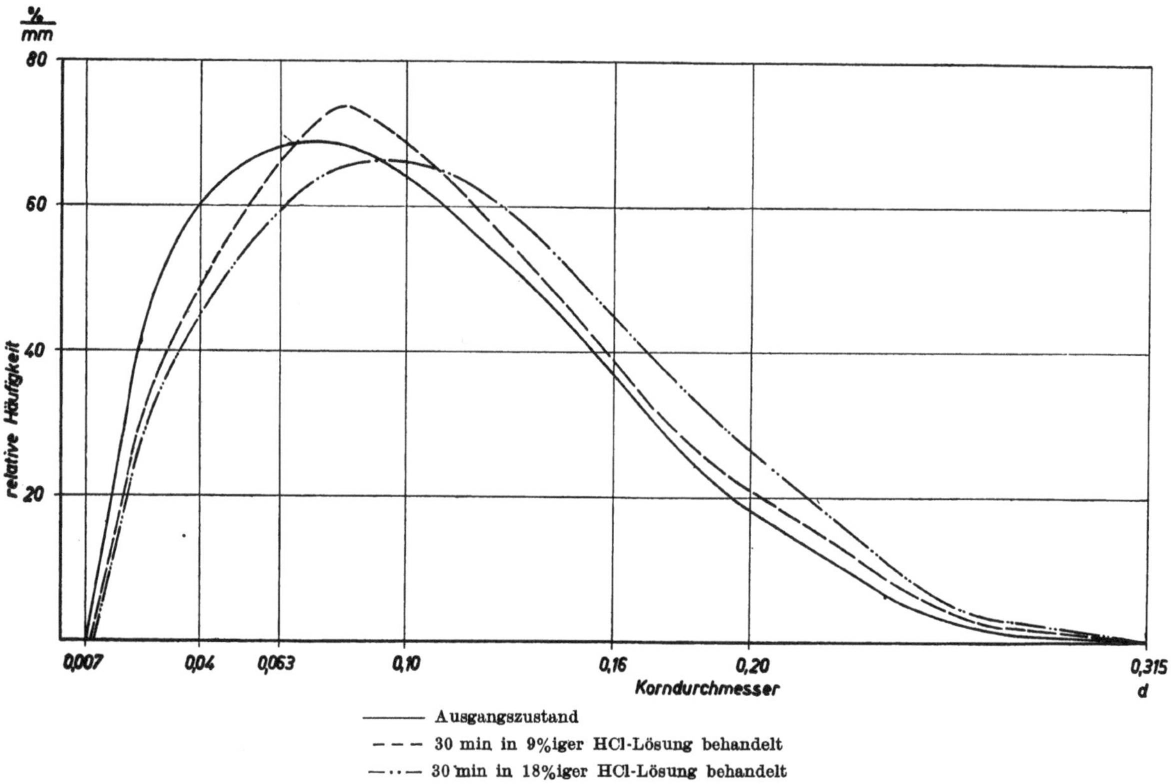

Abb. 2. Korrosion von Hametag-Eisenpulver. Häufigkeitsverteilung von Hametag-Eisenpulver im Ausgangszustand und nach der Behandlung in HCl

In Abb. 3 sind die Ergebnisse der in Salzsäure durchgeführten Versuche aufgezeichnet. Die obere Reihe der Diagramme bezieht sich auf die „groben", die untere auf die „feinen" Pulver. Auf der linken Seite wird der Einfluß der Temperatur, Konzentration und Behandlungsdauer dargestellt, indem die nach dem Versuch verbliebenen Pulveranteile in Prozent der Ausgangsmenge aufgetragen wurden. Die Anteile der Kornklassen sind durch die stark markierten Kurven gekennzeichnet, während die Anteile der Ausgangsmischung durch die dünn ausgezogenen Linien angedeutet worden sind. Der Verlust ergibt sich aus der Differenz 100% — R (Rückstand). Dabei muß berücksichtigt werden, daß sich der Verlust aus zwei Anteilen zusammensetzt, die nicht gesondert aufgeführt sind. Der Gesamtverlust wird aus dem gelösten Anteil und einer verbleibenden Pulvermenge der Körnung $< 0{,}04$ mm beim „feinen" und $< 0{,}10$ mm beim „groben" Pulver gebildet. Zur Beurteilung von Verschiebungen in den Kornklassen ist dieser Pulveranteil nicht berücksichtigt worden. Auf der rechten Seite des Bildes ist ebenfalls der Einfluß der Versuchsparameter dargestellt, nur daß der jeweilige Rückstand an Pulver gleich 100% gesetzt wurde. Damit werden die Anteile der Kornklassen in Einsatzmenge und Rückstand vergleichbar sowie die Veränderungen im Mischungsverhältnis sofort deutlich. Es ist zu entnehmen, daß der Einfluß der Temperatur bei beiden Pulvern größer ist als der der Konzentration und der Behandlungsdauer. Dagegen tritt eine bedeutende Verschiebung des Mischungsverhältnisses nur beim „feinen" Pulver auf, dort allerdings auch durch die Wirkung der beiden anderen Einflußgrößen. Das bedeutet,

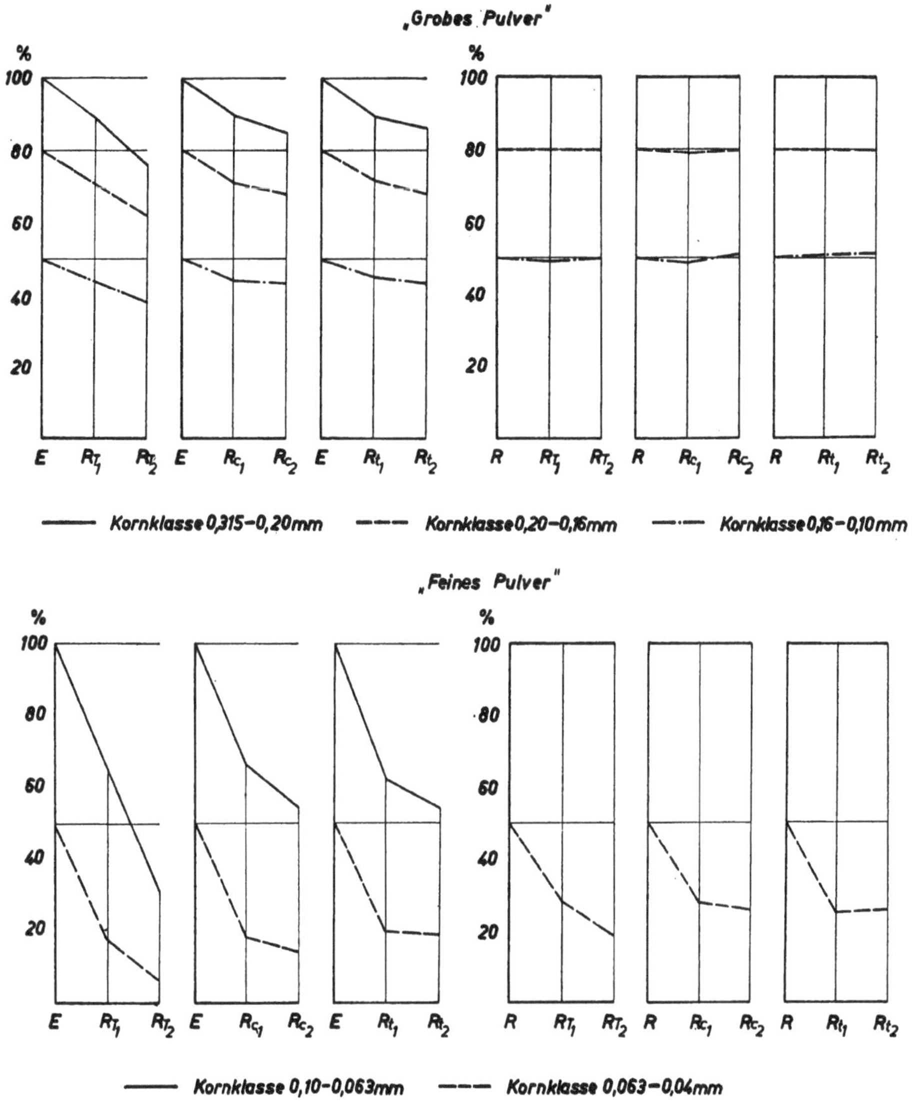

Abb. 3. Rückstand R von Hametag-Eisenpulvermischungen nach der Behandlung in HCl bei verschiedener Temperatur (R_T), Konzentration (R_c) und Behandlungsdauer (R_t) bezogen auf: Einsatzmenge $E = 100\%$, bzw. Rückstandsmenge $R = 100\%$

daß die kleinen Teilchen stärker angegriffen werden und in die niederen Kornklassen abwandern, als aus den höheren Teilchen nachgeliefert werden.

Die Untersuchungen wurden in der gleichen Weise auch mit Salpetersäure durchgeführt sowie auf das Roheisen–Zunder-Pulver ausgedehnt. Wegen des heftigen Angriffs der wäßrigen Salpetersäure wurde für die Versuche die Säurelösung mit einem Wasser–Alkohol-Gemisch angesetzt und der Gehalt an Säure auf 3 und 6% beschränkt. Bei sehr kurzen Behandlungszeiten ergab die Auswertung qualitativ die gleichen Ergebnisse wie sie mit Salzsäure erhalten wurden. Analoge Verhältnisse wurden an beiden Eisenpulvern angetroffen, wenn die Pulver vor dem Versuch bei 600 °C an Luft oxydiert und anschließend in 15%iger Salzsäure behandelt wurden, die einen Inhibitor enthielt.

Die weiteren Untersuchungen betrafen dann Kupfer- und Bronzepulver. Elektrolytisches Kupferpulver, zusammengestellt aus den Kornklassen 0,04 bis 0,063 mm und 0,063 bis

0,10 mm, wurde mit wäßriger Ammoniaklösung, der etwas Wasserstoffperoxid zugesetzt wurde, behandelt. In Abb. 4 sind die Bedingungen und die Ergebnisse dieser Versuchsreihe angegeben. Es fällt sofort auf, daß keine bedeutende Veränderung des Mischungsverhältnisses eingetreten ist, obwohl ein starker Angriff auf das Pulver stattgefunden hat, das zu den „feinen" gerechnet werden muß. Als Erklärung dafür kann angenommen werden, daß durch den Peroxidzusatz die Reaktion beschleunigt wird und es zu einem gleichmäßigen Angriff kommt. Vorversuche ohne Wasserstoffperoxid hatten ergeben, daß die Verluste an Kupferpulver zu gering waren, um sie auswerten zu können.

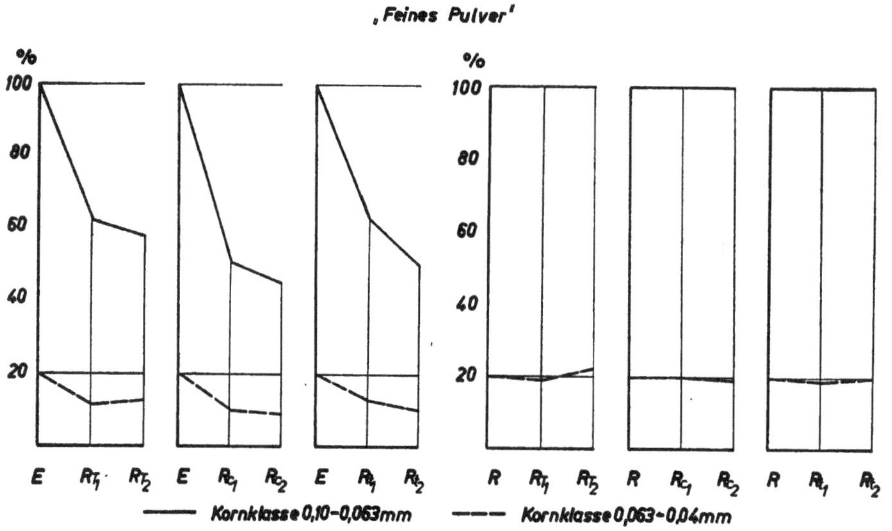

Abb. 4. Rückstand R von elektrolytischen Kupferpulvermischungen nach der Behandlung in wäßriger Ammoniaklösung bei verschiedener Temperatur (R_T), Konzentration (R_c) und Behandlungsdauer (R_t) bezogen auf: Einsatzmenge $E = 100\%$, bzw. Rückstandsmenge $R = 100\%$

Die Behandlung in Salpetersäure führte zu den gleichen Ergebnissen. Hier wirkt das bei der Reaktion entstehende Nitrit beschleunigend. In Abb. 5 werden die Ergebnisse der Versuche mit Salpetersäure an verdüstem Zinnbronze-Pulver veranschaulicht. Das Bronzepulver ist gegen Salpetersäure beständiger als Kupfer. Es zeigt ebenso wie dieses in beiden Mischungen nur unbedeutende Veränderungen in der Größenverteilung der Teilchen. Das ist darauf zurückzuführen, daß die Bronzen im allgemeinen dem Kupfer im chemischen Verhalten sehr ähnlich sind. Nach diesem Ergebnis wären Verschiebungen in der Größenverteilung nur dann zu erwarten, wenn im angreifenden Mittel keine beschleunigend wirkenden Stoffe anwesend sind.

Wie weit sich die Gasentwicklung beim Auflösen auswirkt, ließ sich aus den Ergebnissen nicht erkennen. Es ist aber denkbar, daß z. B. durch Wasserstoffentwicklung einerseits die Bewegung in der Flüssigkeit verstärkt und damit die Reaktionsgeschwindigkeit erhöht wird, während andererseits durch Ansetzen von Gasbläschen, insbesondere an zerklüfteten Teilchenoberflächen, das Auflösen gehemmt wird. Ob dadurch feinere Teilchen geschützt werden, muß offen bleiben.

Die Veränderung der Teilchengestalt

Zur mikroskopischen Untersuchung wurden einzelne größere Teilchen verschiedenen Pulvern entnommen und unter verschärften Korrosionsbedingungen behandelt. Der Verlauf wurde in regelmäßig vorgenommenen Beobachtungen kontrolliert. Dabei konnten zwei

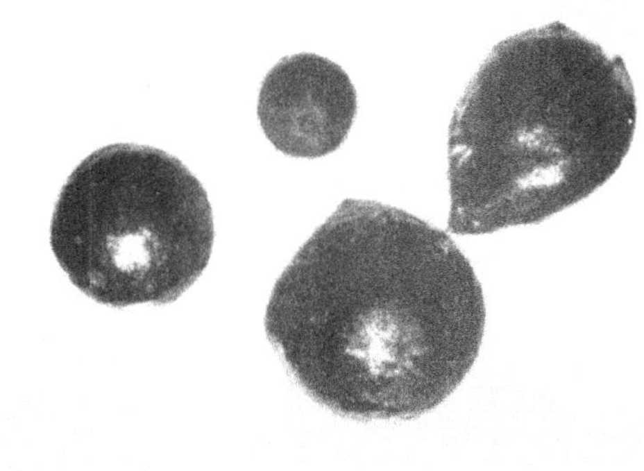

a) Ausgangszustand

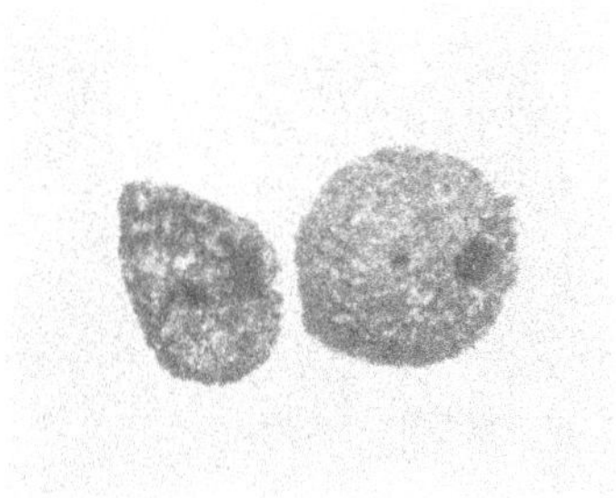

b) nach 4 min

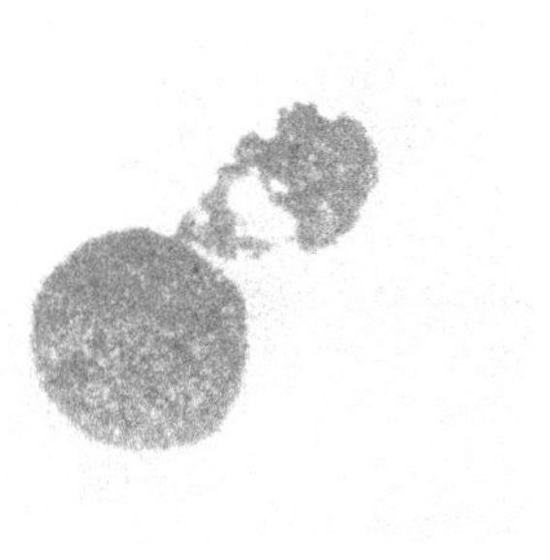

c) nach 6 min

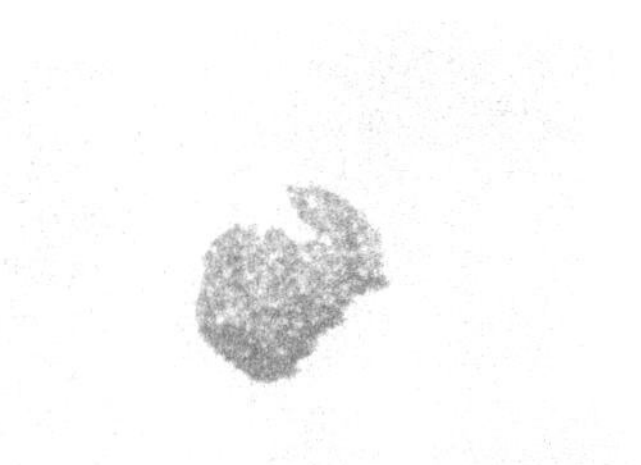

d) nach 8 min

Abb. 6. Änderung der Gestalt von verdüsten Eisenpulverteilchen durch Korrosion in siedender konzentrierter HCl in Abhängigkeit von der Behandlungsdauer
V = 20:1

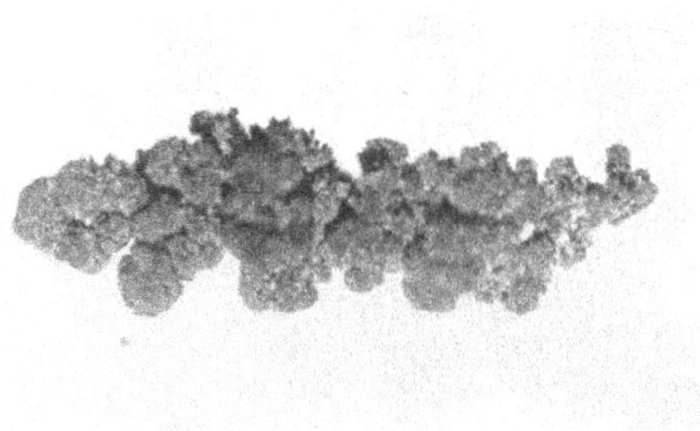

a) Ausgangszustand

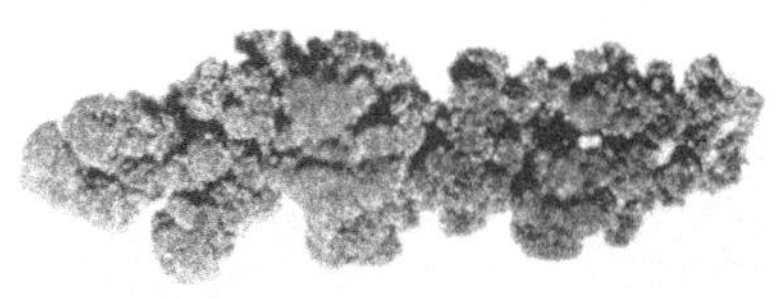

b) nach 4 min

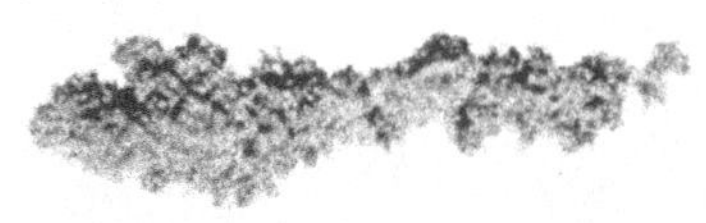

c) nach 12 min

d) nach 16 min

Abb. 7. Änderung der Gestalt eines Elektrolyteisenpulverteilchens durch Korrosion in 18%iger HCl bei 50 °C in Abhängigkeit von der Behandlungsdauer
V = 20:1

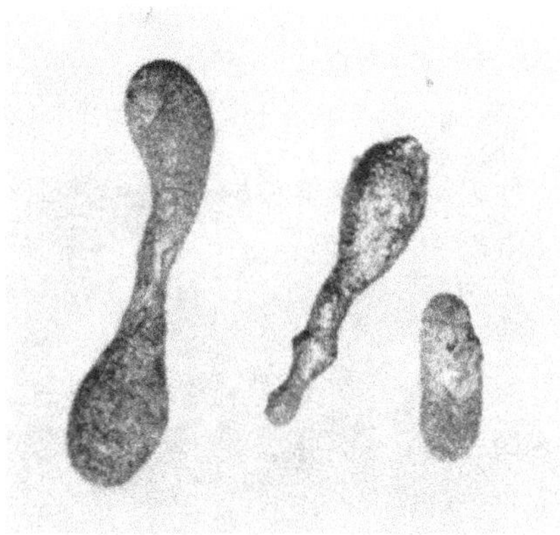

a) Ausgangszustand

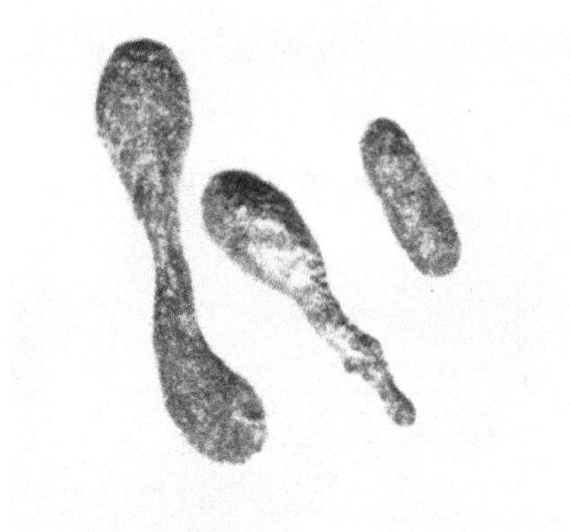

b) nach 5 min

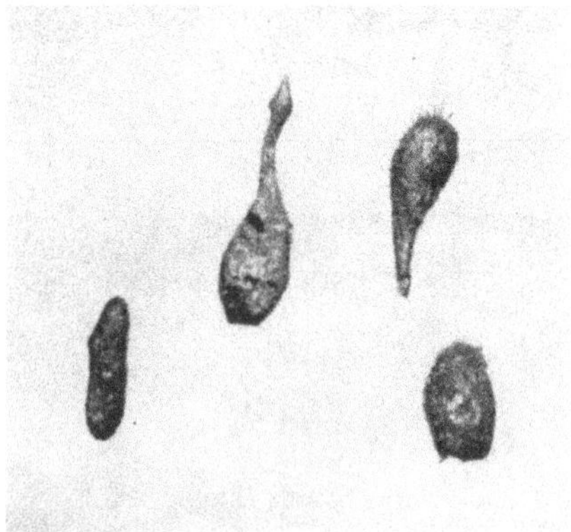

c) nach 10 min

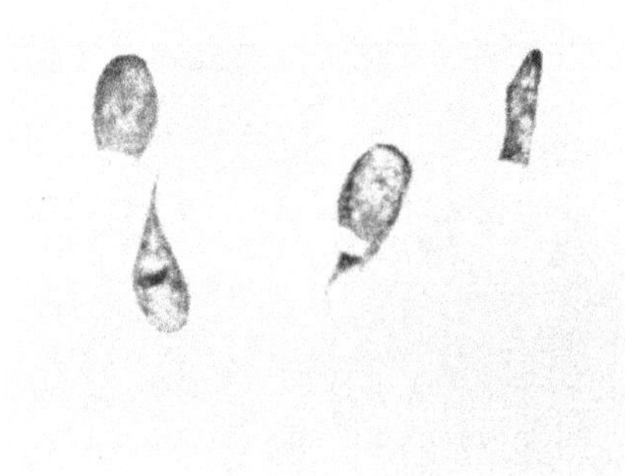

d) nach 15 min

Abb. 8. Änderung der Gestalt von verdüsten Bronzepulverteilchen durch Korrosion in 12%iger HNO_3 bei 50 °C in Abhängigkeit von der Behandlungsdauer
V = 20:1

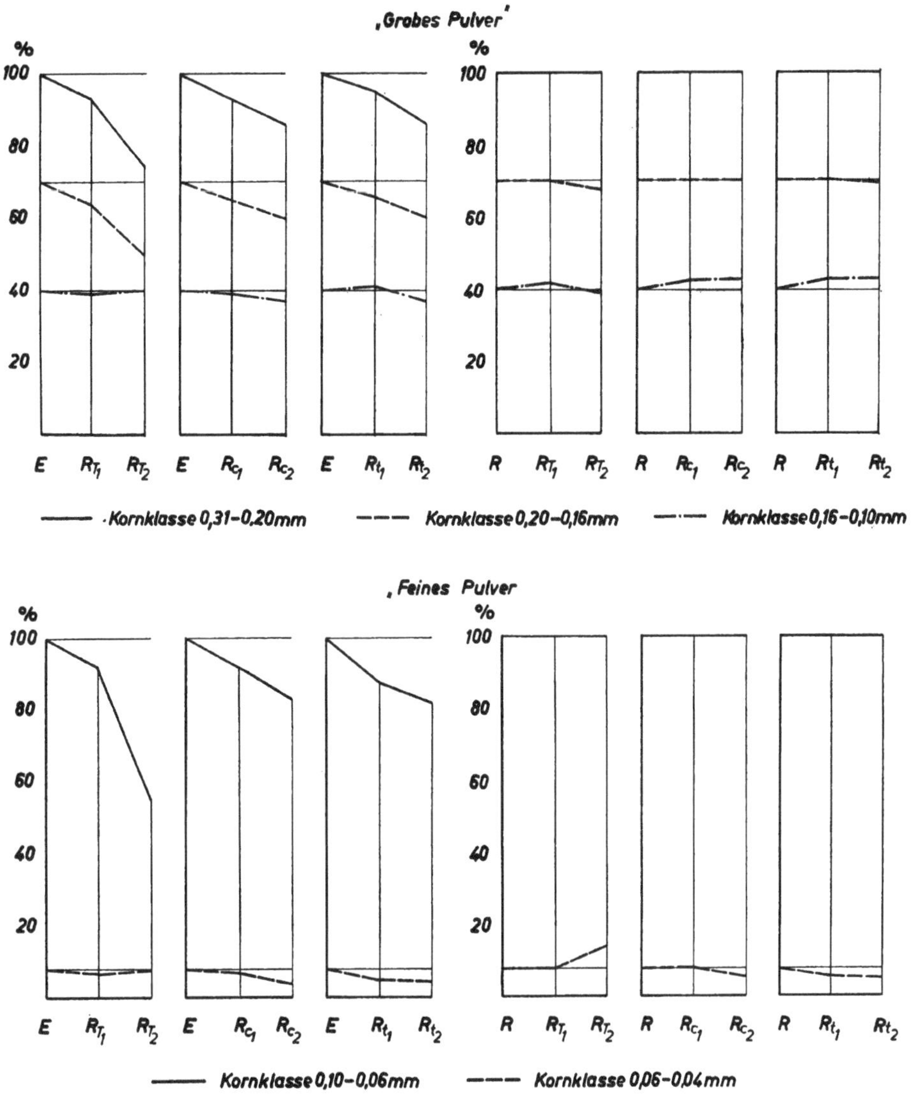

Abb. 5. Rückstand R von verdüsten Zinnbronze-Pulvermischungen nach der Behandlung in Salpetersäure bei verschiedener Temperatur (R_T), Konzentration (R_c) und Behandlungsdauer (R_t) bezogen auf: Einsatzmenge $E = 100\%$, bew. Rückstandsmenge $R = 100\%$

prinzipielle Arten der Auflösung und ihrer Auswirkung auf die Gestalt der Teilchen festgestellt werden. Sie werden im wesentlichen durch die Entstehung der Teilchen bestimmt. Einmal ist es möglich, daß die Teilchen unter Änderung ihrer Gestalt zerfallen, zum anderen konnte beobachtet werden, daß der Abbau durch Verringerung der Abmessungen unter Beibehaltung ihrer Gestalt gleichförmig vor sich geht. Abb. 6 zeigt kugelige, durch Verdüsen erzeugte Eisenpulverteilchen, die in siedender konzentrierter Salzsäure behandelt wurden. Zunächst ändert sich bloß der Durchmesser. Nach kurzer Zeit wird dann an einer Stelle ein bei der Herstellung entstandener Hohlraum freigelegt, und die Teilchen können jetzt auch im Inneren angegriffen werden. Sie zerfallen schließlich in kleine Stücke. In Abb. 7 wird ein Teilchen aus Elektrolyteisenpulver gezeigt, das bei 50 °C von 18-prozentiger Salzsäure angegriffen wurde. Es löste sich unter Beibehaltung der Gestalt allmählich auf. Abb. 8 bezieht sich auf verdüstes Zinnbronze-Pulver, das aus kugeligen und spratzigen Teilchen besteht. Durch den Angriff auf Stellen geringeren Querschnitts zerfielen die in der Abbildung gezeigten Teilchen in Stücke, die sich dann weiter gleichmäßig auflösten.

Zusammenfassung

Aus den durchgeführten Versuchen geht hervor, daß die Veränderungen in der Teilchengrößenverteilung durch Einwirken von Korrosionsmitteln einer Reihe von Einflüssen unterliegen. Bei einfachen Umsetzungen wird die Verschiebung des Mischungsverhältnisses im wesentlichen durch die große spezifische Oberfläche der kleinen Teilchen bestimmt. Aktivierende Substanzen wirken offensichtlich in Richtung einer gleichmäßigen Auflösung des Pulvers. Der Charakter des angreifenden Mittels beeinflußt dagegen nicht so sehr die Verschiebungen innerhalb der Kornklassen, sondern bestimmt mehr die Gesamtauflösung. Gleiches kann im allgemeinen auch von der Konzentration, Temperatur und Behandlungsdauer des Korrosionsmittels gesagt werden. Die vom Herstellungsverfahren abhängige Teilchengestalt beeinflußt durch den unterschiedlich verlaufenden Auflösungsvorgang die Veränderungen wesentlich. Allerdings tritt diese Erscheinung erst bei starker Konzentration des Korrosionsmittels oder bei langer Einwirkungsdauer deutlich hervor. Ein unmittelbarer Einfluß durch sich bei der Reaktion entwickelnde Gase war nicht zu erkennen. Die Untersuchungen sollen Anhaltspunkte für Maßnahmen liefern, die Größenverteilung und die Form der Teilchen durch Korrosionswirkung in einem gewünschten Sinn zu verändern.

Ein Teil der bekanntgegebenen Ergebnisse ist der Diplomarbeit von Herrn Dipl.-Ing. W. Arendt entnommen worden.

Dresden (DDR), Technische Universität, Institut für Werkstoffkunde

Literatur

[1] Batel, W., Einführung in die Korngrößenmeßtechnik. Springer-Verlag, Berlin/Göttingen/Heidelberg 1964.

Aluminiumpaste als Ausgangsstoff für Sinteraluminium

Von N. Hauska

Gesintertes Aluminiumpulver zeichnet sich durch hohe Festigkeit bei erhöhter Temperatur, gute elektrische und thermische Leitfähigkeit, Korrosionsbeständigkeit und gute Neutronendurchlässigkeit aus. Auch nach langandauernder Glühung bleiben die Festigkeitseigenschaften erhalten. Die Gleichmäßigkeit und Feinheit der Dispersion des Aluminiumoxides ist hierbei ausschlaggebend. Die Eigenschaften des zur Herstellung von SAP verwendeten Aluminiumpulvers sind folgende:

Korngröße:	Nach ASTM D 962—49 A, B und C Klassen
Kornverteilung:	möglichst isometrisch
Oxidgehalt:	5 bis 17%
Schüttdichte des Schwerpulvers:	min. 0,8 g cm^{-3}
Fettgehalt:	max. 0,3%
Plättchendicke:	0,2 bis 0,5 μm

Herstellung von Aluminiumpulver

Das zur Herstellung von SAP verwendete schuppenförmige Aluminiumfeinpulver wird entweder aus Folienabfällen oder atomisiertem Aluminiumpulver hergestellt. Die Zerkleinerung erfolgt meistens nach dem Hametag-Trockenmahlverfahren.

Eine technologische Weiterentwicklung stellt das Hallsche Naßmahlverfahren dar, bei dem das Aluminiumpulver in einem organischen Lösungsmittel dispergiert wird. Das Lösungsmittel wird nach dem Mahlen durch Vakuumtrocknen entfernt. Bei beiden Verfahren findet eine oberflächliche Oxydation der Aluminiumplättchen statt. Außerdem entsteht ein Fettsäureüberzug von mindestens molekularer Dicke. Die Oxydation kann während des Mahlens durch die zugesetzten Befettungsmittel und entsprechende Luftzufuhr variiert werden. Beim Naßmahlverfahren wird die Oxydation durch das organische Lösungsmittel und die Fettsäure bestimmt.

Das auf diese Weise hergestellte Aluminiumpulver wird für die Weiterverarbeitung zu Sinteraluminium-Halbzeugen anschließend zwischen 600 und 700 °C 2 Stunden in Vakuum getrocknet. Dadurch verringert sich der Fettgehalt, und außerdem findet eine Umwandlung der Oxidmodifikation statt. Eine andere Möglichkeit zur Verminderung der Fettsäure bietet die Warmbehandlung des bereits vorverdichteten Pulvers unter Vakuum.

Herstellung von Aluminiumpaste

Von der Farbenindustrie werden zur Zeit Aluminiumpasten gegenüber dem Aluminiumpulver bevorzugt verwendet. Die Aluminiumpasten haben den Vorteil, daß keine Staubentwicklung und damit verbundene Explosionsgefahr auftritt. Außerdem ist die Veränderung der physikalischen und chemischen Eigenschaften wesentlich einfacher. Durch die unbegrenzte Auswahl an Lösungsmitteln und anderen Zusätzen können Pasten mit den verschiedensten Eigenschaften hergestellt werden. Trotz dieser Vorteile werden in der Pulvermetallurgie, der Pyrotechnik und der Gasbetonerzeugung wegen Mangels an geeigneten Pasten vielfach noch Aluminiumpulver verwendet. In den Herstellerbetrieben von Aluminiumpulver ist man deshalb gegenwärtig bemüht, solche Aluminiumpasten für spezielle Zwecke zu entwickeln. Zum Beispiel liegen über die Pastenerzeugung für die Anwendung in der Gasbetonindustrie bereits zahlreiche Veröffentlichungen und Patente vor [2]. Das Wesentliche der Verfahren besteht in der Anwendung von solchen oberflächenaktiven Zusätzen, die mit den organischen Lösungsmitteln nicht reagieren, sich mit Wasser mischen lassen und die Dispergierung sowie restlose Benetzung der Oberfläche des Aluminiumpulvers sichern. Diese Bedingungen sind durch Kombination der zahlreichen neuen Chemikalien, wie sie von der chemischen Industrie für kosmetische und Haushaltzwecke erzeugt werden, ohne Schwierigkeiten zu erfüllen.

Zur Herstellung von Aluminiumpaste für die Pyrotechnik kommen Lösungs- und Befettungsmittel in Frage, die als Komponente auch in den Pyrogemischen vorkommen.

Die Versuche zur Herstellung von Aluminiumpasten für Aluminium-Sinterwerkstoffe sind noch im Anfangsstadium. Aus der Sowjetunion sind erfolgreiche Versuche zur Verminderung der beim Mahlen zugesetzten Stearinsäure bekanntgeworden [3]. In einer anderen Veröffentlichung wird über die Oxydation des Aluminiumpulvers in wäßrig-alkoholischen Medien berichtet [4]. Nach einem französischen Patent wird das schwer zu entfernende Stearin durch Glykole oder Polyglykole ersetzt [5]. In einer deutschen Patentschrift ist die Regelung der Oxydation während des Mahlprozesses durch Anwendung von wasserdampfgesättigtem Schutzgas beschrieben [6]. Eine Weiterentwicklung stellt das aus Österreich bekanntgewordene Verfahren dar, bei welchem Aluminiumpaste mit Befettungsmitteln und oberflächenaktiven Zusätzen in Wasser hergestellt wird. Der Oxydationsgrad wird durch das Verhältnis zwischen Emulgator, Befettungsmittel und Zeitpunkt ihrer Beimengung geregelt [7]. Auch in der japanischen Fachliteratur wird über die pulvermetallurgische Verwendung von Aluminiumpasten berichtet [8].

Die Aluminiumpastenerzeugung in der Volksrepublik Ungarn

Gegenwärtig werden in der Volksrepublik Ungarn ausschließlich Aluminiumpasten hergestellt. Die hierbei gesammelten Erfahrungen gaben die Anregung, die Forschungsarbeiten auf dem Gebiete der Pastenerzeugung auch auf die Pulvermetallurgie und die Pyrotechnik auszudehnen. Dazu ist es erforderlich, die Größe und Dicke der Aluminiumplättchen sowie ihre Verteilung zu variieren. Ausgehend von den grundlegenden Arbeiten auf dem Gebiet der Zermahlungsvorgänge [9] wurde eine Reihe von Versuchen durchgeführt. Der für die Herstellung von Aluminiumpaste übliche Mahlprozeß wurde in drei Phasen mit wechselndem Einsatz von Schwing- und Kugelmühlen unterteilt. Bei diesen Versuchen wurde ermittelt, in welchem Maße die einzelnen Mühlenkonstanten das Zermahlungsgleichgewicht in Abhängigkeit von der Zeit beeinflussen und welche Wirkung sie auf die geometrische Form der Plättchen haben.

a) Die Abhängigkeit der Korngröße vom Zermahlungsgleichgewicht

Bei den Kugelmühlen mit Schlageffekt ist neben anderen Mahleinflüssen die Lage des Gleichgewichtes hauptsächlich vom Kugeldurchmesser abhängig.

Aus den Ergebnissen ist ersichtlich, daß sich bei der Verwendung von größeren Kugeln das Gleichgewicht in Richtung einer zunehmenden Teilchengröße verschiebt.

Tabelle 1

Kugelabmessung ∅ [mm]	Mahldauer [Std.]	Kornhäufigkeitsverteilung [%]							
		>100 µm	100–80 µm	80–60 µm	60–40 µm	40–20 µm	20–10 µm	10–2 µm	2–0 µm
20	4	7,9	11,1	13,6	21,2	24,4	10,6	6,2	5,0
9	9	7,4	10,1	13,2	12,0	18,8	22,4	6,3	9,9
7	20	17,0	9,8	8,7	9,4	13,0	14,4	17,1	10,6

Mit abnehmendem Kugeldurchmesser verschiebt sich das Gleichgewicht nach den feineren Fraktionen, wobei die Mahldauer erheblich ansteigt. Die Kornhäufigkeitsverteilungen zeigten in beiden Richtungen starke Streuungen, so daß ein Absieben der größten Fraktion unvermeidlich war. Außerdem entstand noch ein erheblicher Anteil feinster Teilchen in der Paste. Der Mahlprozeß wurde hierbei in drei bzw. bei sehr feinen Pasten in vier Phasen durchgeführt. Zwischen den einzelnen Phasen erfolgte eine Preßfiltrierung, wobei der größte Teil der sehr feinen Teilchen mit entfernt wurde. Die Ergebnisse der nach dieser Technologie durchgeführten Versuche sind aus der folgenden Tabelle ersichtlich.

Tabelle 2

Mahlphase	Kugelabmessung ∅ [mm]	Mahldauer [Std.]	Kornhäufigkeitsverteilung [%]							
			>100 µm	100–80 µm	80–60 µm	60–40 µm	40–20 µm	20–10 µm	10–2 µm	2–0 µm
I	20	4	9,1	11,0	14,2	14,4	21,8	10,7	9,4	9,4
II	9	4	1,9	2,5	3,8	5,7	26,5	39,1	11,2	9,3
III	7	4	—	0,1	0,2	3,7	13,7	34,0	40,5	8,8
		8	—	—	0,1	0,5	7,1	31,2	49,9	11,2
		12	—	—	—	0,3	4,0	21,1	59,9	14,7
IV		8	—	—	—	—	0,1	0,9	22,3	76,7

Daraus ist zu erkennen, daß durch Änderung des Mahlprozesses und der Mahldauer das Zermahlungsgleichgewicht variiert werden kann. Das Zerkleinern in mehreren Stufen und das Filtrieren vermindern die Streuung der Korngrößen um den Gleichgewichtspunkt. Dadurch ist das Absieben des Endproduktes nicht mehr nötig, und der Anteil feinster Pulverteilchen in der Paste wird geringer. Außerdem ist die Gesamtzeit, bezogen auf ein Zermahlungsgleichgewicht gleicher Größe, für die drei Phasen kürzer als bei einem Mahlvorgang. Die beschriebene Technologie der Drei-Phasen-Zerkleinerung wird in Ungarn auch bei der betriebsmäßigen Herstellung von Aluminiumpaste angewendet.

b) Untersuchung der Plättchendicke

Die Dicke der Plättchen kann durch Steigerung des Schlageffektes der Kugeln vermindert werden. Dazu stehen zwei Möglichkeiten zur Verfügung:

1. Die Steigerung des Mühlendurchmessers bei Kugelmühlen mit Schlageffekt.

Tabelle 3

Mühlen-∅ [mm]	Spreitwert [cm²/g]	Mittl. Plättchendicke [µm]
600	12,400	0,31
900	15,900	0,24
1200	19,100	0,20

2. Änderung der Mühlentypen.

Tabelle 4

Mühlentypen	Kugel-∅ [mm]	Spreitwert [cm²/g]	Mittl. Plättchendicke [μm]
Kugelmühle 600 mm ∅	7	11,200	0,35
Schwingmühle	12	16,700	0,24

Das für die genannten Versuche verwendete Material war halbfertige Paste aus der Mahlphase 2, mit einer Mahldauer von 4 Stunden. Aus den Tabellen 3 und 4 ist ersichtlich, daß durch Anwendung verschiedener Mühlentypen und Durchmesser der Mahlbehälter die Plättchendicke des Endproduktes nach Bedarf verändert werden kann. Die Regelung der Plättchendicke, verbunden mit der vorher beschriebenen Mehrphasenzerkleinerung ermöglicht es, Aluminiumpasten unabhängig vom Zermahlungsgleichgewicht mit verschiedenen mittleren Plättchendicken zu erzeugen.

c) Untersuchung der Kornhäufigkeitsverteilung

Die Kornhäufigkeitsverteilung in der Paste kann außer durch die bereits erwähnten Maßnahmen auch durch die Menge des Einsatzgutes verändert werden. Bei gleichen Mahlbedingungen wirkt sich die Einsatzmenge der Charge in der Phase III auf die mittlere Plättchendicke und -verteilung wie folgt aus:

Tabelle 5

Charge	Kornhäufigkeitsverteilung [%]								Spreit-wert	Mittl. Plättchen-dicke
[kg]	>100 μm	100–80 μm	80–60 μm	60–40 μm	40–20 μm	20–10 μm	10–2 μm	2–0 μm	[cm²/g]	[μm]
20	—	—	0,6	4,1	11,6	28,2	42,7	12,8	11,800	0,33
30	—	0,4	1,6	9,2	16,5	29,6	32,6	10,1	9,400	0,41
40	—	0,9	2,2	8,1	22,3	20,0	28,7	8,8	8,200	0,47

Mit Erhöhung der eingesetzten Menge verschiebt sich das Zermahlungsgleichgewicht nach den größeren Fraktionen. Bei abnehmender Einsatzmenge verschiebt sich das Gleichgewicht nach den feineren Fraktionen, wobei gleichzeitig das Bereich der Kornverteilungskurve verkleinert wird.

Regelung der Oxydation während des Mahlvorganges

Die Oxydation der Aluminiumpaste kann auf einfache Weise durch Mahlen in Wasser variiert werden. In wäßrigen Medien ist der Oxydationsgrad von der Temperatur und der Luftmenge abhängig. Nötigenfalls kann mit Hilfe entsprechender chemischer Inhibitoren die Oxydation teilweise oder vollkommen verhindert werden. Um dies zu erreichen, bieten sich folgende Möglichkeiten:

a) Die Zerkleinerung wird zunächst ohne Luftzutritt durchgeführt, wobei die Mühle bis unter die zur Reaktion benötigte Temperaturgrenze abgekühlt werden muß. Anschließend wird die Zerkleinerung mit Luftzugabe fortgesetzt und dabei durch die Erhöhung der Temperatur eine rasche Oxydation herbeigeführt. Der Oxydationsgrad wird mit Inhibitoren eingestellt.

b) Die Aluminiumplättchen werden während der Zerkleinerung durch reduzierte Luft- und Inhibitorenzugabe ständig oxydiert. Durch diese Maßnahme kann der Oxydationsgrad genau eingestellt werden. Nachteilig ist, daß sich eine kontinuierliche Kontrolle und geregelte Beschickung als erforderlich erweist.

c) Die Oxydation der Aluminiumplättchen erfolgt nach der Zerkleinerung durch Erhitzen des aus der Mühle entnommenen Schlammes mit regelbarer Luftzuführung. Das Verfahren besitzt den Vorteil, daß infolge der Oxydationswärme die überwiegende Menge des Wassers verdampft und das erhaltene Endprodukt nahezu trocken ist. Nachteilig dabei ist die schwierige Regelung des Oxydationsvorganges. Außerdem müssen die Inhibitoren nachträglich der Paste zugesetzt werden.
Bei den Oxydationsversuchen wurden anstelle von Fettsäuren oberflächenaktive Zusätze und zur Verhinderung der Oxydation durch das Wasser Phosphorsäure und Salze verwendet.

Der Einfluß von Lösungs- und Befettungsmitteln sowie anderer Zusätze

Bei der Untersuchung des Einflusses der Lösungsmittel und sonstigen Zusätze wurde hauptsächlich davon ausgegangen, daß sich diese Zusätze für die Sinteraluminium-Erzeugung eignen.

a) Organische Lösungsmittel. Die bei der Herstellung von Aluminiumpaste vorwiegend verwendeten organischen Lösungsmittel (Benzin und aromatische Stoffe) haben den Nachteil, die Oxydation zu hemmen. Außerdem benötigt ihre nachträgliche Entfernung relativ komplizierte technologische Verfahren. Auch andere organische Lösungsmittel bieten keine Vorteile. Bei der Pulverherstellung für Sinteraluminium sind sie unerwünscht, da sie sich zersetzen und während der Warmbehandlung verkohlen.

b) Wasser. Das günstigste Mahlmedium ist aus den schon erwähnten Gründen das Wasser.

c) Übliche Befettungsmittel (Stearin und Olein). Die Anwesenheit von Stearin und Olein ist in jeder Hinsicht nachteilig, da sie während des Mahlens die Oxydation hemmen und erst bei der Warmbehandlung eine schwierig zu kontrollierende Oxydation der Pulveroberfläche herbeiführen. Darüber hinaus behindern beide Befettungsmittel den Sintervorgang [10].

d) Oberflächenaktive Materialien. Am vorteilhaftesten sind die nichtionogenen Emulgatoren vom Fettsäureestertyp, welche den Mahlvorgang in gleicher Weise begünstigen wie die Fettsäuren. Die Fettsäureester reagieren nicht mit dem Aluminium, so daß während des Mahlens keine chemischen Verbindungen oder unerwünschten physikalischen Vorgänge, wie z. B. Haften des Pulvers an den Kugeln, auftreten. Die Pasten können mit Wasser ausgewaschen werden.

e) Organische Zusätze. Die Befettungsmittel können beim Mahlen auch durch andere organische Verbindungen, wie z. B. Kasein, Morpholin, α- und β-Naphthol, Napthylamin usw., ersetzt werden. Das Verhalten dieser Stoffe bei der Herstellung von Sinteraluminium ist noch nicht bekannt.

f) Anorganische Zusätze. Um die Reaktion zwischen Wasser und Aluminium zu hemmen, können Phosphorsäure und deren Salze [11], Bor, Caesium oder Silikaoxide [12] eingesetzt werden. Diese genannten Zusätze sind offenbar auch für die Sinteraluminium-Fertigung nicht nachteilig.

Werden die Parameter des Dreiphasenmahlens auf Wasser und als Befettungsmittel oberflächenaktive Materialien sowie spezielle organische und anorganische Zusätze abgestimmt, so kann eine billige Herstellung auch von solchen Aluminiumpasten erzielt werden, deren Eigenschaften den Anforderungen der Pulvermetallurgie entsprechen.

Als Endprodukt ergibt sich eine wäßrige Aluminiumpaste, deren Kenngrößen zwischen den aus Tabelle 6 ersichtlichen Grenzen regelbar sind und die nach der Vakuumtrocknung auch unmittelbar zur Sinteraluminiumerzeugung verwendet werden kann.

Tabelle 6

Wert	Trockensubstanz [%]	Mittlere Plättchendicke [μm]	Oxidgehalt [%]	Schüttdichte [g/cm³]	Fettgehalt [%]	Zermahlungsgleichgewicht [μm]	Korngrößenverteilung zwischen [μm]
min.	65	0,20	5	1,4	0	0– 2	0– 20
max.	90	0,50	20	1,0	–	40–50	0–100

Die beschriebenen Verfahren verfolgen das Ziel, neue Wege für die Herstellung von Aluminiumpasten mit speziellen Eigenschaften zu eröffnen, auf deren Grundlage auch Sinteraluminiumwerkstoffe entwickelt werden können. Bei den Forschungsarbeiten ergaben sich hinsichtlich der zahlreichen möglichen Variationen und der im Betriebsmaßstab zum Teil sehr komplizierten Versuche Schwierigkeiten. Die praktische Erprobung der erzielten Ergebnisse konnte nicht durchgeführt werden, da in Ungarn die Versuche zur Herstellung von Sinteraluminium-Erzeugnissen noch nicht aufgenommen wurden. Eine objektive Auswertung der dargelegten Untersuchungen und Erfahrungen kann nach unserer Meinung nur mit Hilfe der Verbraucher vorgenommen werden. Diese Aufgabe ist für die nächste Etappe unserer Entwicklungsarbeiten vorgesehen.

Budapest (Ungarn)

Literatur

[1] Solomir, J. G., Übersicht über die Pulvermetallurgie des Aluminiums. Z. Metallkunde **52** (1961) 10, 645–651.
Eisenkolb, F., Fortschritte der Pulvermetallurgie. Akademie-Verlag, Berlin 1963.
[2] F.P. 1205973, E.P. 873232, F.P. 1240399, F. P. 1287836, I.P. 587883, D.R.P. 1124619, E.P. 818716, E.P. 894016, Ö.P. 197511, E.P. 945799.
[3] Stepanova, M. G., Zenkov, G. P., Lekarenko, E. M. u. a., in Teplopročnyj material iz spečennoj aljuminievoj pudry SAP. Moskva 1961, S. 17–29.
[4] Virin, L. I., Untersuchung der Oxydation von Al-Pulver in wäßrig-alkoholischen Lösungen. Zur. prikl. Chim. **32** (1959) 1050–1056.
[5] E.P. 1231730.
[6] D.R.P. 1070904.
[7] D.R.P. 1124619.
[8] Matsukawa, T., Shoji, K., Sakai, T. u. a., Study on manufacture of SAP from Al-paste. J. Japan Soc. Powder Met. **9** (1962) 364–66.
[9] Hüttig, G. F., Beobachtungen bei Zermahlungsvorgängen und deren Deutung. Dechema-Monographie **21** (1952) 96–115.
Hüttig, G. F., Zur Kinetik der Zermahlungsvorgänge. Z. Elektrochem. Ber. Bunsenges. physik. Chem. **57** (1953) 534–539.
[10] Shaw, J. D. und Knopp, W. V., Fiftheent Annual Meeting Metal Powder Industries Federation Detroit April, (1959). Proceedings of General Session on Powder Metallurgie, S. 67–71.
[11] U.S.P. 2858230, F.P. 1207559.
[12] E.P. 931937.

Diskussion

R. SCHMIDT, Dresden: Ist die Benutzung von Schwingmühlen zur Pastenfabrikation vorteilhafter?

N. HAUSKA: Nach unseren Erfahrungen führt die Kombination von Kugelmühle und Schwingmühle im Vergleich zum alleinigen Einsatz von Schwingmühlen zu besseren Ergebnissen.

W. KIND, Rackwitz: Unterhalb welcher kritischen Mahltemperatur ist eine zusätzliche Oxidbildung vermeidbar?

N. HAUSKA: Die kritische Mahltemperatur beträgt etwa 130 °C.

Herstellung wäßriger Aluminiumpasten

Von W. KIND

Die bei der Produktion und Verarbeitung von Al-Pulver auftretenden Mängel sind bekannt und wurden von meinem Vorredner, Herrn HAUSKA, genannt. Besonders die Gefahren, hervorgerufen durch die hohe Affinität des Aluminiums gegenüber Sauerstoff und die Belästigung der Beschäftigten durch den zwar nicht gesundheitsschädigenden Metallstaub, gaben Veranlassung, nach neuen Wegen zu suchen.

Ausgehend von dem hauptsächlichen Anwendungsgebiet, der Pigmentierung von Farben, bot sich eine Naßverarbeitung in einem in der Anstrichmittelindustrie üblichen Medium an. Dies ist die Grundlage für das 1931 in Amerika von HALL entwickelte Verfahren, welches in seinen wesentlichen Punkten noch heute meist zur Anwendung kommt. Neben Qualitätsverbesserungen gegenüber Pulver konnte die Gefahr einer möglichen Staubexplosion beseitigt und weitere der Herstellung und Verarbeitung von Aluminiumpulver anhaftende Mängel behoben werden. Bestehen blieb die Gefahr, die durch das Auftreten von Benzindämpfen gegeben ist, und als neuer Mangel tritt auf, daß in Kohlenwasserstoffen gemahlenes Aluminium nicht mehr universell verwendet werden kann. So kann derartiges Material z. B. nicht oder nur unter bestimmten Voraussetzungen verwendet werden, wenn trockene Sätze in der Pyrotechnik herzustellen sind oder wenn eine Verarbeitung der Paste im wäßrigen Medium notwendig ist, wie z. B. bei der Produktion von Gasbeton oder von wäßrigen Anstrichsystemen.

Anders ist es in den Fällen, bei denen Al-Pulver im wäßrigen Medium verarbeitet werden soll. Grundsätzlich ist die hohe Affinität des Aluminiums zum Sauerstoff eine Tatsache, die die Vermahlung von Aluminium in Wasser zunächst unmöglich macht, da es nach kurzer Mahldauer zur Bildung von Al_2O_3 mit mehr oder weniger Kristallwasser kommt unter gleichzeitiger Wasserstoffentwicklung und Temperaturanstieg. Hier technische Möglichkeiten zu finden, die diese Schwierigkeiten beheben, ist das Ziel zahlreicher Arbeiten. Über diese soll im folgenden berichtet werden.

Eine erste Möglichkeit, Al-Paste, angeteigt mit Kohlenwasserstoffen o. ä. Lösungsmitteln, in wäßrigen Systemen einsatzfähig zu machen, ist gegeben durch eine entsprechende Präparierung der Benzinpaste. Derartigen Pasten sind meist Emulgatoren zugesetzt oder werden getrennt bei der Verarbeitung zugegeben. Für die meisten wäßrigen Systeme ist so eine gute Mischbarkeit mit der Benzinpaste möglich.

Ein zweiter Weg ist die Verwendung von höherwertigen Alkoholen anstelle von Benzinkohlenwasserstoffen, da sich Alkohole mit Wasser mischen. Dadurch ist ebenfalls eine gute Emulgierbarkeit der Aluminiumpaste in wäßrigen Systemen gewährleistet.

Die Forschungsarbeiten in der Anstrichmittelindustrie führten zu Anstrichsystemen auf der Basis Wasser. Dieser Entwicklung Rechnung tragend, war es erforderlich, geeignete Anteigungsmittel zu entwickeln. Stellten die beiden erstgenannten Verfahren, die in mehreren Patenten geschützt sind, eine Zwischenlösung dar, indem lediglich die üblichen Kohlenwasserstoffpigmentpasten so präpariert werden, daß eine Verwendung in wäßrigen Systemen möglich ist, so wurden in den letzten Jahren Wege gefunden, die die Verwendung von Kohlenwasserstoff ausschalten. Es liegen hier Pasten vor, die Wasser bereits als Anteigungsmittel enthalten.

Es ist ein Verfahren bekannt, bei dem Aluminiumpulver, Wasser, Schmiermittel (Fette oder Fettsäuren) und ein Emulgator gemeinsam in Kugelmühlen eingesetzt und in für Naßverfahren üblicher Weise gemahlen werden. Anschließend wird durch Filtration auf Pastekonsistenz eingestellt. Es wird angegeben, daß dieses Produkt auch bei Erwärmung lagerbeständig ist. Nach diesem Verfahren soll offenbar auf den Al-Pigmentteilchen ein Fettfilm aufgetragen werden, der eine Berührung und damit Reaktion zwischen Wasser und Aluminium ausschaltet. Eigene Versuche konnten dieses Verfahren nicht bestätigen. Besonders der Emulgator dürfte die Wirksamkeit dieser Schutzschicht negativ beeinflussen.

Eine passivierende Wirkung haben Zusätze von Kohlehydraten wie Dextrin, Stärke u. ä., wenn Aluminiumpulver in wäßrigen Systemen emulgiert ist. Die Lagerfähigkeit und auch die Einsatzmöglichkeiten derartiger Pasten sind jedoch durch den vorgenannten Zusatz stark begrenzt.

Sehr interessant ist ein Verfahren, nach dem ein, wie es in der Patentschrift heißt, relativ stabiles Aluminiumpigment hergestellt werden kann. Es wurde gefunden, daß ein unter Zusatz von Schmiermitteln hergestelltes Aluminiumpulver ohne Qualitätsminderung mit Wasser vermischt werden kann, wenn in dieser Aufschlämmung PO_4-Ionen aus bestimmten Verbindungen und in bestimmter Konzentration vorliegen.

Nach Verarbeitung in einem wäßrigen Anstrichmittel, in dem sich die Wirkung der PO_4-Ionen gut ausbilden kann, soll eine gute Haltbarkeit der Pigmente über 9 Monate, wie entsprechende Versuche zeigten, gegeben sein. Eigene Versuche ergaben, daß im nur feuchten Zustand, also bei Vorliegen einer Paste mit ca. 65% Feststoff, die Wirksamkeit der als Inhibitor wirkenden PO_4-Ionen beachtlich vermindert ist.

Alle diese Verfahren beweisen, daß die bisherige Meinung — Aluminium und Wasser könnten ohne Qualitätsminderung nicht im gemischten Zustand gelagert bzw. verarbeitet werden — nicht richtig ist. Alle Verfahren weisen aber teilweise beachtliche Mängel auf. Dabei sind vor allem zu nennen das Vorhandensein von Kohlenwasserstoffen oder anderen brennbaren Lösungsmitteln sowie die Tatsache, daß durch die Zusätze eine Verarbeitung nur für bestimmte Zwecke möglich ist.

Der steigende Bedarf an Al-Paste für die Verarbeitung in wäßrigen Systemen gab uns Veranlassung, einen Weg zu suchen, der die bisherigen Einschränkungen bei der Verarbeitung überflüssig macht. Zunächst galt es, das Mahlen von vorzerkleinertem Aluminium in Wasser zu ermöglichen. Ein Zusatz von Fetten und Emulgatoren konnte nicht verhindern, daß bereits nach wenigen Stunden in der Mühle eine heftige Reaktion unter starker Dampfentwicklung auftrat. Die Temperaturen stiegen dabei nur wenig über 100 °C. Durch Zusatz von Inhibitoren, wie sie für Aluminium bekannt und von Elssner genannt sind, konnte aber erreicht werden, daß der Mahlprozeß beliebig lange durchgeführt werden kann. Es wurden Mahlfeinheiten angestrebt und erreicht, bei denen der Siebrückstand auf dem Sieb 0,063 mm unter 0,5% lag. Mahlversuche ohne Zusatz von Fett und Emulgator, aber mit Inhibitoren, ergaben ebenfalls keine Reaktion. Der Mahleffekt war allerdings wesentlich geringer. Dadurch war die Vermahlung von Al in Wasser gelöst. Die Lagerung des den Mühlen entnommenen Schlammes, der etwa 30 bis 50% Feststoff enthält, verläuft über den von uns untersuchten Zeitraum von 2 Monaten ebenfalls ohne feststellbare Reaktion. Offenbar können in dieser Konsistenz die Inhibitoren durch Ionenbildung genügend wirksam werden. Wird aber der Feststoffanteil durch Wasserentzug erhöht, so ist die Beständigkeit der Aluminium-Wasserpaste nicht mit Sicherheit gewährleistet. Bei den nunmehr über 3 Jahren laufenden Versuchen, wobei die Al-Paste in Hobbocks im Freien lagert, hat sich gezeigt, daß bei gleichem Material eine mehr oder weniger starke Wasserstoffentwicklung stattfindet. Teilweise kam es auch zu stärkeren Reaktionen, wobei das Wasser auskochte. Eine Selbstentzündung fand in keinem Fall statt. Eine Erklärung für das unterschiedliche Verhalten liegt nicht vor. Durch Versuche konnte nachgewiesen werden, daß auch bei Temperatureinwirkung in Höhe von 250 °C keine Selbstentzündung des Aluminiums erfolgt.

Für die Praxis gilt es aber, ein Material zu verarbeiten, das hinsichtlich Qualität und Gefahren sicher beherrscht werden kann. Es wurde deshalb das Verhalten der Paste bei verschiedenen Temperaturen geprüft. Da die Paste im normalen Zustand eine kaum meßbare Wasserstoffentwicklung zeigt, wurde Natronlauge in unterschiedlicher Konzentration zugegeben (Tabelle 1).

Tabelle 1. Wasserstoffentwicklung bei Aluminium-Wasserpaste bei unterschiedlichen Temperaturen. Vol.-% bezogen auf Volumen H_2 der Al-Wasserpaste (pH 12) bei +20 °C nach 7 h = 100%

Temperatur in °C	Al-Paste (Wasser) Normalzustand	Dauer in h	Al-Paste (Wasser) pH 11	Dauer in h	Al-Paste (Wasser) pH 12
+60	40	7			
+20			80	7	100
+11	0	48	75	7	90
+7			70	7	85
+4			60	7	70
0			50	7	65
−10			0	7	0

Bereits bei Temperaturen unter +10 °C ist also die Wasserstoffentwicklung gleich Null. Langzeitversuche bestätigen, daß der Metallgehalt bei einer solchen Lagerung konstant bleibt.

Dieses sicher zu beherrschende Verfahren zur Herstellung, Lagerung und Verarbeitung einer Aluminium-Wasserpaste beseitigt weitgehend die Unfallgefahren und ist ungewöhnlich günstig im Hinblick auf die Kosten. Die Vermahlung des Al erfolgt unter Zusatz von Inhibitoren in Wasser, die Lagerung bei einem Feststoffgehalt von über 60% in Räumen, die Temperaturen unter +10 °C gewährleisten, und der Transport vom Hersteller zum Verbraucher kann ohne Qualitätsminderung unter Normalbedingungen vorgenommen werden. Selbstverständlich sollte dabei der schnellste Transportweg gewählt werden.

Da keinerlei bei der Verarbeitung störende Zusätze vorliegen, kann die nach diesem Verfahren hergestellte Paste für alle in Frage kommenden Anwendungsgebiete eingesetzt werden.

Rackwitz, VEB Leichtmetallwerk Rackwitz (DDR)

Plattieren von Bandstahl mit Aluminium oder Nickel durch Elektrophorese

Von E. Morgenthal

1. Einleitung

In den letzten Jahren hat das Aluminieren von Stahlband durch Elektrophorese an Bedeutung gewonnen. Obwohl keramische und organische Materialien in bestimmten Zweigen der Elektrotechnik und in Lackierereien durch Elektrophorese als Isolierungen oder Korrosionsschutzschichten aufgebracht werden und Metalle, die sich galvanisch schwierig abscheiden lassen, z. B. W, Mo, Ta, weiter Oxide, Karbide, Karbonate und Silikate einer Reihe von Metallen sowie intermediäre Verbindungen, bereits früher auf elektrophoretischer Grundlage als Schutzschichten abgeschieden wurden, blieben die Anwendungen für Metalle wie Aluminium oder Nickel aus [1], [2].

Versuche für die elektrophoretische Abscheidung von Al oder Ni auf einem elektrisch leitenden Grundmaterial wurden erstmals in England unternommen [3]. Es wird anhand eigener Erfahrungen über die Einflüsse berichtet, die bei diesem Verfahren bestimmend sind.

2. Grundlagen der Elektrophorese

Liegt eine Suspension eines pulverförmigen Materials in einer Flüssigkeit vor, so werden die suspendierten Teilchen unter dem Einfluß einer angelegten Spannung eine bevorzugte Bewegungsrichtung entweder zur Anode oder Kathode annehmen und an der Elektrode als kompakte Schicht abgeschieden. Der Unterschied zu elektrolytischen Vorgängen liegt in der Art der Aufladung und in der größeren Masse der bewegten Teilchen, deren Abmessungen im kolloidalen Bereich oder darüber liegen. Die Wanderungsrichtung der Teilchen bei angelegtem elektrischen Feld wird durch die chemische Natur des suspendierten Materials und des Suspensionsmittels einschließlich Elektrolytzusätzen bestimmt. Durch spontane Ausbildung einer elektrischen Doppelschicht, die aus Ladungen auf der Teilchenoberfläche und einer Ladungshülle mit entgegengesetzten Vorzeichen im Suspensionsmittel aufgebaut sind, tragen alle Teilchen ein einheitliches Ladungsvorzeichen, wodurch die Stabilität der Suspension entsteht. Ein äußeres elektrisches Feld deformiert die Doppelschicht, und die suspendierten Teilchen werden von der sie umschließenden Gegenionenwolke getrennt und entsprechend dem Ladungsvorzeichen abgeschieden.

3. Versuche zur Al-Pulverplattierung

Beim Elektrophoreseprozeß zur Al-Plattierung wird Al-Pulver der Fraktion $\leqq 0{,}06$ mm mit möglichst geringem Oxidgehalt (max. 5 Gew.-%) eingesetzt. Bei unseren Versuchen wurde unter Argon als Schutzgas verdüstes Reinstaluminium 1 Stunde im Attritor gemahlen, wodurch das Kornspektrum auf 2 bis 42 μm bei einem Kornmaximum von 20 μm eingeengt werden konnte.

Der Prozeß wird in drei Stufen durchgeführt:

a) Abscheidung des suspendierten Al-Pulvers auf Bandstahl;

b) Trocknen und Verdichten des Pulverbelages durch Kaltwalzen;

c) Herstellen einer festen Bindung zwischen Schicht und Grundmetall durch eine Wärmebehandlung.

3.1 Auswahl der Badkomponenten

Als Suspensionsmittel eignen sich Methanol, Äthanol und Gemische mit Wasser sowie Gerbsäure als Binder. Durch Zusatz geringer Mengen eines Al-Salzes sind weitere Verbesserungen zu erzielen. Die Badtemperatur soll 20 °C betragen, um die Verdunstung gering zu halten. Um eine Sedimentation der Pulverteilchen zu verhindern, ist eine Badbewegung durch Rühren erforderlich. Bei geringer Badbewegung wird das Pulver mit zunehmender Schichtdicke ungleichmäßig in der Sedimentationsrichtung abgeschieden, zu starke Badbewegung führt zum mechanischen Ablösen gebildeter Schichten. Die Abscheidungsbedingungen innerhalb eines optimalen Konzentrationsbereichs für die Elektrolytzusammensetzung ändern sich mit dem Verhältnis des Methanol–Wasser-Gemischs.

Die Abscheidungszeit ist von der im Bad befindlichen Aluminiumpulvermenge abhängig. In Abb. 1 ist die Abhängigkeit der abgeschiedenen Al-Pulvermenge und der Abscheidungszeit von der Menge vorhandenen Al-Pulvers dargestellt. Es ergibt sich daraus, daß der Al-Gehalt möglichst hoch sein soll, um genügend dicke Schichten bei kurzer Abscheidungszeit zu erhalten. Die Schichtstruktur in Abhängigkeit von der Abscheidungszeit ist in Abb. 2 dargestellt. Bei sehr kurzer Abscheidungszeit (5 s) wird das Blech nicht vollständig vom Al-Pulver bedeckt. Wird die Abscheidung über einen zu großen Zeitraum durchgeführt (60 s), beginnt das Al-Pulver durch Überladung der Schicht abzublättern.

Für die Bandbeschichtung wird bei einer Abscheidungszeit von 15 s eine Pulverauflage von 3,5 mg/cm^2 erzielt, die einen geschlossenen und dichten Al-Überzug nach dem Walzen und Sintern garantiert. Wird die Al-Konzentration im Bad zu stark erhöht, bilden sich ungleichmäßige Schichten mit nesterförmiger Pulverballung. Die optimale Feldstärke liegt zwischen 100 und 150 V/cm bei Stromdichten von 25 bis 60 mA/cm^2. Höhere Stromdichten verursachen voluminöse Aufquellungen in der Schicht.

3.2 Verdichten und Sintern der Al-Pulverschicht

Das Verdichten der Pulverschichten erfolgte auf einem Quarto-Kaltwalzwerk in einem Verformungsbereich von 10 bis 50%. Das Sinterverhalten wurde bei Temperaturen von 450 bis 600 °C unter Argon, Stickstoff, Wasserstoff oder Luft bei 1 bis 6 h Sinterdauer untersucht.

4. Prüfung der pulverplattierten Schichten

Haftfestigkeit und Schichtaufbau von pulverplattiertem Armco-Eisen wurden im Tiefungsversuch nach Erichsen und metallographisch geprüft. Die besten Ergebnisse wurden bei Sintertemperaturen von 475 bis 500 °C und 4 h Sinterdauer unter Argon oder Stickstoff erhalten. Die Tiefungen an plattiertem Armco-Fe waren 10% kleiner als an unplattiertem. Abb. 3 zeigt den metallographischen Aufbau von pulverplattiertem Stahl im Vergleich mit aluminiertem Stahl, der durch Spritzen, galvanische Abscheidung, Heißtauchen oder Walzplattieren mit einer Al-Schicht versehen wurde. Die pulverplattierte Schicht ist gleichmäßig, ihre Dicke beträgt 35 µm. Das entspricht einer Pulverauflage von 2,5 mg/cm^2 Al bei 10 s Abscheidungszeit und einem Verdichtungsgrad von 20%.

Zunderversuche bei 450 °C 300 h in Luft ergaben eine gute Oxydationsbeständigkeit, die sich in der geringen Gewichtszunahme von weniger als 0,05 mg/cm^2 ausdrückt. Bei 540 °C beträgt das Verhältnis der Gewichtszunahme zwischen unplattiertem und Al-pulverplattiertem Armco-Eisen nach einer Zunderzeit von 16 h in Luft etwa 40:1.

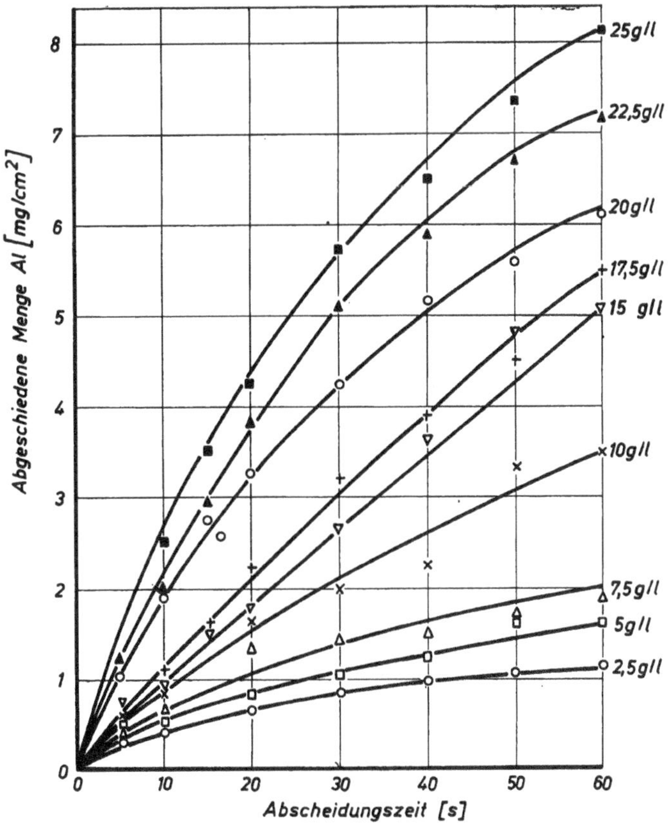

Abb. 1. Abhängigkeit der Abscheidungsbedingungen vom Al-Gehalt im Bad

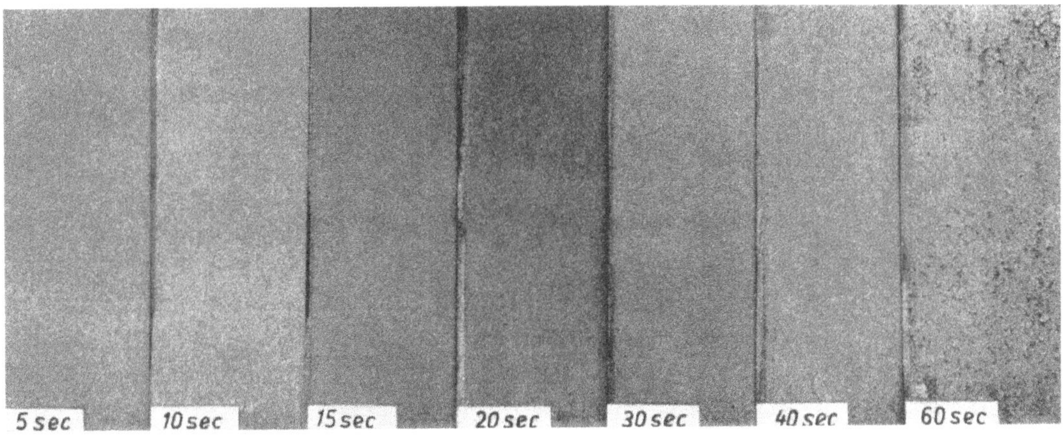

Abb. 2. Unverdichtete Al-pulverplattierte Blechstreifen (elektrophoretisch)

Tafel 4

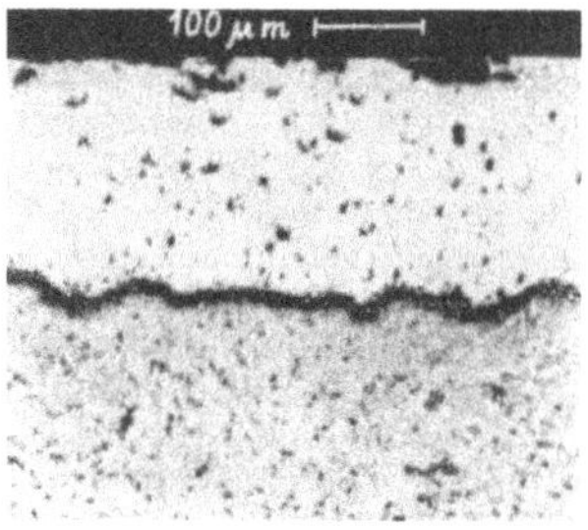

Spritzen, 200 μm

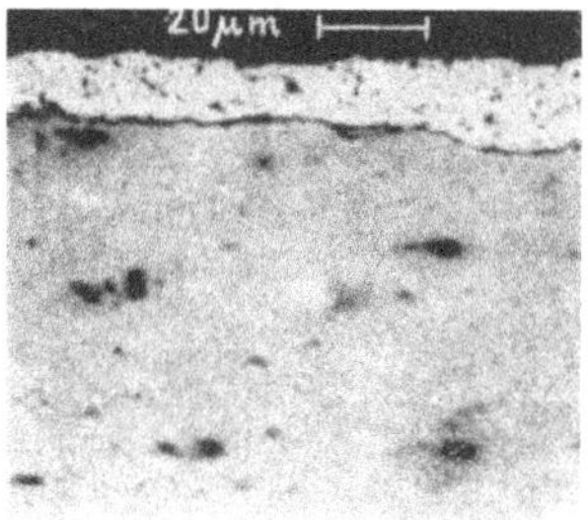

Elektrolyse, 12 μm

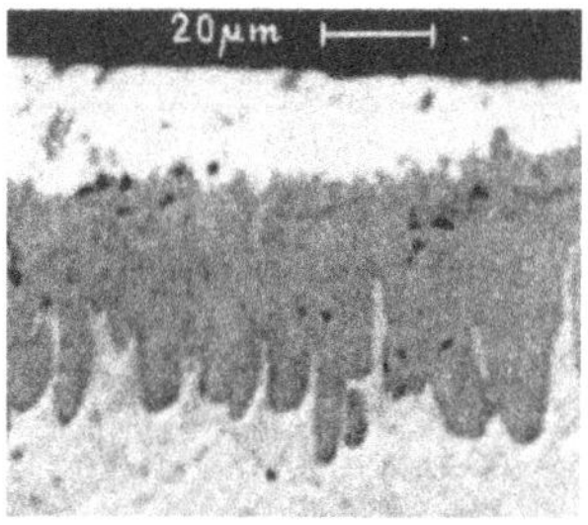

Heißtauchen
17 μm Al, 40 μm Al_3Fe

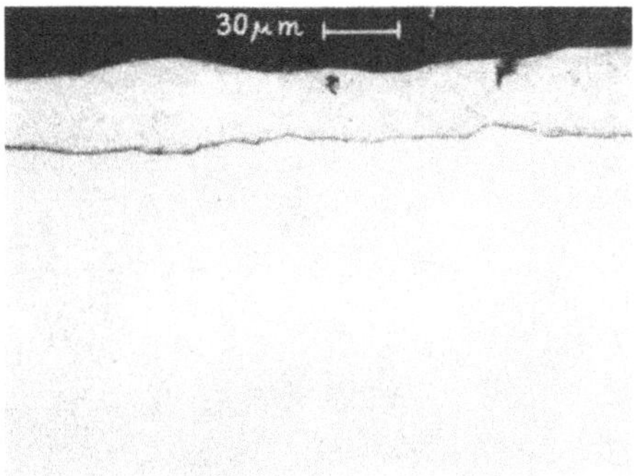

Walzplattieren, 30 μm

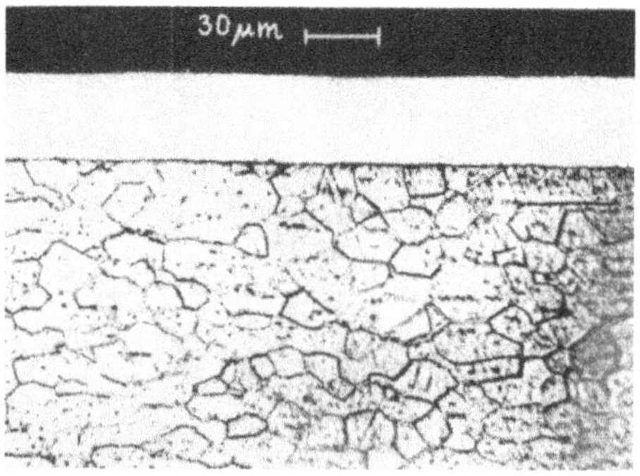

Pulverplattieren, 35 μm

Abb. 3. Nach verschiedenen Methoden erzeugte Al-Schichten auf Stahl

5. Versuche einer Ni-Pulverplattierung

Orientierende Versuche mit Ni-Pulver der Fraktion $\leqq$ 0,06 mm ergaben, daß unter ähnlichen Bedingungen wie beim Al-Plattieren auch Ni elektrophoretisch abgeschieden werden kann. Das adhäsive Haftvermögen der Ni-Pulverschicht ist schlechter und die Schrumpfung bei der Trocknung größer als bei Al, so daß teilweise Risse in der Schicht entstehen. Die Sinterungen wurden bei 800 °C 4 h unter H_2 durchgeführt. Eine Ni-Schichtdicke von 30 bis 50 µm wird erhalten, wenn Abscheidungszeiten von 30 bis 60 s angewendet werden.

6. Zusammenfassung

Das Plattieren von Bandstahl mit Al oder Ni durch Elektrophorese ist als neuartiges Verfahren zu beachten. Pulverplattiertes Material erreicht die Korrosionsbeständigkeit der nach konventionellem Verfahren erzeugten Schichten. Hervorzuheben ist die erzielbare Gleichmäßigkeit der porenfreien Schichten, die unter Einsparung von Metall ein Aufbringen dünner Überzüge erlauben.

Dresden (DDR), Forschungsinstitut für metallische Spezialwerkstoffe
der Deutschen Akademie der Wissenschaften zu Berlin

Literatur

[1] GUTIERREZ, C. P., MOSLEY, J. R. und WALLACE, T. C., J. electrochem. Soc. **109** (1962) 10, **923–927**.
[2] US-Patent Nr. 2462125, 22.2.1949.
[3] BROWN, D. R. und JACKSON, A. E., BISRA-Report MW/C/44/61.

Diskussion

R. BUCHTA, Dresden: Große Teilchen kommen wegen der hohen Sedimentationsgeschwindigkeit nicht in Frage. Sehr feine Teilchen haben eine geringe Wanderungsgeschwindigkeit und erhöhen die Abscheidungszeit. Außerdem bereitet sehr feines Al-Pulver durch erhöhten Oxidgehalt Schwierigkeiten bezüglich der Bindung mit dem Basismaterial. Es ist anzustreben, den Teilchengrößenbereich nicht zu breit zu wählen, wobei die Teilchengröße 60 µm möglichst nicht überschreiten sollte.

E. MORGENTHAL: Der Hauptvorteil liegt naturgemäß in der vergleichsweise kurzen Abscheidungszeit. Außerdem werden neben sorgfältigem Entfetten der Oberfläche des Basismaterials keine besonderen Reinigungsforderungen gestellt. Die Oberflächenrauhigkeit sowie die chemische Zusammensetzung haben keinen Einfluß, sofern das Grundmaterial elektrisch leitend ist. Werkstücke mit kompliziertem Profil, z. B. Schrauben, können sehr gleichmäßig beschichtet werden. Es besteht die Möglichkeit, stabilisierende Oxiddispersionen in die Schicht einzubauen.

B. Formgebung von Pulvern

Der Verdichtungsmechanismus beim Walzen von Metallpulvern

Von G. A. Vinogradov und V. P. Katašinskij

1. Grundlegende Begriffe und Bestimmungen

Stabilisierungswinkel φ:

Um gültige Aussagen über den Walzprozeß metallischer Pulver machen zu können, hat es sich als zweckmäßig erwiesen, den Vorgang in drei aufeinanderfolgende Perioden aufzugliedern:

a) eine nichtstationäre Einlaufperiode,
b) eine stationäre (Gleichgewichts-)Periode,
c) eine nichtstationäre Auslaufperiode.
a) und c) werden durch die veränderliche Dicke und Dichte des aus dem Walzenspalt austretenden Bandes charakterisiert.

Vor Walzbeginn ist der Spalt an der Aufgabeseite mit Pulver konstanter Dichte gefüllt (Abb. 1a). Mit Beginn der Walzendrehung bis zum Ende der Einlaufperiode verändert sich die Pulverdichte (Abb. 1b, 1c, 1d). Dicke und Dichte des „grünen" Bandes wachsen zu einer dem Kreisbogen der anfänglichen Walzendrehung entsprechenden Länge an. Der Walzendrehwinkel bis zur Einstellung stationärer Verhältnisse im Walzenspalt soll als Stabilisierungswinkel φ bezeichnet werden.

Abb. 1 zeigt Bilder eines Demonstrationsmodelles mit einem Walzendurchmesser von 1930 mm. Als „Pulver"teile werden Gummiringe von 12 mm Durchmesser verwendet. Das Modell entspricht dem Walzvorgang eines Pulvers von der Teilchengröße 0,43 mm zwischen 70-mm-Walzen bei 27,6facher Vergrößerung (Vergrößerung der Bilder 3,3fach). Es hat nur qualitative Bedeutung und erhebt keinen Anspruch auf eine absolute physikalische Nachbildung des bildsamen Verformungsprozesses beim Pulverwalzen.

Um den Verdichtungsvorgang beschreiben und analysieren zu können, werden folgende Winkelparameter festgelegt (Abb. 2):

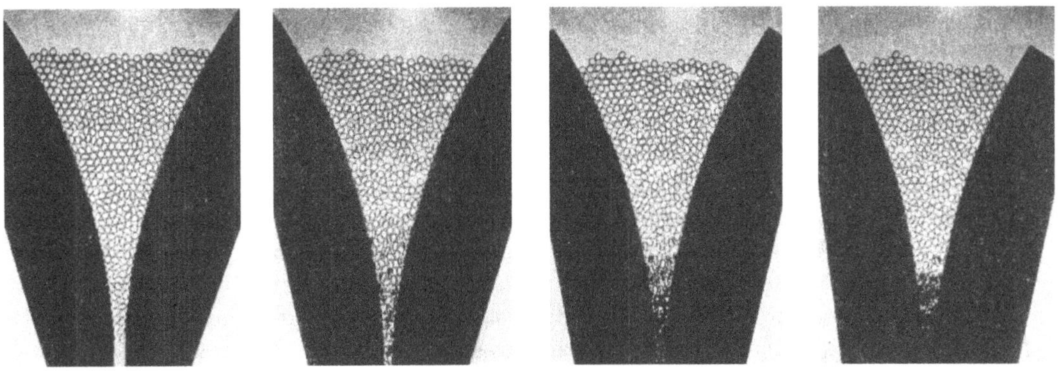

a) Vor Walzbeginn | b) Nichtstationäre Einlaufperiode | c) Nichtstationäre Einlaufperiode, fortgeschrittene Phase | d) Stationäre Periode

Abb. 1. Modellwalzversuch

Ausgangswinkel α:

Der Ausgangswinkel legt die Pulverschütthöhe vor dem Walzenspalt bzw. den Querschnitt der Eintrittsebene des Pulvers fest.

Greifwinkel α_0:

Unter dem Greifwinkel α_0 wird ein Zentriwinkel verstanden, dessen Bogenlänge als Abszisse bei der Darstellung der spezifischen Walzkraft dient, wobei die elastische Abplattung der Walzen berücksichtigt wird. Die dazu gehörige Ebene h_0 trennt den eigentlichen Verdichtungsbereich vom Bereich der losen Pulverschüttung.

Preßwinkel α_p:

Der Preßwinkel α_p ist ein Zentriwinkel, der den Beginn des kompakten Bandes anzeigt.

Grenzwinkel γ:

In der zum Grenzwinkel gehörenden Ebene (Fließscheide) ändert sich analog dem Walzen von Gußwerkstoffen das Vorzeichen der Reibungskraft.

Elastischer Walzenverformungswinkel α_v:

Da die Walzen während des Verformungsprozesses elastisch abgeplattet werden, wird die Verformungszone verlängert. Diese Erweiterung wird durch α_v charakterisiert.

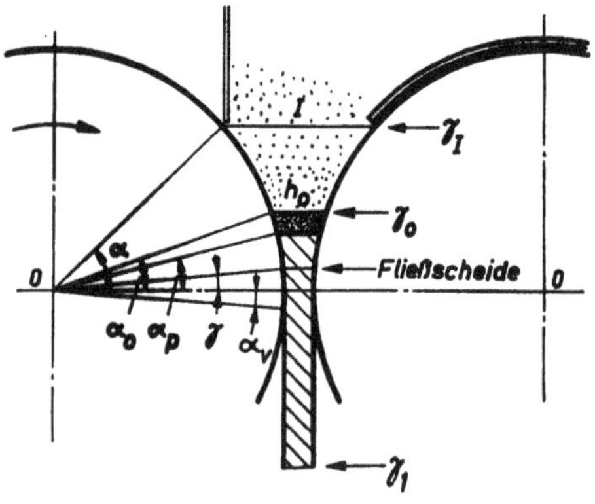

Abb. 2. Winkelparameter beim Pulverwalzen

α — Ausgangswinkel
α_p — Preßwinkel
α_v — Elastischer Walzenverformungswinkel
α_0 — Greifwinkel
γ — Grenzwinkel
γ_I — Schüttdichte des Pulvers
γ_0 — Rütteldichte des Pulvers
γ_1 — Dichte des „grünen" Bandes

2. Untersuchungsmethode und Ergebnisse

Die Verteilung der spezifischen Walzkraft im Walzenspalt wurde bei horizontaler und vertikaler Lage der Walzen untersucht. Abb. 3 zeigt die dafür verwendete punktförmige Meßdose.

Von einem stufenförmigen Fühlstift (*1*) mit einer Härte von 48 bis 50 HRC wird der Versuchswert über den auf eine Stellbuchse (*6*) aufgeklebten Meß- (*5*) und Kompensationsgeber (*7*) auf einen Oszillographen (Filmgeschwindigkeit 25 mm/s) übertragen. Der Stift wird mittels einer Hebeleinrichtung geeicht. Um die Meßdose anzubringen, wird ein Stahleinsatz (*2*) im Laufsitz in den Walzenkörper (*4*) eingesetzt, mit einem Gewindestift (*3*) befestigt, danach gemeinsam mit der Walze gedreht und nach dem Herausnehmen gehärtet (50 bis 55 HRC). Bei den vorliegenden Untersuchungen wurden folgende Bedingungen eingehalten: Walzenumfangsgeschwindigkeit 0,027 m/s, Walzendurchmesser 180,6 mm, Pulveraufgabe unmittelbar am Walzenspalt, Walzenoberfläche um die Meßdose feingeschlichtet.

Die Eigenschaften der verwendeten Pulver sind in Tab. 1 und Tab. 2 angegeben. Die Pulver Nr. 1 bis 3 sind einzelne Siebfraktionen eines Eisenpulvers (Marke „APŽM"), Pulver 4 bis 8 Mischungen verschiedener Pulver.

In Abb. 4 ist der Verlauf der spezifischen Walzkraft über der Kontaktbogenlänge für Eisenpulver (Marke „APŽM") bei verschiedener Größe des Walzenspaltes dargestellt. Dicke und Dichte des „grünen" Bandes werden in Tab. 3 angegeben.

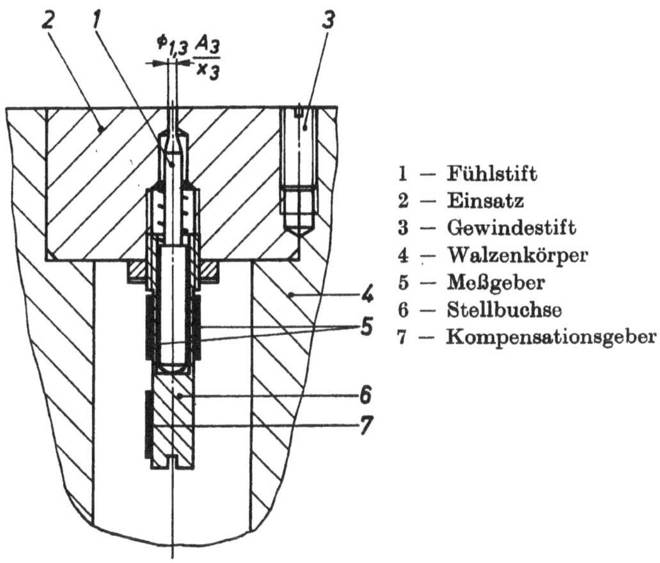

Abb. 3. Aufbau der Meßdose

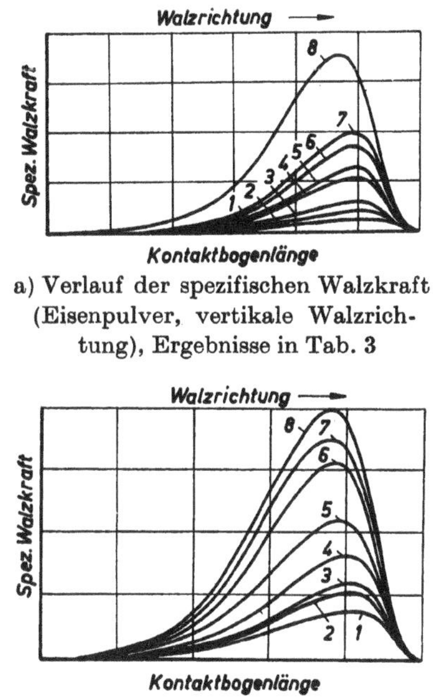

a) Verlauf der spezifischen Walzkraft (Eisenpulver, vertikale Walzrichtung), Ergebnisse in Tab. 3

b) do. horizontale Walzrichtung

Abb. 4

Die Druckmaxima sind bei beiden Walzenanordnungen zur Austrittsebene des Metalles hin verschoben. Lediglich der Greifwinkel und die Banddicke sind unter sonst gleichen Bedingungen (maximale spezifische Walzkraft, Banddichte) beim vertikalen Walzprozeß größer. Dies läßt sich mit den günstigeren Greifbedingungen und dem Gravitationsdruck des Pulvers erklären.

Tabelle 1. Eigenschaften der verwendeten Eisenpulver

Kennziffer	Schüttdichte g/cm³	Rütteldichte g/cm³	Siebfraktion mm
1	1,71	2,16	−0,250 +0,090
2	1,80	2,19	−0,090 +0,056
3	1,77	2,29	−0,056

Tabelle 2. Zusammensetzung der Pulvergemische

Kennziffer	Gehalt in %									
	Fe	Cr_3C_2	Co	Mo	Cr	W	Ni	Si	FeCr	Mn
4	80	20	—	—	—	—	—	—	—	—
5	—	10,5	54	3,37	21,5	4,5	2,63	2,0	—	1,5
6	—	17,5	45	—	7	20,5	—	—	10	—
7	50	—	20	30	—	—	—	—	—	—
8	50	50	—	—	—	—	—	—	—	—

Tabelle 3. Dicke und Dichte des „grünen“ Bandes bei verschiedener Walzrichtung

Senkrechtes Walzen				Waagerechtes Walzen			
Nr. der Kurve in Abb. 4a	Banddicke mm	Banddichte g/cm³	Max. spez. Walzkraft kN/cm²	Nr. der Kurve in Abb. 4b	Banddicke mm	Banddichte g/cm³	Max. spez. Walzkraft kN/cm²
1	1,67	3,07	2,45	1	0,96	4,10	9,80
2	1,59	3,36	4,12	2	0,84	4,33	11,51
3	1,35	3,81	6,08	3	0,78	4,59	12,74
4	1,10	4,34	10,39	4	0,68	4,90	16,66
5	1,02	4,62	12,84	5	0,62	5,39	22,05
6	0,93	4,94	16,66	6	0,58	5,80	31,36
7	0,90	5,27	19,80	7	0,56	6,12	35,08
8	0,81	5,98	35,28	8	0,56	6,21	39,20

3. Analytische Bestimmung der spezifischen und der resultierenden Walzkraft

Beim Walzen von Metallpulvern kommt es zu tiefgreifenden Umwandlungen des Walzgutes, die einer Änderung des Aggregatzustandes nahekommen: Die losen Pulverteilchen werden zu einem porigen, starren Band mit gewisser Zug-, Druck-, Biege- und Scherfestigkeit verdichtet. Im Zusammenhang damit erhöht sich der Formänderungswiderstand bis zu relativen Dichten von 0,8 bis 0,9 in erster Linie dadurch, daß die Pulverteilchen dichter gepackt werden, und nicht dadurch, daß das Metall verfestigt wird. Die Walzgutdichte wird eindeutig bestimmt von der maximalen spezifischen Walzkraft unabhängig von der Banddicke und dem Reibungskoeffizienten zwischen Walze und Pulver. Das berechtigt uns zu der Annahme, daß sich Banddicke und -dichte beim Pulverwalzen lediglich in der Rückstauzone ändern.

3.1 Betrachtet werden soll der vertikale Walzvorgang unter folgenden Annahmen:

a) Die Breitung wird Null gesetzt, da sie praktisch vernachlässigbar klein ist. Damit wird der räumliche Fall auf den zweidimensionalen vereinfacht.

b) Die Verformung im Querschnitt ist gleichmäßig, was für dünne Metallbänder weitgehend zutrifft.

c) Bogen BC wird durch eine zur Walzachse parallele Sehne ersetzt. Dieser Schritt ist berechtigt, da nach obiger Annahme Dicke und Dichte des Walzgutes nach Verlassen der Fließscheide konstant bleiben.

d) Desgleichen wird durch die Punkte A und B eine Sehne gezogen, da im Normalfall $\alpha_0 = 0{,}2$ (rad) $= 11°25'$ nicht überschreitet.

Für ein Element *abcd* im Rückstaubereich (Abb. 5) läßt sich dann bei trockenem Gleiten und unter Vernachlässigung der Haftzone folgende Differentialgleichung angeben:

$$h_x\,d\sigma_x + \sigma_x\,dh_x - P_x\,dh_x + \mu \cdot P_x\,dh_x \operatorname{ctg} \varphi = 0\,, \tag{1}$$

wobei: μ — Reibungszahl, P_x — spezifische Walzkraft, φ — Neigungswinkel zwischen Sehne AB und Walzrichtung.

Einen Zusammenhang zwischen P_x und σ_x gibt die Plastizitätsbedingung. Wenn man annimmt, daß der Formänderungswiderstand linear von 0 bis K (in der Fließscheide) anwächst, also

$$K_x = K\left(1 - \frac{h_x - h_1}{\Delta h}\right)$$

ist, wird

$$P_x - \sigma_x = K\left(1 - \frac{h_x - h_1}{\Delta h}\right)$$

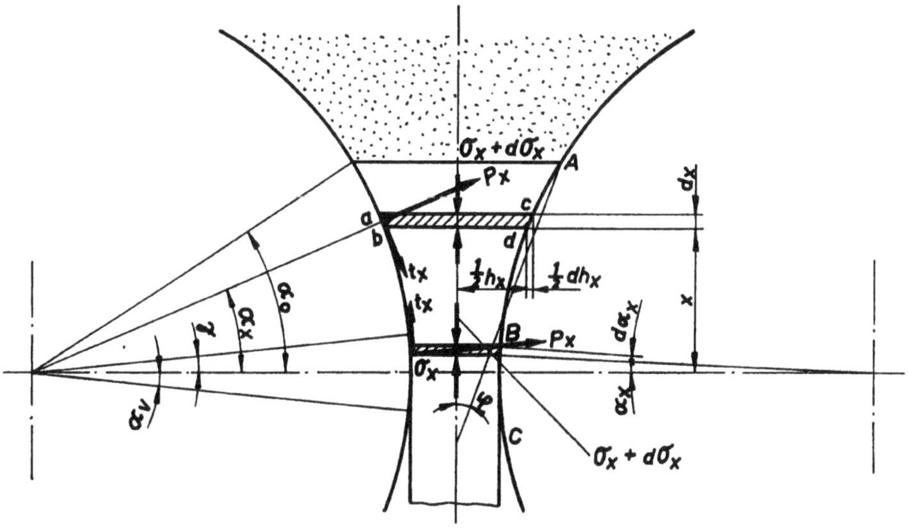

Abb. 5. Kräfte im Walzspalt bei vertikaler Walzrichtung

und

$$d\sigma_x = dP_x + \frac{K}{\Delta h} dh_x \,.$$

Nach Einsetzen des Ausdruckes in Gl. (1) und Umformen gilt:

$$\frac{dP_x}{dh_x} + \frac{P_x \mu \cdot \operatorname{ctg} \varphi}{h_x} = K \frac{h_0 - h_x}{\Delta h \cdot h_x} - \frac{K}{\Delta h} \,. \tag{2}$$

In der Lösung der Gl. (2):

$$P_x = \frac{K}{\Delta h} \left(\frac{h_0}{\mu \operatorname{ctg} \varphi} - \frac{2\, h_x}{\mu \operatorname{ctg} \varphi + 1} \right) + C\, h_x^{-\mu \operatorname{ctg} \varphi} \tag{3}$$

wird C aus den Anfangsbedingungen im Querschnitt h_0:

$$h_x = h_0 \qquad P_x = 0$$

bestimmt zu:

$$C = \frac{K}{\Delta h} h_0^{\mu \operatorname{ctg} \varphi + 1} \cdot \frac{\mu \cdot \operatorname{ctg} \varphi - 1}{\mu \cdot \operatorname{ctg} \varphi \, (\mu \cdot \operatorname{ctg} \varphi + 1)} \,,$$

womit endgültig für die spezifische Walzkraft in der Rückstauzone die Beziehung folgt:

$$P_x = \frac{K}{R\,(\alpha_0 - \gamma)} \left[\frac{h_0}{2\,\mu} - \frac{h_x}{\mu + \varphi} + \frac{\mu - \varphi}{2\,\mu\,(\mu + \varphi)} h_0 \left(\frac{h_0}{h_x} \right)^{\frac{\mu}{\varphi}} \right]. \tag{4}$$

Aus der Grenzbedingung an der Fließscheide

$$h_x = h_1 \qquad P_x = P_{\max} \,,$$

wobei $P_{\max}$ die maximale spezifische Walzkraft ist, erhält man einen funktionalen Zusammenhang zwischen K und $P_{\max}$:

$$K = \frac{P_{\max} \cdot R\,(\alpha_0 - \gamma)}{\frac{h_0}{2\,\mu} - \frac{h_1}{\mu + \varphi} + \frac{\mu - \varphi}{2\,\mu\,(\mu + \varphi)} h_0 \cdot \varepsilon^{\frac{\mu}{\varphi}}} \,, \tag{5}$$

wobei $\varepsilon = \frac{h_0}{h_1}$ — Verdichtungsverhältnis.

Mit Gl. (5) wird Gl. (4):

$$P_x = \frac{P_{\max}}{\frac{h_0}{2\mu} - \frac{h_1}{\mu + \varphi} + \frac{\mu - \varphi}{2\mu(\mu + \varphi)} h_0 \cdot \varepsilon^{\frac{\mu}{\varphi}}} \left[\frac{h_0}{2\mu} - \frac{h_x}{\mu + \varphi} + \frac{\mu - \varphi}{2\mu(\mu + \varphi)} h_0 \left(\frac{h_0}{h_x}\right)^{\frac{\mu}{\varphi}}\right]. \tag{6}$$

Ohne die Genauigkeit wesentlich herabzusetzen, können in Gl. (6) im Nenner der Ausdruck $\frac{h_0}{2\mu} - \frac{h_1}{\mu + \varphi}$ und in der Klammer $\frac{h_0}{2\mu} - \frac{h_x}{\mu + \varphi}$ vernachlässigt werden:

$$P_x = P_{\max}\left(\frac{h_1}{h_x}\right)^{\frac{\mu}{\varphi}}, \tag{7}$$

$$K = P_{\max} \frac{2\mu R(\alpha_0 - \gamma)(\mu + \varphi)}{(\mu - \varphi) h_0 \varepsilon^{\frac{\mu}{\varphi}}}. \tag{8}$$

Ein Vergleich der mit Gl. (6) und Gl. (7) errechneten Werte für P_x (Tab. 4) bestätigt, daß durch die getroffene Vereinfachung die Genauigkeit nur unbedeutend verringert wird.

Tabelle 4. Nach Gl. (6) und Gl. (7) berechnete Werte für P_x in der Rückstauzone

h_x mm	h_0	3	2,5	2	1,5	h_1
P'_x kN/cm² (Gl. 6)	0	0,162	1,24	3,18	7,86	19,4
P''_x kN/cm² (Gl. 7)	0,84	0,94	1,62	3,16	7,46	19,4

3.2 In der Voreilzone findet kein Walzen im eigentlichen Sinne statt. Der Vorgang ähnelt vielmehr dem Herausdrücken des Metalles aus dem Walzenspalt. Diese Bewegung nach vorn wird durch den vorhandenen Reibungsüberschuß verursacht. Bei den weiter unten folgenden Ableitungen wird vorausgesetzt, daß

a) die Haftzone zu vernachlässigen ist, desgleichen

b) die Projektion der spezifischen Walzkraft auf die Walzrichtung.

Dann ist für ein Element $a'b'c'd'$ in der Voreilzone im Gleichgewichtszustand bei trockener Gleitung

$$d\sigma_x h_1 - 2 P_x \mu \cdot R\, d\alpha_x = 0\,. \tag{9}$$

Bei konstantem Formänderungswiderstand ist

$$d\sigma_x = dP_x\,.$$

Damit wird

$$\frac{dP_x}{P_x} = \frac{2\mu \cdot R}{h_1} d\alpha_x\,.$$

Die Lösung der Differentialgleichung lautet:

$$P_x = C \cdot e^{\frac{2\mu \cdot R}{h_1}\alpha_x}, \tag{10}$$

wobei das e-Glied durch Zerlegen in eine Reihe und nach Vereinfachen durch den Ausdruck

$$e^{\frac{2\mu \cdot R}{h_1}\alpha_x} \approx \frac{h_1 + \mu R \alpha_x}{h_1 - \mu R \alpha_x}$$

ersetzt werden kann. Der eingeschleppte Fehler beträgt in den meisten praktischen Fällen nur einige Prozent. Aus den Bedingungen in der Fließscheide

$$\alpha_x = \gamma\,, \quad P_x = P_{\max}$$

wird die Integrationskonstante zu

$$C = P_{\max} \cdot \frac{h_1 - \mu R \gamma}{h_1 + \mu R \gamma}$$

errechnet, womit nach Einsetzen in Gl. (10) für P_x folgt:

$$P_x = P_{\max} \cdot \frac{h_1 - \mu R \gamma}{h_1 + \mu R \gamma} \cdot \frac{h_1 + \mu R \alpha_x}{h_1 - \mu R \alpha_x}. \tag{11}$$

Darin nimmt α_x Werte von $+ \gamma$ bis $- \alpha_v$ an.

(Gl. 11) vereinfacht sich, wenn α_x von der Fließscheide und nicht von der Zentrallinie aus gerechnet wird. Dann ist

$$P_x = P_{\max} \cdot \frac{h_1 - \mu R \alpha_x}{h_1 + \mu R \alpha_x}, \tag{12}$$

wobei

$$0 \leqq \alpha_x \leqq (\gamma + \alpha_v) .$$

Abb. 6 und 7 zeigen vergleichsweise den nach Gl. (6) und der vereinfachten Gl. (7) errechneten Verlauf der spezifischen Walzkraft über der Walzspaltlänge l_d für Eisenpulver, wobei: $P_{\max} = 19{,}4$ kN/cm²; $h_0 = 3{,}11$ mm; $\varepsilon = 2{,}85$; $h_1 = 1{,}1$ mm; $\gamma_1 = 5{,}10$ g/cm³; $\alpha_0 = 0{,}15$ (rad); $\gamma = 0{,}012$ (rad); $\alpha_v = 0{,}015$ (rad); $\mu = 0{,}24$. Diese Parameter wurden bei Untersuchungen mit einer punktförmigen Meßdose erhalten.

Vom experimentellen Verlauf der spezifischen Walzkraft (Abb. 8) weicht der theoretische durch die Form des Maximums ab. Dies kann damit erklärt werden, daß bei der Ableitung angenommen wurde, daß die Reibungskraft über die gesamte Länge des Verformungsbereiches der spezifischen Walzkraft proportional ist.

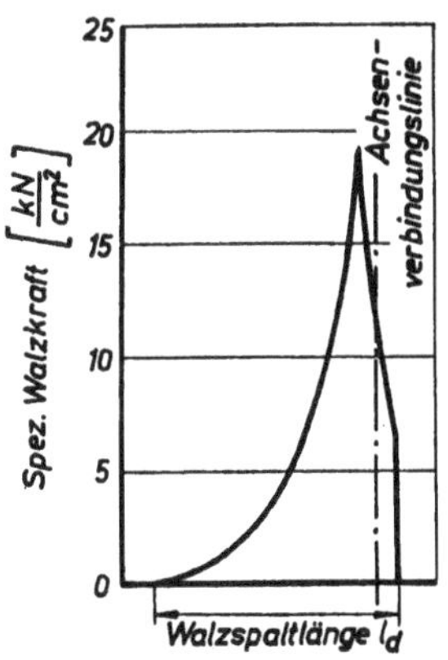

Abb. 6

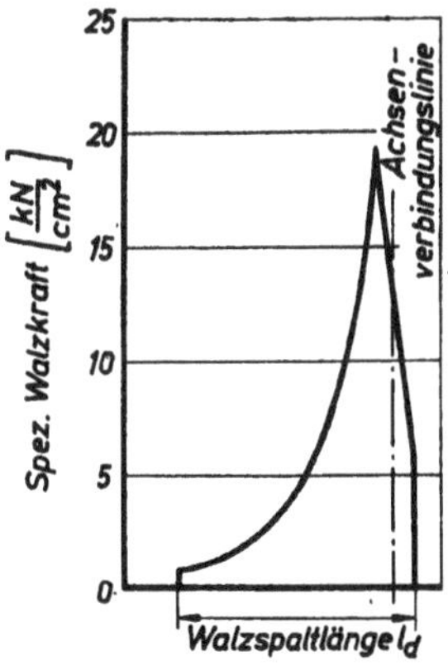

Abb. 7

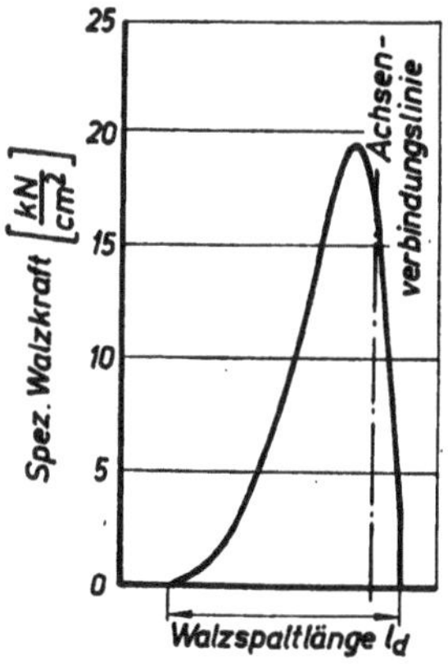

Abb. 8

Abb. 6. Theoretischer Verlauf der spezifischen Walzkraft beim Walzen von Eisenpulver (nach Gl. (6))

Abb. 7. Theoretischer Verlauf der spezifischen Walzkraft nach der vereinfachten Gl. (7)

Abb. 8. Experimenteller Verlauf der spezifischen Walzkraft beim Walzen von Eisenpulver

3.3 Die Walzkraft P_1 (Summe der Drücke auf die Walzenzapfen) kann nach obigen Ableitungen wie folgt bestimmt werden:

$$P_1 = k \cdot B \left\{ \int_0^l P_x \, dx \pm \int_0^l t_x \, dx \right\}. \tag{13}$$

Darin bedeuten:

B — mittlere Breite des Walzgutes in der Verformungszone,

k — empirischer Koeffizient, der die ungleiche Verteilung der spezifischen Walzkraft über der Walzgutbreite berücksichtigt.

Nach Einsetzen von Gl. (6) und Gl. (11) in Gl. (13) und Auflösen der Integrale erhält man für P_1:

$$P_1 = k \cdot B \cdot P_{\max} \cdot \left\{ \frac{1 + \mu \cdot \varphi}{\frac{\varphi}{\mu} h_0 - \frac{2\varphi}{\mu + \varphi} h_1 + \frac{\varphi(\mu - \varphi)}{\mu(\mu + \varphi)} h_0 \, \varepsilon^{\frac{\mu}{\varphi}}} \right.$$
$$\times \left[\frac{\Delta h \cdot h_0}{2\mu} - \frac{\Delta h \, (h_0 + h_1)}{2(\mu + \varphi)} + \frac{\varphi \cdot h_0}{2\mu(\mu + \varphi)} \left(h_1 \cdot \varepsilon^{\frac{\mu}{\varphi}} - h_0 \right) \right]$$
$$\left. + \frac{2 h_1}{\mu} \cdot \ln \frac{h_1 + \mu R (\gamma + \alpha_v)}{h_1} - R(\gamma + \alpha_v) \right\}. \quad (14)$$

Wenn in Gl. (13) statt Gl. (6) Gl. (7) eingesetzt und außerdem das Produkt $\mu \cdot \varphi$ vernachlässigt wird, vereinfacht sich der Ausdruck für die Walzkraft, und man erhält:

$$P_1 = k \cdot B \cdot P_{\max} \left[\frac{1}{2(\mu - \varphi)} \left(h_1 - h_0 \, \varepsilon^{-\frac{\mu}{\varphi}} \right) + \frac{2 h_1}{\mu} \ln \frac{h_1 + \mu R (\gamma + \alpha_v)}{h_1} - R(\gamma + \alpha_v) \right]. \quad (15)$$

Gl. (15) ist bequemer zu handhaben als Gl. (14) und trotzdem für praktische Belange hinreichend genau.

3.4 Um den Verlauf der Reibungskräfte beim Pulverwalzen zu ermitteln, wurde das von P. L. Klimenko [2] vorgeschlagene Verfahren angewendet, bei dem außer einer radial angeordneten punktförmigen Meßdose (Abb. 3) zwei Fühlstifte unter 45° Neigung eingesetzt werden. Die Versuche wurden mit Eisenpulver (Marke „APŽM") durchgeführt, das durch Reduktion von Walzzunder mit Naturgas hergestellt wurde. Das Pulver besaß die folgende Zusammensetzung:

Siebfraktion mm	−0,250 +0,160	−0,125 +0,100	−0,100 +0,080	−0,080 +0,056	−0,056
Prozentualer Anteil	5	30	25	15	25

Gewalzt wurde in horizontaler Richtung. In Abb. 9 wird die Verteilung der spezifischen Walzkraft, der spezifischen Reibungskraft und der Reibungszahl über der Walzspaltlänge l_d dargestellt. Sie läßt erkennen, daß beim Walzen von Metallpulvern Rückstau- und Voreilzone ausgebildet werden, da die Reibungskraft im Gebiet des maximalen Druckes (Fließscheide) ihr Vorzeichen ändert. Die mittlere Reibungszahl beim Walzen von Eisenpulver zwischen matten Walzen betrug 0,24.

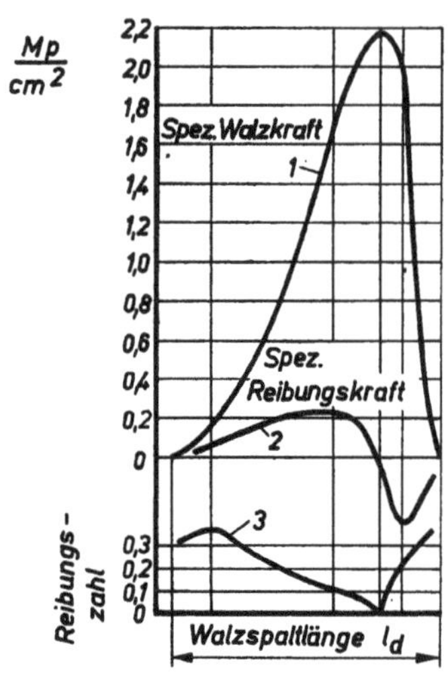

Abb. 9. Spezifische Walzkraft (*1*), spezifische Reibungskraft (*2*) und Reibungszahl (*3*) im Walzspalt
(Bandbreite 100 mm, Banddicke 0,78 mm, Banddichte 5,8 g/cm³)

4. Verdichtbarkeit metallischer Pulver beim Walzen

Untersuchungen über den Verlauf der spezifischen Walzkraft beim horizontalen und vertikalen Walzen von Eisenpulver [3] sowie über den Einfluß der Korngrößenverteilung und der Aufgabemenge auf die maximale spezifische Walzkraft zeigen, daß von letzterer die Dichte des „grünen" Bandes eindeutig bestimmt wird. Banddicke und Greifwinkel sind bei gleicher

Banddichte ohne Einfluß auf die maximale spezifische Walzkraft. Desgleichen wird die Banddichte als Funktion der maximalen spezifischen Walzkraft nicht von der Korngrößenverteilung im Pulver beeinflußt, zumindest nicht im untersuchten Bereich. Auf Abb. 10 sind die Ergebnisse beim Walzen von Kupfer- und Eisenpulver graphisch dargestellt. Für jedes Pulver bzw. Pulvergemisch gibt es demnach einen maximalen Dichtewert, der vom Verhältnis der plastischen und nichtplastischen Bestandteile im Pulver abhängt und den zu überschreiten bei den üblichen Walzverfahren nicht möglich ist.

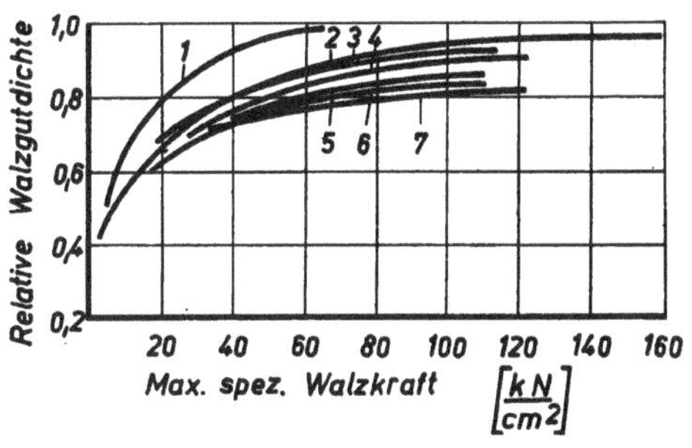

Abb. 10. Abhängigkeit der relativen Banddichte von der maximalen spezifischen Walzkraft
1 — Kupferpulver (durch Reduktion); *2* — Pulver „APŽM"; *3* — Pulver Nr. 4; *4* — Pulver Nr. 5; *5* — Pulver Nr. 6; *6* — Pulver Nr. 7; *7* — Pulver Nr. 8

Eine Beziehung zwischen maximaler spezifischer Walzkraft P_{max} und der Banddichte wird durch den nachfolgenden Ausdruck gegeben:

$$\gamma_1 = \gamma_0 + \frac{P_{max}}{m + n\, P_{max}}, \tag{16}$$

worin: γ_0 — Rütteldichte des Pulvers g/cm³,

P_{max} — maximale spezifische Walzkraft KN/cm²,

m, n — von der spezifischen Walzkraft unabhängige Werkstoffkonstanten.

Nach Gl. (16) errechnete Werte stimmen gut mit experimentellen Ergebnissen für Eisen-, Kupfer-, Nickel- und Aluminiumpulver im untersuchten Druckbereich (bis 160 kN/cm² = 1,632 Mp/cm²) überein (Tab. 5). In Tab. 6 sind die Materialkonstanten m und n für die entsprechenden Pulver angegeben.

Tabelle 5. Abhängigkeit der Banddichte von der maximalen spezifischen Walzkraft

Pulver		Maximale spezifische Walzkraft kN/cm²													
		0	10	20	30	40	50	60	70	80	90	100	110	120	130
		γ_0	Dichte des Bandes g/cm³												
APŽM	experimentell	2,53	—	5,12	5,62	6,07	6,40	6,69	6,94	7,10	7,22	7,29	7,35	7,37	7,39
	rechn.	2,53	—	5,06	5,67	6,10	6,41	6,66	6,85	7,01	7,14	7,25	7,35	7,43	7,50
Kupferpulver (durch Redukt.)	experimentell	2,94	—	—	7,38	7,86	8,20	8,44	8,59	8,70	8,79	8,85	—	—	—
	rechn.	2,94	—	—	7,38	7,78	8,11	8,33	8,49	8,63	8,74	8,83	—	—	—
Nickelpulver (durch Redukt.)	experimentell	3,80	—	—	6,21	6,74	7,12	7,39	7,64	7,83	8,00	8,11	—	—	—
	rechn.	3,80	—	—	6,21	6,67	7,03	7,34	7,60	7,82	8,01	8,17	—	—	—
Alupulver (durch Verdüs.)	experimentell	1,25	2,28	2,49	2,56	—	—	—	—	—	—	—	—	—	—
	rechn.	1,25	2,27	2,47	2,56	—	—	—	—	—	—	—	—	—	—

Tabelle 6. Koeffizienten m und n für verschiedene Pulver

Pulver	m	n
APŽM	4,56	0,166
Cu-Pulver (durch Reduktion)	2,37	0,146
Al-Pulver (durch Verdüsen)	3,12	0,66

5. Bestimmung der mittleren spezifischen Walzkraft

Zur Berechnung des Walzengerüstes muß neben der maximalen spezifischen Walzkraft in der Fließscheide die mittlere spezifische Walzkraft im Walzenspalt bekannt sein. Aus experimentellen Ergebnissen beim Walzen von Metallpulvern unter verschiedenen Bedingungen folgt, daß zwischen beiden interessierenden Größen direkte Proportionalität vorhanden ist:

$$P_{\text{mittl.}} = K\, P_{\max}\,. \tag{17}$$

Der Proportionalitätsfaktor K ist unabhängig von der Walzrichtung (vertikal, horizontal), abhängig jedoch von der Walzgeschwindigkeit und von der Art des Pulvers. Die in den Versuchen ermittelten Werte seien hier angegeben:

a) Vertikale Walzrichtung, Eisenpulver, Walzgeschwindigkeit 1,59 m/min $K = 0{,}421$
b) Horizontale Walzrichtung, Eisenpulver, Walzgeschwindigkeit 1,59 m/min $K = 0{,}421$
c) Eisenpulver, Walzgeschwindigkeit 10,7 m/min $K = 0{,}458$
d) Kupferpulver $K = 0{,}342$
e) Pulver aus X10CrNiTi18 9 $K = 0{,}362$

Wenn $P_{\max}$ bekannt ist, kann damit $P_{\text{mittl.}}$ unmittelbar aus Gl. (17) bestimmt werden; wenn dagegen die Dichte des „grünen" Bandes vorliegt, kann mit folgender Gleichung gerechnet werden [4]:

$$P_{\text{mittl.}} = \frac{K \cdot m}{\frac{1}{\gamma_1 - \gamma_0} - n}\,. \tag{18}$$

6. Streckungskoeffizient

Der Streckungskoeffizient λ gibt an, um wieviel das Pulvervolumen bei seiner Verformung gestreckt wird. Er muß vom Streckungsverhältnis Länge/Höhe einzelner Pulverteilchen unterschieden werden.

$$\lambda = \frac{\varepsilon}{Z_T} \tag{19}$$

$\varepsilon = \frac{h_0}{h_1}$ — Verdichtungsverhältnis,

$Z_T = \frac{\gamma_1}{\gamma_0}$ — Verhältnis der Banddichte zur Rütteldichte des Pulvers.

Schwierigkeiten treten bei der Bestimmung von ε auf, da h_0 nicht unmittelbar gemessen werden kann. Für eine Berechnung von h_0 muß α_0 bekannt sein. Aus den geometrischen Verhältnissen im Walzspalt kann h_0 wie folgt ausgedrückt werden:

$$h_0 = h_1 + \alpha_0^2 R , \tag{20}$$

und damit wird

$$\varepsilon = 1 + \frac{\alpha_0^2 R}{h_1} . \tag{21}$$

α_0 wird aus dem Verlauf der spezifischen Walzkraft im Walzspalt bestimmt. Mit Gl. (19, 20, 21) und experimentellen Befunden über die Banddicke und Banddichte kann nunmehr der Streckungskoeffizient berechnet werden. Beim Walzen von Eisen-, Kupfer-, Nickel- und Aluminiumpulver ist λ entsprechend: 1,40; 1,30; 1,27 und 1,35.

Kiew (UdSSR), Institut für Probleme der Werkstoffkunde

Literatur

[1] VINOGRADOV, G. A. und SEMJONOV, JU. N., Walzen von Metallpulvern. Moskau 1960.
[2] ČEKMAREV, A. P. und KLIMENKO, P. L., Ein neues Verfahren zur Bestimmung der spezifischen Reibungskraft und der Reibungszahl längs des Kontaktbogens beim Walzen. Trudy meždvuzovskoj naučno-techničeskoj konferencii po černoj metallurgii, Leningrad 1959.
[3] VINOGRADOV, G. A. und KATAŠINSKIJ, V. P., Untersuchung der spezifischen Walzkraft beim Pulverwalzen. Poroškovaja metallurgija 3 (1963) 3, 30–36.
[4] VINOGRADOV, G. A., Ein Verfahren zur Bestimmung der mittleren spezifischen Walzkraft beim Pulverwalzen. Poroškovaja metallurgija 4 (1964) 6, 12–16.

Diskussion

E. BRYJAK, Katowice (Polen): Aus welchem Grunde wurden die im Vortrag angeführten komplizierten Zusammensetzungen der Pulver für die Walzversuche angewandt?

G. A. VINOGRADOV: Die Mischung Nr. 4 wurde verwendet, um den Einfluß harter Bestandteile in einer Mischung auf den Walzvorgang zu untersuchen. Die Mischung Nr. 5 ist eine verschleißfeste Legierung zum Aufschweißen. Bei Mischung Nr. 7 handelt es sich um eine Legierung hoher Härte zum Aufschweißen, z. B. auf Preßstempel.

Verdichten von Metall- und Nichtmetallpulvern durch Hämmern in Aluminium- und Stahlrohren

Von W. Rutkowski, W. Szteke und M. Wieczorkowski

1. Einleitung

Im Rahmen der Untersuchungen, die sich auf Reaktorbrennelemente Typ EK 10 bezogen, wurden auch Aluminium- und Stahlrohre rund gehämmert, nachdem sie vorher mit Nichtmetallpulvern gefüllt worden waren. An diese Arbeiten anknüpfend sollte versucht werden, durch Rundhämmern Reaktorbrennelemente Typ EK 10 mit folgenden Eigenschaften herzustellen:

a) Zusammensetzung des Kerns 88 Gew.-% UO_2 und 12 Gew.-% Mg, demnach je etwa 50 Vol.-Prozent.

b) Kerndichte 5,6 g/cm³ entsprechend etwa 86% der Dichte der ohne Zwischenräume aneinander gefügten Pulverteilchen.

Als Wanddicke des gehämmerten Aluminiumrohres mit 10 mm Außendurchmesser waren 1,5 mm erwünscht.

Während der Versuche wurden auch einige Beobachtungen gemacht, die möglicherweise in anderem Zusammenhang wichtig sind.

Unsere Arbeiten begannen mit Modellversuchen zum Rundhämmern von Kupfer-, Aluminium- und Magnesiumpulvern sowie von Mischungen aus Al_2O_3- und Kupferpulver und aus Urandioxid- und Magnesiumpulver. Es wurde der Einfluß unterschiedlicher Umformungsbedingungen auf die physikalischen Eigenschaften des rundgehämmerten Rohres untersucht.

2. Versuchsprogramm

Die Versuche bezogen sich auf die Bestimmung der wichtigsten technologischen Kennwerte, wie:

a) Kerndichte,
b) Kernlänge,
c) Kernmaterialverteilung an den Rohrenden im Zusammenhang mit der Gestalt der Verschlußpfropfen.

2.1 Kerndichte

Die Kerndichte hängt von folgenden Faktoren ab:

a) Kernmaterial,
b) Hüllenmaterial,
c) Pulvereigenschaften (Gesamtoberfläche des Pulvers, Korngrößenverteilung, Schüttvolumen usw.),
d) Umformungsgrad,
e) Glühbehandlung.

Die Dichte wurde auf dreifache Weise ermittelt:

a) pyknometrisch,
b) geometrisch (Volumen aus den Abmessungen errechnet),
c) nach der Archimedes-Methode auf einer Quecksilberwaage, ohne und mit Hülle.

Zu a)

Pyknometrisch wurde an kleinen Bruchstücken das Volumen in Quecksilber bestimmt und dabei auch eine Temperaturberichtigung vorgenommen.

Zu b)

Spanabhebend hergestellte zylindrische Kernproben wurden mit der Mikrometerschraube gemessen und danach das Volumen berechnet. Das Gewicht aller Proben wurde auf einer analytischen Waage bestimmt.

2.2 Kernlänge nach dem Hämmern

Die Länge des durchgehämmerten Kernes hängt in erster Linie vom Umformungsgrad ab:

$$V_1 = \frac{\pi D_1^2}{4} \cdot L_1 = V_2 = \frac{\pi D_2^2}{4} \cdot L_2 , \qquad (1)$$

$$L_2 = \frac{L_1 \cdot D_1^2}{D_2^2} ,$$

wobei L_1 = Länge des Kernes vor dem Hämmern,
L_2 = Länge des Kernes nach dem Hämmern,
V_1 = Volumen des Kernes vor dem Hämmern,
V_2 = Volumen des Kernes nach dem Hämmern.

Die Länge L_2 des Kernes nach dem Hämmern wird außerdem wesentlich vom Kern- und Hüllenmaterial mit bestimmt. Der Unterschied zwischen der errechneten und wirklich erreichten Kernlänge ist groß. Eine wichtige Rolle spielt dabei z. B. die Schwierigkeit der Ermittlung der Ausgangsdichte des Pulverkernes.

2.3 Kerndichteverteilung an den Stabenden

In mehreren Versuchen wurde die Verteilung des Kernmaterials an den Stabenden studiert und dabei auch der Einfluß der Gestalt der Verschlußpfropfen festgestellt. Es liegen ähnliche Verhältnisse wie beim Fließpressen vor.

3. Versuchseinrichtung und Versuchsdurchführung

Benutzt wurde eine Rundhämmermaschine Typ KRH 31,5. Die Hämmergeschwindigkeit beträgt bei dieser Maschine 3000 Schläge pro Minute. Zum Hämmern der Rohrenden wurden Spezialmatrizen entwickelt. Eine Absaugeinrichtung verbesserte die Arbeitsbedingungen beim Verarbeiten der Urandioxidpulver.

Als Versuchskörper wurden mit Pulver gefüllte Rohre aus Stahl oder Aluminium verwandt, die beidseitig mit Stopfen verschlossen waren.

Für Urandioxidpulver wurden zur Einhaltung zumutbarer Arbeitsbedingungen dickwandige Stahlrohre mit eingeschraubten Stopfen benutzt (Abb. 1).

Die Kräfte, die auf die Hämmerbacken wirken, werden im wesentlichen von der wirksamen Backenlänge und dem Durchmesser des zu hämmernden Rohres bestimmt.

Die zum Umformen der Probe nötige Kraft kann wie folgt errechnet werden:

$$P = \delta \cdot \tau \cdot \sigma_p \cdot D \cdot \sin \frac{\alpha}{2} \cdot L , \qquad (2)$$

wobei: σ_p = Streckgrenze,
D = Stabdurchmesser,
α = Zentriwinkel α (Abb. 2),
L = wirksame Backenlänge,
δ = Spannungszustands-Koeffizient,
τ = Koeffizient zur Berücksichtigung der Reibungseinflüsse.

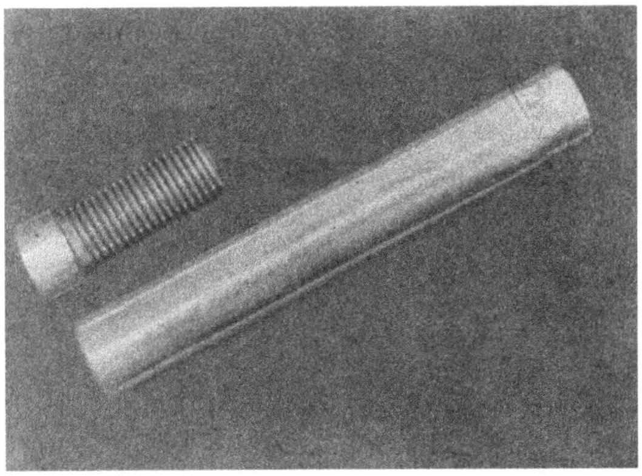

Abb. 1. Stahlrohr zum Hämmern von UO_2-Pulver

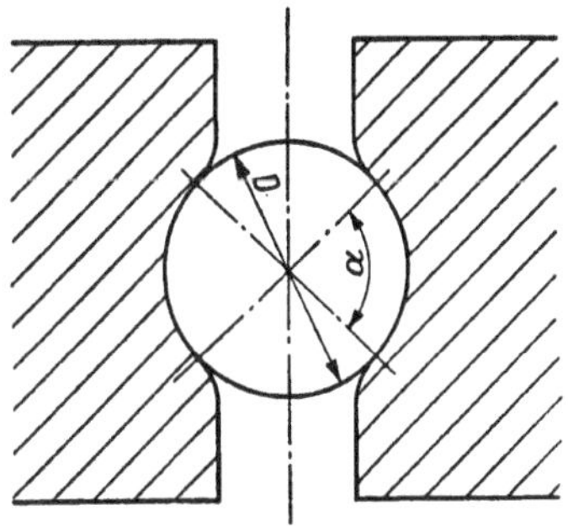

Abb. 2. Schema des Hämmerprozesses

In der Formel (2) ist $\delta = 1{,}25$ größer als 1 wegen der geringeren Verformungsfähigkeit auf Grund der Umformungsbedingungen, wobei die Spannungen größer sind als die reine Streckgrenze. Der Koeffizient, der die Einflüsse der Reibung berücksichtigt, wird dann

$$\tau = 1{,}1 + \mu + \frac{\alpha}{180} \cdot \frac{L}{D} \tag{3}$$

und der Umformungsgrad

$$\varepsilon = \frac{D_0^2 - D_1^2}{D_0^2}, \tag{4}$$

wobei D_0 als Durchmesser der Probe vor und D_1 als Durchmesser der Probe nach dem Umformen gilt.

Der Streckungskoeffizient λ ist gleich

$$\lambda = \frac{D_0^2}{D_1^2}. \tag{5}$$

Diese Zusammenhänge gelten für Rohre, gefüllt mit lediglich einer Pulversorte. Sie sind verwickelter, wenn, wie im vorliegenden Falle, in einem Rohre verschiedene Pulversorten mehr oder weniger lose untergebracht sind.

Vor dem Hämmern der gefüllten Rohre wurden diese erst noch längs durch Markierung in mehrere Abschnitte unterteilt und diese dann stufenweise auf unterschiedliche Durchmesser umgeformt. In einzelnen Fällen wurden die Rohre zuvor mit Argon gefüllt und gasdicht verschlossen, um Oxydationsvorgänge zu vermeiden.

Zwischenglühen der Rohre mit Pulver ermöglichte eine Steigerung des Umformungsgrades.

Bei Anwendung von Stahlrohren erwies sich nach jeweils 30% Umformung eine Rekristallisationsglühung als notwendig.

Zur Erzeugung von gehämmerten Kernen aus Kupferpulver fanden bei einigen Versuchen auch Rohre aus SAP Verwendung.

Bei den Versuchen mit Urandioxid wurde die Rohrhülle mit kaltgepreßten Platinen der vorgeschriebenen Zusammensetzung 88% UO_2 und 12% Mg beschickt. Diese Preßlinge, 11,5 mm Dmr. und 15 mm dick, zeigten eine Dichte von 4,5 g/cm³. Zu einer Rohrfüllung gehörten mehrere, in Aluminiumfolie verpackte Platinen.

Die verschlossenen Rohre wurden geglüht und dann gehämmert. Die durchgehämmerten Rohre wurden längs und quer aufgeschnitten, um die Eigenschaften der Rohre und Kerne untersuchen zu können.

4. Ausgangsmaterial

4.1 Kupferpulver

Es wurde elektrolytisch erzeugtes Kupferpulver der Teilchengrößen 30···90 μm gewählt. Die Fülldichte betrug 2,1 g/cm³. Das Pulver wurde zunächst in Argon, das mit Methanoldämpfen gesättigt war, bei 500 °C 1 Std. reduzierend geglüht.

4.2 Aluminiumpulver

Zur Verfügung standen 2 Sorten Aluminiumpulver:

a) Verdüstes Aluminiumpulver — Teilchengröße 70···120 μm; Fülldichte 1,3 g/cm³,

b) Aluminiumflockenpulver — Teilchengröße 90···150 μm, 1···4 μm dick. Aus technologischen Gründen ist die Oberfläche solcher Pulverteilchen mit Stearinsäure behaftet. Das Pulver mußte deshalb erst in Karbontetrachlorid gewaschen und dann getrocknet werden.

4.3 Magnesiumpulver

Es wurde mechanisch erzeugtes Magnesiumpulver angewandt — Teilchengröße 60···180 μm, Fülldichte 0,7 g/cm³.

4.4 Al_2O_3-Pulver

Anfangs wurde Al_2O_3-Pulver anstatt UO_2-Pulver für die Modellversuche benutzt, und zwar Al_2O_3-Pulver der β-Phase mit 15 μm Teilchengröße und 11 g/cm³ Fülldichte.

4.5 UO_2-Pulver

Von den beiden Sorten UO_2-Pulver stammte die eine — nuclear grade — aus einer Importlieferung. Die Teilchengröße dieses Pulvers lag zwischen 80 und 140 μm.

Die andere Sorte UO_2-Pulver in Teilchengrößen zwischen 10 und 40 μm war im Institut für Kernenergie der Volksrepublik Polen erzeugt worden.

Nach röntgenographischen Untersuchungen zeigt das importierte UO_2-Pulver weniger Abweichungen von den UO_2-Mustern der American Society for Testing Materials (ASTM) als die aus dem genannten Institut stammenden.

5. Versuchsergebnisse

Aus der Reihe der 20 Versuche sei zunächst der Versuch mit Aluminiumrohr 30×5 mm erwähnt,das elektrolytisch erzeugtes Kupferpulver enthielt und sich bei einer Zwischenglühung auf 12 mm äußeren Durchmesser umformen ließ, einer Querschnittsabnahme von 84% gleichkommend.

Die Dicke der Hüllenwand und die Härte *HB* des Kernes in Abhängigkeit von der Querschnittsverminderung zeigt für die Kernzusammensetzung 50% Al und 50% Mg Abb. 3 und für die Kernzusammensetzung Cu–Al in gleichem Verhältnis Abb. 4.

Abb. 5 veranschaulicht die Abhängigkeit der Dicke und Härte der Aluminiumhülle von der Querschnittsverminderung.

Abb. 6 bis 8 geben Aufschluß über die charakteristische Materialverteilung des Pulverkernes an den Hüllenenden bei verschiedener Gestalt der Verschlußpfropfen.

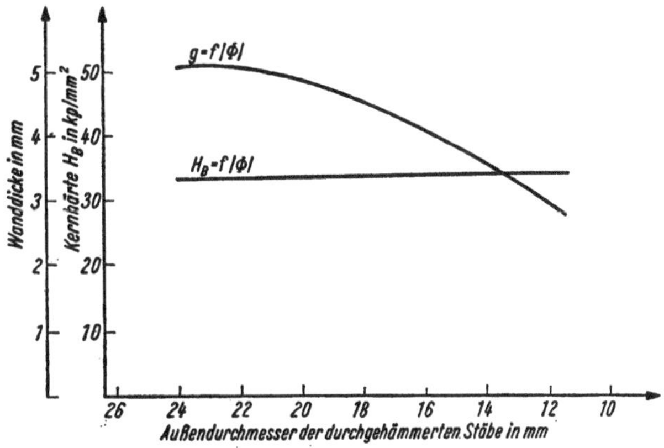

Abb. 3. Abhängigkeit der Hüllenwanddicke und Kernhärte von der Querschnittsverminderung bei Kernen aus Al–Mg-Pulvergemisch (Mischungs-Verh. 1:1)

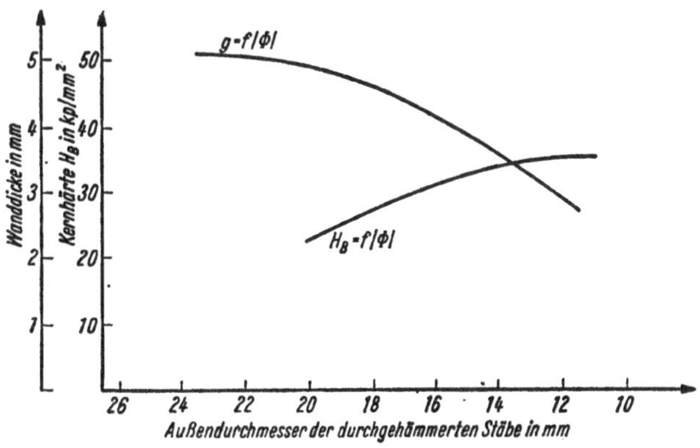

Abb. 4. Abhängigkeit der Hüllenwanddicke und Kernhärte von der Querschnittsverminderung bei Kernen aus Cu–Al-Pulvergemisch (Mischungs-Verh. 1:1)

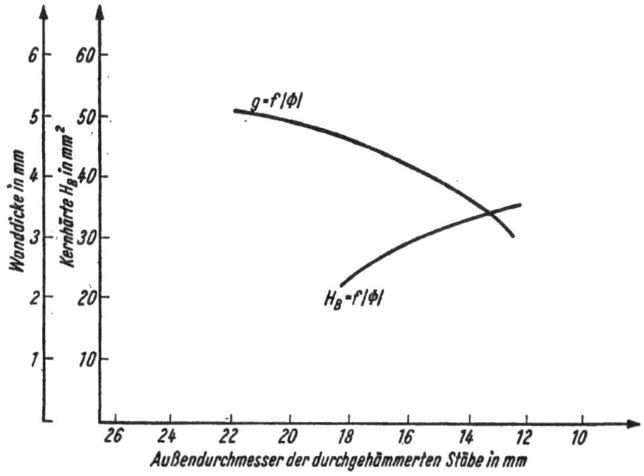

Abb. 5. Abhängigkeit der Hüllenwanddicke und Hüllenhärte von der Querschnittsverminderung bei Kernen aus Cu–Al-Pulvergemisch (Mischungs-Verh. 1:1)

Das Gefüge der Aluminiumhülle vor und nach dem Durchhämmern ist aus Abb. 9 und 10 ersichtlich.

Der Kurvenverlauf in Abb. 3 und 5 sowie die Gefügeveränderung nach Abb. 10 gegenüber Abb. 9 entsprechen den Erwartungen. Die Härte der Hüllenwand und des Kernes kann ebenso ansteigen wie auch unverändert bleiben, wenn die Dicke der Hüllenwand und die Kerndicke durch anhaltendes Hämmern abnehmen.

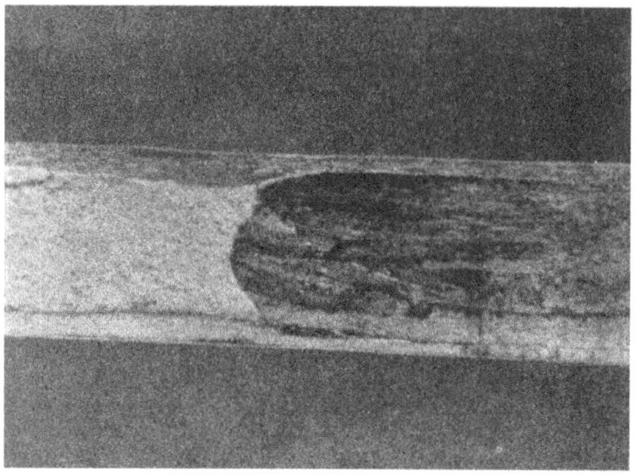

Abb. 6. Materialverteilung am Kernende bei Al_2O_3-Kernen

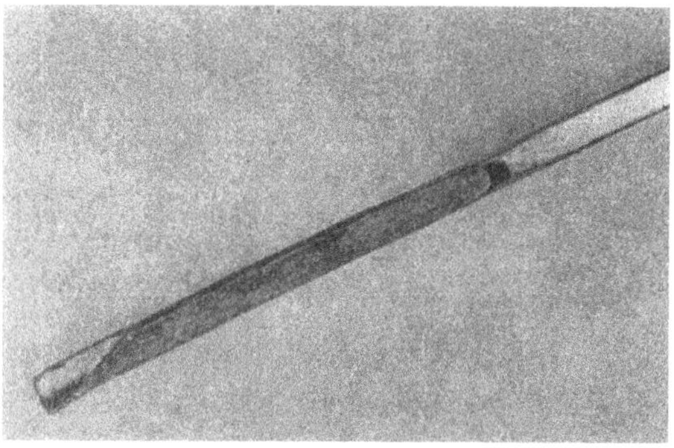

Abb. 7. Materialverteilung am Kernende bei Al_2O_3-Kernen

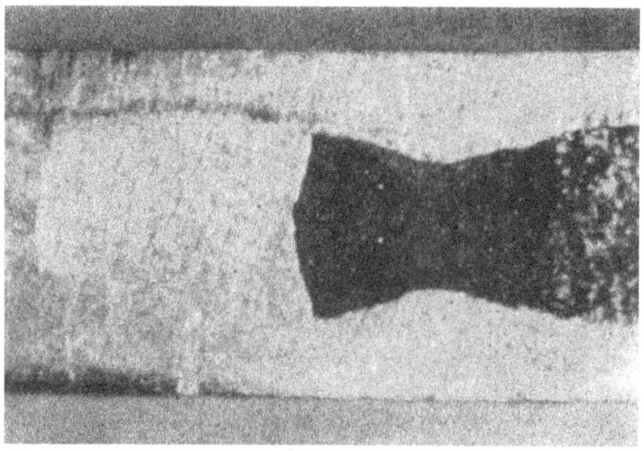

Abb. 8. UO_2-Verteilung am Kernende

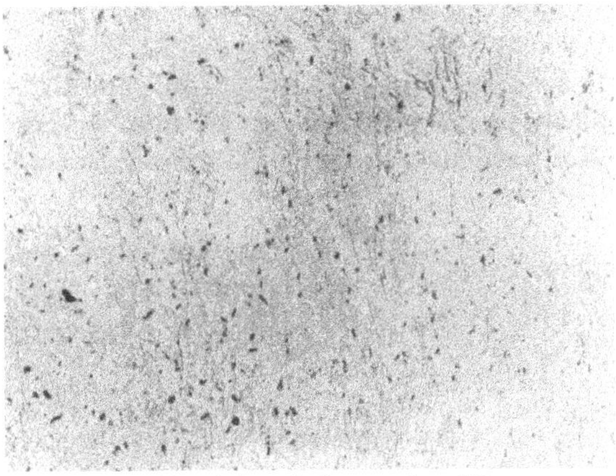

Abb. 9. Aluminium-Rohr vor dem Hämmern

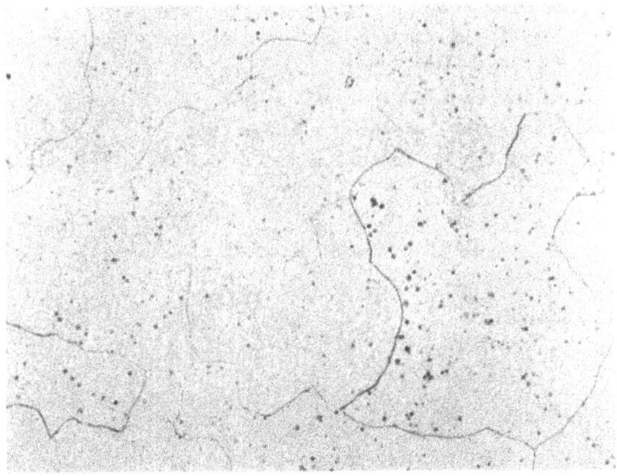

Abb. 10. Aluminium-Rohr nach dem Hämmern

6. Schlußfolgerungen

Die durchgeführten Versuche zeigten, daß, abgesehen von ökonomischen und technologischen Gesichtspunkten, das Rundhämmerverfahren zur Erzeugung kernmetallischer Brennelemente grundsätzlich angewandt werden kann. Die bisher benutzte Versuchseinrichtung müßte allerdings verändert werden. Matrizen mit enger abgestuften Durchmessern (etwa 0,2 mm) wären zweckmäßiger. Höhere Dichte der Mischung aus Urandioxid und Magnesium ließe sich leicht bei Anwendung von Backen kleineren Querschnittes erreichen. Die Vorbereitungen für diese Maßnahmen sind im Gange.

Die günstigsten Ergebnisse hinsichtlich Dichte des Werkstoffes boten sich bei Anwendung grobkörnigen Pulvers zusammen mit einem gewissen Anteil feiner Teilchen.

Mit einer dem Hämmern vorausgegangenen Vorverdichtung, z. B. durch Vibration, wäre eine Verbesserung der bisherigen Arbeitsergebnisse zu erwarten.

7. Zusammenfassung

Es wird von Versuchen zum Verdichten von Metallpulvern (Kupfer, Magnesium und Aluminium), zum Verdichten von Pulvern aus Nichtmetallen (Al_2O_3 und UO_2) sowie zum Verdichten von Mischungen letztgenannter Pulver mit Kupfer bzw. Magnesium mittels Rundhämmern berichtet. Das Pulver befindet sich dazu in verschlossenen Rohren aus Aluminium oder Stahl.

Studiert wurden Dichte und Härte, das Gefüge von Hülle und Kern und die Verteilung des Kernmaterials an den Rohrenden. Die bei höheren Umformungsgraden erzielten Werte ähneln den Ergebnissen bei Anwendung anderer Umformungsverfahren.

Warschau (Polen), Forschungsinstitut für Kerntechnik

Literatur

[1] Nuclear Reactor Fuel Elements — Metallurgy and Fabrication. Intersci. Publ. New York: 1962, herausgegeben von A. R. KAUFMANN.
[2] EVANS, E. A., and STAFT, "Novel Ceramic Fuel Fabrication Processes", Fuel Element Fabrication with Special Emphasis on Cladding Materials, 1960.
[3] BUKOWSKI, P., „Przeróbka Plastyczna na goraco", 1958.
[4] New Nuclear Materials Including Non-Metallic Fuels, 1963.
[5] Vorabdrucke zur Diskussionstagung — „Keramische Werkstoffe im Reaktorbau" am 8. und 9. Nov. 1962 in Baden-Baden.
[6] RUTKOWSKI, W., SZTEKE, W., WIECZORKOWSKI, M. — "Swaging metallic and nonmetallic powders in Aluminium Tubes." Nuclear Research Institute, Report 554, 1964.

Diskussion

G. GRAFE, Rheinsberg: Welche Dichten wurden beim Hämmern von UO_2–Mg-Mischungen erreicht?

W. RUTKOWSKI: Es können Dichten von 85% erreicht werden. Bei diesen Versuchen sollte aber nur eine Dichte von 76% erzielt werden.

H. SILBEREISEN, Mönchengladbach: Im Vortrag sind außer mit UO_2 auch Versuche mit Kupfer und anderen Metallen beschrieben worden. War in diesen Fällen auch die relativ niedrige Dichte erwünscht?

W. RUTKOWSKI: Es handelte sich hierbei nur um Modellversuche. Bei den vorhandenen Ausrüstungen waren höhere Dichten nicht erreichbar.

Herstellung von Gammastrahlenquellen durch Verdichtung von Pulvern mittels Schwingungen im Schallbereich

Von Ph. van Asbroeck und G. Luyten

1. Einleitung

Die Reaktivitäten in einer kritischen Anordnung lassen sich mit einer Neutronenquelle messen,die im unterkritischen Zustand in den Reaktor eingebracht wurde. Sie muß schnell ausgestoßen und die Abnahme des Neutronenflusses gemessen werden.

In einer durch schweres Wasser moderierten Anlage kann die Neutronenquelle ein Gammastrahler sein, der Photo-Neutronen im Moderator erzeugt. Dazu eignet sich Na^{24}, da es Gammastrahlen von 2,75 MeV aussendet, eine Energie, die oberhalb der Reaktionsschwelle (γ, n) von schwerem Wasser mit 2,23 MeV liegt.

Natriumkarbonat mit 10% Porenraum wurde in rostfreie Stahlpatronen eingebracht. Die vorausgegangene Verdichtung war für eine möglichst hohe spezifische Aktivität (Curie/cm^3) unerläßlich. Die Patrone (Abb. 1) enthält ca. 60 g Na_2CO_3, das 12 Stunden in einem thermischen Neutronenfluß von $1{,}5 \cdot 10^{12}\, n/\text{cm}^2 \cdot \text{s}$ bestrahlt wurde und eine Aktivität an Na^{24} von ca. 15 Curie liefert.

Die Halbwertszeit von Na^{24} beträgt 15 Stunden. Es wird ein Arbeitszyklus von 24 Stunden angenommen, der aus einer 12stündigen Aktivierung der Quelle mit einer nachfolgenden, gleichlangen Anwendung in der kritischen Anordnung besteht.

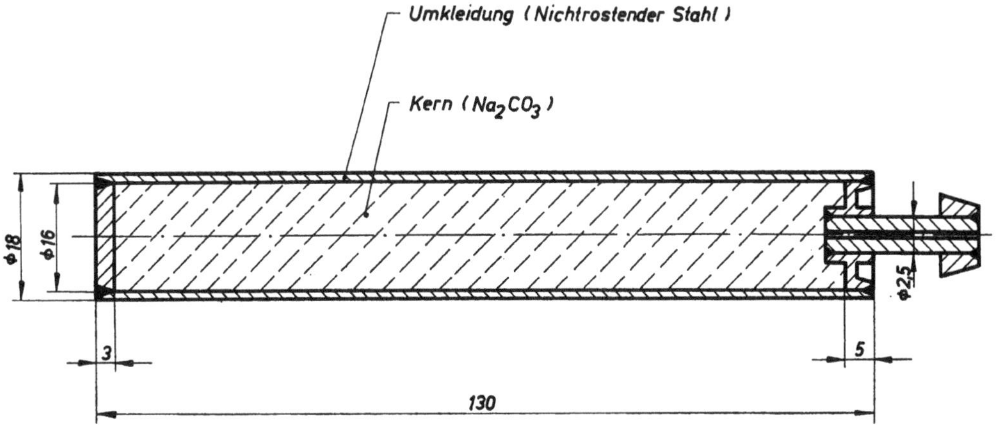

Abb. 1. Gammastrahlenquelle

2. Versuchsdurchführung

Die Stahlpatronen ähneln hinsichtlich Dichte, Homogenität und Schweißbarkeit den Plutonium-Brennelementen, wie sie experimentell vom Belgo-Nucléaire Plutonium-Projekt [1], [2] erzeugt werden. Dies geschieht im wesentlichen in vier Arbeitsstufen:

a) Herstellen der Patrone aus Stahlrohr,
b) Füllen der Patrone unter Schwingungen,
c) Verschweißen der Patrone,
d) Zerstörungsfreie Prüfung der Patrone.

a) Herstellen der Patrone

Ein rostfreies Stahlrohr mit 18 mm äußerem Durchmesser, 1 mm Wandstärke, 130 mm lang wird einseitig durch Einschweißen eines Stopfens verschlossen. Dies kann entweder unter Argon mit Hilfe einer festen Wolfram-Elektrode oder unter Vakuum durch Elektronenbeschuß geschehen. Das Argon-Arc-Verfahren bewährte sich nicht wegen Schwierigkeiten beim Schweißen.

Verwendet wurde eine elektronische Schweißmaschine mit einer maximalen Leistung von 3 kW und einer Katode vom Typ Rogofski mit Haarnadelfaden. Die Beschleunigungsspannung liegt bei 135 kV, die stetige Stromabgabe beträgt 1,5 mA; die Schweißgeschwindigkeit ergibt sich zu 10 mm/s, der angenäherte Durchmesser des Bündels beim Auftreffen ist 0,1 mm, der Druck etwa $5 \cdot 10^{-4}$ mm Hg.

b) Füllen der Patrone unter Schwingungen

Für das Füllen der Patrone mit Na_2CO_3 wurden drei Methoden in Betracht gezogen:

Gießen,
Paste-Füllen,
Einfüllen des Pulvers unter dem Einfluß von Schwingungen.

Beim Gießen von Na_2CO_3 bei 900 °C leidet die Patrone; es entsteht ein Ingot, der beträchtlich schwindet und deswegen reißt.

Mit dem Paste-Verfahren sind eine Wärmebehandlung und weitere schwierige Arbeiten verbunden.

Am einfachsten ist das Einfüllen des Pulvers unter dem Einfluß von Schwingungen, zumal es bei Raumtemperatur durchführbar ist. Die Teilchengrößen, die Zahl der Fraktionen und deren Mischungsverhältnis sowie die Schwingungsart müssen dabei so gewählt werden, daß die Mischung ein optimales Schüttgewicht aufweist.

Wesentlich ist der Einfluß der Teilchengrößen auf die Dichte. Wenn man sich auf eine einzige Fraktion beschränkt, ist die Wahl ihrer durchschnittlichen Teilchengröße (d_1) für einen zylindrischen Behälter durch dessen inneren Durchmesser (D) und durch die Teilchengestalt bestimmt. R. K. McGeary [3] zeigt, daß Kugeln mit dem Durchmesser d_1 am dichtesten gepackt sind, d. h. das höchste Schüttgewicht zeigen (62,5% der theoretischen Dichte), falls das Verhältnis D/d_1 größer als 10 ist. Die Schüttgewichte aufgetragen über dem natürlichen Logarithmus von D/d_1 nähern sich asymptotisch der Abszissenachse (Abb. 2).

Eigene Versuche [4] mit nicht-kugeligen Teilchen zeigten, daß mit 57% die maximale Dichte erreicht ist, und zwar bei einem Verhältnis D/d_1 von etwa 4. Dies erklärt sich daraus, daß bei niedrigen Verhältniswerten die Schichtung der Teilchen hauptsächlich durch die Zylinderwand gestört ist, während für höhere Werte die Auswirkung der Oberflächenreibung und Krümmung der Teilchen mehr und mehr an Einfluß gewinnt.

Die rückläufige Verschiebung der Verhältniszahlen D/d_1 abhängig von der Dichte kann an der veränderten Teilchenform und an der Annahme liegen, daß die mittlere Maschenweite zweier benachbarter Siebe als Maß d_1 betrachtet wurde. In Wirklichkeit übertrifft diese mittlere Maschenweite im allgemeinen die tatsächlichen Teilchengrößen, die von zwei Sieben mit benachbarten Maschenweiten zurückgehalten werden. Die Kurve, die die Dichte als Funktion des Verhältnisses D/d_1 angibt, ist unabhängig von den absoluten Werten der Durchmesser D und der Teilchengröße d_1.

Bei einem inneren Durchmesser der Patrone von 16 mm zeigten die Versuche, daß die grobe Fraktion Teilchen von etwa 4000 µm ($D/d_1 = 4$) enthalten muß.

Um die Dichte zu erhöhen, füllt man die Hohlräume zwischen den Teilchen der groben Fraktion durch feinere Teilchen aus. Da die Größe dieser Hohlräume von der Teilchengröße

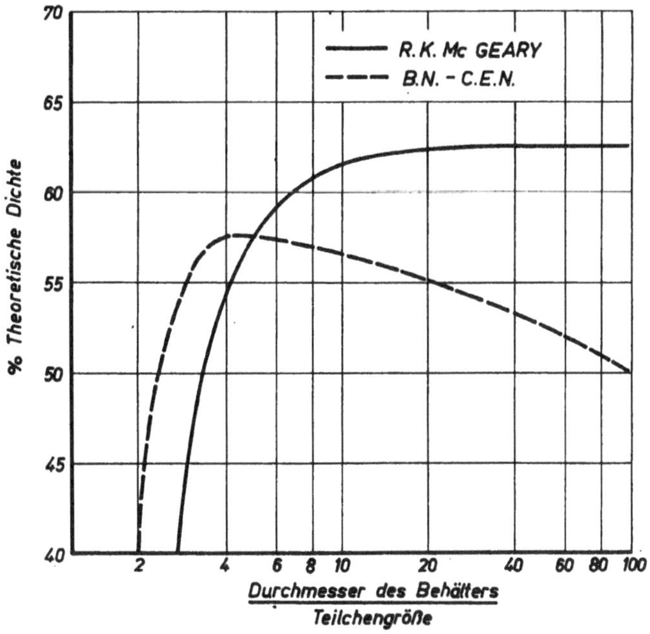

Abb. 2. Dichteverteilung, abhängig vom Verhältnis Patronendurchmesser zur Teilchengröße

der groben Fraktion (d_1) abhängt, muß bei der Korngrößenzusammensetzung der veränderten Fraktion (d_2) Rücksicht auf die Größe d_1 der groben Teilchen genommen werden. Für Kugeln empfehlen R. K. MCGEARY [3] und C. C. FURNAS [5] ein Verhältnis d_1/d_2 zwischen 7 und 50. In eigenen Versuchen [6] ergab sich dieses Verhältnis zu 13, was zu Teilchengrößen von etwa 300 μm innerhalb der mittleren Fraktion führt.

Dem Ausgangspulver d_1 kann man auch noch eine weitere, dritte Fraktion zumischen. Nach C. C. FURNAS [5] muß das Verhältnis d_1/d_3 dann größer als 10^3 sein. Dies entspricht 4 μm mittlerer Teilchengröße. Eigene Versuche [6] erbrachten bei Verwendung von Pulvern d_3 kleiner als 37 μm gute Ergebnisse.

Kugelige Teilchen empfiehlt C. C. FURNAS [5] wie folgt zu mischen:

50 bis 64 Vol.-% grobes Pulver,
26 bis 29 Vol.-% in mittlerer Teilchengröße,
10 bis 14 Vol.-% feines Pulver.

Die eigenen Versuche ergaben, daß mit einer im Verhältnis 60:25:15 zusammengesetzten Mischung nach dem Verdichten nur noch 10% Porenraum verblieben war.

Eine gleichmäßige Dichte erhält man mit sorgfältig gemischtem Pulver, wozu die Anwendung der Technik des „incremental loading" (stufenweises Füllen) gehört. Stöße auf die Stahlpatrone fördern die dichte Schichtung der Pulverteilchen. Zweckmäßig befestigt man die Patrone beim Füllen an einer Schwingungsquelle [1], [7], [8]. Die Schwingungen im Schallbereich sind den Ultraschallschwingungen vorzuziehen, da letztere geringere Schüttdichten ergeben [1]. Die Einrichtung besteht aus einem Schwinger niedriger Frequenz (5 bis 5000 Hz), aus zwei Verstärkern (1 kW) und einem elektrodynamischen Generator. Die Patrone wird zu einer vertikalen Wechselbewegung mit Beschleunigungen erregt, die bis über $100 \cdot g$ bei Resonanz ansteigen können.

Beim Füllen der Patrone ist es wichtig, mit einer relativ niedrigen Leistung (0,2 kW) zu arbeiten. Die Beschleunigung liegt dann unterhalb $10 \cdot g$ und die Schwingungsfrequenz zwischen 400 und 4000 Hz. Wenn dagegen die Leistung groß ist, entmischen sich die Kornfraktionen, da das Pulver im oberen Teil der Patrone relativ aufgelockert ist.

Sobald die Patrone gefüllt ist, wird ein etwa 1 kg schwerer Stempel eingebracht, der auf die Pulversäule drückt. Außerdem wird die Leistung auf 2 kW erhöht und die der Resonanzfrequenz benachbarten Frequenzen werden ausgeschaltet. Diese Frequenzverdrängung ist nötig, da sich beim Arbeiten in Resonanz die feine Fraktion in den Schwingungsbäuchen sammelt, d. h. in den Bereichen des Amplitudenmaximums. Mit dieser Resonanzfrequenz als Mittelwert stellen sich optimale Dichten [1] nach ca. 5 Minuten ein. Dichten von etwa 90% der theoretischen Dichte werden auch bei Abweichungen von $\pm$ 2% noch erreicht. Wegen des hygroskopischen Charakters des Na_2CO_3-Pulvers wurden die geschilderten Arbeitsgänge mit Handschuhen und unter trockener Stickstoffatmosphäre ausgeführt.

c) Verschweißen der Patrone

Nach dem Verdichten des Pulvers wird die Patrone durch einen wiederum elektronisch eingeschweißten zweiten Stopfen verschlossen. Diese Arbeitsweise erzeugt während des Schweißens nur eine relativ geringe Wärmeenergie und beschränkt somit die Entgasung des Pulvers, welche ein Verblasen des Schmelzflusses oder eine Formänderung des Stopfens hervorrufen könnte [9].

d) Zerstörungsfreie Prüfung der Patrone

Nach dem Verschließen der Patrone muß ihre Dichtheit geprüft werden. Die Qualität der Schweißnähte wird radiographisch und außerdem durch Dimensionskontrolle überwacht.

3. Schlußfolgerungen

Inwieweit sich die Verarbeitung von vibrationsverdichtetem Pulver in den bisherigen Produktionsablauf einfügt, wird sich noch herausstellen. Im vorliegenden Fall genügt es, auf die Abmessung der zu füllenden Patrone und die Gestalt der Pulverteilchen zu achten, um danach die für die optimale Dichte erforderliche Teilchengrößenverteilung zu ermitteln. Die Schwingungsfrequenz hängt von der Beschaffenheit und der Länge der Patrone ab.

Auf die beschriebene Weise wurden in den Patronen Dichten von 90% der theoretischen Dichte erreicht.

Die technologischen Arbeiten wurden von den Herren L. Aerts, R. Belien und B. Marteel ausgeführt. Die Herstellung und das Verdichten des Pulvers oblagen den Herren R. Beaufays, M. Engelen und A. van Gompel, das Verschließen der Patronen den Herren M. Meulemans und J. Schrijvers.

Für ihre ausgezeichnete Mitarbeit sei ihnen gedankt, besonders auch den Herren H. Bairiot, J. J. Huet, F. Motte und P. Stouffs für die Förderung dieser Arbeit.

Mol Donk (Belgien), Forschungszentrum für Atomenergie,
und Brüssel (Belgien), Belgo Nucléaire

Literatur

[1] Servais, J., Erzeugung von keramischen Brennelementen für Atomreaktoren. Revue de la Société Royale Belge des Ingénieurs et des Industrielles, Nov. (1962) **11**, 665–673.

[2] Bairiot, H., Leblanc, J. M., Die Verwendung von Plutonium als Brennelement in thermischen Reaktoren. BN 6210-09 Kolloquium von Cannes, Okt. 1962.

[3] McGEARY, R. K., Mechanisches Verdichten von Kugelteilchen. J. Amer. Ceram. Soc. **44** (1961) 10, 513–522.

[4] Verwendung von Plutonium als Brennelement in Atomreaktoren BN 6401-03, Jan. 1964.

[5] FURNAS, C. C., Aggregat-Trennung. Ind. Engng. Chem. **23** (1931) 1052.

[6] LEBLANC, J. M., Bestrahlung von Plutonium-angereicherten, keramischen Brennstäben im BR-3-Reaktor. Dritte internationale Konferenz für die friedliche Anwendung der Atomenergie. A/Konferenz 28/P/443 – Mai 1964.

[7] BELL, W. C. u. a., Vibrationsverdichten von Metall- und Keramik-Pulver. J. Amer. Ceram. Soc. **38** (1955) 11, 396–404.

[8] ZIVANOVIC, B., Der Zeiteinfluß von vibrationsverdichtetem UO_2-Pulver. NR-010-0369-1963-Vinca Belgrade, Juni 1963.

[9] BAIRIOT, H., VAN ASBROECK, PH., Die Anwendung des Elektronenstrahlschweißens bei der Herstellung von besonderen Brennelementen. Kerntechnik **6** (1964) 3, 124–126.

C. Sintervorgänge

Vorgänge beim Sintern mit flüssiger Phase in den Systemen W-Ni-Fe und W-Ni-Cu

Von R. V. Makarova, A. N. Piljankevič, O. K. Teodorovič und I. N. Francevič

1. Einleitung

Das Sintern in Gegenwart einer flüssigen Phase ist ein wirkungsvolles Mittel, um den Porenraum in Sinterteilen zu eliminieren und maximale Dichtewerte zu erreichen. Dieses Verfahren wird seit langem bei der Herstellung der sogenannten „Schwermetallegierungen" (heavy alloys), insbesondere auf Wolfram-Basis, angewendet.

Die theoretischen Grundlagen der Sinterung mit flüssiger Phase für die genannten Legierungen sind von W. D. Kingery [1] entwickelt worden und als „heavy-alloy"-Theorie bekannt. Die Theorie setzt ausreichende Löslichkeit der nichtschmelzenden Phase sowie vollständige Benetzbarkeit beider Phasen voraus.

Bekannt ist, daß die beträchtliche Löslichkeit des Wolframs (etwa 20%) in der flüssigen Phase des Systems W–Ni–Fe zu schnellem Kornwachstum während der Sinterung führt. Der von G. H. S. Price, C. J. Smittels und S. V. Williams [2] zur Erklärung dieses Verhaltens vorgeschlagene Mechanismus basiert auf der Tatsache, daß zwischen Teilchen mit unterschiedlichem Krümmungsradius dann Stofftransport stattfindet, wenn sich die Partikeln in gewissem Umfang in der flüssigen Phase lösen.

Die Triebkraft für eine Teilchenvergrößerung liegt in dem Bestreben des Systems, die freie Oberflächenenergie zu verringern. Dieser Vorgang ist erstmalig von W. Ostwald [3] beobachtet und in der Folgezeit von G. W. Greenwood [4] beschrieben worden. Nach G. W. Greenwood ist die Wachstumsgeschwindigkeit hochdisperser, in einer flüssigen Phase suspendierter Teilchen bei Stofftransport über die flüssige Phase durch folgenden Ausdruck gegeben:

$$\frac{dr}{dt} = K_D \cdot L \cdot \frac{2\,M \cdot \gamma}{R\,T\,\varrho^2 \cdot r}\left(\frac{1}{r_m} - \frac{1}{r}\right).$$

Darin bedeuten:

L — wahre Löslichkeit,
K_D — Diffusionskonstante des gelösten Stoffes in der flüssigen Phase,
M — Molekulargewicht der festen Phase,
ϱ — Dichte der festen Phase,
γ — Oberflächenspannung an der Phasengrenze fest-flüssig,
r — Teilchenradius,
r_m — mittlerer Teilchenradius,
R — Gaskonstante,
T — absolute Temperatur.

Aus der oben genannten Beziehung folgt für die Wachstumsgeschwindigkeit der Teilchen dr/dt unter sonst gleichen Bedingungen ein Maximum bei $r = 2\,r_m$, d. h., Teilchen, die dieser Bedingung genügen, wachsen schneller als alle anderen. Der analytische Ausdruck für dr/dt ergab eine gute Übereinstimmung mit experimentellen Ergebnissen über das Wachstum von UPb_3-Teilchen in schmelzflüssigem Blei sowie für in Natrium suspendierte Uran-Partikeln. Bei der Anwendung der obigen Gleichung auf die Wachstumsgeschwindigkeit der Wolframteilchen in Schwermetallegierungen tritt jedoch eine Reihe von Schwierigkeiten auf [5].

Die Greenwoodsche Gleichung erfaßt nur das Wachstum größerer Teilchen auf Kosten kleinerer, wobei Stofftransport durch Diffusion über die flüssige Phase vorausgesetzt wird.

Ferner muß die wachsende Phase in sich isotrop und demzufolge durch *einen* Wert der Oberflächenspannung charakterisiert sein.

Nun kann aber eine Teilchenvergrößerung auch durch Koaleszenz, also durch unmittelbares Aufwachsen der Partikeln aufeinander, erfolgen. Als Triebkraft wirkt dabei nicht der Größenunterschied der einzelnen Partikeln, sondern die unterschiedliche Oberflächenspannung auf verschiedenen Kristallflächen der wachsenden anisotropen Teilchen.

Weiter ist bekannt, daß bei bestimmten Anteilen der flüssigen Phase die Teilchen sich so verändern und anordnen, daß daraus eine maximale Packungsdichte resultiert, wobei auch die Möglichkeit nicht ausgeschlossen ist, daß der mittlere Teilchenradius sich verringert. Diese Erscheinung tritt besonders dann auf, wenn der Anteil der flüssigen Phase unter 10 Vol.-% liegt.

Die vorliegende Arbeit befaßt sich mit der metallographischen und elektronenmikroskopischen Untersuchung des Koaleszenzvorganges in den Systemen W–Ni–Fe und W–Ni–Cu.

2. Untersuchungsmethode und Diskussion der Ergebnisse

Die Pulver wurden durch zweistufige (600° und 900 °C) simultane Reduktion aus den Oxiden hergestellt. Die Teilchengröße der Gemische lag unter 40 μm, die chemische Zusammensetzung (Gew.-%) betrug:

$$\text{W–Ni–Fe: } 90\ \text{W} - 10\ (7\ \text{Ni} - 3\ \text{Fe})\ ,$$
$$\text{W–Ni–Cu: } 90\ \text{W} - 10\ (6\ \text{Ni} - 4\ \text{Cu})\ .$$

Anschließend wurden die Pulver zu zylindrischen Proben (Durchmesser 10 mm, Probenhöhe 10 mm, Preßdruck 2 Mp/cm²) verpreßt und in einem Hochtemperaturofen mit Molybdän-Heizelement unter Wasserstoff bei 1400 ± 10 °C und Haltezeiten von 10 min bis 2 h geglüht. Die Abkühlungsgeschwindigkeit betrug 500 grd/min. Die Proben wurden mit den üblichen Methoden für die metallographische Untersuchung vorbereitet, 10—20 s kalt mit einer Lösung aus 10 g NaOH, 10 g $K_3Fe(CN)_6$ und 80 ml H_2O geätzt und anschließend unter dem Mikroskop MIM-8 sowie elektronenmikroskopisch untersucht.

Es zeigte sich, daß Koaleszenz der Wolframkörner während der gesamten Sinterperiode auftritt (Abb. 1). In erster Linie findet dabei ein Ersetzen der anfänglichen Grenzflächen zwischen festem Körper und flüssiger Phase durch Grenzflächen Kristall-Kristall mit anschließendem Auflösen der interkristallinen Grenzen statt, wenn gleichartige räumliche Orientierung der kristallographischen Flächen vorliegt (Abb. 1 und 2). Beim Ätzen wird deutlich, daß Kristallflächen gleicher Überstruktur miteinander verwachsen.

Jedes Wolframkorn ist für sich ein Einkristall mit kubisch-raumzentriertem Gitter. Der Schnitt durch ein Gebilde aus Wolframeinkristallen und der sie umgebenden Matrix zeigt naturgemäß eine statistische Verteilung verschiedener Orientierungen. Nun wird die chemische Aktivität der Kristallflächen bekanntlich von ihrer kristallographischen Natur bestimmt. O. V. Mitrofanov [6] stellte beim thermischen Ätzen von Wolframeinkristallen eine Beziehung zwischen Oberflächenenergie, Austrittsarbeit und chemischer Aktivität der verschiedenen Flächen fest.

Flächenindex	{011}	{112}	{001}	{111}	{116}	{014}
Austrittsarbeit, eV	5,53	4,69	4,56	4,39	4,39	4,40
Oberflächenenergie, erg/cm²	5510	6340	6430	6690	6690	—

Die vergleichbare Dicke der Oxidfilme $t_{\{hkl\}}$ nahm wie folgt zu:

$$t_{\{011\}} < t_{\{112\}} < t_{\{001\}} < t_{\{111\}} = t_{\{116\}} = t_{\{014\}}\ .$$

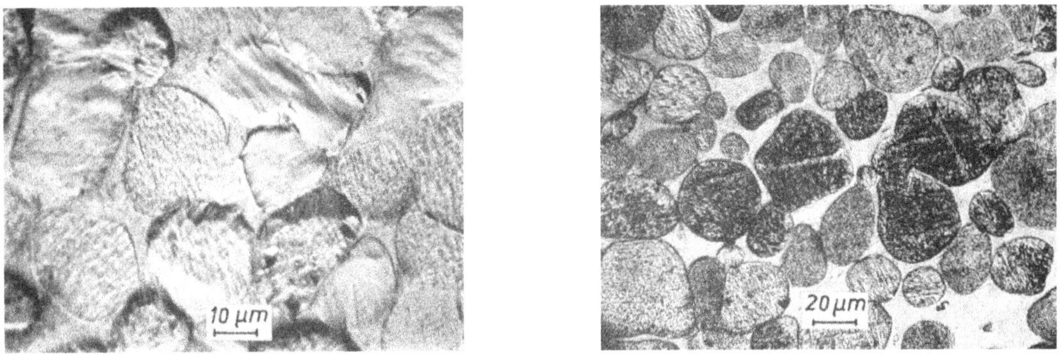

a) nach 20 min Sinterung bei 1400 °C, × 1000   b) nach 2 h Sinterung bei 1400 °C, × 500

Abb. 1. Koaleszenz der Wolframkörner in Schwermetallegierungen

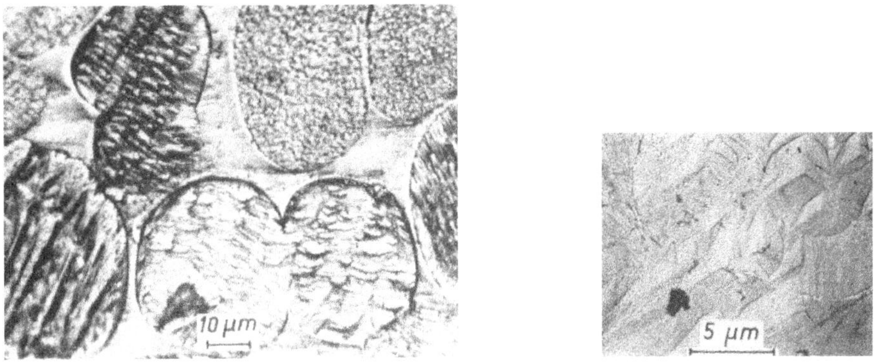

a) × 1000   b) × 4000

Abb. 2. Koaleszenz an gleichorientierten Wolframteilchen

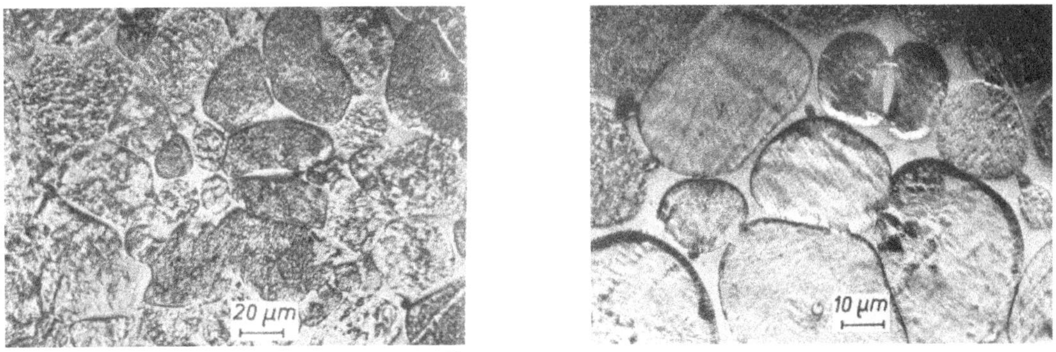

a) × 500   b) × 1000

Abb. 3. Bildung von Stoffbrücken zwischen einzelnen Wolframteilchen während des Koaleszenzvorganges

Tafel 6

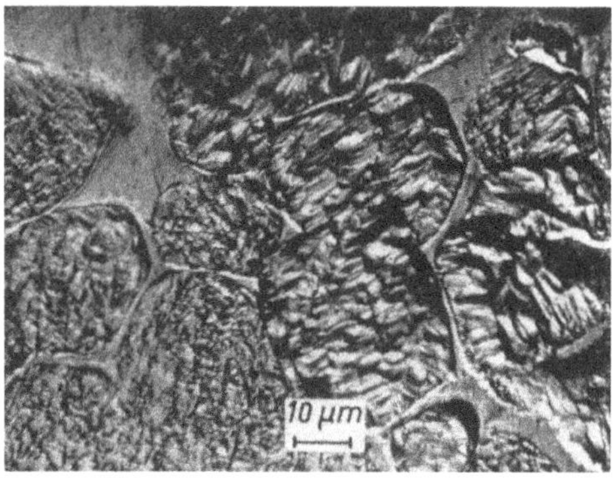

Abb. 4. Verschiedene Phasen des Koaleszenzvorganges, $\times 1000$

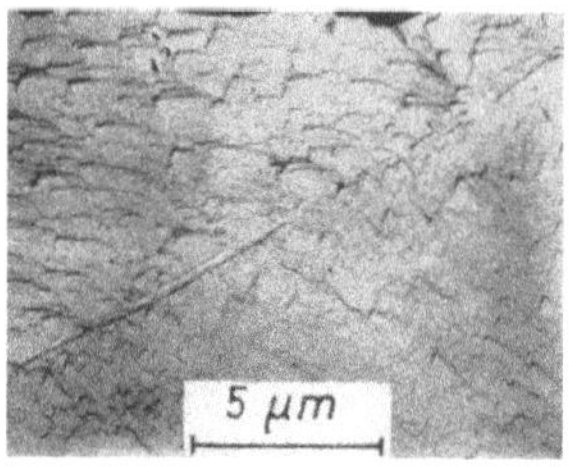

Abb. 5. Mikrostruktur der Berührungslinie bei großer Orientierungsdifferenz, $\times 4500$

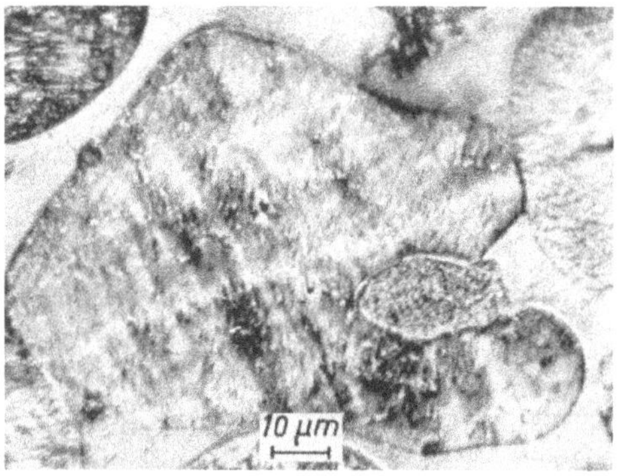

Abb. 6. Koexistenz einzelner Wolframteilchen mit unterschiedlicher Anätzung (mit unterschiedlichen Flächen-Indizes), $\times 1000$

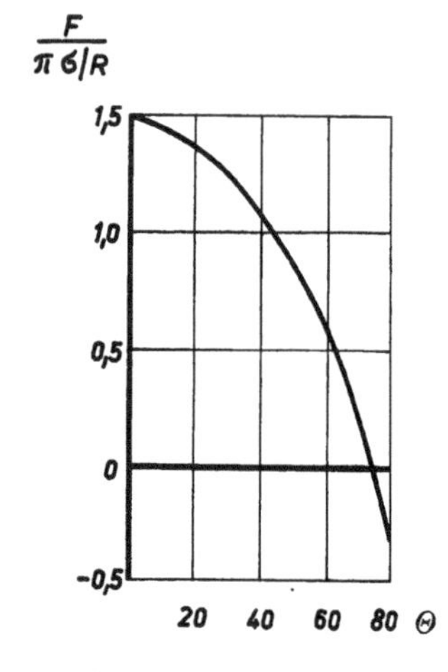

Abb. 7. Abhängigkeit des Kapillardruckes vom Benetzungswinkel

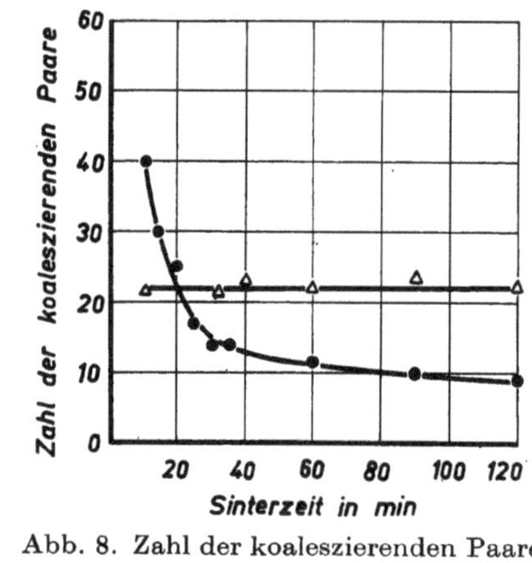

Abb. 8. Zahl der koaleszierenden Paare in Abhängigkeit von der Sinterzeit in den Systemen W–Ni–Fe und W–Ni–Cu
○ – W–Ni–Fe; △ – W–Ni–Cu

Es ist anzunehmen, daß das Verhältnis der Aktivitäten in Abhängigkeit von der Orientierung auch beim chemischen Ätzen erhalten bleibt. Aus der Tiefe und dem Relief der Ätzfiguren kann demnach qualitativ auf die kristallographische Orientierung der Wolframkörner geschlossen werden.

Die Schliffuntersuchungen an beiden Legierungen zeigen, daß in allen kristallographischen Richtungen Paar- und Gruppenkoaleszenz dann auftritt, wenn Flächen gleicher Indizes Korngrenzen mit minimaler gegenseitiger Verdrehung bilden (Abb. 2). Die Entwicklung von Kleinwinkelkorngrenzen bis zu vollständiger Flächendeckung einzelner Kristalle ist unter den Bedingungen der Sinterung in Gegenwart einer flüssigen Phase durchaus möglich.

Aus der „heavy-alloy"-Theorie [1] ist bekannt, daß in einem bestimmten Stadium des Sinterprozesses eine „Neuanordnung" (rearrangement) der Teilchen durch viskoses Fließen auftritt. Die Folge davon ist eine Verdichtung des Sinterkörpers. Umordnung der Teilchen und Kapillardepression erhöhen die Möglichkeit zur Annäherung einzelner Partikeln und zur Bildung der entsprechenden Orientierungsverhältnisse zwischen ihnen. Die treibende Kraft bei diesem Vorgang ist das Bestreben des Systems, den Gesamtbetrag der freien Grenzflächenenergie zu verringern.

Der Koaleszenzvorgang beginnt mit der Bildung von Stoffbrücken zwischen gleichorientierten Teilchen, die bei gewöhnlicher Vergrößerung im Mikroskop beobachtet werden können (Abb. 3). Diese Kristallbrücken bilden sich offensichtlich nach dem Mechanismus des Whiskerwachstums aus der Gasphase, d. h. im vorliegenden Fall durch Abscheidung gelöster Wolframatome auf den Stirnflächen der von den Teilchen wachsenden Kristalle, wobei die Orientierung der Unterlage beibehalten wird. Im weiteren verläuft der Vorgang nach den klassischen Vorstellungen über die Schwindung und Vergrößerung der sich berührenden Oberfläche.

Unter dem Einfluß der Oberflächenspannung wandern dabei die äußeren Atome infolge ihrer größeren Beweglichkeit in die engen Kapillaren zwischen den einzelnen Teilchen. Dadurch füllen sie einerseits die Kontaktzwischenräume aus und entblößen andererseits die nächstfolgende Atomlage, die im Vergleich zum Kristallinneren einen Mehrbetrag an freier Energie besitzt. Das Endergebnis ist ein sphärisches Korn; im weiteren Sinne stellt sich die unter den gegebenen Bedingungen stabile Gleichgewichtsform ein. Auf Abb. 4 werden die verschiedenen Etappen des Koaleszenzvorganges an Paar- und Gruppenhaufwerken mit unterschiedlicher kristallographischer Flächenstruktur gezeigt. Wie daraus hervorgeht, beginnt in den betrachteten Schwermetallegierungen die Sinterung der Teilchen nach dem Schwenken der Partikeln bis zur kristallographischen Deckung. Bei Berührung von Flächen gleicher Indizes $\{h\,k\,l\}$, jedoch unter größerem Winkel zueinander, erfolgt keine Koaleszenz. Diesen Fall zeigt Abb. 5. Die Grenzlinie zwischen zwei Partikeln ist hier erhalten geblieben. Abb. 6 veranschaulicht, daß bei Annäherung von Teilchen mit unterschiedlichem Ätzgrad (mit unterschiedlichen $\{h\,k\,l\}$) die Korngrenzen ebenfalls stabil sind. Die Tendenz einzelner Körner, sich bei ihrer Annäherung gegeneinander abzugrenzen, wird durch das Verhältnis der Oberflächenspannung an den Grenzflächen Kristall-Kristall und Kristall-flüssige Phase sowie durch die Abhängigkeit der Grenzflächenenergie von der Orientierungsdifferenz bestimmt [7]. Bei gleicher Orientierung angrenzender Kristalle erfolgt Koaleszenz, bei Abweichungen bis etwa 20 bis 25° ist die Kleinwinkelkorngrenze, bei räumlicher Desorientierung die Zwischenphasengrenze stabil.

Das oben Gesagte gilt gleichermaßen für beide Legierungen. Unterschiede im Verlauf des Koaleszenzvorganges werden durch die verschiedene Benetzbarkeit der flüssigen und festen Phasen verursacht.

Zur Bestimmung des Benetzungswinkels wurden Nickel–Eisen- und Nickel–Kupfer-Proben mit gleicher Zusammensetzung wie die Schwermetallmatrix auf Unterlagen aus technisch reinem Wolfram geschmolzen. Temperatur und Gasatmosphäre entsprachen den Sinterbedingungen. Die Auswertung erfolgte mittels einer optischen Spezialeinrichtung am erkalteten

Tropfen. Es wurde vollständige Benetzbarkeit im System W–Ni–Cu und teilweise (etwa 20°) für die Zusammensetzung W–Ni–Fe festgestellt.

Bekanntlich ändern sich mit dem Benetzungswinkel Größe und Charakter der Kapillarkraft (Abb. 7, 8). Es kann angenommen werden, daß bei einer komprimierenden Wirkung der zeitliche Verlauf des Koaleszenzvorganges beeinflußt wird. Abb. 8 bringt die Zahl der koaleszierenden Paare in Abhängigkeit von der Sinterzeit für 1000 einzelne Partikeln in 100 Sehfeldern. Die Zeitabhängigkeit steht offenbar im Zusammenhang mit der unterschiedlichen Schmelztemperatur der niedrig schmelzenden Phasen, der Löslichkeit des Wolframs in ihnen und folglich mit der zeitlichen Einstellung des Benetzungswinkels für die angegebenen Sinterbedingungen. Aus dem Verlauf der Kurve für das System W–Ni–Fe kann geschlossen werden, daß in Abhängigkeit von folgenden Faktoren der Koaleszenzvorgang bei einsetzendem Teilchenwachstum dominierend werden kann: Schmelztemperatur und Volumenanteil der niedrigschmelzenden Phase, Größe des Benetzungswinkels und Teilchendispersität.

Diese Annahme wird durch Arbeiten von HUMENIK und Mitarbeitern [9] am System WC–Co (mit beschränkter Löslichkeit der hochschmelzenden Phase im Co) bestätigt. Das in den ersten 5 Minuten der Sinterung einsetzende Kornwachstum wird auf Teilchenkoaleszenz zurückgeführt.

3. Schlußfolgerungen

Metallographische Untersuchungen an den Systemen W–Ni–Fe und W–Ni–Cu zeigen, daß das Kornwachstum bei der Sinterung nach zwei verschiedenen Grundmechanismen verläuft: Durch Stofftransport über die flüssige Phase sowie durch Paar- und Gruppenkoaleszenz der festen Partikeln. Für den Koaleszenzvorgang ist die Oberflächendiffusion der Atome geschwindigkeitsbestimmend. Beide Prozesse verlaufen mit vergleichbarer Geschwindigkeit, wobei jedoch der Koaleszenzvorgang vom betrachteten System abhängt, u. a. von der Zusammensetzung der niedrigschmelzenden Phase und folglich von der Schmelztemperatur, der Löslichkeit der festbleibenden Phase in der flüssigen (Übersättigungsgrad), vom Benetzungswinkel und anderen Faktoren.

Es wurde gefunden, daß durch die Teilchenkoaleszenz (wobei der Teilchenradius um das 2- bis 5fache anwachsen kann) der Charakter der von G. W. GREENWOOD angegebenen Beziehung für die Wachstumsgeschwindigkeit [4] nur in abgeänderter Form Gültigkeit haben kann. Daher ist die weitere Untersuchung der Gesetzmäßigkeiten der Teilchenvergrößerung notwendig, insbesondere nach Einstellung des Gleichgewichtszustandes in der flüssigen Phase.

Kiew (UdSSR), Institut für Probleme der Werkstoffkunde

Literatur

[1] KINGERY, W. D., J. appl. Phys. **30** (1959) 301–306.

[2] PRICE, G. H. S., SMITTELLS, C. J. und WILLIAMS, S. V., J. Inst. metals Bull. & metallurg. Abstr. **62** (1938) 239–254.

[3] OSTWALD, W., Z. phys. Chem. **30** (1900) 495.

[4] GREENWOOD, G. W., Acta metallurg. **4** (1956) 243–248.

[5] JONES, W. D., Fundamental principles of powder metallurgy. London: Edward Arnold LTD. 1960.

[6] MITROFANOV, O. V., Kristallografija 8 (1963) 229–231.

[7] READ, W. T., Dislocations in crystals. McGraw-Hill, Publ. Comp., London 1953.

[8] NAIDIČ, JU. V., LAVRINENKO, I. N. und EREMENKO, V. N., in: Oberflächenerscheinungen in Schmelzen und pulvermetallurgischen Prozessen. Izd. AN/USSR 1963, S. 172–181.

[9] HUMENIK, M. und PARIKH, N. M., J. amer. ceram. Soc. **40** (1957) 315–320.

Teilchenkoaleszenz bei der Sinterung mit flüssiger Phase

Von B. Čech

1. Einleitung

Ein Studium der Sinterkinetik von Pseudolegierungen und Hartlegierungen in Gegenwart einer flüssigen Phase zeigt, daß eine Formänderung der festen Teilchen sich über lange Zeiten erstreckt. Bei isothermer Glühung eines solchen Systems dauert das Entstehen der flüssigen Phase in der Regel nur einige Minuten. Die Schwindung und das endgültige Sintern erfolgen in den späteren Sinterstadien dagegen nicht so rasch. Den verzögerten Reaktionsablauf erklären Lenel [1], Kingery [2] und andere mit der gegenseitigen Berührung der festen Teilchen, wodurch die durch die Grenzflächenspannung der flüssigen Phase hervorgerufene freie Schwindung behindert wird. Erst wenn die festen Teilchen ihre Form ändern und ihre Mittelpunkte sich nähern, setzt eine merkliche Abnahme der Porigkeit ein. Der Bereich der Formänderung und Kontraktion ist vom volumenmäßigen Anteil der flüssigen Phase abhängig, er beträgt z. B. bei einigen Systemen des Wolframs 10 bis 15% des Endvolumens. Je geringer dieser Anteil ist, desto länger dauert die Formänderung der festen Teilchen. Diese sowie durch die Grenzflächenspannung zwischen beiden Phasen hervorgerufene Vorgänge bewirken die endgültige Gefügeausbildung. Da es sich hauptsächlich um das Zusammenwachsen der festen Teilchen infolge ihrer Bindung handelt, wird diese Erscheinung als Koaleszenz bezeichnet.

2. Theoretische Betrachtungen

Die Beziehungen zwischen bestimmten Sinterparametern und der isothermen Glühdauer sind wiederholt beschrieben worden. Als Parameter werden entweder der relative Grad der Porenschwindung [3], [4]

$$\frac{V_L - V_S}{V_L - V_K}$$

(V_L = Volumen des Preßlings,
V_S = Probenvolumen im untersuchten Sinterstadium,
V_K = Volumen des porenfreien Körpers)

oder aber die relative Schwindung des Volumens $\frac{\Delta V}{V_0}$ bzw. der Länge $\frac{\Delta L}{L_0}$ der Probe angegeben [5], [6].

In diesem Sinterstadium kann der Sinterparameter durch die Potenzfunktion

$$\alpha = D^{\frac{1}{n}} t^{\frac{1}{n}} \tag{1}$$

(α = Sinterparameter,
t = Zeit des isothermen Sinterns,
n = temperaturunabhängige Konstante)

beschrieben werden.
Der Koeffizient D ist, wie aus Gleichung (2) hervorgeht, temperaturabhängig.

$$D = D_0 \exp\left(-\frac{Q}{R\,T}\right) \tag{2}$$

(Q = Aktivierungsenergie des Transportmechanismus).

Die Gültigkeit der Gleichung (2) hat man bei einigen Systemen nachgewiesen. Hiernach kann das Sintern in späten Sinterstadien durch eine Temperaturerhöhung wesentlich beschleunigt werden. Zwangsläufig werden dabei auch die Vorgänge beeinflußt, die zu Änderungen der Struktur (d. h. der Phasengrenzflächen und des Dispersionsgrades der Phasen) führen. Das beim Sintern erhaltene Gefüge kann noch nachträglich bei der Abkühlung durch Ausscheidungen aus der flüssigen Phase verändert werden.

Dispersionsänderungen des Systems werden durch ein Konzentrationsgefälle in der flüssigen Phase hervorgerufen, das auf verschieden stark gekrümmte Phasengrenzflächen der festen Teilchen zurückzuführen ist. Es gilt eine der THOMSONschen Gleichung analoge Beziehung:

$$l_n \frac{c}{c_0} = \frac{2\,\sigma_{SL}\,V_0}{r\,R\,T} \tag{3}$$

(c_0 = Gleichgewichtskonzentration über ebener Grenzfläche,
c = Konzentration über einer mit dem Radius r gekrümmten Grenzfläche,
σ_{SL} = Grenzflächenspannung,
V_0 = Atom- bzw. Molvolumen,
R = Gaskonstante,
T = absolute Temperatur).

In einer gesättigten flüssigen Phase eines ideal monodispersen Systems finden Veränderungen nicht statt, da zwischen den festen Teilchen kein Konzentrationsgefälle vorliegt. In realen Systemen unterliegen die festen Teilchen einer zufälligen oder erzwungenen Berührung. Neben einem Stofftransport über die flüssige Phase durch Lösen oder Ausscheiden bewirkt auch die Grenzflächenspannung zwischen der flüssigen Phase und den sich berührenden festen Teilchen Gefügeänderungen. Dies äußert sich in einer Veränderung des Benetzungswinkels. Der Einfluß der Grenzflächenspannung beim Stofftransport und bei Änderungen der Phasengrenzflächen ist noch nicht eindeutig geklärt, wenn auch feststeht, daß die Benetzbarkeit und damit die Isolierung der festen Teilchen davon abhängen.

Diese komplex ablaufenden Vorgänge sind vor allem in karbidischen Hartmetallsystemen schwer zu deuten. Man untersucht daher zweckmäßig die Grundbeziehungen dort, wo sich die Eigenschaften der Phasengrenzflächen nicht so ausgeprägt auswirken und man Gefügeänderungen bei relativ leicht zugänglichen Temperaturen erreichen kann. Die Systeme Eisen mit Kupfer oder Silber erfüllen diese Bedingungen gut. Sie unterscheiden sich in den Werten ihrer Benetzungswinkel und weisen folglich eine unterschiedliche Grenzflächenspannung auf. Bei Temperaturen zwischen 1050 und 1150 °C wird bei Fe–Cu die Grenzflächenspannung mit etwa 430 Dyn/cm, bei Fe–Ag mit etwa 970 Dyn/cm angegeben.

3. Experimenteller Teil

In der vorliegenden Arbeit wurden nun die Änderungen der Phasengrenzflächen und der Teilchendispersion untersuch und hierzu Proben aus Karbonyleisen mit 30 Gew.-% Cu oder 30 Gew.-% Ag verwendet. Das Eisenpulver wurde durch Windsichten klassiert. Bei einem mittleren Teilchendurchmesser von 16 µm lagen 85% der Teilchen zwischen 14 und 18 µm. Cu und Ag wurden teilweise aus einer 5%igen Sulfatlösung auf die Eisenteilchen zementiert und der Rest dann mechanisch zugemischt. Die Pulver wurden verpreßt, die relative Dichte der Proben lag bei etwa 60%. Anschließend wurden sie 1 h bei 450 °C in Elektrolytwasserstoff reduziert. Das isotherme Sintern erfolgte in einem widerstandsbeheizten Rohrofen gleichfalls unter Wasserstoff und fand zwischen 1050 und 1350 °C statt. Die Glühdauer variierte von 30 bis 480 min.

Zum Vergleich wurden die Ergebnisse der Systeme WC mit 5,9 bzw. 15,8 Gew.-% Co und Cr_3C_2 mit 12,8 bzw. 30 Gew.-% Ni herangezogen. Die Mischungen dieser Pulver wurden 100 h in einer Rotationskugelmühle gemahlen. Die durchschnittliche Teilchengröße lag zwischen 1 und 2 μm, es waren keine Teilchen > 4 μm enthalten. Das isotherme Sintern der Proben erfolgte zwischen 1200 und 1800 °C, die Dauer betrug 11 bis 360 min. An allen Proben wurden die Volumenschwindung und die scheinbare Dichte ermittelt.

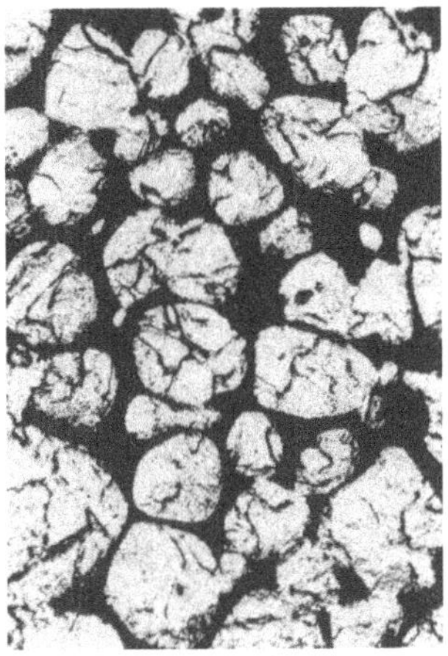

Abb. 1. Gefüge des Systems Fe — 30 Gew.-% Cu nach Vakuumätzung des Schliffes. Vergrößerung: 200:1

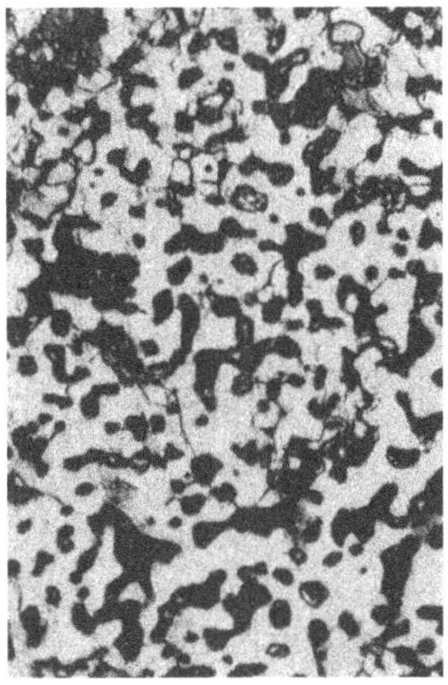

Abb. 2. Gefüge des Systems Fe — 30 Gew.-% Ag nach Vakuumätzung des Schliffes. Vergrößerung: 200:1

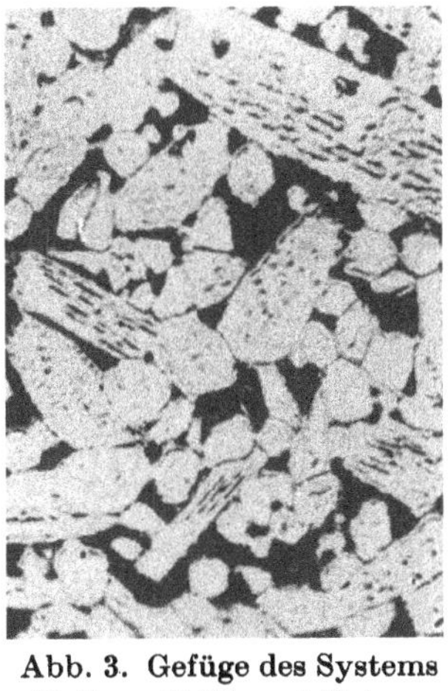

Abb. 3. Gefüge des Systems Cr_3C_2 — 30 Gew.-% Ni nach Vakuumätzung des Schliffes. Vergrößerung: 600:1

Abb. 4. Gefüge des Systems WC — 15 Gew.-% Co. Vergrößerung: 1500:1

Der Hauptanteil der Arbeiten war den metallographischen Gefügeuntersuchungen gewidmet. Zur genauen Bestimmung von Gefügeänderungen wurden die Korngrenzen der Grundphase bei einer dem Sinterbereich naheliegenden Temperatur durch Vakuumätzung sichtbar gemacht. Die Schliffe von Fe–Cu und Fe–Ag wurden 15 min bei 930 °C im Vakuum von 10^{-4} bis 10^{-5} Torr geglüht und so die Korngrenzen der γ-Phase hervorgehoben. Bei Cr_3C_2–Ni betrug die Glühdauer 30 min, da erst dann die Korngrenzen der karbidischen Phase gut hervortraten. Die Proben aus WC–Co wurden bei 1100 °C geglüht. Die Gefügeaufnahmen sind in den Abb. 1—4 wiedergegeben. Aus Abb. 1 und 2 erkennt man, daß die Korngrenzen der γ-Phase bei Fe–Cu und Fe–Ag nicht an die Berührungsstellen der ursprünglichen Teilchen anschließen. Folglich stimmen die quantitativen Angaben der Korngrößen nicht mit dem beobachteten Abrunden der festen Teilchen überein. Hier wurde mit der Methode zufälliger Sehnen nach SMITH und GUTTMAN [7] quantitativ die Änderung der Phasengrenzfläche S_v aus der Beziehung $S_v = 2\,N_L$ (N_L = Anzahl der Schnittpunkte der zufälligen Sehne, bezogen auf die Längeneinheit) bestimmt. Bei WC–Co und Cr_3C_2–Ni kann zwar die mittlere Korngröße der karbidischen Teilchen direkt durch eine quantitative metallographische Analyse ermittelt werden. Dieser Wert ist aber nicht charakteristisch für die Struktur, da bei langandauernder Glühung einzelne übergroße Körner auf Kosten ihrer Nachbarn gebildet werden können. Für die Auswertung wurde daher ein Mittelwert aus Messungen von 20 der maßlich größten Körner herangezogen, die an beliebigen Stellen eines 5×5 mm großen Schliffes sichtbar waren.

4. Ergebnisse und ihre Auswertung

Zur Auswertung gelangten bei den Systemen Fe–Cu und Fe–Ag die ermittelten Änderungen der Phasengrenzfläche, bei WC–Co und Cr_3C_2–Ni dagegen die gemessene Korngrößenzunahme. Die Ergebnisse sind in den Abb. 5, 6, 7 und 8 dargestellt. Werden die Meßpunkte im doppelt

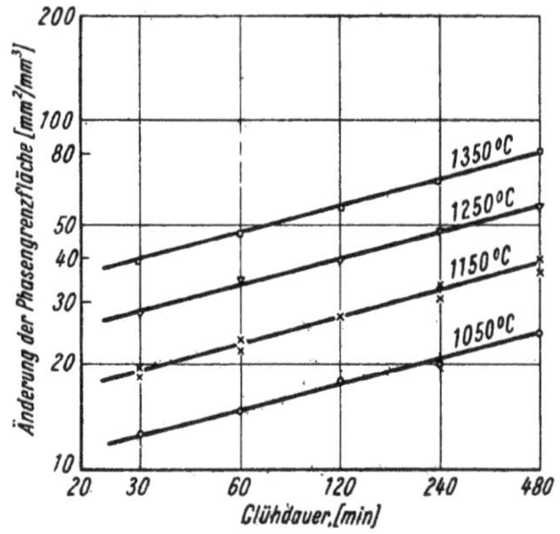

Abb. 5. Abhängigkeit der Änderung der Phasengrenzfläche von der Temperatur und Glühdauer bei Fe – 30 Gew.-% Cu

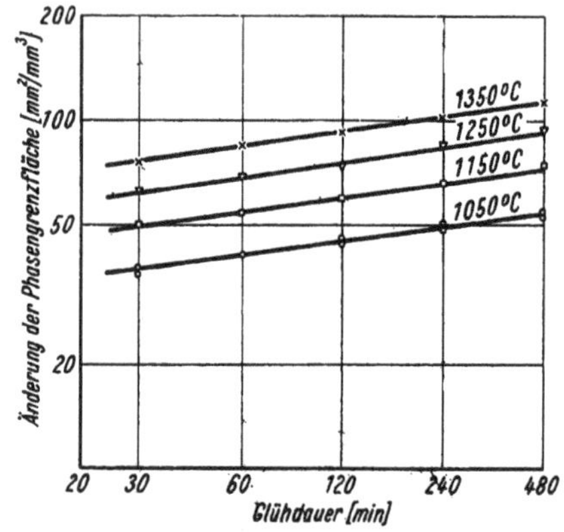

Abb. 6. Abhängigkeit der Änderung der Phasengrenzfläche von der Temperatur und Glühdauer bei Fe – 30 Gew.-% Ag

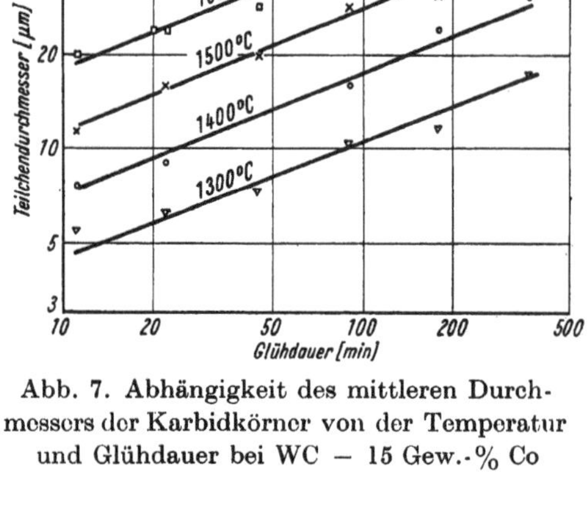

Abb. 7. Abhängigkeit des mittleren Durchmessers der Karbidkörner von der Temperatur und Glühdauer bei WC – 15 Gew.-% Co

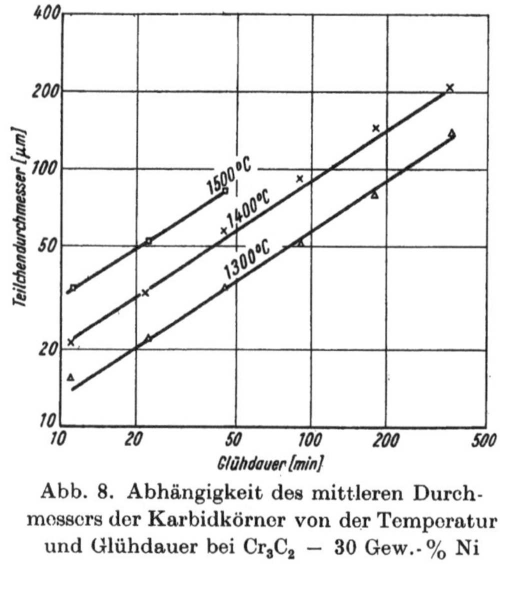

Abb. 8. Abhängigkeit des mittleren Durchmessers der Karbidkörner von der Temperatur und Glühdauer bei Cr_3C_2 – 30 Gew.-% Ni

logarithmischen Koordinatensystem eingetragen, dann lassen sie sich mit genügender Genauigkeit durch Geraden verbinden. Diese bilden für eine Reihe von Temperaturen Parallelen.

Die Änderung der Phasengrenzfläche während der isothermen Glühung kann gleichfalls durch die Potenzfunktion (1) beschrieben werden. Man setzt in diese die Konstante D aus Gleichung (2) ein und erhält nach Umformen die Gleichung (4)

$$\ln \frac{t_1}{t_2} = \frac{Q}{R}\left(\frac{1}{T_1} - \frac{1}{T_2}\right). \tag{4}$$

Bei konstantem Sinterparameter α kann aus verschiedenen Werten der Sinterzeit und -temperatur die Aktivierungsenergie des betrachteten Vorgangs berechnet werden. Die Aktivierungsenergie für die Änderung der Phasengrenzfläche bei Fe–Cu und Fe–Ag ist annähernd gleich und beträgt 64 bzw. 62 kcal/mol (vgl. Abb. 9). Analog hierzu wird Q für das Kornwachstum von WC und Cr_3C_2 berechnet (vgl. Abb. 10). Bei WC mit 5,9 bzw. 15,8 Gew.-% Co liegen die Werte zwischen 73 und 76 kcal/mol, bei Cr_3C_2 mit 12,8 bzw. 30 Gew.-% Ni zwischen 39 und 44 kcal/mol.

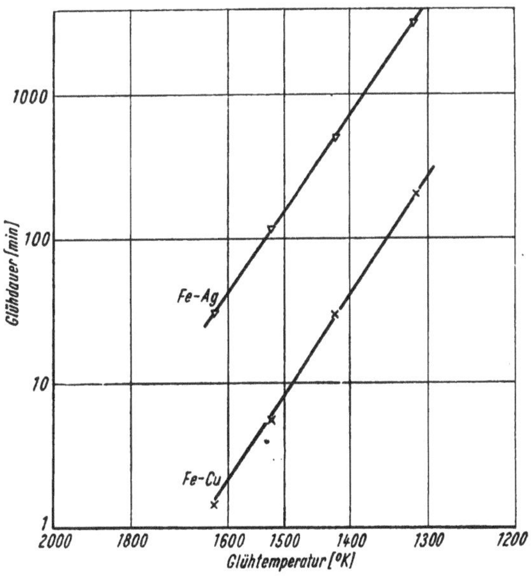

Abb. 9. Diagramm zur Berechnung der Aktivierungsenergie der Änderung der Phasengrenzfläche bei Fe — 30 Gew.-% Cu und Fe — 30 Gew.-% Ag

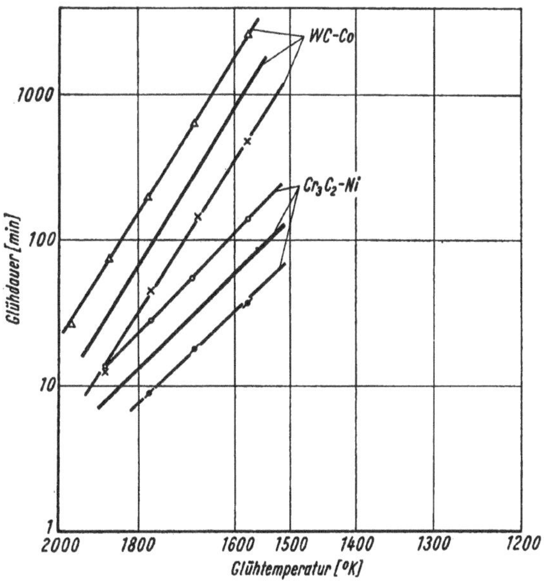

Abb. 10. Diagramm zur Berechnung der Aktivierungsenergie des Wachstums der Karbidkörner bei WC — 15 Gew.-% Co und Cr_3C_2 — 30 Gew.-% Ni

Bei der theoretischen Betrachtung wurde bereits dargelegt, daß auch die Sinterparameter für das späte Sinterstadium von isothermen Glühungen in Gegenwart einer flüssigen Phase durch die Gleichung (1) beschrieben werden können. Für die Gefügeausbildung ist nämlich das späte Sinterstadium entscheidend, vor allem dann, wenn der Anteil an flüssiger Phase gering ist, da sich hier die festen Teilchen gegenseitig berühren und ihre Form ändern. Eine sichere Auswertung des Gefüges zur Berechnung der Aktivierungsenergie nach Gleichung (4) ist aber gerade nur dann möglich.

In Tab. 1 werden neben den Aktivierungsenergien der Änderung der Phasengrenzflächen oder des Kornwachstums auch die des späten Sinterstadiums angegeben. Die letztgenannten Werte wurden aus den in Abb. 11 dargestellten Messungen berechnet.

Tabelle 1. Aktivierungsenergie Q für das Kornwachstum und für das späte Sinterstadium beim Sintern mit flüssiger Phase

System in Gew.-%	Temperaturgebiet °C	Konstante n in Formel (1)		Aktivierungsenergie Q kcal/mol	
		Kornwachstum	Spätes Sinterstadium	Änderung der Phasengrenzfläche oder Kornwachstum	Sintern im späten Stadium
Fe - 30 Cu	1050–1350	7,1	3,0	64	85
Fe - 30 Ag	1050–1350	3,7	4,0	62	52
WC - 5,9 Co	1300–1800	2,8	12,3	73	195
WC - 15,8 Co	1300–1600	2,9	—	76	—
Cr_3C_2 - 12,8 Ni	1200–1600	2,0	4,5	44	140
Cr_3C_2 - 30 Ni	1200–1500	1,6	—	39	—

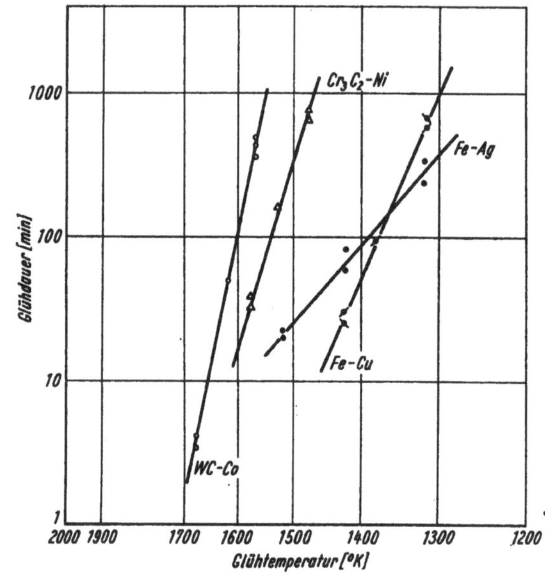

Abb. 11. Diagramm zur Berechnung der Aktivierungsenergie des späten Sinterstadiums für die Systeme Fe–Cu, Fe–Ag, WC–Co und Cr_3C_2–Ni

5. Diskussion der Ergebnisse

In der Literatur werden kaum quantitative Angaben über Abhängigkeit der Sinterkinetik von den Sinterbedingungen in flüssiger Phase gemacht. Die hier untersuchten Systeme Fe–Cu und Fe–Ag sind hinsichtlich ihrer Dispersität von den realen Systemen etwas entfernt. Durch Vergleich der beiden Systeme sieht man, daß sich beide in dem Wert der Aktivierungsenergie für die Änderung der Phasengrenzflächen praktisch nicht unterscheiden. Dies scheint bemerkenswert, wenn man die Eigenschaften der beim Sintern gebildeten flüssigen Phase betrachtet. Die Löslichkeit von Eisen in Silber ist im Bereich der Versuchstemperatur unbedeutend, während sie bei Kupfer 3 bis 10% beträgt. Auf die unterschiedliche Grenzflächenspannung beider Systeme war bereits hingewiesen worden. Die Aktivierungsenergie für die Änderung der Phasengrenzflächen ist in beiden Systemen etwas niedriger als die der Selbstdiffusion im γ-Eisen, die nach BUFFINGTON und Mitarbeitern [8] mit 67 bis 74 kcal/mol angegeben wird. Die Aktivierungsenergie des Sintervorganges im späten Sinterstadium ist bei Fe–Cu höher als die der Änderung der Phasengrenzflächen. Bei Sinterversuchen von Eisen mit Kupferzusatz (von 5% Cu an) fanden KOTHARI und WARING [4] oberhalb des Kupferschmelzpunkts für die Aktivierungsenergie des Sintervorgangs Werte zwischen 31,8 und 33,5 kcal/mol. Das Versuchsergebnis (vgl. Tab. 1) läßt darauf schließen, daß in einem polydispersen System ein offenbar anderer Transportmechanismus wirkt. Bei Fe–Ag sind dagegen die Aktivierungsenergien für beide Vorgänge annähernd gleich groß.

Für das Kornwachstum findet man bei WC–Co eine niedrigere Aktivierungsenergie als für das späte Sinterstadium. Der letztgenannte Wert liegt in dem Bereich, der von SKOLNICK [9] für die Aktivierungsenergie beim Lösen von WC in flüssigem Kobalt gefunden wurde (175 ± 45 kcal/mol zwischen 1400 und 1475 °C).

Über die Aktivierungsenergie des Kornwachstums bei Drucksintern von reinem Cr_3C_2 liegen Angaben von HAMJIAN und LIDMAN [10] vor. Im porigen Körper wird ein Wert von 172 kcal/mol, nach dem Verschwinden der Poren dagegen von 140 kcal/mol gefunden. Die Aktivierungsenergien sowohl des Kornwachstums als auch des späten Sinterstadiums sind beim Sintern von Cr_3C_2 mit flüssiger Phase im Vergleich hierzu bedeutend niedriger. Dabei wird für das späte Sinterstadium ein höherer Wert als für das Kornwachstum ermittelt, was im Einklang zu dem Verhalten von WC–Co steht (vgl. Tab. 1).

Aus den unterschiedlichen Werten der Aktivierungsenergien für das Kornwachstum und die Änderung der Phasengrenzflächen oder für das späte Sinterstadium können Folgerungen über die optimalen Sinterbedingungen abgeleitet werden. Meist erreicht man durch eine Temperaturerhöhung, daß die Koaleszenz (außer bei der Bildung der flüssigen Phase) sowie andere, das Gefüge nachteilig beeinflussenden Vorgänge, eingeschränkt werden und das eigentliche Sintern beschleunigt abläuft.

6. Zusammenfassung

Bei den Systemen Fe–Cu und Fe–Ag, deren Proben aus kugeligem Eisenpulver mit einem mittleren Teilchendurchmesser von 16 μm hergestellt worden waren, wurde die Änderung der Phasengrenzflächen in Abhängigkeit von Temperatur und Glühdauer untersucht. Gleichzeitig verfolgte man auch den Sintervorgang in Gegenwart einer flüssigen Phase. Die ermittelten Sinterparameter können mit genügender Genauigkeit durch eine Potenzfunktion beschrieben werden. Die Aktivierungsenergie des Sintervorganges ist bei Fe–Cu höher als die der Änderung der Phasengrenzflächen. Bei Fe–Ag sind beide Werte annähernd gleich groß. Es wurde festgestellt, daß die bei isothermer Glühung ablaufenden Vorgänge wärmeaktiviert sind.

Bei den Systemen WC-Co und Cr_3C_2-Ni wurde die Aktivierungsenergie des Kornwachstums ermittelt. Im Vergleich zu dieser ist bei WC-Co die Aktivierungsenergie für das späte Sinterstadium bedeutend höher. Für das Kornwachstum von WC in flüssiger Phase wurde Q mit 73 bis 76 kcal/mol, von Cr_3C_2 mit 39 bis 44 kcal/mol ermittelt.

Die Ergebnisse zeigen, daß eine Änderung der Phasengrenzflächen durch das Wachstum bzw. die Koaleszenz der festen Teilchen beim Sintern weniger auf eine Temperaturerhöhung ansprechen als der eigentliche Sintervorgang.

Vestec bei Prag (ČSSR)

Literatur

[1] CANNON, H. S. und LENEL, F. V., Some observations on the mechanism of liquid phase sintering. In: Pulvermetallurgie, 1. Plansee Seminar, Hsg.: F. BENESOVSKY, Reutte/Tirol 1953.

[2] KINGERY, W. D., Densification during sintering in the presence of a liquid phase. I. Theory. J. appl. Phys. 30 (1959) 301–306.

[3] Tikkanen, M., Jernkontoret Powder Metallurgy Research Panel, Feb. 2, 1962, Stockholm.

[4] Kothari, N. C. und Waring, J., Sintering kinetics in iron-copper alloys with and without a liquid phase. Powder Metallurgy 7 (1964) 13–33.

[5] Kingery, W. D. und Narasimhan, M. D., Densification during sintering in the presence of a liquid phase. II. Experimental. J. appl. Phys. 30 (1959) 3, 307–310.

[6] Čech, B., Vjazkoje tečenije pri spekanii v prisytstvii židkoj fazy. Poroškovaja metallurgija 3 (1963) 112–119.

[7] Smith, C. S. und Guttman, L., Measurement of internal boundaries in three-dimensional structures by random sectioning. J. Metals 5 (1953) 81–87.

[8] Buffington, F. S., Bakalar, D. I. und Cohen, M., Self-diffusion in iron. In: The Physics of Powder Metallurgy, Hsg. W. E. Kingston, McGraw Hill, New York 1951, S. 92–108.

[9] Skolnick, L., The kinetics of solution of tungsten carbide in molten cobalt. Kinetics of High Temperature Processes, Hsg. W. D. Kingery, Wiley, Chapman & Hall, New York/London 1959, S. 92–97;

[10] Hamjian, H. J. und Lidman, W. G., Densification and kinetics of grain growth during the sintering of chromium carbide. J. Metals 5 (1953) 696–699.

Diskussion

H. E. Exner, Stuttgart: An einer Legierung aus 90% Wolframkarbid und 10% Kobalt führten wir eine Untersuchung des Kornwachstums durch [1], [2], [3], die zu anderen Resultaten führte, als sie im Vortrag beschrieben wurden. Die Gefügeanalyse wurde dabei elektronenoptisch mit einem halbautomatischen Linearanalysator ausgeführt. Es wurden über 1500 Karbidkörner je Versuch erfaßt und dadurch eine hohe Genauigkeit bei der Bestimmung der Gefügeparameter erzielt.

Neben der Koaleszenz durch Korngrenzenwanderung erfolgt das Kornwachstum auch durch Auflösung kleiner Karbidkristalle und Wiederausscheidung an großen, wobei als geschwindigkeitsbestimmender Schritt eine Übertrittsreaktion an der Karbidoberfläche anzunehmen ist, da steigender Kobaltgehalt keine Verzögerung des Kornwachstums hervorruft. Das durch die Umlösung hervorgerufene Wachstum konnten wir theoretisch beschreiben [3]. Das Modell sollte eine Trennung der beiden Anteile (Koaleszenz und Stofftransport) ermöglichen. In den späteren Sinterstadien scheint eine Drehung von Kristallen, die zum Ablauf des im Vortrag beschriebenen Mechanismus nötig ist, nicht mehr wahrscheinlich, da sich meiner Ansicht nach sehr bald ein Karbidskelett ausbildet, das eine Relativbewegung der Karbidkristalle zueinander nicht mehr gestattet. Wir nahmen zur Erklärung der Koaleszenz trotz guter Benetzung an, daß die punktförmigen Berührungsstellen durch Anlagern von Wolframkarbid aus der Schmelze breiter werden und die Korngrenzenwanderung dann in gleicher Weise wie bei einphasigen Stoffen erfolgt. Im Zusammenhang mit der im Vortrag durchgeführten Auswertung der Versuchsergebnisse soll auf zwei Probleme hingewiesen werden, die ganz allgemein bei der Beschreibung der für das Kornwachstum maßgebenden Vorgänge auftreten und in der Literatur oft in nicht übereinstimmender Art und Weise behandelt werden:

1. Die Bestimmung des *Exponenten für die Zeitabhängigkeit* aus der Steigung der Regressionsgeraden bei doppellogarithmischer Auftragung des Korndurchmessers über der Sinterdauer ist nur dann zulässig, wenn die Ausgangskorngröße D_0 vernachlässigbar klein ist, d. h. wenn die Anfangsbedingung $D_0 = 0$ für $t = 0$ erfüllt ist. Für Karbide, die ein sehr geringes Kornwachstum zeigen, kann das Zeitgesetz empirisch nur dadurch bestimmt werden, daß eine Funktion (z. B. $D - D_0 \sim t^{1/3}$ oder $D^3 - D_0^3 \sim t$) angenommen wird und die Übereinstimmung der Meßdaten geprüft wird. In vielen Fällen täuscht die oben erwähnte Auswertung für $D_0 = 0$ andere Zeitabhängigkeiten mit willkürlichen Exponenten vor, die sich dann theoretisch nicht erklären lassen.

2. Die von uns bestimmte *scheinbare Aktivierungsenergie* für das Kornwachstum von 142 kcal/mol liegt wesentlich höher als die im Vortrag angegebene. Dieser Unterschied ist nicht durch experimentelle Fehler bedingt, sondern in der verschiedenen Definition der Geschwindigkeitskonstanten. Wir ermittelten die Aktivierungsenergie entsprechend unserem theoretischen Modell [3] aus

$$K = K_0 \cdot \exp(-Q/R\,T) = A\,(D - D_0)^{1/n}/t\,, \tag{1}$$

wobei A die nicht oder nur schwach temperaturabhängigen Konstanten zusammenfaßt. Die Ermittlung einer Aktivierungsenergie Q' nach

$$K' = K_0' \cdot \exp(-Q'/R\,T) = D/t^n\,, \tag{2}$$

wie sie vom Vortragenden durchgeführt wird, scheint mir nicht gerechtfertigt. In Gleichung (1) ist der Frequenzfaktor K_0 der Zeit umgekehrt proportional, wie es die Ableitung der Aktivierungsenergie aus der BOLTZMANNschen Statistik fordert. In Gleichung (2) hat die Konstante K hingegen nicht mehr die Dimension einer Geschwindigkeit. Eine bindende Aussage für den Wachstumsprozeß läßt sich erst dann machen, wenn die physikalischen Grundlagen völlig geklärt sind. Die Aktivierungsenergien Q und Q' unterscheiden sich um den Faktor n, was die oben genannte Differenz in den Aktivierungsenergien zum Teil erklärt. Außerdem ist noch die Verschiedenheit der erfaßten Größen in unserer und in der hier vorgetragenen Arbeit zu berücksichtigen.

[1] EXNER, H., Struktur und Eigenschaften der Hartlegierung WC—10% Co. Dissertation Leoben 1964.
[2] EXNER, H. E. und FISCHMEISTER, H. F., Die Gefügeausbildung von gesinterten Wolframkarbid–Kobalt-Hartlegierungen. Im Druck.
[3] EXNER, H. E. und FISCHMEISTER, H. F., Gefügevergröberung in Zweiphasenlegierungen. Im Druck.

I. KALNING, Dresden: Treten grundsätzliche Unterschiede zwischen den Systemen Eisen–Silber (keine gegenseitige Löslichkeit) und Eisen–Kupfer (teilweise Löslichkeit) auf, und wie wirkt sich dies gegebenenfalls auf die Berechnung der Aktivierungsenergie aus?

B. ČECH: Der Mechanismus der Koaleszenz ist in allen Fällen gleich; für den Koaleszenzvorgang ist die Zahl und die Art der gegenseitigen Kontakte entscheidend. Da die berechneten Werte der Aktivierungsenergie noch nicht in allen Fällen reproduzierbar sind, sind die dargestellten Ergebnisse nur als vorläufig anzusehen.

I. KALNING: Wie verläuft der Koaleszenzvorgang im System Eisen–Kupfer, wenn der Kupferanteil der Grenzkonzentration der Löslichkeit entspricht, also der Anteil der flüssigen Phase sehr klein wird?

B. ČECH: Hierüber wurden keine Versuche durchgeführt.

H. SCHREINER, Nürnberg: Wir haben Sinterversuche an Legierungen Wolfram–Kupfer–Nickel (70–25–5 Gew.-%) mit unterschiedlichen Wolframpulversorten durchgeführt. Der Wolframanteil war noch so gering, daß die Wolframteilchen sich überwiegend nicht berührten (Einlagerungs-Verbundmetall). Es hat den Anschein, als ob die Lösungsgeschwindigkeit überwiegend durch die Teilchengröße des Wolframpulvers und damit durch die Oberflächengröße, während das Wachstum der Wolframteilchen in der flüssigen Bindemetallphase überwiegend durch die Aktivität der Wolframteilchen bestimmt wird.

B. ČECH: Es wurde hier nur über Versuche berichtet, bei denen von einer bestimmten Korngröße ausgegangen wurde. Andere Versuche bestätigen aber den Einfluß der Korngröße.

Die Verteilung der Komponenten beim Sintern mit flüssiger Phase und guter gegenseitiger Benetzung

Von W. Missol

1. Einleitung

Bei einer Wärmebehandlung von Proben, die aus mehreren pulverförmigen Komponenten hergestellt worden sind, kann durch teilweises Schmelzen eine flüssige Phase entstehen. Häufig wird hierbei ein Ausfließen des niedrigschmelzenden Bestandteils, das sogenannte Ausschwitzen, beobachtet. Es bilden sich Metalltropfen auf der Probenoberfläche. Da die Porigkeit das Ausschwitzen hemmt, trifft dies vor allem für Sinterkörper mit hohen relativen Dichten zu. In der Praxis begegnet man dieser Erscheinung bei der Fertigung von Sinterbronzelagern.

Das Ausschwitzen ist beim Sintern mit flüssiger Phase zwar bekannt (Pseudolegierungen Graphit-Metall und Keramik-Metall) und auch theoretisch begründet [1]. Die Erklärung trifft jedoch auf Bedingungen zu, bei denen der Randwinkel der Benetzung im System: feste Phase — flüssige Phase — Sinteratmosphäre den Wert von 90° überschreitet. Für die ausgeschwitzten Bleitropfen liegt dieser Winkel unter 90°. Das Ausfließen des Metalls aus der gesinterten Bleibronze kann deshalb mit der bekannten Theorie nicht erklärt werden. Eine ähnliche Erscheinung wurde auch beim Sintern von Ni–Pb beobachtet. Werte der Benetzungsrandwinkel für die angeführten Beispiele enthält Tabelle 1.

Tabelle 1

Werte der Benetzungs- und Eindringwinkel für Cu–Pb, Ni–Pb und Fe–Cu

System	Temp. °C	ϑ Grad	ψ Grad	Literaturzitat
Cu–Pb	800	20	55 – 60	[2], eigene Meßwerte
	700	23	55 – 65	[2], [2], [4]
	600	25	55 – 65	[2], [2], [4]
Ni–Pb	800	50	50	[3], eigene Meßwerte
Fe–Cu	1125	0	20	[1], [4]

Das Ziel dieser Arbeit war, die Ursachen für das Ausschwitzen der flüssigen Phase im Falle einer guten Benetzbarkeit der festen Komponente zu ermitteln. Die theoretischen Erwägungen werden an einem Modellkörper durchgeführt, der sich durch folgende Eigenschaften auszeichnet:

a) Die Phasengrenzflächen haben einen isotropen Charakter.

b) Die chemische Zusammensetzung der Phasen bleibt beim Sintern unverändert.

c) Das Phasenvolumen bleibt konstant.

d) Zu Sinterbeginn haben alle Körner der festen Phasen gleiche Größe und Kugelgestalt. Sie sind durch die flüssige Phase voneinander getrennt.

e) Nach dem Ausschwitzen befindet sich die flüssige Phase auf der Oberfläche des Sinterkörpers. Das Gefüge besteht aus regelmäßigen Polyedern bzw. deren Abkömmlingen, die durch Umformung aus den Körnern der festen Phase gebildet wurden. Die Polyeder haben alle gleiche Abmessungen.

2. Theoretische Grundlagen

Zum Berechnen der Kräfte, die die flüssige Phase aus dem Sinterkörper nach außen verdrängen, wurden Gesetze der physikalischen Chemie von Oberflächen herangezogen. In den betrachteten Fällen handelt es sich nicht nur um die Phasengrenzflächen, sondern auch um Korngrenzflächen.

Für die Änderung der freien Energie eines Zweiphasensystems mit einer Phasengrenzfläche gilt bei konstanter Temperatur und konstantem Phasenvolumen:

$$\Delta F_A = V_L \Delta p_L + V_S \Delta p_S \,. \tag{1}$$

Unter Einbeziehung der YOUNG-LAPLACEschen Gleichung erhält man für die Druck-Inkremente, die unter bestimmten Annahmen berechnet werden können,

bei Kugelpartikeln: $\Delta p = \frac{4\gamma}{a}$, (2a)

bei Polyedern: $\Delta p = \frac{4\gamma}{a} \cdot \frac{A'_{SS}}{A'_{SL}} = n(l_k)\frac{4\gamma}{a}$ (2b)

(V — Phasenvolumen,
A — Phasen–Korn-Grenzfläche,
p — Druck,
F — freie Energie,
γ — Oberflächenspannung,
l_k — Koordinationszahl der Körner,
A'_{SL} — Oberfläche eines Kugelkorns,
A'_{SS} — Oberfläche eines Polyederkorns,
a — Korngröße der festen Phase (zur Kugelform umgerechnet),
n — Zunahmefaktor der spezifischen Kornoberfläche,
Index $_A$ — betrifft die Phasen–Korn-Grenzfläche,
Index $_L$ — betrifft die flüssige Phase,
Index $_S$ — betrifft die feste Phase).

Auf Grund weiterer Voraussetzungen [5] wird unter Berücksichtigen der Gleichungen (2a) und (2b) für Δp erhalten:

$$\Delta = p_L \frac{2(1-\delta)}{\delta} \frac{\gamma_{SL}}{a}\left[1 - n(l_k)\cos\frac{\psi}{2}\right] \tag{3}$$

(δ — Volumenanteil der flüssigen Phase im Sinterkörper,
ψ — Eindringwinkel der flüssigen Phase in die Korngrenzen der festen Phase,
Index$_{SL}$— betrifft die Phasengrenzfläche fest-flüssig).

Für $\Delta p_L < 0$ wird die flüssige Phase aus der Probe nicht herausgedrängt, bei $\Delta p_L > 0$ ist dies dagegen möglich. Der exakte Wert des Koeffizienten $n(l_k)$ ist von der Koordinationszahl der festen Phase abhängig. Aus Gl. (3) geht daher hervor, daß für $\frac{\psi}{2} > \arccos\frac{1}{n(l_k)}$ die Verdrängung der flüssigen Phase aus dem Sinterkörper zu erwarten ist, für $\frac{\psi}{2} < \arccos\frac{1}{n(l_k)}$ dagegen nicht. Während des Ausschwitzens verändern die Körner der festen Phase ihre Gestalt. Die Kugeln werden in Polyeder, welche den Raum restlos ausfüllen, übergeführt. Die Polyederform hängt von der Anordnungsart der Körner ab. Nach dem Verdrängen der flüssigen Phase nehmen diese bei einer Koordinationszahl 6, 8 oder 12 im Sinterkörper die Form eines Würfels, eines Tetrakaidekaeders oder Rhombendodekaeders an. Abb. 1 stellt diese Polyeder dar.

Durch Berechnung ihrer Oberflächen läßt sich die Abhängigkeit des Koeffizienten $n(l_k)$ von der Koordinationszahl bestimmen.

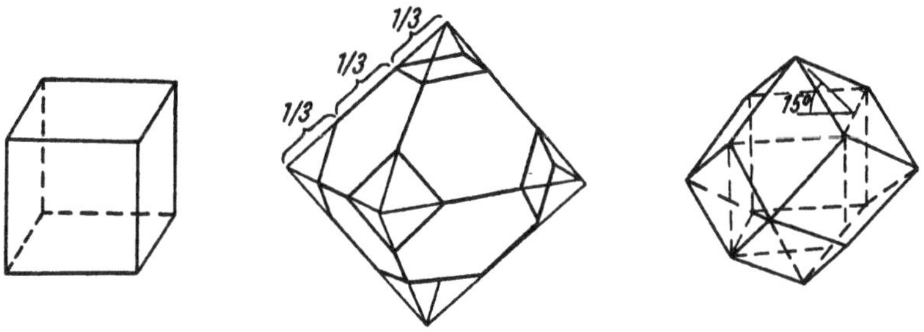

Abb. 1. Modellkornformen der festen Phase nach vollständigem Ausschwitzen der flüssigen Phase
a) Würfel; b) Tetrakaidekaeder; c) Rhombendodekaeder

3. Versuchsprogramm

Beim Sintern mit flüssiger Phase unterliegt diese einem intergranularen Druck, der einsaugend oder verdrängend wirken kann. Das Ziel der Versuche war ein Überprüfen der aus Gl. (3) sich ergebenden Folgerungen, die mit dem Ausschwitzen der flüssigen Phase verbunden sind. Die Ableitung der Gl. (3) erfolgte für den Fall kompakter Sinterkörper, weshalb auch der Druckeinfluß bei porenfreien Proben untersucht werden muß. Nach Gl. (3) hängt der intergranulare Druck ab von:

a) Koordinationszahl der Körner,
b) Größe des Eindringwinkels,
c) relativem Anteil der flüssigen Phase im Sinterkörper,
d) Korngröße.

Neben dem Einfluß dieser 4 Größen auf das Ausschwitzen wurde noch der der

e) Probenporigkeit

untersucht. Von diesen 5 Parametern können die 4 letztgenannten einwandfrei bestimmt werden. Die Ermittlung der Koordinationszahl der Körner ist schwierig, nach einer speziellen Bestimmungsmethode jedoch möglich. Diese beruht in der Erfassung des Festigkeits–Zusammensetzungs-Verlaufs der Legierung. Die mit flüssiger Phase gesinterten Proben haben größtenteils eine Struktur sich gegenseitig durchdringender Gerüste. Bei isotropen Oberflächeneigenschaften bildet die feste Phase ein aus verschweißten Kugeln bestehendes Gerüst. Sein Lückenvolumen wird vom Verschweißgrad $b:a$ und von der Koordinationszahl der Körner beeinflußt (vgl. hierzu Abb. 2). Die Festigkeit des Metallgerüstes wird durch den Parameter $b:a$ bestimmt

(b — Verschweißbreite der Körner,
a — Korngröße der festen Phase (zur Kugelform umgerechnet)).

Beim Ausfüllen der Lücken mit einem anderen Metall bekommt man eine Struktur, die typisch ist für heterogene, mit flüssiger Phase gesinterte Systeme. Wenn das Metall des Gerüstes eine hohe mechanische Festigkeit aufweist, die des ausfüllenden aber wesentlich geringer ist, dann wird die mechanische Festigkeit des gesamten Systems mit steigendem Ausfüllungsgrad abnehmen. Bei $b:a = 0$ wird schließlich der Wert des ausfüllenden Metalls erreicht. Aus dem relativen Lückenvolumen und der Dichte der beiden Komponenten kann der Prozentgehalt des niedrigschmelzenden Metalls berechnet werden. Die Festigkeitswerte

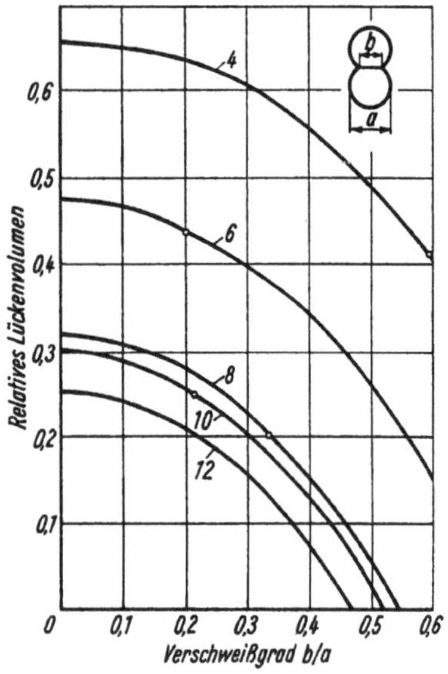

Abb. 2. Relativer Rauminhalt der Leerstellen im Metallgerüst in Abhängigkeit vom Verschweißgrad $\frac{b}{a}$ der Körner und ihrer Koordinationszahl

werden in Abhängigkeit von der chemischen Zusammensetzung aufgetragen. Der Schnittpunkt einer Horizontalen mit der Festigkeitskurve in ihrem Minimum dient zur Berechnung der Koordinationszahl der festen Phase.

3.1 Vorbereitung der Proben

Die meisten Versuche wurden am System Cu–Pb durchgeführt. Diesem wurden außerdem gewisse Mengen Sn oder Ni zugegeben. Weiterhin wurden die Systeme Ni–Pb und Fe–Cu untersucht. Bei allen Versuchen verwendete man verdüste Fe- und Pb-Pulver mit einer Teilchengröße $< 60\ \mu m$. Bei Elektrolytkupferpulver und Nickelpulver aus Oxalat wurde von zwei Teilchengrößen ausgegangen, die durch die Reduktionsbedingungen bestimmt wurden. Das feine Kupfer- und Nickelpulver war $< 45\ \mu m$. Das grobe Kupferpulver enthielt Teilchen zwischen 60 und 90 μm, das Nickelpulver zwischen 60 und 200 μm. Bei den Mischungen der zwei Komponenten (Cu–Pb, Fe–Cu und Ni–Pb) variierte der Anteil an niedrigschmelzendem Metall. Daraus wurden zylinderförmige Proben hergestellt, und im Falle Bleibronze-Stahlunterlage auch Plättchen für die Ermüdungsprüfung (Hin- und Herbiegeversuche). Alle Proben wurden doppelt gepreßt und gesintert, wodurch man mindesten 96% der theoretischen Dichte erreichte. Erst das zweite Sintern erfolgte im Bereich der flüssigen Phase.

4. Versuchsergebnisse

4.1 Einfluß der Koordinationszahl der Körner der festen Phase auf den intergranularen Druck

Die Festigkeitsprüfungen zur Bestimmung des l_k-Wertes wurden an Cu–Pb-Proben durchgeführt. Die Versuchsmethode ist in der Literatur [6], [7] beschrieben worden. Die Probe in Form eines Balkens mit gleichbleibendem Biegewiderstandsmoment wurde abwechselnd hin- und hergebogen. Dies führte zu Ermüdungsrissen in der Bleibronzeschicht. Als Festigkeitsmaß wurde die Zahl der Biegungen bis zur Brucherscheinung angenommen. Die Ergebnisse sind in Abb. 3 dargestellt. Zum Vergleich dienen die Literaturangaben in Abb. 4.

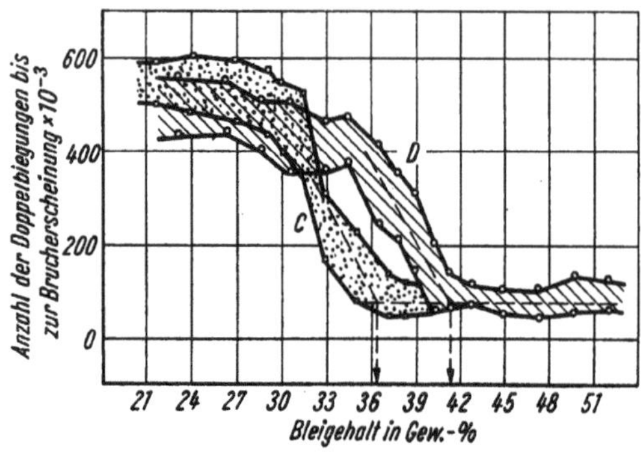

Abb. 3. Festigkeit von gesinterten Bleibronzen in Abhängigkeit vom Bleigehalt (eigene Versuchsergebnisse)

Kurve C — grobes Kupferpulver (60—90 μm);

Kurve D — feines Kupferpulver ($< 45\ \mu m$)

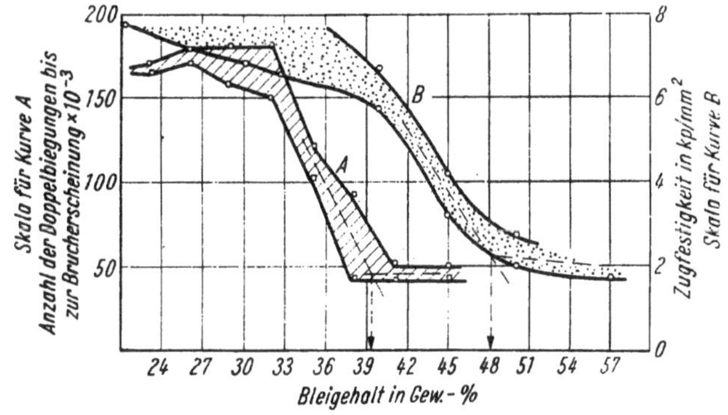

Abb. 4. Festigkeit von gesinterten Bleibronzen in Abhängigkeit vom Bleigehalt
Kurve A (nach KUBELIK); Kurve B (nach DUCKWORTH)

Die auf den Abbildungen eingezeichneten Marken der Festigkeitsabnahmegrenzen dienen zur Bestimmung der Koordinationszahl der Kupferkörner. Für Bleibronzen verschiedener Produktion wurden nach Abb. 2 solche Koordinationszahlen gewählt, daß die Lagen der Festigkeits-Abnahmegrenzen der theoretischen Kurven in Abb. 5, 6, 7 und 8 den Bleigehalten in

Tabelle 2

Koordinationszahl der Kupferkörner in Bleibronze	Wert des Gliedes $1 - n(l_k) \cos \frac{\psi}{2}$ aus Gleichung 3	Experimentell festgestelltes Ausschwitzungsvermögen
6,7 (Abb. 4)	$-0{,}056/-0{,}032$	keine Ausschwitzung [5]
7,5 (Abb. 3)	$0/+0{,}021$	keine Ausschwitzung beim Einhalten der in [9] vorgeschriebenen Parameter
7,8 (Abb. 4)	$+0{,}014/+0{,}038$	Ausschwitzung [7]
9,0 (Abb. 3)	$+0{,}024/+0{,}047$	Ausschwitzung

Abb. 3 und 4 entsprachen. In Tab. 2 wird das theoretisch erwartete und im Versuch ermittelte Ausschwitzverhalten der Bleibronzen verglichen. Ein positiver Wert Δp_L entspricht einer Verdrängung der flüssigen Phase aus dem Sinterkörper, ein negativer dagegen einem Einsaugen.

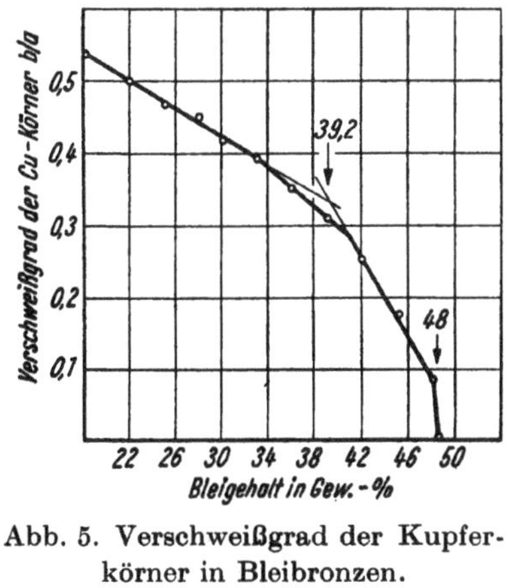

Abb. 5. Verschweißgrad der Kupferkörner in Bleibronzen. Koordinationszahl 6,7

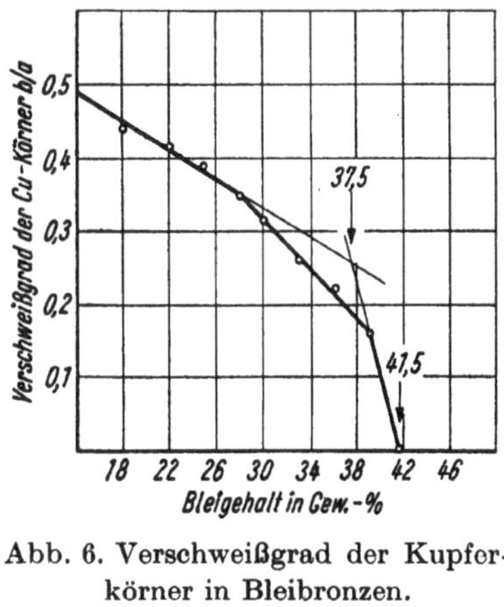

Abb. 6. Verschweißgrad der Kupferkörner in Bleibronzen. Koordinationszahl 7,5

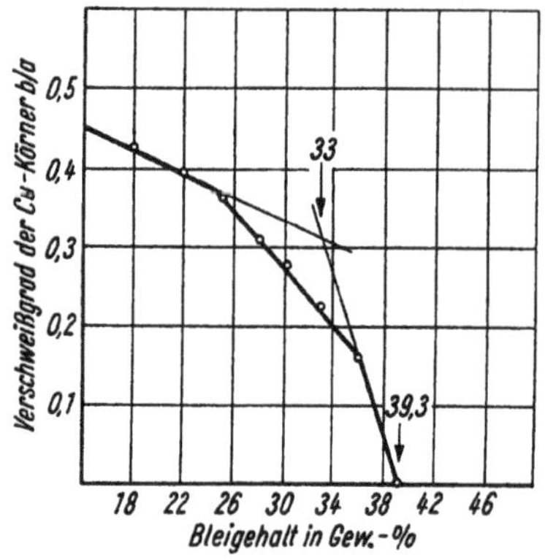

Abb. 7. Verschweißgrad der Kupferkörner in Bleibronzen. Koordinationszahl 7,8

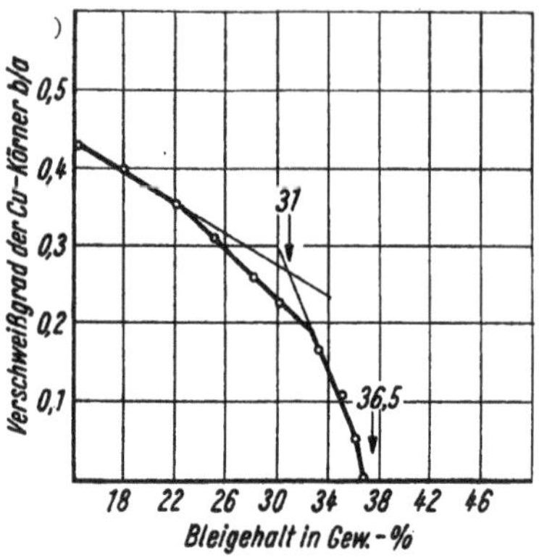

Abb. 8. Verschweißgrad der Kupferkörner in Bleibronzen. Koordinationszahl 9,0

4.2 Einfluß des Eindringwinkels auf den intergranularen Druck

Aus grobem Cu-Pulver wurden porenfreie Cu–Pb-Sinterkörper hergestellt. Die Zusammensetzung des Metallgerüstes änderte sich von reinem Kupfer bis zur Cu–Sn- oder Cu–Ni-Legierung. Hierzu wurden die Cu/Pb: 70/30-Proben mit Sn gesättigt oder mit einer Ni/Pb: 70/30-Probe vereinigt. Sinterkörper aus grobem Kupferpulver neigen zum Ausschwitzen von Blei. Der Eindringwinkel nimmt mit dem Zinngehalt von 60° auf 90° und schließlich auf 110° zu [4]. Der Zusatz von Zinn erhöht den intergranularen Druck, der das Blei aus dem Sinterkörper drängt. Deshalb wurde auch bei Zinnzusatz in der Bleibronzeschicht weniger flüssige Phase beobachtet als in der zinnfreien Probe. Bei Nickelzusatz wurde ein entgegengesetztes Verhalten festgestellt. Nach Tab. 1 ist bei Ni–Pb der Eindringwinkel kleiner als bei Cu–Pb. Die nickelhaltige Bleibronzeschicht enthält folglich mehr Blei als die nickelfreie. Man erkennt, daß auch bei diesem Versuch eine Übereinstimmung zwischen der Berechnung und dem Experiment nachgewiesen werden konnte.

4.3 Einfluß des relativen Anteils der flüssigen Phase auf den intergranularen Druck

Dieses Problem wurde an sogenannten Sandwich-Proben, in denen die miteinander verbundenen Schichten eine verschiedene chemische Zusammensetzung aufweisen, untersucht. Falls es im System feste Phase — flüssige Phase zu einer Verdrängung der flüssigen Phase aus dem Sinterkörper kommt, ist es schwer, die Verhältnisse zwischen den an niedrigschmelzender Komponente armen und reichen Gebieten zu untersuchen. Die grundsätzliche Bewegung der flüssigen Phase findet nicht zwischen diesen, sondern vom Probeninnern zur Oberfläche statt. In Systemen dagegen, die einen negativen intergranularen Druck aufweisen, ist ein Ausgleich der Zusammensetzung innerhalb der Schichten denkbar.

Für diese Untersuchungen wurde Fe–Cu gewählt und dafür Mischungen mit 20 und 50% Cu vorbereitet. Hieraus wurden durch Doppelpressen und Sintern sowohl einfache Proben als auch Sandwich-Proben hergestellt. Für die letztgenannten wurden die Mischungen Fe/Cu: 50/50, Fe/Cu: 80/20 und Fe/Cu: 50/50 oder in veränderter Reihenfolge Fe/Cu: 80/20, Fe/Cu: 50/50 und Fe/Cu: 80/20 in abgewogenen Portionen in der Preßform aufeinander geschüttet und dann verpreßt. Nach dem ersten Sintern bei 1000 °C wurden die Proben durch Nachpressen fast porenfrei verdichtet und dann im Bereich der flüssigen Phase gesintert. Nach Gl. (3) entsteht in den einzelnen Schichten des Sinterkörpers ein saugender, vom Anteil der flüssigen Phase abhängiger Druck. Einem niedrigen Kupfergehalt entspricht ein größerer Druck, und es kommt zum Ausgleich der chemischen Zusammensetzung. In den kupferarmen Schichten nahm der Kupfergehalt zu, in den reichen dagegen ab (vgl. Abb. 9). Die Bewegung der flüssigen Phase innerhalb der Probe kann visuell verfolgt werden. Die Schicht, die die flüssige Phase aufgesaugt hat, weist eine Volumenzunahme auf Kosten der benachbarten Schicht auf. Die Unterschiede im Durchmesser einzelner Lagen in der gesinterten Sandwich-Probe sind deutlich erkennbar (vgl. Makrophotographie in Abb. 9). Die dargelegten Ergebnisse können durch den intergranularen Druck nach Gl. (3) erklärt werden.

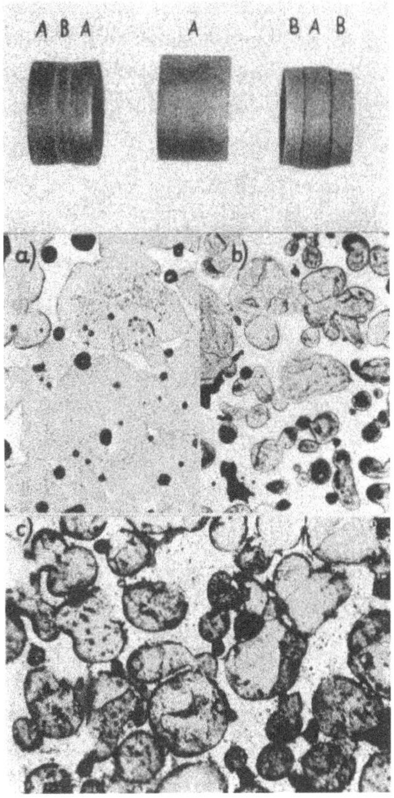

Abb. 9. Bewegung der flüssigen Phase in gesinterten Fe–Cu-Proben:
A – Schicht mit einer Ausgangszusammensetzung 80% Fe, 20% Cu
B – Schicht mit einer Ausgangszusammensetzung 50% Fe, 50% Cu
a) Gefüge einer einfachen Probe (Fe/Cu: 80/20). Vergrößerung: 125:1
b) Gefüge einer einfachen Probe (Fe/Cu: 50/50). Vergrößerung: 125:1
c) Gefüge des Sandwich-Sinterkörpers. Vergrößerung: 125:1

4.4 Einfluß der Korngröße auf den intergranularen Druck

Die Gl. (3) enthält das für den Kapillardruck spezifische Glied γ/a. Hiernach dürfte ein Einfluß der Korngröße nicht gegeben sein, wenn keine Abhängigkeit zwischen der Korngröße und der Koordinationszahl der Körner zu erwarten wäre. Aus den in Tab. 3 zusammengestellten Angaben erkennt man nach Berücksichtigung der Korrelation zwischen dem relativen Lückenvolumen im Metallgerüst und der Koordinationszahl bei $b:a = 0$ (vgl. Abb. 2) eine deutliche Abhängigkeit der Koordinationszahl der locker geschütteten Pulverkörner von ihrer Größe. Für feine Pulver bekommt man eine kleinere Koordinationszahl als für grobe.

Der Einfluß der Korngröße auf den Charakter des intergranularen Drucks wurde bei Ni–Pb untersucht. Es wurden zwei Arten kompakter Ni/Pb: 70/30-Proben vorbereitet: die eine aus grobem, die andere aus feinem Nickelpulver. Die Probe aus grobem Pulver schwitzte das Blei aus, die aus feinem blieb dagegen unverändert. Wie aus Gl. (3) für einen Eindringwinkel von

Tabelle 3. Relative Scheindichte in Abhängigkeit von der Korngröße der verwendeten Metallpulver

Korngröße der Metallpulver	Relative Scheindichte der Metallpulver in %		
	Fe verdüst	Ni aus Oxalat reduziert	Cu durch Elektrolyse gewonnen
unter 45 µm	32,3	32,2	12,6
45–60 µm	34,0	37,3	13,9
60–90 µm	39,6	42,8	14,3

50° folgt, ändert sich die Wirkungsrichtung des intergranularen Drucks bei einer Verringerung der Koordinationszahl vom Verdrängen der flüssigen Phase zu ihrem Einsaugen. Nimmt die Korngröße des Nickelpulvers ab, dann wird auch die Koordinationszahl kleiner. Das positive Vorzeichen von Δp_L wird negativ, wodurch sich zwangsläufig die Versuchsergebnisse erklären.

4.5 Einfluß der Porigkeit auf das Ausschwitzverhalten der flüssigen Phase

Die Abhängigkeit des Ausschwitzens der flüssigen Phase von der Porigkeit wurde bei Cu–Pb untersucht (vgl. Abb. 10). Die zylinderförmigen Proben wurden aus grobem Kupferpulver hergestellt. Die Porigkeit der Bleibronze hat einen Einfluß auf die Verminderung der Aus-

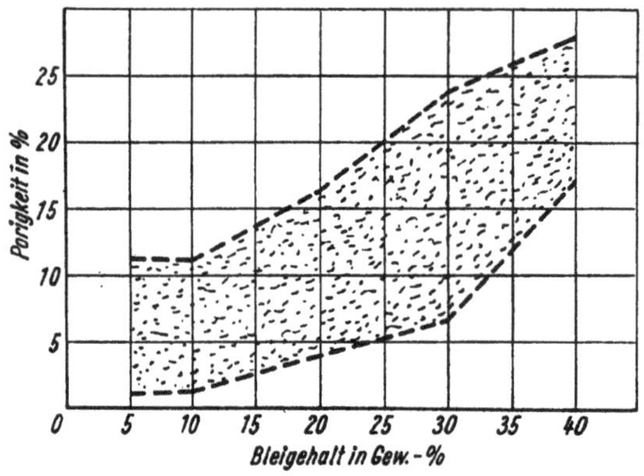

Abb. 10. Einfluß der Porigkeit auf das Ausschwitzverhalten von Bleibronzen

schwitzneigung. Die durch die Porenkapillarwirkung hervorgerufenen Kräfte verhindern ein Verdrängen der flüssigen Phase auf die Oberfläche des Sinterkörpers. Bei einer Zunahme des Anteils an flüssiger Phase im Sinterkörper muß auch seine Porigkeit größer werden, damit die Ausschwitzgegenwirkung erhalten bleibt.

5. Schlußfolgerungen

Beim Sintern mit flüssiger Phase wird ein intergranularer Druck wirksam. Dieser ist von folgenden Parametern abhängig:

a) Eindringwinkel,
b) Koordinationszahl der Körner der festen Phase,
c) relativer Anteil an flüssiger Phase,
d) Korngröße der festen Phase.

Der intergranulare Druck verursacht zwei Erscheinungen:

a) Einsaugen der flüssigen Phase und einen Ausgleich ihrer Verteilung im Sinterkörper,
b) Verdrängen der flüssigen Phase aus dem Sinterkörper, das sogenannte Ausschwitzen.

Das Ausschwitzen ist vom Charakter des intergranularen Drucks und von der Porigkeit des Sinterkörpers abhängig. Es wird durch die Verkleinerung des Eindringwinkels und der Koordinationszahl der Körner der festen Phase sowie durch eine Zunahme der Porigkeit gehemmt.

Gliwice (Polen), Institut für Nichteisenmetalle

Literatur

[1] EREMENKO, V. N. und NIŽENKO, V. I., Rol poverchnostnych javlenij v processach poroškovoj metallurgii. Sbornik poverchnostnye javlenija v metallurgičeskich processach. Metallurgizdat, Moskva 1963, S. 35/52.

[2] PROCHÁZKA, V., Prospevok ku stúdiu povrchového napätia systemu Cu–Pb. Hutnické Listy 17 (1962) 8, 562–569.

[3] EREMENKO, V. N. und LESNIK, N. D., Issledovanie kinetiki propitki poristich tel' ščidkimi metallami. Sbornik poverchnostnye javlenija v metallach i splavach i ich rol' v processach poroškovoj metallurgii. Izd.AN USSR, Kiev 1961, S. 155–177.

[4] SMITH, C. S., Grains, phases, interfaces: an interpretation of microstructure. Trans. AIME 175 (1948), 15/51.

[5] ADAM, N. K., The physics and chemistry of surfaces. Oxford University Press, London 1941, S. 107/110.

[6] DUCKWORTH, W. E., Production of sintered copper-lead bearing material. Symposium on Powder Metallurgy 1954, Iron Steel Institute Special Report Nr. 58, (1956), S. 213/218.

[7] KATARZYŃSKI, S., KOCAŃDA, S. und ZAKRZEWSKI, M., Badanie własności mechanicznych metali. PWT, Warszawa 1961, S. 292.

[8] KUBELÍK, J., NAVARA, E. und PROCHÁZKA, V., Untersuchungen an Sinterbronze-Verbundlagern. Neue Hütte 6 (1961) 2, 115/118.

[9] MISSOL, W., Przyczyny wyciekania ołowiu podczas spiekania łożyskowych brazów ołowiowych. Prace IH 15 (1963) 3, 135/140.

Diskussion

W. RUTKOWSKI, Kraków (Polen): Versuche am System Kupfer–Blei zeigten, daß mit steigender Versuchstemperatur das Blei zuerst aufgesogen, dann aber herausdrängt und schließlich wieder vom Kupferpreßling aufgesogen wurde.

Nach einer anfänglichen Schwindung des Preßlings wurde beim Aufsaugen des Bleis eine Dimensionszunahme festgestellt. Wir versuchten, diese Erscheinung mit dem Eindringen von Blei zwischen den Kristalliten infolge der großen Benetzungsfähigkeit bei der hohen Versuchstemperatur zu klären.

I. KALNING, Dresden: Diese Erscheinungen beim Sintern von Kupfer–Blei sind bekannt, und zu ihrer Deutung wird die Größe des Eindringwinkels zwischen den Körnern und der flüssigen Phase herangezogen. Konnte aber geklärt werden, ob die zeitlich nacheinander ablaufenden Vorgänge allein durch eine Änderung des Eindringwinkels bewirkt werden?

W. RUTKOWSKI: Eine vollständige Klärung der Vorgänge steht noch aus.

Zur Theorie des Sinterns mit flüssiger Phase und zum Sinterverhalten im System WC-Co

Von H. E. Exner

Einleitung

Für einphasige Systeme ergaben die zur Beschreibung des Sintervorganges entwickelten Theorien [1]—[5] befriedigende Übereinstimmung mit experimentellen Untersuchungen des Schrumpfungsverhaltens. Für das Sintern mit flüssiger Phase gibt zur Zeit nur das von Kingery [6] entwickelte Modell aus dem Jahre 1959 eine vollständige theoretische Beschreibung. Kingery und Mitarbeiter [7], [8] prüften die abgeleiteten Zeitgesetze an einer Reihe von Systemen, unter anderem auch an WC–Co-Legierungen, und konnten in allen Fällen die experimentellen Ergebnisse mit den theoretischen Voraussagen in Einklang bringen.

Schrumpfungsuntersuchungen an Hartlegierungen [9] (Wolframkarbid mit 10 Gew.-% Kobalt), die mit erhöhter Meßgenauigkeit durchgeführt wurden, veranlaßten zu einer Überprüfung der Theorie von Kingery. Dabei stellte sich heraus, daß einige wesentliche Punkte gegen deren Gültigkeit für das System WC–Co sprechen.

Isothermes Sintern von WC–Co-Legierungen

Die quantitative Verfolgung von Schrumpfungsvorgängen ist mit Hilfe des von Tikkanen [10] und Mäkipirtti [11] beschriebenen Photosinterofens mit hoher Genauigkeit möglich. Bei isothermen Versuchen wird der Pulverpreßling in einen auf Temperatur befindlichen Silitrohrofen eingeschoben. Die Dimensionsänderungen während des Sinterns werden photographisch über ein Teleobjektiv festgehalten. Bei Temperaturen über 1300 °C verläuft die Schwindung von Wolframkarbid–Kobalt-Pulvermischungen äußerst rasch. Die genaue Einhaltung kurzer Zeitintervalle bis zu einer Sekunde wurde mit Hilfe einer Robotkamera mit elektronisch gesteuertem Auslöser erreicht. Der beim Einschieben der Probe unvermeidliche Temperaturabfall des Ofens betrug maximal 7 °C und wurde ebenso wie die Aufheizzeit graphisch korrigiert. Auf die genauen Versuchsbedingungen wird an anderer Stelle eingegangen [9], [12].

In Abb. 1 sind die isothermen Schrumpfungskurven eines Hartmetallpulvers mit 10% Co im Temperaturbereich von 1190 bis 1480 °C dargestellt. Der Wolframkarbidanteil der Probe weist eine mittlere Teilchengröße von 2,1 μm (gemessen im Fisher Sub-Sieve-Sizer) auf. Das Sinterverhalten einer zweiten Probe mit einer mittleren Teilchengröße von 0,74 μm wurde bei denselben Temperaturen untersucht. Bei Sintertemperaturen über dem Schmelzpunkt des W–C–Co-Eutektikums (ca. 1300 °C) wird bereits nach kurzer Zeit (1 bis 4 min) eine Dichte nahe der theoretischen Dichte erreicht. Die Gesamtschrumpfung beträgt etwa 20 Linear- bzw. 48 Volumenprozent. Beim Sintern ohne flüssige Phase, d. h. bei Temperaturen unter 1300 °C, stellt sich eine Enddichte ein, die von der Sintertemperatur und der Pulverfeinheit abhängt.

Die Form der Schrumpfungskurven ist oberhalb und unterhalb der eutektischen Temperatur ähnlich. Die Schrumpfungsgeschwindigkeit ist zu Beginn konstant und nimmt dann mit

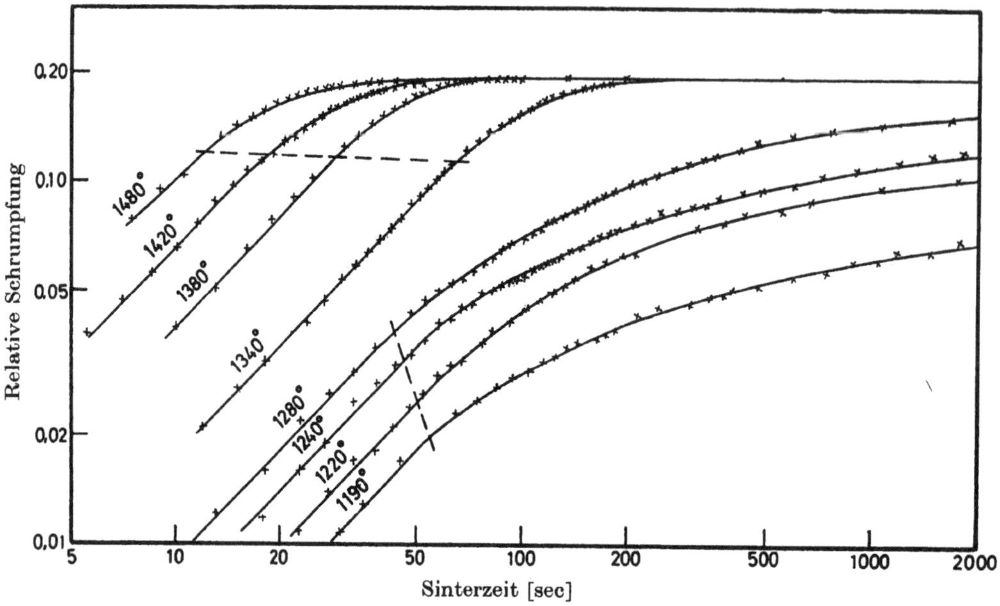

Abb. 1. Schrumpfungsisothermen einer 10% Co — 90% WC-Legierung

fortschreitender Sinterdauer kontinuierlich ab. Anhand dieser Ergebnisse soll im folgenden das Sintermodell von KINGERY [6] diskutiert werden. Die notwendigen Voraussetzungen der vollständigen Benetzung und der teilweisen Löslichkeit sind für das System WC–Co gegeben.

Das Anfangsstadium

Nach KINGERY tritt beim Aufschmelzen der flüssigen Phase eine Umlagerung der festen Teilchen ein, die sich schließlich unter Verringerung der Porosität zu einer dichten Packung anordnen. Für die Zeitabhängigkeit der Schrumpfung wird ein Gesetz erwartet, das dem FRENKELschen Fließgesetz [13] formal gleicht:

$$\Delta L/L_0 = k \cdot d^{-1} \cdot t^{1+y}. \tag{1}$$

$\Delta L/L_0$ = relative Längenänderung (bezogen auf die Länge des Preßlings),
k = Geschwindigkeitskonstante,
d = mittlerer Teilchendurchmesser des festen Bestandteils,
t = Sinterdauer,
$1 + y$ = Exponent nahe 1.

Für Wolframkarbid–Kobalt-Legierungen fanden KINGERY und Mitarbeiter [8] den Zeitexponenten und die Teilchengrößenabhängigkeit qualitativ bestätigt. Auch eigene Untersuchungen [9], [12] ergaben der Sinterdauer proportionale Schrumpfungswerte im Anfangsstadium (Abb. 1). Dies gilt für Temperaturen von 1190° bis 1480 °C, d. h. auch für Sintertemperaturen weit unter dem Schmelzpunkt des W–C–Co-Eutektikums, der bei etwa 1300 °C liegt. In Abb. 2 ist der lineare Teil der Schrumpfungsisothermen für die zwei Varianten mit verschiedenen Teilchengrößen des Wolframkarbids (0,74 und 2,1 μm nach FSSS) und 3 charakteristische Temperaturen dargestellt. Für die nahe dem Schmelzpunkt liegende Sintertemperatur von 1280 °C beeinflußt die Teilchengröße die Sintergeschwindigkeit stärker als bei 1190° (keine flüssige Phase) und bei 1420 °C (ca. 20 Vol.-% flüssig). Wie Abb. 3 zeigt, durchläuft der Teilchengrößenexponent am Schmelzpunkt ein Maximum, das dadurch bedingt sein dürfte, daß sich die höhere spezifische Oberfläche des feinen Pulvers im Schmelzbereich in einer zusätzlichen Schwindung bemerkbar macht. Bei Temperaturen außerhalb des Schmelzbereiches (Schmelztemperatur ±60 °C) ist der Einfluß der Teilchengröße mit einem Exponenten von ca. −0,5 wesentlich geringer als der von KINGERY vorausgesagte (Gleichung (1)).

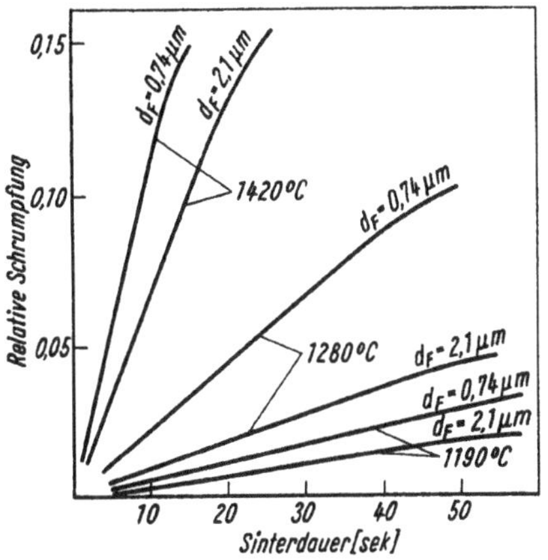

Abb. 2. Linearer Teil der Schrumpfungsisothermen für feines und grobes WC-Pulver mit 10% Co

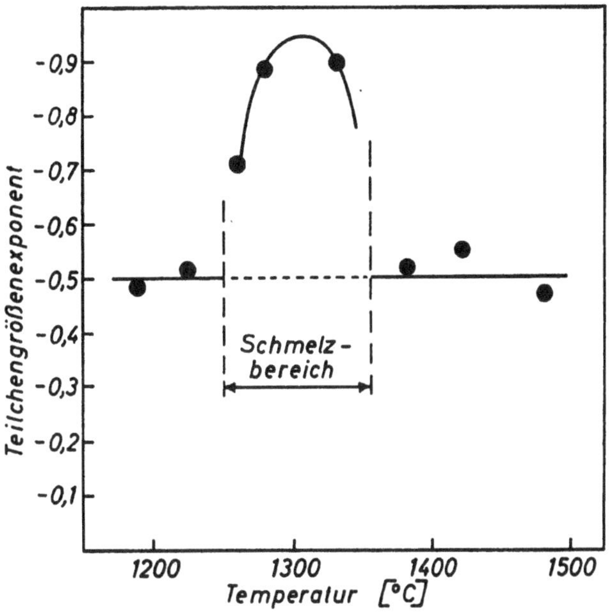

Abb. 3. Teilchengrößenexponent der Schrumpfung in Abhängigkeit von der Sintertemperatur

Aus der Temperaturabhängigkeit der Schrumpfungsgeschwindigkeit (charakterisiert durch die Steigung tg α der Geraden) kann die Aktivierungsenergie für den geschwindigkeitsbestimmenden Schritt des Anfangsstadiums ermittelt werden (Abb. 4). Aus der Regressionsanalyse ergibt sich ein Wert von 60000 ± 3000 cal/mol. Obwohl die Aktivierungsenergien der Kobalt-

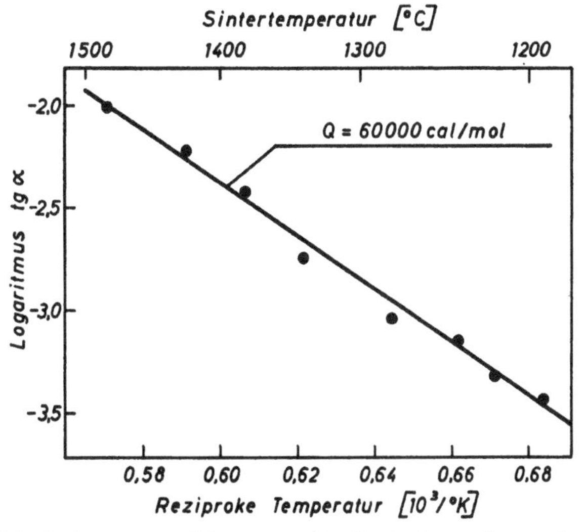

Abb. 4. ARRHENIUS-Diagramm für die Anfangsschrumpfung

Selbstdiffusion [14], [15] der Diffusion von Wolfram [16], [17] und von Kohlenstoff [18], [19] in festem Kobalt in der Größenordnung der hier für den Schrumpfungsvorgang ermittelten liegen, muß ein Diffusionsprozeß als geschwindigkeitsbestimmender Schritt ausgeschlossen werden. Beim Aufschmelzen der Kobaltphase wäre nämlich in diesem Fall eine starke Änderung der Diffusionskonstanten oder der Aktivierungsenergie zu erwarten, die sich in einer Unstetigkeit bzw. in einem Knick der ARRHENIUS-Geraden (Abb. 4) äußern sollte.

Für einen durch viskoses [8] oder plastisches [20] Fließen bestimmten Umlagerungsprozeß erscheint die Aktivierungsenergie um nahezu eine Größenordnung zu hoch. Die Anfangsschrumpfung von WC–Co-Legierungen wird außerdem von einem Vorgang gesteuert, der nicht vom Vorliegen einer flüssigen Phase abhängt. Dies legt einen Lösungsprozeß nahe, da der Übertritt von W- oder C-Atomen aus dem WC-Gitter nicht vom Aufschmelzen der Kobaltphase beeinflußt werden sollte (vgl. auch [21]). Die Aktivierungsenergie der Lösung von Wolframkarbid in Kobaltschmelzen liegt jedoch wesentlich höher [22], [23] (140000 bis 170000 cal/mol), so daß zur Zeit die Art des für die Anfangsschrumpfung maßgebenden Vorganges ungeklärt bleibt.

Empirisch gilt für die hier untersuchten Legierungen die Beziehung

$$\frac{\Delta L}{L_0} = k \cdot e^{-\frac{59\,000}{RT}} \cdot d^{-m} \cdot t. \tag{2}$$

R = Gaskonstante,
T = absolute Sintertemperatur,
m = temperaturabhängiger Teilchengrößenexponent (Mittelwert im Bereich von 1190 bis 1480 °C $\sim 2/3$).

Trotz der Übereinstimmung des Zeitexponenten stellen die hohe Aktivierungsenergie, die Teilchengrößenabhängigkeit und die Unabhängigkeit vom Auftreten der flüssigen Phase die Gültigkeit des Ansatzes von KINGERY (Gleichung 1) für WC–Co-Legierungen in Frage.

Spätere Schrumpfungsstadien

Nach KINGERY endet der Umordnungsprozeß mit der Dichtpackung der festen Teilchen. An den Berührungspunkten löst sich auf Grund der höheren Lösungsaktivität an den unter Druck stehenden Berührungsstellen Material auf und es wird weitere Schrumpfung möglich. Für die Abdiffusion des gelösten Stoffes aus der Kontaktzone führt dieses Modell zum Zeitgesetz

$$\Delta L/L_0 = k \cdot d^{-4/3} \cdot t^{1/3}, \tag{3}$$

während sich für einen lösungsbestimmten Vorgang

$$\Delta L/L_0 = k \cdot d^{-1} \cdot t^{1/2} \tag{4}$$

ergibt.

In Abb. 5 ist der von KINGERY und Mitarbeitern [8] für kobaltarme Hartlegierungen gefundene Schrumpfungsverlauf dargestellt. Nach dem linearen Anfangsstadium (Zeitexponent 1) scheint der Zeitexponent von 1/3 den diffusionsbestimmten Lösungsvorgang als wirkenden Sintermechanismus zu bestätigen. Nach den Versuchen von SKOLNICK [22] sowie EXNER und FISCHMEISTER [9], [23] wird die Geschwindigkeit der Auflösung von Wolframkarbid in Kobalt jedoch durch eine Grenzflächenreaktion und nicht durch Diffusion bestimmt. Die Ähnlichkeit der Schrumpfungsisothermen oberhalb und unterhalb der Schmelztemperatur (Abb. 1) ist auch hier ein starkes Argument gegen einen diffusionsbestimmten Vorgang. Auch in kurz gesinterten Hartmetallen konnten keinerlei Anzeichen für eine Auflösung an den Berührungsstellen, wie etwa abgerundete Wolframkarbidkörner, festgestellt werden.

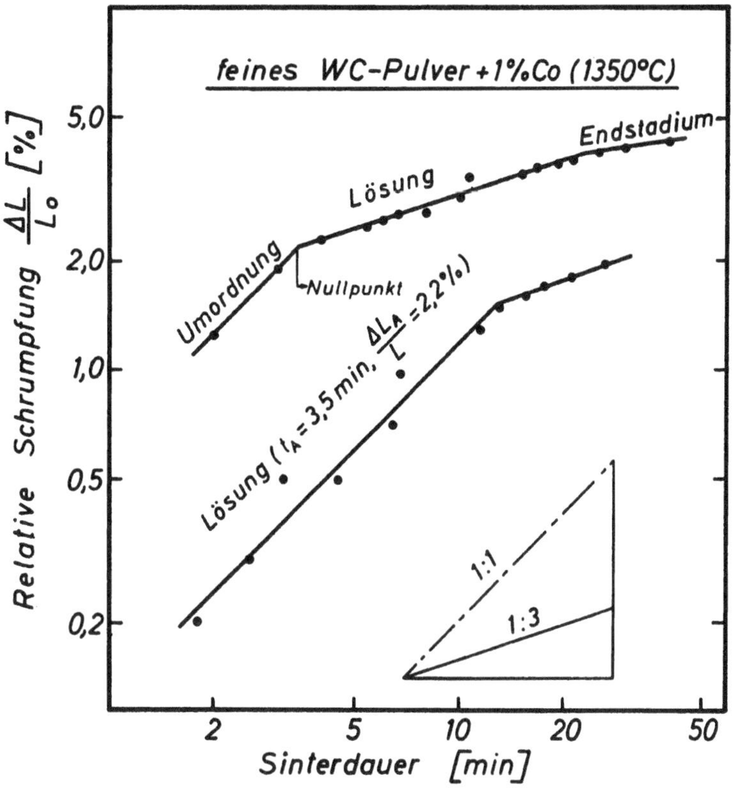

Abb. 5. Schrumpfung einer WC-Co-Legierung nach Kingerys Sintermodell (nach [8])

Neben diesen speziell für das System WC–Co geltenden Einwänden erweist sich die Bestätigung von Kingerys Modell durch das experimentelle Auftreten des Zeitexponenten 1/3 in der in Abb. 5 dargestellten Auftragung als problematisch. Da sich die Teilchen während des Umlagerungsprozesses relativ zueinander verschieben, kann die druckbedingte Auflösung an den Kontaktstellen erst beim Erreichen der dichten Packung wirksam werden. Damit muß der Anfangspunkt des Lösungsprozesses nicht an den Sinterbeginn, sondern in den Endpunkt der linearen Schrumpfung, d. h. in den Knickpunkt der Schrumpfungskurve in Abb. 5 gelegt werden. Bei doppelt logarithmischer Auftragung ergibt sich dann jedoch wieder ein Zeitexponent nahe 1, der der Theorie nicht mehr entspricht.

Schließlich sei noch auf die geringe Signifikanz der Zerlegung der Schrumpfungsisothermen der untersuchten Systeme [8] in 3 lineare Äste hingewiesen. Die Meßergebnisse lassen sich auch durch glatte Kurvenverläufe genügend genau darstellen, wie sie sich bei Untersuchungen von W–Ni–Cu-Schwermetall [11] und WC–Co-Hartmetall (Abb. 1) bei empfindlicheren Messungen ergaben.

Für den über das Anfangsstadium hinausgehenden Schrumpfungsverlauf beim Sintern mit flüssiger Phase bestehen somit keine befriedigenden theoretischen Ansätze, und es wird weiterer Anstrengungen auf experimentellem und theoretischem Gebiet bedürfen, um die dafür wichtigen Vorgänge zu erklären.

Zusammenfassung

Anhand von isothermen Schrumpfungsuntersuchungen an 90% Wolframkarbid-10% Kobalt-Legierungen wird die von Kingery entwickelte Theorie für das Sintern mit flüssiger Phase überprüft. Es ergeben sich sowohl phänomenologische und quantitative Abweichungen im genannten System als auch Einwände allgemeiner Art. Für das Anfangsstadium des Schrumpfungsprozesses ist die Unabhängigkeit vom Auftreten einer flüssigen Phase und die hohe Aktivierungsenergie von 60 kcal/mol auffallend. Es werden ein linearer Zusammenhang zwischen der relativen Längenänderung und der Sinterzeit sowie ein Maximum in der Teilchengrößenabhängigkeit der Sintergeschwindigkeit im Schmelztemperaturbereich beobachtet. Der weitere Verlauf ist durch eine kontinuierliche Abnahme der Schrumpfungsgeschwindigkeit gekennzeichnet. Bei Temperaturen über 1300 °C wird die theoretische Dichte erreicht, bei tieferen Sintertemperaturen stellt sich eine von der Teilchengröße des Wolframkarbids und der Temperatur abhängige Enddichte ein.

Ich danke den Herren Professoren Dr. R. Mitsche und Dr. H. F. Fischmeister für die Ermöglichung dieser Arbeit sowie Jernkontorets Pulvermetallurgischem Ausschuß und dem Schwedischen Technischen Forschungsrat für die finanzielle Unterstützung. Mein besonderer Dank gilt an dieser Stelle Professor M. H. Tikkanen für die großzügige Aufnahme in seinem Institut und Dipl.-Ing. S. Ylasaari für die Hilfe bei den experimentellen Arbeiten.

Literatur

[1] Kuczynski, G. C., Trans. Met. Soc. AIME **185** (1959) 169.
[2] Kingery, W. D. and Berg, M., J. appl. Phys. **26** (1955) 1205.
[3] Coble, R. L., J. appl. Phys. **32** (1961) 787.
[4] Thümmler, F., in: „Die neuere Entwicklung der Pulvermetallurgie". Hrsg.: F. Eisenkolb, Berlin 1955, S. 108.
[5] Fischmeister, H. F. und Exner, H. E., Metall (1964) 932 und Metall (1965) 113.
[6] Kingery, W. D., J. appl. Phys. **30** (1959) 301.
[7] Kingery, W. D. and Narasimhan, M. D., J. appl. Phys. **30** (1959) 307.
[8] Kingery, W. D., Niki, E. and Narasimhan, M. D., J. Amer. ceram. Soc. **44** (1961) 29.
[9] Exner, H. E., Dissertation an der Montanistischen Hochschule Leoben 1964.
[10] Tikkanen, M. H., Jernkontorets Ann. **147** (1963) 52.
[11] Mäkipirtti, S., Acta Polytechn. Scand. Ch. **5** (1959) 265 und in: Powder Metallurgy, Intersc. Publ. New York (1961) 97.
[12] Exner, H. E., in Vorbereitung.
[13] Frenkel, J., J. Phys. USSR **9** (1945) 385.
[14] Nix, F. C., and Jaumont, F. E., Phys. Rev. **82** (1951) 72.
[15] Ruder, R. C. and Birchenall, C. E., Trans. Met. Soc. AIME **191** (1951) 142.
[16] Davin, A., Leroy, V., Coutsouradis, D., and Habraken, L., Cobalt **19** (1963) 51.
[17] Kovenskii, I. I., Fiz. Tverdogo Tela USSR **3** (1961) 350.
[18] Kovenskii, I. I., Phys. Met. Metallogr. USSR **16** No. 4 (1963) 107.
[19] Smith, R. P., Trans. Met. Soc. AIME **230** (1964) 576.
[20] Dawihl, W. and Frisch, B., Cobalt **22** (1964) 22.
[21] Parikh, N. M. and Humenik, M., J. Am. ceram. Soc. **40** (1957) 315.
[22] Skolnick, L., in: Kinetics of High-Temperature Processes. New York (1959) S. 62.
[23] Exner, H. E. und Fischmeister, H. F., in Druck.

Diskussion

I. Kalning, Dresden: Es wurde festgestellt, daß durch das Kingerysche Sintermodell nicht alle Vorgänge beim Sintern mit flüssiger Phase eindeutig beschrieben werden. Wird bei Systemen mit flüssiger Phase das Verhalten des gesamten Sinterkörpers durch Messen der linearen Schwindung ausreichend beschrieben oder trifft dies nur für das System Wolframkarbid–Kobalt zu? Es ist andererseits bekannt, daß selbst Proben, die etwa 30% flüssige Phase enthalten, beim Sintern formbeständig bleiben und einen Porenraum bis zu 10% aufweisen.

H. E. Exner: Die Ergebnisse aus der Messung der linearen Schwindung stimmen mit denen der Dichtemessung überein. Bei Wolframkarbid–Kobalt können in kürzester Zeit hohe Dichten erreicht werden; der verbliebene geringe Porenraum beeinträchtigt die Aussage nicht.

Sintern von Uransilizid in Gegenwart flüssiger Phase

Von H. STEINKOPFF

Eigene Versuche zum Kernbrennstoff U_3Si_2 ergaben, daß die Sinterfähigkeit von U_3Si_2-Pulver schon von sehr geringen Anteilen (0,1 bis 0,2 Gew.-%) metallischer dritter Komponenten stark beeinflußt wird, wobei den Elementen Mangan, Eisen, Kobalt und Nickel eine sinterfördernde Wirkung zuzuschreiben ist [1]. Am Beispiel des Zusatzes von Eisen zum U_3Si_2-Pulver sollten die Ursachen dieser Wirksamkeit gedeutet werden.

Die Klärung dieser Fragen setzte die Kenntnis der in der uranreichen Ecke des Dreistoffsystemes U–Si–Fe herrschenden thermodynamischen Gleichgewichtsverhältnisse voraus, die bisher noch nicht untersucht waren. Nach Konstitutionsuntersuchungen von PETZOW und Mitarbeitern [2], [3] an Uranlegierungen mit Aluminium-, Eisen- und Siliziumzusätzen wurden die quasibinären Systeme UFe_2–UAl_2 sowie UAl_2–U_3Si_2 gefunden. Da sowohl UFe_2 als auch UAl_2 Laves-Phasen mit kubischer Struktur vom Typ $MgCu_2$ sind und UAl_2 mit U_3Si_2 ein quasibinäres System bildet, schien von der Struktur her die Ausbildung eines quasibinären Systems U_3Si_2–UFe_2 möglich. Seine Lage im Dreistoffsystem U–Si–Fe hätte einen Einfluß auf die sich während des Sinterns von U_3Si_2 mit Eisenzusatz ausbildenden Phasen ausüben müssen. Röntgenographische Untersuchungen konnten das quasibinäre System U_3Si_2–UFe_2 nicht bestätigen, sondern deuteten das Auftreten einer bisher unbekannten Phase an, die über Diffusionsvorgänge im festen Zustand dargestellt werden konnte.

Langzeitglühungen (1100 °C) im Vakuum ergeben an den Kontaktstellen von U_3Si_2- und Eisenproben verschiedene aufeinanderfolgende Reaktionsschichten. Durch Dosierung des Eisenangebotes, d. h. Einlegen einer Eisenfolie zwischen zwei U_3Si_2-Proben, bilden sich an den beiden Grenzflächen diese Reaktionsschichten aus, die sich mit zunehmender Glühdauer in der Eisenfolie berühren und unter Abbau der jeweils eisenreichsten Schicht in die dem U_3Si_2 unmittelbar benachbarte Schicht, nämlich die in den Röntgenaufnahmen auftretende unbekannte Phase, umwandeln (Abb. 1). Ihre analytische Untersuchung ergab eine aus gleichen Atomprozenten Uran, Eisen und Silizium bestehende intermetallische Phase, UFeSi, deren tetragonaler Gittertyp und Struktur aus Drehkristallaufnahmen an Einkristallen ermittelt werden konnte. UFeSi hat einen Schmelzpunkt von 1380 ± 10 °C.

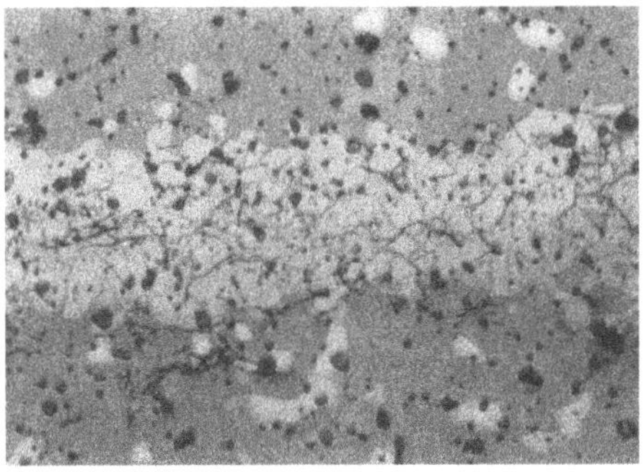

Abb. 1. Bei 1100 °C durch Diffusion zwischen U_3Si_2 und Fe entstandene Reaktionsschicht UFeSi, V = 500

Um zu Aussagen über Phasengleichgewichte in der uranreichen Ecke des Dreistoffsystems U–Si–Fe zu gelangen, wurden entsprechende Schmelzproben hergestellt und metallographisch sowie röntgenographisch bei Raumtemperatur ausgewertet. Danach existiert unterhalb ≈700 °C ein ausgeprägtes Dreiphasengebiet mit den Phasen U_6Fe, U_3Si_2, das einmal durch die Zweiphasenfelder U_6Fe und UFeSi sowie U_6Fe und U_3Si_2, zum anderen durch ein mögliches quasibinäres System U_3Si_2–UFeSi begrenzt wird (Abb. 2). Auswahlweise wird eine Gefügeaufnahme einer Schmelzprobe aus dem Zentrum dieses Dreiphasengebietes gezeigt (Abb. 4).

Bei der Sinterung von U_3Si_2-Pulver mit Eisenzusatz werden sich Gleichgewichtsverhältnisse einstellen, wie sie sich weitgehend aus dem genannten Dreiphasengleichgewicht U_6Fe, U_3Si_2 und UFeSi ergeben, d. h., bei einer Sintertemperatur von 1350 °C bildet sich eine flüssige Phase aus, die neben geringen Anteilen von U_6Fe hauptsächlich UFeSi enthält und die den

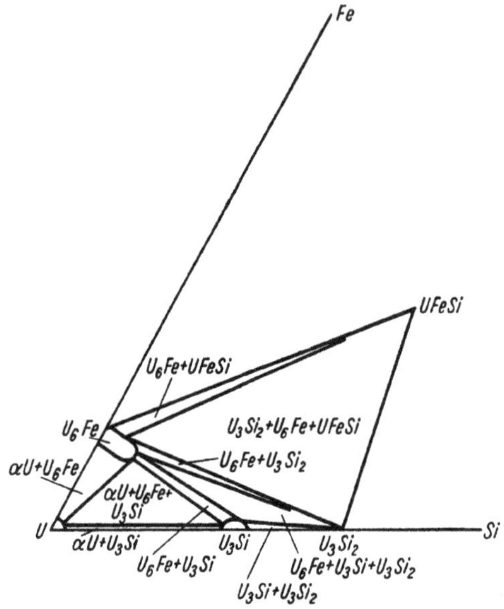

Abb. 2. Uranreiche Ecke des Dreistoffsystems U–Si–Fe. Phasengleichgewichte unterhalb 700 °C

Sinterprozeß stark beeinflußt. Als Beweis für das Auftreten einer flüssigen Phase dienen verschiedene phänomenologische Erscheinungen an Sinterproben des U_3Si_2, wie hoher Verdichtungsgrad, zeitliche Abhängigkeit des Materialtransportes, Abrundung der festen Teilchen, Kornwachstum usw.

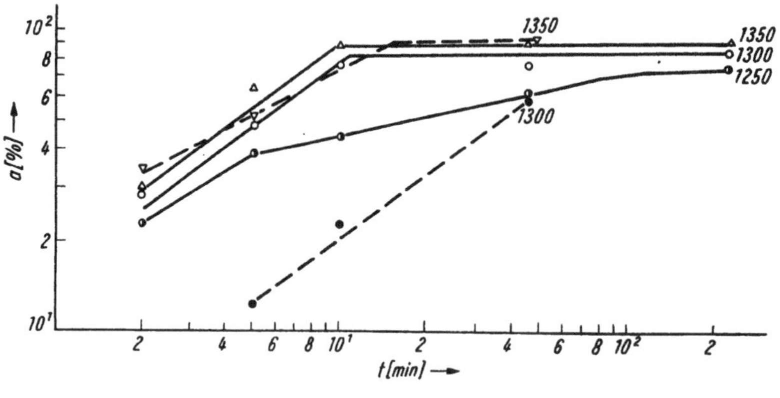

Abb. 3. Sintergrad a von U_3Si_2 mit 0,5 Gew.-% Fe

Von Cannon und Lenel [4] sowie von Kingery [5] sind kinetische Betrachtungen für Sintervorgänge sogenannter reaktiver Systeme bei Anwesenheit benetzender flüssiger Phasen angestellt worden. Sie unterscheiden 3 Stufen des Verdichtungsprozesses in solchen Systemen:

1. Bildung der flüssigen Phase und Umordnung der festen Teilchen infolge der von der Oberflächenspannung ausgehenden Kraftwirkung auf die flüssige Phase (rearrangement process);

2. Lösung und Wiederausscheidung der festen Phase (solution — precipitation process);
3. langsame Endverdichtung über Sintervorgänge im festen Zustand (coalescence process).

Die Möglichkeit, diese Gesetzmäßigkeiten auf das System U_3Si_2 mit Eisenzusatz zu übertragen, wurde an Sinterproben mit 0,5 Gew.-% Fe überprüft. Zu diesem Zweck wurden bei 700 °C vorgesinterte Proben für Zeiten zwischen 2 min und 4 h unmittelbar auf Sintertemperaturen zwischen 1250 und 1350 °C gebracht. Als Maß für die erzielte Verdichtung wurde der von CANNON und LENEL geprägte Sintergrad

$$a = \frac{\text{Sinterdichte} - \text{Vorsinterdichte}}{\text{theoretische Dichte} - \text{Vorsinterdichte}} \cdot 100 \ [\%]$$

gewählt und in Abb. 3 in doppeltlogarithmischer Darstellung als Funktion der Sinterzeit aufgetragen.

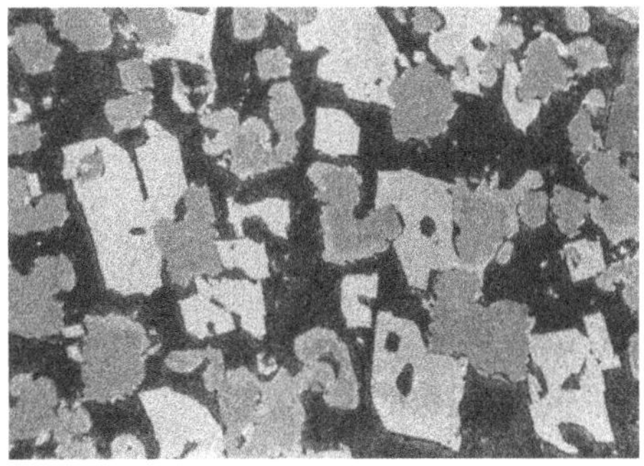

Abb. 4. Gefügeaufnahme einer Schmelzprobe aus dem Dreiphasengebiet U_6Fe–U_3Si_2–UFeSi, UFeSi hell; U_3Si_2 mittel; U_6Fe-haltiges Eutektikum dunkel, V = 320

Es ergibt sich für die Isothermen von 1300 und 1350 °C zunächst ein linearer Verlauf, dessen zeitliche Abhängigkeit annähernd durch $t^{1/2}$ wiedergegeben werden kann, also durch die Zeitfunktion, die in Systemen mit flüssiger Phase den Prozeß der Lösung und Wiederausscheidung mit einer Phasengrenzreaktion als geschwindigkeitsbestimmenden Vorgang charakterisiert. Verlängerte Sinterzeiten bewirken nur unerhebliche Dichtesteigerungen, die durch Sintervorgänge im festen Zustand erklärt werden können.

Aus Gefügeaufnahmen ist die Wirksamkeit der flüssigen Phase nur bei höheren Eisenzusätzen in einer Umschließung der festen Teilchen durch die flüssige Phase und durch die Abrundung der festen Teilchen erkenntlich (Abb. 5).

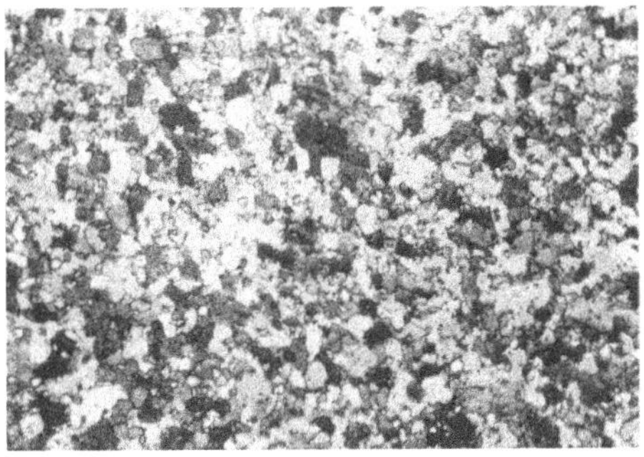

a) 0,17 Gew.-% Fe

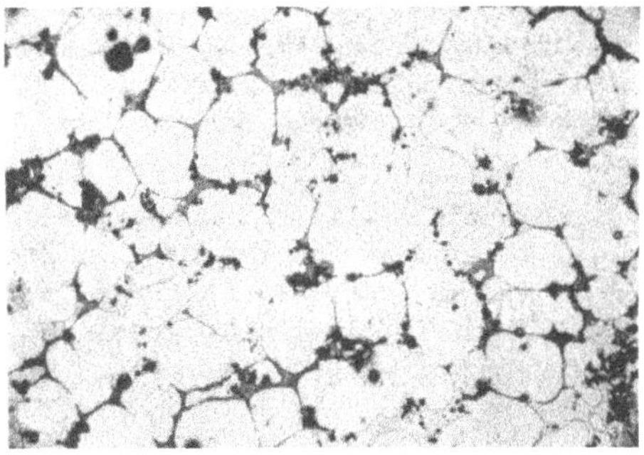

b) 10 Gew.-% Fe

Abb. 5. Gefügeaufnahme von U_3Si_2-Sinterkörpern, V = 320,

Aus der Notwendigkeit, dem U_3Si_2-Pulver zur Erreichung hoher Sinterdichten geringe Mengen Eisen bzw. andere Komponenten zusetzen zu müssen, darf keine schlechte Sinterfähigkeit des reinen U_3Si_2-Pulvers abgeleitet werden. Sauerstoffbestimmungen an U_3Si_2-Sinterproben ergaben, daß ihr O_2-Gehalt 4000 ppm kaum unterschreitet. Durch den Sauerstoffgehalt bilden sich Oxidhäute auf denPulverteilchen, die über die Reaktion zwischen U_3Si_2 und Eisen von der sich bildenden flüssigen Phase aufgenommen werden und dadurch ihre sinterhemmende Wirkung verlieren. Ein höherer Sauerstoffgehalt muß durch erhöhte Eisenzugabe ausgeglichen werden.

Im Normalfall — 4000 ppm O_2 — ist es möglich, durch Zugabe von nur 0,2 Gew.-% Fe U_3Si_2 bei 1350 °C unter Argon bis ca. 95% d. th. D. zu verdichten.

Rossendorf b. Dresden (DDR), Zentralinstitut für Kernforschung
der Deutschen Akademie der Wissenschaften zu Berlin

Literatur

[1] Steinkopff, H., Kernenergie **7** (1964) 6/7, 427.
[2] Petzow, G. und Kvernes, J., Zs. Metallkde **52** (1961) 693.
[3] Petzow, G., Steeb, S. und Tank, R., Zs. Metallkde **53** (1962) 526.
[4] Cannon, H. S. und Lenel, F. V., Plansee Proceedings (1953) S. 106.
[5] Kingery, W. D., J. Appl. Phys. **30** (1959) 301.

Diskussion

H. E. Exner, Stuttgart: Es ist anzunehmen, daß auch bei diesen Versuchen ein Umordnungsprozeß stattfindet, der bei kürzeren Versuchszeiten zu erkennen wäre. Dieser Vorgang müßte in wenigen Sekunden ablaufen, sofern man über dem Schmelzpunkt der flüssigen Phase sintert. Bei Wolframkarbid-Kobalt-Legierungen ist er bereits nach 10 bis 50 sec beendet. Eine Auswertung der Meßdaten im doppeltlogarithmischen Maßstab zur Deutung des geschwindigkeitsbestimmenden Schrittes aus der Steigung der Geraden setzt voraus, daß zu dem Zeitpunkt, an dem der betrachtete Prozeß beginnt, sowohl der Zustand des Systems als auch die Laufzeit des Vorgangs als Bezugsgröße mit dem Wert Null gesetzt werden.

Vorausgehende oder sich überlagernde Vorgänge müssen durch eine Nullpunktskorrektur berücksichtigt werden. Auf diese Weise könnte sich eine andere Zeitabhängigkeit ergeben als sie im Vortrag beschrieben wurde.

H. Steinkopff: Die Versuchsbedingungen gestatteten keine Beobachtung in derart kurzen Zeiten. Außerdem kann gefolgert werden, daß die Umsetzung von U_3Si_2 mit Eisen, bei der die flüssige Phase erst gebildet wird, eine endliche Zeit erfordert. Der erste Meßpunkt liegt bei 2 min, und eine Schwindung konnte hier noch nicht festgestellt werden. Es ist auch möglich, daß der geringe Anteil an flüssiger Phase den Umordnungsprozeß nicht deutlich hervortreten läßt.

Sintervorgänge im System Kobalt-Nickel

Von F. THÜMMLER und W. THOMMA

1. Einfluß der Mischkristallbildung im Vergleich zu den reinen Komponenten

Von den drei denkbaren Fällen beim Sintern von Mehrkomponentensystemen,

a) vorgebildete Mischkristalle,
b) sich während des Sinterns bildende Mischkristalle,
c) während des Sinterns zerfallende Mischkristalle,

soll hier nur der Fall b) in Bildung befindlicher binärer Substitutionsmischkristalle mit vollständiger Löslichkeit behandelt werden.

Die Enthalpie H, das Maß für die Gitterenergie, kann während der Mischkristallbildung wegen $\Delta G = DH - T\,\Delta S < 0$ entweder abnehmen (dann ist ΔG wegen $\Delta S > 0$ sicher negativ) oder zunehmen ($\Delta H > 0$, aber $|\Delta H| < T\,\Delta S$). Die somit erhöhte oder erniedrigte Atombeweglichkeit wird auf diese Weise den Sintervorgang fördern oder hemmen. In diesem Zusammenhang spielt auch die Differenz der Atomradien eine wesentliche Rolle, und in vielen Fällen wurde eine Förderung des Sintervorganges (bei kleinen Gehalten der Zweitkomponente) gefunden [1].

Die im allgemeinen verschiedenen partiellen Diffusionskoeffizienten müssen jedoch infolge der Veränderung des Fehlordnungsgrades ebenfalls den Sintervorgang beeinflussen.

Die Leerstellenkonzentration auf der Seite der rascher diffundierenden Komponente wird erhöht, auf der anderen Seite erniedrigt. Bei ebenen Diffusionsanordnungen kann der bekannte KIRKENDALL-Effekt neben Markierungsverschiebungen zu Diffusionsporosität und Oberflächengruben auf der Seite der rascher diffundierenden, zu Wülsten auf der Seite der langsamer diffundierenden Komponente führen.

Der KIRKENDALL-Effekt wurde ebenfalls beim Sintern von Pulvermischungen gefunden. Der Schwindungsvorgang wird hierbei durch Ausdehnungsvorgänge überlagert oder sogar überkompensiert, entsprechend einer extremen Sinterhemmung.

Die unter Mischkristallbildung häufig recht unübersichtlich verlaufenden Sintervorgänge wurden im System Kobalt–Nickel, das einer idealen Mischung ziemlich nahe kommt, im gesamten Konzentrationsbereich untersucht. Wir hofften, infolge der relativ geringen Abweichungen von der Idealität die auftretenden Phänomene den atomistischen Vorgängen besser zuordnen zu können.

1.1 Die Untersuchungen an Pulvern

Zur Darstellung des Sinterverhaltens diente die Schwindung, speziell ein Verdichtungsparameter

$$P = \frac{\varrho_{\text{ges}} - \varrho_0}{\varrho_{\text{th}} - \varrho_0}$$

ϱ_0 : Preßdichte
ϱ_{ges} : Sinterdichte
ϱ_{th} : theoretische Dichte

Das Fortschreiten der Homogenisierung wurde durch Messung der elektrischen Leitfähigkeit und röntgenographisch verfolgt.

Die Feinstpulver (2 bis 5 μm) wurden, teilweise nach Vorglühungen, bei Drücken zwischen 0,1 und 12 Mp/cm² meist auf konstante Dichte gepreßt. Diskontinuierliche Schwindungsmessungen erfolgten nach dem Sintern in Wasserstoffatmosphäre bei Temperaturen zwischen 300 und 1100 °C, kontinuierliche dilatometrische Schwindungsmessungen isotherm bei 600, 800 und 1000 °C, nichtisotherm unter reproduzierbarem Aufheizen bis 1200 °C.

Ein linearer Verlauf des Verdichtungsverhaltens über der Konzentration würde „ideales" Verhalten bedeuten, konkaver Verlauf bedeutet Hemmung, konvexer Verlauf Förderung durch gleichzeitige Mischkristallbildung. Förderung wäre mit dem HEDVALL-Prinzip der gesteigerten Reaktionsfähigkeit in Bildung befindlicher Phasen, Hemmung durch verringerte Beweglichkeit oder überlagerte Ausdehnungsvorgänge zu erklären.

Die Verdichtungskurven in Abb. 1 und 2 zeigen ausschließlich konkaven Verlauf, entsprechend einer Sinterhemmung bei der Mischkristallbildung. Es handelt sich dabei um stark gepreßte Pulver mit Preßdichten je nach Serie zwischen 64 und 72% theoretischer Dichte, ungeglüht (Abb. 1) bzw. vorgeglüht (4 h bei 350 °C in Wasserstoff, Abb. 2). Abb. 3 mit schwach gepreßten (links) bzw. ungepreßten (rechts) Pulvern (14 bis 45% theoretischer Dichte) zeigt dieselbe Tendenz, jedoch stark abgeschwächt, da hier die Mischkristallbildung erst verzögert einsetzen kann, wenn nach einiger Zeit genügend viele und breite Diffusionskontakte zur Ver-

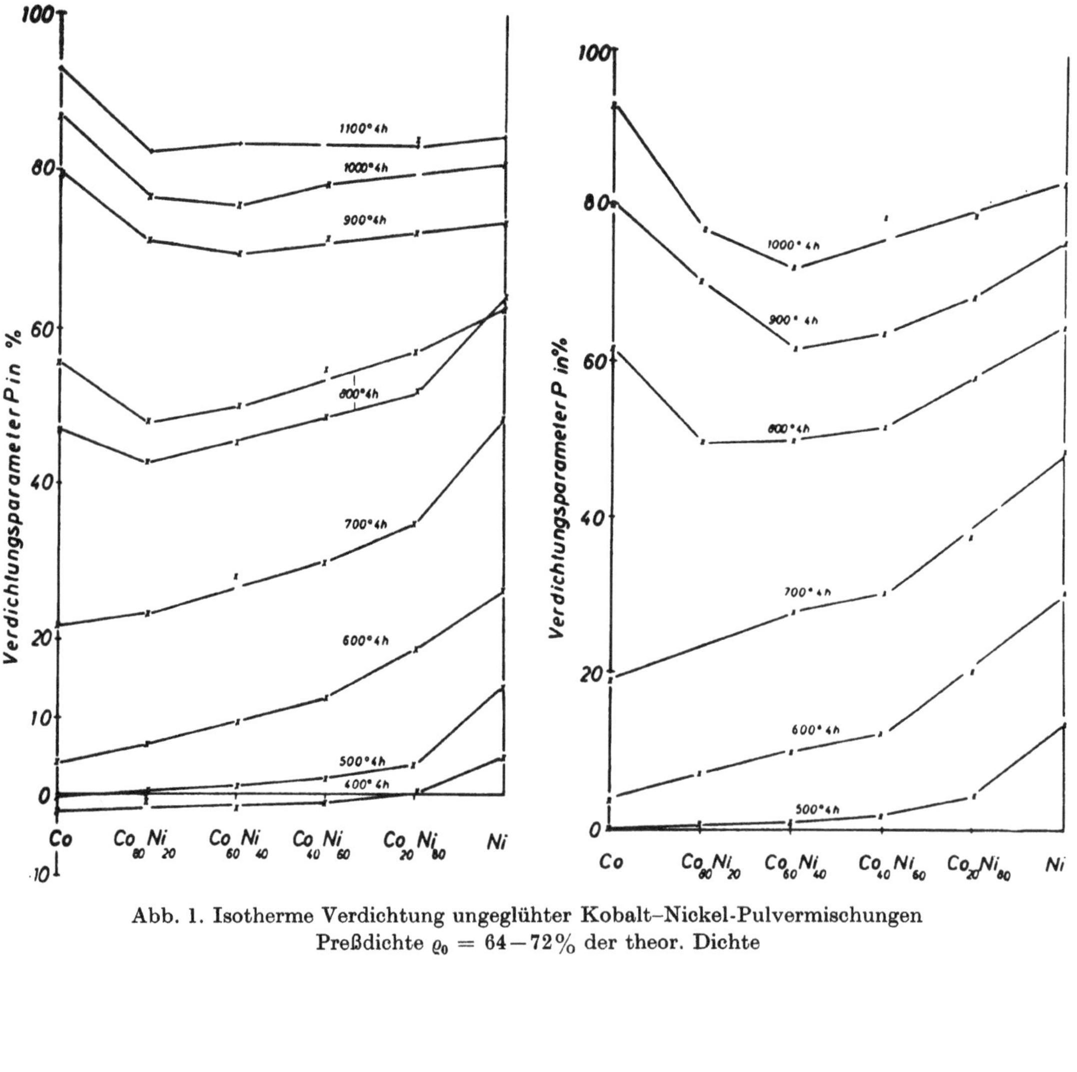

Abb. 1. Isotherme Verdichtung ungeglühter Kobalt–Nickel-Pulvermischungen
Preßdichte $\varrho_0 = 64-72\%$ der theor. Dichte

fügung stehen. In keinem Fall zeigt sich jedoch eine Sinterförderung nach dem Erreichen später Stadien.

Etwas anders ist die Situation, wenn die Schwindung kontinuierlich verfolgt wird. Abb. 4 zeigt nach gleichartigem Aufheizen aller Proben bis zu gleichen Temperaturen links die Gesamtschwindung, rechts die auf Temperaturintervalle von je 100 grd entfallenden Teilschwindungen.

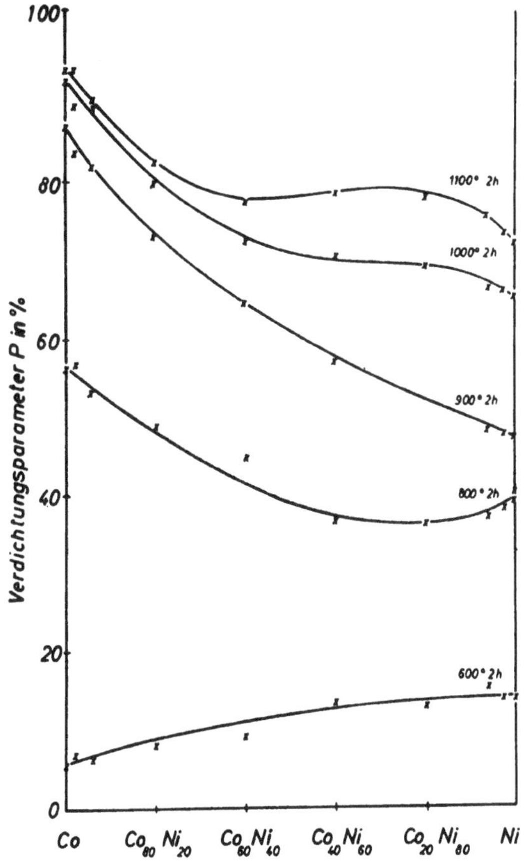

Abb. 2. Isotherme Verdichtung vorgeglühter Kobalt–Nickel-Pulvermischungen
Preßdichte $\varrho_0 = 64-68\%$ der theor. Dichte

gen. Die bis 700 °C erfolgende geringe Schwindung verläuft noch ohne (röntgenographisch) feststellbare Homogenisierung. Mit dem Einsetzen beträchtlicher Schwindung zwischen 700 und 900 °C beginnt auch stärkere Homogenisierung. In diesem Sinterstadium allein zeigt sich eine gewisse Beschleunigung des Sintervorganges, die bald wieder in eine Hemmung umschlägt. Die Kurve links oben, ein Integral über alle rechts dargestellten Kurven, ist wieder analog zu den diskontinuierlich aufgefundenen Schwindungskurven mit Sinterhemmung.

1.2 Die Modellversuche

Zur modellmäßigen Verfolgung des Sintervorganges unter Mischkristallbildung diente das KUCZYNSKIsche Stab–Draht-Modell. Breite und Gestalt der einzelnen Kontakte wurden mi-

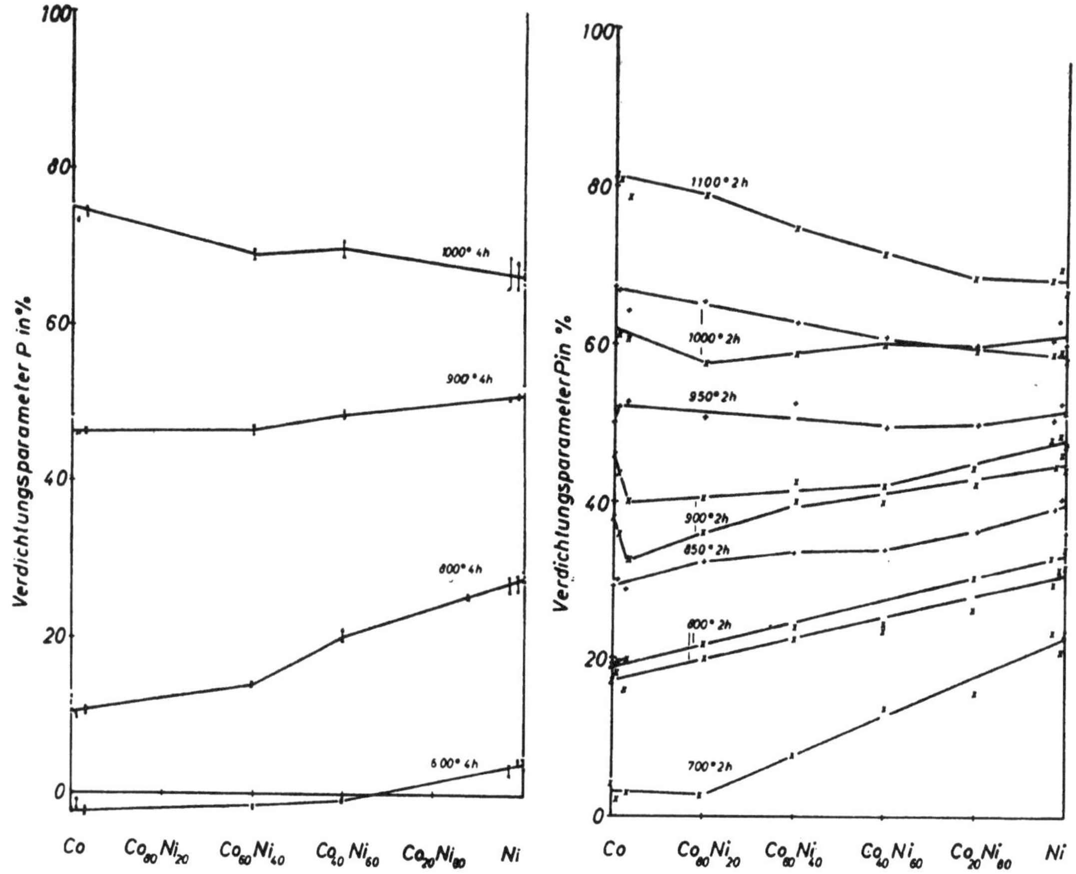

Schwachgepreßte Pulver ($\varrho_0 = 40-45\%$ der theor. Dichte) — Ungepreßte Pulver ($\varrho_0 = 15-35\%$ der theor. Dichte)

Abb. 3. Isotherme Verdichtung vorgeglühter Kobalt–Nickel-Pulvermischungen

kroskopisch ausgewertet. Folgende Versuchsserien, mit und ohne galvanische Schichten zwischen Stab und Draht, wurden ausgeführt:

Ni–Ni *)–Ni
Ni–Co*)–Ni
Co–Co*)–Co
Co–Ni*)–Co

Nach Kingery und Berg lassen sich aus der Kontaktbreite, die hier aus je 300 bis 500 Meßwerten gemittelt wurde, „Beweglichkeitskoeffizienten" D' berechnen:

$$D' = \frac{1}{640} \frac{k\,T\,x^5}{\delta^3\,a^2\,\gamma\,t}$$

x : Halbe neck-Breite,
k : Boltzmann-Konstante,
T: absolute Temperatur,
t : Zeit.
δ : Gitterkonstante,
a: Drahtradius,
γ: Oberflächenspannung,

*) Schichten von 0, 2, 5, 10 μm bei Temperaturen von 800 und 1000 °C und Zeiten von 4 h.

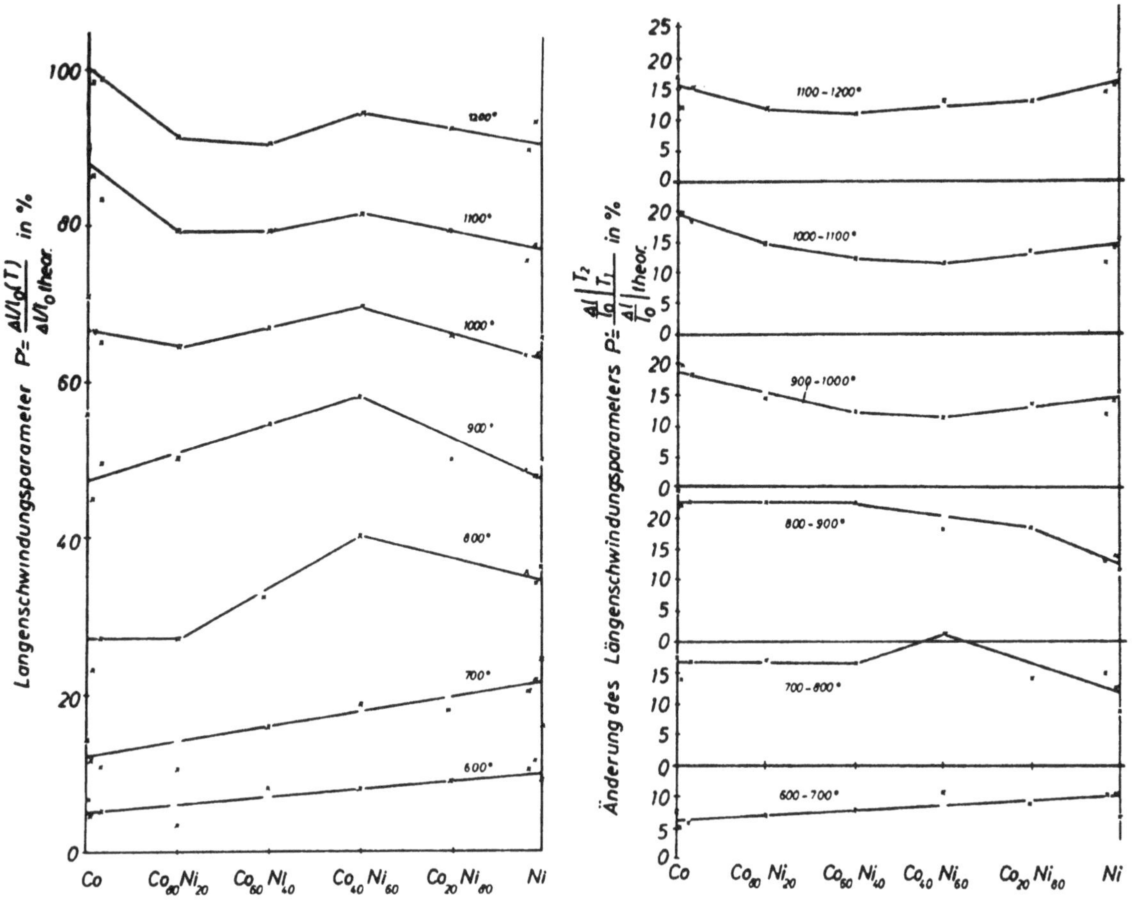

Gesamtschwindung bis zum Erreichen der Temperatur

Teilschwindungen pro 100 grd Temperaturdifferenz

Abb. 4. Linearschwindung beim Aufheizen ungepreßter Co–Ni-Pulvermischungen

In Einkomponentensystemen sind die Beweglichkeitskoeffizienten D' in manchen Fällen annähernd gleich den Selbstdiffusionskoeffizienten D, bei Zweikomponentensystemen sind sie mit einem „mittleren gemeinsamen chemischen Diffusionskoeffizienten" zu vergleichen.

Abb. 5 zeigt die so erhaltenen D'-Werte in Abhängigkeit von der Schichtdicke. Schichten desselben Metalls zwischen Stab und Draht haben praktisch keinen Einfluß. Nickelschichten zwischen Kobaltstab und -draht bewirken, bis mindestens 10 µm Dicke, verstärktes neck-Wachstum; Kobaltschichten zwischen Nickelstab und -draht führen dagegen mit wachsender Dicke zu schmäleren necks.

Eine genauere Analyse dieser Daten unter Berücksichtigung der Form der necks liefert die Deutung dieser Ergebnisse. Abb. 6 zeigt links einen Kontakt Ni–Ni, rechts Co–Co, Abb. 7 links einen Kontakt Ni–Co, rechts Co–Ni. Während die necks in Abb. 6 symmetrisch sind, sind die in Abb. 7 deutlich asymmetrisch, wobei die Krümmungsmittelpunkte, zum Ort des größten Leerstellengradienten hingerichtet, deutlich auf der Nickel-Seite liegen. Zwangsläufig muß das Nickel die rascher diffundierende Komponente sein; die Atombeweglichkeit in nickelreichen Mischkristallen muß höher als in kobaltreichen sein. Auf diese Weise hinterbleiben im Nickel überschüssige Leerstellen, die unter den hier angewandten Bedingungen für sich allein noch nicht zur Ausscheidung von KIRKENDALL-Poren ausreichen, jedoch zusammen mit der unterhalb der neck-Oberfläche ohnehin vorhandenen Leerstellen-Überschußkonzentration zu

Gruben längs der Nickel-Oberfläche Anlaß geben. Aus diesem Grund sind die necks im Falle Co-Stab/Ni-Draht schmal und in den Draht hinein orientiert, im Falle Ni-Stab/Co-Draht breit und zum Stab hin orientiert.

Die Schichtdickenabhängigkeit der neck-Breite (Abb. 5) folgt aus den bisher erörterten Grenzflächen der ,,Zwischenschicht 0'' (Ni–Ni, Co–Co) und der ,,Zwischenschicht ∞'' (Co–Ni,

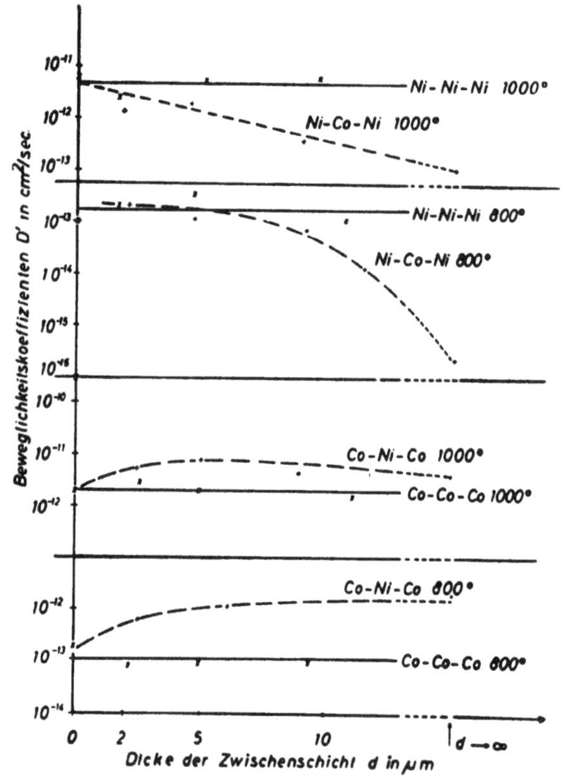

Abb. 5. Aus Modellsinterversuchen berechnete Beweglichkeitskoeffizienten D'

Ni–Co). Es existiert ein stetiger Übergang in Form und Breite der necks, da dünne Schichten der Zweitkomponente (Abb. 8 links) während der Versuchsdauer weitgehend homogenisiert werden, dickere dagegen länger wirksam bleiben (Abb. 8 rechts, Abb. 9).

Die höhere Diffusionsgeschwindigkeit in nickelreichen Mischkristallen konnte aus Selbstdiffusions- [2] und Aktivitätsdaten [3] (Abb. 10) durch Berechnung der chemischen Diffusionskoeffizienten im Konzentrationsgefälle bestätigt werden (Abb. 11).

2. Die Schwindungsisothermen und Versuche zu ihrer Deutung

Die Schwindungskinetik beim Sintern mit anfänglich großer, aber rasch abnehmender Verdichtungsgeschwindigkeit, ist von verschiedenen Autoren, meist empirisch, formuliert worden, wobei häufig Potenzen der Zeit (t^n mit $n = 0{,}3$ bis $0{,}8$) und exponentielle Zeitabhängigkeiten gefunden wurden. Die auftretenden temperaturabhängigen Konstanten konnten im allgemeinen nicht gedeutet werden, so daß noch weitgehende Unsicherheit über die ,,wahre'' Schwindungskinetik herrscht. Eine von Coble [4] vorgeschlagene Beziehung, die für mittlere Sinterstadien mit kontinuierlich zusammenhängenden Porenkanälen, und unter vereinfachen-

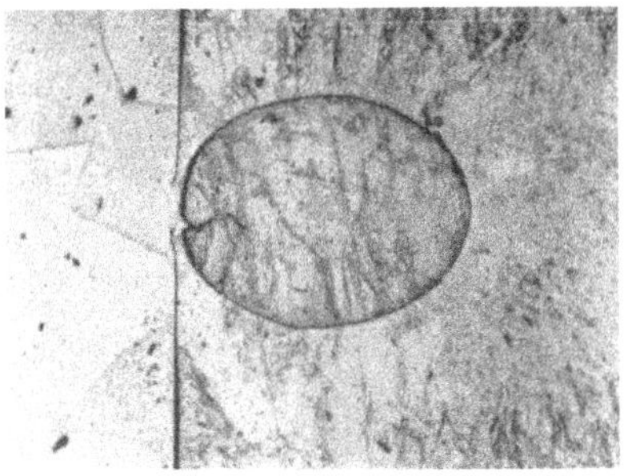

Stab und Draht: Nickel

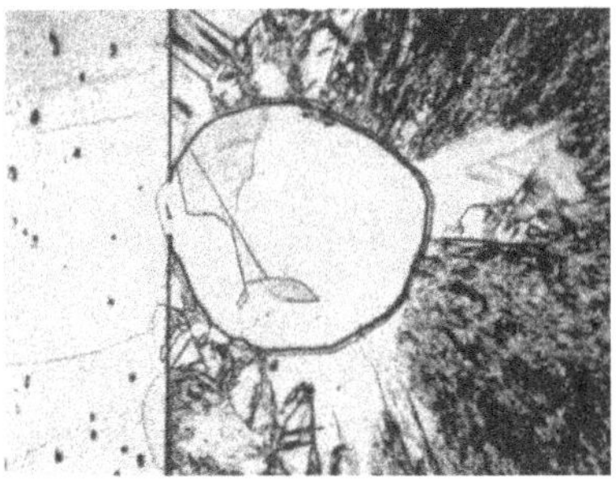

Stab und Draht: Kobalt

Abb. 6. Einzelne Kontakte bei Modellsinterversuchen (1000 °C, 4 h, Vergrößerung: 300:1)

Nickel-Stab/Kobalt-Draht

Kobalt-Stab/Nickel-Draht

Abb. 7. Einzelne Kontakte bei Modellsinterversuchen (1000 °C, 4 h, Vergrößerung: 300:1)

Ni-Stab/Co (2,1 μm) Ni-Draht   Ni-Stab/Co (8,9 μm) Ni-Draht

Abb. 8. Fortschreiten der Homogenisierung von elektrolytisch aufgebrachten Zwischenschichten im Modellversuch (1000 °C, 4 h, Vergrößerung: 300:1)

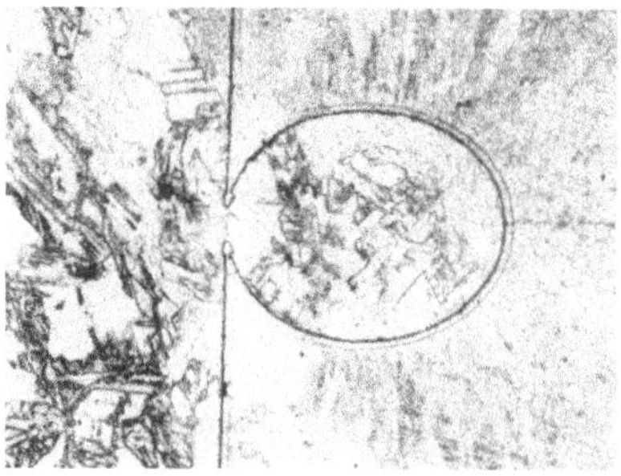

Co-Stab/Ni (8,9 μm)/Co-Draht

Abb. 9. Typische Kontaktform bei rascher Diffusion des Nickels (1000 °C, 4 h, Vergrößerung 300:1)

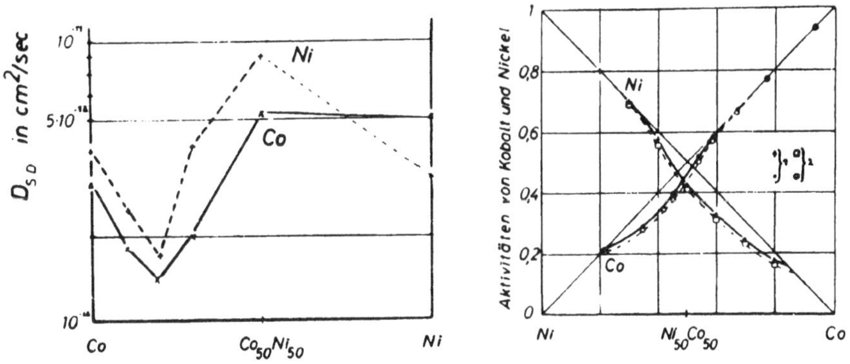

Abb. 10. Links: Selbstdiffusion in Co–Ni-Mischkristallen bei 1000 °C (nach HIRANO, AGARWALA, AVERBACH und COHEN)
Rechts: Aktivitäten in Co–Ni-Mischkristallen bei 1100 °C [1] und 1230 °C [2] (nach DE DYK MAN und NESMEJANOV)

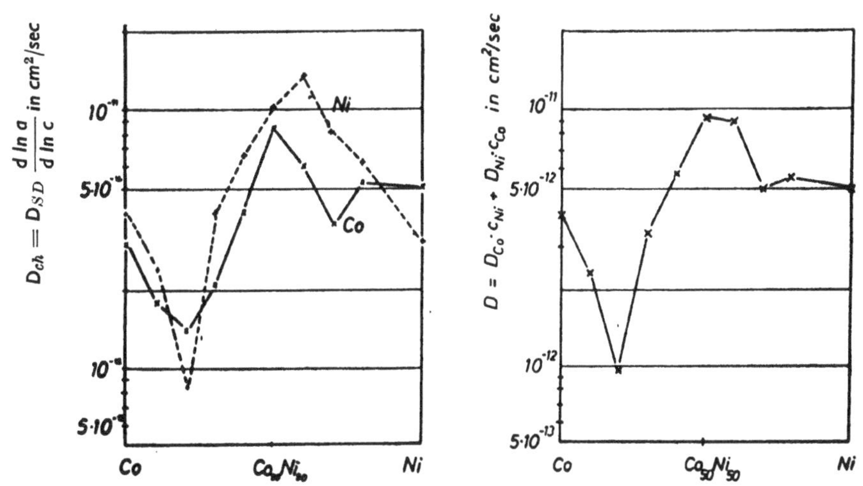

Partielle D.K. (1000 °C) Gemeinsame D.K. (1000 °C)

Abb. 11. Chemische Diffusion im System Co–Ni, berechnet aus Selbstdiffusions- und Aktivitätsdaten

den geometrischen Annahmen, beim Vorherrschen der Volumendiffusion über Leerstellen (mit Poren als Quellen und den Korngrenzen sowie äußeren Oberflächen als Senken der Leerstellen) gültig sein soll, wurde bisher an oxidischen Pulvern verifiziert. Die Schwindung verläuft danach nach dem Gesetz:

$$\frac{d\pi}{dt} = -\frac{10\, D_V\, \gamma\, \delta^3}{k\, T} \cdot \frac{1}{d^3}\,.$$

π : Porosität,
t : Zeit,
D_V: Diffusionskoeffizient,
γ : Oberflächenspannung,
δ : Gitterkonstante,
k : BOLTZMANN-Konstante,
T: absolute Temperatur,
d : Korngröße

Die Abnahme der Verdichtungsgeschwindigkeit ist demnach besonders durch das Kornwachstum bestimmt. COBLE selbst fand für das Kornwachstum die Beziehung

$$d^3 - d_0^3 = K(T) \cdot t \quad \text{bzw.} \quad d^3 = K(T) \cdot t \quad \text{für} \quad d \gg d_0\,.$$

Während bei der Rekristallisation massiver Metalle in Übereinstimmung mit theoretischen Ableitungen im allgemeinen Kornwachstum nach $d \sim \sqrt{t}$ bzw. $d_0^2 - d^2 \sim t$ gefunden wurde (z. B. [5], [6]), verläuft das Kornwachstum von Sinterproben häufig nach Zeitgesetzen $d^n = d_0^n \sim t$, wobei n meist kleiner als 1/2, oft nahe 0,33 = 1/3 gefunden wurde (z. B. [7], [8], [9], [10]). Obwohl die in Abb. 12 gezeigten Kurven (Kornwachstum verschieden gepreßter Nickel-

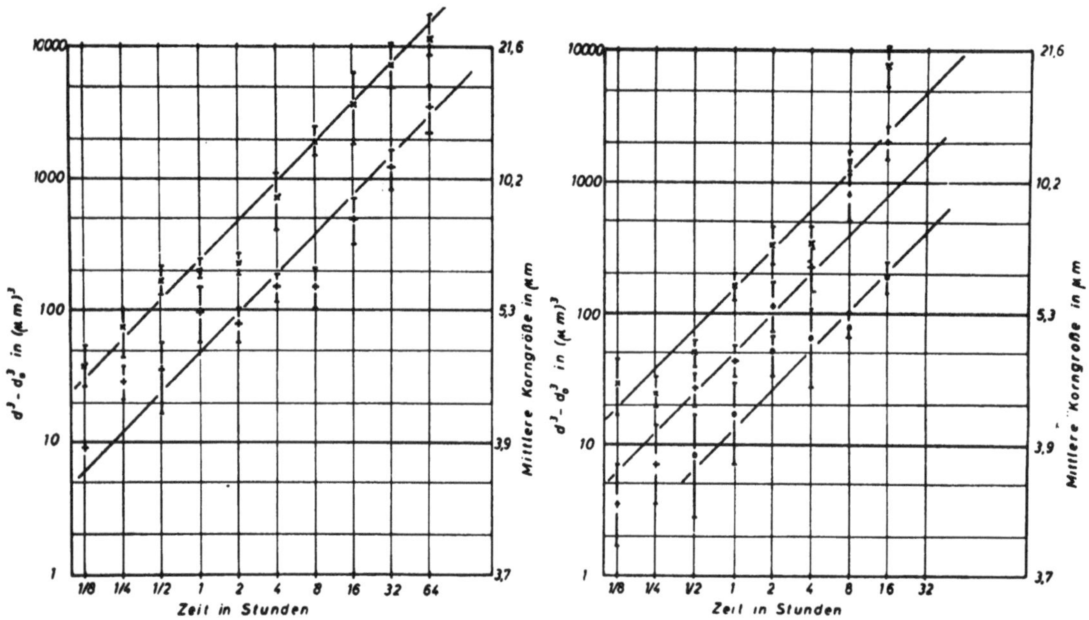

Links oben: (×) 1000 °C, $\varrho_0 = 6$ g/cm³
Links unten: (+) 800 °C, $\varrho_0 = 6$ g/cm³
Rechts oben: (×) 1000 °C, $\varrho_0 = 5$ g/cm³
Rechts Mitte: (+) 1000 °C, $\varrho_0 = 4$ g/cm³
Rechts unten: (○) 800 °C, $\varrho_0 = 5$ g/cm³

Abb. 12. Kornwachstum beim isothermen Sintern von Nickel-Pulverpreßlingen

Sinterproben bei 800 und 1000 °C) beträchtliche Meßwertstreuungen aufweisen, lassen sich doch deutlich unter 45° geneigte Geraden einzeichnen, die in dieser Darstellung einem Wachstumsgesetz $d^3 - d_0^3 = K(T) \cdot t$ entsprechen. Mit dieser Korngrößenabhängigkeit ergibt sich für die Schwindung

$$\pi - \pi_0 = - \frac{10\, D_V\, \gamma\, \delta^3}{k\, T\, K'(T)} \lg \frac{t}{t_0}$$

oder, unter Verwendung des Verdichtungsparameters P,

$$P = K_1 + K_2 \lg t\,.$$

Die dilatometrische Schwindung ließ sich (Abb. 13) in der Tat in weiten Zeitbereichen von 10 min bis 6 h durch ein solches logarithmisches Zeitgesetz darstellen; die Konstanten K_1 und K_2 können allerdings nicht gedeutet werden, ihre Konzentrations- und Temperaturabhängigkeit ist unübersichtlich.

Das Coblesche Modell führt jedenfalls im vorliegenden Fall zu richtigen Voraussagen über die Schwindungskinetik. Während die anders lautenden Schwindungsgesetze an gröberen Pulvern gefunden wurden, scheint somit für Feinstpulver unter dem vorherrschenden Transportprinzip ein logarithmisches Zeitgesetz charakteristisch zu sein.

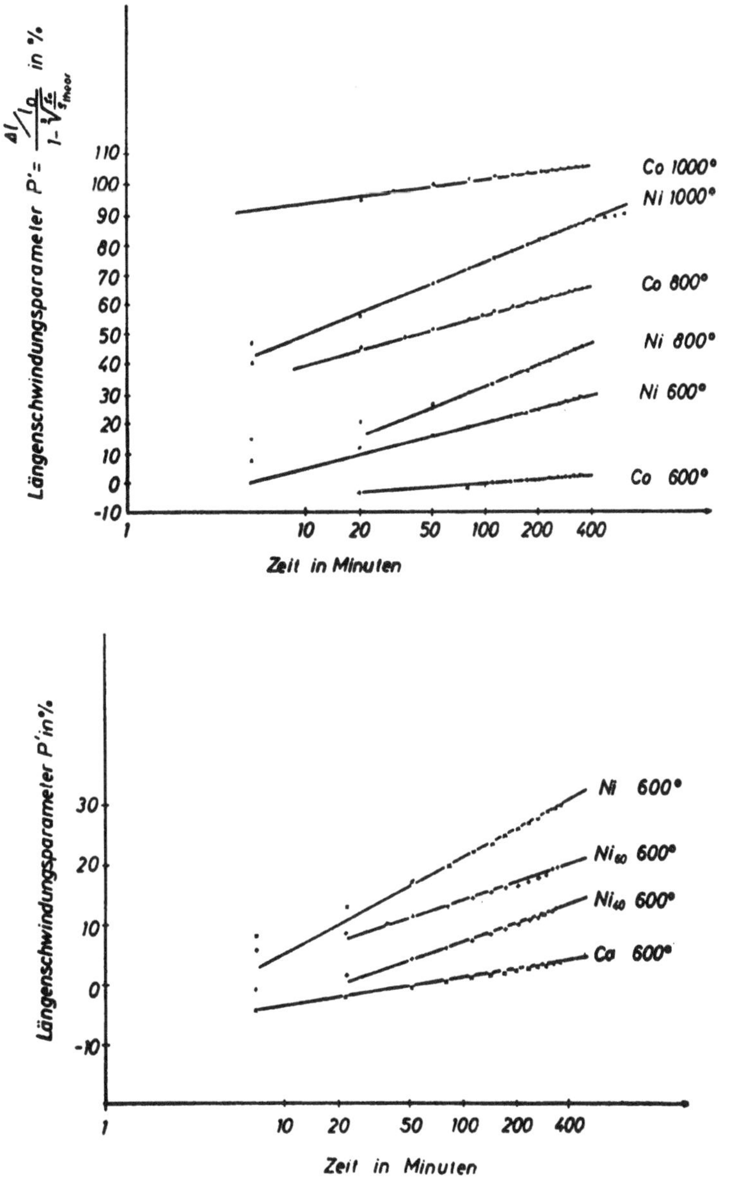

Abb. 13. Logarithmisches Schwindungsgesetz beim isothermen Sintern schwach gepreßter Kobalt–Nickel-Pulver ($\varrho_0 = 40-45\%$ der theor. Dichte)

3. Analogien und Unterschiede zwischen Pulver- und Modellversuchen

Da in der vorliegenden Arbeit am gleichen System sowohl Pulver- als auch Modellversuche durchgeführt wurden, scheint der Versuch lohnend, Aussagen über die Vergleichbarkeit beider Methoden zu machen. Außer summarischen Bemerkungen sind den Verfassern hierzu keine Ergebnisse bekannt geworden. Auch die folgenden Aussagen beanspruchen nur vorläufigen Charakter.

Modellversuche nach dem Stab–Draht oder Draht–Draht-Modell repräsentieren, solange das neck-Wachstum als Kriterium herangezogen wird, nur frühe Sinter- und Homogenisierungsstadien in realen Pulvern, d. h. solche Stadien, die ohne größere Verdichtung verlaufen. Das Schwindungsverhalten der verwendeten Feinstpulver kann somit keinesfalls mit den Daten des neck-Wachstums verglichen werden, selbst dann nicht, wenn sich herausstellen sollte, daß in beiden Fällen das gleiche Transportprinzip vorherrscht. Dies ist im vorliegenden Fall wahrscheinlich, da einerseits alle an den Modellkörpern erhaltenen Ergebnisse mit den Diffusionsdaten erklärbar sind (Abschnitt 1), andererseits Kornwachstum und Schwindung dem COBLEschen Modell entsprechen (Abschnitt 2). Alle bisherigen Erfahrungen zeigen indes, daß beim Modellversuch unter der genannten Voraussetzung nur eine im Vergleich zum Drahtradius geringe Annäherung der Drahtachsen bzw. der Draht- und Stabachse (entsprechend einer Schwindung) erfolgt. Abgesehen davon ist eine Simulierung des hohen Fehlordnungsgrades des Feinstpulvers im Modell sehr problematisch. Prinzipiell stünden hierfür zwar die galvanische Abscheidung von Schichten [11] und die Verwendung kaltverformter Stäbe und Drähte [12] zur Verfügung, es ist jedoch unbekannt, ob vergleichbare Zustände eingestellt werden könnten.

Etwas realistischer können Analogiebetrachtungen werden, wenn beim Modell neben den neck-Breiten auch die Form und Häufigkeit der necks mit in Betracht gezogen werden. Im vorliegenden Fall dürfte die Tatsache, daß in weiten Konzentrationsbereichen $D_{Ni} > D_{Co}$ ist, zum Schwinden der Nickel- und zum Wachsen der Kobaltteilchen bzw. -drähte führen. Da bei gleichem Stoffumsatz der Radius kleiner Partikel stärker abnimmt, als der größerer zunimmt, muß hierdurch ein Abreißen anfänglich vorhandener Kontakte und somit eine Sinterhemmung zustandekommen. In der Tat ergaben Untersuchungen von KUCZYNSKI und STABLEIN an den Systemen Cu–Ni, Au–Ni, Fe–Ni und Ag–Cu solche Erscheinungen. Der Drahtquerschnitt der langsamer diffundierenden Komponente wuchs, der der anderen nahm entsprechend ab. Die unsymmetrisch geformten necks schnürten großenteils völlig ab, statt weiter zu wachsen [13]. Allerdings ist die Nichtidealität dieser Systeme weit stärker ausgeprägt als die des Systems Co–Ni. Demzufolge erbrachten die eigenen Messungen nicht so krasse, aber doch sehr deutliche Effekte in dieser Hinsicht. Die Häufigkeit der Kontakte Co-Stab-Ni-Draht und Ni-Stab-Co-Draht nach gleichartigen Sinterbehandlungen (4 h bei 800 und 1000 °C) war sehr unterschiedlich: Bei der erstgenannten Kombination (schneller diffundierende Komponente als „kleineres Teilchen") lag die relative Meßwerthäufigkeit nur bei 12,5 und 10%, bei der letztgenannten (langsamer diffundierende als „kleineres Teilchen") bei 79 und 91%. Es scheint sicher, daß ein ähnlicher Vorgang auch beim Pulver ein hemmendes Moment ergibt.

Schließlich ist noch auf das Auftreten von Oberflächeneinsenkungen („Randporen") bei den Co–Ni-Modellversuchen besonders hinzuweisen. Wir konnten diese Erscheinung stets eindeutig nachweisen, obgleich man bei ebenen Diffusionsanordnungen [14] keine Diffusionsporosität feststellen konnte. Man darf hieraus folgern, daß solche Sintermodelle auf schon geringe Abweichungen von der Idealität der Mischung viel empfindlicher ansprechen als ebene Diffusionsproben, wie es schon früher vermutet worden ist [15]. Die gegenüber ebenen Oberflächen erhöhte Leerstellenkonzentration unterhalb stark konkaver Oberflächen hat zur Folge, daß schon eine geringe von $D_A \neq D_B$ herrschende Zusatz-Leerstellenkonzentration zur „Koagulation" in Form von „Randporen" führt. Zum anderen wird hierdurch aber das Auftreten einer echten Diffusionsporosität auch bei Kobalt–Nickel-Feinstpulvermischungen sehr wahrscheinlich gemacht, was ein weiteres, sinterhemmendes Moment darstellt.

Zusammenfassend kann festgestellt werden, daß Vergleiche von Werten der Modell-neck-Breiten allein und Schwindungswerten aus Pulvern nicht zu wesentlichen Erkenntnissen führen. Jedoch können unter Berücksichtigung der Geometrie und der Häufigkeit der auftretenden necks im vorliegenden Falle wichtige Beiträge zur Deutung der Pulverversuche gewonnen werden. Weiter zeigte sich, daß sowohl die Feinstpulver-Mischungen als auch die Modelle sehr empfindlich auf schon geringe Abweichungen vom idealen Mischungsverhalten ansprechen. Dies zeigte sich bei den Pulvern durch den in frühen Stadien fördernden, sonst aber hemmenden Einfluß der zweiten Komponente, bei den Modellen durch den Einfluß der zweiten Komponente auf Wachstum, Häufigkeit und Geometrie der necks.

Karlsruhe, Technische Hochschule, Lehrstuhl für Mechanische Technologie II

Literatur

[1] VACEK, J., Nové poznátky o slinovatelnosti. Hutnické Listy **10** (1955) 469–479.
[2] HIRANO, K. J., AGARWALA, R. P., AVERBACH, B. L. und COHEN, M., Diffusion in Cobalt–Nickel alloys. J. appl. Phys. **33** (1962) 3049–3054.
[3] DE DYK MAN und NESMEJANOV, A. N., Thermodynamische Studien an Kobalt–Nickel-Mischkristallen. Jzvest. Akad. Nauk, SSSR, Otd. techn. Nauk Met. i Topol. **1960**, 75–84.
[4] COBLE, R. L., Sintering crystalline solids I, II. J. appl. Phys. **32**, (1961) 787–799.
[5] BURKE, J. E., Some factors affecting the rate of grain growth in metals. Trans. AIME **180**, (1949) 73–99.
[6] FELTHAM, P., Grain growth in metals, with special reference to high-purity nickel. J. Inst. Metals **86**, (1957/58) 95–97.
[7] LEVESQUE, P., GERLACH, L. und ZNEIMER, J. E., Grain growth in nickel ferrites. J. Amer. ceram. Soc. **41**, (1958) 300–303.
[8] YAMAGUCHI, T., Effect of powder parameter on grain growth in the Mn–Zn-ferrite. J. Amer. ceram. Soc. **47**, (1964) 131–133.
[9] STEHLE, H., Kornwachstum in UO_2. Ber. dtsch. keram. Ges. **40**, (1963) 129–135.
MANSOUR, N. A. L. und WHITE, J., Causes of residual porostiy in sintered UO_2. Powder Metallurgy (1963) 12, 108–121.
[10] TIEN, T. Y. und SUBBARAO, E. C., Grain growth in $Ca_{0,16}$ $Zr_{0,84}$ $O_{1,84}$. J. Amer. ceram. Soc. **46**, (1963) 498–492.
[11] GEGUZIN, YA. E. und OVCHARENKO, N. N., Investigations of the causes of diffusional „Activity" of deformed crystalline bodies. – II: On the sintering of electrolytic metals in the light of model tests data. Phys. Metals Metallography 8, (1959) 70–75.
[12] THÜMMLER, F., Sinterverhalten und Werkstoffzustand. Bergakademie **7**, (1955) 506–510.
[13] STABLEIN, P. F. und KUCZYNSKI, G. C., Sintering in multicomponent metallic systems. Acta metallurg. **11** (1963) 1327–1337.
KUCZYNSKI, G. C. und STABLEIN, P. F.: Sintering in multicomponent systems. In: Reactivity of Solids, 4th Int. Symposium on Reactivity of Solids. Hsg.: J. H. de Boer, Amsterdam/London/New York/ Princeton, Elsevier 1961.
[14] HEUMANN, TH. und KOTTMANN, A., Über den Ablauf der Diffusionsvorgänge in Substitutionsmischkristallen. Z. Metallkunde **44** (1953) 139–147.
[15] THÜMMLER, F., Einfluß geringer mischkristallbildender Legierungsanteile auf das Sinterverhalten. Planseeber. Pulvermetallurgie **6**, (1958) 2–16.
[16] HÄSSNER, A und LANGE, W., Volumenselbstdiffusion in Co–Ni-Legierungen. phys. stat. sol. 8 (1965), 77–91.

Diskussion

I. KALNING, Dresden: Bei Sinterversuchen an Elektrolytkupferpulver konnte GEGUZIN besondere Sintereffekte auf Grund von Kristallbaufehlern beobachten. Tritt diese Erscheinung auch bei elektrolytisch abgeschiedenen Schichten auf und ist dies durch Modellversuche nachzuweisen?

W. THOMMA: GEGUZIN [11] erklärt die zeitliche Abnahme der Verdichtungsgeschwindigkeit aktiver Metallpulver mit dem Abbau der „Diffusionsaktivität". Im Modellversuch zeigte sich, daß das Kontaktwachstum zwischen elektrolytisch beschichteten Drähten infolge der erhöhten Atombeweglichkeit in stark fehlgeordneten Bereichen merklich gefördert wurde.

Vergleiche zwischen dem Kontaktwachstum im Modell und der Schwindung beim Pulversintern wurden dort nicht angestellt. Ein bemerkenswertes Ergebnis ist jedoch, daß während des Abbaues der Gitterstörungen die Aktivierungsenergie zunimmt und sich dem Wert der Volumenselbstdiffusion annähert. Besonders bei Feinstpulvern ist dies schon bei frühen Sinterstadien zu erwarten. Wir deuten daher unsere Schwindungsisothermen nach dem COBLEschen Modell als Folge des Kornwachstums und sind der Ansicht, daß sich im von uns untersuchten Schwindungsbereich (ab 10 bis 15 min) die Aktivierungsenergie nicht mehr merklich ändert.

ELENA LĂBUŞCĂ, Bukarest (Rumänien): Welche Methoden wurden zur Bestimmung der Aktivitätskoeffizienten und der Diffusionskonstanten im System Kobalt–Nickel verwendet?

W. THOMMA: Die Gleichungen

$$D_{ch} = D_{SD} \frac{d \ln a}{d \ln c}$$

und

$$D_{ch,\,\mathrm{gem.}} = c_1 \cdot D_{2,ch} + c_2 \cdot D_{1,ch}$$

gelten nach der Theorie nur für konstante Leerstellenkonzentration, die gerade bei Sinterversuchen nicht vorliegt. Daneben gehen die Streubereiche der verschiedenen Diffusionsdaten [2], [16] und die Ungenauigkeiten der graphischen Differentiation von $\frac{d \ln a}{d \ln c}$ ein.

Die Rechnung hat somit nur Näherungscharakter. Die höheren Atombeweglichkeiten in nickelreichen wie in kobaltreichen Mischkristallen, die sich trotz des Unsicherheitsbereiches auch nach [16] bestätigen, genügen jedoch zur Erklärung unserer Modellsinterversuche.

Untersuchungen zur Sinterung von Uran

Von E. HAMPE

Im Rahmen der im Zentralinstitut für Kernforschung durchgeführten Untersuchungen zur Pulvermetallurgie einiger Kernbrennstoffe interessierte auch das Sinterverhalten reinen Urans. Den Ausgangspunkt der Arbeiten stellte das aus einer Veröffentlichung von HAUSNER und ZAMBROW [1] bekannte Charakteristikum der Uran-Sinterung, nämlich die erst bei Sintertemperaturen oberhalb 900 °C einsetzende Verdichtung, dar. Bei der Frage nach den Ursachen für das schlechte Sinterverhalten des Urans ist zunächst darauf zu verweisen, daß unterhalb des bei 774 °C beginnenden Gebietes der kubisch raumzentrierten γ-Phase zwei niedersymmetrische Phasen, nämlich bis 668 °C die orthorombische α-Phase mit kovalenten Bindungsanteilen und zwischen 668 und 774 °C die tetragonale β-Phase, vorliegen. Diese beiden Phasen haben einen um 3 bis 5 Größenordnungen kleineren Diffusionskoeffizienten als die γ-Phase. Außerdem ist die große Affinität des Urans zum Sauerstoff zu bedenken, die zur Bildung von sehr stabilen, unter Sinterbedingungen nicht reduzierbaren und thermisch nicht dissoziierenden Oxidhäuten führt. Also war bei den durchgeführten Untersuchungen einerseits dem Sinterverhalten im α- und β-Gebiet und andererseits dem Einfluß der Oberflächenoxidschichten Aufmerksamkeit zu schenken. Zunächst wurde von vornherein auf eine maximale Oxidfreiheit Wert gelegt. Außerdem wurde vergleichsweise mit schwach oxydierten Pulvern oder auch mit Sinteratmosphären mit definiertem Sauerstoffpartialdruck gearbeitet.

Die hier beschriebenen Sinterversuche erfolgten an losen Pulvern. Das frühe Sinterstadium, der Bereich der Brückenbildung ohne nennenswerte Schwindung, wurde durch einen modifizierten Biegeversuch und zum Teil durch die Messung des elektrischen Widerstandes, das späte Sinterstadium, charakterisiert durch eine fortschreitende Verdichtung der Proben, durch die Messung der linearen Schwindung und Dichtebestimmungen verfolgt. Das verwendete Uranpulver wurde selbst nach dem Hydridverfahren hergestellt. Durch Überleiten von Wasserstoff über kompaktes Uran bei 225 °C wurde ein feines Uranhydridpulver erzeugt, das in evakuierten Ampullen bis zum Sinterversuch gelagert wurde. Die Zersetzung des Uranhydrids unter Vakuum bei 350 °C erfolgte erst unmittelbar vor der Sinterung in der für den jeweiligen Versuch vorgesehenen Apparatur. Für das auf diese Weise hergestellte, im folgenden als Pulver 1 bezeichnete Uranpulver, ist mit einer maximalen Oberflächenoxidfreiheit zu rechnen. Das vergleichsweise untersuchte Pulver 2 besaß bei einem Sauerstoffgehalt von 0,04 bis 0,07 Gew.-% einen dünnen Oberflächenoxidfilm. Bei Berücksichtigung der spezifischen Oberfläche von 0,28 [m²/g] ergibt sich daraus für die Oxidschicht zwischen zwei Pulverteilchen eine Dicke von etwa 50 [ÅE]. Pulver 2 wurde durch Zersetzung des Hydrids unmittelbar nach der Hydrierung hergestellt und in dieser Form in evakuierten Ampullen gelagert und für den Sinterversuch eingesetzt. Die Sinterungen wurden im Hochvakuum von meist etwa 10^{-6} Torr durchgeführt.

Nun zu den Versuchsergebnissen. Der Biegeversuch mußte wegen der Pyrophorität der Proben in einer Argonbox durchgeführt werden. Die zylindrischen Proben mit einem Durchmesser von 6 mm wurden bei einem Auflageabstand von 15 mm durch verschiedene, über einen veränderlichen Hebelarm wirkende Gewichte bis zum Bruch belastet. Als Meßergebnis wurde die Last P_{max} [kp] aufgetragen, bei der der Bruch eintrat. Aus den Abb. 1 und 2 sind die Ergeb-

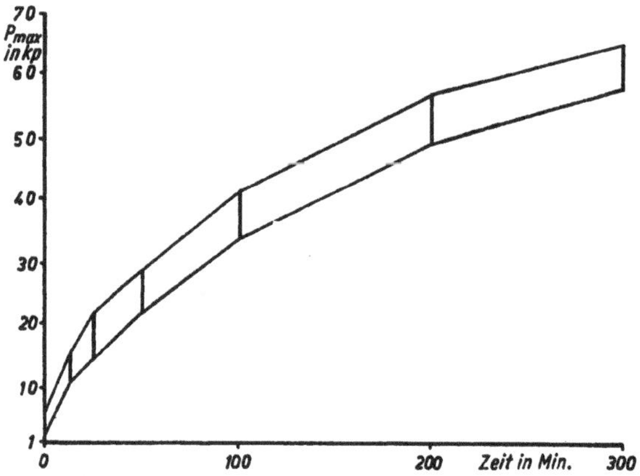

Abb. 1. Abhängigkeit der Bruchlast P_{max} von der Sinterzeit für Pulver 1 (T = 750 °C)

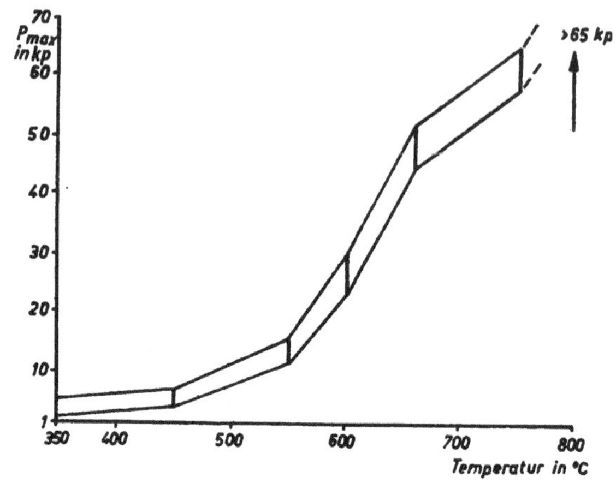

Abb. 2. Abhängigkeit der Bruchlast P_{max} von der Sintertemperatur für Pulver 1 (t = 300 min)

nisse für Pulver 1 zu entnehmen. Bei einer Sintertemperatur von 750 °C erfolgt mit fortschreitender Sinterzeit eine Steigerung der Bruchlast, d. h. also ein Ausbau der Sinterbrücken zwischen den Pulverteilchen in der in Abb. 1 dargestellten Weise. Den zunehmenden Ausbau der Sinterbrücken in Abhängigkeit von der Sintertemperatur nach fünfstündiger Sinterung zeigt Abb. 2. Der wachsende Anstieg im oberen α-Gebiet vermindert sich im Bereich der β-Phase. Beim Eintritt in das γ-Gebiet war eine weitere starke Festigkeitserhöhung zu verzeichnen, die sich mit der benutzten Anordnung nicht mehr erfassen ließ. Der Ausgangswert in beiden Diagrammen bezeichnet den Zusammenhalt der Proben nach der Zersetzung des Hydrids bei 350 °C. Die bei dieser außerordentlich niedrigen Sintertemperatur auftretende geringe Festigkeit ist zweifellos auf die durch den Hedvall-Effekt bedingte erhöhte Sinterfreudigkeit zurückzuführen. Eine merkliche Zunahme der Buchlast erfolgte hier erst bei einer Erhöhung der Sintertemperatur um 200 °C. Das durch die dünne Oxidhaut bei Pulver 2 stark veränderte Sinterverhalten geht aus den Abb. 3 und 4 hervor. Erst bei Sintertemperaturen von 640 °C lassen sich fester zusammenhängende auswertbare Proben gewinnen. Auch der zeitliche Verlauf zeigt einen deutlichen Unterschied. Nach Sinterzeiten über 20 Minuten tritt keine weitere Steigerung der Bruchlast mehr ein. Der gleiche zeitliche Verlauf konnte für Pulver 2 auch

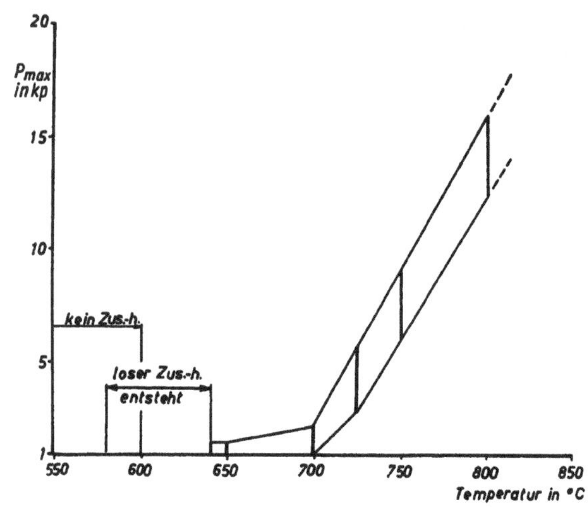

Abb. 3. Abhängigkeit der Bruchlast P_{max} von der Sintertemperatur für Pulver 2 (t = 300 min)

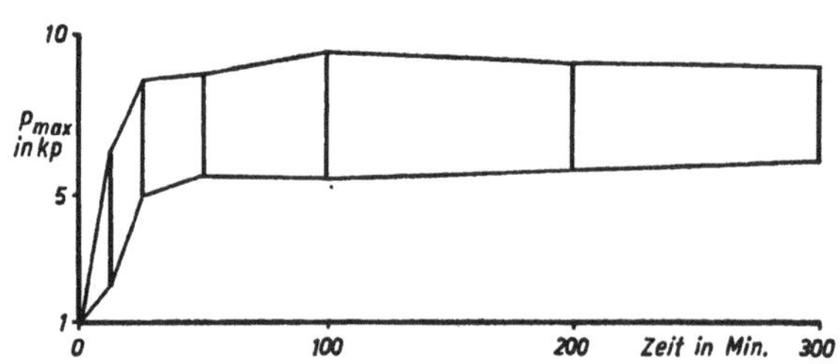

Abb. 4. Abhängigkeit der Bruchlast P_{max} von der Sinterzeit für Pulver 2 (T = 750 °C)

durch Widerstandsmessungen nachgewiesen werden. Die Messung des elektrischen Widerstandes erfolgte an zwei in einem geteilten, vertikalen Quarzrohr aufgeschütteten, unten in Verbindung stehenden Pulversäulen über Niobkontakte. Diese Anordnung gestattet nicht die Berechnung des spezifischen Widerstandes. Ein Vergleich der Messungen ist aber bei gleicher Geometrie des Probenhalters durch die Umrechnung des gemessenen Widerstandes auf gleiche Einsatzmengen möglich. Dieser Wert $R/G\left[\frac{\Omega}{P}\right]$ ist in Abb. 5 über der Sinterzeit für verschie-

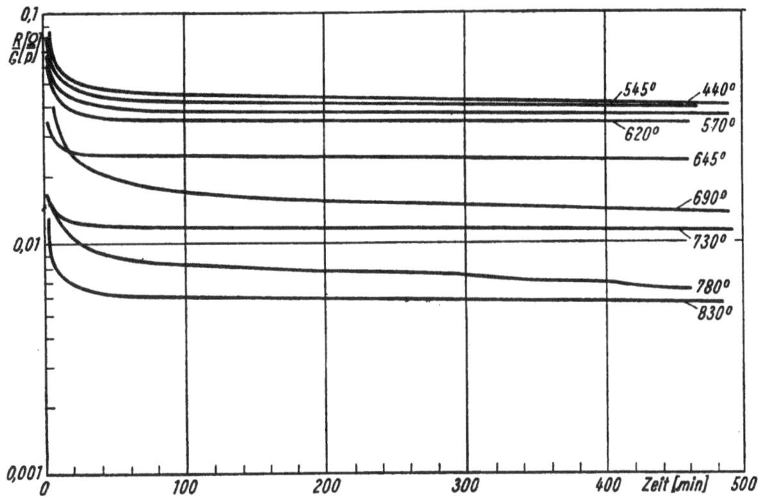

Abb. 5. Widerstandsisotherme für Pulver 2

dene Sintertemperaturen aufgetragen. Der hauptsächlich auf der Entgasung beruhende Steilabfall in den ersten Minuten der Sinterung ist hier nicht angegeben. Auch die Widerstandsisothermen zeigen über Sinterzeiten von 20 bis 30 Minuten hinaus keinen nennenswerten Abfall. Bemerkenswert ist die starke Abnahme der Endwerte der Isothermen in Abhängigkeit von der Temperatur im Temperaturbereich des sich ausbildenden festen Zusammenhalts der Proben, wie er aus Abb. 3 hervorgeht. Im Bereich der stärker einsetzenden Schwindung ist die Widerstandsmessung mit der benutzten Anordnung wegen der auftretenden Schwindungsrisse nicht mehr sinnvoll.

Da im α- und β-Gebiet nur sehr geringe lineare Schwindungen meist in der Größenordnung von 1% gemessen wurden, ist anzunehmen, daß die Sintervorgänge dieser beiden Phasen auf Oberflächendiffusion beruhen. Der Ablauf dieser Oberflächendiffusion wird dabei augenscheinlich auch von einer sehr dünnen Oxidschicht stark beeinflußt, die Starttemperatur der Brückenbildung und der kinetische Verlauf werden im Sinne einer Verschlechterung des Sinterverhaltens deutlich verändert. Andererseits ist aber auch festzustellen, daß auch bei extrem geringer Oberflächenoxydation im α- und β-Gebiet keine Verdichtung der Proben durch Gitterdiffusions- oder Fließvorgänge auftritt.

Die Untersuchung des eine zunehmende Verdichtung aufweisenden fortgeschrittenen Sinterstadiums erfolgte durch die Messung der Schwindung nach einem von H. J. OEL [2] angegebenen Prinzip. In einem vertikalen Quarzrohr befand sich das sinternde Pulver, dessen lineare Schwindung auf einen Quarzstab übertragen wurde. Der Betrag der Schwindung konnte durch ein Meßfernrohr an einer Marke des Stabes abgelesen werden. Abb. 6 zeigt die Schwindungsisothermen von Pulver 1. Die Auswertung dieser Messungen ergab, daß der Verdichtungsprozeß nach einer Zeitfunktion der Form $S = a \cdot t^n$ mit n-Werten um 0,5 verläuft. Aus dem

Anstieg der ARRHENIUS-Geraden ließ sich eine Aktivierungsenergie von 33,8 $\left[\frac{\text{kcal}}{\text{g-At.}}\right]$ errechnen. Für die hier gefundenen Werte ist ein Mechanismus nach Art des Hochtemperaturkriechens anzunehmen. Als Bestätigung für diese Erklärung können die hier aufgetretenen hohen Verdichtungsgeschwindigkeiten und der Verlauf der Fließgrenze des Urans dienen, deren Werte im

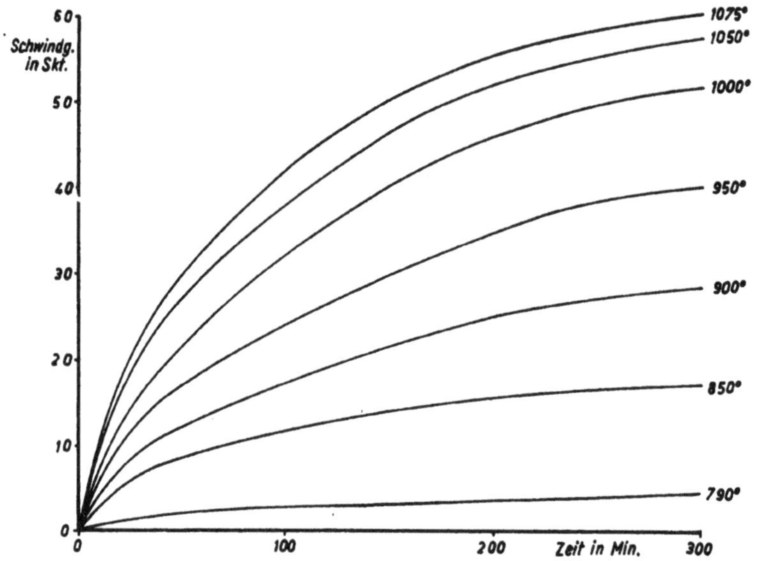

Abb. 6. Schwingungsisotherme für Pulver 1 (1 Skt = 0,09 mm)

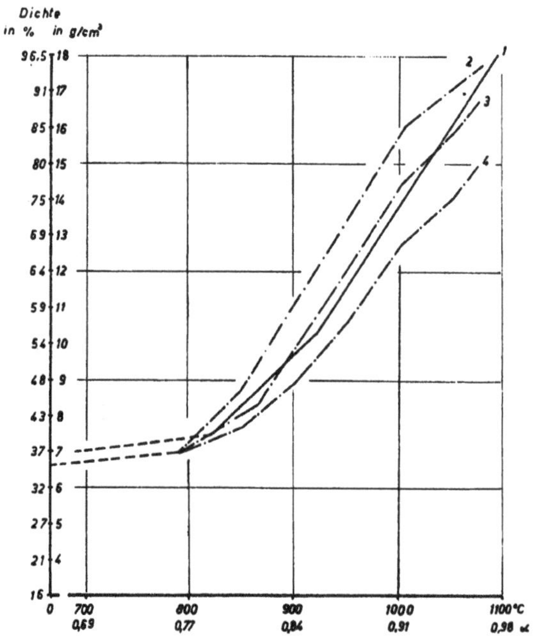

Abb. 7. Der Dichteverlauf für die Pulver 1 und 2 in Abhängigkeit von der Sintertemperatur

(t = 300 min) Kurve 1: Pulver 2; $p\ [O_2] < 10^{-6}$ Torr
Kurve 2: Pulver 1; $p\ [O_2] < 10^{-6}$ Torr
Kurve 3: Pulver 1; $p\ [O_2] = 10^{-4}$ Torr
Kurve 4: Pulver 1; $p\ [O_2] = 10^{-3}$ Torr

γ-Gebiet nur etwa ein Zehntel der Werte des oberen α-Gebietes betragen. Die Größe der Aktivierungsenergie des Hochtemperaturkriechens dürfte bei den während der Sinterung wirkenden Spannungen durchaus im Bereich der Aktivierungsenergie der Gitterselbstdiffusion des γ-Urans von 26,5 $\left[\frac{\text{kcal}}{\text{g-At.}}\right]$ liegen. In Abb. 7 ist der Verlauf der Dichte nach Sinterzeiten von 5 Stunden in Abhängigkeit von der Sintertemperatur dargestellt. Auch hier ist zunächst bei Pulver 2 ein schlechteres Verhalten zu erkennen. Der Dichteunterschied zwischen den Proben der Pulver 1 und 2 bei der Sinterung im Hochvakuum verringert sich bei Temperaturen oberhalb 1000 °C, d. h., auch beim extrem oberflächenoxidarmen Pulver sind höchste Dichten erst kurz unterhalb des Schmelzpunktes zu erreichen. Der niedrige Oxidanteil des Pulvers 2 läßt hier ebenfalls noch hohe Dichten zu, während eine stärkere Erhöhung des Oxidanteiles durch Sintern bei größerem Sauerstoffpartialdruck ein Absinken der erreichbaren Dichtewerte bewirkt. Die Kurven 3 und 4 zeigen die Verschlechterung des Sinterverhaltens des Pulvers 1 bei einer Sinterung im Sauerstoffpartialdruck von 10^{-4} bzw. 10^{-3} Torr. Mit Sauerstoffpartialdrücken über 10^{-4} Torr sind keine Proben mit höherer Dichte mehr zu erreichen. Auf eine Veränderung des Sinterablaufes im Schlußstadium weist die Verringerung des Wertes n von 0,5 auf etwa 0,2 für hohe Sintertemperaturen und -zeiten hin, die sich bei der Auswertung der Schwindungsmessungen ergab. Wie schon von LLOYD und WILLIAMS [3] betont, formen sich die Poren beim Uran nicht zur Kugelgestalt ein, sondern die bizarre Form bleibt bei der Ver-

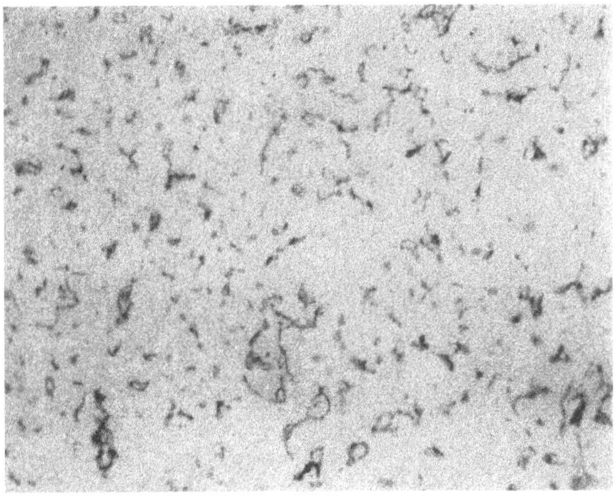

Abb. 8. Verteilung der Einschlüsse und Poren in einer Sinterprobe aus Pulver 2

V = 320:1; γ = 16,5 [g/cm³]

minderung des Porenvolumens erhalten. Dadurch bilden sich oft langgestreckte Barrieren vornehmlich oxidischer Natur heraus, die von den ehemaligen Porenbegrenzungen her stammen. Diese Barrieren wirken im Schlußstadium der Sinterung offenbar stark hemmend. Die Bildung dieser Barrieren konnte auch durch eigene metallographische Untersuchungen bestätigt werden (Abb. 8).

Zusammenfassend kann festgestellt werden, daß auch beim sehr oberflächenoxidarmen Uranpulver erst eine Verdichtung im Gebiet der kubisch raumzentrierten γ-Phase auftritt. Nach den hier dargelegten Ergebnissen handelt es sich dabei offenbar um einen Mechanismus nach der Art des Hochtemperaturkriechens. Der Ablauf der im Bereich der niedersymmetrischen α- und β-Phase vermutlich durch Oberflächendiffusion eintretenden Brückenbildung wird schon durch außerordentlich dünne Oxidschichten wesentlich beeinflußt.

Rossendorf b. Dresden (DDR), Zentralinstitut für Kernforschung
der Deutschen Akademie der Wissenschaften zu Berlin

Literatur

[1] Hausner, H. H. and Zambrow, J. L., „The powder metallurgy of uranium". Nuclear Science and Engineering 1 (1956) 92–101.

[2] Oel, H. J., „The relationship between free energy and kinetics in sintering processes", in W. O. Kingery: „Kinetics of high-temperature processes". New York 1959, S. 179–194.

[3] Lloyd, H. and Williams, J., „The powder metallurgy of uranium". Sec. United Nations Int. Conf. (1958) A/Conf. 15/P/1470.

D. Porige Werkstoffe

Einfluß des Kaltwalzens auf die Eigenschaften von gesinterten Filtern aus Monel

Von K. Mauer, L. Elssner und P. Kassner

Im folgenden soll ein kurzer Überblick über Versuche zur Beeinflussung der Porenstruktur gesinterter Filter durch eine nachgeschaltete Kaltverformung durch Walzen auf der Flachbahn gegeben werden. Der Versuchsumfang ist noch nicht sehr groß. Wir haben bislang nur mit zwei Walzgerüsten unterschiedlichen Walzendurchmessers gearbeitet und dabei die Art der Walzung — ob einstichig oder mehrstichig — variiert. Wir sind uns darüber im klaren, daß unsere Versuche mehr Fragen aufwerfen, als wir derzeit beantworten können. Dennoch erscheint es uns auf Grund der im Verlauf der Untersuchungen gefundenen interessanten Effekte gerechtfertigt, die Ergebnisse einmal zur Diskussion zu stellen. Betrachtet man die Durchflußleistung eines gesinterten Filters als charakteristische Eigenschaftsgröße, so würde man zunächst erwarten, daß mit zunehmender Kaltverformung die Werte der Durchflußleistung monoton abnehmen. Die Versuche zeigen aber, daß dies keineswegs der Fall ist und im Kurvenverlauf der Abhängigkeit „Durchflußleistung über der Höhenabnahme" beim Walzen überraschende Maxima und Minima sowie Wendepunkte durchlaufen werden. Das Auftreten dieser Effekte erscheint gesichert und wurde außer an Monelfiltern, über die wir hier berichten, inzwischen auch beim Walzen von Titanfiltern festgestellt.

Wir haben für unsere ersten Walzversuche deswegen Monelfilter herangezogen, weil diese Legierung wegen ihrer guten Korrosionsbeständigkeit gegenüber einer großen Anzahl von Medien als Filterwerkstoff von besonderem Interesse und vielseitig einsetzbar ist.

Monelfilter aus kugeligem Pulver werden normalerweise in loser Schüttung gesintert, da das Verpressen derartiger Pulver schwierig ist, zumal, wenn es sich um enge Kornfraktionen handelt, was bei der Filterfertigung meist der Fall ist. Die mittlere Porenweite bzw. die Porenweitenverteilung werden in erster Linie durch die Korngröße bzw. das Korngrößenintervall und die Kornform des eingesetzten Pulvers bestimmt. Die Sintertemperatur und -dauer erlauben eine weitere Beeinflussung der Porenanordnung und -größe. Die Aufgabenstellung bei unserer Untersuchung war, zu überprüfen, inwieweit sich, ausgehend von *einem* Ausgangsmaterial, die verschiedensten Filtereigenschaften durch eine entsprechende Walzbehandlung erzielen lassen.

Monel ist eine Legierung mit etwa 70% Nickel und 30% Kupfer, die bei der Verhüttung von sulfidischen Nickel-Erzen entsteht. Sie hat normalerweise noch Begleitelemente wie Fe, Mn und Si, die etwa 2 bis 3% ausmachen. Die Kornfraktion des von uns verwendeten Pulvers war 0,4 bis 0,7 mm, die Kornform kugelig.

Die in loser Schüttung gesinterten Filter hatten folgende Eigenschaften:

$$\begin{aligned}
&\text{Zugfestigkeit} &&= 8{,}33 \ \text{kp/mm}^2\\
&\text{Biegefestigkeit} &&= 16{,}17 \ \text{kp/mm}^2\\
&\text{Dichte} &&= 6{,}265\ \text{g/cm}^3 \ (\gamma_{\text{theor.}} \approx 8{,}9\ \text{g/cm}^3)\\
&\text{Porosität} &&= 30\%\\
&\text{Durchflußleistung} &&= 18 \cdot 3 \,\frac{\text{m}^3}{h \cdot \text{cm}^2},
\end{aligned}$$

bei 2 atü Vordruck und Luft als Meßgas.

Die zur Verfügung stehenden Walzwerke waren Flachbahnduos mit 60 bzw. 360 mm Walzendurchmesser und Kammantrieb. Die Proben wurden einmal mehrstichig mit je 0,25 mm Stichabnahme und zum anderen einstichig mit zunehmenden Stichabnahmen direkt auf die angestrebte Filterdicke heruntergewalzt. Alle Proben wurden in einem Vorstich um 0,3 mm auf 5 mm heruntergewalzt, um leichte Schwankungen in der Filterdicke des Ausgangszustandes zu egalisieren.

Schließlich ist noch eine dritte Gruppe von Walzversuchen zu erwähnen, die ein- bzw. mehrstichig mit je 0,5 mm Stichabnahme oder einem Vielfachen dieses Betrages durchgeführt wur-

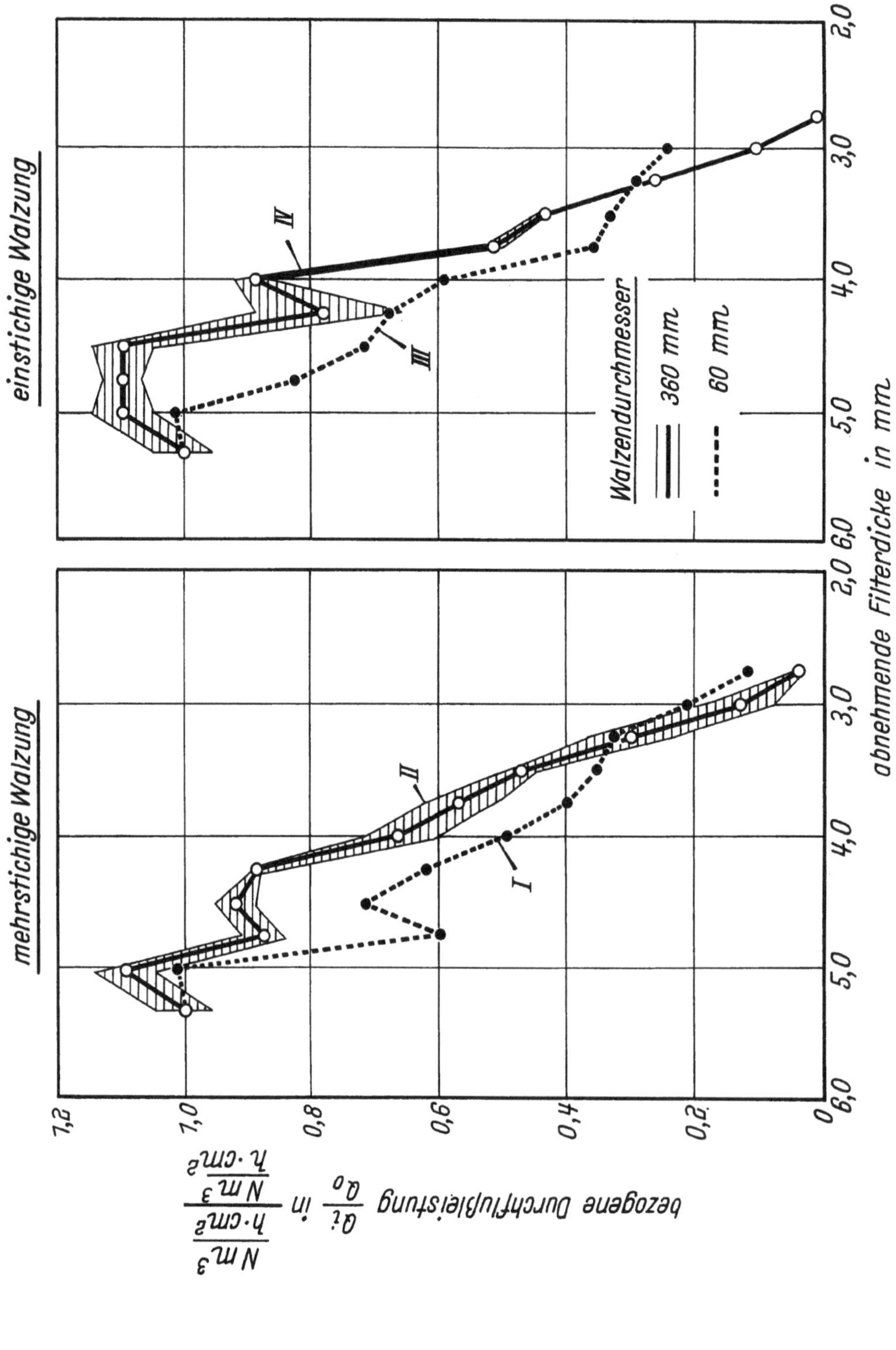

Abb. 1

den. Zur Untersuchung des Einflusses einer Kaltverfestigung auf die Biegefestigkeit gewalzter Filter wurde die Hälfte der Proben anschließend bei 820 °C drei Stunden angelassen.

Alle Walzversuche wurden an Filterstreifen der ungefähren Abmessung 20×50 mm² durchgeführt. Die Probendicke betrug 5,3 mm.

An den durch Walzen bzw. Walzen und nachfolgendes Glühen behandelten Proben wurden die Durchflußleistung, die Dichte sowie die Biegefestigkeit untersucht.

In den folgenden Abbildungen werden zunächst die Ergebnisse der Durchflußleistungsmessungen mitgeteilt. In Abb. 1 sind nebeneinandergestellt die Änderung der Durchflußleistung bezogen auf den Ausgangswert in Abhängigkeit von der Höhenabnahme der Filterproben, links für die mehrstichige und rechts für die einstichige Walzung. Als Kurvenparameter sind je-

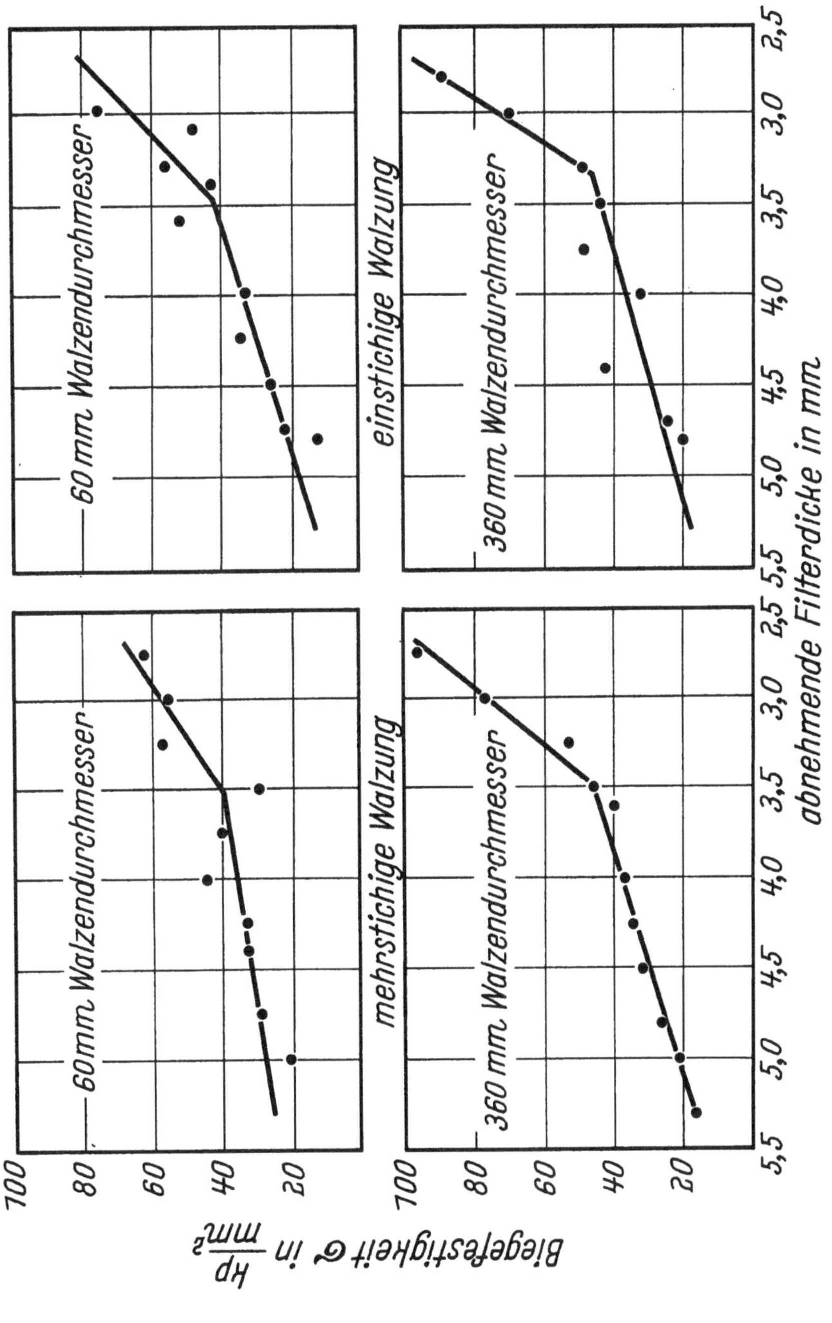

Abb. 2

weils die Walzendurchmesser angegeben. Zunächst fällt auf, daß in allen vier Kurven nach dem ersten Vorstich eine Zunahme der Durchflußleistung stattgefunden hat. Beim weiteren Walzen wird in den Kurven I, II und IV ein Maximum durchlaufen, während Kurve III nur einen Wendepunkt aufweist. Die Maxima in den Kurven I und II liegen etwa da, wo Kurve III ihren Wendepunkt hat, nämlich bei einer Filterdicke von 4,5 mm. Das Maximum in Kurve IV liegt bei 4 mm. Nach den Maxima bzw. dem Wendepunkt erfolgt eine steilere Abnahme der Durchflußleistung, die wiederum in einen Kurvenast geringeren Abfalls übergeht. Dieser Bereich liegt übereinstimmend in allen Fällen etwa bei einer Filterdicke von 3 bis 3,5 mm. Die Enden der Kurven weisen keinerlei Extremwerte mehr auf und verlaufen leicht gekrümmt gegen Null. Damit ergeben sich für alle vier Kurven drei ausgezeichnete Kurvenbereiche, die entweder ein Maximum oder einen Wendepunkt aufweisen.

Weiterhin ist aus den Diagrammen zu ersehen, daß die Durchflußleistungswerte beim Walzen mit dem 360-mm-Walzwerk über denen beim 60-mm-Gerüst liegen.

Die Biegefestigkeitswerte in Abb. 2 zeigen in allen Kurven qualitativ den gleichen Verlauf. Sie weisen zwei Bereiche auf, die durch einen unterschiedlichen Festigkeitsanstieg gekennzeichnet sind. Der Knick in den Kurven liegt etwa im Bereich von 3 bis 3,5 mm Filterhöhe und fällt mit dem Beginn der letzten Kurvenabschnitte in Abb. 1 zusammen.

Schließlich sind noch die Dichtemessungen von Interesse, die in Abb. 3 dargestellt sind. Wir haben diese Messungen nicht für alle Walzungen durchgeführt, sondern nur für die ein- und mehrstichige Walzung auf dem 360-mm-Gerüst. Man sieht bei einem Vergleich der Dichte- und Durchflußleistungskurven, daß ein durchaus korrespondierender Verlauf vorliegt, wenngleich die Effekte in den Dichte-Kurven weniger stark ausgeprägt sind. So äußert sich das erste Maximum in der Durchflußleistung nur in einem verzögerten Dichteanstieg. Die Maxima

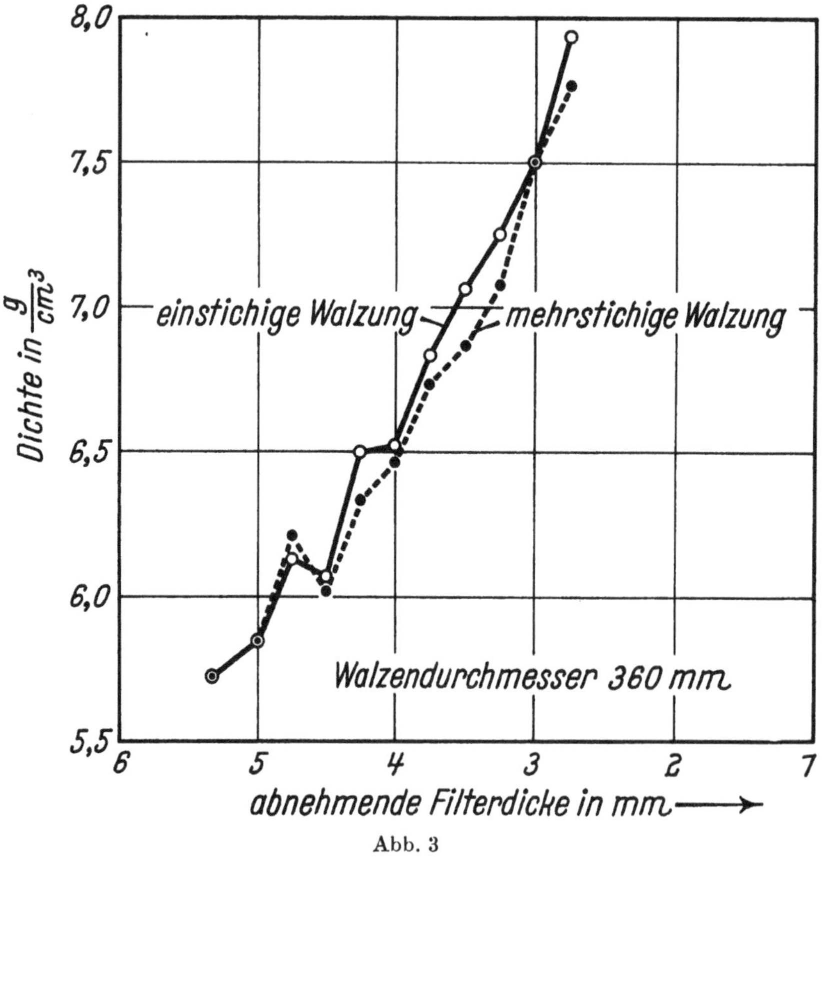

Abb. 3

in Abb. 3 fallen mit dem zweiten Maximum der Kurve II bzw. dem ersten breiten Maximum der Kurve IV in Abb. 1 zusammen. In ähnlicher Weise läßt sich der Zusammenhang der beiden Darstellungen weiter beschreiben.

Wie bereits erwähnt, hatten wir zunächst die Vorstellung, daß beim Walzen von Filtern die Durchflußleistung stetig abnehmen würde. Die Kurven der Biegefestigkeit weisen einen Verlauf auf, wie er zu erwarten ist. Wie sind nun die überraschenden Effekte in der Abhängigkeit

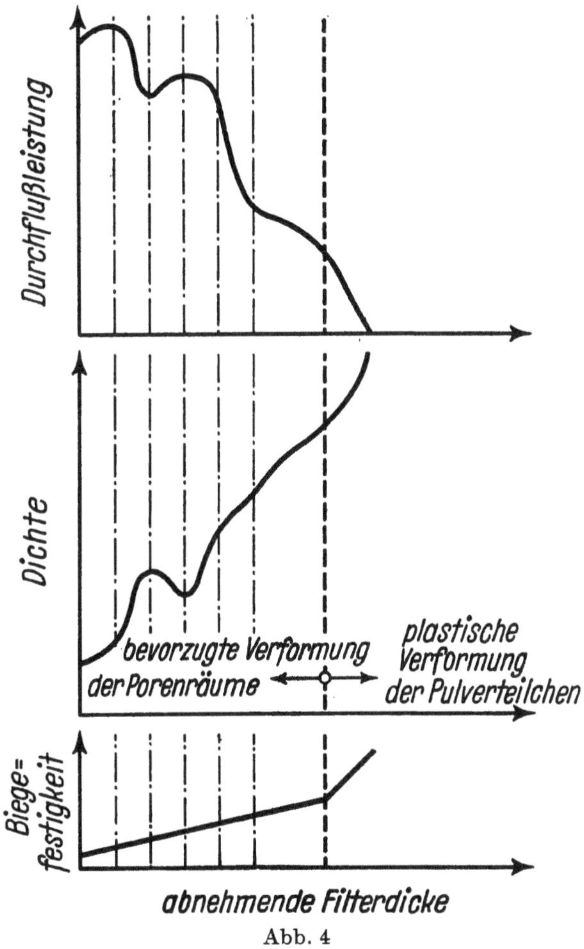

Abb. 4

der Durchflußleistung sowie in weniger ausgeprägtem Maße der Dichte von der Stichabnahme zu beschreiben? Es wird hier der Versuch einer Deutung gemacht, die vor allem im weiteren Verlauf der Untersuchungen als Arbeitshypothese dienen soll. Für eine sichere Definition sind ohne Zweifel noch weitere Versuche notwendig.

Abb. 4 zeigt eine schematische Darstellung der gemessenen Abhängigkeiten der Durchflußleistung, Biegebruchfestigkeit und Dichte über der Stichabnahme.

Die Durchflußmessungen wurden in der Weise durchgeführt, daß Luft mit einem definierten Druck durch das Filter geblasen wird. Maßgebend für die Menge der durchtretenden Luft ist also neben dem Vordruck die freie Porenfläche senkrecht zur Richtung des strömenden Gases, also in Richtung der Filterdicke. Nimmt man an, daß beim Walzen unter bestimmten Bedingungen das Filter bevorzugt in Walz- bzw. Walzgegenrichtung verformt, also gestreckt wird, so werden die Poren gleichfalls gestreckt. Falls keine Querkontraktion der Probe auftritt, muß sich diese Streckung in einer Erhöhung der Durchflußleistung auswirken. Ein Zusammendrücken der Poren ohne Streckung wird eine Verringerung der Durchflußleistung zur Folge haben, da die Metallkugeln bevorzugt in den freien Porenraum eingepreßt werden. Für die schematische Kurve der Durchflußleistung in Abb. 4 würde das heißen, auf den ansteigenden Teilen der Kurve überwiegt der Einfluß der Filterstreckung auf die Durchflußleistung, auf den abfallenden Teilen die Stauchung. Wie kommt nun dieser unterschiedliche, sich zyklisch ändernde Materialfluß beim Walzen zustande? Wir nehmen zur Erklärung an, daß sich beim Walzen eine Festigkeitsanisotropie im Filter ausbildet. Der erste Anstieg der Durchflußleistungskurve wird durch eine Streckung des Filters in Walzrichtung und Walzgegenrichtung hervorgerufen. Sie bewirkt einen Festigkeitsanstieg infolge Kaltverfestigung. Ist diese genügend hoch angestiegen, so erfolgt beim weiteren Walzen bevorzugt eine Stauchung der Filterplatten mit Verkleinerung der Poren durch Hineindrücken von Körnern. Die Stauchung ist gleichfalls mit einem Festigkeitsanstieg verbunden, und bei Erreichen einer bestimmten Verfestigung tritt wieder eine verstärkte Streckung des Filters auf. Dieses Wechselspiel läuft selbstverständlich nicht streng nacheinander, sondern nebeneinander ab, wobei der eine oder der andere Einfluß dominierend wird. Die wechselnden Einflüsse äußern sich in den periodisch aufeinanderfolgenden Maxima und Wendepunkten, die in ihrer verformungstechnischen Bedeutung gleichwertig sind, nur, daß im Falle der aufsteigenden Kurventeile der streckende Einfluß beim Walzen deutlicher wird. Es ist klar, daß der Werkstoff eine gewisse Plastizität haben muß, um die beschriebenen Effekte zu zeigen. Titan z. B. weist nur das erste Maximum auf. Die weitere Verformung bis zum Bruch ist zu gering, um weitere Extremwerte zu zeigen. Der Einfluß des Walzendurchmessers auf den Kurvenverlauf ist verständlicherweise gering. Wichtig ist jedoch die Porenanordnung und -geometrie sowie die Plastizität der Metallkörner.

Die Unterschiede in der Höhe der Durchflußleistungskurven bei den Walzungen mit 360 mm Walzendurchmesser gegenüber denen mit 60-mm-Walzen, die in Abb. 1 dargestellt sind, sind vermutlich darauf zurückzuführen, daß die dünnen Walzen in der Oberflächenzone der Filter stärker verdichtend wirken als dicke Walzen.

Daß die Effekte in der Dichtekurve weniger stark ausgeprägt sind als bei der Durchflußleistung, ist darauf zurückzuführen, daß diese Größe nur vom Porenvolumen abhängig ist, während die Durchflußleistung noch zusätzlich von der Porenform beeinflußt wird.

Die beiden Bereiche unterschiedlichen Anstiegs in den Biegefestigkeitskurven können so gedeutet werden, daß im ersten Abschnitt die Deformation in den Sinterbrücken erfolgt und die Poren ihre Gestalt dadurch ändern, daß sich die Pulverteilchen gegeneinander verschieben. Es ist dies das Gebiet, in dem durch Veränderlichkeit der Porenform Effekte in bezug auf die Durchflußleistung auftreten können. Der Knick der Biegefestigkeitskurven fällt tatsächlich mit dem Beginn der letzten, sich asymptotisch der Abszisse nähernden Kurventeile der Durchflußleistung über der Stichabnahme zusammen. Dieser letzte Bereich, der vor allem durch eine verstärkte Zunahme der Biegefestigkeit gekennzeichnet ist, läßt sich dadurch erklären, daß die Pulverteilchen eine sehr dichte Packung erreicht haben und sich an vielen Punkten berühren. Eine weitere Verdichtung ist nur noch möglich, wenn die restlichen Poren durch Deformation der Pulverteilchen aufgefüllt werden. Das Wechselspiel zwischen Streckung und Stauchung kann verständlicherweise hier nicht mehr ablaufen, und es ist nur noch eine gleichmäßige Abnahme der Durchflußleistung zu erwarten. Die verstärkte Festigkeitszunahme wird neben der wachsenden Kaltverfestigung durch die gegenseitige Abstützung der Pulverteilchen verursacht.

Zum Abschluß sei noch einmal kurz auf die Festigkeitssteigerung beim Walzen eingegangen, da diese für die Gebrauchseigenschaften der Filterwerkstoffe von Wichtigkeit ist. Man erhält rein rechnerich durch die Abnahme des Probenquerschnittes beim Walzen und der damit verbundenen Verringerung des äquatorialen Widerstandsmomentes eine formale Festigkeitssteigerung. Welcher Anteil der tatsächlichen Biegefestigkeitszunahme wird nun durch eine

Kaltverfestigung des Werkstoffes verursacht? Wir haben zur Klärung dieser Frage einige weitere Proben gewalzt und einen Teil des Materials nach dem Walzen 3 Stunden bei 820 °C angelassen. Diese Temperatur ist zum Abbau einer Kaltverfestigung ausreichend, ohne daß dabei eine fühlbare zusätzliche Versinterung erfolgt.

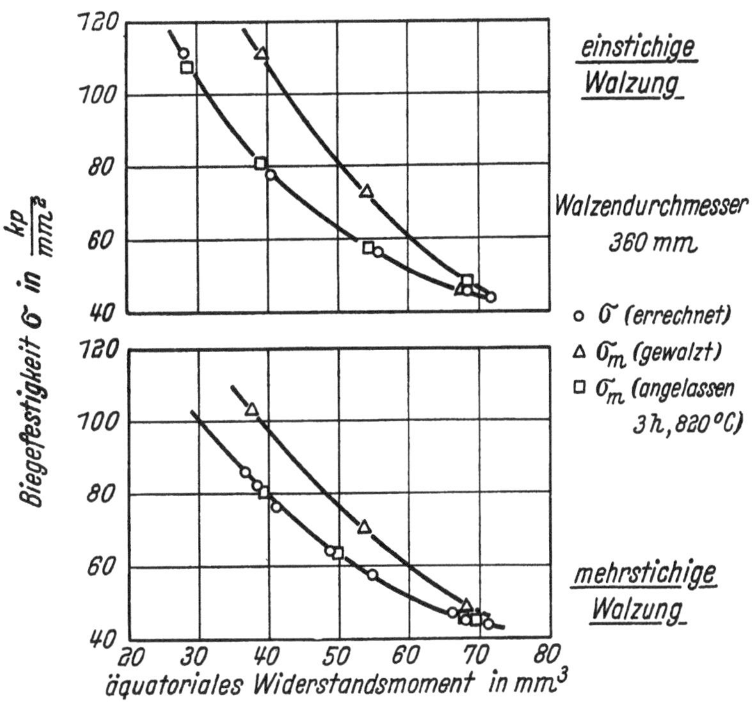

Abb. 5

Das Ergebnis dieser Untersuchungen zeigt Abb. 5. Im oberen Teilbild sind die Verhältnisse für die einstichige, im unteren Teilbild für die mehrstichige Walzung aufgetragen. Die oberen Kurven sind die gemessenen Biegefestigkeitswerte nach dem Walzen. Die Biegefestigkeit ist definiert nach

$$\sigma = \frac{M_b}{W_ä}, \tag{1}$$

wobei M_b das Biegemoment aus Belastung mal halber Stützweite und $W_ä$ das äquatoriale Widerstandsmoment aus $b \cdot h^2$ ist, wobei b die Probenbreite und h die Probenhöhe ist. Nimmt man nun an, daß beim Walzen keine werkstoffbedingte Festigkeitsänderung erfolgt und nur der Probenquerschnitt und damit $W_{ä_i}$ sich ändert, so kommt man zu folgendem Ausdruck:

$$\sigma_{\text{errechnet}} = \frac{M_{b\,\text{Ausgang}}}{W_{ä_i}}, \tag{2}$$

wobei $M_{b\,\text{Ausgang}}$ das Biegemoment der ungewalzten Probe und $W_{ä_i}$ das Widerstandsmoment nach den verschiedenen Walzungen ist. Diese Abhängigkeit ist in den unteren Kurven dargestellt. Durch Anlassen unter den angegebenen Bedingungen werden die oberen Kurven vollkommen in die unteren übergeführt, d. h., die in dem untersuchten Stichabnahmebereich über den rechnerischen Zuwachs erfolgte Biegefestigkeitserhöhung wird ausschließlich durch Kaltverfestigung des Filterwerkstoffes erzielt. Verdichtet man jedoch so weit, daß man in den Bereich starker gegenseitiger Abstützung der Körner gelangt, so ist zu erwarten, daß auch die angelassenen Proben Festigkeiten aufweisen, die oberhalb der errechneten Kurven liegen, da der Stützeffekt durch Anlassen nicht zu beseitigen ist.

Beim Vergleich der beiden Teilbilder fällt auf, daß der Kaltverfestigungseffekt beim einstichigen Walzen größer ist als beim mehrstichigen. Dies ist einleuchtend, da beim einstichigen Walzen die Verformungsgeschwindigkeit größer ist und damit bekanntlich die Kaltverfestigung wächst.

In Abb. 6 sieht man, daß mit Hilfe des Walzens, ausgehend von einem Ausgangswerkstoff, die Durchflußleistung in ähnlich breiten Bereichen variiert werden kann wie beim Einsatz verschiedener Kornfraktionen.

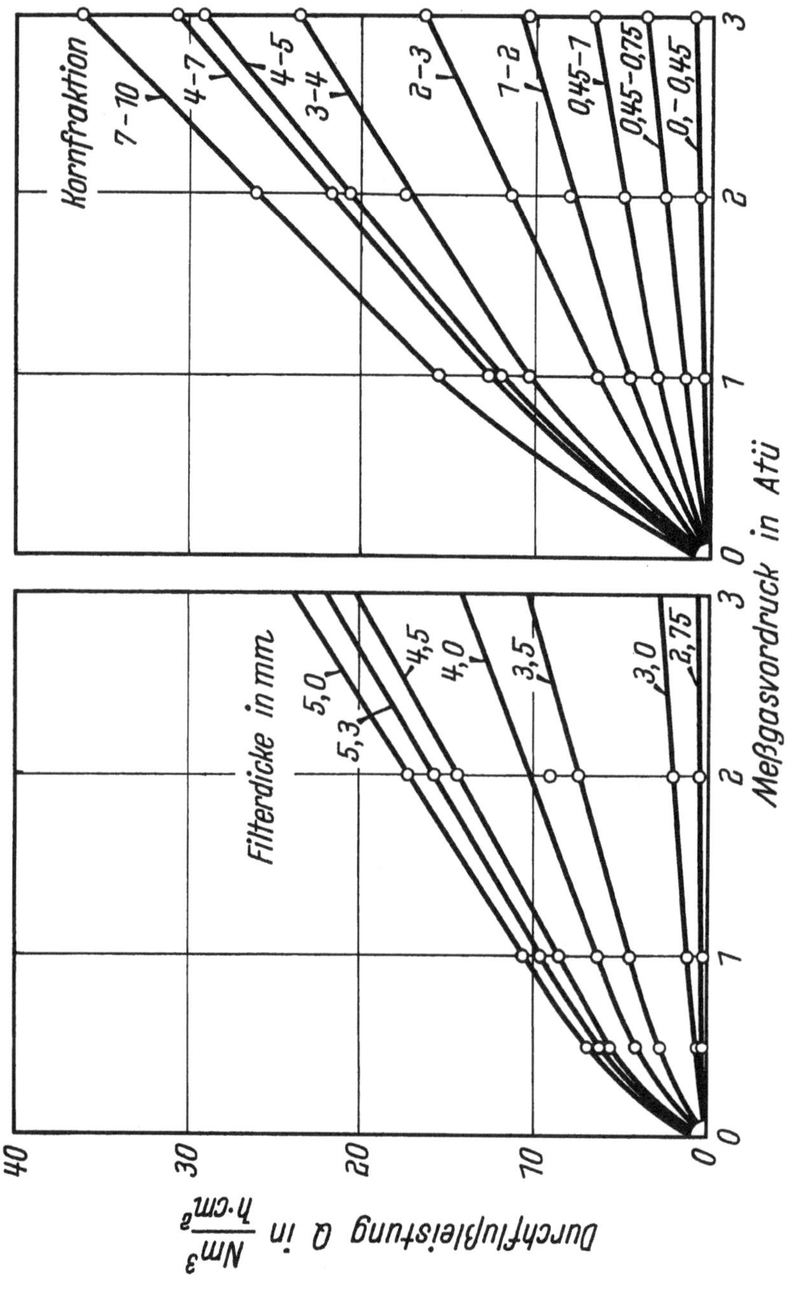

Abb. 6

Ich habe versucht, einen Überblick über die bisher bei uns durchgeführten Versuche zum Kaltwalzen von Filtern aus Monelmetall zu geben. Es sind sicherlich viele Fragen noch offen. Dennoch erschienen mir die fertigungstechnischen Aspekte sowie die Vorgänge bei der Verformung von Filtern durch Walzen interessant genug, die bisher vorliegenden Ergebnisse einmal vorzutragen.

Krefeld und Dortmund-Aplerbeck, Deutsche Edelstahlwerke AG

Diskussion

M. RÖHNISCH, Berlin: Kann die Veränderung der Filterscheiben während der Verdichtung metallographisch verfolgt werden?

L. ELSSNER: Es läßt sich zeigen, daß sich beim ersten Walzstich von 5,3 auf 5,0 mm der Gesamtporenraum erweiterte. Erst bei 4 mm Stärke wird ein langsames Dichtpressen festgestellt. Die Ergebnisse wurden durch Modellversuche an Monel-Körpern bestätigt, wobei eine Druckbelastung, wie sie beim Walzen auftritt, während einer Durchflußmessung aufgebracht wurde.

M. FAETHE, Dresden: Bezieht sich die Verformung nur auf eine bestimmte Oberflächenschicht?

W. RUTKOWSKI, Kraków (Polen): Bei den Infiltrationsuntersuchungen von gepreßten und auch gesinterten Skelettkörpern mit flüssigem Metall konnten wir feststellen, daß während des Kaltpressens eine Oberflächenschicht entsteht, die andere physikalische Eigenschaften als das Innere aufweist.

L. ELSSNER: Aus den Schliffbildern geht zunächst hervor, daß die Verdichtung über den gesamten Filterquerschnitt gleichmäßig verläuft. Eine größere Verdichtung der Oberflächenschicht müßte aber auch die Durchflußleistung, die vom engsten Porenquerschnitt abhängt, beeinflussen. Es ist sicher möglich, dies durch spezielle Untersuchungen noch zu klären.

Eigenschaften von gesinterten Filtern aus Titan

Von K. Mauer, H. H. Weigand und H. Grewe

1. Einführung

Die Entwicklung von Filtern aus gesinterten Metall- und Metallegierungspulvern begann mit der Herstellung von Bronzefiltern um das Jahr 1930. Gegenwärtig befinden sich Filterwerkstoffe aus den verschiedensten Metallegierungen, aus oxidischen Werkstoffen und aus Kunststoffen auf dem Markt. Die Filter werden für viele Anwendungsfälle eingesetzt, wobei vornehmlich die Speicher-, Drossel-, Filter-, Oberflächen- und Kapillarwirkung ausgenutzt werden.

Überall dort, wo korrosionsbeständige Filter verlangt werden, wurden zunächst keramische Werkstoffe eingesetzt. Diese sind zwar gegen jegliche neutralen und oxydierenden sowie die meisten reduzierenden Atmosphären, auch bei erhöhter Temperatur, und gegen die meisten Säuren beständig. Sie haben jedoch nur eine geringe Einsatzbreite, da sie praktisch nur als Sinterlinge eingesetzt werden können und, außer durch Schleifen, nicht weiter bearbeitbar sind. Beim Übergang auf Filterwerkstoffe aus Chrom–Nickel-Stählen vom 18/8-Typ glaubte man, die günstigsten Korrosionseigenschaften gegen oxydierende Gase und Säuren, die diese Werkstoffe im dichten Zustand haben, auf Filter übertragen zu können. Jedoch ist die Passivierung der Oberfläche dieses Werkstoffes von der Anwesenheit freien Sauerstoffs abhängig. Da bei chemischer Beanspruchung der Filter die Spalten und Poren im Sinterbrückenbereich auf Grund der Filterstruktur von der Sauerstoffzufuhr abgeschnitten sind, setzt hier eine Spaltkorrosion ein, und es kommt über den Abbau der Sinterbrücken zum Filterzerfall.

Die beim Einsatz keramischer Filter und metallischer aus Chrom–Nickel-Stahl auftretenden Schwierigkeiten und Nachteile können durch die Anwendung von gesinterten Titanfiltern weitgehend überwunden werden. Ihre Eigenschaften werden im folgenden besprochen.

2. Eigenschaften der Titanfilter

Die Untersuchungen der Eigenschaften der Titanfilter wurden vornehmlich an Filtermaterial durchgeführt, das aus unlegiertem Titanpulver der Korngröße 200 bis 300 μm gepreßt und unter Vakuum gesintert wurde. Die chemische Zusammensetzung der Ausgangspulver sowie deren Abschmelzhärten sind Tabelle 1 zu entnehmen. Durch die Sinterbehandlung

Tabelle 1. Chemische Zusammensetzung und Härte der verwendeten Pulver im Anlieferungszustand

Titansorte	Korngröße μm	Kohlenstoff Gew.-%	Sauerstoff Gew.-%	Stickstoff Gew.-%	Wasserstoff ppm	Eisen Gew.-%	Aluminium Gew.-%	Kalzium Gew.-%	Magnesium Gew.-%	Silizium Gew.-%	Abschmelzhärte HV_{10}*) kp/mm²
Titan B	200–300	0,02	0,37/0,41	0,052	245	0,08	0,08 ± 0,03	<0,01	<0,02	0,01	251
Titanhydrid	200–300	0,035	0,095	0,028	21 800	Sp.	n.b.	n.b.	n.b.	n.b.	—
Jodidtitan	—	0,012	0,0065	0,0057	26	0,002	<0,01	n.b.	n.b.	n.b.	81,5

*) Die Härtemessung nach Vickers bei einer Last von 10 kg erfolgte an unter Reinstargon eingeschmolzenen Pulverpreßlingen.

ändert sich die chemische Zusammensetzung gegenüber dem Ausgangszustand nur unwesentlich. Die Abschmelzhärte der Qualität Titan B steigt von 250 auf etwa 330 kp/mm². Die Porosität der im Sinterzustand untersuchten Filter beträgt rd. 30%.

Abb. 1 zeigt einfache Filterformteile aus unlegiertem Titan, die im Sinterzustand vorliegen.

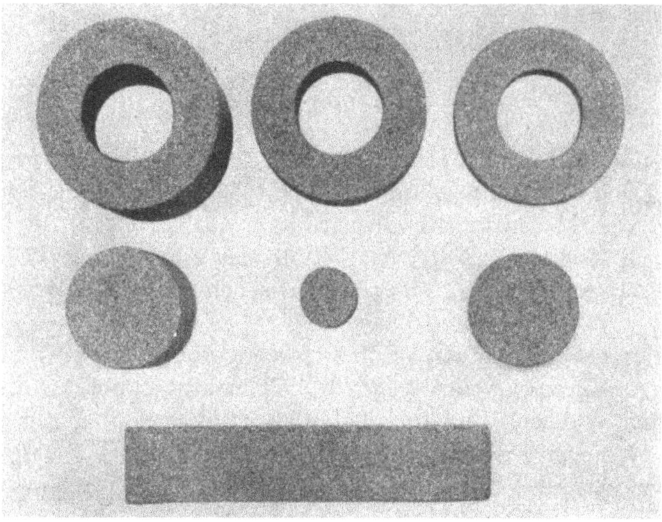

Abb. 1. Titanfilter im Sinterzustand

2.1 *Technologische Eigenschaften*

Die Ergebnisse der Zug- und Biegefestigkeitsprüfung werden in Tabelle 2 mitgeteilt. Die Zugfestigkeit liegt bei einer Bruchdehnung (δ_4) zwischen 2,0 und 2,5% um 7,1 kp/mm², die Biegefestigkeit bei 14,7 kp/mm². Die niedrigen Zähigkeitswerte (Bruchdehnung: 2,0 bis 2,5%; Durchbiegung: 0,3 bis 0,5 mm; Biegewinkel: $< 1°$) weisen auf sprödes Verhalten der Filter im Sinterzustand hin. Dies ist in gewisser Hinsicht nachteilig, da eine höhere Zähigkeit die Weiterverarbeitung im Apparatebau, beispielsweise durch Biegen, erleichtern würde. Daher wurden weitere Versuche durchgeführt, die Kaltverformbarkeit der Filterkörper zu verbessern. Ausgangswerkstoffe waren Titanhydrid, Gemische aus Titanhydrid- und Titanpulver sowie ein aus Jodidtitan hergestelltes Titanpulver (Tabelle 1).

Tabelle 2. Zug- und Biegefestigkeit gesinterter Titanfilter. Probenform: $100 \times 20 \times 5$ mm³

Prüfart	Versuchsnummer	Festigkeit kp/mm²	Dehnung δ_4 %	Durchbiegung mm	Biegewinkel °	Bemerkungen
Zugversuch	1	7,9	2,0			Endbruch
Zugversuch	2	7,2	2,0			Endbruch
Zugversuch	3	6,8	2,0			Endbruch
Zugversuch	4	6,4	2,5			Mittenbruch
Zugversuch	5	7,15	2,5			Endbruch
Biegeversuch *)	1	15,13		0,5	< 1	
Biegeversuch	2	15,22		0,4	< 1	
Biegeversuch	3	14,05		0,3	< 1	
Biegeversuch	4	13,90		0,4	< 1	
Biegeversuch	5	15,22		0,37	< 1	

*) Auflageabstand: 70 mm.

Dabei zeigte sich, daß die ausschließliche Verwendung von Titanhydrid nicht möglich ist, da die Preßlinge beim Sintern auf Grund der Änderung des spezifischen Gewichtes (3,65 auf 4,5 g/cm³) beim Übergang von Titanhydrid zu Titan reißen. Erst beim Übergang zu Titan–Titanhydrid-Gemischen mit 20 Gew.-% Titanhydrid und weniger konnten rißfreie Filterkörper gesintert werden. Formkörper, die aus lose geschüttetem Titanhydridpulver gesintert wurden, ließen sich rißfrei herstellen. Sie waren jedoch ebenfalls wie Filter aus Titan B im Sinterzustand spröde.

Die Biegefestigkeit von Titanfiltern in Abhängigkeit von der Sintertemperatur und vom Gehalt an Titanhydrid zeigt Abb. 2. Die höchsten Biegefestigkeitswerte wurden an Filterkörpern gemessen, die bei 1350 °C gesintert wurden, dagegen führt eine weitere Erhöhung der Sintertemperatur auf 1500 °C bei allen Gemischen zu einem Abfall der Festigkeitswerte.

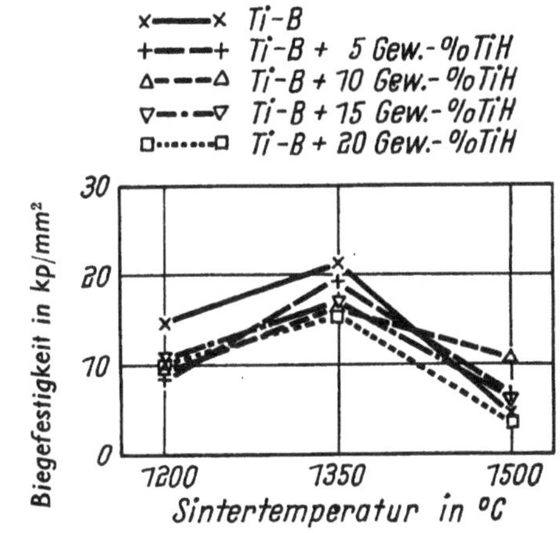

Abb. 2a. Abhängigkeit der Biegefestigkeit von der Sintertemperatur beim Sintern verschiedener Ti–TiH Gemische

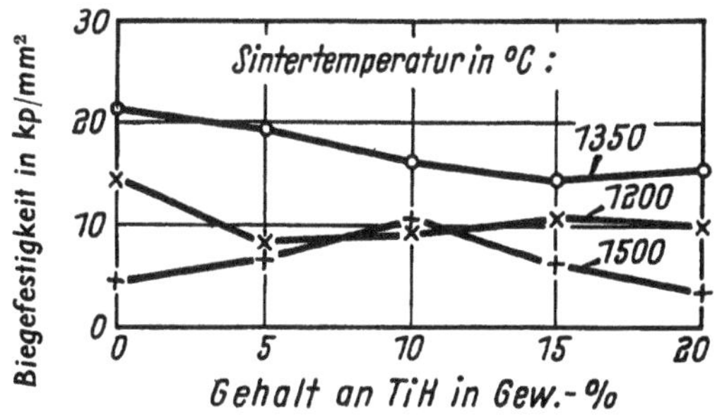

Abb. 2b. Abhängigkeit der Biegefestigkeit vom Titanhydridgehalt im Ausgangsgemisch bei verschiedenen Sintertemperaturen

Durch eine Zugabe von Titanhydrid kann die Biegefestigkeit bei Sintertemperaturen von 1200 und 1350 °C gegenüber Filterkörpern aus Reintitan nicht verbessert werden. Im Biegeversuch war an allen Festkörpern, die bei 1350 °C gesintert und an denen die höchsten Biegefestigkeitswerte gemessen wurden, keine merkliche, bleibende Verformung festzustellen.

Die Biegefestigkeitswerte von Filterkörpern aus Titanmetallpulver, das aus Jodidtitan (Tabelle 1) durch Hydrieren, Zerkleinern und anschließendes Dehydrieren unter vermindertem Druck hergestellt wurde, liegen mit etwa 45 kp/mm² über den Festigkeitswerten aller im Sinterzustand untersuchten Titanfilter (Tabelle 3). Dabei zeigt die Probe aus der gröberen Kornfraktion im Biegeversuch bei einem Biegewinkel von 7 bis 10° eine merkliche plastische Verformung.

Tabelle 3. Technologische Eigenschaften von Filtern aus Jodidtitan-Pulver

Bezeichnung	Korngröße µm	Biegefestigkeit*) kp/mm²	Abschmelzhärte **) HV_{10} kp/mm²	Biegewinkel °
Titan I	<60	43,3	329	0
Titan II	60–200	48,0	234	7–10

*) Probenform: 5 × 5 × 50 mm³; Stützweite: 40 mm.

**) Die Härtemessung nach Vickers bei einer Last von 10 kg erfolgte an unter Reinstargon eingeschmolzenen Sinterlingen.

Das günstigere Verhalten der Filter aus Jodidtitan läßt die Vermutung zu, daß das Sprödverhalten der aus handelsüblichem Titanpulver hergestellten Filter auf vorwiegend höhere Gasgehalte gegenüber Filtern aus sehr reinem Jodidtitan zurückzuführen ist. Dieser Werkstoff ist jedoch sehr teuer. Alle weiteren Untersuchungen wurden daher auf Filterkörper beschränkt, die aus handelsüblichem Titanpulver der Qualität Ti-B (Tabelle 1) hergestellt wurden.

Die Ergebnisse des Druckversuches (Probenform: 30 mm ∅ × 30 mm) sind weniger eindeutig, da sich während des Versuches der Kaltverformung eine Verdichtung des Probenmaterials überlagert. Während des Versuchsablaufs traten beim Erreichen eines spezifischen Flächendruckes von 4 bis 5 Mp/cm² erste sichtbare Risse in der Mantelfläche der Stauchprobe auf, obwohl die Druckzunahme in Abhängigkeit von der Stauchung über den gesamten Untersuchungsbereich bis zu 8,5 Mp/cm² stetig erfolgte. Es soll daher hier auf diese Werte nicht näher eingegangen werden.

Abb. 3 zeigt die Ergebnisse der Durchflußmessungen für Luft als Meßgas. Die Durchflußleistung steigt bei konstanter Probenstärke mit zunehmendem Vordruck an. Dem mit wachsender Probenstärke ansteigenden Strömungswiderstand entsprechend nimmt die Durchflußmenge bei konstantem Vordruck ab.

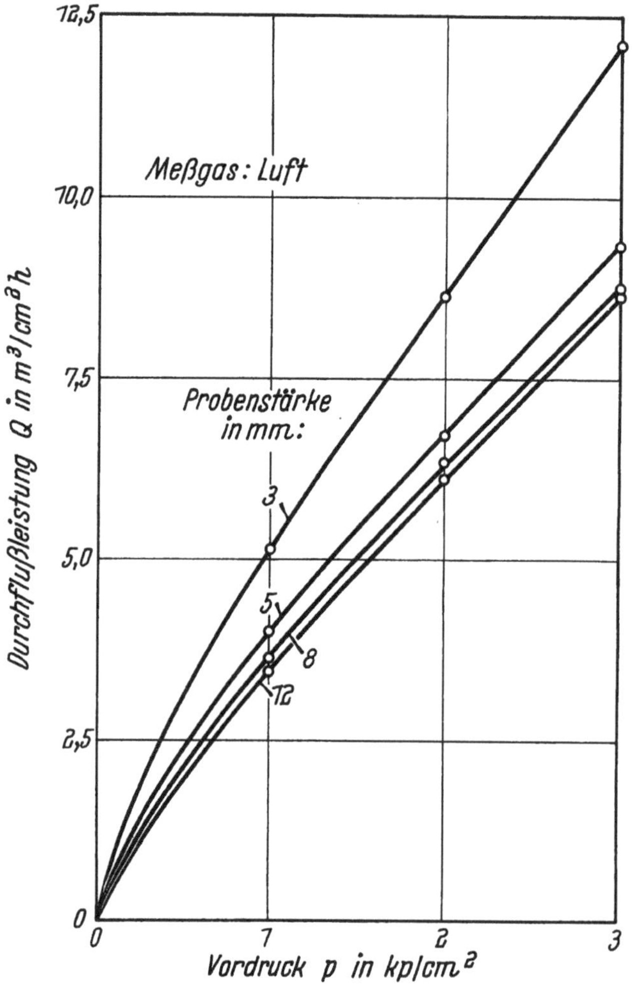

Abb. 3. Abhängigkeit der Durchflußmenge vom Vordruck bei verschiedenen Probenstärken

2.2 Mittlere Porenweite und spezifische Oberfläche

Die Bestimmung der mittleren Porenweite der Titanfilter im Anschluß an die Untersuchungen zur Gasdurchlässigkeit erfolgte mit einem halbautomatischen Teilchengrößenanalysator TGZ 3 der Fa. Zeiss.

Die zu untersuchenden Filterkörper wurden mit kaltaushärtendem Kunstharz unter Vakuum getränkt. Hierdurch konnte eine Veränderung der Poren bei der Herstellung des Schliffbildes vermieden werden. Die Schliffebene (Abb. 4) liegt dabei senkrecht zur Durchlußrichtung.

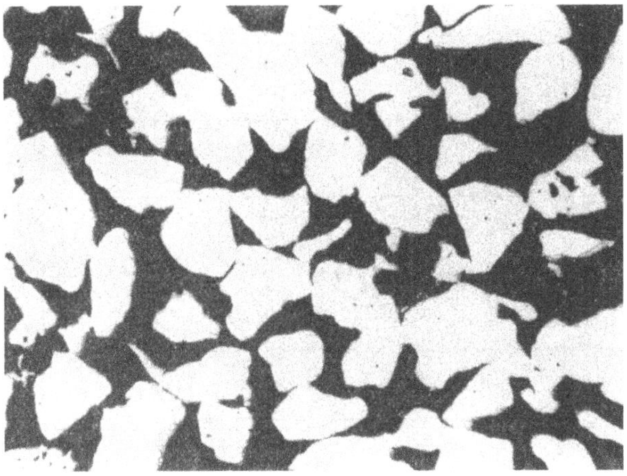

Abb. 4. Titanfilter, V = 100:1

Bei der Bestimmung der mittleren Porenweite wurde so verfahren, daß die Porenweite entlang von Parallelen zu den Seiten der Abbildung im Abstand von jeweils 20 mm ausgemessen wurden. Kurve 1 in Abb. 5 stellt die Summenkurve der Porenweiten der Titanfilter dar. Abb. 6 zeigt die relative Summenkurve der Porenweiten der Titanfilter in einem Wahrscheinlichkeitsnetz, dessen Abszissenachse linear und dessen Ordinatenachse nach den Funktionswerten des GAUSSschen Fehlintegrals geteilt sind. Die Meßpunkte ordnen sich in hinreichend guter Genauigkeit auf einer Geraden an, wenn man die Meßpunkte zu den Integralwerten $< 5\%$ und $> 90\%$, wie es zulässig ist, vernachlässigt. Aus der graphischen Darstellung in Abb. 5 und 6 folgt, daß die Porenweitenverteilung als Normalverteilung vorliegt, deren Mittelwert in bekannter Weise mit 0,154 mm und deren Streuung mit 0,0653 mm bestimmt worden sind (Abb. 5, Kurve 2).

Die spezifische Oberfläche der Titanfilter konnte nach dem BET-Verfahren nicht gemessen werden, da die Gasadsorption im Filterinneren durch den wegen der zu geringen Porosität von 30% zu hohen Staudruck behindert wurde. Aus diesem Grunde wurde die spezifische Oberfläche über den Mittelwert und die Streuung der Normalverteilung mit 0,00865 m^2/g angenähert. Wegen der Abweichung der Poren von der ideal kugeligen Form ist der Oberflächenwert der Filter als zu niedrig zu betrachten, er wird mit 0,01 m^2/g ($\triangleq$ 22 cm^2/cm^3) angenommen.

2.3 Verformungsverhalten

Die niedrigen Festigkeitswerte der Titanfilter im Sinterzustand (s. Tabelle 2) waren Anlaß zu Walzversuchen, wobei das Verformungsverhalten bei Raumtemperatur an Filterproben der Abmessung $100 \times 20 \times 5$ mm^3 untersucht wurde. Die Verformung erfolgte auf der Flachbahn bei einem Walzendurchmesser von 145 mm. Die Walzrichtung fiel mit der langen Kante der

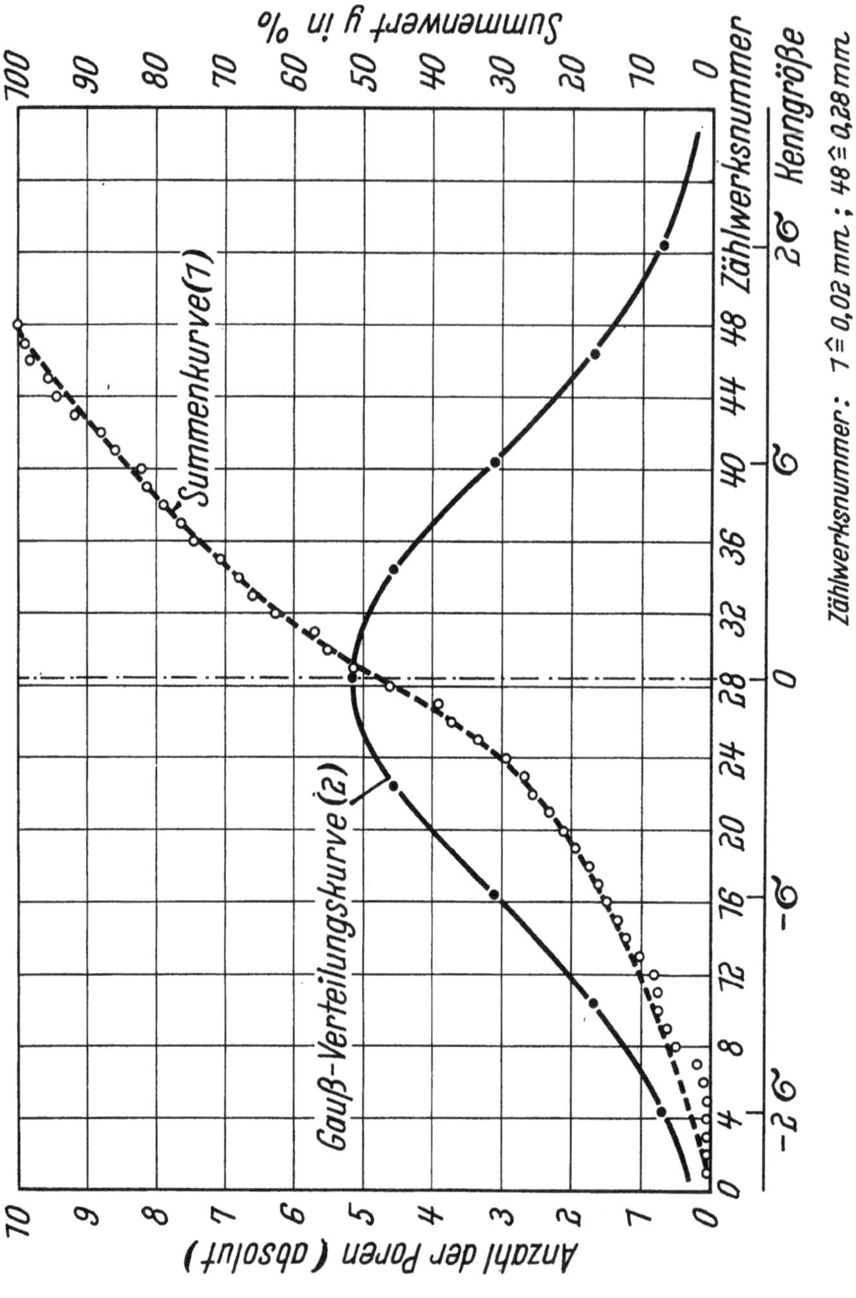

Abb. 5. Relative Summenkurve der Porenweiten eines Titanfilters (*1*) und Gausssche Verteilungskurve der Porenweiten eines Titanfilters (*2*)

Proben zusammen. Die Walzgeschwindigkeit bei den ein- und mehrstichig durchgeführten Walzversuchen betrug ca. 0,5 m/sec.

Die Walzversuche zeigen, daß die Titanfilter, die sich im Biegeversuch spröde verhalten, bis zu Höhenabnahmen von 18% für das einstichige und von 25% für das mehrstichige Walzen kaltverformbar sind. Oberhalb der genannten Höhenabnahmen bilden sich Risse quer zur Walzrichtung aus. Mit zunehmender Höhenabnahme nimmt beim Walzen die Raumerfüllung, wie zu erwarten ist, stetig von etwa 70 bis 76% zu. Die Biegefestigkeit läßt sich von 15 kp/mm² im Sinterzustand beim einstichigen Walzen für geringe Höhenabnahmen ($\Delta h = 0{,}1$ bis 0,3 mm) auf Werte um 30 kp/mm² steigern. Unter den gleichen Verformungsbedingungen nimmt überraschenderweise die Gasdurchlässigkeit um 25% zu. Dieses wird darauf zurück-

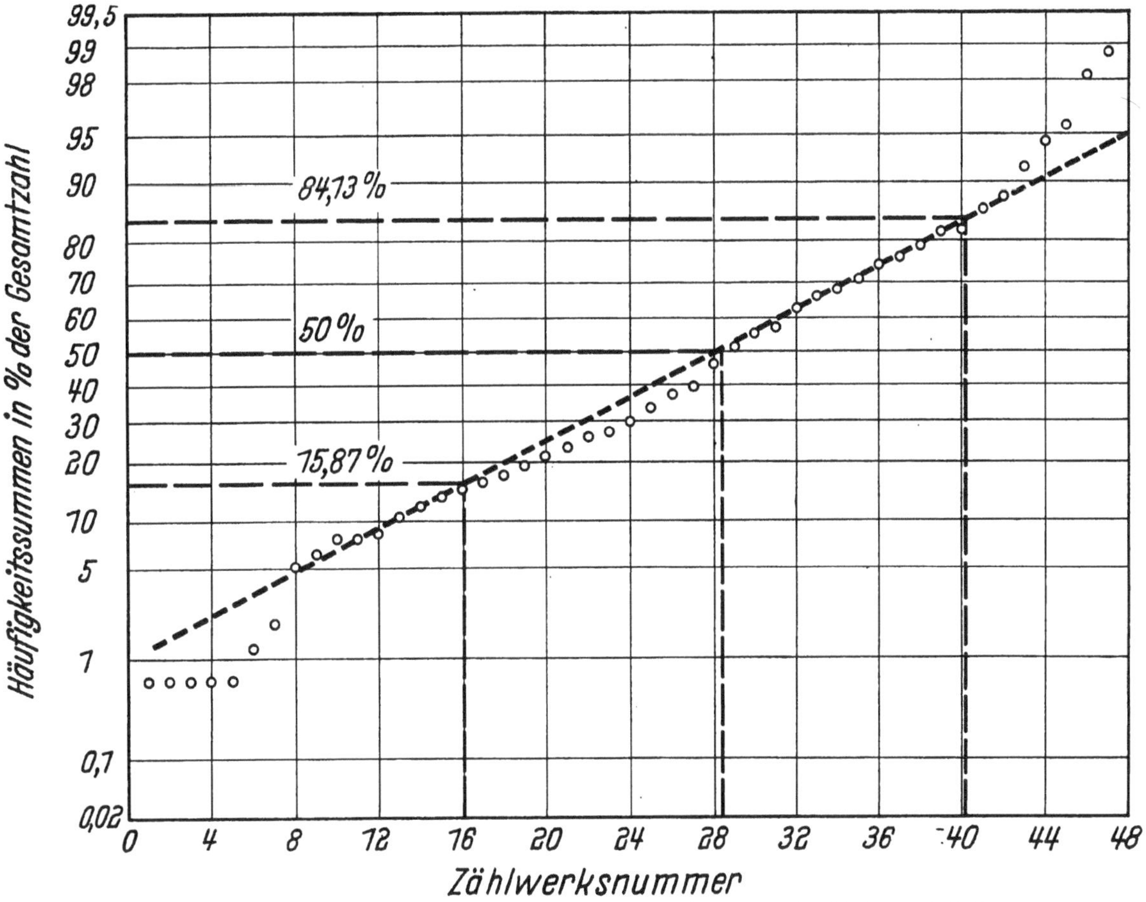

Abb. 6. Relative Summenkurve der Porenweiten eines Titanfilters im Wahrscheinlichkeitsnetz

geführt, daß unter dem Einwirken des Walzdrucks beim ersten Stich, bei dem sich die Porosität nur unwesentlich ändert, einzelne Körner und damit die entsprechenden Poren bzw. Porenkanäle in Walzrichtung bzw. in Walzgegenrichtung gestreckt werden und damit über eine Aufweitung der Poren den mechanischen Widerstand gegen das strömende Gas erniedrigen. Über diese Änderung des Durchflußverhaltens, die auch beim Walzen von Filtern aus Monelmetall beobachtet wurde, sowie über den Einfluß des Kaltverformens auf die Filtereigenschaften ist im einzelnen am Beispiel der Monelfilter im vorhergehenden Vortrag berichtet.

Die Biegefestigkeit der mit größtmöglicher Höhenabnahme gewalzten Titanfilter ist weiterhin durch eine Nachsinterung auf etwa 50 kp/mm² zu steigern. Dabei wird angenommen, daß der Festigkeitszuwachs vornehmlich durch eine Versinterung der beim Walzen zusätzlich entstandenen Berührstellen erfolgt. Die ebenfalls beim Nachsintern durch Rekristallisation ablaufende Entfestigung der Filter tritt offensichtlich hinter dem erwähnten Festigkeitszuwachs durch Versinterung zurück. Die Gasdurchlässigkeit der mit größter Höhenabnahme gewalzten und nachgesinterten Filter liegt in der Größenordnung der Werte, die in Abb. 3 für entsprechende Filterstärken mitgeteilt werden.

2.4 Schweißverhalten

Für die betriebliche Fertigung von Formteilen aus Titanfiltern ist die Kenntnis des Schweißverhaltens von Wichtigkeit, zumal eine Kaltumformung durch Biegen nicht möglich ist. Die Schweißversuche wurden an Filter–Filter- und Filter–Blech-Verbindungen durchgeführt.

Die hohe Affinität von Titan zu Sauerstoff und Stickstoff und damit die ungünstige Beeinflussung der Zähigkeitseigenschaften des Metalls durch Aufnahme dieser Gase erfordern verschiedene, bereits beim Schweißen von Titanblechen angewandte Schutzmaßnahmen.

Da die Aufnahme von Sauerstoff, Stickstoff und Wasserstoff in Titan bereits bei 400 °C einsetzt und mit steigender Temperatur zunimmt, kommt für das Schweißen von Titanfiltern nur eine Schutzgasschweißung mit zusätzlichen Schutzmaßnahmen (Abb. 7) in Betracht.

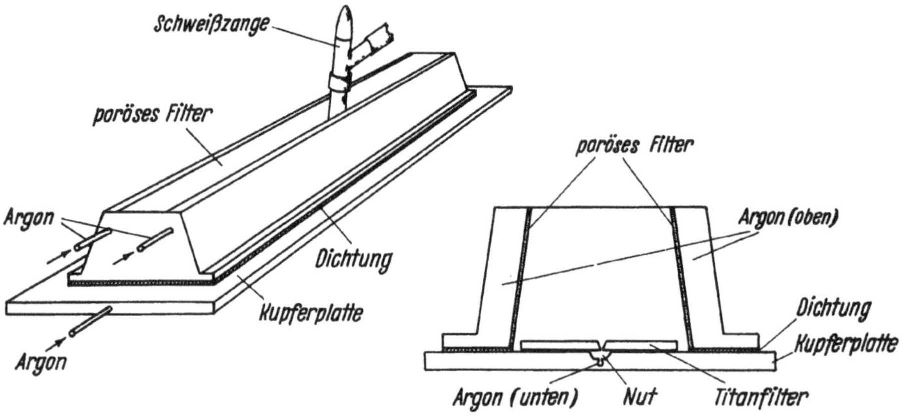

Abb. 7. Schematische Darstellung der Zusatzeinrichtung zum Schweißen von Titan und Titanfiltern

Die Schweißung erfolgte nach dem WIG-Verfahren an Filterplatten mit 1,8 bis 7 mm Stärke. Eine Säuberung der zu schweißenden Kanten war nicht notwendig, da die Proben nach dem Sintern metallisch blank vorliegen. Eine die Filterwirkung herabsetzende breite Schweißnaht bei Filterstärken > 4 mm konnte vermieden werden, indem die Filter für das Schweißen durch das Anfräsen einer V-Naht mit 50° Öffnungswinkel bei 1 mm Steg und 0,5 bis 1,0 mm Spalt vorbereitet wurden.

Alle Filterstärken wurden mit Titandraht als Zusatzwerkstoff geschweißt, da sonst die Schweißnaht, hervorgerufen durch örtliches Aufschmelzen des porösen Versuchsmaterials, eine bedeutend geringere Höhe als der Filterwerkstoff selbst hat. Je nach Stärke der Filter und dem daraus resultierenden Einfallen der Schweißnaht wurde als Zusatzwerkstoff Titandraht handelsüblicher Reinheit (s. Tabelle 4) in Abmessungen von 2 bis 4 mm gewählt. Der

Tabelle 4. Chemische Zusammensetzung von Titan handelsüblicher Reinheit und Titan mit 0,2% Pd

Qualität	Kohlenstoff Gew.-%	Sauerstoff Gew.-%	Stickstoff Gew.-%	Wasserstoff ppm	Eisen Gew.-%	Palladium Gew.-%	Gefüge-ausbildung
Ti	0,03	0,18	0,008	82	0,09	—	α — Ti
Ti + 0,2% Pd	0,02	0,16	0,007	87	0,10	0,21	α — Ti

Durchmesser der Wolframelektrode betrug bei allen Versuchsschweißungen 2,5 mm. Mit einem Schweißstrom von 70 bis 130 Amp. ist es möglich, Filter–Filter- und Filter–Blech-Verbindungen (Abb. 8) herzustellen. Die Strömungsgeschwindigkeiten des Schutzgases betrugen hierbei im Schweißbrenner 10, an der Wurzelseite 5 und an der Oberseite der Schweißnaht im Zusatzschutz 35 l Ar/min bei Verwendung der in Abb. 7 gezeigten Vorrichtung. Die Biegefestigkeit der geschweißten Titanfilter (Probenform: $60 \times 20 \times 5$ mm^3; Schweißnaht zu halber Länge der Probe; Auflagerabstand: 40 mm) beträgt etwa 15,4 kp/mm^2; eine merkliche Durchbiegung ist nicht festzustellen. Erwartungsgemäß erfolgt der Bruch im Filterwerkstoff unmittelbar neben der Schweißnaht.

Das Gefüge der Titanfilter besteht im Sinterzustand aus α-Mischkristallen in Widmannstättenscher Anordnung, durch die langsame Abkühlung von der Sintertemperatur wird eine verhältnismäßig grobe Gefügeausbildung erreicht (Abb. 9a). In der durch das Schweißen wärmebeeinflußten Filterzone und in der Schweißnaht liegt ein WIDMANNSTÄTTENsches α-Gefüge vor, in dem der Lamellenabstand auf Grund der erhöhten Abkühlgeschwindigkeit nach dem Schweißen geringer ist (Abb. 9b). Durch eine Glühbehandlung bei 700 °C wird erwartungsgemäß keine Gefügeänderung hervorgerufen (Abb. 9c).

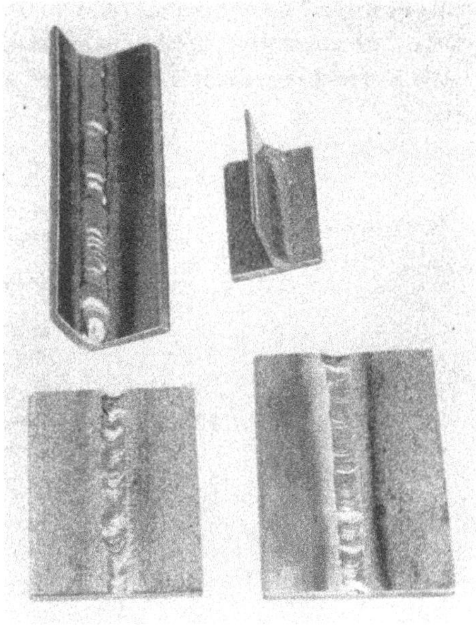

Abb. 8. Schweißverbindungen:
oben links: Winkelstoß mit Innenkehlnaht: Filter–Filter-Verbindung;
oben rechts: einseitige Stirnkehlnaht: Filter–Blech-Verbindung;
unten links: V-Naht: Filter–Filter-Verbindung;
unten rechts: V-Naht: Filter–Blech-Verbindung, V = 1:2,5

2.5 *Korrosionsverhalten gegenüber Salpeter- und Salzsäure*

Das Korrosionsverhalten wurde an Filtern aus Titan B (s. Tabelle 1) sowie aus Titan B mit Palladiumzusatz durchgeführt. Dabei lag das Palladium bei einer Korngröße < 40 µm mit hohem Reinheitsgrad von 99,95 Gew.-% Pd vor und wurde in Mengen von 0,2 und 0,8 Gew.-% dem Titanpulver untergemischt. Neben Filtern wurden zu Vergleichszwecken auch Titan-

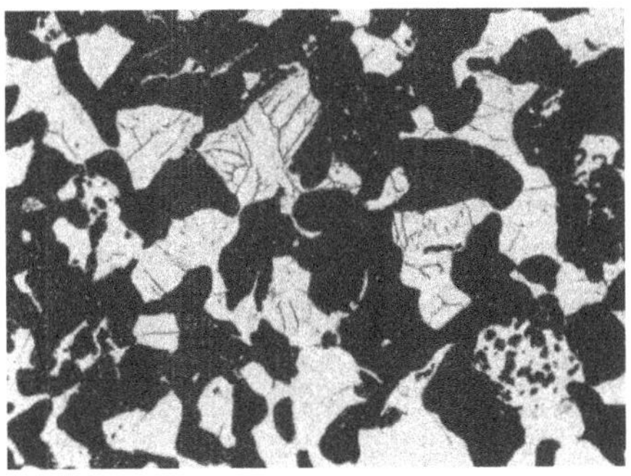

Abb. 9a

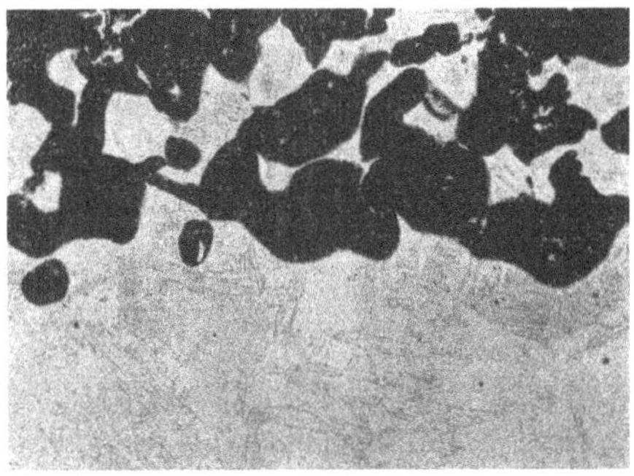

Abb. 9b

Abb. 9a. α-Titan-Gefüge im Sinterzustand, V = 50:1

Abb. 9b. α-Titan-Gefüge in der Übergangszone Schweißnaht-Filter, V = 50:1

Abb. 9c. α-Titan-Gefüge der Schweißnaht nach einer Glühbehandlung (1 h, 700 °C/Ofen), V = 50:1

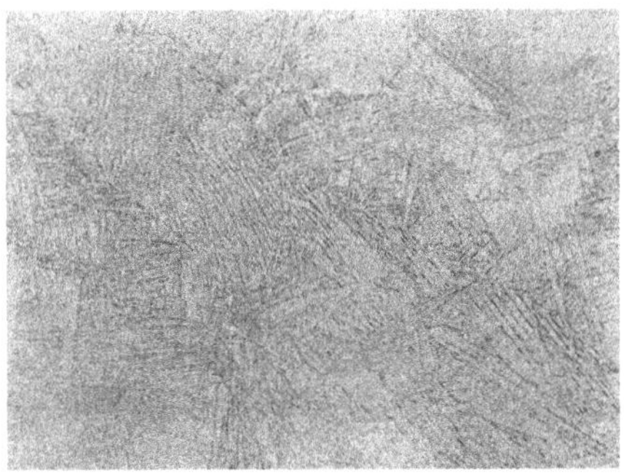

Abb. 9c

blechproben der Qualität Contimet 35 und Contimet Pd 02 (Tabelle 4) untersucht. Die Proben wurden im Versuch in die Säure eingetaucht.

Alle Versuchswerkstoffe wurden in belüfteter, siedender 67%iger Salpetersäure nicht angegriffen.

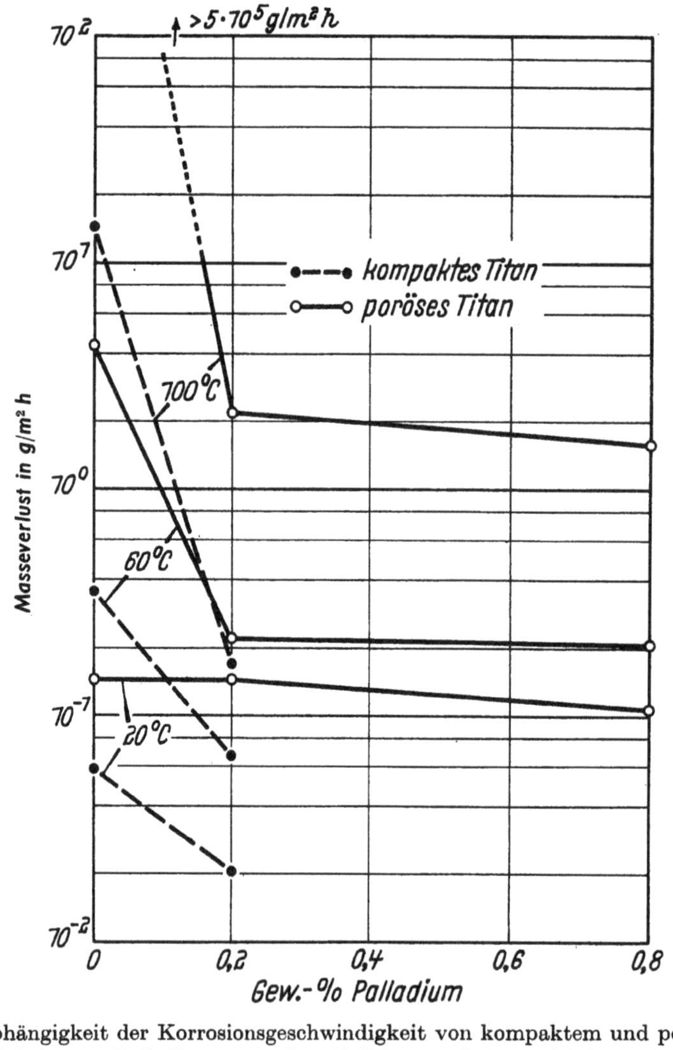

Abb. 10. Abhängigkeit der Korrosionsgeschwindigkeit von kompaktem und porösem Titan in Abhängigkeit vom Palladiumzusatz in 5%-Salzsäure bei verschiedenen Temperaturen

Abb. 10 zeigt das Korrosionsverhalten der Proben in 5%iger Salzsäure in Abhängigkeit vom Palladiumgehalt für verschiedene Säuretemperaturen. Daraus ist ersichtlich, daß für einen konstanten Legierungsgehalt die Korrosionsgeschwindigkeit mit steigender Säuretemperatur erheblich zunimmt. Bei Blechen erniedrigt ein Zusatz von 0,2 Gew.-% Palladium die Korrosionsgeschwindigkeit. Eine ähnliche Wirkung konnte bei Filtern nur bei einer Elektrolyttemperatur von 60 und 100 °C festgestellt werden. Bei 20 °C ist ein Einfluß des Palladiums nicht bemerkbar. Eine weitere Steigerung des Palladiumgehaltes über 0,2 hinaus auf 0,8 Gew.-% hat keine wesentliche Verbesserung des Korrosionsverhaltens zur Folge.

In allen Fällen liegt für vergleichbare Versuchsbedingungen die Korrosionsgeschwindigkeit der Filterproben höher als die der entsprechenden dichten Werkstoffe, wenn man von der Oberfläche ausgeht, die durch die geometrischen Abmessungen der Proben gegeben ist. Unter

Berücksichtigung der spezifischen Oberfläche der Filter, die mit 0,01 m^2/g angegeben ist, liegt das Korrosionsverhalten des Filterwerkstoffes scheinbar günstiger als das des entsprechenden kompakten Werkstoffes. Bei der beschriebenen Versuchsdurchführung muß also angenommen werden, daß der Korrosionsangriff durch die geometrischen Verhältnisse im Filter in der Weise abgeschwächt wird, daß der freie Zutritt angreifender Ionen oder der Abfluß von Korrosionsprodukten behindert werden. Dieses Verhalten der Filterkörper wurde bereits beim Versuch der Oberflächenmessung angedeutet, bei der der hohe Staudruck der Filter die Gasadsorption behinderte. Es können daher die Versuchsergebnisse zur Untersuchung des Korrosionsverhaltens nur als richtungsweisend und vorläufig angesehen werden. In Anlehnung an den betrieblichen Einsatzfall werden z. Z. Korrosionsversuche im strömenden Elektrolyten durchgeführt, wobei das angreifende Medium durch das Filter geleitet wird.

3. Zusammenfassung

Wir haben in gedrängter Kürze durch die Beschreibung und Mitteilung seiner Eigenschaften einen Filterwerkstoff vorgestellt, der aus Titanpulver gepreßt und unter Vakuum gesintert wird. Vor allem die hohe Korrosionsbeständigkeit des Titans soll neben der Filterwirkung im Einsatz bei chemischer Beanspruchung ausgenutzt werden. Besonders hervorzuheben ist die gute Beständigkeit von Titan als Filterwerkstoff gegenüber oxydierenden Medien sowie Chloridionen enthaltenden Angriffsmitteln. Weiterhin ist Titan gegen Lochfraß, interkristalline Spalt- und Spannungskorrosion unempfindlich. Aus der Betrachtung dieser Eigenschaften heraus ist auf den wirtschaftlichen Einsatz von Titanfiltern in der Petrochemie, Kunststoffchemie, Kunstdüngerherstellung und der Galvanotechnik zu schließen.

Krefeld, Deutsche Edelstahlwerke AG

Literatur

[1] EISENKOLB, F., Fortschritte der Pulvermetallurgie, Bd. II. Akademie-Verlag, Berlin 1963, S. 244.
[2] PALME, R., Metall **12** (1958) 28–32.
[3] ENDTER, F. und GEBAUER, H., Optik **13** (1956) 97–101.
[4] SCHLUGE, H., Zeiss-Werkzeitschrift **33** (1959) 68–71.
[5] WEBER, E., Grundriß der biologischen Statistik. Fischer-Verlag, Jena 1961, S. 110.
[6] STÖBE, W. und Mitarbeiter, Zeiss-Mitt. **2** (1962) 231–308.
[7] BUNGARDT, K. und RÜDINGER, K., Z. Metallkde. **47** (1956) 585–593.
[8] BUNGARDT, K. und RÜDINGER, K., Z. Metallkde. **48** (1957) 335–340.
[9] HOEFER, H. W., Weld. Journ. **37** (1958) 467.
[10] RÜDINGER, K. Z., Schweißen u. Schneiden **10** (1958) 79–86.
[11] RÜDINGER, K., Industrie-Anzeiger **83** (1961) 701–705.

Diskussion

G. BOCKSTIEGEL, Höganäs (Schweden): Stimmt Ihre Abschätzung der spezifischen Porenoberfläche überein mit der Formel von C. G. SMITH und L. GUTTMAN?

$$S = \frac{1}{L} \qquad \begin{array}{l} S = \text{spez. Oberfläche;} \\ L = \text{mittlere Porenschnittlänge} \end{array}$$

K. MAUER, Eine Übereinstimmung besteht nicht; es wurden Kugelporen als Berechnungsgrundlage angenommen, so daß nur eine sehr grobe Abschätzung vorliegt.

Herstellungsverfahren für Filterwerkstoffe aus unlegierten und legierten Stählen

Von E. Strobel und R. Siegel

Hochporöse Sinterwerkstoffe haben als Metallfilter eine zunehmende industrielle Bedeutung gefunden [1]—[7]. Bronzefilter wurden bereits im Jahre 1930 pulvermetallurgisch hergestellt, da die Herstellung von Metallfiltern aus Bronze relativ einfach ist und Bronzefilter dank ihrer Korrosions- und Temperaturbeständigkeit vielseitig eingesetzt werden können. Filter aus unlegiertem oder korrosionsbeständigem Stahl, die infolge ihrer Kupferfreiheit zur Reinigung von Ölen [8] und infolge ihrer Korrosionsbeständigkeit vielseitig in der chemischen Industrie Verwendung finden [7], werden erst seit 1947 hergestellt. Hierbei traten jedoch einige Schwierigkeiten auf, z. B. kann man das bei der Herstellung von Bronzefiltern übliche Sintern von nur geschüttetem oder gerütteltem Pulver nicht ohne weiteres auf Filter aus unlegierten und legierten Stahlpulvern übertragen. Es werden deshalb Filter aus Stahlpulvern auch heute noch oft durch Pressen mit flüchtigen, porenbildenden Zusätzen und nachfolgendes Sintern hergestellt.

Da die Formgebung durch Schütten und Sintern in Schüttformen wesentlich einfacher und wirtschaftlicher ist, lag der Gedanke nahe, zu versuchen, auch Filter auf Eisen- und Stahlbasis auf diese Weise herzustellen. Hierbei sind besondere Maßnahmen nötig, die die Pulverherstellung und die Verwendung von Schüttformen, die für die hohen Sintertemperaturen geeignet sind, betreffen. Hierüber soll nachfolgend berichtet werden.

Für die Herstellung der Filter aus unlegierten und legierten Stahlpulvern werden meist Pulver verwendet, die durch Zerstäubung der Schmelzen mittels Druckluft oder hochgespanntem Stickstoff gewonnen wurden.

Dabei fallen unlegierte Eisenpulver in kugeliger Form an. Die Anwendung von Stickstoff als Zerstäubungsmittel ist vorteilhaft, weil der Sauerstoffgehalt des Pulvers dann nur etwa 2% beträgt. Sollen derartige Pulver zu Filtern nach der Schüttmethode verarbeitet werden, so werden Sintertemperaturen benötigt, die über den zulässigen Arbeitstemperaturen der Industrieöfen mit Molybdän-Heizleitern liegen. Diese Schwierigkeit konnte durch einen Zusatz von 1% Phosphor behoben werden, da sich hierdurch die Sintertemperaturen je nach Korngröße des verwendeten Pulvers auf 1250 °C bis 1350 °C erniedrigen ließen. Ein weiterer Vorteil dieser Maßnahme war eine recht beachtliche Erhöhung der Festigkeit (Abb. 1). Dabei kann man den Phosphor in Form von rotem Phosphor an das Pulver anmischen und anschließend unter Wasserstoff anglühen oder als Ferrophosphor der Schmelze vor dem Verdüsen zusetzen. Während beim Anglühen des an das Eisenpulver angemischten Phosphors mit einem unregelmäßigen Phosphorabbrand ge-

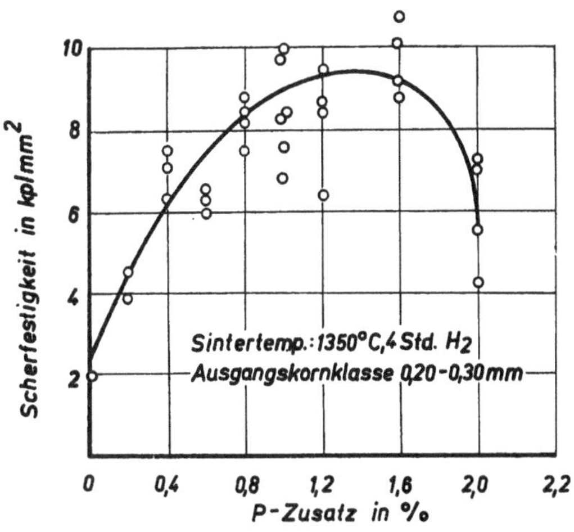

Abb. 1. Scherfestigkeit von Stahlfiltern in Abhängigkeit vom P-Zusatz

rechnet werden muß, ergibt sich bei dem Phosphorzusatz in die Schmelze ein nur geringer Phosphorverlust beim Zerstäuben und eine gleichmäßigere Phosphorverteilung im Pulver. Die Folge hiervon ist eine Verbesserung der Festigkeit und der Filtereigenschaften sowie eine bessere Reproduzierbarkeit derselben.

Für die Beurteilung der Filterqualität wurde neben den Durchflußeigenschaften die Festigkeit herangezogen [9], wozu bisher die Biege- bzw. die Zerreißfestigkeit der Filterwerkstoffe an gesondert hergestellten Proben bestimmt worden war. Für einen Bronzefilter aus der Körnung 0,20 bis 0,30 mm betrug z. B. die Biegebruchfestigkeit etwa 9 kp/mm², die Zerreißfestigkeit etwa 5 kp/mm². Da für die Festigkeit der Filter entsprechend ihrer Beanspruchungsart im Flansch die Scherfestigkeit charakteristisch ist, wurde von der Bestimmung der Zerreiß- und Biegebruchfestigkeit abgegangen und die Scherfestigkeit in Anlehnung an die genormten Scherversuche bestimmt (Abb. 2). Dabei wird aus den Filtern von 43 bis 45 mm ⌀ mit einem zentrierten Stempel eine Ronde von 25 mm ⌀ ausgestanzt und die hierzu benötigte Scherkraft bestimmt. Die Scherfestigkeit ergibt sich dann zu

$$\tau = \frac{P_{\max}}{F_0} = \frac{P_{\max}}{d_0 \cdot \pi \cdot h} \; [\mathrm{kp/mm^2}] \,.$$

Hierbei ist d_0 der der Matrizenbohrung entsprechende Durchmesser und h die Höhe des Filters.

Im Vergleich zu dem oben genannten Beispiel beträgt die Scherfestigkeit von Bronzefiltern 14 kp/mm². Das vorgeschlagene Prüfverfahren hat den Vorteil, daß die gleichen Proben wie für die Bestimmung der Durchflußeigenschaften verwendet werden können. Außerdem ist die Kenntnis der Scherfestigkeit für den Konstrukteur wichtig, da die meisten Filter als Konstruktionsteil auf Scherung beansprucht werden.

Bei phosphorlegierten Stahlfiltern mit einer gebräuchlichen Ausgangskörnung von 0,20 bis 0,30 mm mußte ein erhöhter Schwund von 5% in Kauf genommen werden, um eine technisch brauchbare Scherfestigkeit von etwa 8 kp/mm² zu erzielen, während normalerweise bei Metallfiltern mit Rücksicht auf geringe Druckverluste schon bei einem Schwund von etwa 2% eine genügend hohe Festigkeit vorhanden sein soll.

Da die lediglich phosphorlegierten Stahlfilter auf Grund ihres geringen Korrosionswiderstandes nur ein begrenztes Anwendungsgebiet haben, wurde versucht, eine Verbesserung ihrer Korrosionsfestigkeit durch metallische Zusätze zu erreichen.

Als gut geeignet wurde eine 10%ige Zinnbronze ermittelt, die entweder fein gemahlen und mit 1% rotem Phosphor gemischt an das unlegierte Stahlpulver angemischt und angeglüht oder besser vor dem Verdüsen der Schmelze zulegiert wird. Auch derartige Pulver fallen mit Luft zerstäubt sphäroidisch an und eignen sich gut zur Herstellung von Schüttfiltern. Mit Zugaben von 10% Zinnbronze traten bereits Verbesserungen im Hinblick auf eine Erniedrigung der Sintertemperatur, Erhöhung der Festigkeit und der Korrosionsbeständigkeit ein. Bei 20% Zusatz wurden diese Erfolge wesentlich überboten, so daß diese Zusatzhöhe gerechtfertigt erscheint. Die Sintertemperatur kann bei Zugabe von 20% Bronze und 1% Phosphor z. B. für die gebräuchliche Körnung von 0,20 bis 0,30 mm auf rd. 1050 °C bei zwei Stunden Sinterzeit erniedrigt werden. Als Sinteratmosphäre ist Wasserstoff nach unseren Erfahrungen gespaltenem Ammoniak vorzuziehen. Sowohl bei 20% als auch bei 10% Bronzezusatz liegen die Festigkeiten der mit gespaltenem Ammoniak gesinterten Filter niedriger. Während letztere bei 20% Bronzezusatz eine Scherfestigkeit von etwa 5 kp/mm² haben, steigt die Festigkeit bei der Sinterung mit Wasserstoff auf 9 kp/mm² an.

Bei der Verarbeitung der mit Bronze legierten Pulver ist darauf zu achten, daß an den Filtern Fehlerscheinungen auftreten können, die sich in Form kleiner Krater besonders bei feineren Pulverkörnungen bemerkbar machen (Abb. 3). Dafür verantwortlich ist der Sauerstoffgehalt der Pulver, der bei der Sinterung mit Wasserstoff zur Bildung von Wasserdampfpolstern im Inneren des in die Form geschütteten Pulvers führt. Während des Sinterprozesses dehnen sich diese aus und explodieren unter Bildung der beschriebenen Krater. Demzufolge ist darauf zu achten, daß nur Pulver mit niedrigem Oxidgehalt, also gut reduzierte Pulver, verarbeitet werden.

Zur Beurteilung der Korrosionsfestigkeit von Eisenfiltern mit Bronzezusatz wurden diese über längere Zeit auf ihr Korrosionsverhalten geprüft. Die Prüfbedingungen wurden dabei den späteren Einsatzmöglichkeiten angepaßt. Die Proben wurden unter einem dafür angefertigten Gehäuse mit seitlichen Bohrungen den atmosphärischen Bedingungen ausgesetzt und wurden weiterhin in einem abgeschlossenen System (Exsikkator) in Wasser, Öl und Benzin eingetaucht bzw. ohne Benetzung über den letztgenannten Medien gelagert. Die Prüfung der Filter erfolgte in bestimmten Zeitabständen in bezug auf Gewichtsveränderung, Aussehen sowie auf Veränderung des Druckverlustes in Abhängigkeit von der Luftdurchlässigkeit. Die empfindlichste und am besten meßbare Methode ist die Ermittlung des Druckverlustes nach verschiedener Korrosionsbeanspruchung und -prüfzeit.

Stahlfilter, legiert mit 20% Bz und 1% P
Sintertemp.: 1100 °C, 2 h/H_2, Körnung: 0,20–0,30mm,
Druckverlust, gemessen bei 100 Nl/h · cm²

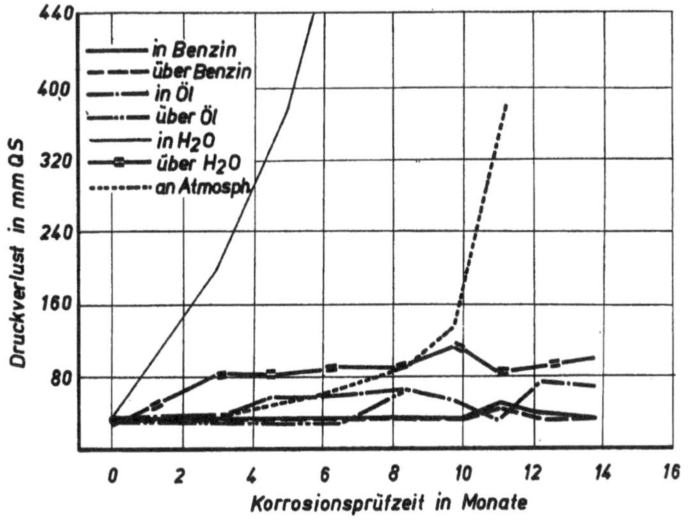

Abb. 4. Abhängigkeit des Druckverlustes kupferzinnphosphorlegierter Stahlfilter von der Korrosionsprüfzeit

In Abb. 4 ist das Korrosionsverhalten von kupferzinnphosphorlegierten Stahlfiltern wiedergegeben. Sie zeigt, daß die Filter allen o. g. Prüfarten, also in und über Benzin, in und über Öl, ja selbst über Wasser, auch noch nach 14 Monaten standhalten, so daß derartige Filter in Benzintank-Einrichtungen und zur Filtrierung von Ölen und wasserhaltiger Preßluft eingesetzt werden können, zumal Überprüfungen solcher Anlagen in bestimmten Zeiträumen festgelegt sind und dabei ein Austausch der Filter turnusmäßig erfolgen könnte. Die schärfsten hier angewandten Prüfarten sind die Prüfung an der Atmosphäre und die im Wasser, wie aus Abb. 4 ebenfalls hervorgeht. Gegenüber phosphorlegierten Stahlfiltern, die in Wasser bereits nach wenigen Tagen deutliche Rostbildungen aufwiesen, rosteten die Filter mit 20% Bronze und 1% Phosphor wesentlich langsamer, deutlich erkennbar erst nach etwa 2 bis 3 Monaten.

Mit den Filtern aus Stahlpulvern mit etwa 20% Zinnbronze und 1% Phosphorzusatz wurde somit ein neuer Metallfilterwerkstoff entwickelt, der in vielen Fällen anstelle von reinen Bronzefiltern eingesetzt werden kann.

Werden an die Korrosionsfestigkeit der Filter noch größere Anforderungen gestellt, so ist der Einsatz von Chrom- oder Chrom–Nickel-Stahlfiltern unerläßlich.

Die Ausgangspulver für derartige Filter werden entweder chemisch durch interkristalline Korrosion [10] oder durch Zerstäubung der Metallschmelzen [1]—[7] hergestellt.

Im ersteren Falle hat das Pulver polyedrische Formen und ist an seiner Oberfläche praktisch chromoxidfrei. Es läßt sich durch Schütten zu Filtern verarbeiten. Seine Herstellung ist jedoch, gemessen an dem nachfolgend beschriebenen Verfahren, aufwendig. Bei der Stahlpulvergewinnung durch Zerstäuben entstehen normalerweise spratzige Pulverteilchen mit mehr oder minder starkem Chromoxidanteil auf der Oberfläche. Ein so hergestelltes Pulver läßt sich als geschüttetes Pulver schlecht oder gar nicht sintern, so daß eine Herstellung von Metallfiltern in Schüttformen nicht gelingt. Derartiges Pulver kann nur durch Pressen zu Metallfiltern verarbeitet werden. Durch den Preßvorgang werden die Chromoxidüberzüge der Pulverteilchen an den Berührungsstellen zerstört und dadurch Kontaktstellen für die Sinterung geschaffen. Um bei diesem Herstellungsverfahren eine genügend große Porosität zu erreichen, müssen die Pulver vor dem Pressen mit Porenbildnern gemischt werden, die entweder vor dem Sinterprozeß verdampfen bzw. verbrennen oder nach dem Sintern herausgewaschen werden müssen [3]. Die Filtereigenschaften gepreßter Filter lassen aber gegenüber geschütteten Filtern zu wünschen übrig, weil der vorhandene Porenraum zum Teil nicht offen ist und außerdem eine ungleichmäßige Verteilung aufweist.

Will man kugelige Pulver aus chrom–nickel-legiertem Stahl durch Zerstäuben [11] herstellen, muß man der Schmelze geringe Mengen von Silizium, Molybdän und Mangan zugeben und die Schmelze entsprechend überhitzen.

Um beim Zerstäuben die Oxydation der Pulverteilchen möglichst gering zu halten, verwendet man zweckmäßigerweise ein möglichst sauerstofffreies Zerstäubungsmittel wie z. B. Stickstoff. Diese Maßnahme genügt aber noch nicht, denn solche Pulver zeigen besonders auf den feinen Kornfraktionen noch deutlich sichtbare Chromoxidüberzüge, die sich — weil Chromdreioxid — durch reduzierendes Glühen bei 1200 °C nicht beseitigen lassen. Zur Erzeugung chromoxidfreier Pulver waren besondere Maßnahmen erforderlich, die darin bestehen, daß die mit Stickstoff durchgeführte Zerstäubung in ein allseitig abgedichtetes, geschlossenes und mit inertem Gas — beispielsweise mit Stickstoff — gefülltes Gefäß vorgenommen wird.

Um die Sinterfreudigkeit der zerstäubten Pulver zu steigern und das Sintern der geschütteten Pulver in Formen zu erleichtern, werden die Pulver nach dem Zerstäuben mit 1% rotem Phosphor gemischt und 2 Stunden bei etwa 1200 °C in gut getrocknetem Wasserstoff geglüht. Noch vorteilhafter erfolgt das Legieren mit Phosphor durch Zugabe von Ferrophosphor in die Stahlschmelze vor dem Zerstäuben.

Die legierten kugeligen Stahlpulver mit 20% Chrom, 3% Silizium, 2,5% Molybdän, 2% Mangan, 1% Phosphor — bei Chrom-Nickel-Stahlpulver mit zusätzlich 10% Nickel — werden wie üblich auf bestimmte Körnungen abgesiebt und in Schüttformen weiterverarbeitet. Dabei ist es zweckmäßig, nach Beschickung der Schüttformen die Stahlpulver durch Vibration auf eine dichteste Kugelpackung zu bringen.

Das Sintern in den Schüttformen erfolgt bei 1250 bis 1350 °C; durch Zugabe des Phosphors vor dem Zerstäuben wird die Sintertemperatur z. B. für die Körnung 0,20 bis 0,30 mm von 1350 °C auf 1250 °C erniedrigt. Infolge der Sinterträgheit von nickel- und nickel-chrom-legierten Stahlpulvern ist es nach unseren Erfahrungen zweckmäßig, die Sinterzeit von 2 auf 5 Stunden zu erhöhen, was sich mit amerikanischen Untersuchungen, die sogar auf 16 Stunden Sinterzeit ausgedehnt wurden, deckt.

Als Schutzgas ist ein besonders reiner und gut getrockneter Wasserstoff erforderlich. Nach unseren Versuchsergebnissen sollte sein Taupunkt — 25 °C nicht unterschreiten. Je niedriger der Taupunkt ist, ein um so besserer Sintereffekt wird erreicht und eine um so größere Festigkeit

Abb. 2. Prüfvorrichtung zur Ermittlung der Scherfestigkeit

Abb. 3. Fehlerhafte kupferzinnlegierte Stahlfilter

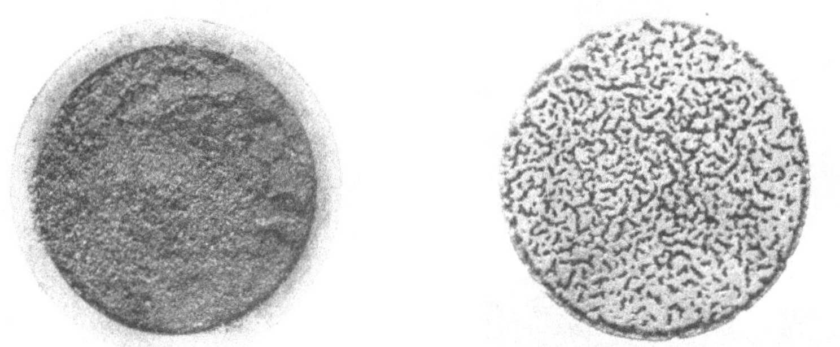

a) b)

Abb. 5. Chromoxidhaltiges Cr–Ni-Stahlpulver:
a) gesintert bei normaler Temperatur; b) gesintert bei erhöhter Temperatur

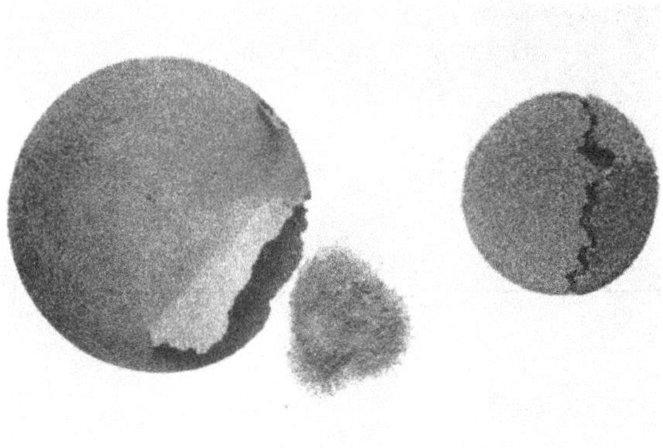

Abb. 6. Cr–Ni-Stahlfilter, zu geringe Sinterzeit

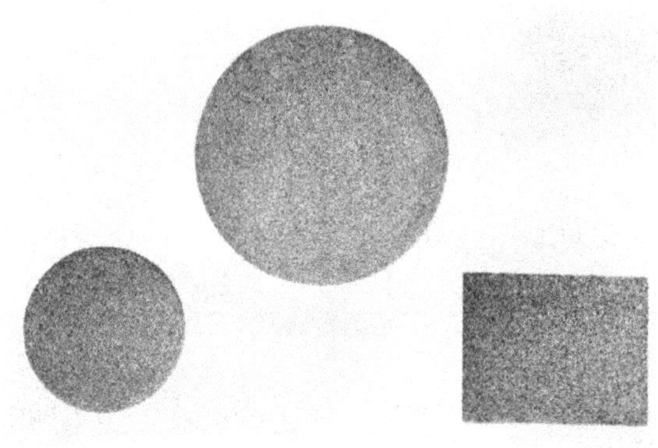

Abb. 7. Cr–Ni-Stahlfilter, Sinterzeit 5 Stunden

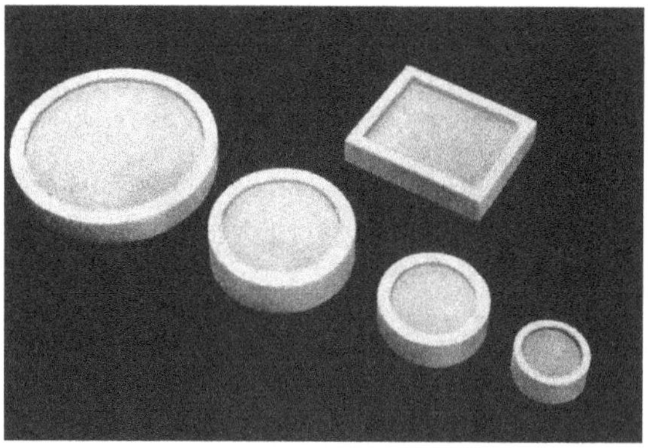

Abb. 8. Sachüttsinterformen aus Keramik

weisen die Filter auf. Sie liegt bei einem Schwund von ca. 1 mm bei 9—11 kp/mm² Scherfestigkeit und kann durch Verlängerung der Glühdauer noch erhöht werden. Abb. 5 und 6 zeigen fehlerhafte Filter. Abb. 5 zeigt Chrom–Nickel-Stahlpulver, das infolge seines starken Oxidgehaltes bei normalen Sinterbedingungen nicht sinterte. Eine Erhöhung der Sintertemperatur um 20 bis 40 °C führte jedoch trotz Anwendung saubersten Wasserstoffgases ebenfalls zu keinem Erfolg (Abb. 5b). In Abb. 6 sind Filter nach einer Sinterzeit von 2 Stunden dargestellt. Diese Sinterzeit ist zu kurz: Die Außenzone ist zwar bereits gesintert, jedoch im Inneren liegt das Pulver noch ungesintert vor. Abb. 7 hingegen zeigt in verschiedenen Abmessungen einwandfrei gesinterte korrosionsbeständige Stahlfilter.

Wie bereits erwähnt wurde, erfordert die Herstellung von Schüttfiltern aus legierten Stahlpulvern Schüttformen, die bei höheren Sintertemperaturen einsetzbar sind. Die üblichen Schüttformen werkstoffe aus Stahl, wobei ein Ansintern des Sintergutes an die Formwand durch eine aufgespritzte Graphitschicht verhindert wird, genügen den Anforderungen nicht, da der Kohlenstoff bei den hier erforderlichen Temperaturen über 1000 °C in das Sintergut diffundiert. Ähnliche Verhältnisse treten bei Verwendung von Elektrographit als Formwerkstoff auf. Eine Verbesserung wurde durch Stahlformen, die mit einem Überzug von Tonerde versehen waren, erreicht. Bei Temperaturen über 1200 °C wurden aber auch solche Sinterformen unwirtschaftlich, da die Stahlformen in der Regel bereits nach wenigen Sinterungen stark verzogen waren. Dieser Mangel und wirtschaftlich nicht tragbare Zustand wurde durch Verwendung von keramischen Schüttformen behoben, so daß sich der Einsatz von Stahlformen auf die wenigen Anwendungsfälle kompliziert geformter Filter beschränken kann.

Keramikschüttformen werden bevorzugt aus mullithaltigen keramischen Pulvern durch Pressen oder Schlickergießen hergestellt. Beim Pressen hat sich insbesondere das Abzugverfahren mit aufgesetztem Oberstempel bewährt, was bei den Bussmann-Simetag-Pressen leicht möglich ist. Bei der Weiterverarbeitung sind 2 Wege gangbar. Man kann entweder mullithaltige Keramikpulver zu Rohlingen verpressen, die bei 1100 °C in beliebiger Atmosphäre vorgesintert und durch Drehen, Fräsen, Schleifen und dergleichen in die endgültige Form gebracht und anschließend bei etwa 1400 °C fertiggesintert werden. Einfacher ist es, dem Keramikpulver durch Pressen oder Schlickergießen sofort die gewünschte Form zu verleihen und anschließend bei 1400 °C die Fertigsinterung vorzunehmen. Der Schwund beträgt dabei nur 0,3%.

Die Schüttformen haben eine hohe Temperaturfestigkeit, wodurch eine gute Formbeständigkeit und damit hohe Lebensdauer gewährleistet ist. Bei 1350 °C können mit einer Form mindestens 50 Sinterungen durchgeführt werden. Für die praktische Anwendung sind sie auch genügend stoßunempfindlich. Abb. 8 zeigt Formen für Filterronden mit 20, 35, 45 und 65 mm ∅ und für Filterplatten von 60 × 50 mm.

Das beschriebene Herstellungsverfahren für Filter aus unlegiertem und legiertem Stahl ist einfach und wirtschaftlich. Anstelle von Filtern aus Bronze können Eisenfilter verwendet werden, die durch geringe Zusätze von Bronze rostträge gemacht wurden. Dabei wurde das einfache Herstellungsverfahren nach der Schüttmethode auf unlegierte sowie chrom- und chrom–nickel-legierte Stahlfilter erweitert. Durch Herstellung und Verwendung chromoxidfreier kugeliger Ausgangspulver und keramischer Schüttformen wurde es möglich, diese verfahrenstechnischen Vorteile zu erzielen. Die so hergestellten Filter zeigen brauchbare technische Festigkeiten, gute Durchflußeigenschaften und geringe Druckverluste.

Dresden (DDR), Forschungsinstitut für metallische Spezialwerkstoffe
der Deutschen Akademie der Wissenschaften zu Berlin

Literatur

[1] Langhammer, A. J. und Glick, Ph., Pulvermetallurgische Filter. Prod. Engng. **20** (1953) 179–182.
[2] Frehn, F., Hotop, W. und Stempel, G., Filter aus Sintermetallen. DECHEMA-Monographien, Bd. 28, 1956.
[3] Stempel, G., Poröse Sinterwerkstoffe. Aus „Die Umschau" Heft 6 (1959) S. 170–172.
[4] Frehn, F., Hotop, W. und Stempel, G., Flammensperren aus porösem Sintermetall. Schweißen und Schneiden, Jg. 7 (1955) 5, 198.
[5] Agte, C. und Ocetek, K., Metallfilter. Akademie-Verlag, Berlin 1957, 69.
[6] Zapf, G., Forschung und Fortschritt bei der Herstellung und Anwendung von Sinterwerkstoffen. Gaswärme **5** (1956) 118–130.
[7] Strobel, E. und Siegel, R., Eigenschaften und Anwendung von Metallfiltern in der Chemie-Industrie. Chem. Techn. 13 Jg., Heft **11** (1961), 647.
[8] Schmidt, W., Eigenschaften von Hydraulikölen. Industrieanzeiger Essen 26, Nr. 94 1959, 1542 bis 1546.
[9] Strobel, E. und Schatt, B., Prüfung von Metallfiltern. Die Technik **18** (1958) 484–488.
[10] Bishop, E., Filter aus Sintermetallen in Großbritannien. DECHEMA-Monographien Bd. 28 (1956).
[11] Probst, R. L., Production and Use of Spherical Metall Powders. Met. Progr. **82** (1962) 1, 107–110.

Diskussion

L. Elssner, Dortmund-Aplerbeck: Im Vortrag ist nur über die Herstellung von Filterronden berichtet worden. Können in den erwähnten Keramikformen auch Rohrfilter aus Chromnickelstahl hergestellt werden, und welche Lebensdauer besitzt dann die Schüttform?

R. Siegel: Es sind auch kompliziertere Filterkörper gefertigt worden. Die Lebensdauer der Formen ist allerdings etwas kürzer, als im Vortrag für die einfachen Teile angegeben wurde. Das gleiche gilt für Formen sehr großer Abmessungen.

Bei der Auswahl der Keramikmassen für die Formen waren auch wirtschaftliche Gesichtspunkte ausschlaggebend. Es wurden neben Mullit noch andere Keramikmassen erprobt, jedoch dürfen diese kein Eisenoxid enthalten, weil durch eine Reaktion mit dem Sintergut die Form aufgesprengt wird oder das Sintergut in der Form anhaftet.

Herstellung poröser Nickelelektroden

Von H. Scheibe

Mit Erteilung des Patentes für alkalische Sammler am Ende des 19. Jahrhunderts setzte eine Entwicklung ein, die heute ihren Stand beim gasdichten, hochleistungsfähigen Sammlertyp erreicht hat, der in vielen Gebieten unseres täglichen Lebens anzutreffen ist. Neben dem Bergbau ist das Fernmeldewesen, die Rundfunkindustrie, die moderne Haushalt- und Werkzeugtechnik genauso interessiert wie die Reichsbahn, die Luftfahrt und das Militär.

Selbst im Raumfahrtprogramm nimmt die gasdichte Batterie einen festen Platz ein.

Ihre Vorzüge, geringer Platzbedarf,
große, sofort zur Verfügung stehende Leistung,
geringes Gewicht,
keine Wartung,

haben zu dieser verbreiteten Anwendung geführt, wobei ein Ende der vielseitigen Anwendungsmöglichkeiten heute noch nicht abgesehen werden kann.

Einen wesentlichen Faktor für die Leistungs- und Lebensfähigkeit der Batterie stellt die poröse Nickelplatte dar. Sie wird fast ausschließlich durch Sintern geeigneter Nickelpulver hergestellt.

Damit bin ich beim eigentlichen Thema, der Herstellung hochporöser, mechanisch noch ausreichend fester Nickelgerüste. Heute werden Porositäten von 80 bis 90% erreicht.

Über die verschiedenen Möglichkeiten der Herstellung derartig hoher Porositäten gibt es eine umfangreiche Zeitschriften- und Patentliteratur, und es würde viel zu weit führen, den gesamten Komplex zu besprechen.

Meine Ausführungen beschränken sich deshalb auf einen kleinen Abschnitt, der möglicherweise zu einer Verbesserung bestehender Technologien führen könnte.

Heute werden zur Herstellung poröser Elektroden entweder das sog. Carbonylnickel oder das Oxalatnickel verwandt, d. h. Ni-Pulver, die über das Nickelcarbonyl bzw. über das Nickeloxalat gewonnen wurden. Beide weisen als Vorzug geringe Schüttdichte, als Nachteil hohe Kosten auf.

In neuester Zeit scheinen auch hydrometallurgische Methoden an Bedeutung zu gewinnen. So konnten feinste Nickelpulver durch Reduktion mit Wasserstoff unter Druck aus wäßrigen, komplexen Nickelsalzlösungen erhalten werden.

Im Rahmen von Untersuchungen zur *Herstellung metallischer Whisker* hatten wir die Feststellung gemacht, daß sich bei geeigneter Arbeitsweise durch Redukton von Nickelchlorid mit Wasserstoff ein Pulver gewinnen ließ, das ein ähnliches Schüttgewicht wie die beiden genannten Pulver aufwies und das außerdem durch den Fortfall weiterer chemischer Behandlungsmethoden außerordentlich preisgünstig herzustellen war. Wir nahmen uns deshalb dieses Pulvers an und versuchten es für die Herstellung poröser Nickelelektroden nutzbar zu machen. Dabei stießen wir auf einen interessanten Effekt, der möglicherweise technisch günstige Ergebnisse bringen kann.

Bringt man nämlich das Nickelchlorid vor der Reduktion in eine für die weitere Verwendung geeignete Form, so kann man bereits bei einer Reduktionstemperatur von 400 bis 500 °C mechanisch stabile, hochelastische Produkte erhalten, die Porositäten bis zu 94% aufweisen.

Die *hohe Elastizität* ist durch die Verfilzung fadenförmiger Nickelteilchen zu erklären. Teilweise konnten wir auch Whiskerbildung beobachten. In Abb. 1 ist ein solcher Formteil aus elastischem nichtgesinterten Nickel zu sehen.[1])

Wir haben vorläufig diese Entwicklung nicht weiter betrieben, da zunächst andere Aufgaben bestanden. Ich halte es aber dennoch für notwendig, auf eine derartige Möglichkeit zur Herstellung höchst poröser, mechanisch stabiler Formteile aus Nickelpulvern hinzuweisen.

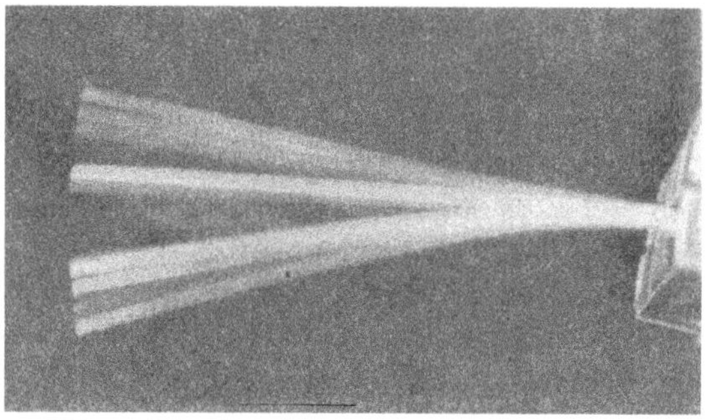

Abb. 1. Biegebruchstäbchen aus $NiCl_2$ gepreßt, bei 470 °C in H_2/N_2 reduziert

Nun zu den weiteren Arbeiten. Eine moderne Fertigungstechnologie sieht die Produktion endloser Nickelbänder vor. Dazu wird auf ein perforiertes, vernickeltes Stahlband das pastierte Ni-Pulver aufgetragen und nach der Trocknung und Zersetzung der organischen Bestandteile gesintert. Für den technologischen Ablauf ist dabei die Sintertemperatur nicht nur für die Ausbildung des Nickelgerüstes entscheidend, sie spielt auch eine wesentliche Rolle für die Möglichkeit der Durchführung des Prozesses überhaupt.

Man arbeitet in senkrecht stehenden Öfen, wobei das perforierte Band eine ausreichende Festigkeit aufweisen muß, die natürlich mit steigender Ofentemperatur rasch abnimmt. Mit anderen Worten, eine Erniedrigung der Sintertemperatur ist sowohl technisch als auch ökonomisch erwünscht. Dem steht allerdings die Notwendigkeit einer gewissen Festigkeit der porösen Ni-Schichten entgegen.

Im wesentlichen beeinflussen sich die 3 Faktoren

Festigkeit,
Sintertemperatur,
Porengefüge

gegenseitig. Wir streben ein Gebilde mit hoher Festigkeit und möglichst großer innerer Oberfläche an. Bei welcher Temperatur die Verfestigung ausreichend ist, hängt weitgehend vom Pulvertyp ab. Mit erhöher Sintertemperatur steigt zwar die Festigkeit an, allerdings auf Kosten des Porengefüges. Hier ist ein optimaler Wert anzustreben.

Die geforderte Festigkeit ist schwer zu definieren und demzufolge auch schwer durch Prüfverfahren zu erfassen. Die Festigkeit muß ja nur ausreichend sein, den anschließenden Tränkvorgang mit aktiver Masse zu überstehen. Im wesentlichen gelten hier Erfahrungswerte, obwohl gewisse Rückschlüsse auch aus der Sinteraktivität geschlossen werden können.

Anders steht es mit der Porosität. In ihrer Gesamtheit können wir sie mit Hilfe der Messung der Scheindichte exakt erfassen. Zur Bestimmung ihrer Verteilung bedarf es allerdings anderer Methoden.

---

[1]) Da im Vortrag zur Demonstration der Elastizität ein Film gezeigt wurde und dieser sich im Druck nicht wiedergeben ließ, wurden in Abb. 1 die einzelnen Phasen eines angestoßenen, schwingenden Nickelformteiles mit Elektronenblitzaufnahmen festgehalten.

Neben dem Hg-Porosimeter kann man bei kleinen Poren auch die Oberflächenbestimmung nach dem BET-Verfahren zur Charakterisierung heranziehen. Das Verfahren ist aufwendig und zeitraubend. Wir haben uns bei der Charakterisierung des porösen Stoffes deshalb einer Methode bedient, die erstmals von NELSEN und EGGERTSEN 1958 beschrieben wurde. Das Prinzip des Verfahrens zeigt Abb. 2.

Ein N_2/H_2-Gasgemisch bestimmter Zusammensetzung wird über einen Meßteil einer Wärmeleitfähigkeitszelle geleitet, geht dann über eine Kühlfalle in das Adsorptionsgefäß, in dem sich die zu untersuchende Probe befindet und wird schließlich über den zweiten Meßteil der Wärmeleitfähigkeitszelle abgeführt. Nach Einstellung eines konstanten Gasstromes einheitlicher Zusammensetzung werden die beiden Meßteile in Differenzschaltung am angeschlossenen Schreiber keinen Ausschlag geben.

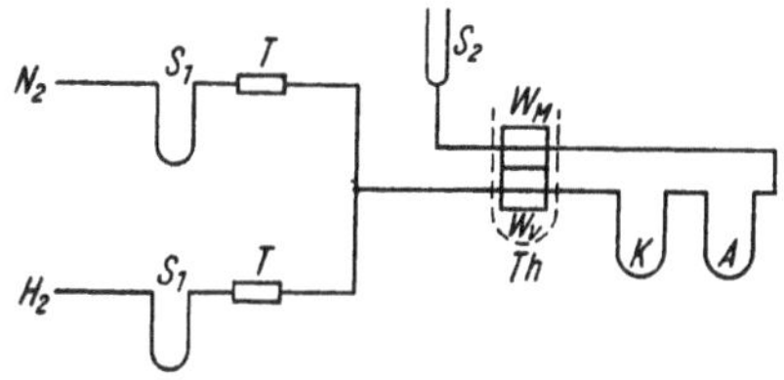

Abb. 2. Schematischer Aufbau der Oberflächen-Meßapparatur nach NELSEN-EGGERTSEN

Taucht man nun das Adsorptionsgefäß in flüssigen Stickstoff, so adsorbiert die darin befindliche Probe je nach vorhandener Oberfläche eine mehr oder weniger große Menge Stickstoff aus dem Gasgemisch. Nach Durchlaufen dieses stickstoffärmeren Gemisches durch die Vergleichszelle macht sich die Änderung der Wärmeleitfähigkeit durch einen Ausschlag am Kompensationsbandschreiber bemerkbar. Nach erfolgter Adsorption normalisiert sich die Gaszusammensetzung wieder, und der Ausschlag geht auf Null zurück. Nimmt man nun die Kühlung weg, so desorbiert beim Erwärmen Stickstoff, und wir erhalten einen entsprechenden Ausschlag für die Desorption. In Abb. 3 ist eine typische Adsorptions- und Desorptionskurve zu sehen.

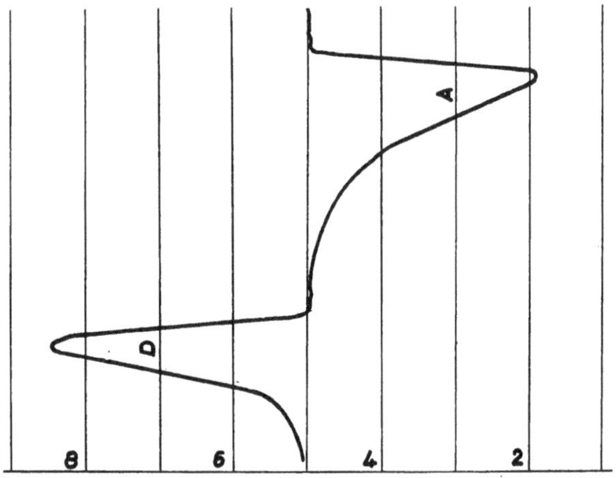

Abb. 3. Diagramm einer Adsorptions- und Desorptionskurve

Mit Hilfe solcher Adsorptionsmessungen haben wir einige Nickelpulvertypen überprüft. Entsprechend ihrem Verhalten können wir 3 charakteristische Gruppen unterscheiden (Abb. 4).

Die erste Gruppe ist gekennzeichnet durch etwa gleiche Adsorptions- und Desorptionskurven.

Die zweite Gruppe zeigt einen ausgeprägten Adsorptionseffekt neben stark verringerter Desorption, und in der dritten Gruppe ist kaum noch eine Desorption zu bemerken.

Man kann sich sehr leicht vorstellen, daß diese verschiedenen Pulvertypen für die Ausbildung eines bestimmten Porensystems nach dem Sintern verantwortlich sind. Wie ein ideales

Porensystem bezüglich des gewünschten Lade- und Entladeeffektes auszusehen hat, können wir allerdings heute noch nicht beurteilen.

Der Sinn dieses Beitrages liegt auch darin, anhand verschiedener Prüfverfahren zu zeigen, wie weit man durch Anwendung bestimmter Methoden in die Problematik des porösen Festkörpers eindringen kann.

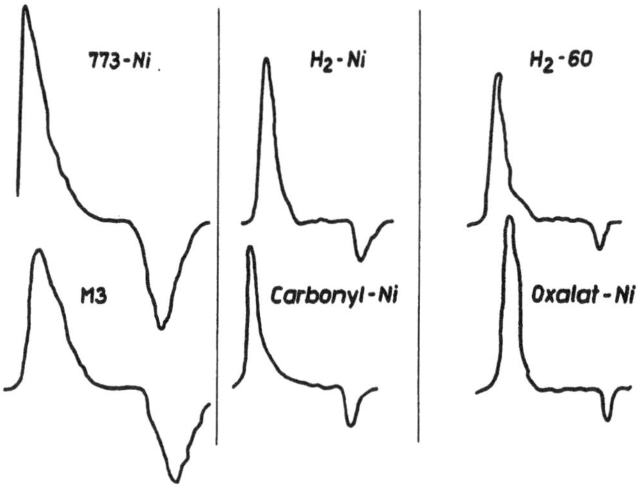

Abb. 4. Adsorptions- und Desorptionspeaks verschiedener Nickelpulver:
773-Ni M3 durch thermische Zersetzung von Ni-Oxalat;
H_2-Ni Reduktion von $NiCl_2$ mit H_2;
H_2-60 Reduktion von $NiCl_2$ mit wasserdampfgesättigtem H_2

Während in Abb. 4 charakteristische Gruppen von Pulvern aufgeführt sind, zeigt Abb. 5 als Beispiel zwei unterschiedliche Systeme gesinterter Nickelpulver.

Im ersten Fall wurde ein Oxalatpulver (773-Ni) bei 850 °C gesintert und die Adsorption gemessen. Durch Kapillarkondensation erscheint der Desorptionspeak wesentlich schwächer.

Vergleicht man nun damit das gleiche, bei 1000 °C gesinterte, Pulver, so sollte man erwarten, daß die Adsorption infolge kleinerer innerer Oberfläche geringer wird.

Wir beobachten jedoch das Gegenteil. Die Adsorption wird wesentlich größer, während die Desorption noch weiter zurückgeht. Dieses Erscheinungsbild ist nur dadurch zu erklären, daß sich bei einer Sinterung bei 1000 °C ein Porensystem entwickelt, das wesentlich feiner ist

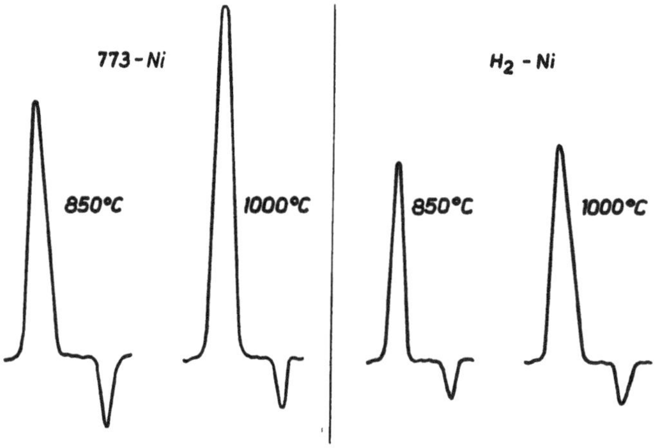

Abb. 5. Adsorptions- und Desorptionspeaks verschiedener gesinterter Nickelpulver

und demzufolge mehr Stickstoff durch Kapillarkondensation bindet als das Gefüge, das bei 850 °C entstanden ist. Der Chloridpulvertyp (H_2-Ni) entwickelt ein Gefüge, das mit höherer Temperatur ebenfalls mehr adsorbiert, aber hier geht die Desorption mit Erhöhung der Adsorption parallel.

Diese Beispiele sollen zeigen, daß es nicht genügt, einen feinkörnigen Pulvertyp als optimales Pulver einzusetzen und nun so zu sintern, daß ein mechanisch stabiles Endprodukt entsteht. Vielmehr muß man darauf achten, daß abhängig vom Pulvertyp sich bei bestimmten Temperaturen bestimmte Porositätsverhältnisse ausbilden. Je nach Verwendungszweck des Sinterkörpers wird man dabei das eine oder andere System bevorzugen. In diesem Zusammenhang sind vergleichende Untersuchungen der Sinteraktivität von größtem Interesse (Abb. 6). In der nächsten Abbildung sind die Charakteristika verschiedener Nickelpulvertypen zusammengestellt.

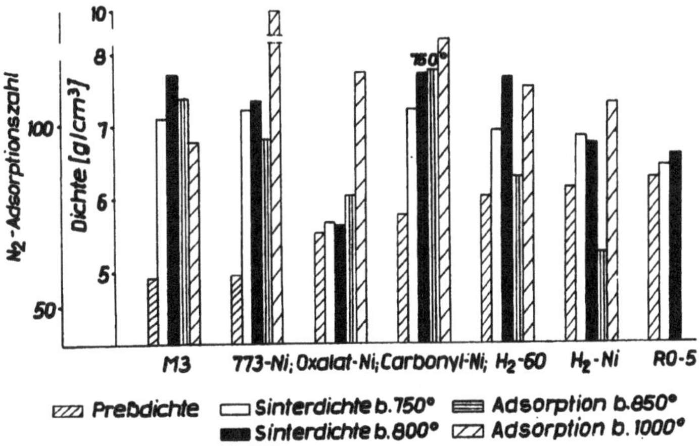

Abb. 6. Charakterisierung verschiedener Nickelsorten

Vergleicht man die Dichten bei 800 °C von Carbonyl- und Chloridnickel sowie Oxalatnickel (773-Ni), so liegen die Dichten einigermaßen gleich, obwohl die Festigkeit von Carbonyl- über das Chlorid- zum Oxalatnickel stark absinkt.

Beim Carbonylnickel haben wir trotz ausgezeichneter Festigkeit noch Oberflächen, die denen der anderen Pulver gleichkommen. Umgekehrt muß man Oxalatpulver, besonders die groben, bei Temperaturen sintern, bei denen die Oberfläche merklich nachläßt, will man brauchbare Festigkeiten erreichen.

Die Schwindung beim Carbonylnickel ist trotz hoher Festigkeit des Sinterkörpers gering. Vergleichen wir damit das Oxalatnickel, so sehen wir eine ausgeprägte Schwindung, die sich im technologischen Ablauf ungünstig auf die Ausbildung von Rissen auswirkt.

Mit dem Carbonylnickel vergleichbar ist das Chlorid-Nickel. Im vorgeführten Film war zu sehen, daß bei Verfolgung des Sintervorganges im Hochtemperaturmikroskop das Carbonyl- und das Chloridnickel sich weitgehend ähnlich verhalten, während die beiden untersuchten Oxalat-Nickelpulvertypen erheblich davon abweichen. Anstelle des gezeigten Filmes werden in Abb. 7 die Ausgangspositionen der 4 untersuchten Nickelpulvertypen gezeigt. Die Pulver wurden mit einem Druck vom 1 Mp/cm² in einem Spezialwerkzeug ohne Zusatz von Gleitmitteln gepreßt und die blanke Preßfläche mikroskopiert.

Während Carbonyl- und Chloridnickel ein sehr feines Gefüge aufweisen, das auch beim Sintern erhalten bleibt, unterscheiden sich die Oxalatpulvertypen erheblich von diesen.

Das grobe Pulver löst sich beim Sintern in kleinere Bruchstücke auf, die nur sehr lose aneinanderfritten.

Die Inhomogenität des feinen Oxalatpulvers ändert sich auch beim Sintern nicht. Im Gegenteil, es bilden sich stärkere Zentren aus, wobei es allgemein zu einer starken Schwindung kommt. Die erreichbaren Festigkeiten sind bei diesem Pulvertyp ebenfalls gering.

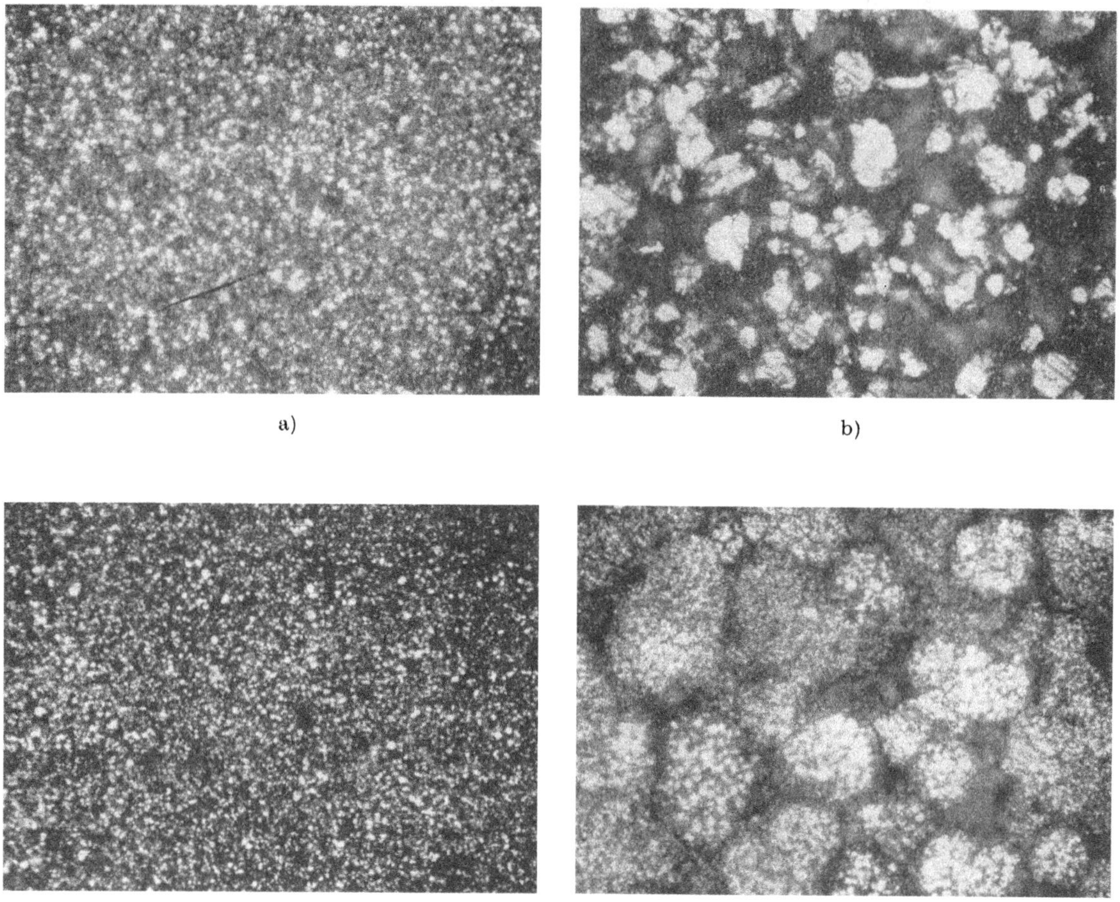

Abb. 7. Gefügeaufnahmen der Pulverpreßlinge aus:

a) Carbonylnickel; b) Oxalatnickel (grob);
c) Chloridnickel (H_2-Ni); d) Oxalatnickel (fein, M 3)

Die Versuche zur Kennzeichnung poröser Festkörper, insbesondere poröser Nickelelektroden, befinden sich erst im Anfangsstadium. Es gibt noch eine Fülle von Problemen zu klären, wobei vor allem neben der Charakterisierung des Festkörpers der Folgeprozeß zur Beurteilung mit einbezogen werden muß. Zugegebenermaßen ein aufwendiges, aber notwendiges Verfahren.

Es war Sinn dieses Vortrages, die Probleme anzureißen und die Möglichkeiten der Charakterisierung von Festkörpern, die nicht zuletzt ihren Niederschlag in einer entsprechenden Technologie finden müssen, zu zeigen.

Hermsdorf/Thür. (DDR), VEB Keramische Werke Hermsdorf

E. Hochschmelzende Metalle

Methoden zur Erzeugung kugeliger Teilchen hochschmelzender Metalle und Verbindungen

Von G. V. Samsonov, V. M. Slepcov, A. N. Krasnov und E. M. Pršedromirskaja

1. Einleitung

Der stetig wachsende Bedarf an porösen, pulvermetallurgischen Werkstoffen sowie die steigenden Forderungen nach Erhöhung der Betriebstemperatur und Korrosionsbeständigkeit führen zwangsläufig zur Herstellung spezieller Teile aus kugeligen Pulvern der hochschmelzenden Metalle wie auch ihrer Karbide, Boride, Silizide und Nitride. Im chemischen Apparatebau finden poröse Werkstoffe aus kugeligen Pulvern, z. B. bei der Fertigung von Elektroden und Diafragmen [1] sowie als Katalysator oder dessen Träger [2], Anwendung. Für den Bau von Brennstoffelementen bildeten sie die technische Voraussetzung [3]—[5]. Ferner sind Angaben [6], [7] über die Verwendung von porösem Wolfram in Ionenmotoren für Raumschiffe zur Ionisierung von Alkalimetallen bekannt geworden. Der Einsatz kugeliger Teilchen aus hochschmelzenden Verbindungen ist außerdem für die Herstellung von Brennelementen in der Kerntechnik bedeutungsvoll [8].

In der vorliegenden Arbeit werden Methoden und Versuchsbedingungen zur Erzeugung kugeliger Pulver aus hochschmelzenden Metallen und ihren Verbindungen beschrieben.

2. Herstellung kugeliger Pulver aus hochschmelzenden Metallen durch Zerstäubung

Aus den zahlreichen Verfahren zur Herstellung von Metallpulvern sind nur wenige für die Fertigung kugeliger Teilchen aus Wolfram und Molybdän geeignet, so z. B. Dissoziation der Karbonyle, Pelletisieren reduzierter, schwammiger Pulver sowie Aufschmelzen von Molybdänpulver in senkrechten Kohlerohrkurzschlußöfen [9]. Gröberes, kugeliges Molybdänpulver kann auch im Lichtbogenofen durch zentrifugales Verspritzen bei raschem Drehen der Abschmelzelektrode erhalten werden [10]. Die aufgeführten Methoden ermöglichen jedoch nicht, kugeliges Wolframpulver herzustellen, und sind aus ökonomischen und technologischen Erwägungen für eine größere Fertigung nicht anwendbar.

Von großem Interesse für die Herstellung kugeliger Pulver ist die Zerstäubung hochschmelzender Metalle und ihrer Verbindungen mit Hilfe des Plasmastrahles. So gestattet die Anwendung eines Hochfrequenz-Plasmabrenners, Wolfram- und Molybdänpulver von 0,10- bis 0,15-mm-Teilchengröße zu schmelzen und zu Teilchen von 0,05 bis 1,10 mm ∅ zu zerstäuben [11]. Für diesen Zweck können auch Lichtbogenplasmageneratoren mit entsprechenden Regel- und Kontrolleinrichtungen erfolgreich genutzt werden [12]—[16].

Das Metall bringt man in Stab-, Draht- oder Pulverform in den Plasmastrahl ein, wobei das zu zerstäubende kompakte Einsatzgut als neutraler oder Elektrodenwerkstoff dient und in letzterem Falle unmittelbar an der Bildung des Plasmastrahles teilnimmt.

Das Kornspektrum des erhaltenen Pulvers hängt von den veränderlichen Parametern des Verfahrens ab und schwankt in breiten Bereichen. Beim Aufschmelzen und Sphäroidisieren von Pulver wird der Teilchendurchmesser des Endproduktes ausschließlich durch die Ausgangsteilchengröße bestimmt, und infolge außerordentlich kurzer Verweilzeit des Metalles in der Hochtemperaturzone des Plasmastrahles praktisch auf 0,7 bis 0,10 mm begrenzt.

In der vorliegenden Arbeit wird am Beispiel des Wolframs, Molybdäns und Kupfers der Zerstäubungsmechanismus im Plasmastrahl besprochen und der Einfluß der veränderlichen Parameter des Verfahrens auf die Verteilung der Teilchengröße und Ausbringung der einzelnen Fraktionen untersucht. Die experimentellen Arbeiten wurden auf einem universellen Plasmabrenner УПУ-2M, dessen Elektroden- und Düsendurchmesser 9,5 bzw. 3,0 mm betrugen, durchgeführt, wobei der zu zerstäubende Draht als Anode diente.

2.1 Zerstäubungsvorgang

Erhitzen und Schmelzen des Metalles im Plasmastrahl führen zur Bildung eines flüssigen Volumens, das durch die Oberflächenspannung des Werkstoffes am Drahtende festgehalten wird. Die weitere Energiezufuhr bewirkt eine Überhitzung dieses Volumens, die Oberflächenspannung fällt rapid ab, und es werden die Voraussetzungen zum Abreißen des flüssigen Metalles und zu seiner Zerstäubung gegeben. Das Ergebnis der Plasmazerstäubung hängt in erster Linie von den Eigenschaften des Einsatzgutes und der Leistung des Plasmastrahles ab:

$$N = \frac{G v^2}{2}$$

N — Leistung des Plasmastrahles (in W),
G — Verbrauch an plasmabildendem Gas (in kg/s),
v — Geschwindigkeit des Strahles (in m/s).

Die Wechselwirkung zwischen der in das Metall eingeführten Wärmemenge, dem Volumen des eingebrachten kalten Metalles und der Leistung des Plasmastrahles bestimmt die Art des Zerstäubungsganges, der tropfen- oder strahlenförmig sein kann. Im Verlaufe der Arbeit konnten die verschiedenen Stadien des Überganges experimentell festgestellt und fixiert werden (Abb. 1). Die Verminderung der Oberflächenspannung des Metalles infolge Überhitzen sowie Vergrößerung des Volumens an flüssigem Metall durch Aufschmelzen des kontinuierlich zugeführten Drahtes bewirken das Abreißen, Verspritzen und Zerstäuben der sich bildenden Tropfen (Abb. 1b). Sogenannte „Trauben" bei Wolfram und Molybdän treten auf, wenn die Leistung des Plasmastrahles für das Abreißen und Zerstäuben der Tropfen zu niedrig lag. Bei der Zerstäubung von Kupfer bilden sich keine solchen „Trauben", was durch seine niedrige Oberflächenspannung, 1350 erg/cm² in Schmelzpunktnähe, im Vergleich zu der des Wolframs, 2300 erg/cm², und Molybdäns, 2050 erg/cm², bedingt ist.

a b a b a b

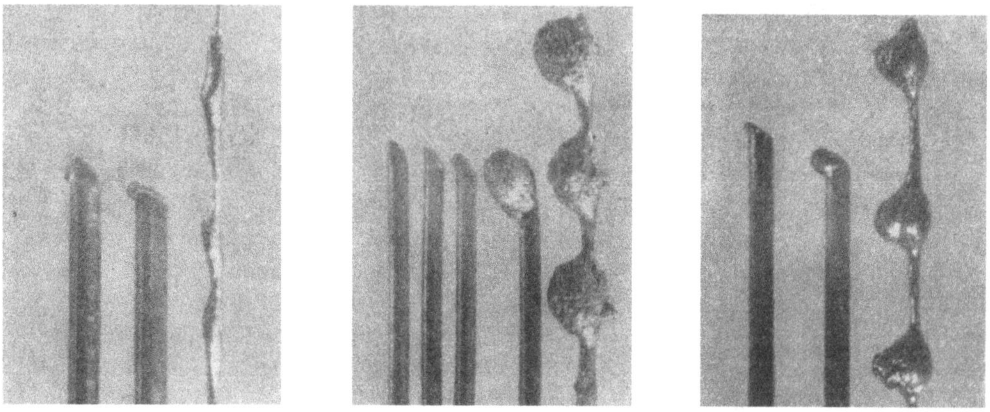

Kupfer Molybdän Wolfram

Abb. 1. Übergangsstadien von der strahl- (*a*) zur tropfenartigen (*b*) Zerstäubung

Im Falle der strahlförmigen Zerstäubung tritt ein augenblickliches Überhitzen des schmelzflüssigen Drahtendes bis zu den Temperaturen ein, die eine rapide Verminderung der Oberflächenspannung gewährleisten. Ohne die Zwischenstufe der Tropfenbildung zu durchlaufen, „fließt" das Metall, und am Drahtende bildet sich eine charakteristische Zunge aus (Abb. 1a).

Die unterschiedlich großen Tropfen bewegen sich im Plasmastrahl mit unterschiedlichen Geschwindigkeiten; die kleinen Tropfen erhalten eine größere Beschleunigung, so daß sie mit den größeren zusammenstoßen, was eine Verschmelzung und somit Vergrößerung der mittleren Teilchengröße zur Folge hat. Wie die Berechnungen [17] zeigen, kann dadurch die Form der Verteilungskurven wesentlich beeinflußt werden. Gegenwärtig ist eine quantitative Beurteilung des Einflusses dieser Teilchenkoagulation nicht möglich. Es konnte lediglich festgestellt werden, daß die Vereinigung von Kupfer- bzw. Molybdäntropfen nach etwa 250 bis 300 mm und bei Wolfram nach 1000 mm Entfernung von der Brennerdüse im wesentlichen beendet ist. Verschiedene Phasen des Verschmelzens sind in Abb. 2 festgehalten.

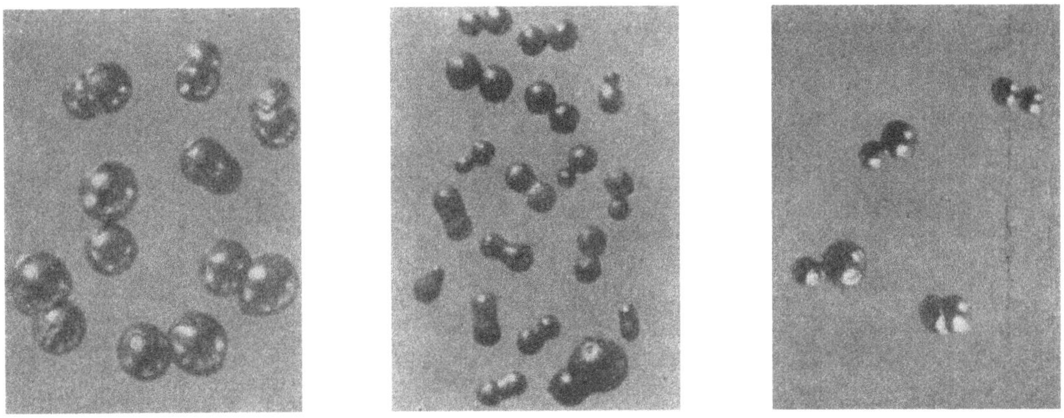

a) Kupfer b) Molybdän c) Wolfram

Abb. 2. Verschmelzen von Kupfer-, Molybdän- bzw. Wolframteilchen

Die Erstarrung der Metallteilchen erfolgt in Auffangbehältern in einer Kühlflüssigkeit, wobei durch die plötzliche Abkühlung nur eine minimale Oxydation eintritt. So bleiben z. B. die Wolfram- und Molybdänteilchen beim Abkühlen im Wasser blank und oxidfrei; Kupfer

Tabelle 1. Technologische Parameter bei der Plasmazerstäubung von Kupfer, Molybdän und Wolfram

Metall	Bogenspannung V	Stromstärke A	Kühlmittel	Entfernung Düse – Kühlmittel mm	Teilchenform
Kupfer	70	90	Wasser	120–1000	kuglig
Kupfer	70	90	Öl	120–1000	kuglig
Molybdän	80	140	Wasser	120–1000	kuglig
Molybdän	80	140	Öl	120–1000	kuglig
Wolfram	90	220	Wasser	120– 180	„Fladen"
Wolfram	90	220	Wasser	180– 250	„Fladen"
Wolfram	90	220	Wasser	250–1000	„Sombrero"
Wolfram	90	220	Öl	250–1000	kugelförmig
Wolfram	90	220	Wasser	1000–1200	„Sombrero"
Wolfram	90	220	Wasser	1200	kuglig
Wolfram	90	220	Öl	1200	kuglig

wird matt und oxydiert geringfügig. Zur Beurteilung des Einflusses der Eigenschaften des Kühlmittels und der Entfernung Brennerdüse–Kühlmitteloberfläche wurde 1-mm- ⌀-Draht bei einem Argonverbrauch von 2,1 m³/h (Druck 1,2 atü) nach den in Tabelle 1 angegebenen technischen Parametern in Wasser sowie Öl zerstäubt. Aus den Versuchsergebnissen geht hervor, daß für Kupfer und Molybdän die Kühlflüssigkeit und Entfernung Brennerdüse–Kühlmittel keinen Einfluß auf die kugelige Form (Abb. 3a und 3b) ausübt, wohingegen bei Wolfram

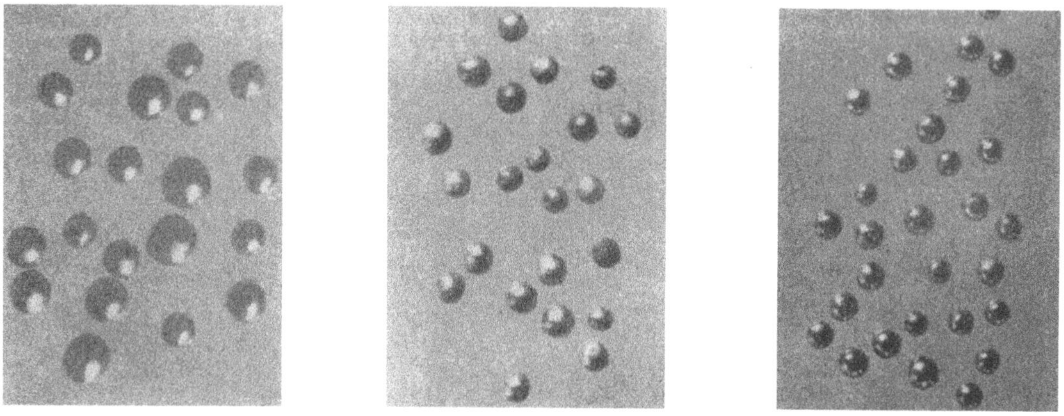

a) Kupfer b) Molybdän c) Wolfram

Abb. 3. Kuglige Pulver, hergestellt durch Zerstäuben im Plasmastrahl

erst eine Vergrößerung des Abstandes > 1200 mm die gewünschte Teilchenform ergibt (Abb. 3c). Bei Wolfram wurden unter gewissen Bedingungen Teilchen mit der Form eines „Sombreros“ beobachtet (Abb. 4a).

Die wahrscheinliche Ursache der Bildung solcher Teilchen ist in der hohen kinetischen Energie der Tropfen zu suchen, die durch die hohe Dichte des Wolframs von 19,3 g/cm³ bedingt ist. Im Moment des elastischen Aufschlagens gegen die Oberfläche des Wassers, das eine beachtliche Kompressibilität besitzt, werden Wellen mit nachfolgendem elastischem Rückstoß ausgebildet. Der zerfließende Tropfen nimmt jetzt die Form der Wasseroberfläche an (Abb. 4b). Zugunsten dieser Annahme spricht das Fehlen der „Sombrero“-Form beim Zerstäuben von Wolfram in Öl, das eine weitaus geringere Kompressibilität und schlechtere elastische Kennwerte im Vergleich zu Wasser besitzt. Bei der Vergrößerung des Abstandes zwischen Brennerdüse und Auffangbehälter, d. h. bei bedeutender Verminderung der kinetischen Energie, spielt der elastische Stoß auf die Wasseroberfläche eine untergeordnete Rolle, so daß die durch die Oberflächenspannung des Metalles bedingte kugelige Form beibehalten wird.

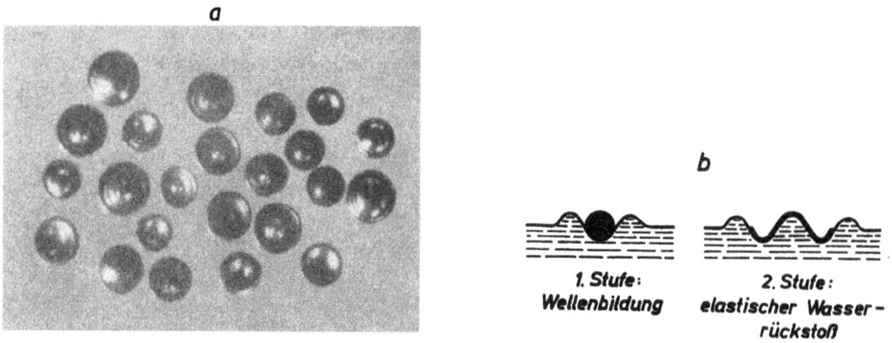

Abb. 4. Wolframpulver mit „Sombrero-“Form (*a*) und das Schema der Bildung solcher Teilchen (*b*)

2.2 Einfluß der veränderlichen Parameter auf das Kornspektrum des Pulvers

Die effektive Wärmeleistung ist die wichtigste Charakteristik des Plasmastrahles als Wärmequelle und durch folgende Gleichung definiert [18]:

$$q = 0{,}24\,\eta\,UI$$

q — effektive Wärmeleistung (in cal/s), U — Lichtbogenspannung (in V),
η — effektiver Wirkungsgrad, I — Stromstärke (in A).

Weiterhin haben der Verbrauch an plasmabildendem Gas (G) sowie der Bogenabstand (l) Einfluß auf die effektive Wärmeleistung. Die Wärmeleistung hängt außerdem vom Durchmesser der Brennerdüse, von der Zusammensetzung des Gases und von einer Reihe anderer Faktoren ab, die jedoch in der vorliegenden Arbeit konstantgehalten wurden.

Die hauptsächlichen Energieverluste sind durch die Erwärmung der Brennerdüse und Elektrode sowie durch Strahlung und Konvektion bedingt. Die Energieverteilung zwischen Plasmastrahl und Anode (η_A), Brennerdüse (η_D) und Elektrode (η_E), wie auch die Veränderung der effektiven Leistung und Bogenspannung, sind in Abhängigkeit von den veränderlichen Parametern des Verfahrens in Abb. 5 dargestellt. Aus dem Kurvenverlauf geht hervor, daß die effektive Wärmeleistung und der effektive Wirkungsgrad an der Anode mit zunehmender Stromstärke anwachsen (Abb. 5a), was auch durch die Erhöhung des Gasverbrauches bis $\sim$1 m^3/h eintritt (Abb. 5c). Bei weiterer Steigerung des Gasverbrauches sinkt η_A, und die Wärmeleistung bleibt praktisch konstant. Eine Vergrößerung des summaren Bogenabstandes ($l + l_y$), ersichtlich aus Abb. 5b, führt trotz Anstieg der Wärmeleistung zur Verminderung des Anteiles der an der Anode freiwerdenden Energie. Diese Zusammenhänge erlauben, die eintretende Veränderung des Kornspektrums der anfallenden Pulver vorherzubestimmen und bildeten die Grundlage für die Durchführung der vorliegenden Arbeit.

Die beim Zerstäuben von Kupfer-, Molybdän- und Wolframdraht im Plasmastrahl gewählten technologischen Kennwerte sind in den Tabellen 2 bis 4 zusammengestellt. Die Korn-

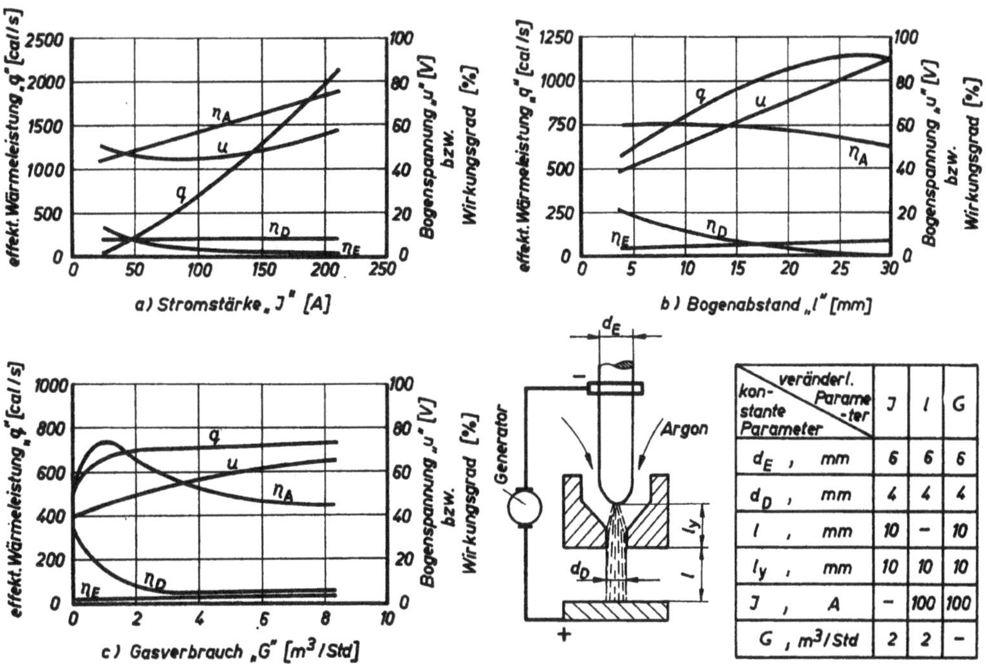

konstante Parameter \ veränderl. Parameter	J	l	G
d_E, mm	6	6	6
d_D, mm	4	4	4
l, mm	10	–	10
l_y, mm	10	10	10
J, A	–	100	100
G, m^3/Std	2	2	–

Abb. 5. Abhängigkeit der Wärmeleistung, Bogenspannung und einzelner Wirkungsgrade von den veränderlichen Parametern des Verfahrens

Tabelle 2. Technologische Parameter bei der Plasmazerstäubung von 1,0-mm-⌀-Molybdändraht

Versuchs-Nr.	Veränderliche Parameter	Stromstärke A	Spannung V	Plasmabild. Gas		Lichtbogenabstand mm	Geschwindigkeit des Drahtvorschubes m/min
				Druck atü	Verbrauch m^3/h		
1	Stromstärke	115	75	1,4	2,1	12	7,0
2		140	80	1,4	2,1	12	7,0
3		150	85	1,4	2,1	12	7,0
4		170	88	2,0	2,1	12	7,0
5	Lichtbogenabstand	140	80	1,4	2,1	12	7,0
6		130	85	1,4	2,1	17	7,0
7		110	100	1,4	2,1	23	7,0
8	Gasverbrauch	140	80	1,3	1,5	12	7,0
9		140	80	1,4	1,6	12	7,0
10		140	80	1,4	1,9	12	7,0
11		140	80	1,5	2,1	12	7,0
12		140	80	1,5	2,4	12	7,0
13		140	80	2,0	2,7	12	7,0
14	Geschwindigkeit des Drahtvorschubes	140	80	1,5	2,1	12	7,0
15		140	80	1,5	2,1	12	6,2
16		140	80	1,5	2,1	12	4,5
17		140	80	1,5	2,1	12	3,5

Tabelle 3. Technologische Parameter bei der Plasmazerstäubung von 2,0-mm-⌀-Wolframdraht

Versuchs-Nr.	Veränderliche Parameter	Stromstärke A	Spannung V	Plasmabild. Gas		Lichtbogenabstand mm	Geschwindigkeit des Drahtvorschubes m/h
				Druck atü	Verbrauch m^3/h		
1	Stromstärke	160	85	1,5	2,1	12	2,2
2		180	87	1,7	2,1	12	2,2
3		205	93	2,3	2,1	12	2,2
4	Lichtbogenabstand	180	87	1,7	2,1	7	2,2
5		170	100	1,7	2,1	16	2,2
6		150	107	1,7	2,1	18	2,2
7	Gasverbrauch	170	70	1,2	1,6	10	2,2
8		160	75	1,3	2,1	10	2,2
9		155	82	1,6	2,4	10	2,2
10		150	90	2,5	2,9	10	2,2
11	Geschwindigkeit des Drahtvorschubes	160	90	1,8	2,1	10	1,7
12		185	85	1,8	2,1	10	2,2
13		185	85	1,8	2,1	10	3,7

größenverteilung wurde mit Hilfe der Siebanalyse auf einem Vibrationssieb bestimmt, und die Versuchsergebnisse sind in Abb. 6 graphisch ausgewertet. Auf der Abszisse ist die mittlere Teilchengröße einer Fraktion und auf der Ordinate die relative Menge dieser Fraktion F aufgetragen und errechnet sich nach [8] aus der Beziehung:

$$F = \frac{n}{d_{max} - d_{min}}$$

n — Menge einer Fraktion (in %),

d_{max}, d_{min} — maximale bzw. minimale Teilchengröße einer Fraktion (in mm).

Tabelle 4. Technologische Parameter bei der Plasmazerstäubung von 1,5-mm-⌀-Kupferdraht

Versuchs-Nr.	Veränderliche Parameter	Stromstärke A	Spannung V	Plasmabild. Gas		Lichtbogenabstand mm	Geschwindigkeit des Drahtvorschubes m/h
				Druck atü	Verbrauch m^3/h		
1	Stromstärke	130	75	1,5	2,1	14	6,9
2		140	88	1,5	2,1	14	6,9
3		150	100	1,5	2,1	14	6,9
4	Lichtbogenabstand	90	60	1,5	2,1	8	6,9
5		82	70	1,5	2,1	11	3,9
6		80	75	1,5	2,1	13	6,9
7		65	85	1,5	2,1	16	6,9
8		55	90	1,5	2,1	18	6,9
9	Gasverbrauch	95	55	0,5	1,6	11	6,9
10		85	65	1,2	1,9	11	6,9
11		80	77	1,8	2,6	11	6,9
12	Geschwindigkeit des Drahtvorschubes	75	80	1,5	2,1	11	2,5
13		78	75	1,5	2,1	11	2,9
14		82	70	1,5	2,1	11	3,7
15		85	67	1,5	2,1	11	5,3
16	•	85	67	1,5	2,1	11	6,9

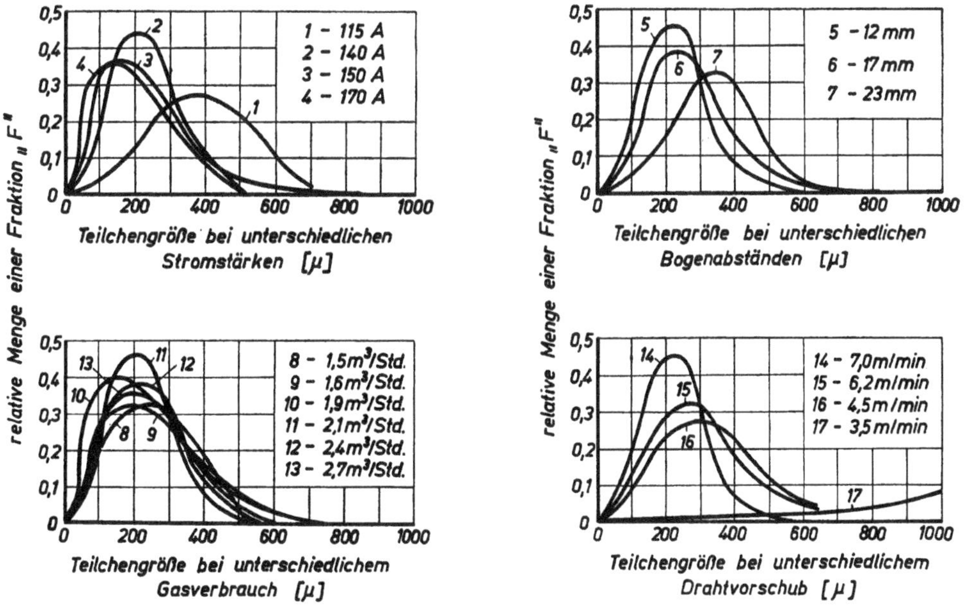

Abb. 6. Verteilung der Teilchengröße von zerstäubtem Molybdän in Abhängigkeit der veränderlichen Parameter des Verfahrens (vgl. Tab. 2)

Die Ausbringung einzelner Fraktionen in Abhängigkeit von Stromstärke, Lichtbogenabstand, Gasverbrauch und Drahtvorschub ist am Beispiel des Molybdäns in Abb. 7 dargestellt. Die Analyse der Kornverteilung für Wolfram, Molybdän und Kupfer erlaubt folgende Schlußfolgerungen:

a) Mit Zunahme der Stromstärke vermindert sich im Falle des Wolframs der Anteil der groben Fraktion im gesamten Untersuchungsbereich, während für Molybdän das nur bis zu einer

Stromstärke von 170 A (Abb. 6, Kurve 4) zutrifft. Eine weitere Erhöhung der Stromstärke bewirkt eine Verschiebung des Maximums in Richtung gröberer Teilchen (Abb. 7). Für Kupfer bleibt die Lage des Maximums praktisch unverändert.

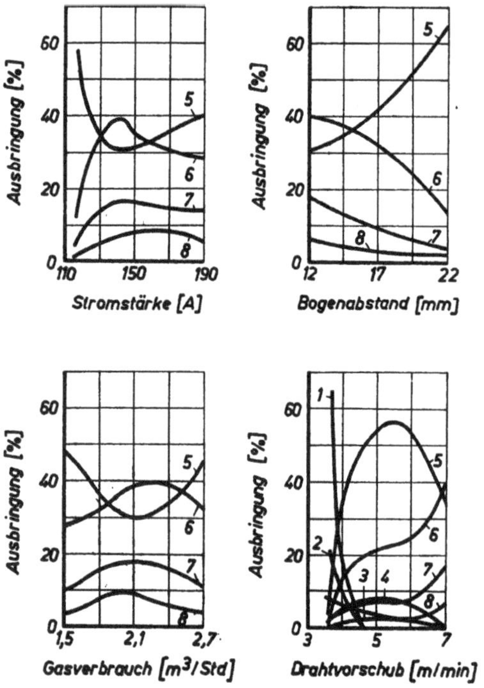

Kurve	Fraktion
1	> 1,2 mm
2	1,2 – 0,8 mm
3	0,8 – 0,5 mm
4	0,5 – 0,45 mm
5	0,45 – 0,25 mm
6	0,25 – 0,16 mm
7	0,16 – 0,10 mm
8	0,10 – 0,063 mm

Abb. 7. Ausbringung einzelner Fraktionen von zerstäubtem Molybdän in Abhängigkeit der veränderlichen Parameter des Verfahrens

Die Unterschiede in den Gesetzmäßigkeiten der Änderung des Kornspektrums für Wolfram und Kupfer können vorläufig nur dadurch erklärt werden, daß durch die Erhöhung der Stromstärke die effektive Wärmeleistung und der effektive Wirkungsgrad an der Anode (Draht) ansteigen. Das führt zum Schmelzen, raschen Überhitzen und Zerstäuben des Metalles bereits in den äußeren Zonen des Plasmastrahles, deren Leistung und somit Zerstäubungsfähigkeit gegenüber dem Zentralstrahl bereits geringer ist.

b) Eine Vergrößerung des Lichtbogenabstandes ruft eine Verschiebung der Lage des Maximums auf der Kornverteilungskurve in Richtung gröberer Teilchen sowie Verbreiterung des Kornspektrums hervor. Wie Berechnungen zeigen, ist das Anwachsen des Anteiles gröberer Fraktionen durch die Verminderung der Wärmeleistung und des Wirkungsgrades zu erklären, da bei einer Vergrößerung des Bogenabstandes die Stromstärke intensiver fällt als die Bogenspannung ansteigt (Tab. 2 bis 4).

c) Mit der Erhöhung des Gasverbrauches bis 2,4 bzw. 1,9 m³/h ändert sich das Kornspektrum des Wolfram- und Molybdänpulvers zugunsten der feineren Fraktionen. Eine weitere Steigerung des Gasverbrauches führt zu erhöhtem Anteil gröberer Teilchen. Die Breite des Kornspektrums bleibt annähernd unverändert. Für Kupfer bleibt die Lage des Maximums konstant, während sich das Kornspektrum einengt. Dies ist auf die „Abkühlwirkung" bei erhöhtem Gasverbrauch zurückzuführen, was eine Verminderung des Wirkungsgrades und gesamten Zerstäubungseffektes zur Folge hat, obwohl die Strahlleistung mit steigender Gaszufuhr anwächst.

d) Eine Verminderung der Drahtzufuhr erhöht merklich den Anteil der groben Fraktion, da sich das Volumen des in den Plasmastrahl eintretenden Metalles vermindert und es bereits in den Randzonen zum Schmelzen, Überhitzen und Zerstäuben kommt.

Im Ergebnis der Untersuchungen über den Einfluß der veränderlichen Parameter der Plasmazerstäubung konnten die technologischen Bedingungen zur Erzielung optimaler Ausbringungen einzelner Fraktionen (Tab. 5) am Beispiel des Wolframs, Molybdäns und Kupfers bestimmt werden.

Tabelle 5. Maximale Ausbringung der Pulverfraktionen bei optimalen Versuchsbedingungen

Metall / Fraktionen mm	Kupfer		Molybdän		Wolfram	
	Ausbringung %	Versuchs-Nr. (Tab. 4)	Ausbringung %	Versuchs-Nr. (Tab. 2)	Ausbringung %	Versuchs-Nr. (Tab. 3)
1,20–0,80	12,8	12	21,1	7	23,2	11
0,80–0,50	50,6	12	9,3	1	27,0	11
0,50–0,45	20,5	13	11,8	1	38,5	12
0,45–0,25	47,4	9	65,2	7	56,3	9
0,25–0,16	35,1	11	40,7	2	53,8	8
0,16–0,10	26,6	1	18,2	11	21,1	8
0,10–0,063	21,7	1	9,7	10	6,9	2

3. Herstellung kugeliger Pulver aus hochschmelzenden Verbindungen durch Granulieren

Kugelige Pulver mit vorgegebenem Teilchendurchmesser aus hochschmelzenden Verbindungen wurden nach dem Verfahren des Granulierens feindisperser Ausgangswerkstoffe mit Hilfe geeigneter Bindemittel und nachfolgendem Sintern hergestellt. Die feinkörnigen Pulver wurden mit Polyvinylalkohol oder einer Lösung von synthetischem Kautschuk in Benzin zu einer dickflüssigen Masse verrührt, bei 60 °C getrocknet und nach den in der Hartmetallproduktion bewährten Verfahren granuliert:

a) Reiben der mit Plastifikator angerührten und getrockneten Mischungen durch ein Sieb der Maschenweite 0,5 bis 1,0 mm und nachfolgendes Pelletisieren auf einem Vibrationssieb oder in einer Trommel.

b) Pressen der mit Plastifikator angerührten Pulver bei Drücken von 0,1 bis 0,4 $\mathrm{Mp/cm^2}$; nachfolgendes Zerkleinern, Reiben durch ein Sieb und Pelletisieren.

c) Walzen der mit Plastifikator angerührten Pulver zu Band, nachfolgendes Zerkleinern, Reiben durch ein Sieb und Pelletisieren.

Die granulierten Pulver wurden 8 bis 12 Stunden bei 130 bis 180 °C zur Polymerisation des Plastifikators getrocknet. Die so hergestellten kugeligen Pulver besitzen eine befriedigende mechanische Festigkeit und eignen sich zur Herstellung spezieller Teile, von denen eine Porosität zwischen und in den Pulverteilchen selbst gefordert wird. Solch ein Porencharakter ist besonders für Katalysatoren und poröse Elektroden von Bedeutung [3].

Für die Fertigung poröser Teile, wie z. B. Filter, wurden die granulierten Teilchen mit Füllstoffen und ohne Füllstoffe zur Vermeidung des Zusammensinterns bei Temperaturen zwischen 80 bis 95% des absoluten Schmelzpunktes gesintert. Außerdem wurde der Einfluß sinterfördernder Zusätze untersucht. Für Chrom-, Titan- und Niobkarbide hat sich Ruß als Füllstoff bewährt; bei Titannitrid konnte Bornitrid oder ein Gemisch aus Bor- und Titannitrid mit Erfolg eingesetzt werden; für Zirkoniumborid eignete sich ebenfalls Bornitrid. Das Trennen der gesinterten, kugeligen Pulverteilchen von den Füllstoffen erfolgte durch Flotation in Seifenwasser. Die Pulver wurden anschließend zwischen 120 bis 160 °C getrocknet, abgesiebt und die Fraktion zur Herstellung der gewünschten Teile weiterverarbeitet. Um die Aufnahme von Verunreinigungen des Granulats durch die Füllstoffe zu vermeiden, wurden die Pulver zum Teil ohne diese in eine Graphithülse frei eingeschüttet und bei den angegebenen Temperaturen gesintert.

Zur Senkung der Sintertemperatur bei der Herstellung kugeliger Teilchen aus hochschmelzenden Verbindungen wurde der Einfluß sinterfördernder, leicht flüchtiger Zusätze, wie Ammonium-, Kobalt- und Nickelchlorid, untersucht. Wie aus den Angaben in Tabelle 6 hervorgeht, kann durch den Einsatz solcher Zusätze die Sintertemperatur wesentlich herabgesetzt werden.

Tabelle 6. Sinterbedingungen für die Herstellung kugliger Pulver aus hochschmelzenden Verbindungen

Werkstoff	Sintertemperatur °C	Sinterfördernder Zusatz
TiC	2000	—
	1900	Ammoniumchlorid
	1800	Nickelchlorid
ZrC	1800	Kobaltchlorid
	2000	Ammoniumchlorid
	2600	ohne Aktivator wird in der Praxis nicht gesintert
Cr_3C_2	1400	—
	1300	Ammoniumchlorid
	1300	Nickelchlorid
	1350	Kobaltchlorid
TiB_2	1800	—
ZrB_2	1800	—
CrB_2	1600	—

Die Abbildungen 8 bis 10 zeigen die Korngrößenverteilung von Chrom- bzw. Zirkoniumkarbidpulver in Abhängigkeit der Herstellungsbedingungen. Auf der Abszisse sind die Teilchengröße und auf der Ordinate der Kennwert K aufgetragen, wobei

$$K = \frac{dn}{d\mu}$$

dn — relativer Gehalt einer bestimmten Fraktion, deren Teilchenabmessung im Bereich $d\mu$ liegt,

K — Wahrscheinlichkeit der Existenz der Teilchenabmessung μ im Bereich μ_1 und μ_2, wobei

$$\int_0^{100} K \cdot d\mu = 100\% .$$

Aus Abb. 8 geht hervor, daß die maximale Anzahl von Teilchen, die beim Reiben eines mit Plastifikator angerührten Pulvers durch ein Sieb der Maschenweite 1 mm und nachfolgendem Pelletisieren in einer Trommel entsteht, zwischen 40 und 150 sowie 700 und 900 μ liegt.

Mit Zunahme des Gehaltes an Bindemittel vergrößert sich die Ausbringung der Teilchen mit einem Durchmesser zwischen 600 und 1000 μ. Abb. 9 zeigt die Korngrößenverteilung eines

Pulvers nach dem Reiben durch ein Sieb mit der Maschenweite von 1,0 mm, 0,8 mm, 0,5 mm; der Gehalt an Bindemittel betrug hierbei konstant 5%. Aus dem Kurvenverlauf folgt, daß mit Abnahme der Maschenweite die Ausbringung der Fraktion maximaler Korngröße zunimmt und sich der Anteil an feinen Teilchen vermindert.

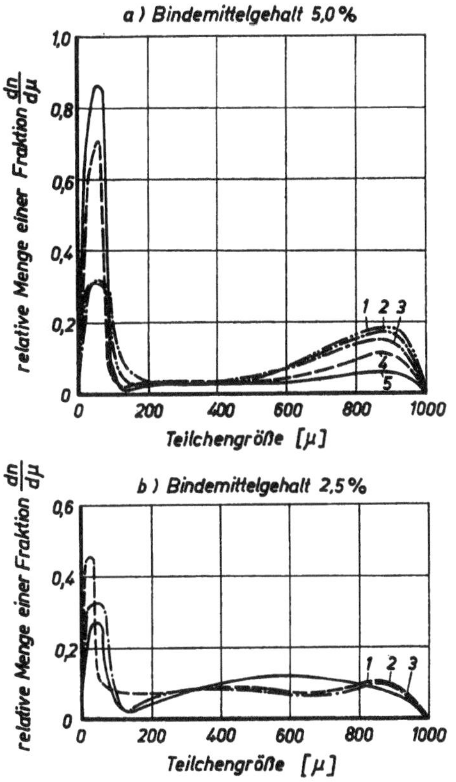

Kurve	Preßdruck
1	100 kp/cm²
2	300 kp/cm²
3	700 kp/cm²
4	2000 kp/cm²
5	4000 kp/cm²

Abb. 8. Verteilung der Teilchengröße von gesintertem, kugeligem Chromkarbidpulver bei unterschiedlichen Gehalten an Bindemittel

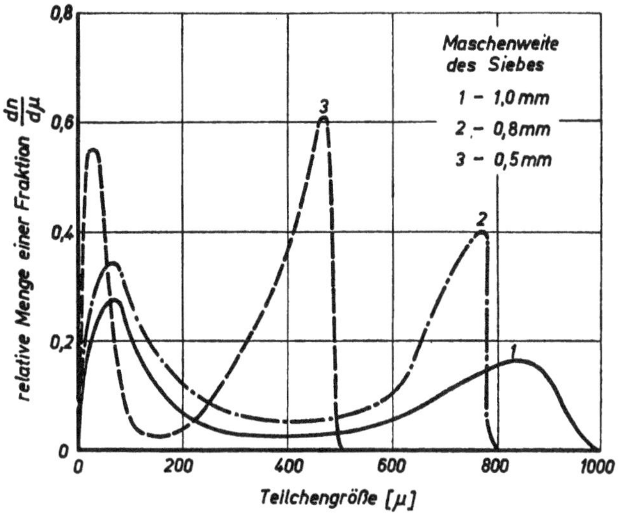

Abb. 9. Verteilung der Teilchengröße von gesintertem, kugeligem Zirkoniumkarbid nach dem Reiben durch Siebe unterschiedlicher Maschenweite

Die Kornverteilungskurven nach dem Verpressen, Reiben durch ein Sieb und anschließendem Pelletisieren eines mit 2,5; 3,5 und 5,0% Bindemittel angerührten feinkörnigen Ausgangspulvers sind in Abb. 10 angegeben. Aus diesen Meßergebnissen geht hervor, daß bei diesem Verfahren zur Herstellung kugeliger Teilchen aus hochschmelzenden Verbindungen die maximale Ausbringung zwischen 20 und 100 μ liegt; der Anteil gröberer Teilchen >100 μ ist gering und wächst ab 600/700 μ nochmals unwesentlich an. Mit zunehmendem Preßdruck

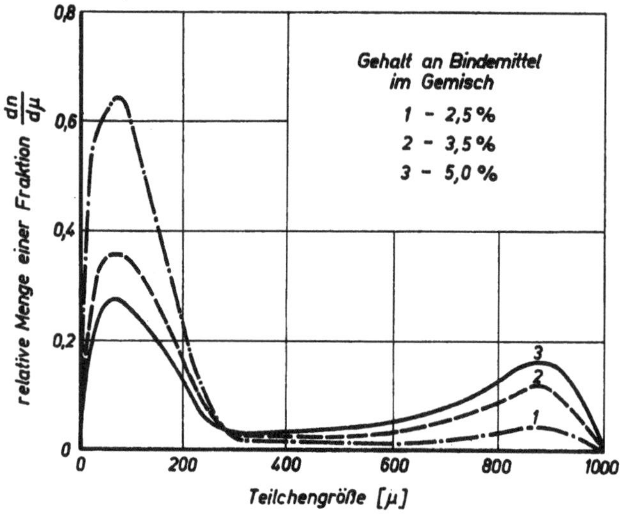

Abb. 10. Verteilung der Teilchengröße nach dem Pressen feinster Pulver, Reiben durch ein Sieb, Pelletisieren und Sintern

steigt die Ausbringung der feinkörnigen Fraktionen auf Kosten der groben steil an. Für die Herstellung von Granulat mit einer Teilchengröße >100 μ ist es deshalb sinnvoll, bei mäßigen Drücken, etwa 0,7 Mp/cm², zu pressen und wenig Plastifikator einzusetzen. Analoge Kornverteilungskurven erhält man durch Walzen der mit Plastifikator verrührten Pulver zu Band, nachfolgendes Reiben durch ein Sieb und Pelletisieren in einer Trommel.

Tabelle 7. Schütt- und Rütteldichte einzelner Fraktionen der gesinterten, kugeligen Pulver aus hochschmelzenden Verbindungen

Verbindung	Pulverfraktion							
	1000—750	750—420	420—177	177—150	150—105	105—75	75—44	<44
Schüttdichte g/cm³								
TiC	1,30	1,28	1,24	1,12	—	1,17	1,35	1,52
ZrC	1,79	1,78	1,64	1,48	—	1,60	1,76	1,88
Cr_3C_2	1,67	1,64	1,58	1,28	—	1,34	1,41	1,77
TiB_2	1,22	1,20	1,17	1,15	—	1,17	1,49	1,59
ZrB_2	1,37	1,35	1,33	1,35	—	1,55	—	—
CrB_2	1,23	1,22	1,18	1,25	1,34	1,46	1,62	1,74
Rütteldichte g/cm³								
TiC	1,32	1,37	1,33	1,22	—	1,28	1,54	1,85
ZrC	—	1,85	1,70	1,72	—	1,85	2,13	2,50
Cr_3C_2	2,22	1,82	1,67	1,54	—	1,67	1,93	2,04
TiB_2	1,22	1,30	1,25	1,56	—	1,61	1,72	2,00
ZrB_2	1,62	1,41	1,41	1,47	—	2,04	—	—
CrC_2	1,43	1,33	1,33	1,41	—	1,64	2,04	2,08

Tabelle 8. Fließvermögen und spezifische Oberfläche einzelner Fraktionen der gesinterten, kugeligen Pulver aus hochschmelzenden Verbindungen

Verbindung	Pulverfraktion							
	1000–750	750–420	420–177	177–150	150–105	105–75	75–44	< 44
Fließvermögen (g/sec) [19]								
TiC	fließen nicht	1,88	2,22	2,38	–	2,51	2,69	fließen nicht
ZrC	fließen nicht	2,62	3,05	3,29	–	3,55	3,56	fließen nicht
Cr_3C_2	fließen nicht	5,20	2,76	2,86	–	3,10	2,98	fließen nicht
TiB_2	fließen nicht	1,67	2,08	2,50	–	2,63	2,28	fließen nicht
ZrB_2	fließen nicht	1,82	2,28	3,02	–	3,14	–	fließen nicht
CrB_2	fließen nicht	fließen nicht	2,09	2,63	–	2,63	fließen nicht	fließen nicht
Spezifische Oberfläche (cm^2/g) [20]								
TiC	60,0	89,6	175,0	322,0	425,0	627,0	920,0	2198,0
ZrC	44,4	66,0	129,0	237,0	321,0	472,0	740,0	1815,0
Cr_3C_2	45,2	67,2	131,0	242,0	349,0	520,0	755,0	1900,0
TiB_2	66,2	99,3	194,0	356,0	461,0	622,0	1004,0	2440,0
ZrB_2	48,4	72,4	141,0	259,0	372,0	488,0	724,0	1993,0
CrB_2	57,1	85,4	167,0	306,0	408,0	539,0	838,0	2160,0

Im Verlaufe der vorliegenden Arbeit wurde eine Reihe technologischer Eigenschaften der aus den hochschmelzenden Verbindungen durch Granulieren hergestellten kugeligen Pulver bestimmt (Tab. 7 und 8):

a) Die Schütt- und Rütteldichte der untersuchten kugeligen Karbid- und Boridpulver liegen relativ niedrig, was nur zum Teil durch eine starke Oberflächenzerklüftung der Teilchen erklärt werden kann, da nicht nur die groben Teilchen mit der geringsten spezifischen Oberfläche, sondern auch die kleinsten mit der größten spezifischen Oberfläche maximale Werte aufweisen.

b) Das Fließvermögen der granulierten Boride, insbesondere des Chromborids, ist gegenüber dem der Karbide wesentlich geringer; ihre spezifischen Oberflächen liegen in der gleichen Größenordnung.

c) Die Bestimmung der Dichte kugeliger Teilchen zeigt, daß nach dem Sintern die Restporosität durchschnittlich 8 bis 18% beträgt. Die geringste Porosität, 2 bis 3%, hatte Chromkarbid, das in Ruß als Füllmittel gesintert worden war.

Kiew (UdSSR), Institut für Probleme der Werkstoffkunde

Literatur

[1] AGTE, C. und OCETEK, K., Metallokeramičeskie fil'try Sudpromgis. Moskva 1959.
[2] SAMSONOV, G. V. und PLOTKIN, S. JA., Chimičeskaja promyšlennost' 1958, 2, S. 106.
[3] JUSTI, E. und VINZEL, A., Toplivnye elementy Izd.-vo „Mir". Moskva 1964.
[4] Toplivnye elementy. Izd.-vo „Nauka". Moskva 1964.
[5] Preobrazovanie tepla i chimičeskoj energii v elektroenergiju v raketnych sistemax. Inostrannaja literatura. Moskva 1963.

[6] Plazmennye i elektrostatičeskie raketnye dvigateli. Inostrannaja literatura. Moskva 1962.
[7] PEREL'MAN, R. G., Dvigateli galaktičeskich korablej. Izd.-vo Akad. Nauk SSSR. Moskva 1962.
[8] BENESOVSKY, F., Poroškovaja metallurgija 4 (1964) 4, S. 104.
[9] WAHLL, M., ORSDEL, J. VAN und FISCHER, R., Powder Metallurgy 1961, 8, S. 48.
[10] US-Patent No. 3099041, 1961.
[11] HEDGER, H. J. und HALL, A. R., Powder Metallurgy 1961, 8, S. 65.
[12] KULAGIN, I. D., KUDINOV, V. V. und PETRUNIČEV, V. A., Metallurgija i gornoe delo 1964, 4, S. 166.
[13] MOSS, A. R. und YOUNG, W. J., Powder Metallurgy 1964, 14, S. 261.
[14] KRASNOV, A. N. und SLEPCOV, V. M., Poroškovaja Metallurgija 5 (1965) 1, S. 72.
[15] KRASNOV, A. N., SAMSONOV, G. V. und SLEPCOV, V. M., Izvest. Akad. Nauk SSSR 1965, 1, S. 106.
[16] KRASNOV, A. N., Poroškovaja metallurgija 5 (1965) 3, S. 1.
[17] DUNSKIJ, V. F., Ž. techn. fiz. 1956, S. 1262.
[18] KULAGIN, I. D. und NIKOLAEV, A. V., Obrabotka materialov dugovoj plazmennoj struej. Moskva 1960.
[19] SAMSONOV, G. V. und PLOTKIN, S. JA., Proizvodstvo železnogo poroška. Metallurgizdat. Moskva 1957.
[20] TOVAROV, V. V., Zavodskaja laboratorija 1948, 1, S. 68.

Diskussion

JUTTA MORGENTHAL-UHLMANN, Dresden: Wie wurde die spezifische Oberfläche der relativ groben Pulver bestimmt?

V. M. SLEPCOV: Die spezifische Oberfläche wurde nach der Methode von V. V. TOVAROV [20] bestimmt; dabei wird der Gasfluß durch einen porösen Körper ermittelt. Auf diese Weise werden jedoch nur die durchgehenden Poren erfaßt; der Anteil an geschlossenen Poren wurde bei unseren Versuchen zur Bestimmung der spezifischen Oberfläche nicht berücksichtigt.

H. HANTZSCHE, Meiningen: Mit welchem Gas haben Sie bei Spannungen bis 150 V gearbeitet? Normalerweise liegt die Ionisierungsspannung für Stickstoff und Argon bei 24 bzw. 70 V. Aus welchem Grunde treten diese hohen Ionisierungsspannungen von mehr als 100 V auf, wenn man die von Ihnen angegebene Skizze zugrunde legt? Haben Sie besondere Maßnahmen getroffen, um diese hohen Werte zu erreichen?

V. M. SLEPCOV: Wir verwendeten einen industriell hergestellten Gleichstrombrenner für Spannungen bis 150 V und Stromstärken bis 600 A, der mit Argon und Stickstoff betrieben wurde. Die Ionisierungsspannungen lagen für Stickstoff im Bereich 60 bis 90 V und für Argon >100 V.

Moderne Verfahren zur Erhöhung der Dispersität von oxidischen Zusätzen in hochschmelzenden Metallen

Von Christa-Maria Grasme und J. Staudt

In den letzten 10 Jahren ist eine Werkstoffgruppe in den Vordergrund des technischen Interesses getreten, die insbesondere als Konstruktionswerkstoff bei erhöhten Temperaturen Verwendung findet. Nahezu alle Gebrauchsmetalle und eine große Anzahl nichtmetallischer Verbindungen werden für diese sogenannten dispersionsgehärteten Werkstoffe eingesetzt. Ihr Aufbau besteht aus einer metallischen Grundmasse, in die feuerfeste, schwer reduzierbare Oxide, Boride, Karbide u. dgl. eingelagert sind. Aus der Fülle der verwendeten Werkstoffe seien das Sinteraluminium mit etwa 10% Aluminiumoxid, auch SAP genannt, das D-Nickel, welches Thoriumoxid enthält, thoriumoxidhaltiges Platin und Silber mit Cadmiumoxid genannt. Darüber hinaus sind Wolfram- und Molybdänlegierungen mit Thoriumoxid seit mindestens 40 Jahren im Einsatz. Maßgebend für ihre Anwendung sind wichtige spezifische Eigenschaften, die durch den Thoriumoxidgehalt, vor allem beim Wolfram, erzeugt werden. Dazu gehören die Herabsetzung der Elektronenaustrittsarbeit bei direkt geheizten Katoden in Senderöhren, eine Lichtbogenstabilisierung und Herabsetzung des Elektrodenabbrandes bei Hochdruckentladungslampen, eine Verbesserung der Zündfähigkeit, Stabilisierung des Lichtbogens sowie Verringerung des Abbrandes bei den Inertgasschweißverfahren wie Arcatom und Argonarc sowie in neuerer Zeit bei Plasmabrennern. Hervorzuheben ist außerdem die Erhöhung der Warmfestigkeit und nach bestimmten Herstellungsverfahren auch eine gewisse Verbesserung der Zunderbeständigkeit. Aus dieser Bemerkung geht bereits hervor, daß die Eigenschaften solcher Werkstoffe nicht nur von der Art und Menge oxidischer Zusätze abhängen, sondern daß eine ganze Reihe anderer Einflußgrößen die Eigenschaften der Halbfabrikate bestimmt. Ein wesentlicher Faktor ist die Größe und Verteilung der nichtmetallischen Partikel im Grundmetall. Er wird durch den sogenannten Dispersitätsgrad zumindest qualitativ beschrieben. In diesem Zusammenhang wurde der Verfahrenstechnik zur Erzeugung einer möglichst homogenen und feinen Verteilung der Fremdphase besondere Beachtung geschenkt. Die Herstellungsmethoden sind sehr verschieden, sie weichen oft nur in Details voneinander ab und lassen sich daher zu einzelnen Gruppen zusammenfassen. Fast allen ist gemeinsam, daß pulvermetallurgische Verfahren für die Herstellung dispersionsgehärteter Werkstoffe Anwendung finden.

Im Folgenden wird ein kurzer Überblick über die gebräuchlichsten Verfahrensgruppen gegeben:

Zunächst soll die Möglichkeit erörtert werden, das Basismetall pulverförmig als Ausgangsmaterial zu verwenden. Diesem kann dann eine oxidische Phase ebenfalls als Pulver mechanisch untergemischt oder es kann mit einer Lösung einer Metallverbindung getränkt werden. Das Lösungsmittel wird später selbstverständlich entfernt. Je nach dem verwendeten Grundelement der oxidischen Phase und Durchführung des Trocknungsvorganges wird sich schon bei diesem die gewünschte nichtmetallische Verbindung bilden oder es ist noch ein besonderer Arbeitsgang dazu notwendig. Auch die Tränkung pulvermetallurgischer poröser Körper fällt in diese Gruppe.

Eine zweite Gruppe schließt die Verfahren ein, bei denen ein legiertes Metall- oder ein Gemisch zweier Metallpulver eingesetzt wird. Durch Glühen der Pulver in sauerstoffhaltiger

Atmosphäre erfolgt der Oxydationsprozeß, durch den die gewünschten feuerfesten Teilchen entstehen. Bei gleichzeitiger Oxydation des Grundmetalles muß dieses natürlich z. B. durch Wasserstoff wieder reduziert werden.

Eine weitere Gruppe umfaßt in der Mehrzahl neuere Verfahren, bei denen sämtliche Ausgangsstoffe in Form von Lösungen zum Einsatz kommen. Dazu kann man auch die kolloidalen Lösungen und Suspensionen zählen. Die Verwendung leicht flüchtiger Lösungsmittel gehört ebenfalls hierher. Dadurch wird diese Verfahrensgruppe in mannigfaltiger Art modifiziert. Durch ihren Umfang und die z. T. recht schwierige Verfahrenstechnik bezüglich der Einhaltung der technischen Bedingungen ist dieses Gebiet für die Industrie wenig erschlossen. Bekannt geworden sind aus dieser Gruppe z. B. die Mischfällungen, bei denen die festen Phasen gleichzeitig gefällt werden, die gemeinsame Kristallisation, die u. a. durch Konzentrationsänderung, Einstellung eines bestimmten pH-Wertes oder Temperatur eingeleitet wird, und das Zerstäuben der Lösung in oxydierender Flamme bei hoher Temperatur.

Die zum Einsatz kommenden pulverförmigen Materialien zur Herstellung dispersionsgehärteter Werkstoffe werden nach den Verfahren der aufgeführten Gruppen durch rein chemische und typische pulvermetallurgische Arbeitsgänge, wie Reduktion, Mischen, Sieben, Kalt- oder Heißpressen, gefertigt.

Der Vollständigkeit halber soll als weitere Möglichkeit der Einsatz geschmolzener echter Legierungen erwähnt werden. Diese werden dann bei einer Wärmebehandlung durch Diffusion von Sauerstoff nach innen fraktioniert oxydiert. Voraussetzung ist natürlich ein erheblicher Unterschied in der Affinität der Legierungsmetalle zum Sauerstoff. Durch diese sogenannte innere Oxydation können, wie bei allen Diffusionsverfahren, nur Randschichten oder dünne Teile vollständig umgewandelt werden, doch ist dieses Verfahren z. B. für Silber–Cadmiumoxidkontakte erfolgreich angewandt worden.

Eigene Arbeiten wurden zur Erzeugung einer homogeneren Verteilung der oxidischen Zusätze unter Verwendung von Ammoniumparawolframat und Ammoniummolybdatlösungen durchgeführt. Stellt man aus diesen Lösungen und aus entsprechenden Lösungen, die die spätere oxidische Phase enthalten, gemischte Festsubstanzen her, so bieten sich theoretisch verschiedene Möglichkeiten für die zu erhaltenen festen Phasen an.

Wie allgemein in der Metallurgie bekannt, kann es auch dabei z. B. zur Mischkristallbildung, zur Kristallgemischbildung oder zum mechanischen Einschluß der Legierungskomponente kommen. Auch Wolfram- oder Molybdän–Thorium-Mischsubstanzen können aus Lösungen entsprechender Verbindungen hergestellt werden. Geeignet dafür erweisen sich Ammoniumparawolframat oder Ammoniummolybdat und Thoriumnitratlösung. Allerdings muß man beachten, daß diese Lösungen nicht einfach ineinandergeschüttet werden dürfen, weil sonst das Thorium als Hydroxid unkontrolliert ausfällt und eine gleichmäßige Verteilung nicht gewährleistet ist. Beide Lösungen müssen im pH-Wert zunächst angeglichen werden; dann kann man nach den bekannten Verfahren zur Herstellung von Ammoniummolybdat oder Ammoniumparawolframat, z. B. durch Einleiten von Salzsäure oder Abdampfen, die Mischsubstanz gewinnen. Nach diesem Verfahren wurden mit Erfolg Wolfram-Thoriumoxiddrähte und Stäbe hergestellt.

Aus den Abbildungen 1 und 2 ist ersichtlich, daß in die Kristallite der Grundsubstanz Fremdstoffe eingelagert sind. In diesem Fall handelt es sich um Ammoniummolybdat-Kristalle, in die eine gewisse Menge einer Kobaltverbindung eingebaut ist. Dieses System wurde zur Demonstration gewählt, weil hierbei durch die verschieden intensive Färbung der Kristalle deutlich die Kobaltkonzentration erkennbar ist. Die Ausbildung der Ammoniumparamolybdat-Kristalle ist selbstverständlich von den Kristallisationsbedingungen, wie Konzentration der Lösungen, Temperatur und Zeit, abhängig, dies soll aber hier nicht Gegenstand der Betrachtungen sein. Dennoch muß in diesem Zusammenhang darauf hingewiesen werden, daß die Ausbildung der Kristalle einen Einfluß auf das spätere Reduktionsprodukt haben kann und daß aus diesem Grunde natürlich auch solche Faktoren bei vergleichenden Untersuchungen berücksichtigt werden müssen.

Im Folgenden werden einige Beobachtungen mitgeteilt, die im Rahmen der Untersuchungen zur Ausarbeitung des genannten Verfahrens für die Erzeugung von Wolfram- und Molybdänhalbzeugen mit Thoriumoxidzusatz gemacht wurden. Die Größe und Verteilung der ThO_2-Partikel beeinflußt wie in anderen Legierungen die mechanischen Eigenschaften und bestimmt

Abb. 1

Abb. 2

ihre Verformungsfähigkeit. Darüber hinaus kann damit gerechnet werden, daß eingeleitete Festkörperreaktionen, wie sie bekanntlich bei der Aktivierung der thorierten Drähte zur Erzeugung einer einatomaren Thoriummetallschicht auf der Oberfläche stattfinden, vom Dispersitätsgrad des Thoriumoxids abhängig sind. Ein eindeutiger Nachweis dafür steht allerdings noch aus.

Ohne auf die Vor- und Nachteile einzelner Verfahren einzugehen, wurde dem Arbeitsgang der Zugabe einer Thoriumverbindung zum Wolfram besondere Aufmerksamkeit gewidmet. Die im allgemeinen üblichen und wirtschaftlichen Verfahren der Zugabe einer Thoriumverbindung zu einer festen Phase, z. B. dem WO_3, WO_2 oder Metallpulver, ergeben nach dem Trocknungs- oder Reduktionsprozeß oft Zusammenballungen, die sich meist nur mühsam wieder mechanisch zerstören lassen. Von der Tatsache ausgehend, daß eine Ursache für Inhomogenitäten im Metallpulver bzw. im daraus hergestellten Halbzeug solche Zusammenballungen sind, wurden die Möglichkeiten und Bedingungen ihrer Bildung näher untersucht. Verwendet man hochreines Ammoniumparawolframat in fester Form als Grundsubstanz und eine kolloidale Thoriumhydroxidlösung zur Antränkung der festen Phase, so sind die oben erwähnten Inhomogenitäten ohne weiteres mit bloßem Auge durch unterschiedliche Färbung erkennbar. Ein solches Präparat ist in Abb. 3 dargestellt. Sie zeigt neben festem, reinem Ammoniumparawolframat eine mit Thoriumhydroxid angetränkte Probe. Auf der Abbildung ist der glänzende, glasurartige Überzug deutlich erkennbar. Man sieht daraus, daß bei nichtsachgemäßem Antränkungsvorgang eine vollständige Entmischung zwischen dem Ammoniumparawolframat und der Thoriumverbindung auftreten kann. Eine Untersuchung des Trocknungsvorganges für die verwendete Thoriumlösung unter in Frage kommenden technischen Bedingungen ergab folgende interessanten Ergebnisse:

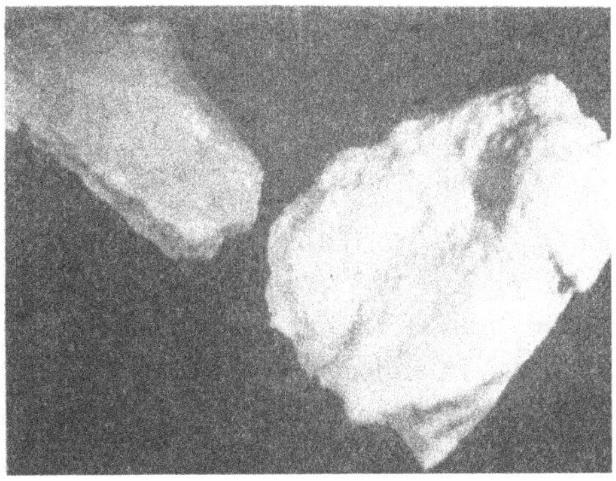

Abb. 3

Untersucht wurde das Verhalten der Lösung bei Temperaturen zwischen 90 und 100 °C und den damit im Zusammenhang stehenden Trocknungszeiten zwischen 30 und 180 Minuten unter sonst gleichen Bedingungen. Von jedem Präparat wurden Korngrößen gemessen. Die Werte für die größten betrugen etwa das zehnfache von denen der kleinsten Körner. Im gesamten Versuchsbereich über mehrere Präparate gemessen lagen die Korngrößen zwischen 0,05 bis 15 mm.

Zu bemerken ist, daß die Präparate selbstverständlich ohne Nachbehandlung in der angegebenen Korngröße anfielen und röntgenamorph sind. Die Tatsache so unterschiedlicher Ergebnisse bestätigt die Annahme, daß allein durch diesen Arbeitsgang große Inhomogenitäten der dispergierten Phase im festen Metall auftreten können. Man muß weiter berücksichtigen, daß die unter Laborbedingungen im Thermostaten ohne weiteres einzuhaltenden vorgegebenen Trocknungstemperaturen unter technischen Bedingungen bei der Antränkung großer Pulvermengen niemals einzuhalten sind, es sei denn, man treibt einen zunächst unwirtschaftlich erscheinenden technischen Aufwand.

Abb. 4

Abb. 4 stellt zwei Präparate gleicher Ausgangssubstanz nach einer Glühung bei 1000 °C dar. Die linke Probe wurde durch eine Glühung an Luft, die rechte in einem N_2–H_2-Gemisch bei 1000 °C erhalten. Man kann deutlich erkennen, daß die äußere Form der Körner im wesentlichen erhalten geblieben ist. Dieser Effekt jedoch ist kein spezifisches Ergebnis der verwendeten Glühatmosphäre, was besonders zu bemerken ist, da unter technischen Bedingungen zur Erzeugung des Metallpulvers ebenfalls eine Temperaturbehandlung bis ca. 1000 °C während der Reduktion aber unter H_2 auftritt. Spezifisch bei der Verwendung N_2-haltigen Gases ist jedoch die mehr oder weniger starke Thoriumnitridbildung, die deutlich an der Verfärbung von gelblich zu schwarz erkennbar wird. Bei jeder Temperaturbehandlung in N_2-haltigen Medien, also auch beim Verarbeitungsprozeß, kann deshalb eine Thoriumnitridbildung nicht ausgeschlossen werden, die möglicherweise den Aktivierungsprozeß bei direkt geheizten Katoden in Senderöhren beeinflussen kann. Während die Struktur der an Luft geglühten Probe röntgenamorph blieb, ist die zweite Probe kristallin.

Die hier dargestellten Ergebnisse wurden nicht nur bei der Verwendung von Thoriumverbindungen, sondern auch bei anderen üblichen Zusätzen für Wolfram und Molybdän, wie Zirkon-, Silizium- und Aluminiumverbindungen, in den entsprechenden Arbeitsgängen beobachtet. Es ist auch unerheblich, ob als feste Basissubstanz das reine Metall oder eine Verbindung gewählt wird.

Abschließend sei erwähnt, daß nach oben beschriebenem Verfahren unter bestimmten Reduktionsbedingungen ein mit ThO_2 versetztes Ammoniumparawolframat zu einem bis dahin unseres Wissens in der Literatur nicht erwähnten filzartigem Wolfram-Pulver führt. Durch eine persönliche Mitteilung von Neugebauer vor einigen Jahren wurde uns bekannt, daß dieses filzartige Wolframpulver unter anderen Bedingungen, nämlich der Reduktion von Wolframsäure mit geringen Fremdstoffzusätzen durch NH_3 hergestellt werden kann. Über die Bildung nadelförmiger Wolframkristalle wurde ferner von H. Ahlborn und O. Wassermann, allerdings in anderem Zusammenhang, berichtet. Abb. 5 und 6 stellen eine Aufnahme dieses Pulvers dar, das unter halbtechnischen Bedingungen gewonnen wurde. Aus den Abbildungen wird ohne weiteres verständlich, daß dieses Pulver mit den üblichen Meßmethoden der Pulvermetallurgie nicht ausreichend beschrieben werden kann. Das Wolframpulver besteht aus lockeren Aggregaten von nadelförmiger oder isometrischer Ausbildung. Die einzelnen Fasern sind überwiegend ungleichartig in Dicke und Länge. Häufig sind Knotenbildungen und Verdickungen an den Enden der Faser zu erkennen. Selten ist die Faserachse linear ausgebildet, sondern unregelmäßig gebogen, oft rechtwinklig abgeknickt. Auffallend ist ein bevorzugtes

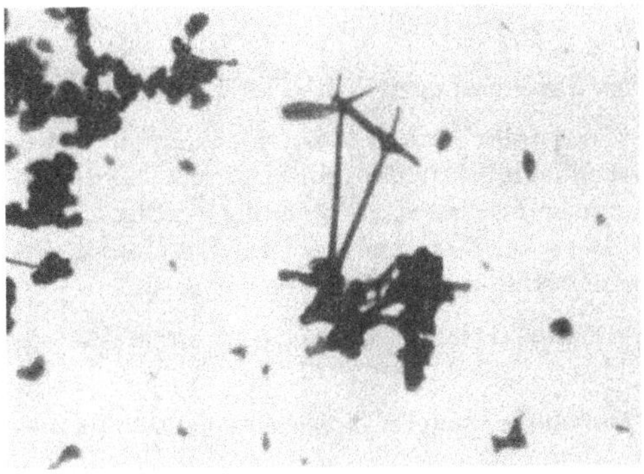

Abb. 5

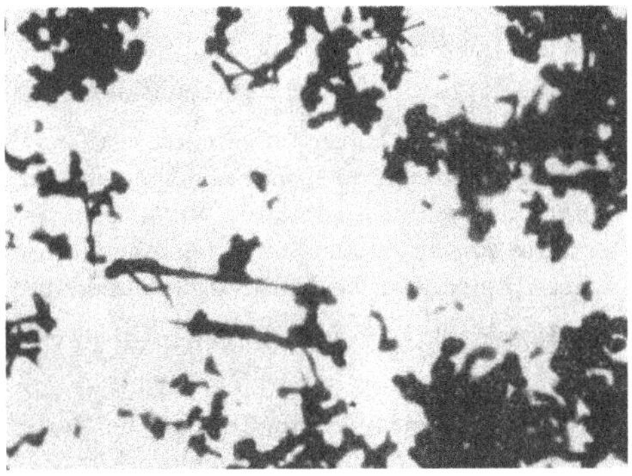

Abb. 6

Eckenwachstum. Das Verhältnis von Dicke zu Länge liegt zwischen 1:25 bis 1:60. Dennoch läßt sich erkennen, daß dieses auffällige Kristallwachstum eine erhebliche Bedeutung bei der Verarbeitung von Metallpulvern haben kann. Wolfram–Thorium-Stäbe aus diesem Pulver können ohne die sonst notwendigen preßerleichternden Zusätze verarbeitet werden. Sie erhalten durch den Preßvorgang eine für Wolfram ungewöhnliche Festigkeit, die sogar die übliche Vorsinterung gepreßter Wolframstäbe unnötig macht. Als letztes sei bemerkt, daß Wolfram-Sinterstäbe mit Thoriumzusatz, die aus einem solchen mehr oder weniger stark ausgeprägten filzartigen Pulver hergestellt werden, eine für ThO_2-haltiges Wolfram ungewöhnliche Verformungsfähigkeit besitzen. Solche Pulver kann man nicht nur von Wolfram, sondern auch von Molybdän unter geeigneten Voraussetzungen erhalten.

Berlin (DDR), VEB Berliner Glühlampenwerk

Literatur

Ahlborn, H. und Wassermann, G., Metallkunde **53** (1962), 130–138.

Eisenkolb, F., Fortschritte der Pulvermetallurgie, Bd. II. Akademie-Verlag, Berlin 1963, S. 672–680.

Engl. Patent Nr. 919,051 (1963), Erf. Kenneth Jackson, 'Improvements in or relating to the Manufacture of Sintered Copper Bodies'.

Engl. Patent Nr. 917,005 (1963), Erf. Kenneth Jackson, 'Improvements in or relating to the Manufacture of Sintered Metallic Bodies'.

Engl. Patent Nr. 883,045 (1961), Erf. Colin George Clow, 'Improvements in or relating to the Manufacture of Sintered Metallic Bodies'.

Österr. Patent Nr. 222892 (1962), Monsanto chemical Comp. in St. Louis, 'Verfahren zur Herstellung von Metall-Metalloxydpulvern bzw. -formkörpern'.

US-Patent Nr. 2,949,358 (1960), Erf. Guy B. Alexander u. Paul C. Yates, 'Reinforced heat resistant refractory alloys'.

Franz. Patent Nr. 1.238.763 (1960), Erf. M. Bernard Triffleman, 'Méthode de fabrication de compositions homogènes telles qu'aliages métalliques cermets et céramiques'.

Diskussion

H. Scheibe, Hermsdorf: Sprechen Sie mit Absicht nur von nadelförmigen Kristallen anstatt von Whisker?

J. Staudt: Nach Untersuchungen des Mineralogischen Institutes der Humboldt-Universität Berlin wird das für Whisker charakteristische Verhältnis Dicke zu Länge nicht erreicht. Im vorliegenden Falle beträgt es lediglich 1:60.

W. Adamitsch, Büderich: Haben Sie eine Erklärung für diese Erscheinungen? Sind es Einkristalle?

J. Staudt: Die Untersuchungen ergaben, daß es keine Einkristalle sind. Eine Erklärung für dieses Kristallwachstum kann bisher nicht gegeben werden. Wir wissen lediglich, daß es unter unterschiedlichen Bedingungen auftreten kann. Die Anwesenheit einer Fremdphase ist erforderlich, und es müssen ganz bestimmte Reduktionsbedingungen eingehalten werden. So z. B. stellte Neugebauer fest, daß ammoniakhaltige Atmosphäre die Bildung nadelförmiger Kristalle begünstigt.

B. Jesionek, Warszawa (Polen): Auf welche Weise haben Sie die Verteilung der Zusätze im Metall geprüft?

J. Staudt: Wir haben eine Reihe von Verfahren erprobt, jedoch ist bis jetzt eine Aussage nur mit metallographischen Methoden möglich.

Einfluß der Glühbehandlung auf die Struktur, den elektrischen Widerstand und die Formbeständigkeit von Wolframwendeln in Glühlampen

Von B. Jesionek und A. Kostkowski

1. Zweck der Abhandlung

Zweck dieser Abhandlung war die Ermittlung der besten Warmbehandlungsparameter für Wolframdrahtwendeln, die zur Herstellung von Allgebrauchslampen (25, 40, 60 und 100 W/220 V) bestimmt sind, wobei diese Parameter einerseits gute mechanische Eigenschaften der Wendel vor Einbau in die Glühlampe sichern sollten, andererseits eine möglichst geringe Verformung (Durchhang, Verdrehung) der Wendel während ihrer Betriebszeit in der Glühlampe verbürgen.

Die Versuche wurden mit Wolframdraht der „GK"-Qualität (Erzeugnis der Beleuchtungskörperwerke Grimau, Zakłady Materiałów Lampowych im. Grimau) durchgeführt.

Gleichzeitig wurde die Aufgabe gestellt, eine Korrelation zwischen dem Rekristallisationsvorgang und der endgültigen Struktur des Drahtes nach der Rekristallisation einerseits und den Betriebseigenschaften der Wendeln andererseits festzulegen.

Der Rekristallisationsvorgang der reinen, nicht gedopten Wolframdrähte weicht im wesentlichen von dem allgemeinen Rekristallisationsschema der meisten Metalle nicht ab. Da die Drahtstärke unbedeutend ist, wird der gesamte Querschnitt von den während der Rekristallisation gebildeten Kristallen eingenommen. Die Korngrenzen verlaufen (dem Grundsatz der minimalen Oberflächenenergie gemäß) senkrecht zur Drahtoberfläche. — Eine derartige Struktur ist aus verschiedenen Gründen unerwünscht. Beim Erwärmen der Drähte mit Wechselstrom neigen die Kristalle mit geradkantigen und senkrechten Korngrenzen dazu, sich gegenseitig längs der Korngrenzen zu verschieben, wodurch sie ein sog. „offsetting" bilden. Beim Brennen der Lampe weist ein aus Kristallen mit geraden und zur Drahtachse senkrechten Grenzen bestehender Draht eine Neigung zum Durchhang auf, d. h., daß er auf Grund seines eigenen Gewichtes sich in Längsrichtung dehnt und eine durchhängende Form einnimmt, wobei die Längung durch den Abstand zwischen den Haltern bedingt ist. Es wird angenommen, daß diese Erscheinung auf ein zähflüssiges Fließen des Werkstoffs längs der Korngrenzen zurückzuführen ist. (Einige Forscher unterscheiden den primären Durchhang, der in den ersten Sekunden des Aufleuchtens der Lampe auftritt, den sekundären Durchhang, der nach etwa 10 bis 20 Minuten Brennzeit der Lampe zum Vorschein kommt, und den Enddurchhang, der während einer längeren Betriebsdauer entsteht [1].)

Um diesen Erscheinungen vorzubeugen, werden dem Wolframoxid vor der Reduktion ca. 0,03% Al_2O_3, 0,4% SiO_2 und ca. 0,25% K_2O zugegeben. Diese Beimengungen dampfen teilweise während des Sinterns und bei der späteren spanlosen Verformung ab, so daß die im fertigen Draht festgestellten Mengen bedeutend geringer sind.

Diese Beimengungen ändern die Gleichgewichtsbedingungen der endgültigen Struktur nach der Rekristallisation und verleihen somit den Korngrenzen eine nichtstabile, d. h. zickzackartige Form, wobei die Grenzen der Körner mit der Drahtachse einen geringen Winkel bilden. Die Beimengungen erhöhen ebenfalls die Rekristallisationstemperatur des Wolframs. Einige Wissenschaftler nehmen an [4], daß diese Stoffe oder die Produkte ihres Zerfalls mit dem Wolfram unlösliche, zwischenmetallische Phasen bilden, andere glauben dagegen, daß sie in Lösung übergehen [3].

Auf Grund ihrer Wirkungsweise darf angenommen werden, daß die Beimengungen z. T. in Wolfram löslich sind. Darauf deutet die Tatsache, daß die Rekristallisationstemperatur steigt und daß nach der sekundären Rekristallisation die Körner größer sind. Für eine unvollständige Lösung spricht das Vorhandensein von zickzackkantigen Körnern nach der Rekristallisation.

Die Untersuchungen von Millner, Prohaska und Horwath [5] haben bewiesen, daß das Wachstum der GK-Körner für Wolframdraht der UC-Qualität (präpariert mit K_2O und SiO_2) und der GK-Qualität ein und dasselbe ist, die Keimbildungsgeschwindigkeit dagegen (N) bei UC ca. zehnmal größer ist, was letzten Endes für GK eine ca. zehnmal größere Durchschnittslänge des Kornes ergibt. Dies scheint ziemlich deutlich zu beweisen, daß die Lösung Aluminium enthält.

Nach Davies' [2] Untersuchungen kann die einmal begonnene sekundäre Rekristallisation auf zweierlei Arten verlaufen:

1. Bildung kleiner, gleichachsiger Körner, die dann später auf Kosten der anderen wachsen.
2. Sofortige Bildung großer sekundärer Körner, die auf Kosten der primär rekristallisierten Struktur entstehen.

Die erste Alternative findet bei reinem Wolfram statt, die zweite bei GK.

Nach den technologischen Vorschriften der Elektrische Lampenbauwerke Rosa Luxemburg besteht die Wärmebehandlung der einfachen Wendeln für Allgebrauchslampen aus folgenden Vorgängen:

1. Durchlaufglühen der Drahtwendel auf dem Kern in „Braungas"-Atmosphäre (Wasserstoff und Stickstoff im Verhältnis 1:3) bei 1100 °C (dieses Verfahren wird im folgenden „Ausglühen I" genannt);
2. Zuschneiden der Wendeln mit Kern auf die erforderliche Länge;
3. Entfernung des Kerns auf chemischem Wege;
4. Ausglühen der fertigen Wendeln in Molybdänschiffchen 10 Minuten lang bei einer Temperatur von 1150 bis 1250 °C in feuchtem Wasserstoff. (Dieses Verfahren wird im nachfolgenden als „Ausglühen II" bezeichnet.)

Nach Einbau der Wendeln in die Glühlampen werden sie vorerst auf dem Automaten durch stufenweises Einschalten bei Netzspannung geprüft, um eine allmähliche Rekristallisation des Drahtes zu bewirken.

2. Forschungsmethoden

Es wurde eine Reihe von Varianten der Wärmebehandlung von Wendeln bei wechselnder Temperatur der I. und II. Glühmethode und wechselnder Zeitdauer des II. Glühvorgangs durchgeführt.

Zwecks Festlegung einer Korrelation zwischen den Betriebseigenschaften der Wendeln und dem Rekristallisationsvorgang wurde eine Reihe mikroskopischer Untersuchungen verschiedener wärmebehandelter Wendeln durchgeführt, die zunächst 0,25 bis 3,5 Sekunden in der Lampe hochgeheizt wurden. Hierfür wurde nach der Montage eine Spannung von 220 V angelegt, um die Vorbedingungen sowohl für den Durchhang als auch die Verdrallung noch schärfer herauszustellen. Wie aus der Fachliteratur [6], [10] und aus eigenen Erfahrungen [9] ersichtlich, kann sich der Einfluß von Eisen sehr ungünstig auswirken; deshalb wurden die Wendeln ausschließlich auf Molybdänkerne aufgewickelt. Durchhang und Verdrallung der Wendeln wurden visuell geschätzt. Das Aussehen der Wendeln wurde nach dem Hochschalten auf dem Automaten sowie nach einer kurzen Prüfung auf dem Brennrahmen eingeschätzt. Die Versuche wurden grundsätzlich an Wendeln für 220/60 W Glühlampen durchgeführt.

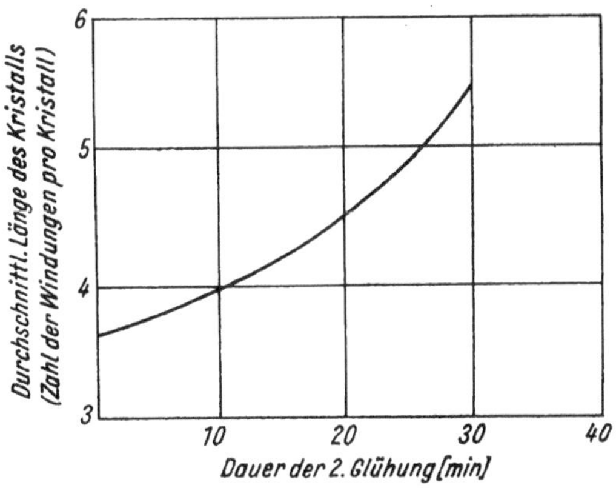

Abb. 1. Diagramm des Zusammenhangs der Durchschnittslänge der Kristalle in der Wendel mit der Zeitdauer des II. Glühvorgangs

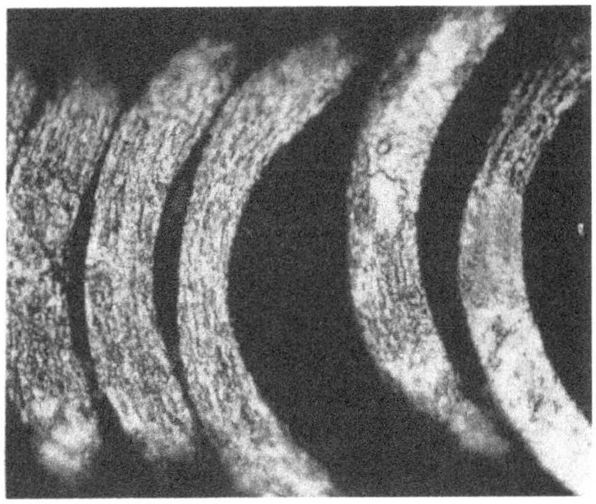

Abb. 2. Struktur einer Wendel, die 2 min lang der II. Glühung unterzogen war, nach 0,8 sec Leuchtzeit, × 350

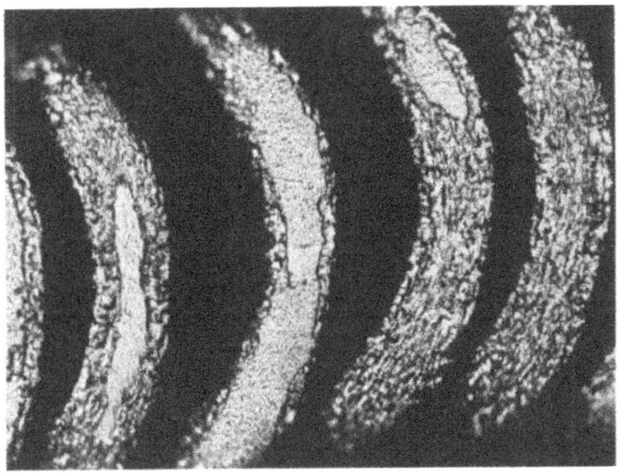

Abb. 3. Struktur einer Wendel, die 30 min lang der II. Glühung unterzogen war, nach 0,25 sec Leuchtzeit, × 350

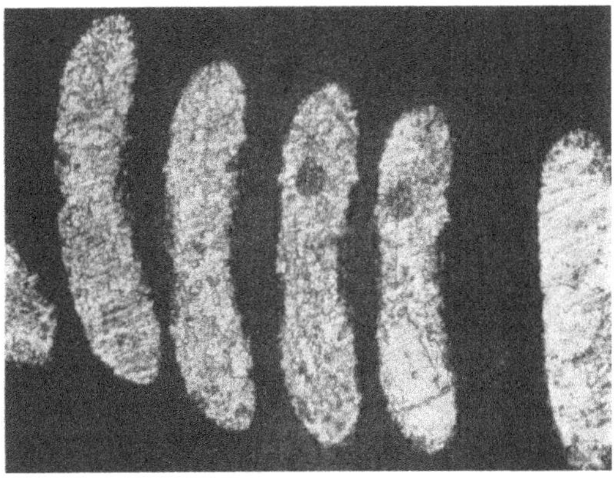

Abb. 4. Struktur einer Wendel, die 30 min lang der II. Glühung unterzogen war, nach 0,4 sec Leuchtzeit, × 350

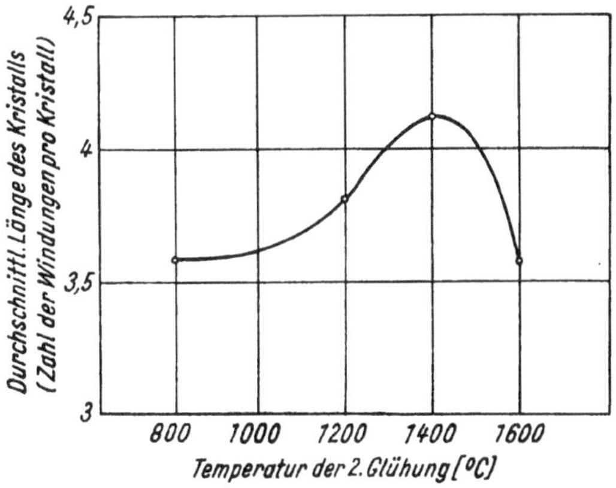

Abb. 5. Diagramm des Zusammenhangs zwischen der Durchschnittslänge des Kristalls in der Wendel und der Temperatur des II. Glühens

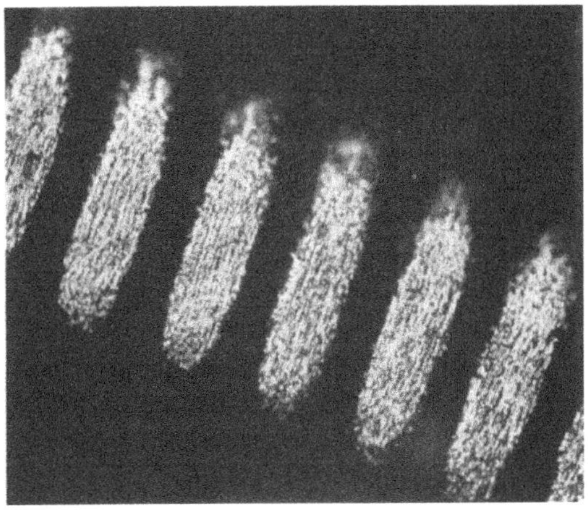

Abb. 6. Struktur einer ohne II. Glühung gefertigten Wendel nach 1,5 sec Leuchtzeit, × 350

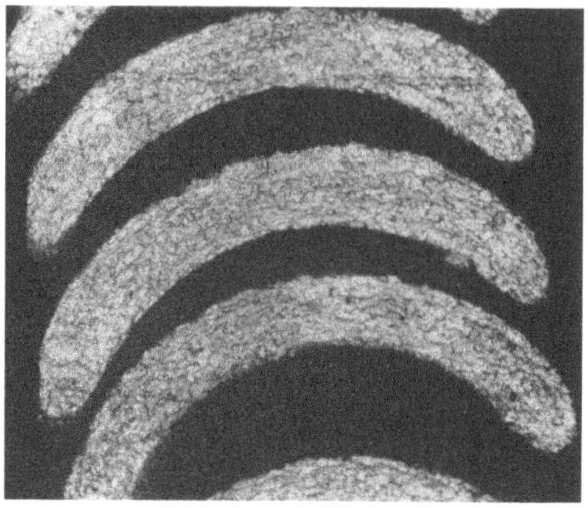

Abb. 7. Struktur einer ohne II. Glühung gefertigten Wendel nach 2,5 sec Leuchtzeit, × 350

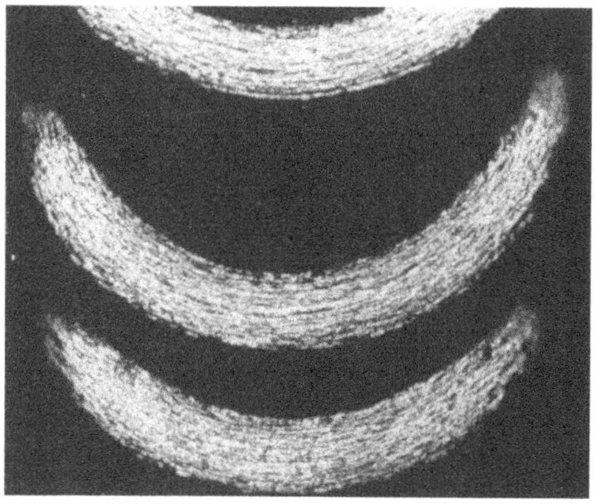

Abb. 8. Struktur einer unter Anwendung des zweistufigen II. Glühverfahrens gefertigten Wendel nach 0,8 sec Leuchtzeit, × 350

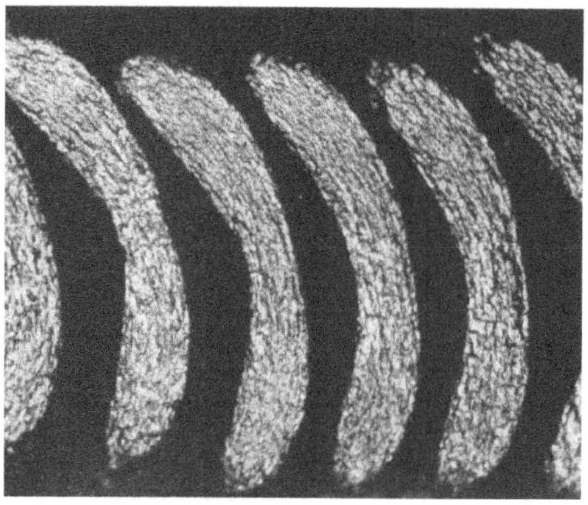

Abb. 9. Struktur einer unter Anwendung des zweistufigen I. Glühverfahrens gefertigten Wendel nach 1,5 sec Leuchtzeit, × 350

3. Eigene Untersuchungen

a) Einfluß der Zeitdauer der II. Glühung

Dieser Einfluß wurde bei konstanter Temperatur von 1200 °C untersucht. Als Schutzatmosphäre wurde Trockenwasserstoff angewandt. Das I. Glühen wurde bei 1100 °C durchgeführt in einer Wasserstoff–Stickstoff-Atmosphäre. Die Versuche wurden unter Anwendung folgender Glühzeiten durchgeführt: 2 , 5, 10, 20 und 30 Minuten.

Hierbei wurde festgestellt, daß die Zeitabschnitte des II. Glühvorgangs keine Sprödigkeit der Wendeln nach der Wärmebehandlung zur Folge haben, dagegen einen bedeutenden Einfluß sowohl auf Durchhang und Verdrallung als auch auf den Rekristallisationsvorgang der Drähte. Es erwies sich nämlich, daß die 10 Minuten lang ausgeglühten Wendeln nach der Leuchtprüfung auf dem Montagetisch noch als ausreichend gut befunden werden können (obwohl sie schon einen gewissen Durchhang und Neigung zur Verdrallung aufweisen), dagegen kürzere Glühzeiten als 10 Minuten ein allmähliches Steigen der Verdrallungen und Durchhänge nach sich ziehen. Nach 20 und 30 Minuten langem II. Glühen kommen Verformungen bei der Leuchtprüfung fast überhaupt nicht mehr vor. Der durchgeführte Brenndauerversuch änderte im wesentlichen nichts an der Bewertung der II. Glühzeiten, sondern verschärfte lediglich den Unterschied zwischen den einzelnen Varianten.

Die Untersuchung der Wendeln auf Durchschnittslänge der Kristalle erwies, daß diese Länge parallel zum Ansteigen der II. Glühzeiten steigt (Abb. 1).

Metallographische Untersuchungen der Wendelstruktur während der Leuchtprüfung erwiesen, daß der Kristallisationsvorgang um so gleichmäßiger verläuft, je länger das II. Glühen dauert (Abb. 2 bis 4).

b) Einfluß der Temperatur der II. Glühung

Bei den Versuchen wurden folgende Glühtemperaturen angewandt: 800, 1000, 1200, 1400 und 1600 °C (Glühzeit 10 Minuten in Trockenwasserstoffatmosphäre). Als Variante wurde zusätzlich noch ein zweistufiger Glühvorgang versucht (erste Stufe: bei 1100 °C — 10 Minuten; zweite Stufe: 1600 °C — 5 Minuten) sowie eine weitere Variante überhaupt ohne II. Glühen. (Das I. Ausglühen war dabei in den üblichen technologischen Bedingungen durchgeführt worden.)

Keine der angewandten Temperaturen rief Sprödigkeit der Wendeln nach der Wärmebehandlung hervor, dagegen wurde ein bedeutender Einfluß der Temperatur auf die Formbeständigkeit der Wendeln in der Glühlampe festgestellt. Sowohl zu niedrige (unter 1000 °C) als auch zu hohe (über 1400 °C) Temperaturen des II. Glühvorgangs erhöhen die Neigung der Wendeln zu Durchhang und Verdrallung. Bei den unter Wegfall des II. Glühvorgangs hergestellten Wendeln waren die größten Verformungen zu verzeichnen, während die zweistufig ausgeglühten Wendeln die höchste Stabilität aufwiesen. Lange Brenndauerversuche wirkten sich auch hier nur in einer Verschärfung der Unterschiede zwischen den einzelnen Varianten aus. Sowohl ein Temperaturanstieg über 1400 °C als auch ein Temperaturabfall bewirken allmähliche Verkleinerung der Körner (Abb. 5). Die längsten Kristalle wurden jedoch bei der zweistufigen Glühvariante erzielt: 5,46 Windungen pro Kristall.

Es wurde festgestellt, daß die sekundäre Rekristallisation in den unter Wegfall des II. Glühvorgangs gefertigten Wendeln mit bedeutender Verzögerung beginnt (Beginn nach 3 Sekunden). Primäre Rekristallisationserscheinungen kommen schon bei den kürzesten Brennzeiten zum Vorschein, wobei diese Rekristallisation ungleichmäßig verläuft (Abb. 6 und 7). Die endgültige Struktur der unter Wegfall des II. Glühvorgangs hergestellten Wendeln wird durch sehr ungleichmäßige und kleine Körner gekennzeichnet.

Bei Temperaturen von über 1400 °C beginnt die II. Rekristallisation sehr früh und endet auch sehr bald (nach etwa 1,5 Sekunden). Der Rekristallisationsvorgang verläuft sehr ungleichmäßig, und die endgültige Struktur ist nicht homogen, sondern enthält eine große Menge kleiner Körner.

Die sekundäre Rekristallisation in Wendeln, die einer zweistufigen II. Glühung unterzogen waren, verläuft sehr schnell und gleichmäßig (der ganze Vorgang endet nach kaum 0,8 Sekunden). Die Endstruktur kennzeichnet sich durch lange Körner und zickzackähnliche Korngrenzen.

c) Einfluß der Temperatur und des Schemas des I. Glühvorgangs (einschl. Einfluß der Graphitschicht auf dem Draht)

Der Einfluß der Temperatur und des Schemas des I. Glühvorgangs wurde zusammen mit dem Einfluß der Graphitschicht auf dem Draht untersucht, deshalb wurde zur Herstellung der Wendeln graphitierter Draht verwendet. Es wurden Versuche unter Anwendung folgender Temperaturen beim II. Glühvorgang vorgenommen: 800, 1000, 1100, 1300, 1400 °C. Zusätzlich wurde eine zweistufige Glühvariante ausgeführt (erste Stufe 1100 °C, zweite Stufe 1400 °C). Der II. Glühvorgang wurde bei einer Temperatur von 1200 °C während 10 Minuten in Trockenwasserstoffatmosphäre durchgeführt, der I. Glühvorgang in feuchtem Wasserstoff.

Die größte Widerstandsfähigkeit gegen Verdrallung und primären Durchhang (nach der Brennprobe auf dem Montageautomaten) wiesen diejenigen Wendeln auf, die einem zweistufigen I. Ausglühverfahren unterzogen wurden. Nach längerem Brennen jedoch (40 Stunden bei 240 V) zeigten die Wendeln bedeutenden Durchhang. Der vorgenommene Versuch, die Durchschnittslänge des Kristalls für diese Wendeln zu ermitteln, ergab die Zahl von 5,2 Windungen pro Kristall.

Ausreichende Güte der Wendeln wurde bei Anwendung des I. Glühvorgangs bei 1100 °C erzielt. Keine Variante wies Wendelsprödigkeit nach der Wärmebehandlung auf. Die aus den bei 1300 °C und 1400 °C ausgeglühten Wendeln hergestellten Glühlampen zeigten geringere Lebensdauer, so daß ein Drittel derselben *vor* Ablauf von 40 Brennstunden bei 240 V durchgebrannt war.

Die Rekristallisation geht in den zweistufig geglühten Wendeln mit bedeutender Verzögerung vor sich. Noch nach 1,5 Sek. Brennprüfung ist die Struktur der Wendel beinahe vollständig faserartig (Abb. 9). Sowohl die primäre als auch die sekundäre Kristallisation verlaufen sehr gleichmäßig und schnell. Ein allmähliches Wachstum der primären Körner wird wahrgenommen, dann bilden sich sekundäre Körner, die sehr bald den ganzen Querschnitt des Drahtes ausfüllen und weiter längs seiner Achse wachsen, auf Kosten der primär rekristallisierten Struktur (Abb. 10a, b). Die Endstruktur wird hier durch lange Kristalle gekennzeichnet, jedoch neigen die Korngrenzen zu Gradlinigkeit und senkrechtem Verlauf zur Drahtachse (Abb. 11).

d) Einschätzung der Ergebnisse

In den durchgeführten Untersuchungen wurde festgestellt, daß die Erhöhung des Durchhangs und das Verwerfen der Wendeln durch folgende Faktoren bedingt ist:

1. Erzielung einer solchen Struktur der Wendeln nach der Rekristallisation, die sich gleichzeitig durch lange und gleichmäßige Körner und durch zickzackähnliche, nicht senkrecht zur Drahtachse verlaufende Korngrenzen kennzeichnet;

2. entsprechendes Ausglühen der Drähte.

Die Erzielung der oben beschriebenen Struktur ist wieder durch gleichmäßigen und schnellen Verlauf des Rekristallisationsvorgangs bedingt, der zu einem hohen Grad von der Anwendung eines entsprechenden Warmbehandlungsverfahrens vor Einbau der Wendeln in die Glühlampen abhängig ist.

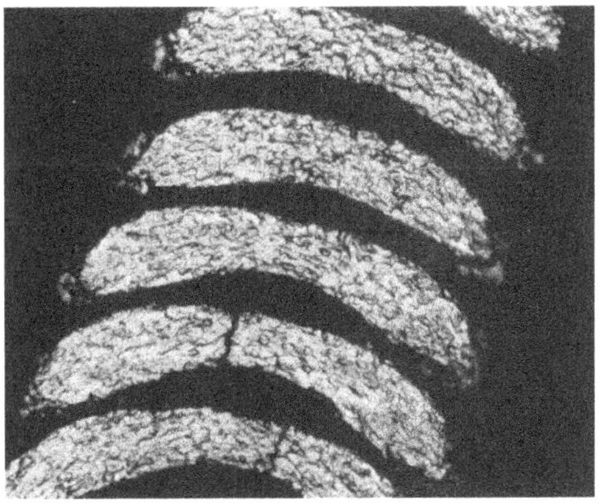

a)

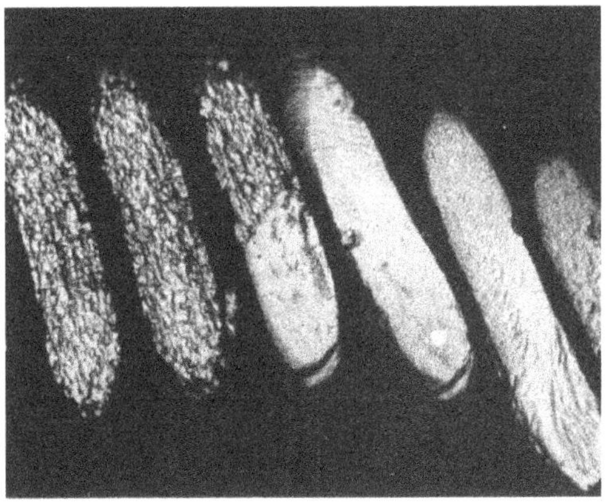

b)

Abb. 10a, b. Strukturen einer unter Anwendung des zweistufigen I. Glühverfahrens gefertigten Wendel nach 2,5 sec Leuchtzeit, × 350

Abb. 11. Struktur einer unter Anwendung des zweistufigen I. Glühverfahrens gefertigten Wendel nach 40 Stunden Betrieb bei 240 V, × 350

Vom Standpunkt der Dislokationstheorie aus kann die Rekristallisation als eine Verschiebung und Beseitigung der Dislokation betrachtet werden. Deshalb ist die Geschwindigkeit des Rekristallisationsablaufs durch die der Dislokationsbeseitigung in dem plastisch behandelten Werkstoff bedingt. Fremde Atome in fester Lösung blockieren die Dislokationen in ihrer Bewegung und erschweren den Rekristallisationsvorgang. Andererseits erhöht das Vorhandensein von abgesonderten Phasen im Grundwerkstoff die Keimbildungsgeschwindigkeit (G), was wieder eine Verkrümmung der Korngröße zur Folge hat. Das Vorhandensein dieser Phasen bewirkt auch einen Abfall der Rekristallisationstemperatur und die Bildung von Körnern mit undefinierbaren Grenzen. Es darf angenommen werden, daß nach der Dissoziation ein Teil der dem Wolframoxid beigemengten Zusatzstoffe in das Wolframgitter übergeht und dabei eine feste Lösung bildet; ein anderer Teil derselben bleibt jedoch ungelöst und streckt sich während der Verformung längs der Wolframfasern aus. Eine Warmbehandlung der Wendeln kann zu einem gewissen Grad zu einer Überführung der ungelösten fremden Phasen in die Lösung beitragen sowie zu einer Homogenisierung der Anordnung derselben im Gitter des Grundwerkstoffs. Bei entsprechend langer Zeit und hoher Temperatur des II. Gühvorgangs kann neben weitgehender primärer Rekristallisation noch ebenfalls sekundäre Rekristallisationskeimbildung einsetzen.

Glühvorgang I bewirkt wahrscheinlich nur eine gewisse Entspannung der Drähte und dabei vielleicht eine primäre Rekristallisation. Der Vorgang dauert zu kurze Zeit, um eine homogene Anordnung der Beimengungen oder die Bildung sekundärer Rekristallisationskeime zu fördern.

Bei zu knapp bemessenen Zeiten des II. Glühvorgangs (bei 1200 °C) kommen die fremden Phasen nicht dazu, in die Lösung einzudringen. Die nicht gelösten fremden Phasen können an einigen Stellen die Rekristallisation beschleunigen, an anderen begünstigen. Ungleichmäßige Rekristallisation kann ein Anwachsen der Eigenspannungen hervorrufen und ein Verwerfen der Wendeln verursachen.

Parallel mit der Verlängerung der Glühzeit II steigt auch die Zahl der freien Atome in der festen Lösung auf Wolframbasis sowie die Homogenisierung der Anordnung der vorher gelösten Atome, was zu einer gleichmäßigeren Rekristallisation und Zunahme der Korngröße nach der Brennprüfung führt.

Die Rekristallisation nach einem in zu niedriger Temperatur 10 Minuten lang durchgeführten II. Glühvorgang verläuft ähnlich wie bei zu kurzen Glühzeiten. Dagegen kann es bei zu hohen Temperaturen des II. Glühvorgangs vorkommen, daß bei ungenügend entspanntem Werkstoff und bei ungleichmäßiger Anordnung der Beimengungen sich schon während des II. Glühvorgangs Keime der sekundären Rekristallisation bilden, die während der Brennprüfung ungleichmäßig verlaufen wird.

Auf der Kurve „Temperatur des II. Glühvorgangs — Korngröße“ ist die optimale Korngröße ersichtlich (Verhältnis von G zu N). Bei zu tiefen Temperaturen bilden sich infolge geringer Entspannung zu viele Keime während der späteren Brennprüfung; zu hohe Temperaturen dagegen führen zur sofortigen Bildung einer übermäßigen Keimmenge während des II. Glühvorgangs. Bei zweistufigem II. Glühen erfolgt während der ersten Stufe eine günstige Anordnung der fremden Atome in der Lösung.

Infolge nicht abgeschlossener primärer Rekristallisation und Fehlens von sekundären Rekristallisationskeimen während der Warmbehandlung wird die primäre Rekristallisation während der Brennprüfung vor sich gehen, und ihr ungleichmäßiger Verlauf trägt zur Steigerung des primären Durchhangs bei.

Der Einfluß der Temperatur beim I. Glühen ist etwas komplizierter, bedingt durch die Einwirkung der Graphitschicht bei hohen Temperaturen. Der Kohlenstoff bildet mit dem Wolfram Karbide, was ein ungleichmäßiges Erwärmen der Wendeln zur Folge hat. Bei zu tiefen

Temperaturen des I. Glühens wird der Graphit nicht restlos beseitigt, was sich später während des II. Glühens bei hoher Temperatur schädlich auswirken kann.

Zusammenfassung

Es wurde eine Reihe von Versuchen zwecks Festlegung der günstigsten Warmbehandlungsparameter für Glühwendeln für Allgebrauchslampen 25, 40, 60 und 100 W/220 V ausgeführt, wobei das Ziel war, Wendeln mit kleinstmöglicher Durchhangs- und Verdrallungsneigung und höchster Festigkeit nach der Warmbehandlung zu erreichen. Die Untersuchungen wurden an GK-Drähten (Erzeugnis der „Zakłady Materiałów Lampowych", Warszawa) durchgeführt. Geprüft wurden:

1. Einfluß der Zeitdauer, Temperatur und des Schemas des II. Glühvorgangs,
2. Einfluß der Temperatur und des Schemas des I. Glühvorgangs.

Schlußfolgerungen

1. Zu kurze Zeitdauer des II. Glühvorgangs (weniger als 10 Minuten) bei einer Temperatur von 1200 °C steigert den Durchhang und fördert die Neigung zum Verwerfen der Wendeln. Die größte Beständigkeit der Wendeln gegen Verformung bei Betriebstemperaturen wird erzielt, wenn der II. Glühvorgang länger als 20 Minuten erfolgt (bei einer Temperatur von 1200 °C).

2. Sowohl zu tiefe (unter 1000 °C bei 10 Minuten Glühzeit) als auch zu hohe (über 1400 °C) Temperaturen des II. Glühvorgangs steigern die Neigung der Wendeln zum Durchhang und Verwerfen. Die besten Ergebnisse werden bei Anwendung eines zweistufigen Glühverfahrens erreicht, wobei die erste Stufe bei ca. 100 °C und die zweite bei 1400 °C liegt.

3. Sowohl zu tiefe Temperaturen des I. Glühvorgangs (unter 1000 °C) als auch zu hohe (über 1200 °C) beeinträchtigen die Formbeständigkeit der Wendeln in der Glühlampe und verkürzen ihre Lebensdauer. Zweistufiges Ausglühen (1. Stufe bei 1100 °C, 2. Stufe bei ca. 1400 °C) ergibt Wendeln von maximaler Beständigkeit gegen Verwerfen und primären Durchhang, verringert jedoch ihre Beständigkeit gegen Enddurchhang.

Auf Grund metallographischer Untersuchungen wurde festgestellt, daß erhöhte Durchhangs- und Verdrallungsneigung mit gestörtem (ungleichmäßigem) und evtl. auch verzögertem Verlauf des Rekristallisationsvorgangs sowie mit einer kleinkörnigen Struktur verbunden ist. Es darf angenommen werden, daß bei optimaler Wahl der Warmbehandlungsparameter und gleichmäßiger Verteilung der Beimengungen im Draht sowie entsprechender Entspannung der Wendeln ein gleichmäßiger Verlauf der Rekristallisation gesichert ist, wobei ein günstiges Verhältnis zwischen G (Zuwachsgeschwindigkeit der Körner) und N (Keimbildungsgeschwindigkeit) entsteht, bei dem Kristalle von maximaler Länge gebildet werden. Bei zu hohen Temperaturen des I. Glühvorgangs kommt noch die Frage der Graphitschicht auf dem Wolframdraht hinzu, und zwar die Einwirkung des Kohlenstoffs (aus der Graphitschicht), der mit dem Wolfram Karbide bildet und somit einerseits die Widerstandsfähigkeit des Drahtes beeinträchtigt, andererseits zusätzliche Phasen im Werkstoff erzeugt und dadurch den Rekristallisationsverlauf stört.

Warszawa (Polen)

Literatur

[1] ULMISHEK, L. G., „Herstellung von elektrischen Glühlampen". Moskau 1958 (in russischer Sprache).
[2] DAVIS, G. L., Metalurgia, Oktovber 1958.
[3] MILLNER, T., Acta Techn. Hung. 1957; 17 67.
[4] MEIJERING, J. L. und RIECK, G. D., Phil. Techn. Review **109** (1957–58).
[5] MILLNER, T., PROHASKA, J. und HORWATH, A., Acta Techn. Sci. Hung. **17** (1957) 289.
[6] THOMPSON, B., Nature **360** (1955).
[7] MANNERKOSKI, M., J. Inst. Met. (1959–60) 397/88.
[8] SWALIN, R. A. und GEISLER, A. H., J. Inst. Met. 119/86 (1957–58).
[9] JESIONEK, B. und KOSTKOWSKI, A., Rudy i Metale 1/1964.
[10] SEMENOV, M. I., „Herstellung von Katodenheizern für Elektrovakuumröhren". Moskau 1962 (in russischer Sprache).

Diskussion

E. V. BERGSTRÖM, Stockholm (Schweden): Bei welchem Feuchtigkeitsgehalt der Wasserstoffatmosphäre haben Sie Ihre Glühbehandlungen vorgenommen, und dehnten Sie diese Untersuchungen auch auf Doppelwendeln aus?

B. JESIONEK: Der Feuchtigkeitsgehalt des eingeleiteten Wasserstoffes wurde nicht bestimmt. Um eine gleichbleibende Feuchtigkeit der Glühatmosphäre zu erzielen, wurde das Gas mit konstanter Strömungsgeschwindigkeit bei Raumtemperatur durch ein Wasserbad geleitet. Untersuchungen an Doppelwendeln wurden nicht durchgeführt.

G. TENBUSCH, Berlin: Nach welcher Brenndauer der Glühlampe prüften Sie die Kristallänge?

B. JESIONEK: Der Rekristallisationsverlauf wurde während einer Brenndauer bis zu 70 Minuten verfolgt.

J. STAUDT, Berlin: Haben Sie für die Untersuchungen nur eine Charge verwendet? Sind die Ergebnisse nur einem Drahtdurchmesser zuzuordnen oder gelten sie für alle Lampentypen?

B. JESIONEK: Wir haben nur eine Charge am Beispiel der 60-W-Lampe untersucht. Nach unseren Erfahrungen dürften die Ergebnisse reproduzierbar und auf andere Drahtdurchmesser übertragbar sein.

Verfahrenstechnische Untersuchungen bei der Sublimation von Molybdäntrioxid

Von H. Dietz und W. Klostermann

Die Sublimation von Molybdäntrioxid ist bereits seit 40 Jahren aus der Patentliteratur bekannt. Die beiden bekanntesten industriellen Verfahren des Metallwerkes Plansee in Reutte (Tirol) und der Climax Molybdenum Company arbeiten nach dem Prinzip der Trägergassublimation. Um die Besonderheiten der Molybdänsäuresublimation zu studieren und die Vorteile für den Produktionsprozeß nutzen zu können, wurden die hier vorliegenden Untersuchungen in einer Laborapparatur durchgeführt.

1. Die Theorie der Sublimation

Bei der Trägergassublimation eines Stoffes wird der funktionelle Zusammenhang zwischen Dampfdruck und Temperatur bei konstantem Gesamtdruck ausgenutzt. Der Arbeitsvorgang läßt sich im Zustandsdiagramm durch Arbeitslinien veranschaulichen (siehe Abb. 1).

Beim Übergang fest-gasförmig und gasförmig-fest gilt die Arbeitslinie *BCDE*. Der Dampf wird im Sublimator erzeugt (Punkt *B*) und mit Inertgas versetzt. Dadurch sinken Partialdruck und Temperatur bis Punkt *C*. Durch Einblasen von Kühlgas in den Dampfstrom wird Punkt *D* erhalten und durch Kühlung an der Kondensatorwand schließlich der Kondensationspunkt *E*. Durch Wahl geeigneter Betriebsbedingungen kann man auch oberhalb des Tripelpunktes arbeiten, d. h. aus der Flüssigkeit heraus verdampfen (Punkt *B'*). Man erhält dadurch einen besseren Wärmeübergang von der Sublimatorwand zur Schmelze. Es gilt die Arbeitslinie *B'C'D'E'*. Da außerdem der Dampfdruck bei dieser Arbeitsweise höher liegt, wird die Sublimationsgeschwindigkeit größer sein. Bestimmend für die Geschwindigkeit ist somit der Dampfdruck bei der Betriebstemperatur.

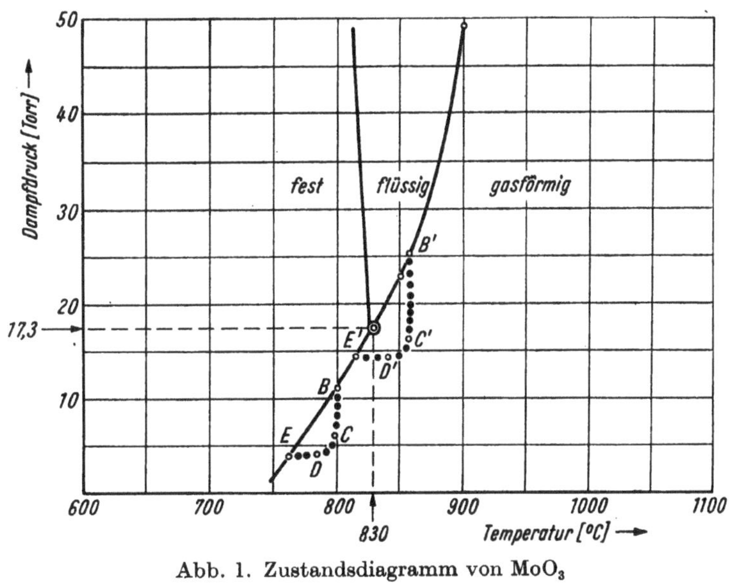

Abb. 1. Zustandsdiagramm von MoO_3

Während der Zusammenhang zwischen Temperatur und Dampfdruck durch die CLAUSIUS-CLAPEYRONsche Gleichung wiedergegeben wird, läßt sich die Abhängigkeit der Sublimationsgeschwindigkeit vom Dampfdruck nach verschiedenen Gleichungen berechnen. Für Molybdänsäure hat FEISER [1] die Dampfdrücke experimentell aus der Verdampfungsgeschwindigkeit im Bereich zwischen 600 und 1155 °C bestimmt. KELLEY [2] hat diese Werte zu einer Gleichung verarbeitet, aus der der Dampfdruck P für die absolute Temperatur T errechnet werden kann. Damit erhält man die Dampfdruckkurve für MoO_3. Die Mengendurchsatzgleichung für die Gleichgewichtsbeladung des Trägergases mit Sublimatdampf bildet die Berechnungsgrundlage für die Trägergassublimation. Bei Gültigkeit des DALTONschen Gesetzes ist der Gesamtdruck gleich der Summe der Partialdrücke des Sublimatdampfes und des Trägergases oder

$$P = p_S + p_T \,.$$

Denkt man sich vom Gemisch Sublimatdampf-Trägergas z. B. das Trägergas abgesondert und vom Partialdruck p_T auf den Gesamtdruck P gebracht, so tritt Volumenverminderung von V auf V_{T_0} ein. Nach dem Gesetz von BOYLE-MARIOTTE gilt für einander zugehörige Zustandsgrößen

$$p_T \cdot V = P \cdot V_{T_0}$$

und analog

$$p_S \cdot V = P \cdot V_{S_0}.$$

Aus diesen Gleichungen folgt unter Berücksichtigung der Größe $V_{S_0} = \frac{W_{S_0}}{\varrho_{S_0}}$ die Durchsatzgleichung für das Sublimat

$$W_{S_0} = V_{T_0}\, \varrho_{S_0} \cdot \frac{p_S}{P - p_S}.$$

Diese von MATZ [3] angegebene fundamentale Gleichung berücksichtigt, daß sich die Partialvolumina auf gleichen Druck, nämlich auf den Gesamtdruck und auf gleiche Temperatur beziehen.

Auch NORD [4] kommt zur gleichen Durchsatzbeziehung wie MATZ, wenn er von der Anzahl der im Gemisch vorhandenen Mole ausgeht. Im Gegensatz zu MATZ und NORD leiten VERNON [5] und MULLIN [6] die Durchsatzgleichung unter Sublimationsbedingungen ab.

$$W_S = V_T \cdot \varrho_S \cdot \frac{p_S}{P - p_S}.$$

Dadurch müssen beide Forscher die Größen V_T und ϱ_S auf Normalbedingungen umrechnen und kommen zu einer Gleichung mit quadratischem Glied:

$$W_{S_0} = V_{T_0} \cdot \varrho_{S_0} \left(\frac{p_S}{P - p_S}\right)^2.$$

Schon MATZ wies darauf hin, daß die Voraussetzungen von VERNON und MULLIN keine Gültigkeit besitzen, wie auch hier experimentell gezeigt werden konnte.

Die Durchsatzgleichung von MATZ wurde den nachfolgenden Untersuchungen zugrunde gelegt.

2. Die Versuchsapparatur

Zur Untersuchung der verfahrenstechnischen Bedingungen wurde eine diskontinuierliche Laborapparatur verwendet, die nach dem Prinzip der Sublimationsanlage des Metallwerkes Plansee arbeitete (Abb. 2).

Der Sublimationsofen besaß eine Heizwicklung aus 0,6 mm Kanthaldraht. Seine Leistung von 1 kW gestattete eine Arbeitstemperatur von 1000 °C. Der Draht war auf Pyrolanrohr von $d = 65$ mm Durchmesser und $l = 250$ mm Länge gewickelt. Die Heizwicklung war zur Isolation in Schlackewolle und Ziegelmehl eingepackt. Der Ofen wurde in einer Schräglage von 45 °C um seine Längsachse gedreht. Ein Motor mit Riemenantrieb sorgte für Umdrehungen

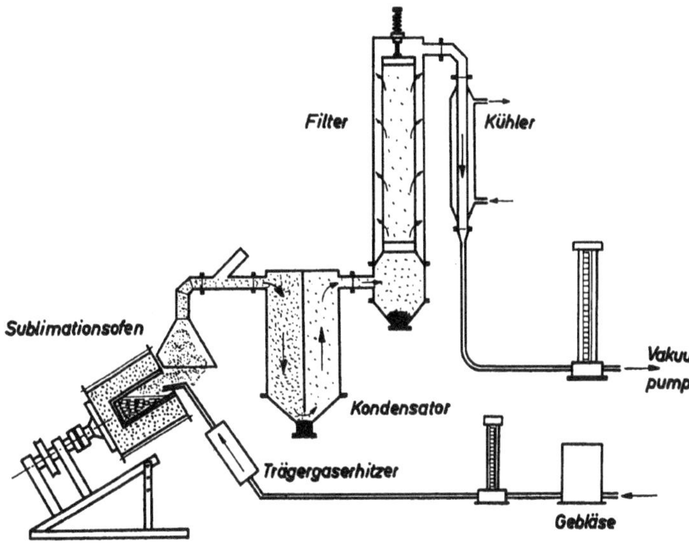

Abb. 2. Schema der Versuchsanlage für diskontinuierliche Fahrweise

von 0 bis $25\frac{1}{\text{min}}$. Im Ofen befand sich ein Quarztiegel von 50 mm Durchmesser und 150 mm Länge zur Aufnahme des Einsatzgutes. Während des Betriebes wurde das Trägergas durch einen mit Kanthaldraht umwickelten Erhitzer aus Quarzglas aufgeheizt. Vor dem Erhitzer wurde die Menge mit einem Rotameter gemessen. Über der Ofenöffnung befand sich ein Absaugtrichter, dessen Anschlußrohr den Dampf zum Kondensator leitete. Der Kondensator hatte einen Durchmesser von 400 mm und eine Höhe von 400 mm und besaß eine Zwischen-

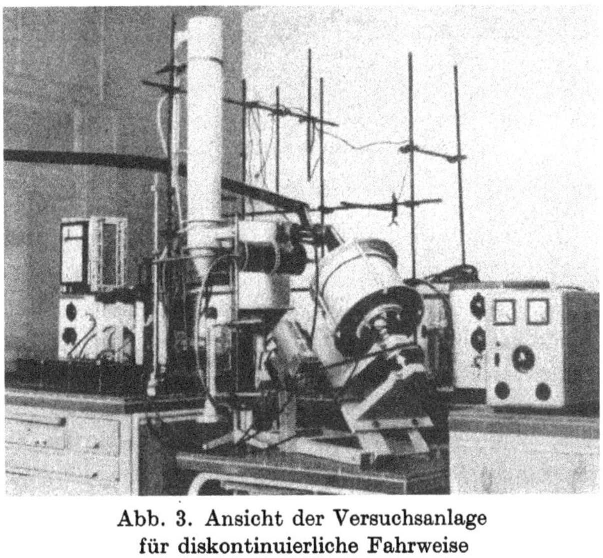

Abb. 3. Ansicht der Versuchsanlage
für diskontinuierliche Fahrweise

wand. In ihm sollte vor allen Dingen die Strömungsgeschwindigkeit des Dampf-Luftgemisches plötzlich herabgesetzt werden. Hinter dem Kondensator befand sich noch ein Gewebefilter, durch das die Luft mit einer rotierenden Vakuumpumpe über Nachkühler und Rotameter gesaugt wurde. Alle notwendigen Temperaturmessungen wurden mit Thermoelementen durchgeführt. Die Ansicht der nach dem Schema aufgebauten Anlage zeigt Abb. 3.

3. Die Untersuchung der Sublimationsgeschwindigkeit

Anhand der Durchsatzgleichung

$$W_{S_0} = V_{T_0} \cdot \varrho_{S_0} \cdot \frac{p_S}{P - p_S} \text{ [g/h]}$$

erkennt man die Abhängigkeit der Sublimationsgeschwindigkeit W_{S_0} von folgenden Betriebsbedingungen: Trägergasmenge V_{T_0} [m³/h], Sublimationstemperatur T_S [°C]. Den theoretischen Zusammenhang zeigen die Abb. 4 und 5, deren Kurven für folgende Betriebsbedingungen berechnet wurden:

$$V_{T_0} = 100\text{—}1000 \text{ l/h}; \qquad P = 760 \text{ Torr} \qquad \text{und} \qquad T_S = 800\text{—}1100 \text{ °C}.$$

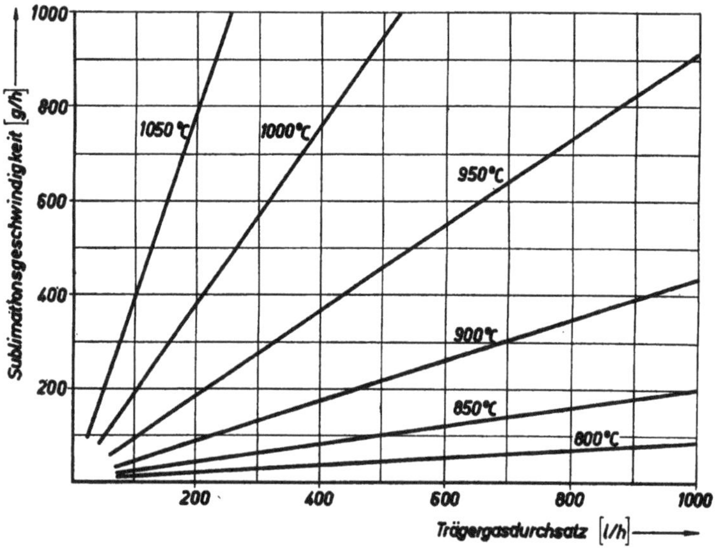

Abb. 4. Einfluß der Trägergasmenge auf die Sublimationsgeschwindigkeit bei konstanter Sublimationstemperatur

Es wurde im Rahmen der Arbeit ein Vergleich der theoretischen Werte, berechnet nach Matz und Nord einerseits und nach Vernon und Mullin andererseits, angestellt. Dabei zeigte sich, daß nach Vernon eine bestimmte Sublimationsgeschwindigkeit erst bei 1000 °C erzielt wird, die man nach Matz schon bei 900 °C erhalten würde. Vernon benötigt außerdem für die Trägergassublimation von MoO_3 bei 900 °C einen 15fachen Mehraufwand an Trägergas. Die Gleichung mit dem quadratischen Partialdruckverhältnis liefert viel zu kleine Sublimationsdurchsätze. Die Versuchsergebnisse zeigen, daß die Druckkorrektur bei Vernon unzulässig ist.

Abb. 6 zeigt die experimentellen Ergebnisse für die Untersuchung der Abhängigkeit der Sublimationsgeschwindigkeit vom Trägergasdurchsatz. Leider war es bei diesen Messungen apparativ noch nicht möglich, die Trägergastemperatur während jeder Versuchsreihe konstant

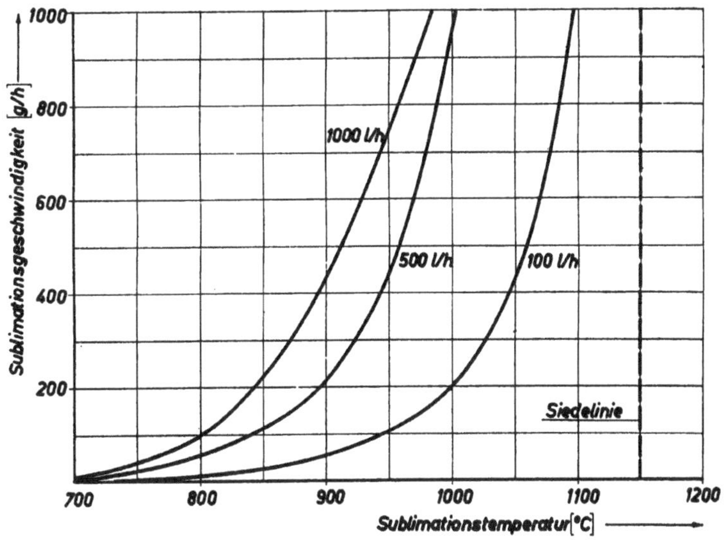

Abb. 5. Einfluß der Sublimationstemperatur auf die Sublimationsgeschwindigkeit bei konstanter Trägergasmenge

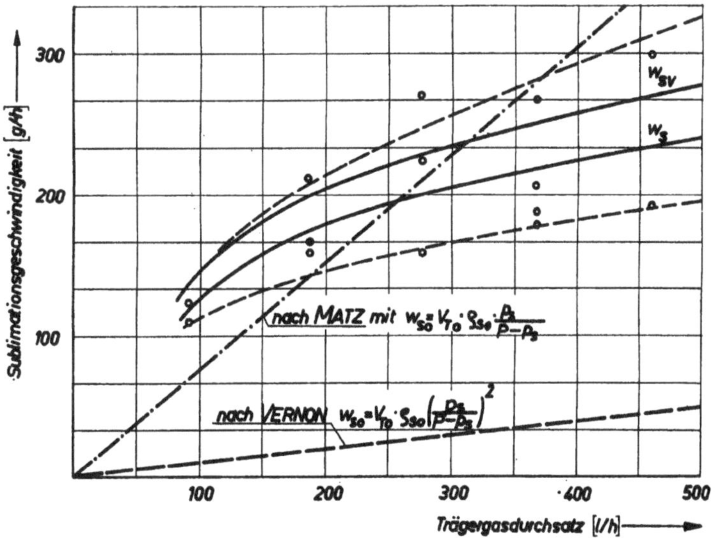

Abb. 6. Abhängigkeit der Sublimationsgeschwindigkeit vom Trägergasdurchsatz bei nicht konstanter Trägergastemperatur (experimentelle Werte)

zu halten. Die Kurve für W_S in Abb. 6 gibt die aus den Meßwerten gemittelten Ergebnisse wieder, während die Kurve für W_{SV} die Materialverluste berücksichtigt. Als Verluste, im Mittel mit 10% gemessen, werden die Rückstände im Tiegel, in den Rohrleitungen haftende Sublimatteilchen u. ä. gerechnet. Die beiden Geraden in Abb. 6 geben die theoretischen Werte nach den Gleichungen von MATZ und VERNON wieder. Die Gleichungen gelten, wie oben erwähnt, unter der Voraussetzung, daß die Gleichgewichtsbeladung des Trägergases mit Sublimatdampf erreicht wird, wozu Gas und Dampf gleiche Temperatur besitzen müssen.

Bei niedrigerer Trägergastemperatur müßte die Beladung, bedingt durch ein kleineres Partialdruckverhältnis, kleiner sein, so daß die Sublimationsgeschwindigkeit unter den nach MATZ berechneten Werten liegen würde. Die Versuchsergebnisse zeigen im Bereich kleiner

Trägergasmengen ein umgekehrtes Ergebnis, das wie folgt erklärt werden kann. Das in den Tiegel einströmende kühle Trägergas von 200 bis 300 °C kühlt bei seiner Vermischung mit dem Sublimatdampf diesen ab, wodurch ein Teil des Dampfes unmittelbar über der Schmelze kondensiert. Durch diese Kondensation im Tiegel tritt eine Druckabsenkung über der Oberfläche ein. Dadurch können weitere Moleküle aus der Oberfläche austreten und mit dem Trägergas abgezogen werden. Das aus dem Tiegel austretende Gemisch enthält somit außer dem Dampf auch mitgerissene kondensierte feste Sublimatteilchen. Die im Kondensator und im Filter abgeschiedene Menge liegt damit über der theoretisch berechneten. Da, bedingt durch die Versuchsapparatur, bei steigendem Trägergasdurchsatz auch die Trägergastemperaturen steigen, tritt der Einfluß der vorzeitigen Kondensation zurück. Die experimentellen Werte liegen bei großen Trägergasmengen auf Grund der unzureichenden Beladungsverhältnisse unter der theoretischen Kurve. Die bisherigen Versuche deuten an, daß die Sublimationsgeschwindigkeit bei steigendem Trägergasdurchsatz schließlich konstant wird, wenn alle aus der Oberfläche austretenden Dampfmoleküle sofort abgeleitet werden. Die unterbrochenen Kurven geben den Streubereich der Meßwerte an.

Abb. 7 zeigt die Abhängigkeit der Sublimationsgeschwindigkeit von der Trägergastemperatur bei konstanter Trägergasmenge. Der theoretische Wert nach Matz liegt für alle Temperaturen bei dem gewählten Beispiel mit einem Trägergasdurchsatz von $V_T = 400$ l/h bei 300 g/h. Verlängert man die gemessene Kurve bis zur Sublimationstemperatur $T_S = 930$ °C, so erkennt man, daß für diese Temperatur nur eine Sublimationsgeschwindigkeit von $^1/_3$ des theoretischen Wertes erzielt wird. Dagegen ergibt eine Trägergastemperatur von ca. 20 °C den theoretischen Wert. Es zeigt sich also, daß der Sublimationsprozeß durch Wahl geeigneter Trägergastemperaturen beeinflußt werden kann. Die vorliegenden Ergebnisse für $V_T = 400$ l/h sind in dieser Hinsicht nur eine erste Information. Hierzu laufen z. Z. noch weitere Versuche, um die getroffenen Aussagen zu erhärten.

Von entscheidender Bedeutung für die vorliegenden Stoffübergangsprobleme sind geeignete Maßnahmen zur Erneuerung der Austauschoberfläche. Da bei ruhender Verdampfungsoberfläche der MoO_3-Schmelze eine Verkrustung und damit eine Herabsetzung des Stoffaustausches eintritt, wurde dieser Sachverhalt gesondert untersucht. Eine mehr oder weniger erhöhte Oberflächenneubildung der Schmelze konnte durch verschiedene Umdrehungsgeschwindigkeiten des Sublimationsofens erzielt werden.

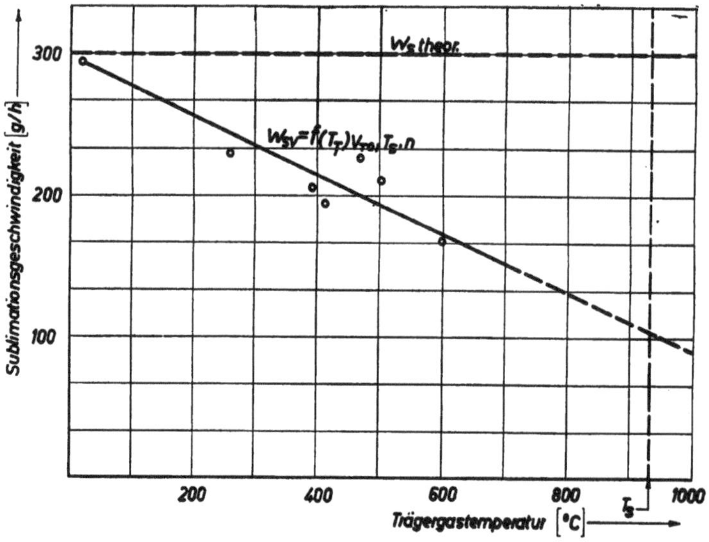

Abb. 7. Abhängigkeit der Sublimationsgeschwindigkeit von der Trägergastemperatur bei konstantem Trägergasdurchsatz von $V_T = 400$ l/h (experimentelle Werte)

Abb. 8 zeigt die Abhängigkeit der Sublimationsgeschwindigkeit von der Drehzahl des Ofens bei einem Trägergasdurchsatz von $V_T = 200$ l/h. Bei Erhöhung der Drehzahl von 0 auf 10 U/min tritt eine Zunahme der Sublimationsgeschwindigkeit ein. Bei Umdrehungen $> 10 \frac{1}{\text{min}}$ bleibt sie konstant. Der experimentell festgestellte leichte Abfall der Kurve bei höheren Drehzahlen ist durch Verwirbelungen der austretenden Dämpfe, die zum Teil nicht durch die Kondensations- und Filtereinrichtung gingen, bedingt.

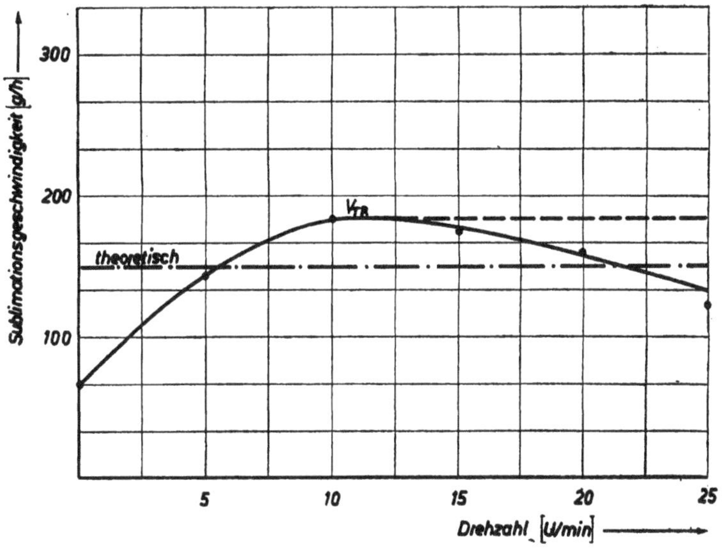

Abb. 8. Einfluß der Ofendrehzahl auf die Sublimationsgeschwindigkeit bei einem Trägergasdurchsatz von $V_T = 200$ l/h

4. Die Untersuchung der Teilchengröße

Die Verwendung kühleren Trägergases und die dadurch bedingte vorzeitige Kondensation der Dämpfe ergibt neben der höheren Sublimationsgeschwindigkeit auch eine gewünschte Einflußnahme auf die Kristallisationsbedingungen.

Allgemein bildet sublimiertes MoO_3 nadelförmige Kristalle, die ein lockeres Haufwerk mit niedrigem Schüttgewicht (ca. 0,2 g/cm^3) ergeben. Für das Wachsen der Kristalle bei der Kondensation aus der Dampfphase ist das Verhältnis von Kristallwachstumsgeschwindigkeit zur Kondensationsgeschwindigkeit maßgebend. Die erstere Geschwindigkeit ist stoffgebunden und durch den Aufbau des Kristallgitters vorgegeben, während die letztere durch die Geschwindigkeit des Wärmeübergangs vom Sublimatdampf zum Kühlgas variiert werden kann. Verändert man also dieses Verhältnis, so wird man ein Sublimat mit unterschiedlicher Teilchengröße erhalten. Als Maß der Teilchengröße und -form dient das leicht zu bestimmende Schüttgewicht. Die verschiedenen Kondensationsgeschwindigkeiten in den Versuchsreihen wurden durch Wahl verschiedener Trägergasmengen mit unterschiedlichen Temperaturen verwirklicht.

Abb. 9 zeigt die Abhängigkeit des Schüttgewichtes des Sublimates vom Trägergasdurchsatz. Die beiden Kurven geben die Mittelwerte der Schüttgewichte wieder, die von Produkten aus dem Kondensator und dem Filter erhalten wurden. Der Streubereich der Messungen ist zwar recht erheblich, doch ist der funktionelle Zusammenhang deutlich zu erkennen.

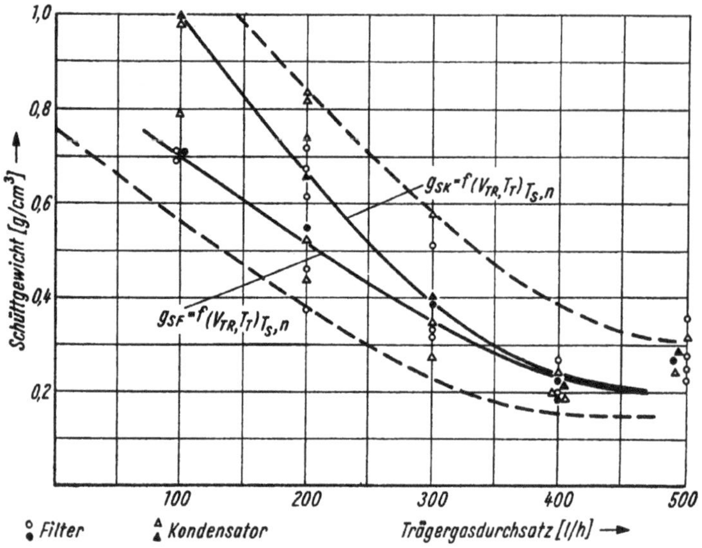

Abb. 9. Abhängigkeit des Schüttgewichtes vom Trägergasdurchsatz bei nicht konstanter Trägergastemperatur

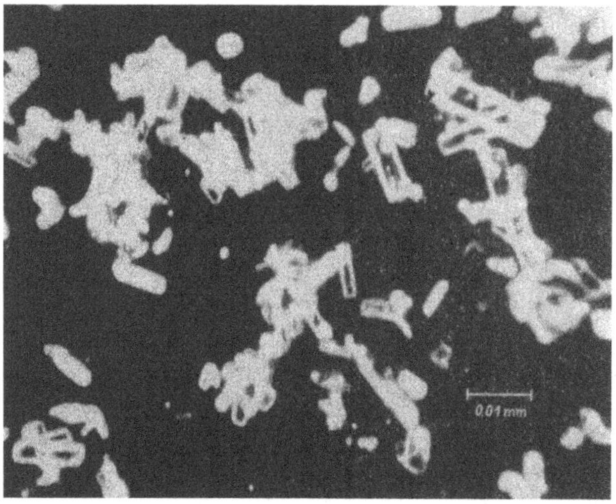

Abb. 10. Sublimationsprodukt aus dem Kondensator mit einem Schüttgewicht von $G_{SK} = 0{,}192$ g/cm³

Einen besseren Eindruck vom Einfluß der Betriebsbedingungen auf die Beschaffenheit des gewonnenen Produktes zeigen mikroskopische Dunkelfeldaufnahmen des Sublimates.

Abb. 10 zeigt ein Produkt aus dem Kondensator mit einem Schüttgewicht von $g_{SK} =$ 0,192 g/cm³. Man erkennt deutlich noch eine Vielzahl großer Kristalle.

Abb. 11 zeigt ein Produkt mit dem Schüttgewicht $g_{SK} = 1{,}21$ g/cm³. Hier finden wir keinen sichtbaren kristallinen Anteil mehr.

Abb. 12 zeigt eine stärkere Vergrößerung der Aufnahme von Abb. 11. Man erkennt deutlich, daß das sublimierte MoO_3 nicht mehr aus nadelförmigen Kristallen, sondern aus kleinen kugeligen Teilchen besteht.

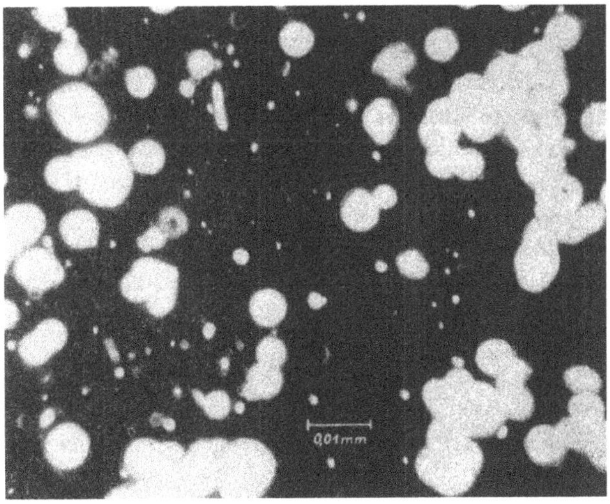

Abb. 11. Sublimationsprodukt aus dem Kondensator mit einem Schüttgewicht von $G_{SK} = 1,21$ g/cm³

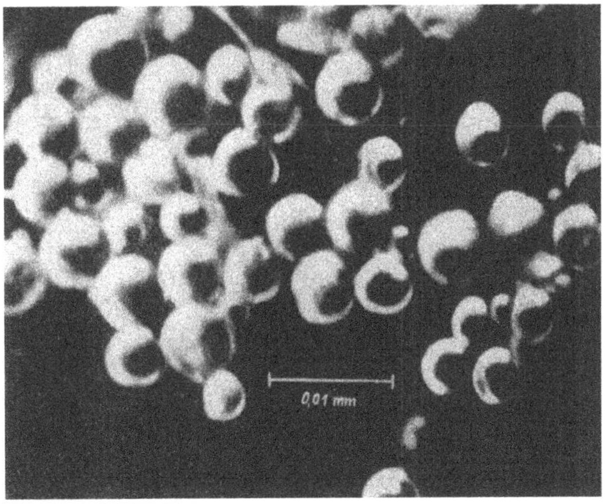

Abb. 12. Sublimationsprodukt aus dem Kondensator mit einem Schüttgewicht von $G_{SK} = 1,21$ g/cm³

5. Schlußbetrachtung

Es wurden die bisherigen Ergebnisse verfahrenstechnischer Untersuchungen bei der Sublimation von MoO_3 vorgestellt. Es zeigte sich, daß die Veränderung der Betriebsbedingungen bei der Trägergassublimation sowohl die Sublimationsgeschwindigkeit als auch die Größe des Produktes beeinflußt. Auf Grund der gewonnenen Kenntnisse kann gefolgert werden, daß sich eine Absenkung der Trägergastemperatur günstig auf die Sublimationsgeschwindigkeit auswirken wird. Das dabei erhaltene Produkt zeigt keine nadelförmigen Kristalle mehr, sondern kugelförmige Teilchen, die für die anschließende Reduktion des MoO_3 vorteilhaft sein werden.

Die mitgeteilten Untersuchungen wurden in einer diskontinuierlichen Laborapparatur durchgeführt, die nach einem vom Metallwerk Plansee angegebenen Prinzip arbeitete. Um die Nachteile der diskontinuierlichen Fahrweise zu beheben, wurde eine kontinuierliche Laborapparatur entwickelt und aufgebaut, die nach dem verfahrenstechnisch günstigeren Gegenstromprinzip arbeitet. Hierbei können die beiden Stoffströme der MoO_3-Schmelze und des Trägergas–Sublimatdampf-Gemisches einander entgegengeführt werden. Die Untersuchungen in dieser Anlage laufen z. Z. noch in einer einzelnen Verfahrensstufe. Bei einer Anwendung mehrerer Verfahrensstufen in einer Apparatur wird man hierbei die Möglichkeit haben, die Sublimation vom Röstgut ausgehend durchzuführen. Die Ergebnisse dieser Untersuchungen können erst zu einem späteren Zeitpunkt nach Abschluß der Versuche mitgeteilt werden.

Leuna-Merseburg (DDR), TH für Chemie „Carl Schorlemmer“

Literatur

[1] Feiser, J., Metall und Erz, Jg. 28 (1931) 297.
[2] Kelley, U., J. Chem. Soc. Japan, Jg. 62 (1941) 990.
[3] Matz, W., Chem. Ing. Techn., Jg. 30 (1958) 319–329.
[4] Nord, M., Chem. Engng., Sept. (1951) 157–166.
[5] Perry, J., Handbook of Chemical Engineering, 3. Aufl. McGraw Hill, New York 1941.
Vernon, H. C., Sublimation. S. 660–665 und 2776 ff.
[6] Mullin, J., Ind. Chemist, Jg. 31 (1955) 370, 540–546.
[7] Deutsches Reichspatent Nr. 480287 (1926).
[8] U.S.P. 1,987,301.
[9] U.S.P. 2,958,588 (1960).

Diskussion

F. Joly, Paris (Frankreich): Haben Sie die Abhängigkeit der Reinheit des Sublimationsproduktes von den Verfahrensparametern untersucht?

H. Dietz: Unsere Versuche wurden in Quarztiegeln durchgeführt. Das Sublimat enthielt vor allem noch Verunreinigungen an Silizium und Wolfram, die aus dem Einsatzgut stammen. Die Verunreinigungen an Eisen, Kupfer und Aluminium waren apparativ bedingt und können ohne größeren Aufwand stark erniedrigt werden.

R. Machenschalk, Reutte (Österreich): Haben Sie außer Luft auch ein anderes Gas als Träger verwendet?

H. Dietz: Bei unseren Versuchen wurde ausschließlich mit Luft gearbeitet. Der Einfluß der Feuchtigkeit wurde experimentell nicht untersucht.

Probleme bei der Herstellung von Tantalsinterelektroden für Elektrolytkondensatoren

Von D. Radloff

Die Entwicklung in der Elektrotechnik und in der Elektronik strebt nach immer kleineren Bauelementen, die sich durch hohe Betriebssicherheit und lange Lebensdauer auszeichnen. Ein Bauelement, das diesen Anforderungen voll gerecht wird, ist der Tantalkondensator mit festem Elektrolyten. International gesehen war die Herstellung von Tantalsinteranoden lange Zeit mit großen Schwierigkeiten verbunden. Die Tantaldrähte, die als Stromzuführung dienen und bei der Herstellung des Preßlings mit in den Elektrodenkörper eingebaut werden, brachen nach der Hochvakuumsinterung dicht oberhalb der Elektrode bei der Weiterverarbeitung ab. Durch Verwendung stärkerer Drähte, Anschweißen der Drähte nach der Vakuumsinterung u. ä. konnte zwar die Ausschußquote etwas gesenkt werden, man mußte dabei jedoch ein größeres Totvolumen im Kondensator und einen weitaus höheren Kostenaufwand in Kauf nehmen.

Eigene Untersuchungen führten zu dem Schluß, daß vorwiegend der Sauerstoffgehalt der verwendeten Tantalpulver für diesen Sprödigkeitseffekt verantwortlich zu machen ist. Metallographische Untersuchungen der Bruchstellen zeigten eindeutig, daß es sich hierbei um Korngrenzenbrüche handelt. Es mußte angenommen werden, daß der Sauerstoff der Elektrode infolge des Konzentrationsunterschiedes in den Draht eindiffundiert, vorzugsweise an den Korngrenzen Oxide bildet und so den Zusammenhalt zwischen den einzelnen Körnern stark herabsetzt. Durch röntgenographische Untersuchungen der Bruchstellen ließen sich in der Tat Oxidreflexe nachweisen. Besonders stark versprödeten Tantaldrähte, die vor ihrem Einbau in die Elektrode bereits rekristallisiert waren. Diese Beobachtungen sollten durch weitere Untersuchungen bestätigt werden. Aus der Vielzahl der angestellten Versuche sollen nur einige herausgegriffen werden. Glüht man Tantaldrähte bei 600 °C kurzzeitig an Luft und fertigt von diesen Proben Debye-Scherrer-Aufnahmen an, dann lassen sich zunächst infolge der Abschirmung durch die Ta_2O_5-Schicht nur Oxidreflexe wahrnehmen. Erst nach Entfernung dieser Schicht konnte die Gitterkonstante der Proben zu 3,314 Å bestimmt werden. Reine Tantaldrähte weisen demgegenüber Gitterkonstanten von 3,295 Å auf. Durch den eindiffundierten Sauerstoff hat also eine nicht unbeträchtliche Gitteraufweitung stattgefunden. In den Röntgenaufnahmen sind nur ganz schwache Oxidreflexe wahrzunehmen. Diese Reflexe treten bedeutend stärker hervor, wenn die sauerstoffhaltigen Tantaldrähte unter Vakuum bei 1000 °C geglüht werden. Die Gitterkonstante beträgt nach dieser Behandlung nur noch 3,305 Å, die Gitteraufweitung ist also gegenüber dem Wert vor der Vakuumglühung um ca. 50% zurückgegangen. Da der Sauerstoff sich unter diesen Bedingungen noch nicht verflüchtigt haben kann und andererseits die Oxidreflexe stärker hervortreten, muß gefolgert werden, daß der zunächst gelöste Sauerstoff sich vorwiegend an den durch die Rekristallisation gebildeten großen Korngrenzen angereichert hat. Eine Bestätigung hierfür kann auch daraus abgeleitet werden, daß die Proben nach der Vakuumglühung immer erheblich bruchempfindlicher waren, wobei der Bruch in den überwiegenden Fällen an den Korngrenzen erfolgte. Es besteht also bei diesen Versuchen eine strenge Parallelität zu den Vorgängen, die sich beim Sintern der Elektroden abspielen. Faßt man alle Ergebnisse zusammen, so kann ohne weiteres gefolgert werden, daß der Sauerstoffgehalt der meisten Tantalpulver für den Sprödigkeitseffekt bei der Vakuumsinterung verantwortlich zu machen ist. Da dieser Effekt zu großen

Ausschußquoten in der Produktion führte, mußten Wege zu seiner Beseitigung gefunden werden. Das Verfahren, Kohlenstoff im stöchiometrischen Verhältnis als Desoxydationsmittel zuzugeben, ist mit größter Vorsicht aufzunehmen, da geringe Kohlenstoffrückstände den Kondensator unbrauchbar machen können. Wir hatten uns deshalb die Aufgabe gestellt, möglichst sauerstofffreie Tantalpulver zu entwickeln.

Reinste Tantalpulver mit den gewünschten Korngrößen lassen sich herstellen, wenn als Ausgangsmaterial schmelzmetallurgisch erzeugte Tantalbleche bzw. deren Abfälle, die z. B. bei der Spinndüsenfabrikation anfallen, eingesetzt werden. Ihre Aufarbeitung erfolgt am günstigsten über die Hydridphase. Die in der Literatur angegebenen Verfahren zur Versprödung von Tantal durch Wasserstoff konnten von uns nicht bestätigt werden, obwohl die Hydrierungstemperaturen zwischen 400 und 1200 °C und die entsprechenden Zeiten zwischen 1 und 15 Stunden variiert wurden und so alle uns bekannten Literaturangaben einschlossen. Es muß vermutet werden, daß die in der Literatur beschriebenen Verfahren nicht mit sehr reinem Wasserstoff durchgeführt bzw. die Verfahren nur unvollständig wiedergegeben wurden. Das einzig brauchbare, wenn auch apparativ sehr aufwendige Verfahren, wird von MILLER angegeben. Nach diesem Verfahren wird das zu hydrierende Tantal zunächst bei 1400 °C unter Hochvakuum aktiviert, wobei leichtflüchtige Verunreinigungen von den Oberflächen verdampfen bzw. teilweise absorbiert werden.

Nach unseren Untersuchungen konnte jedoch gezeigt werden, daß die Aktivierung bereits unter Wasserstoff bei 1000 °C kurzzeitig durchgeführt werden kann. Die eigentliche Hydrierung wird dann nach Erniedrigung der Temperatur auf ca. 400 bis 500 °C vorgenommen. Die durch die Wasserstoffaufnahme bedingte Gewichtszunahme beträgt 0,3%, wobei die Gitterkonstante des Tantals auf 3,322 Å erhöht wird. Das so behandelte Material ist sehr spröde und läßt sich leicht mechanisch pulverisieren. Der Prozeß der Aktivierung besteht im wesentlichen darin, daß die stets vorhandene oberflächliche Oxidschicht in das Metall eindiffundiert und so die Blockierung für die Wasserstoffaufnahme beseitigt wird. Durch röntgenographische Untersuchungen konnte diese Annahme voll bestätigt werden. Die Weiterverarbeitung des Tantalhydrids erfolgte nach den bekannten Methoden. Der Sauerstoffgehalt der Pulver lag bei $< 0,1\%$. Bei der Sinterung der aus diesen Pulvern hergestellten Elektroden blieben die Tantalanschlußdrähte ausnahmslos duktil, auch wenn der Drahtdurchmesser klein war. Der bekannte Sprödigkeitseffekt bei der Herstellung von Tantalkondensatoren kann somit als eindeutig geklärt und gelöst betrachtet werden.

Neben der mechanischen Stabilität der Elektroden und ihrer Anschlußdrähte werden von den Kondensatorenwerken hohe Anforderungen an den Elektrodenkörper selbst gestellt. Es würde jedoch zu weit führen, hierauf im einzelnen einzugehen. Die Kapazität des Kondensators ist in erster Linie von der Größe der inneren Oberfläche und damit von der Teilchengröße und der Teilchengestalt abhängig. Durch Verwendung feinerer Pulver lassen sich dementsprechend höhere Kapazitäten erreichen, allerdings unter gleichzeitiger Verschlechterung der übrigen elektrischen Werte, wie z. B. Reststrom, und Verlustfaktor. Unsere Untersuchungen haben jedoch ergeben, daß die Mängel wesentlich gemindert werden können, wenn man anstelle reiner Pulver Tantalhydrid-Tantal-Pulvermischungen einsetzt. Durch Zumischen von Hydridpulver gleicher Korngröße in bestimmten Prozentsätzen läßt sich die Kapazität bei sonst gleichbleibenden Werten in weiten Bereichen variieren. Dieser Effekt ist so zu deuten, daß durch den bei der Vakuumsinterung entweichenden Wasserstoff verschlossene Poren geöffnet und die vorhandenen Kanäle von feinsten Teilchen gesäubert und damit eine größere Oberfläche dem Elektrolyten zugänglich gemacht wird. Darüber hinaus ist zu bedenken, daß durch Zumischen der harten Tantalhydridteilchen zu den relativ weichen reinenTantalpulvern die Preßeigenschaften so verändert werden, daß allein schon hierdurch die innere Oberfläche vergrößert wird.

Berlin (DDR), VEB Berliner Glühlampenwerk

Literatur

MILLER, Tantalum and Niobum, London 1959.

Diskussion

B. JESIONEK, Warszawa (Polen): Nach welchem Verfahren wurden die verwendeten Tantalpulver hergestellt?

D. RADLOFF: Es wurden zunächst chemisch erzeugte Pulver angewendet, die jedoch bis zu 0,5% Sauerstoff enthielten. Pulver höherer Reinheit wurden durch mechanische Zerkleinerung hydrierter Tantalbleche erhalten.

F. Hartstoffe und Hartmetalle

Untersuchungen über die Existenzbedingungen und die Eigenschaften kubischer Hartstoffphasen

Von A. Merz

1. Einleitung

Die Hartstoffe haben in der Pulvermetallurgie als Basis von Hartmetallen, korrosionsbeständigen Werkstoffen und Kathodenwerkstoffen eine große Bedeutung. Um die Eigenschaften solcher Werkstoffe in geeigneter Weise abstufen zu können, sind genauere Kenntnisse über die Atomistik und die Eigenschaften dieser Phasen notwendig. Die vorliegende Untersuchung befaßt sich mit dem Einfluß räumlicher Faktoren und der Bedeutung der Valenzelektronen für diese Stoffe. Wegen der größeren Übersichtlichkeit beschränken sich die Betrachtungen im wesentlichen vorerst auf die kubischen Vertreter dieser Phasen.

2. Die kubischen Hartstoffe als Einlagerungsstrukturen

2.1 Atomradienverhältnisse und Valenzelektronen

Unter Hartstoffen versteht man die Silizide, Boride, Karbide und Nitride der Übergangsmetalle der Gruppen 4a bis 6a des Periodensystems, also der Metalle: Titan, Zirkonium, Hafnium, Vanadin, Niob, Tantal, Chrom, Molybdän und Wolfram. Diese Komponenten sind mit Angaben über die Art der Valenzelektronen und ihrer Atomradien in Tabelle 1 dargestellt. Für die Kristallstrukturen, die für die einzelnen Verbindungen möglich sind, spielt das Verhältnis der Atomradien der Bestandteile nach G. Hägg [1] eine wesentliche Rolle. Er fand, daß die NaCl-Struktur für Phasen MX (M = Metall, X = Nichtmetall) nur möglich sind für $0{,}41 < \frac{r_x}{r_M} < 0{,}59$.

Man kann sich dabei im wesentlichen ein flächenzentriertes metallisches Grundgitter vorstellen, bei dem die Nichtmetallatome in den oktaedrischen Lücken eingelagert sind (Einlagerungs-Strukturen). Nach Tabelle 1 sind demnach diese Verhältnisse im wesentlichen für die Karbide und Nitride gegeben, allenfalls auch noch für die Boride von Titan, Zirkonium und Hafnium. Für die übrigen Boride und die Silizide sind in Übereinstimmung mit der Erfahrung kompliziertere Bauprinzipien zu erwarten. Für die Existenzfähigkeit bestimmter Kristallstrukturen spielt außerdem erfahrungsgemäß die Konzentration der Valenzelektronen eine wesentliche Rolle. Diese Einflüsse sind für Hartstoffe von R. Kiessling [2] und D. A. Robins [3] näher betrachtet worden. Etwas abweichend von diesen Autoren ist in Tabelle 1 die Summe der Valenzelektronen der metallischen und nichtmetallischen Bestandteile für die Zusammensetzung MX angeführt ($\sum$ e) [4]. Es zeigt sich, daß diese Zahl zwischen 7 und 11 liegt, und die Erfahrung lehrt, daß kubische Phasen vor allem dann auftreten, wenn sie die Werte 8 und 9 einnehmen, vorausgesetzt, daß die Häggsche Bedingung für die Atomradienverhältnisse eingehalten ist. Geht man von der Vorstellung der Einlagerungsstruktur, d. h. eines metallischen Wirtsgitters aus, so erscheint es berechtigt, die Zahl der freien Elektronen auf die Zahl der Metallatome zu beziehen ohne Rücksicht darauf, ob sie als Valenzelektronen des Metalls oder des Nichtmetalls in das Gitter eingebracht werden. Tabelle 2 zeigt dann, daß dieses Ordnungsprinzip verständlich macht, wie in Abhängigkeit von der Elektronenkonzentration im Gitter verschiedene Strukturen stabil werden. Für 4, 5 und 6 Valenzelektronen sind

Tabelle 1. Daten zum atomaren Aufbau der Hartstoffe

	Valenz-elektronen		r_x [ÅE]		Ti	Zr	Hf	V	Nb	Ta	Cr	Mo	W
				Valenz-elektronen	$d^2 s^2$	$d^2 s^2$	$d^2 s^2$	$d^3 s^2$	$d^4 s^1$	$d^3 s^2$	$d^5 s^1$	$d^5 s^1$	$d^4 s^2$
					4	4	4	5	5	5	6	6	6
				r_M [ÅE]	1,47	1,60	1,58	1,34	1,46	1,46	1,36	1,39	1,39
Si	$s^2 p^2$	4	1,17	$\frac{r_x}{r_M}$	0,80	0,73	0,74	0,87	0,80	0,80	0,86	0,84	0,84
				Σe	8	8	8	9	9	9	10	10	10
B	$s^2 p^1$	3	0,87	$\frac{r_x}{r_M}$	0,59	0,54	0,55	0,65	0,60	0,60	0,64	0,63	0,63
				Σe	7	7	7	8	8	8	9	9	9
C	$s^2 p^2$	4	0,77	$\frac{r_x}{r_M}$	0,52	0,48	0,49	0,57	0,53	0,53	0,57	0,55	0,55
				Σe	8	8	8	9	9	9	10	10	10
N	$s^2 p^3$	5	0,71	$\frac{r_x}{r_M}$	0,48	0,44	0,44	0,52	0,48	0,48	0,51	0,50	0,50
				Σe	9	9	9	10	10	10	11	11	11

Tabelle 2. Systematik der Hartstoff-Einlagerungsstrukturen

Anordnung der Metallatome im Gitter	Metall bzw. Hartstoff		Gesamtzahl der Valenzelektronen pro Metallatom
kubisch raumzentriert	Ti*), Zr *), Hf		4
	V, Nb, Ta		5
	Cr*), Mo, W		6
hexagonal dicht	V_2C, Nb_2C, Ta_2C	Re	7
	Nb_2N, Ta_2N		7,5
	Mo_2C, W_2C	Ru, Os	8
kubisch flächenkonzentriert	TiC, ZrC, HfC	Fe *)	
	Mo_2N, W_2N		8,5
	VC, NbC, TaC	Co *), Rh, Jr	9
	TiN, ZrN, HfN		
	VN, $NbN_{0,94}$	Ni *), Pd, Pt	10
einfach hexagonal	WC, NbN		

*) Außer den angegebenen sind weitere Modifikationen bekannt.

die kubisch raumzentrierten Phasen der Metalle möglich bzw. stabil. Für die Konzentrationen 7, 7,5 und 8 findet man die hexagonal dichte Packung. Zwischen 8 und 10 Valenzelektronen existiert die kubisch-flächenzentrierte Anordnung der Metallatome, d. h. also das Steinsalzgitter, wobei das Metalloid eine zweite kubisch flächenzentrierte Ordnung bildet. Bei 10 Valenzelektronen wird diese Anordnung unstabil, und es schließt sich eine einfach hexagonale Packung der Metallatome an. Dikarbide und Dinitride des Titans oder Zirkoniums, denen eine Elektronenkonzentration von 6 bzw. 6,5 entsprechen würde, sind nicht bekannt. Tabelle 2 zeigt außerdem, daß auch reine Metalle im wesentlichen dieser Regel folgen, wenn selbstverständlich in einigen Fällen auch mehrere Modifikationen bekannt sind. Es soll jedoch nicht unerwähnt bleiben, daß die kubische Modifikation auch für die Hochtemperaturform des Zirkoniumborids und für Skandiumkarbid gefunden wurde. In diesen Fällen ist die Valenzelektronenkonzentration pro Metallatom 7. Das Borid ist jedoch nur bei hohen Temperaturen nachgewiesen, während G. V. SAMSONOV und Mitarbeiter [5] der Meinung sind, daß es sich bei der kubischen Form des Skandiumkarbids tatsächlich um ein Oxidkarbid handelt, wodurch die effektive Valenzelektronenkonzentration merklich vergrößert wird. Diese beiden Beispiele sind also nicht als Argumente gegen die in Tabelle 2 angeführte Regel zu bewerten. Erwähnenswert ist noch, daß zwischen Chrom und Kohlenstoff kein Karbid CrC mit kubischer oder hexagonaler Struktur bekannt ist. Aus den Tabellen 1 und 2 entnimmt man, daß hier sowohl das Atomradienverhältnis mit 0,57 schon nahe an der Grenze der HÄGGschen Regel liegt und daß gleichzeitig die Elektronenkonzentration 10 eine äußerste Bedingung darstellt, die nicht ausreichend ist, die Existenz eines dieser Gitter zu erzwingen. (VN und TaN haben von WC und NbN abweichende Strukturen.) Somit wird plausibel, daß ein derartiges Karbid nicht möglich ist.

2.2 Mischkristallbildung zwischen mehreren Hartstoffen

Die hier dargelegten Gesichtspunkte bewähren sich auch bei der Beurteilung der Bildungsmöglichkeiten von Mischkristallen. Als Beispiele sind in den Abb. 1 und 2 Dreistoffsysteme aus verschiedenen Karbiden angeführt, wobei einmal (Abb. 1) zwischen den Bestandteilen keine allzu großen Unterschiede in den Atomradien bestehen, so daß die geometrischen Verhältnisse lückenlose Mischarbeit zulassen. Die Änderung der Phasen wird bedingt durch die Konzentration der Valenzelektronen, die bei WC die Existenz des kubischen Gitters nicht mehr erlaubt. In Abb. 2 besteht außerdem zwischen Wolfram und Zirkonium ein großer Unterschied in den Atomradien, daß auch durch diesen Einfluß der Existenzbereich der kubischen Phase eingeengt ist. Dementsprechend folgt in Abb. 1 die Existenzgrenze für die kubische Phase einer Linie für konstante Elektronenkonzentration, wobei sie sich mit steigender Temperatur zu höheren Konzentrationen verschiebt. In Abb. 3 ist die gleiche Tendenz zu

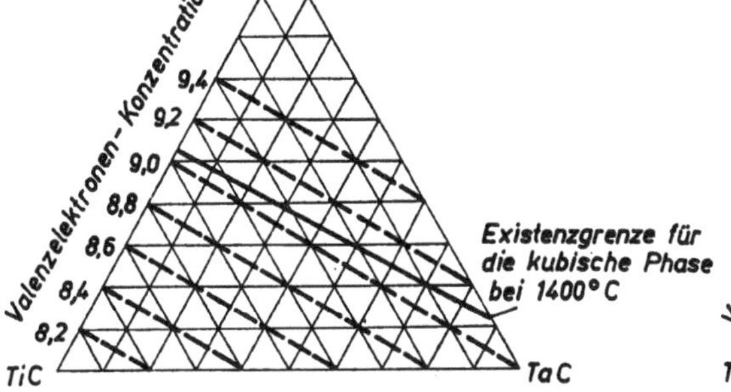

Abb. 1. Quasidreistoffsystem TiC–TaC–WC

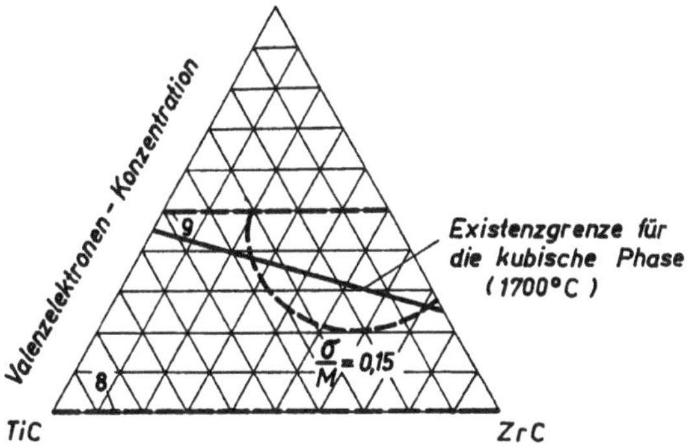

Abb. 2. Quasidreistoffsystem TiC–ZrC–WC

erkennen, jedoch wird die Lage der Phasengrenze etwas verschoben durch den Bereich, für den aus räumlichen Gründen eine homogene kubische Struktur nicht möglich ist.

Der Bereich, für den die Lage der Phasengrenzen durch räumliche Faktoren beeinflußt ist, hängt ab von den Unterschieden in den Atomradien und ihren Mengenanteilen. Die zu erwartende Wirkung wurde wie folgt abgeschätzt: Aus den Atomradien und den Mengenanteilen

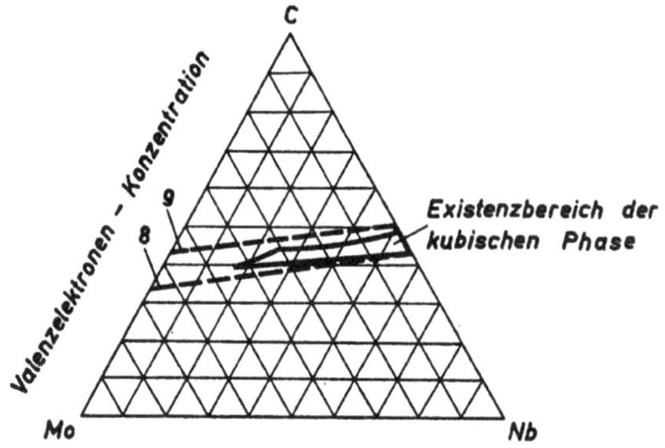

Abb. 3. Dreistoffsystem Mo–Nb–C

der Bestandteile wurde ein mittleres Atomvolumen M ermittelt. Die Abweichungen der reinen Atomvolumina von TiC, ZrC und WC von diesem Mittel wurden unter Berücksichtigung ihrer Mengenanteile nach den Regeln der Fehlerrechnung so behandelt, daß sich eine mittlere Abweichung σ von dem Mittelwert M ergab. Die Größe σ/M stellt ein Maß für die Störung der Homogenität des Gitters dar, der Wert 0,15 als Maß für die Gitterstörung wurde willkürlich eingesetzt. Dieses Verfahren ist auch anwendbar für Mischungen aus mehreren kubischen Hartstoffen, von denen einige, z. B. VC und ZrC, Mischungslücken aufweisen.

2.3 Hartstoff–Dreistoffsysteme

War das Verhalten der Hartstoffmischungssysteme aus mehreren chemisch abgesättigten Hartstoffen, wie unter 2.2 dargelegt, aus den Prinzipien der Atomradienverhältnisse und der

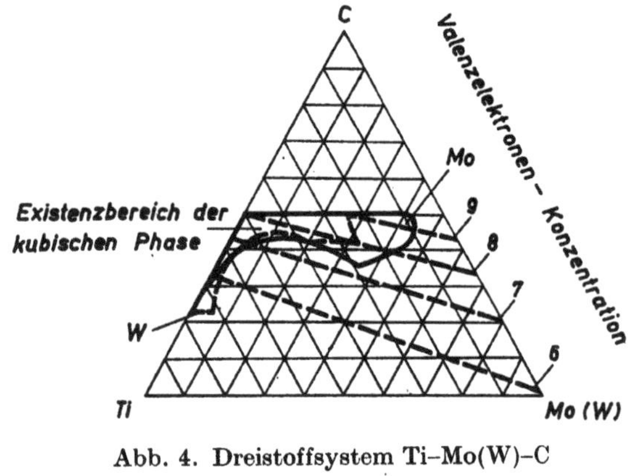

Abb. 4. Dreistoffsystem Ti–Mo(W)–C

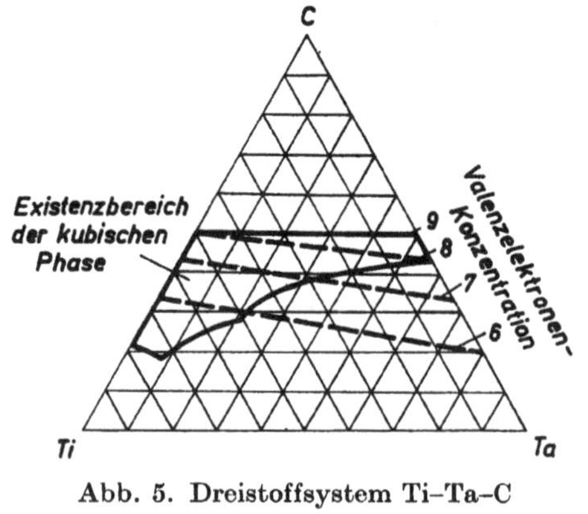

Abb. 5. Dreistoffsystem Ti–Ta–C

Valenzelektronenkonzentration noch verständlich zu machen, so zeigt die Betrachtung von Dreistoffsystemen aus zwei Metallen und einem Nichtmetall oder aus einem Metall und zwei Nichtmetallen, daß die bisher besprochenen Gesichtspunkte wohl anwendbar sind, aber nicht ausreichen, die Existenzbereiche der Phasen vorauszusagen. Als Beispiel zeigen Abb. 3 das System Molybdän–Niob–Kohlenstoff, Abb. 4 das System Titan–Molybdän (Wolfram)–

Kohlenstoff, Abb. 5 das System Titan–Tantal–Kohlenstoff und Abb. 6 das System Hafnium (Zirkonium, Titan)–Stickstoff–Bor. In allen Fällen sind Linien für konstante Elektronenkonzentrationen eingezeichnet. In Abb. 3 liegt der Existenzbereich für die kubische Phase zwischen den Elektronenkonzentrationen 8 und 9. In Abb. 4 und 5 ist noch eine gewisse Neigung der Phasengrenzgebiete zu erkennen, sich parallel zu Linien konstanter Elektronenkonzentration anzuordnen. Gestört wird diese Tendenz jedoch durch den großen Existenzbereich des Titankarbids. Der Kohlenstoffgehalt kann in keinem Fall 50% überschreiten, da die Gitterlücken der kubisch-dichten Packung höchstens die gleiche Anzahl Nichtmetallatome zulassen. In dem Dreistoffsystem Metall–Stickstoff–Bor, Abb. 6, zeigt die kubische Phase Existenzbereiche, die für die größeren Atome Hafnium und Zirkonium größer sind als für das kleinere Titan. Sie weisen im allgemeinen einen Unterschuß an Stickstoff oder Bor auf und werden im wesentlichen durch die Valenzelektronenkonzentration 7 begrenzt. Der Existenzbereich des Titannitrids überschreitet diese Grenze allerdings merklich. Ersetzt man Stickstoff durch Kohlenstoff, so erstrecken sich die Bereiche für die kubische Phase nur bis zu kleineren Borkonzentrationen, die zulässige Zahl von Valenzelektronen wird dabei allerdings noch geringer.

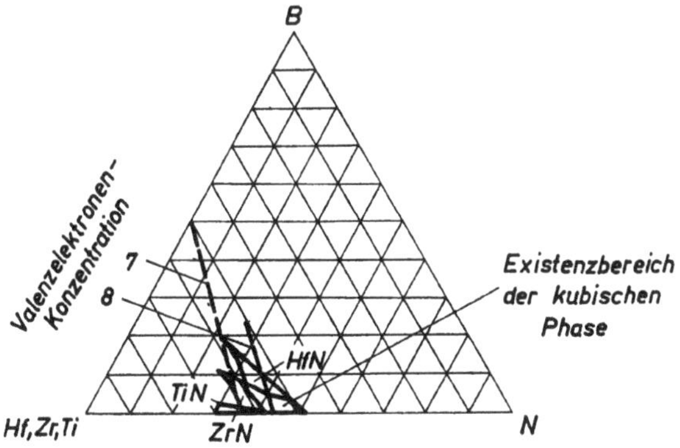

Abb. 6. Dreistoffsystem Hf(Zr, Ti)–N–B

Diese Betrachtungen zeigen also, daß zur Deutung der Verhältnisse in den Dreistoffsystemen noch weitere Gesichtspunkte eine Rolle spielen. Der Einfluß der Atomradiengröße als auch der Valenzelektronenkonzentration ist jedoch auch hier noch zu erkennen.

3. Das Bandschema für die Energiezustände der Elektronen in den kubischen Hartstoffen

H. BILZ [6] hat für die kubischen Hartstoffstrukturen ein Bandschema für die Energiezustände der Elektronen im Gitter angegeben (Abb. 7). Charakteristisch für dieses Bandschema ist ein Mininmum der Zustandsdichte bei etwa -3 eV. Unterhalb dieses Minimums befinden sich bindende s- und p-Bänder, oberhalb ein lockerndes d-Band. Für eine Valenzelektronenkonzentration 8 (TiC) ist dieses Band bis unterhalb des genannten Minimums mit Elektronen besetzt. Kleine Erhöhungen dieser Konzentration bedeuten wegen der geringen Zustandsdichte die Besetzung höherer Energiezustände, so daß für eine Konzentration von 9 Valenzelektronen bereits der Beginn des lockernden d-Bandes erreicht ist. In dem Zwischenbereich ist deshalb nach H. BILZ ein Maximum der Bindungsfestigkeit zu erwarten. Eine große Bindungsfestigkeit muß sich in einem hohen Schmelzpunkt oder auch in einem entsprechend kleinen Wärmeausdehnungskoeffizienten dokumentieren, da in beiden Fällen die zugeführte Wärmeenergie die Bindungskräfte im Gitter überwinden muß. So erklären sich die bereits von C. AGTE und H. ALTERTHUM [7] festgestellten hohen Schmelzpunkte der Mischkristalle ZrC–TaC und HfC–TaC. Die Daten dieses Bandschemas stehen in guter Übereinstimmung mit den empirischen Existenzbedingungen für die kubischen Phasen gemäß Tabelle 2.

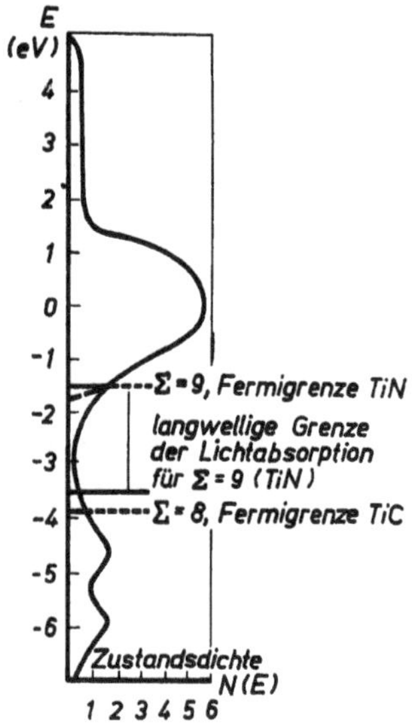

Abb. 7. Dichte der Energiezustände im Bandschema für die kubischen Hartstoffe (nach Bilz)

Unsere eigenen Untersuchungen befaßten sich vor allem mit der Änderung des Wärmeausdehnungskoeffizienten in Mischhartstoffen, wobei sowohl die metallischen als auch die nichtmetallischen Anteile geändert wurden.

Wir untersuchten besonders den Bereich mit Elektronenkonzentrationen zwischen 8 und 9. Die Proben waren heiß gepreßt und die Homogenität wurde röntgenographisch und metallographisch geprüft. Abb. 8a bis 8f zeigen einige Ergebnisse. In den Systemen Zirkoniumkarbid–Zirkoniumnitrid, Zirkoniumkarbid–Titannitrid und Titanborid–Tantalkarbid ist einwandfrei festzustellen, daß der Wärmeausdehnungskoeffizient im Bereich zwischen 8 und 9 Valenzelektronen pro Metallatom ein Minimum durchläuft.

Bei den Mischsystemen mit Bestandteilen, die selbst 10 Valenzelektronen besitzen, ist die kubische Phase bei der Konzentration von 9 Valenzelektronen und bei Raumtemperatur nicht mehr mit Sicherheit stabil. Aus diesem Grunde ist bei den Mischkristallen mit Wolframkarbid und mit Niobnitrid (Abb. 8d—8f) das Minimum des Ausdehnungskoeffizienten in dem betrach-

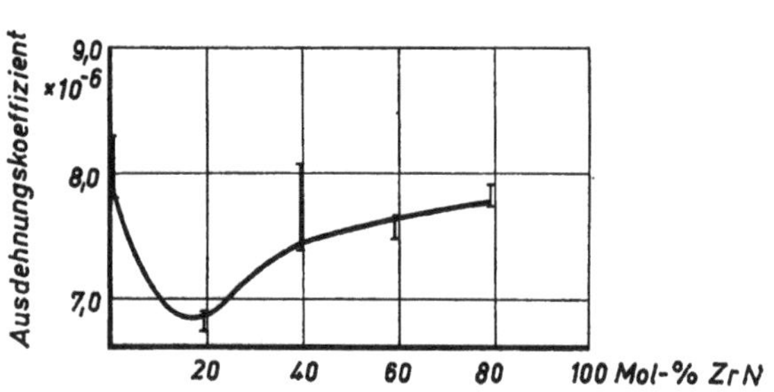

a) ZrC–ZrN;

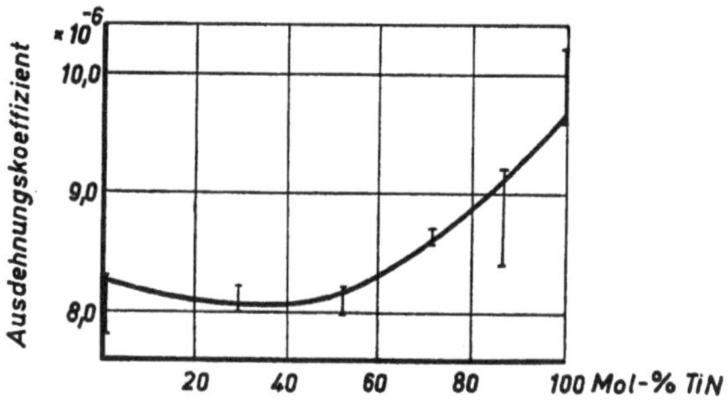

b) ZrC–TiN;

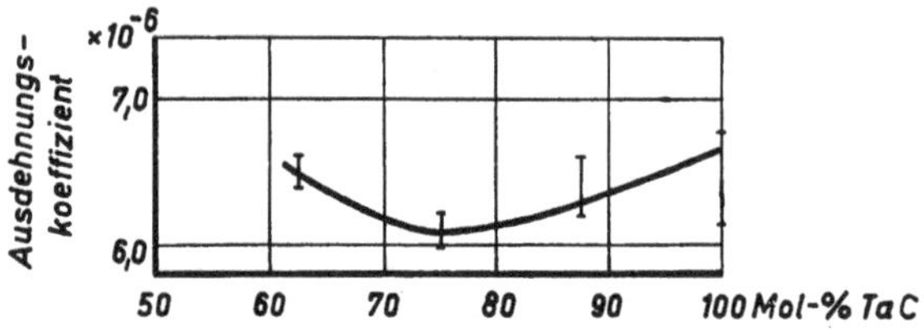

c) TiB–TaC;

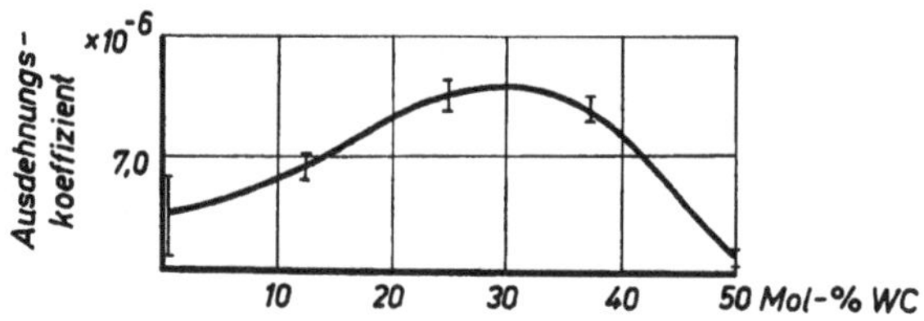

d) ZrC–WC;

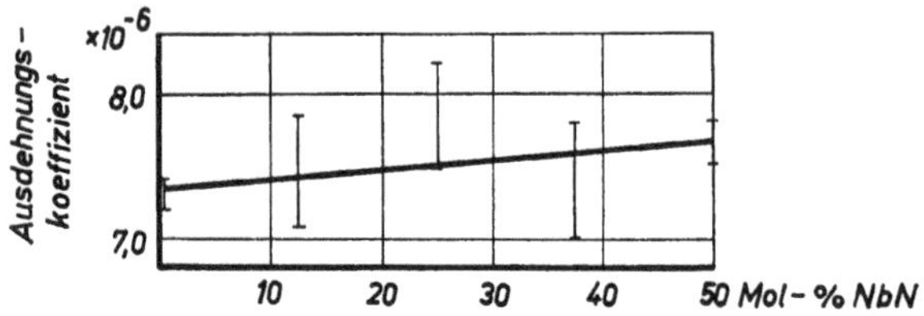

e) TiC–NbN;

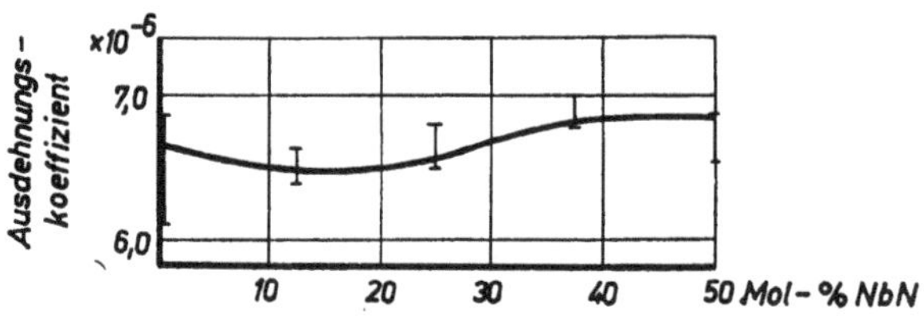

f) ZrC–NbN

Abb. 8. Wärmeausdehnung kubischer Mischhartstoffe

teten Bereich nicht mehr mit Sicherheit nachzuweisen. Der Kurvenverlauf und die Meßgenauigkeit erlauben es nicht, die Ergebnisse als abweichend von den BILZschen Voraussagen anzusehen. Auch Messungen von G. V. SAMSONOV und V. N. PADERNO [8] an Mischkarbiden zwischen Hafniumkarbid und den Karbiden der Gruppe 5a des Periodensystems lassen die Deutung durch das Bandschema nach BILZ zu. Abb. 9 zeigt noch einige vorläufige Messungen von Schmelztemperaturen der Hartstoffmischsysteme Zirkoniumkarbid–Titannitrid, Zirkoniumkarbid–Zirkoniumnitrid und Titankarbid–Titannitrid. In zwei Fällen werden die erwarteten Maxima für die Schmelzpunkte beobachtet, während für Zirkoniumkarbid–Zirkoniumnitrid die Kurve so durchgebogen ist, daß eine erhöhte Bindungsfestigkeit im Mischkristallbereich wahrscheinlich scheint.

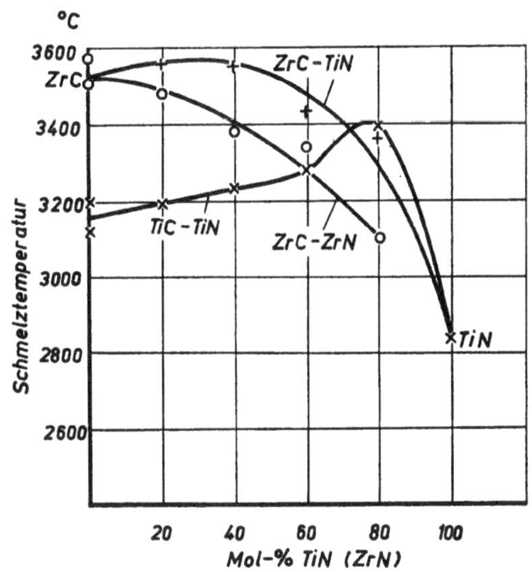

Abb. 9. Verlauf der Schmelztemperaturen in Mischhartstoffen

4. Zusammenfassung

Die Existenz der kubischen Hartstoffphasen ist abhängig von dem Verhältnis der Atomradien des Metalls und des Nichtmetalls und von der Konzentration der Valenzelektronen. Die Verhältnisse werden übersichtlich dargestellt und auf die Möglichkeit der Mischkristallbildung angewendet. Die Existenzbedingungen für Mischkristalle gesättigter Hartstoffe lassen sich aus den angegebenen Bedingungen herleiten. Die Verhältnisse in Dreistoffsystemen aus zwei Metallen und einem Nichtmetall bzw. aus einem Metall und zwei Nichtmetallen sind etwas komplizierter. Der Einfluß der Atomradien und der Elektronenkonzentrationen ist zwar nachweisbar, reicht aber nicht aus, um den Aufbau dieser Systeme atomistisch quantitativ zu verstehen. Die Elektronenkonzentration spielt außerdem eine Rolle bei der Deutung der Bindungsfestigkeit in den kubischen Hartstoffen nach theoretischen Untersuchungen von H. BILZ. Das danach zu erwartende Maximum der Bindungsfestigkeit im Bereich der Valenzelektronenkonzentration zwischen 8 und 9 wird durch Minima bei den Wärmeausdehnungskoeffizienten und durch Maxima bei den Schmelztemperaturen von Hartstoffmischsystemen nachgewiesen.

Meinem Mitarbeiter, Herrn Chem.-Ing. G. PUTZKY, danke ich für seine Beteiligung an der vorliegenden Arbeit.

Dresden (DDR), Forschungsinstitut für metallische Spezialwerkstoffe
der Deutschen Akademie der Wissenschaften zu Berlin

Literatur

[1] HÄGG, G., Z. phys. Chem. **B 12** (1931), 33.
[2] KIESSLING, R., Bonding in metals. Metallurgical Rev. 2 (1957) 5, 77–107.
KIESSLING, R., Interstitial structures. Powder Metallurg. (1959) 3, 177–180.

[3] Robins, D. A., Bonding in carbides, silicides and borides. Powder Metallurg. (1958) 1/2, 172–188.
[4] Merz, A., Konstitution und Eigenschaften von Hartstoffen aus Metallverbindungen. Monatsber. Dt. Akad. Wiss. Berlin **6** (1964) 3, 213–220.
[5] Samsonov, G. V., Makarenko, G. N. und Kosolapova, T. Ja., O karbidach skandija i složnych karbidach skandija-titana. Dokl. akad. nauk SSSR **144** (1962), 1062–1065.
[6] Bilz, H., Über Elektronenzustände von Hartstoffen mit Natriumchloridstruktur. Z. Phys. **153** (1958), 338–358.
[7] Agte, C. und Alterthum, H., Untersuchungen über Systeme hochmelzender Karbide nebst Beiträgen zum Problem der Kohlenstoffschmelzung. Z. S. Techn. Phys. **11** (1930) 6, 182–191.
[8] Samsonov, G. V. und Paderno, V. N., Über die Herstellung von Karbidmischkristallen und die Untersuchung ihrer physikalischen Eigenschaften. Planseeber. Pulvermetallurg. **12** (1964) 1, 19–30.

Die Abbildungen 1–6 beruhen auf Unterlagen aus: Kieffer, R. und Benesovsky, F., Hartstoffe. Springer-Verlag, Wien 1963.

Beitrag zum Oxydationsverhalten von Mo-Si-Al-Legierungen

Von K. Müller

Die außerordentlich große Oxydationsbeständigkeit von Molybdändisilizid bei hohen Temperaturen ist seit langem bekannt und auch der Ausgangspunkt für die technische Anwendung von Molybdändisilizid als Werkstoff für elektrische Heizleiter gewesen. In oxydierender Atmosphäre bildet sich bei hohen Temperaturen durch Oxydation des Grundwerkstoffes eine glasige Schutzschicht aus Siliziumdioxid, die Molybdändisilizid vor weiterer Oxydation schützt. Der Bildungsmechanismus und die Tatsache, daß die sich bildende Schicht glasig ist, wurden von R. Kieffer [1] und E. Fitzer [2] gedeutet (Abb. 1). Die Oxydationsbeständigkeit ist aber durch eine Reaktion begrenzt, die zwischen der gebildeten Schutzschicht und dem Grundwerkstoff eintritt; an der Grenzfläche beider Phasen bildet sich Sili-

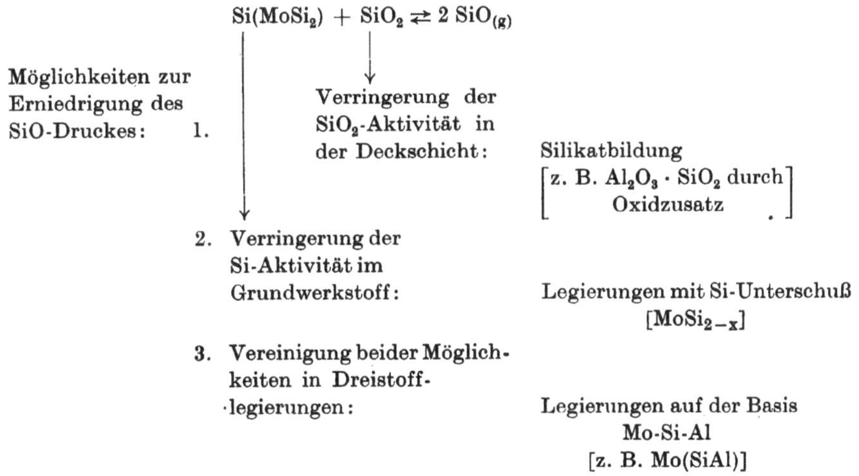

Abb. 1. Oxydationsverhalten von $MoSi_2$ bei hohen Temperaturen

ziummonoxid, dessen Gleichgewichtsdruck temperaturabhängig ist. Bei genügend hoher Temperatur ist der Druck des Siliziummonoxids groß genug, daß die glasige Schicht blasenförmig aufgetrieben und schließlich völlig zerstört wird. Bei geringerer Temperatur kann zwar die Schicht wieder neu gebildet werden, bei der entsprechend hohen Temperatur ist aber kein Schutz des Grundwerkstoffes mehr gewährleistet. Auch im Inneren des Werkstückes tritt an allen Stellen, an denen Oxide — sie können bereits bei der Herstellung des Pulvers entstehen — eingelagert sind, die gleiche Reaktion ein, so daß der gesamte Verband gelockert wird. Deshalb sinkt durch Glühen bei sehr hohen Temperaturen irreparabel die Festigkeit der Probe.

Ausgehend von dem Gleichgewicht

$$Si + SiO_2 \rightleftarrows 2\,SiO_{(g)}$$

gibt es zunächst zwei Möglichkeiten, den Druck des Siliziummonoxids bei einer bestimmten Temperatur zu mindern und damit den Beginn der Blasenbildung in der Schicht zu höheren Temperaturen zu verschieben (Abb. 2):

a) Erniedrigung der Aktivität des Siliziums in der Molybdän–Silizium-Legierung. Dies ist bereits von E. Fitzer und O. Rubisch [2] vorgeschlagen worden. Eigene Untersuchungen bestätigen, daß die Temperatur, bei der Blasen entstehen, innerhalb des Homogenitätsbereiches der Phase $MoSi_2$ durch Verringerung des Siliziumgehaltes heraufgesetzt werden kann; sobald aber im Gefüge die Mo_5Si_3-Phase auftritt, läßt sich diese Temperatur nicht weiter erhöhen.

b) Erniedrigung der Aktivität des Siliziumdioxids in der Schicht. Dies läßt sich durch Zugabe von Oxiden, die mit dem Siliziumdioxid der Schicht hochschmelzende Silikate bilden, oder durch Zugabe von Silikaten, die in die Schicht eingebaut werden, erreichen.

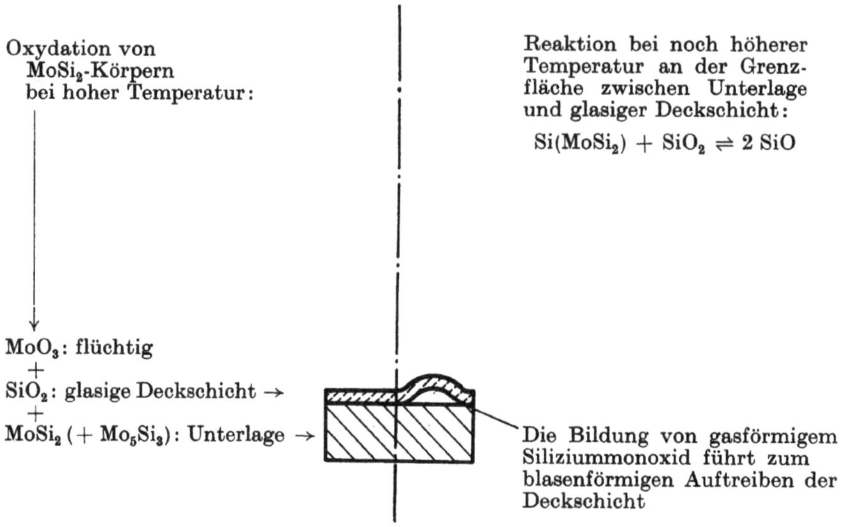

Abb. 2. Möglichkeiten zur Erniedrigung des SiO-Druckes

Aus den beiden Möglichkeiten ergibt sich noch eine dritte, nämlich Legierungen herzustellen, die ausgehend von der Zusammensetzung $MoSi_2$ einmal einen Siliziumunterschuß besitzen und zum anderen ein drittes Element enthalten, dessen Oxid mit Siliziumdioxid ein hochschmelzendes Silikat zu bilden vermag. Ausgewählt wurden für diese Untersuchungen Legierungen auf der Basis Molybdän–Silizium–Aluminium.

Auch unter der Annahme, daß das bei der Oxydation der Legierungen entstehende Molybdänoxid vollständig verdampft, wird das Verhältnis von Aluminium und Silizium in der oxidischen Schicht nicht dem Verhältnis der beiden Metalle in der Legierung entsprechen; die Anteile beider Oxide werden vielmehr bestimmt durch ihre Bildungsgeschwindigkeit, die im wesentlichen von der Änderung des thermodynamischen Potentials bei der Bildung der Oxide und von der Aktivität des Metalles in der Legierung abhängt.

Die Legierungen wurden aus den Elementen dargestellt. Wenn das Gemisch der Metallpulver schnell auf Reaktionstemperatur aufgeheizt wird, bildet sich in exothermer Reaktion die entsprechende Legierung, ohne daß Aluminium vorher ausschmilzt. Die Zusammensetzung des Reaktionsproduktes entsprach in allen Fällen der der Ausgangsmischung. Durch Mahlen der Legierung, Pressen des Pulvers und Sintern unter Schutzgas konnten geeignete Prüfkörper erhalten werden. Die dargestellten Legierungen sind in Abb. 3 angegeben.

Um das Oxydationsverhalten zu beurteilen, wurden die Probekörper im direkten Stromdurchgang an Luft aufgeheizt. Die Temperatur wurde mit einem optischem Teilstrahlungspyrometer gemessen. (Die angegebenen Werte sind hinsichtlich des Emissionskoeffizienten nicht korrigiert.) Auf diese Weise können innerhalb des untersuchten Temperaturbereiches die Ausbildung der glasigen Schicht, das Entstehen der Blasen durch die Bildung von Siliziummonoxid an der Grenzfläche Unterlage-Schicht sowie die völlige Zerstörung der Schicht beobachtet werden. Diese Erscheinungen sind nur von der Temperatur abhängig und werden durch die Versuchsdauer, abgesehen von einem Anfangsstadium, nicht merklich beeinflußt.

Bei den untersuchten Legierungen im Schnitt $MoSi_2$–MoSiAl (Abb. 4) fallen mit zunehmendem Aluminiumanteil die Temperatur, bei der sich Blasen in der Schicht bilden, und auch die Zersetzungstemperatur ab. Bei höherem Aluminiumgehalt bildet sich keine glasige Schicht mehr aus. Lediglich im Schnitt $MoSi_2$–($AlSi_2$) (Abb. 5), also bei Legierungen, in denen formal das Molybdän durch Aluminium bei gleichbleibendem Siliziumgehalt ersetzt ist, wurde eine geringe Erhöhung der Temperatur der Blasenbildung gefunden. Mit steigendem Aluminiumgehalt wird auch hier die Bildung einer glasigen Schutzschicht unterdrückt. Es ist also nur ein geringer Aluminiumgehalt, der die Beständigkeit der Schicht zu erhöhen vermag, ehe die Beständigkeit wieder verringert wird.

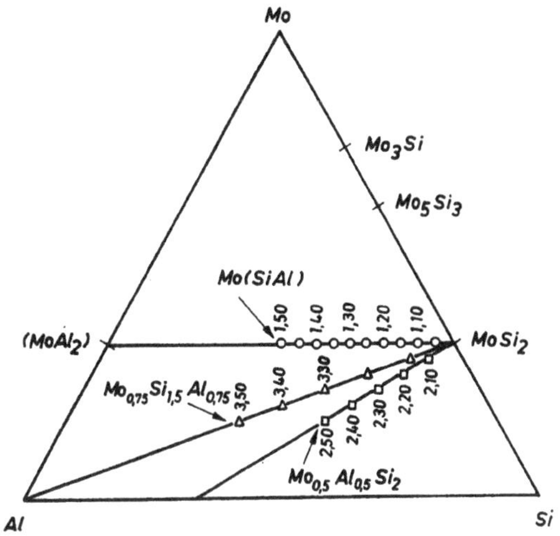

Abb. 3. Dargestellte Legierungen im Dreistoffsystem Molybdän–Silizium–Aluminium

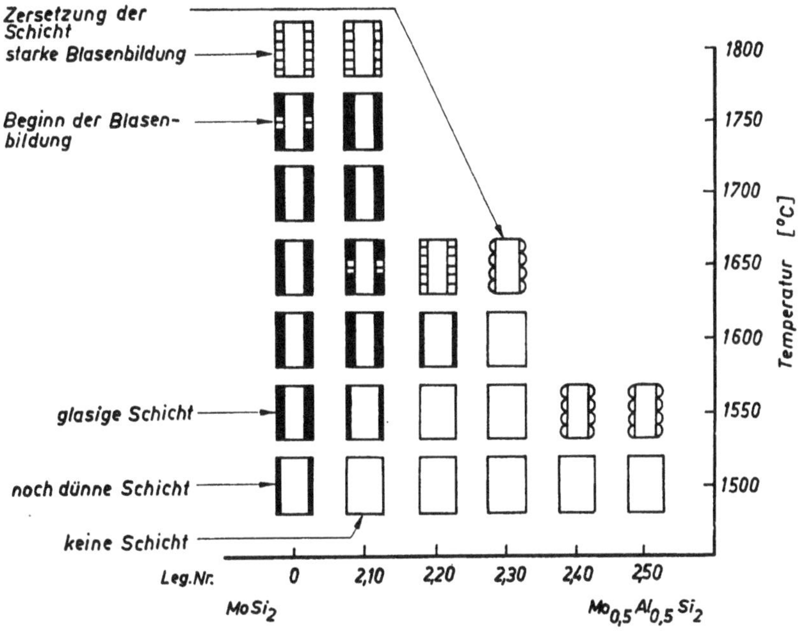

Abb. 4. Ausbildung und Beständigkeit der Oxidschicht auf Mo–Si–Al-Legierungen bei hohen Temperaturen: Schnitt $MoSi_2$-($AlSi_2$)

Die Versuche lassen den Schluß zu, daß bei der Oxydation dieser Legierungen Schichten gebildet werden, die im Vergleich zur Legierungszusammensetzung mehr Aluminiumoxid als Siliziumdioxid enthalten, so daß die Voraussetzungen zur Bildung glasiger Schutzschichten nicht mehr gegeben sind. Damit fällt auch der für Molybdändisilizid typische Schutzmechanismus weg. Es kann deshalb auf Grund dieser Versuche allein nicht entschieden werden, ob und in welcher Form besonders bei hohen Temperaturen und über lange Zeiten ein Oxydationsschutz durch die sich bildende stark aluminiumoxidhaltige, nicht glasige Schicht gegeben ist.

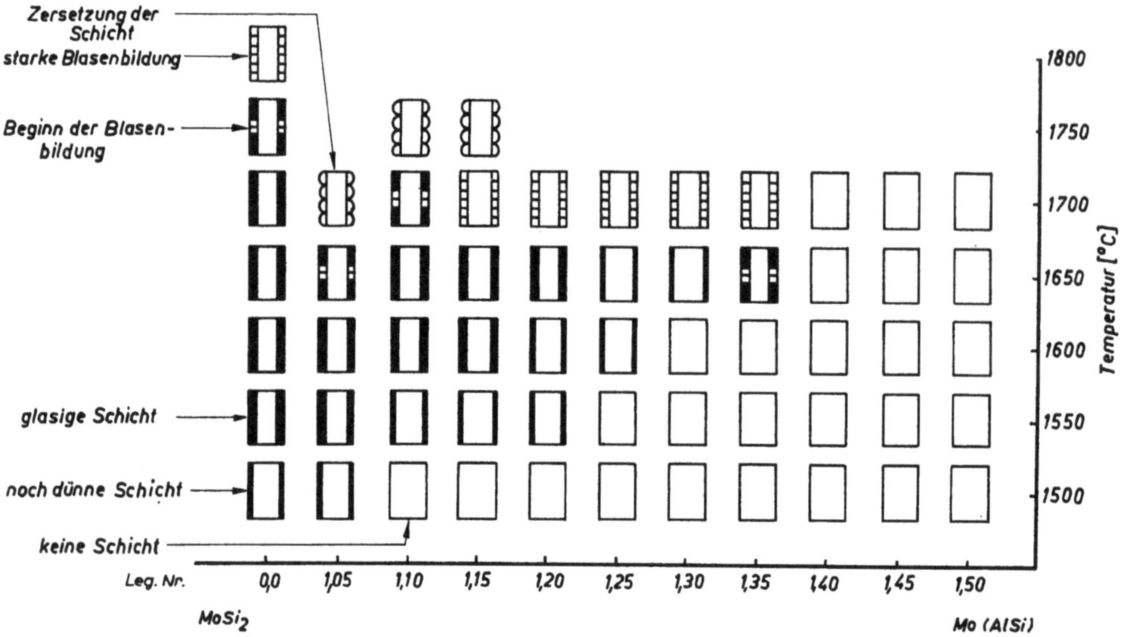

Abb. 5. Ausbildung und Beständigkeit der Oxidschicht auf Mo–Si-Legierungen bei hohen Temperaturen: Schnitt $MoSi_2$ $(MoAl_2)$

C. Brukl, F. Benesovsky und H. Nowotny [3] konnten an Legierungen der Zusammensetzung MoSiAl zeigen, daß bei 1600 °C fast keine Gewichtsveränderung eintritt, jedoch läßt die kurze Versuchszeit von 3 h auch keinen endgültigen Schluß zu, ob derartige Legierungen den Werkstoffen auf Basis $MoSi_2$ überlegen sind.

Dresden (DDR), Forschungsinstitut für metallische Spezialwerkstoffe der Deutschen Akademie der Wissenschaften zu Berlin

Literatur

[1] Kieffer, R., Diskussionsbeitrag in: 1. Planseeseminar 1952, Springer-Verlag, Wien 1953, S. 254–256.
[2] Fitzer, E. und Rubisch, O., Molybdändisilizid als Heizleiterwerkstoff. Elektrowärme **16** (1958) 163–169.
[3] Brukl, C., Benesovsky, F. und Nowotny, H., Untersuchungen über das Zunderverhalten von Mo–Al–Si-Legierungen. Planseeber. Pulvermetallurgie **11** (1963) 1, 20–26.

Diskussion

P. L. Reiser, Meitingen: Sie haben nachgewiesen, daß vor allem geringe Alumniumzusätze die Zunderbeständigkeit von $MoSi_2$ erhöhen. Konnten Sie dabei beim Übergang der tetragonalen in die hexagonale Phase, der bei einem Aluminiumgehalt des $MoSi_2$ von etwa 3% liegt, eine Unstetigkeit im Zunderverhalten feststellen?

Kl. Müller: Es wurden keine Strukturuntersuchungen an diesen Legierungen durchgeführt, so daß sich die Frage aus dem vorliegenden Untersuchungsmaterial nicht beantworten läßt.

E. Nagy, Budapest (Ungarn): Sind die beschriebenen Legierungen im kritischen Temperaturbereich zwischen 600 und 900 °C oxydationsbeständig?

Kl. Müller: Durch den Zusatz von Aluminium wird die Anfälligkeit gegenüber dem Zerfall durch Oxydation in diesem Temperaturbereich noch erhöht.

Die Verträglichkeit von Metallschmelzen mit einigen Nitriden der Übergangsmetalle und Aluminiumnitrid

Von H. Kotsch und G. Putzky

Um die Verträglichkeit von Metallnitriden gegenüber Metallschmelzen ermitteln zu können, wurden Benetzungsversuche zwischen den Nitriden der Übergangsmetalle Ti, Zr, Nb und Cr sowie AlN und den Metallen Fe, Co, Ni, Cu, Al und der Ni–Cr-Legierung (80/20) nach der Methode des liegenden Tropfens bei Drücken zwischen 10^{-2} und 10^{-4} Torr durchgeführt.

Herstellung der Nitride

Die Nitride wurden durch direkte Nitrierung der entsprechenden Metall- bzw. Metallhydridpulver in Sinterkorundschiffchen in einem Pyrolanrohrofen mit hochgereinigtem Stickstoff hergestellt. Der Grad der Umsetzung wurde gravimetrisch und röntgenographisch ermittelt. Um die herzustellenden Nitride vor Verunreinigungen während des Nitriervorganges zu schützen, wurden sie mit bereits hergestellten gleichen Nitriden gegettert. Durch Wahl der Reaktionsbedingungen, wie Erniedrigung des N_2-Partialdruckes, Anheizgeschwindigkeit und Temperatur oder schrittweise Nitrierung, konnten sämtliche Nitride in Pulverform erhalten werden. In Tab. 1 sind die Nitrierbedingungen und die röntgenographischen Ergebnisse der erhaltenen Nitride zusammengefaßt.

Tabelle 1. Herstellung der Nitride

Nitrid	max. Nitrier-Temp. [°C]	Nitrierzeit [Std.]	Struktur des Nitrids	Gitterkonstante [AE]
AlN	1350	1	hexagonal	$a = 3{,}104$ $a/c = 0{,}634$
TiN	1350	10	kubisch flz.	4,245
ZrN	1350	8,5	kubisch flz.	4,57
NbN	1200	15	hexagonal	$a = 2{,}952$ $a/c = 0{,}248$
Cr_2N	1100	1	hexagonal	$a = 2{,}768$ $a/c = 0{,}621$
CrN	950	10	kubisch flz.	4,15

Die für die weiteren Untersuchungen benötigten Proben mit 20 mm Dmr. und 5 mm Höhe wurden in widerstandsbeheizten Kohlematrizen bei Temperaturen zwischen 1100 und 2400 °C und einem Druck von ca. 300 kp/cm² druckgesintert (Tab. 2). Dem Bestreben, porenärmere Proben des TiN, ZrN und NbN durch eine weitere Erhöhung der Sintertemperatur zu erhalten, stand eine verstärkte Karbidbildung an den Probenoberflächen entgegen. Die Proben aus NbN hatten sich durch das Drucksintern in $NbN_{0,75}$ umgewandelt, aus CrN entstand bei 1300 °C Cr_2N.

Tabelle 2. Drucksinterung der Nitride

Nitrid	Sinter-Temperatur [°C]	Dichte der Proben [g/cm³]	Porosität [%]	Bemerkungen
AlN	2150	3,23	< 1,0	–
TiN	2300	4,05	25,5	Karbidbildung
ZrN	2300	5,90	16,8	Karbidbildung
NbN	1900	7,50	12,1	Karbidbildung, Umwandlung in $NbN_{0,75}$ (tetragonal verzerrt)
Cr_2N	1300	5,75	11,7	–
CrN	1100	4,49	–	2,5% Gewichtsverlust
	1300	5,46	–	11,5% Gewichtsverlust (Umwandlung in Cr_2N)

Versuchsdurchführung

Das Verhalten der Nitride gegenüber Metallschmelzen wurde in einem Vakuum-Wolframstabofen untersucht; die Einrichtungen sind bereits früher [1] beschrieben worden. Die Metallkörper (7 mm ∅, 7 mm Höhe) wurden auf die von Karbidschichten befreite und oberflächlich plangeschliffene Nitridprobe gesetzt und im Vakuumofen innerhalb 1 h auf eine 50 grd über dem Schmelzpunkt des betreffenden Metalls liegende Temperatur erhitzt; das Verhalten der Metallschmelzen gegenüber den Nitridkörpern wurde jeweils 1 h beobachtet. Die Untersuchungen mit Aluminium erfolgten bei 900 °C. Der Druck betrug je nach Art des untersuchten Systems 10^{-2} bis 10^{-4} Torr.

Ergebnisse der Arbeit

In Abb. 1 sind die Ergebnisse der Verträglichkeitsuntersuchungen geschmolzener Metalle gegenüber den Metallnitriden dargestellt. Die untersuchten Nitride widerstehen Kupfer- und Aluminiumschmelzen bei Temperaturen von 1180° bzw. 900 °C und Drücken zwischen 10^{-3} und 10^{-4} Torr. Ein abweichendes Verhalten zeigten die beiden Chromnitridphasen Cr_2N und CrN. In dem System Cr_2N–Cu stellt sich nach ca. 45 min ein gleichbleibender Benetzungswinkel von $\vartheta = 36°$ ein, dagegen diffundierte im System CrN–Cu das Kupfer vollständig in den Nitridkörper. In dem System Cr_2N–Al reagierte die Aluminiumschmelze mit dem Cr_2N-Körper. Der CrN-Körper wurde von der Aluminiumschmelze nicht benetzt; es trat auch keine Reaktion ein.

Anders ist das Verhalten der Nitride gegenüber Eisen, Kobalt, Nickel und einer Nickel–Chrom-Legierung (80/20) im Temperaturbereich zwischen 1500° und 1600 °C. Die Stabilität der Nitride ist infolge des mit steigender Temperatur größer werdenden Dissoziationsdruckes geringer. Sie nimmt etwa in der Reihenfolge ZrN, TiN, AlN, NbN, Cr_2N ab. Alle Nitride — CrN wurde auf Grund seiner Instabilität bei diesen Temperaturen nicht mehr untersucht — reagierten mit den Metallschmelzen unter Legierungsbildung. Diese erfolgte bei NbN und Cr_2N innerhalb von 10 min. Es wurden eine starke Schmelzpunktserniedrigung der Schmelzen sowie Gasausbrüche aus den Nitridproben beobachtet. Einen größeren Widerstand gegenüber den Metallschmelzen weisen Aluminium-, Titan- und Zirkoniumnitrid auf. Aluminiumnitrid wurde außer von der Ni–Cr-Legierung nicht benetzt; jedoch läßt die teilweise starke Verdampfung der Metallschmelzen sowie der Verlust an AlN auf Zersetzungsvorgänge des AlN

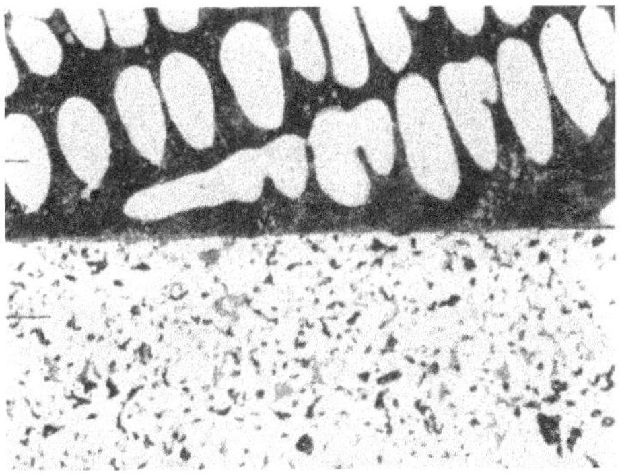

a) ZrN–Ni/Cr (80/20), 1 h 1460 °C

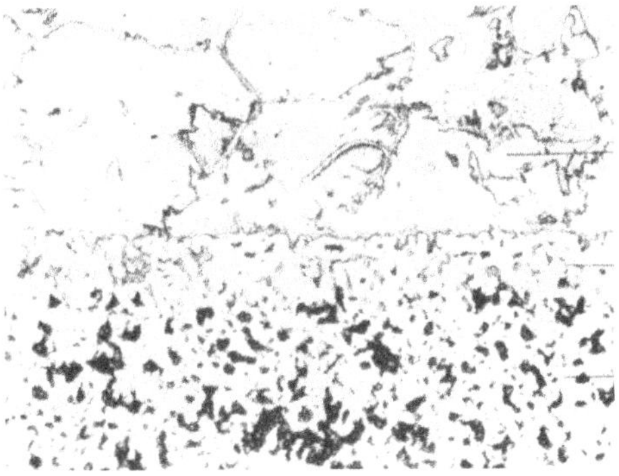

b) ZrN–Fe, 1 h 1580 °C

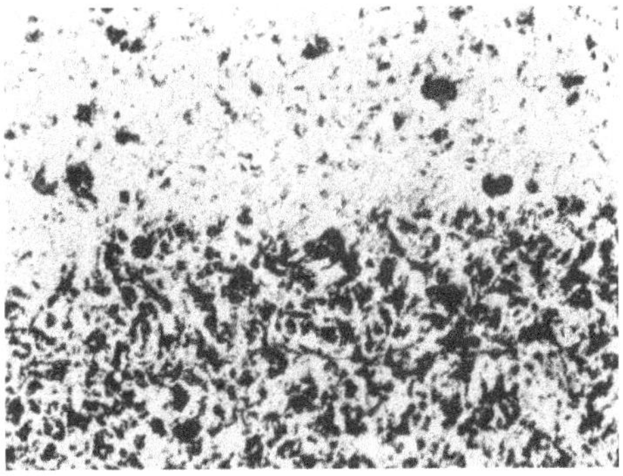

c) ZrN–Ni, 1 h 1500 °C

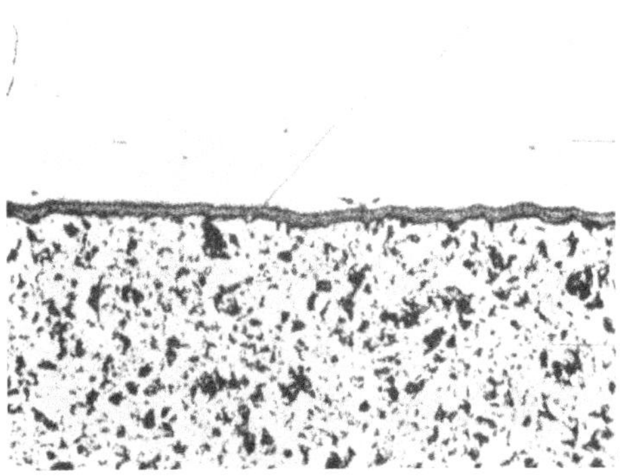

d) ZrN–Cu, 1 h 1165 °C

Abb. 2. Q 1, geätzt)

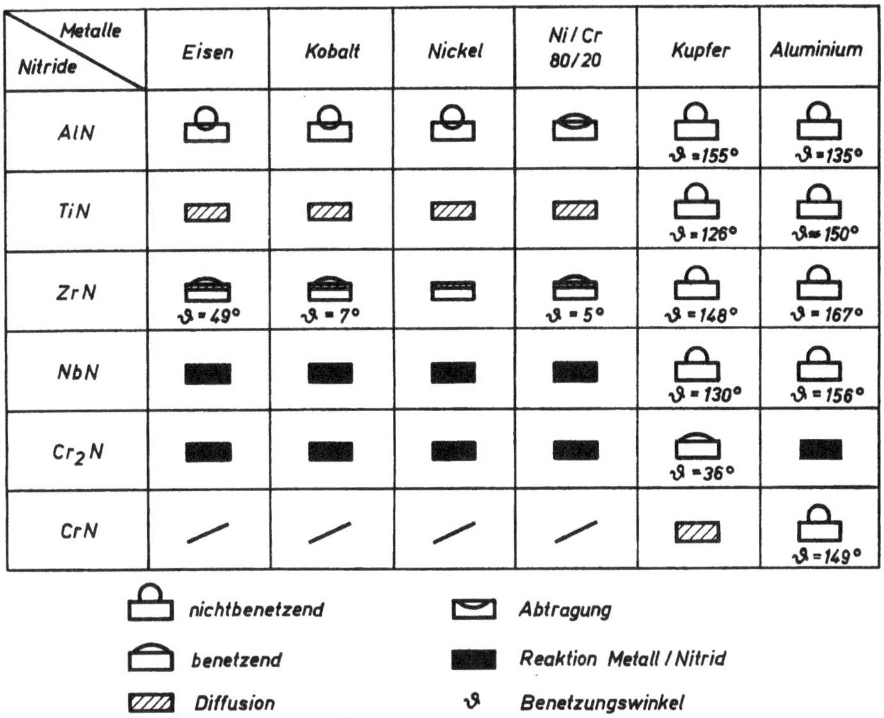

Abb. 1. Das Verhalten verschiedener Nitride gegenüber Metallschmelzen

an der Grenzfläche Schmelze-Nitrid schließen. Dies trifft besonders für das System AlN-Fe zu. TiN und ZrN wird von den Metallschmelzen benetzt. Bei den ZrN-Körpern tritt nur eine schmale Diffusionszone auf, dagegen wurde von den TiN-Körpern die Schmelze vollständig aufgenommen. In den Diffusionszonen und auch in den erstarrten Metallschmelzen konnten intermetallische Phasen wie $TiNi_3$ und Ni_5Zr sowie ein Mischkristall Ti–Co röntgenographisch nachgewiesen werden. Von wesentlichem Einfluß auf die unterschiedliche Breite der Diffusionszone bei diesen Nitriden dürfte die unterschiedliche Porosität sein. Abb. 2 zeigt einige Mikroschliffbilder der Systeme ZrN–Ni/Cr (80/20), ZrN–Fe, ZrN–Ni und ZrN–Cu. Dabei liegt nur die erstarrte Kupferschmelze in reiner Form vor, während es bei den übrigen Schmelzen zur Ausbildung von Diffusionszonen und zusätzlichen Phasen kommt.

Zusammenfassung

Reines AlN, TiN, ZrN und NbN sind im Vakuum bei 900° bzw. 1200 °C gegenüber Aluminium- und Kupferschmelzen beständig. Bei 1600 °C zeigen nur TiN, ZrN und AlN gegenüber Schmelzen der Eisengruppe sowie der Nickel–Chrom-Legierung (80/20) einen größeren Widerstand. Alle drei Metallnitride bildeten jedoch an der Berührungsfläche Nitridkörper-Metallschmelze Mischkristalle bzw. intermetallische Phasen, wobei das Eindringen der Metallschmelzen in die TiN- und ZrN-Körper offensichtlich durch den großen Porenraum der Nitridkörper begünstigt wurde.

Die erzielten Ergebnisse lassen erkennen, daß diese Nitride bei Drücken zwischen 10^{-2} und 10^{-4} Torr gegenüber Aluminium- und Kupferschmelzen durchaus beständig sind, während sie für das Schmelzen und Verdampfen reinster Metalle der Eisengruppe und der Nickel–Chrom-Legierung (80/20) ungeeignet erscheinen.

Dresden (DDR), Forschungsinstitut für metallische Spezialwerkstoffe
der Deutschen Akademie der Wissenschaften zu Berlin

Literatur

[1] MERZ, A. und KOTSCH, H., Die Beständigkeit von Metallboriden, insbesondere Zirkoniumborid gegen Metallschmelzen. Metallische Spezialwerkstoffe, Akademie-Verlag, Berlin 1963, S. 68–77.

Diskussion

H. E. EXNER: Besteht ein Zusammenhang zwischen der Elektronenkonzentration der Nitride und dem Benetzungsverhalten?

H. KOTSCH: Die Arbeit wurde bisher unter technischen Gesichtspunkten betrachtet, so daß derartige Untersuchungen noch nicht durchgeführt wurden.

Oxydationsverhalten von Hartstoffen auf Chromkarbidbasis

Von JUTTA MORGENTHAL-UHLMANN

1. Einleitung

Von den drei bekannten Verbindungen des Chroms mit Kohlenstoff findet das Cr_3C_2 technische Verwendung. Dieser unmagnetische Hartstoff hat eine Dichte von 6,8 g/cm³, der Schmelzpunkt wurde bei 1895 °C bestimmt, die mittlere ROCKWELL-Härte *A* beträgt 86,5 bis 89. Besonders bekannt ist die hohe Zunderbeständigkeit des Werkstoffes, der unsere Untersuchungen galten.

2. Oxydationsversuche

Die Oxydationsversuche wurden in Luft und Sauerstoff in einem Rohrofen von 200 bis 1200 °C durchgeführt. Die Ermittlung der Gewichtszunahme wurde durch Messungen in der Thermowaage ergänzt. Als Prüfkörper diente gepreßtes und gesintertes Chromkarbid oder heißgepreßtes Material, dem teilweise bis zu 15 Gew.-% Nickel als Bindemetall zugefügt wurde.

2.1 Ergebnisse der Messung der Gewichtszunahme

Nach der PILLING-BEDWORTHschen Regel wird als charakteristisches Merkmal für die Entstehung dichter oder poröser Deckschichten das Verhältnis der Volumina von gebildetem Oxid und verbrauchtem Metall angesehen. Sollen sich dichte Deckschichten bilden, so muß das Äquivalentvolumen des gebildeten Oxids größer sein als das des entsprechenden Metalls bzw. in unserem Fall des Karbids als intermediärer Metallverbindung. Ist der Volumenquotient größer 1, sollen tangentiale Druckkräfte auftreten, wobei dichte Schichten wahrscheinlich werden, ist er kleiner 1, sollen die Deckschichten infolge von Zugspannungen aufreißen und Poren bilden. Es gilt:

$$\frac{M}{D_{MeO}} \cdot \frac{d}{m} \cdot \frac{Z}{z} \geqq 1 .$$

M, m = Molekulargewicht von Deckschicht und Ausgangsstoff
D, d = Dichte von Deckschicht und Ausgangsstoff
Z, z = Molzahlen je Formelumsatz.

Für den Übergang $2\,Cr_3C_2 + 6\frac{1}{2}\,O2 \rightarrow 3\,Cr_2O_3 + 4\,CO$ ergibt sich ein Faktor von 1,67. Die Gewichtszunahmen wurden bis 32 Stunden Glühdauer bestimmt und sind in Abb. 1 angezeigt. Bis 1000 °C ist bei allen Probekörpern ein parabolischer Verlauf der Oxydationskurve erkennbar, d. h. die Gewichtszunahme steigt mit $\sqrt{t}$. Oberhalb 1000 °C folgen die gesinterten Proben einem linearen Zundergesetz. Bei 1200 °C verlieren gesinterte Chromkarbidkörper ihre schützende Oxidhaut. Heißgepreßte Chromkarbidproben sind unter allen Versuchsbedingungen wesentlich zunderbeständiger als gesinterte Proben. Das kann einmal erklärt werden durch die höhere Dichte heißgepreßter Proben, welche die theoretische Dichte erreichen, während gepreßten und gesinterten Körpern dies nur zu 96% gelingt. Zum anderen wird beim Heißpressen die Probe aufgekohlt. Bereits gebildetes Chromoxid wird durch Kohlenstoff leicht zu Cr_3C_2 reduziert, außerdem verbraucht der abgelagerte Graphit ebenfalls

Sauerstoff bei Einsatz in oxydierender Atmosphäre. Röntgenographische Untersuchungen im Zählrohrinterferenzgoniometer ergaben, daß bei heißgepreßten Proben erst nach der Oxydation bei 800 °C Cr_2O_3 deutlich nachweisbar ist, was bei gesinterten Proben wesentlich eher der Fall war.

2.2 Metallographische und elektronenmikroskopische Untersuchungen

In Verbindung mit metallographischen Untersuchungen der Querschliffe geätzter Proben (30% KOH + 30% $K_3Fe(CN)_6$ 1:1,70 °C) erfolgten elektronenmikroskopische Aufnahmen silberbedampfter Chromkarbidschliffe. Beim Ätzen bildet sich eine helle, glänzende Randzone, während der unoxydierte, mittlere Teil matt bleibt (Abb. 2). Bei Schliffaufnahmen läßt sich das Gefüge deutlich unterscheiden: Die typischen Nadeln des Chromkarbids verschwinden im oxydierten Teil und treten erst im Inneren der Probe auf. Dadurch sind Schichtdickenbestimmungen, die über das Maß der Oxydation einen Nachweis geben, möglich. Noch deutlicher wird dies bei elektronenmikroskopischen Aufnahmen. Während im Inneren der Probe die Korngrenzen scharf hervortreten, haben sie sich in der oxydierten Randzone aufgelöst und sind nicht mehr nachweisbar (Abb. 3).

2.3 Untersuchungen der Haftfestigkeit

In Analogie zu Versuchen Hinnübers und Kinnas an Titankarbid wurden die Proben im Vakuum erhitzt, um die Haftfestigkeit gebildeter Oxidschichten zu untersuchen. Die Versuche wurden in einem Wolframstabofen bei 1000 °C unter einem Vakuum von 2×10^{-3} Torr durchgeführt. Die Erhitzungsdauer betrug 1 bis 3 Stunden. Die Gewichtsabnahme lag meist unter der Wägegenauigkeit, so daß angenommen werden kann, daß die oxydierte Schicht als Überzug festhaftend ist und eine einwandfreie Funktion von Teilen aus Chromkarbid unter oxydierenden Bedingungen möglich ist.

3. Oxydation von Chromkarbidpulver

Bei Chromkarbidpulver wurde die Veränderung des Zusammenhangs zwischen spezifischer Oberfläche, Teilchengröße und Gewichtszunahme durch Oxydation untersucht. Die Messung der Oberfläche erfolgte mit der BET-Methode durch Adsorption von Stickstoff bei —195 °C, die der Teilchengröße in der Sedimentationswaage der Firma Sartorius, Göttingen. Das Pulver wurde in glasierten Porzellantiegeln in einem Rohrofen im Sauerstoffstrom geglüht. Durch röntgenographische Untersuchungen in der Guinierkammer (Cr-Strahlung) ist auch nach Oxydation bei 1000 °C Chromkarbid noch nachweisbar, wenn auch ab 800 °C die Linien des Chromoxids hervortreten und überwiegen. Unter allen Versuchsbedingungen wurde nur die Chrom–Sauerstoff-Verbindung Cr_2O_3 gefunden. Chromoxide, wie Cr_3O, Cr_3O_4, CrO_2, Cr_2O_5, Cr_3O_8, wurden nicht festgestellt. Mit zunehmender Oberflächengröße im Verlauf der Erhöhung der Glühtemperatur nahm die Teilchengröße ab. Das kann so erklärt werden, daß durch die Temperatur ursprünglich vorhandene Agglomerate zerfallen, Gase aus dem Inneren frei und die Einzelteilchen poröser werden. Damit steigt die spezifische Oberfläche, gleichzeitig aber auch die Gewichtszunahme, da die Angriffsfläche der Pulver größer wird. In Abb. 4 sind als Teilchengröße die Maxima der Kornverteilung angegeben; auch die Kornbandbreite verschiebt sich mit zunehmender Glühtemperatur nach kleineren Größen. Als charakteristische Temperatur sind 800 °C anzusehen. Danach ballen sich die Teilchen durch beginnende Sinterung zu großen, fest aneinander haftenden Agglomeraten zusammen, die Oberfläche verkleinert sich, das Pulver bietet dem strömenden Gas eine verkleinerte Angriffsfläche und die Gewichtszunahme geht zurück. Nicht untersucht wurde die Flüchtigkeit des

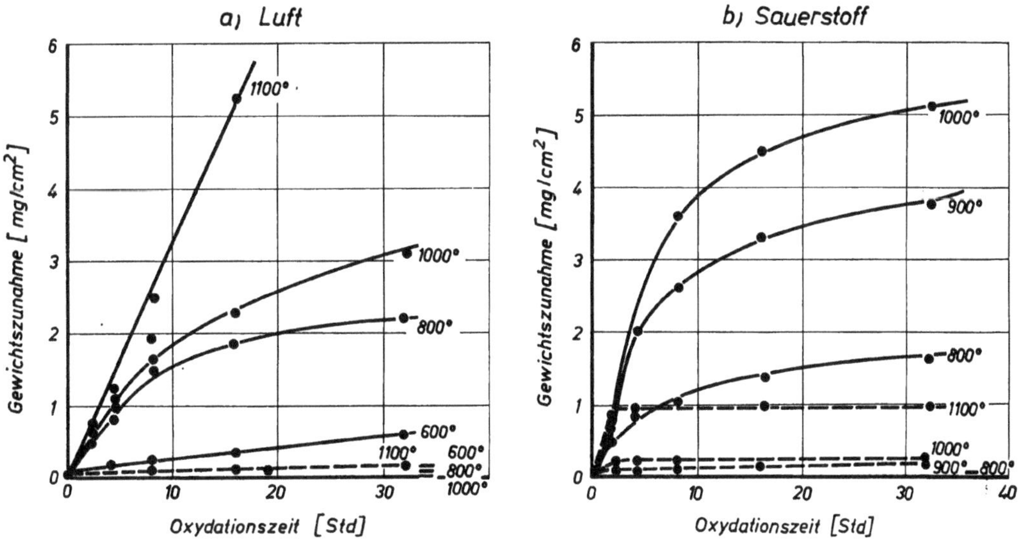

— — — heißgepreßt ——— gesintert

Abb. 1

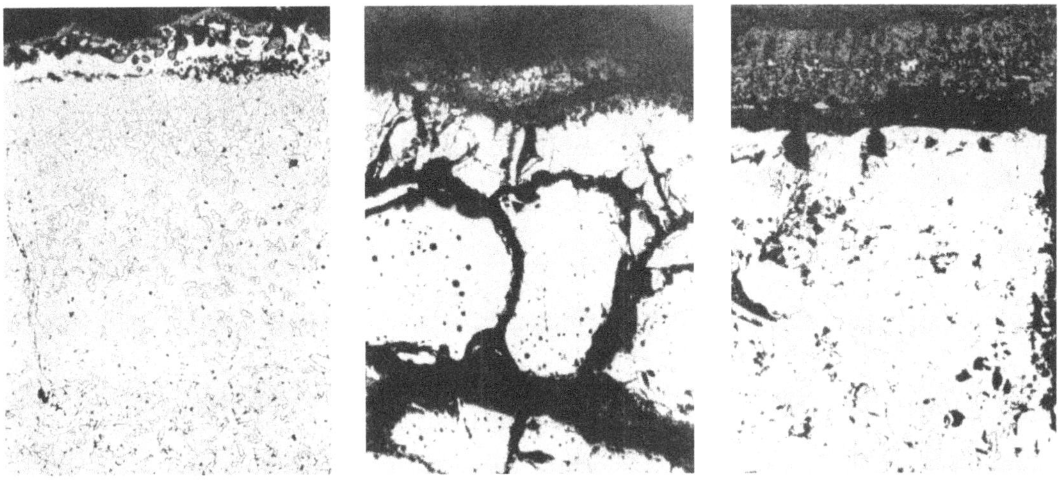

Cr_3C_2 heißgepreßt 1000° Cr_3C_2 gesintert 1100° Cr_3C_2 heißgepreßt 1200°

Abb. 2

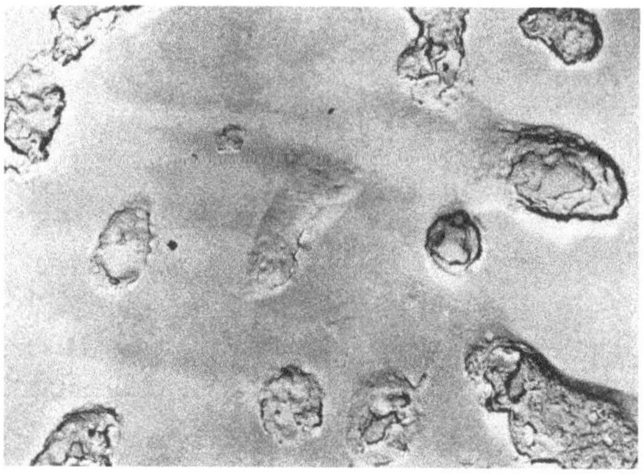

a) Randzone

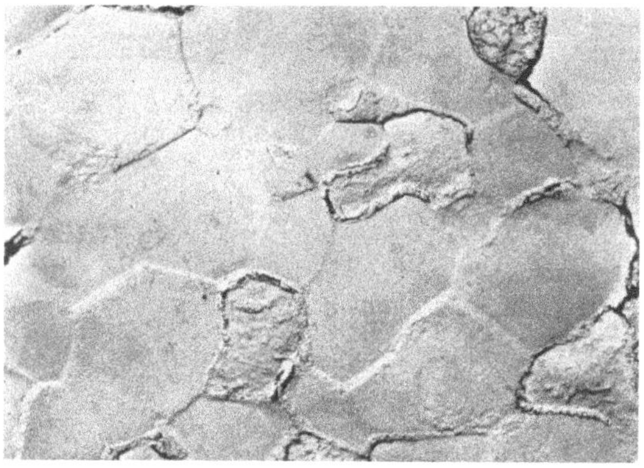

b) Mittelzone

Abb. 3. Elektronenmikroskopische Aufnahme von heißgepreßtem, oxydiertem $Cr_3C_2 + 15\%$ Ni (Ag-bedampft, V = 8000:1)

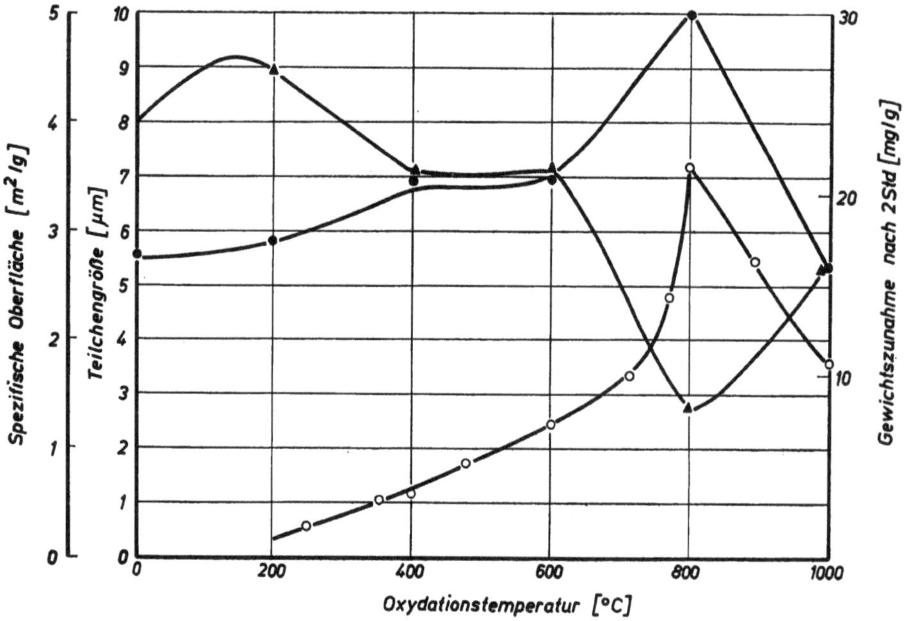

Abb. 4. ●——● Spezifische Oberfläche; ▲——▲ Teilchengröße; ○——○ Gewichtszunahme

gebildeten Oxides. Da Cr_2O_3 aber einen Schmelzpunkt von 2275 °C hat, dürfte eine Verdampfung bei den Versuchstemperaturen zu vernachlässigen sein.

4. Zusammenfassung

Wie die Untersuchungen, vor allem an gepreßten Körpern, gezeigt haben, ist Chromkarbid für harte Teile, welche auf Korrosion in oxydierender Atmosphäre bis 1200 °C beansprucht werden, als Werkstoff gut geeignet. Dabei ist besonders heißgepreßtem Material der Vorzug zu geben.

Dresden (DDR), Forschungsinstitut für metallische Spezialwerkstoffe
der Deutschen Akademie der Wissenschaften zu Berlin

Elektronenoptische Untersuchungen an Wolfram- und Wolframkarbidpulvern

Von W. MADER, H. HORN und R. ZIEGELBECKER

Im Zusammenhang mit den ständigen Untersuchungen der Korngrößen und Kornzusammensetzungen mit dem Elmi bei HM-Rohstoffen wurden in einigen Wolfram-Pulvern nadelförmige Kristalle festgestellt. Kristalle der gleichen Form konnten auch nach der Karburierung dieser Wolfram-Pulver gefunden werden. Umhüllungsaufnahmen zeigen, daß es sich hier wie dort um verhältnismäßig glatte, lange nadelförmige Kristalle handelt, die mittels Röntgenbeugung als W- bzw. WC-Einkristalle einwandfrei identifiziert werden konnten. Bei der Herstellung von Hartmetall aus diesen Wolframkarbiden konnten überraschenderweise auch nach dem Sintern solche Einkristalle im Gefüge gefunden werden, die eine Länge bis zu 40 μm aufweisen.

1. Elektronenmikroskopische Untersuchungen

Seit etlichen Jahren werden von der Forschungsstelle für Elektronenmikroskopie der steirischen Hochschulen in Graz im Auftrag der Fa. Gebr. Böhler & Co., AG., Edelstahlwerke Kapfenberg, Untersuchungen an HM-Rohstoffen durchgeführt. Dabei geht es vor allem um die Feststellung der Korngröße und Kornzusammensetzung, wobei auch die Kornform eine nicht zu unterschätzende Rolle spielt, da sie mitbestimmend für die spezifischen Eigenschaften der HM-Sorten ist.

Im Zuge dieser ständigen Untersuchungen wurden in einem Wolframpulver und dem daraus gefertigten WC nadelförmige Kristalle gefunden, die wir, wie in der Folge dargestellt wird, einer genaueren Prüfung unterzogen haben.

Diese Pulver werden in unseren Betrachtungen nun über die Karburierung und Feinmahlung bis zum fertigen Hartmetall verfolgt.

Die mit dem Sub-Sieve-Sizer gemessene Durchschnittskorngröße beträgt bei Pulver 1 2,08 μm und bei Pulver 2 11 μm. Das Rüttelgewicht bei 1 ist 3,68 g/cm^3 und bei 2 6,04 g/cm^3.

Abb. 1 und 2 zeigen Aufnahmen der Wolframpulverproben 1 und 2, die auf dem Elmi-Objektträger mit einem Vibrator aufgetragen worden waren.

Die Probe 1 ist als absolut normal zu bezeichnen und zeigt Agglomeration der Pulverkörner.

Bei der Probe 2 sind neben agglomerierten Körnern lange, nadelförmige Gebilde festzustellen, die teils Keulen-, teils Hakenform aufweisen.

Die nächste Aufgabe war, die Kornform der beiden Pulver zu erfassen. Zu diesem Zweck wurden die Wolfram- und Wolframkarbid-Partikel mit Kohlenstoff im Hochvakuum bedampft, um eine exakte Wiedergabe der Oberflächenstrukturen zu erhalten. Sowohl das Metall als auch das Metallkarbid konnten nachträglich mit einem Gemisch von Flußsäure und Salpetersäure aus dieser Kohlenstoffhülle gelöst werden [1] bis [6]. Andere Arbeiten über Präparationen [7], [8].

In Abb. 3 wird nun die Pulverprobe 1 umhüllt dargestellt. Die Kristalle zeigen sehr deutlich die Wachstumsstufen. Neben den gewohnten W-Kristallen finden sich selbst bei dieser starken Vergrößerung Pulverteilchen, die als amorph angesprochen werden können.

Bei der Probe 2 fehlen diese schön ausgebildeten Kristalle vollständig, und es sind hier neben einem größeren Anteil an amorphen Pulverteilchen gerade und abgewinkelte Stäbchen zu sehen, die schon, wie oben beschrieben, in Abb. 2 sichtbar waren. Es kann angenommen werden, daß die Entstehungsursache der so stark in ihrer Kornform unterschiedlichen Pulverarten nicht nur auf die Reduktionsbedingungen bei der Herstellung, sondern auch auf die besondere Art der Vorprodukte zurückzuführen ist.

Über Stäbchen in Wolframpulvern haben schon W. Böhmer und H. Düker [9] berichtet, doch konnten solche stäbchenförmige Teilchen von diesen Autoren nicht identifiziert werden.

Im Löslichkeitsverhalten der stäbchenförmigen und normal kristallinen Pulverteilchen ist ein beträchtlicher Unterschied festzustellen (Abb. 5a und 5b). Die Stäbchen lösen sich bedeutend schwerer. Dieses Verhalten ist typisch für nur wenige Fehlstellen aufweisende Einkristalle (z. B. Whiskers).

Wir haben nun diese beiden Pulver karburiert und stellten im gebildeten Mono-Wolframkarbid die gleichen Erscheinungen fest, daß nämlich die Probe 1, auch als WC, keine Stäbchenkristalle aufweist, während in der Probe 2 diese eigenartigen Gebilde wieder anzutreffen sind. Dies ließ die Vermutung zu, daß bei der Karbidherstellung die kubisch kristallisierten Stäbchen aus dem Wolframpulver in hexagonale Stäbchen des WC umkristallisieren können.

Nowotny [10] ist der Auffassung, daß dies nach der Geometrie der Gitter jedoch nicht so ohne weiteres möglich ist, trotzdem der Übergang vom Wolframgitter zum Wolfram-Wirtgitter des WC durch einen einfachen Shift $a\sqrt{2}$ parallel zur (110) Ebene denkbar wäre.

Die (110) Ebene ist

1. die dichtest belegte Netzebene und
2. pseudohexagonal.

Da die Kinematik in diesem Fall sehr komplex ist, wird ein solches Ereignis trotzdem relativ selten sein.

Demnach ist wohl anzunehmen, da die Karburierung praktisch nur in der Gasphase erfolgt, daß die im Wolfram vorhandenen Nadeln sich in normale Kristalle umwandeln, jedoch daneben wieder neue WC-Einkristalle möglicherweise nach der Art einer Transportreaktion entstehen.

Bemerkenswert daran ist aber, daß nur in jenem WC, das auch als W derartige Kristalle aufzuweisen hatte, die gleichgearteten Nadeln festgestellt werden konnten. Daraus ist der Schluß zulässig, daß dieses W und auch sein Karbid unter den gegebenen Bedingungen ganz besonders zur Whiskerbildung neigt.

Möglicherweise kann durch Veränderung der Karburierungsverhältnisse auch das W-Pulver 1 zur Bildung von Nadeln veranlaßt werden. Versuche, diese Stäbchen durch Elektronenfeinbereichsbeugung im Elmiskop 1 zu identifizieren, scheinen nicht aussichtsreich. Aus diesem Grunde wurde der Versuch unternommen, einzelne Stäbchen aus dem Pulver zu isolieren und röntgenographisch zu prüfen.

Wir wollen an dieser Stelle nicht versäumen darauf hinzuweisen, daß schon H. Ahlborn und G. Wassermann [11] eine interessante Arbeit über nadelförmige W-Einkristalle, die auf Drähten gezüchtet worden waren, brachten. Diese Nadeln waren aber bedeutend größer als die hier untersuchten.

2. Präparation der WC- und W-Einkristalle für die röntgenographische Untersuchung

Die WC- und W-Stäbchen wurden mittels Röntgenstrahlen in einer Zylinderkammer aufgenommen. Die untersuchten Stäbchen hatten einen Durchmesser von 1 bis 4 μm und eine Länge von 20 bis 40 μm. Ein einzelnes Stäbchen war für eine Aufnahme so zu justieren, daß

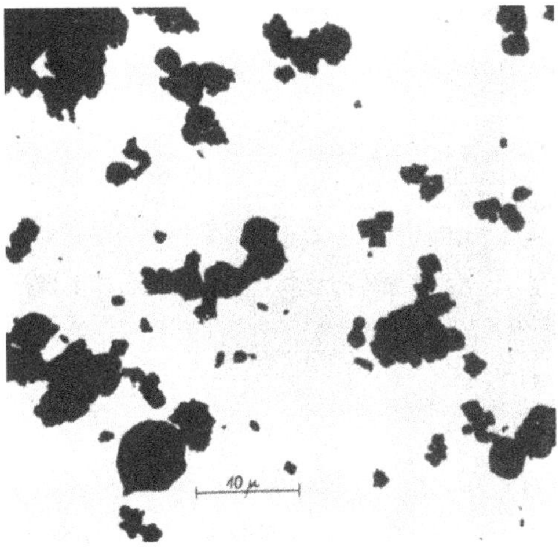

Abb. 1. W-Pulverprobe 1

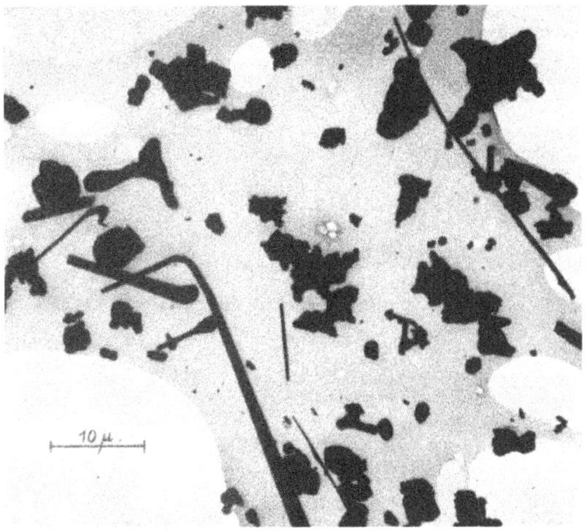

Abb. 2. W-Pulverprobe 2

10000:1

Abb. 3. W-Pulverprobe 1, C-Hülle

2700:1

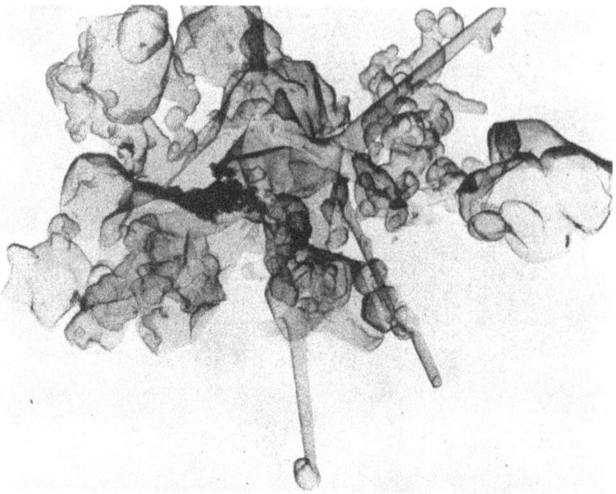

Abb. 4. W-Pulverprobe 2, C-Hülle

6000:1

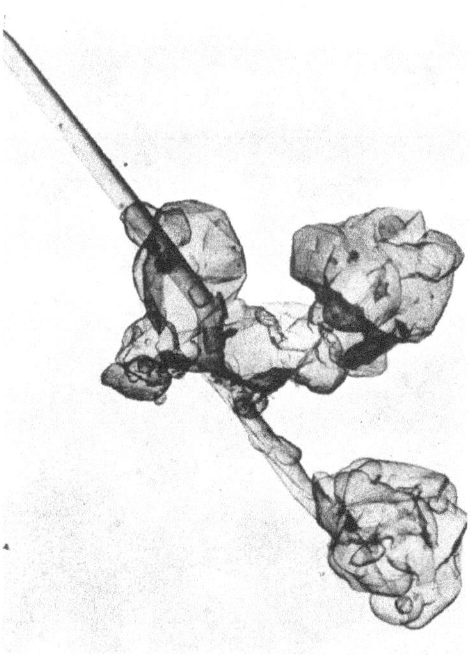

Abb. 5a. WC-Pulverprobe 2 mit Stäbchenkristallen, C-Hülle

6000:1

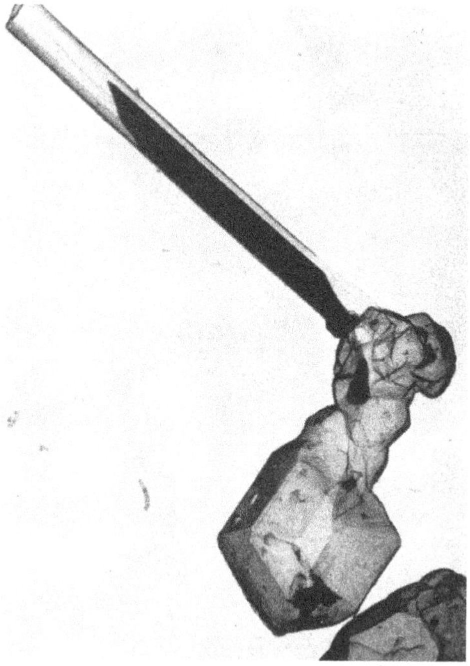

Abb. 5b. WC-Pulverprobe 2 mit teilweise gelöstem Stäbchenkristall, C-Hülle

160:1

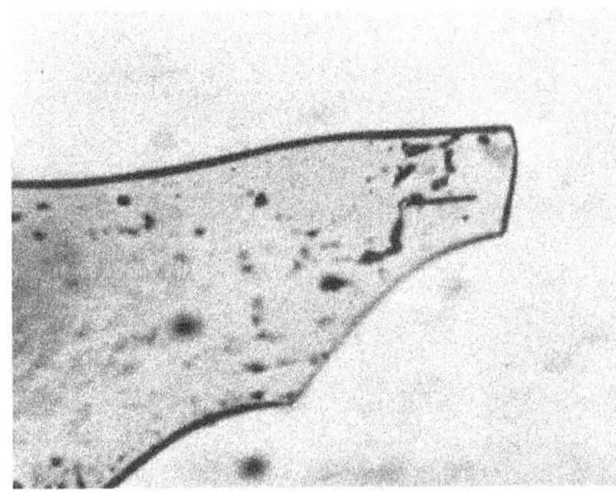

Abb. 6. Justierter WC-Whisker

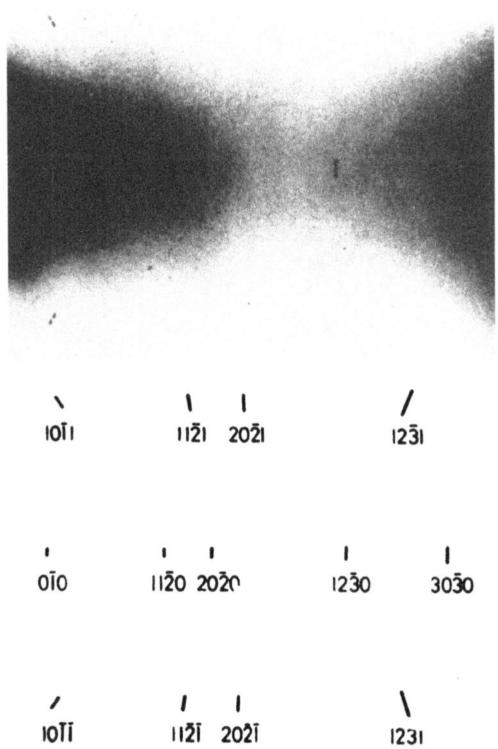

Abb. 7. Röntgendrehdiagramm (WC-Whisker, Pulverprobe 2)

Tafel 20

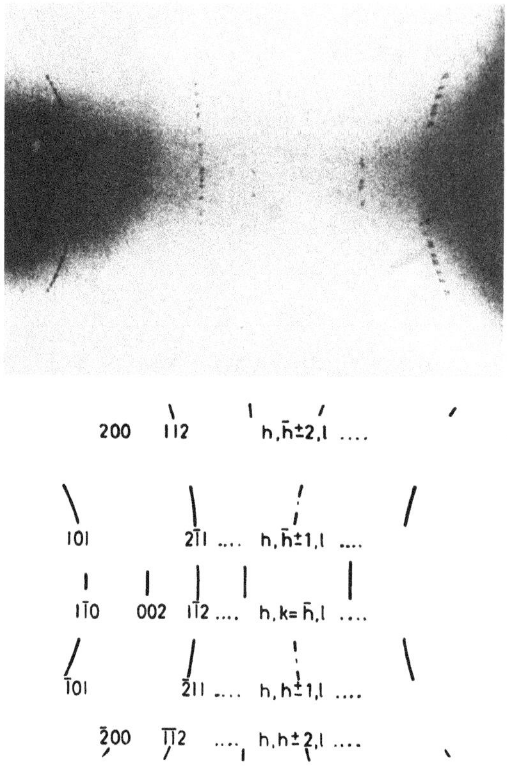

Abb. 8. Röntgendrehdiagramm
(W-Whisker, Pulverprobe 2)

800:1

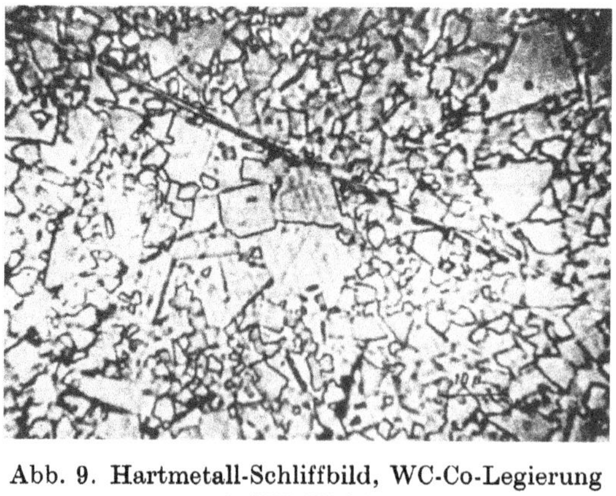

Abb. 9. Hartmetall-Schliffbild, WC-Co-Legierung
mit WC-Whisker

seine Längsachse mit der Drehachse zusammenfällt. Die Untersuchung abgewinkelter Whiskers, wie sie auch festgestellt werden konnten, bleibt einer späteren Arbeit vorbehalten.

Um nun diese Röntgen-Untersuchung durchführen zu können, wurde das WC- bzw. W-Pulver auf dem Objektträger eines Lichtmikroskopes verteilt. Bei ~ 300facher Vergrößerung konnten so einige Whisker festgestellt werden. Einer davon wurde sodann mit einem Mo-Draht, dessen Spitze elektrolytisch verdünnt worden war, aufgefischt. Der Mo-Draht samt Whisker wurde in den einen Arm eines Leitz-Mikromanipulators eingespannt. Um den Whisker besser befestigen zu können, überzog man die Spitze mit Klebwachs, woran der Whisker ausreichend festhaftet. Der zweite Arm des Mikromanipulators hielt den Probenhalter der Röntgenkammer mit einem aufgekitteten Kapillarröhrchen aus Lindemannglas. In dieses Röhrchen war der Whisker möglichst in Richtung der Zylindererzeugenden der Kapillare zu bringen und zu befestigen.

In Abb. 6 ist ein justierter Whisker, an der Innenwand eines Kapillarröhrchens befestigt, zu sehen.

3. Röntgenographische Identifizierung der nadelförmigen WC- und W-Kristalle

Nach Justierung des stäbchenförmigen Teilchens (Längsachse als Drehachse) wurde ein Röntgendrehdiagramm hergestellt (Cu–K_α-Strahlung). Wie die Aufnahme zeigt (Abb. 7), ist eindeutig festzustellen, daß das dem WC-Pulver entnommene Teilchen ein WC-Einkristall (Whisker) ist.

Das auf diese Weise erhaltene Diagramm ergibt gemäß Schichtlinienausmessung für die $\{0001\}$-Ebenen einen Abstand von 2,83 Å, entsprechend einer Orientierung der Längsachse des Kriställchens nach $\langle 0001 \rangle$. Die Indizierung gemäß $(h\,kin)$ der Reflexe auf den Schichtlinien $n = 1$ ergänzt diesen Befund.

Das Teilchen aus dem W-Pulver, auf dieselbe Art untersucht, ergibt in Übereinstimmung mit den bisher untersuchten Whiskers einen W-Einkristall der nach $\langle 110 \rangle$ orientiert ist (Abb. 8).

Die Justierung bereitete wegen der außerordentlichen Kleinheit der Probe einige Schwierigkeiten, daher gelingt sie meist nicht vollständig. Darauf sind auch die punktförmig aufgefächerten Reflexe im Röntgendrehdiagramm zurückzuführen.

4. Folgerung

Nachdem nun eindeutig nachgewiesen worden war, daß es sich bei den Stäbchen um Mono-WC-Whiskers, also fadenförmige Einkristalle handelt, lag der Versuch nahe, aus diesem Whisker enthaltenden WC eine HM-Legierung herzustellen.

Abb. 9 zeigt den metallographischen Schliff einer derartigen WC–Co–HM-Legierung.

Wenn es nun gelingen sollte, durch besondere Maßnahmen ein Konzentrat an WC-Whiskers herzustellen und dieses in bestimmten Mengen einem HM-Ansatz zuzusetzen, so könnten wohl die Eigenschaften des daraus gefertigten Hartmetalles beträchtlich beeinflußt werden.

A. KELLY [12] berichtet auf der II. Internationalen Werkstofftagung in Berkeley/Californien über einen durch Glasfasern verstärkten Al-Werkstoff, bei welchem Festigkeiten über 100 kg/mm² erzielt werden konnten.

G. A. HOFFMANN [13] geht in seinem Aufsatz im Journal of Metals, Sept. 58, auf die Verwendung von kleinsten Fadenkristallen, deren Festigkeit an die Kohäsionskräfte der Atome herankommt, für die Herstellung von Werkstoffen für die Raumschiffahrt ein. Weitere umfangreiche Untersuchungen liegen z. B. an Co-Whiskers vor [14].

Die Beobachtung, daß die Festigkeit eines Kriställchens größer wird, wenn dessen Dimension abnimmt, wurde bereits im 19. Jahrhundert gemacht und hat als Ursache bekanntlich die geringere Fehlstellenkonzentration kleinerer Teilchen. Die letzten Erkenntnisse besagen, daß die Festigkeitszunahme bedeutend rascher fortschreitet, als die Kristallgröße abnimmt, sobald die Kristallgröße unter etwa 2,5 μm gesunken ist.

In Abb. 10 sind in einer Tabelle einige Metalle angeführt, bei denen die Festigkeit der Whiskers gemessen worden ist. Es ist daher anzunehmen, daß entsprechend den Untersuchungsergebnissen an den bisher bekannten Whiskers auch die WC-Whiskers eine Festigkeit besitzen, die um ein beträchtliches höher liegt, als die des üblichen Mono-Wolframkarbidkristalles.

Metall	Whisker-zugfestigkeit kp/mm^2	Zugfestigkeit kp/mm^2	
Fe	1337	reinst	25
		techn.	25 – 30
Ag	168	geglüht	14
Cu	302	weich-geglüht	21 – 24
		gewalzt	bis 45
		gezogen	bis 50
Zn	225	Druckgußlegierung	25 – 30

G. A. Hoffmann, 592 Journal of Metals Sept. 1958

Abb. 10. Zugfestigkeit verschiedener Metalle im Vergleich zur Whiskerzugfestigkeit

Die Verschleiß- und Zähigkeitseigenschaften von HM-Legierungen, die in einem bestimmten Verhältnis derartige WC-Whiskers enthalten, werden bedeutend höher anzunehmen sein als jene der whiskers-freien Legierungen.

Es wird nun Aufgabe weiterer Untersuchungen sein, festzustellen, wie groß der Anteil an Whiskers in den verschiedenen HM-Legierungen sein muß, um optimale Eigenschaften zu erzielen.

Kapfenberg (Österreich), Gebr. Böhler & Co. AG, und Graz,
Forschungszentrum für Elektronenmikroskopie

Literatur

[1] Pfisterer, H., Bruchgefügeuntersuchungen in der Werkstoff-Forschung. Physikalische Verhandlungen, Jahrgang 6, 1955, H. 2, S. 41. Ein Abdruckverfahren zur Abbildung rauher Oberflächen im Elektronenmikroskop. Naturwiss. 40, Heft 3 (1953).

[2] Mader, W., Hartmetall im Bergbau. Montan-Rundschau 1955, Heft 3.

[3] Mader, W. und Reiter, O., Über Bestimmungen von Korngrößenverteilungen von technischen Proben. Vortrag der 6. Tagung Dt. Ges. f. Elektronenmikroskopie in Münster 1955, Physikalische Verhandlungen.

[4] Mader, W., Über die Anwendung der Elektronenmikroskopie zur Untersuchung von Hartstoffen. Radex-Rundschau, Heft 4/5, 1956.

[5] Mitsche, R. und Blaha, J., 3. Plansee-Seminar, Springer-Verlag, 1959, S. 559.

[6] Mader, W. und Blaha, J., Elektronenmikroskopische Untersuchungen über die Zermahlung von grobkörnigem Wolframkarbid für einen Hartmetallansatz. Radex-Rundschau, 1962, Heft 1.

[7] Blaha, J., Grasenick, F., Horn, H. und Jakopič, E., Radex-Rundschau 1960, S. 429–446.

[8] Hinnüber und Kinna, Hartmetalltechnik und Forschung. Stahl und Eisen 82 (1962) Nr. 1, S. 31–46.

[9] BÖHMER, W. und DÜKER, H., Untersuchungen zur Korngrößenbestimmung von Wolframpulvern im Unter-Sieb-Bereich. Z. Metallkunde, Band 53/1962, Heft 8, S. 529–534.
[10] NOWOTNY, Persönliche Mitteilungen. Oktober 1964.
[11] AHLBORN, H. und WASSERMANN, G., Über das Wachstum und die Orientierungen nadelförmiger Wolframkristalle. Z. Metallkunde, Band 53, Heft 2/1962, S. 130–138.
[12] KELLY, A., 2. Internationale Werkstofftagung, Berkeley/Californien. „Fibre Reinforced Metals".
[13] HOFFMANN, G. A., Journal of Metals 1958, S. 591/5, Whiskers.
[14] BIBBY, M. J., MCMULLEN, A. G. und PARR, J. G., Kobalt, Nr. 19. Juni 1963, S. 65–69, Kobalt-Information, Düsseldorf, Kobalt-Whisker.

Diskussion

H. E. EXNER, Stuttgart: Die Möglichkeit einer Verbesserung der Zähigkeitseigenschaften von Hartmetallen durch Einlagerung von whiskerartigen Karbidkristallen muß zunächst skeptisch beurteilt werden. Zur Zeit wird allgemein die Ansicht vertreten, daß der Bruch in technischen Wolframkarbid–Kobalt-Legierungen an den Phasengrenzen bzw. durch die Kobaltphase verläuft und nur bei sehr grober Gefügeausbildung von den Karbidkörnern ausgeht. Außerdem sind die Spannungsverhältnisse auf Grund der unterschiedlichen Wärmeausdehnungskoeffizienten gegeben, d. h., im Kobalt liegen Zug-, im Wolframkarbid Druckspannungen vor. Eine Verbesserung der Festigkeitseigenschaften des Karbidanteils sollte demnach eine Erhöhung der Druck-, nicht aber der Biege- bzw. Zugfestigkeit bringen. Die experimentellen Untersuchungen von whiskerhaltigen Legierungen werden deshalb besonders interessant sein, weil davon neue Gesichtspunkte für das Bruchverhalten von WC–Co-Hartlegierungen im Sinne einer Bestätigung oder Widerlegung der heutigen Vorstellungen zu erwarten sind.

W. MADER: Die für eine Verstärkung erforderliche Whiskerkonzentration wurde noch nicht erreicht. Bei gleichmäßiger Verteilung kann der Bruch zwar an den Korngrenzen auftreten, wird aber durch die Whisker gebremst.

K. MAUER, Krefeld: Bei der letzten Tagung der Powder Metallurgy Joint Group, London, wurde über Werkstoffe, die mit Whisker aus Siliziumnitrid verstärkt waren, berichtet. Es wurde darauf hingewiesen, daß die Rißausbreitung sehr behindert wird. Insofern dürfte ein gezielter Whisker-Einbau im Sinne einer Zähigkeitsverbesserung anzustreben sein.

O. FOGLAR, Grenoble (Frankreich): Unter welchen Bedingungen wurden die Hartmetallansätze gemahlen? Es wäre doch möglich, daß durch eine normale Naßmahlung die Whisker zertrümmert werden.

W. MADER: Das ist nicht der Fall, die Whisker sind sehr elastisch und wurden nach der Mahlung noch nachgewiesen.

TiC-Hartmetalle geeigneter Zähigkeit für die spanende Formung

Von R. Kohlermann und W. Dübel

1. Einleitung

Das Auftreten eines zu starken Kolkverschleißes bei der Bearbeitung von Stahl mit WC-Hartmetallen bei höheren Schnittgeschwindigkeiten war der Grund für die Bemühungen der Hartmetallforscher, nach Legierungszusätzen zu suchen, die die Verschweißneigung zwischen WC-Hartmetallen und Werkstoff herabsetzen. Als geeignet erwiesen sich TaC und vor allem TiC, das sich in der Folge als die leistungsfähigere und günstigere Legierungskomponente zunächst allgemein durchsetzte. Mit den TiC-haltigen Hartmetallen wurden dann folgerichtig bei der Bearbeitung von Stahl im Jahre 1938 Schnittgeschwindigkeiten von 250 m/min erreicht, während im Jahre 1930 mit WC-Hartmetallen nur 25 m/min erreicht werden konnten [1].

Bestrebungen, den TiC-Anteil bei Hartmetallsorten für die Bearbeitung langspanender Werkstoffe, insbesondere im Schruppschnitt, weiter zu erhöhen, sind seit dem zweiten Weltkrieg bekannt. Die Schwierigkeit bestand darin, daß bei Steigerung des TiC-Gehaltes über 16 Gew.-% unabhängig vom Bindemetallgehalt die Biegebruchfestigkeit bisher über 100 kp/mm² nicht gesteigert werden konnte, wie durch Kieffer und Hotop nachgewiesen wurde [2]. Die verhältnismäßig geringe Zähigkeit von hoch-TiC-haltigen Hartmetallsorten ist auf die schlechte Benetzbarkeit des TiC zurückzuführen. Nach E. Ammann und J. Hinnüber kann durch die Erzeugung von segel- oder sichelförmigen WC–TiC-Mischkristallen ein verhaktes oder verzahntes Gefüge erzielt werden, durch das die Festigkeit der Legierung im Gegensatz zu kugelförmigen Kristallen erhöht werden kann [1] (Abb. 1).

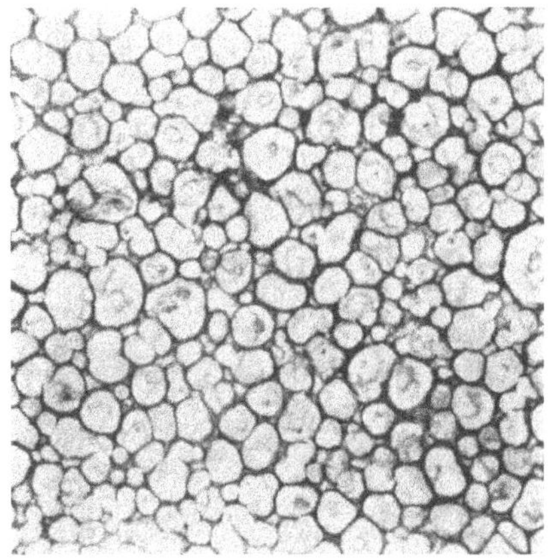
Abb. 1. Kristallgefüge kugelig

Neben den bereits angeführten Gründen dürften der verhältnismäßig geringe Preis des TiO_2, die bessere Oxydationsbeständigkeit und höhere Warmfestigkeit gegenüber WC für die Bemühungen einer Erhöhung des TiC-Gehaltes maßgeblich gewesen sein.

Nachdem im VEB Hartmetallwerk Immelborn in den zurückliegenden Jahren bereits günstige Ergebnisse bei der Entwicklung hoch-TiC-haltiger Hartmetallsorten für die Anwendung hoher Schnittgeschwindigkeiten bei der Bearbeitung langspanender Werkstoffe erzielt wurden [3], [4], gingen die Bestrebungen dahin, eine Hartmetallsorte mit einem TiC-Gehalt über 20% zu entwickeln, die den Anwendungsbereich mindestens von P 10 und nach Möglichkeit von P 20 abdecken sollte. Voraussetzung dafür war eine Steigerung der Zähigkeit auf mindestens 120 kp/mm² bei entsprechender Härte.

2. Versuchsdurchführung

Um die Zähigkeit zu erhöhen, wurde der Einfluß der Gefügeausbildung der Hartstoffphase sowie der aus der Literatur bekannten benetzungsfördernden Zusätze für TiC wie Mo, Mo_2C

und TaC untersucht. Für die Verschleißfestigkeit und Zähigkeit einer auf TiC-Basis aufgebauten Hartmetallegierung bzw. einen hohen Anteil dieses Karbides enthaltenden Schneidlegierung ist das TiC selbst, welches meist aus TiO_2 und C hergestellt wird, von entscheidender Bedeutung. Aus diesem Grunde schien es notwendig, den Ausgangsstoff TiO_2 sowohl in Form von Rutil als auch von Anatas auf seine Eignung zu untersuchen. Von den zwei verschiedenartigen Kristallmodifikationen des TiO_2 Anatas und Rutil geht Anatas je nach Herstellungsart im Temperaturbereich von etwa 1000 °C monotrop in Rutil über. Trotz der bekannten Tatsache, daß die Karbidbildung durch eine Modifikationsänderung beschleunigt wird und dadurch ein TiC mit optimalem C-Gehalt erreicht wird, konnte die Erkenntnis gewonnen werden, daß Anatas rein und auch in Form eines Rutil–Anatas-Gemenges nicht zu TiC-Hartmetallen hoher Schneidleistung zu verwenden ist. Anatas zeichnet sich wohl gegenüber Rutil durch eine höhere Feinkörnigkeit aus, führt jedoch zu Hartmetallen mit schwammigem TiC-Gefüge, die schlechte Schneideigenschaften aufweisen. Bei weiteren Versuchen wurde deshalb TiO_2 in Form von Rutil eingesetzt.

Bekanntlich bringt die Verwendung von WC–TiC-Mischkristallen erhebliche Vorteile gegenüber dem Einsatz der Einzelkarbide. Deshalb wurde in den weiteren Untersuchungen der TiC-Anteil durch vorgebildete Mischkristalle mit WC zugesetzt. Benetzungsfördernde Zusätze in Form von Karbiden und Metallen von Elementen der 5. und 6. Nebengruppe des Periodensystems wurden in Gehalten bis zu 1 Gew.-% direkt zugesetzt. Von den in Frage kommenden Bindemetallen erwies Kobalt sich eindeutig als am günstigsten. Auf dieser Basis gelang es, eine Hartmetallsorte zu entwickeln, die bei einer Härte von R_A 92,5 $\triangleq$ ca. 1750 H_V eine für den vorgesehenen Anwendungszweck ausreichende Zähigkeit besitzt. Die Biegebruchfestigkeit, gemessen an Stäbchen $5 \times 5 \times 40$, betrug mindestens 120 kp/mm². Der TiC-Gehalt betrug etwa 30 Gew.-% und der Bindemetallgehalt ca. 9 Gew.-%. Durch Erhöhung des TaC-Anteiles auf Kosten von WC können weitere für dieses Karbid typische Eigenschaftsverbesserungen erreicht werden. Abweichungen von der üblichen Hartmetalltechnologie sind nicht erforderlich. Die Sinterung kann wahlweise unter Schutzgas oder im Vakuum erfolgen.

Die Schneidleistungsprüfung wurde auf Stahl 60 Ti 4 unter HS 10- und HS 20-Prüfbedingungen vorgenommen. Das Ergebnis veranschaulichen die Abbildungen 2 und 3.

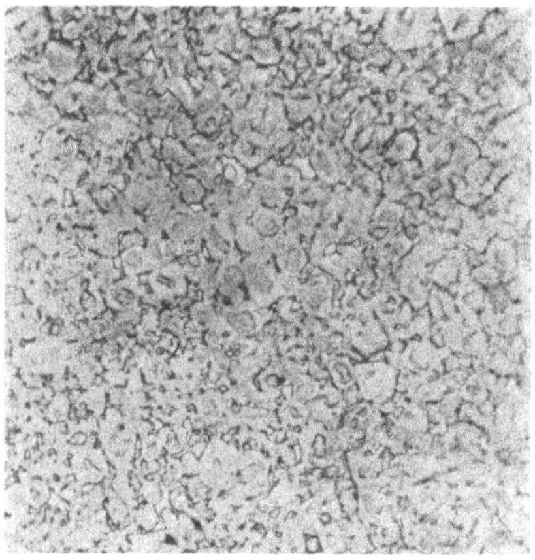

Abb. 2. Kristallgefüge verzahnt

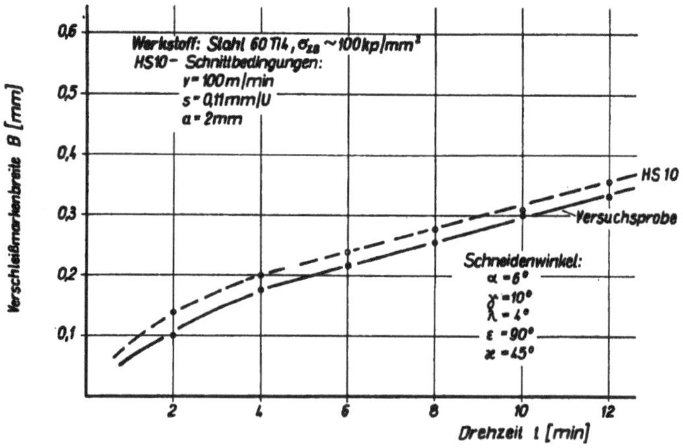

Abb. 3. Freiflächenverschleiß in Abhängigkeit der Drehzeit, HS 10-Bedingungen

Der Freiflächenverschleiß liegt in beiden Fällen günstiger als der, der an Standardproben ermittelt wurde. Aus dem Ergebnis der Zerspanungsuntersuchungen ist zu ersehen, daß die Versuchsplatten dem Anwendungsgebiet der Standardsorte HS 10 und HS 20 beim normalen Drehvorgang entsprechen.

Da die Biegebruchfestigkeit nur ein bedingtes Maß für die Zähigkeit ist, wurden zur Vervollständigung der Prüfergebnisse im Vergleich zu Testplatten der beiden Standardsorten die Grenzvorschübe bei der Zerspanung von Stahl C 60 ermittelt. Das Ergebnis dieser Untersuchungen ist aus Tabelle 1 ersichtlich.

Tabelle 1. Größtvorschübe ermittelt an Stahl C 60

Hartmetallsorte	Erreichter Vorschub in mm/U	
HS 10	1,9	$v =$ 100 m/min
HS 20	4,2	$a =$ 3 mm
		$r =$ 3 mm
Versuchsprobe	2,5	$s =$ stetig steigend

Das Ergebnis auch dieser Untersuchungen bestätigt, daß der Anwendungsbereich der Standardsorte HS 10 voll und der der Standardsorte HS 20 teilweise abgedeckt werden kann. Dementsprechend kann der Einsatz im Fräsvorgang nur für HS 10-Bedingungen empfohlen werden.

Erfahrungsgemäß bereiten Hartmetallsorten mit höherem TiC-Anteil Schwierigkeiten beim Schleifen. Durch die geringere Wärmeleitfähigkeit entstehen Schleifrisse in weit größerem Maße als bei Sorten mit geringerem TiC-Gehalt. Daraus resultiert bekanntlich auch die hohe Schleifempfindlichkeit bei Sorten, die mehr als 15 Gew.-% TiC enthalten. Für die praktische Anwendung war deshalb die Kenntnis des Schleifverhaltens wesentlich. Es wurden Schleifversuche mit Siliziumkarbid-Schleifscheiben 80 Jot und Diamantschleifscheiben der Körnung D 100 im Vergleich zu HS 10 durchgeführt.

Aus den Abbildungen 4 und 5 ist zu ersehen, daß unter Verwendung von SiC-Schleifscheiben die Standardsorte HS 10 eine geringere Schneidenschartigkeit aufweist, bei Anwendung von Diamantschleifscheiben dagegen die Schneidenschartigkeit bei der neuentwickelten Sorte geringer ist.

Ähnliche Schwierigkeiten, wie sie beim Schleifen hoch-TiC-haltiger Hartmetalle auftreten, bereitet auch infolge der geringeren Benetzbarkeit das Löten. Bei der neuentwickelten Sorte sind jedoch infolge des Bindemetallgehaltes von etwa 9 Gew.-% Bedingungen vorhanden, die denen der Sorte HS 10 entsprechen.

Lötversuche, bei denen die benetzte Fläche und die Scherfestigkeit ermittelt wurden, haben das bestätigt. Die Untersuchungsergebnisse wurden, wie nachfolgend beschrieben, ermittelt.

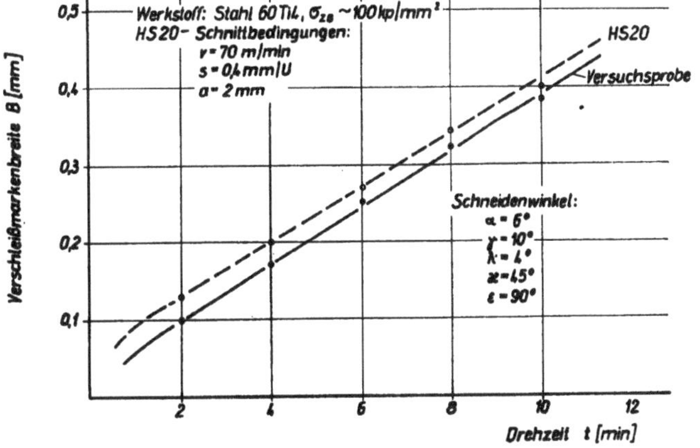

Abb. 4. Freiflächenverschleiß in Abhängigkeit der Drehzeit, HS 20-Bedingungen

Schneidenschartigkeit,
Probe: HS 10
geschliffen mit Diamantscheibe D 100

Schneidenschartigkeit,
Probe: hoch-TiC-haltiges HM
geschliffen mit Diamantscheibe D 100

Abb. 5. Diamantschleifscheiben

Schneidenschartigkeit,
Probe: HS 10
geschliffen mit SiC-Scheiben 80 Jot

Schneidenschartigkeit,
Probe: hoch-TiC-haltiges HM
geschliffen mit SiC-Scheiben 80 Jot

Abb. 6 SiC-Schleifscheiben

Mehrere Platten aus einer Sinterung wurden im ungeschliffenen bzw. im geschliffenen Zustand mit Kupfer und Borax als Flußmittel auf die Abscherprobenkörper aus Stahl C 60 aufgelötet. Außerdem wurden mehrere vorgefräste Drehmeißelschäfte nach der üblichen Löttechnologie mit Versuchsproben bestückt. Die Abscherproben wurden auf einer Vorrichtung unter einer 30-t-Zug-Druckprüfmaschine abgeschert. Von den Drehmeißeln wurden die aufgelöteten Platten abgeschlagen. Das Benetzungsverhalten entspricht dem der Hartmetallsorte HS 10.

3. Zusammenfassung

Die Untersuchungen haben gezeigt, daß eine Hartmetallsorte mit etwa 30 Gew.-% TiC und 9 Gew.-% Co, Rest WC und Zusatzkarbide mit einer Härte von R_A 92,5 $\triangleq$ ca. 1750 H_V und einer Biegebruchfestigkeit von 120 kp/mm² die physikalischen Eigenschaftswerte der Standardsorten HS 10 und HS 20 erreicht. Die Verschleißfestigkeit, gemessen an den Stählen C 60 und 60 Ti 4, entspricht dem Anwendungsgebiet im Drehvorgang der Standardsorten HS 10 und HS 20. Die Zähigkeit, gemessen am Größtvorschub, ermöglicht es, den Anwendungsbereich von HS 10 ganz und für HS 20 zum Teil abzudecken. Löt- und Schleifversuche zeigten, daß eine Hartmetallsorte dieser Zusammensetzung bezüglich dieser Eigenschaften denen der Standardsorte HS 10 gleichkommt.

Immelborn (DDR), VEB Hartmetallwerk Immelborn

Literatur

[1] AMMANN, E. und HINNÜBER, J., Die Entwicklung der Hartmetallegierungen in Deutschland. Stahl und Eisen **71** (1951), Nr. 21, 1082—1090.

[2] KIEFFER, R. und HOTOP, W., Pulvermetallurgie und Sinterwerkstoffe, 2. Auflage. Springer-Verlag, Berlin/Göttingen/Heidelberg 1948, S. 300.

[3] WEHNER, R. und KOHLERMANN, R., Hartmetalle auf TiC-Basis für Schneidzwecke. Fertigungstechnik 7 (1957), 11, 498—500.

[4] AGTE, C. und KOHLERMANN, R., Hilfsmetallarme Hartmetallegierungen. Die Technik **12** (1957), Heft 10, 686—689.

Diskussion

W. ADAMITSCH, Büderich: Wird durch die Zusatzkarbide der Kolkverschleiß beeinflußt?

R. KOHLERMANN: Die Schneide wird nur durch Freiflächenverschleiß zerstört.

O. FOGLAR, Grenoble (Frankreich): Das neue Hartmetall soll den Anwendungsbereich der Sorte P 20 überdecken. Wurden Fräsversuche durchgeführt?

R. KOHLERMANN: Beim Fräsen kann der Bereich der Sorte P 20 nicht voll abgedeckt werden.

Physikalische und metallographische Eigenschaften von Titankarbid-Stahl-Tränklegierungen

Von E. Bryjak, J. Bujok und Ch. Leśniak

1. Ziel der Arbeit

Die Bemühungen zur Schließung der Lücke zwischen Schnellstählen und Sinterhartmetallen führte in den USA zur Entwicklung des „Ferro-TiC" [1], [2], [3], [4], [5]. Eigene Arbeiten beschäftigten sich mit der Untersuchung von Formkörpern mit einem TiC-Gehalt von 35 bis 65%. Gerüstkörper aus TiC wurden mit verschiedenen Stählen getränkt und physikalisch sowie metallographisch untersucht.

2. Versuchsdurchführung und Ergebnisse

Durch loses Einschütten bzw. in Formen gerüttelte TiC-Pulver oder durch Verpressen bei Drücken von 100 bis 500 kp/cm² hergestellte TiC-Formlinge wurden bei 1450 °C im Vakuum von 0,1 bis 0,2 Torr 90 Minuten gesintert.

Aus Tabelle 1 ist zu erkennen, daß nach dieser Methode hergestellte TiC-Gerüstkörper einen ungleichmäßig verteilten Porenraum aufweisen. Durch Zusatz von 4 bis 25% Polyvinylalkohol wurde ein definierter Porenraum von 44 bis 62 Vol.-% erzielt. Die Gerüstkörper waren jedoch infolge von Rissen unbrauchbar.

Tabelle 1. Porenvolumen von TiC-Gerüstkörpern nach dem Sintern

Proben-Nr.	Art der Formgebung	Wichte nach dem Sintern g/cm³	Relative Wichte %	Linearer Schwund %	Porenvolumen nach dem Sintern in %
1	Loses Einschütten des Pulvers	1,70	34,5	7,15	65,5
2	Einschütten mit Rütteln	2,21	45,0	6,6	55,0
3	Pressen mit 100 kp/cm²	3,00	60,8	1,8	39,2
4	Pressen mit 250 kp/cm²	3,05	62,0	1,6	38,0
5	Pressen mit 500 kp/cm²	3,13	63,5	1,6	36,5

Tabelle 2. Porenvolumen von TiC-Gerüstkörpern nach dem Sintern (Zugabe von Ammoniumkarbonat)

Zusatz von Ammoniumkarbonat in %	Wichte nach dem Sintern g/cm³	Poren-Volumen in %	Linearer Schwund in %
5	2,88	41,6	3,0
10	2,62	46,9	3,2
15	2,34	52,6	4,2
20	2,05	58,4	4,9
25	1,87	62,1	5,2

Tabelle 3. Chemische Zusammensetzung der getränkten TiC-Gerüstkörper (angenäherte Werte in %)

TiC-Gehalt	63%								50%								34%							
Zusammensetzung TiC-Gerüstkörper	C	Ti	W	Cr	V	Mo	Ni	Fe	C	Ti	W	Cr	V	Mo	Ni	Fe	C	Ti	W	Cr	V	Mo	Ni	Fe
getränkt mit SS-Stahl 6–5–4–2–	12,9	50,4	2,6	1,5	0,7	1,9	—	30,0	10,4	40,0	3,5	2,0	1,0	2,5	—	40,6	7,4	27,2	4,6	2,6	1,3	3,3	—	53,6
getränkt mit Stahl 2% C, 12 %Cr	13,3	50,4	—	4,5	—	—	—	31,8	11,0	40,0	—	6,0	—	—	—	43,0	8,1	27,2	—	7,9	—	—	—	56,8
getränkt mit Werkzeugstahl 1,1% C	13,0	50,4	—	—	—	—	—	36,6	10,5	40,0	—	—	—	—	—	49,5	7,5	27,2	—	—	—	—	—	65,3
getränkt mit säurebeständigem Stahl 18% Cr, 9% Ni	12,6	50,4	—	6,7	—	—	3,3	27,0	10,0	40,0	—	9,0	—	—	4,5	36,5	6,8	27,2	—	11,9	—	—	6,0	48,1

Bessere Ergebnisse wurden durch Verpressen einer Mischung von Ammoniumkarbonat und TiC-Pulver, die mit 2% Glyzerin angefeuchtet war, erzielt. Der Preßdruck betrug 300 kp/cm². Nach 60 Minuten Vorsinterung und Entgasung bei 700 °C in Wasserstoff wurden die Körper 90 Minuten im Vakuum bei 1450 °C gesintert (Tabelle 2).

Die Tränkung dieser TiC-Gerüstkörper erfolgte bei 1450 °C im Vakuum (0,1 bis 0,2 Torr) mit HSS-D Mo 5, unlegiertem Werkzeugstahl (1,1% C), hochlegiertem Werkzeugstahl (12% Cr, 2% C) und rost- und säurebeständigem Stahl (18% Cr, 9% Ni, 0,07% C). Als Tränkmaterial wurden Draht oder Späne benutzt. Die Analyse ergab 13,6 bis 6,8% Kohlenstoff und einen Eisengehalt von 27 bis 65,3% (vgl. Tabelle 3). Die nach der Wärmebehandlung gemessenen Härten sind, wie Tabelle 4 zeigt, vom TiC-Gehalt abhängig. Nach dem Weichglühen kann

Tabelle 4. Härte von TiC-Stahlkörpern nach der Wärmebehandlung

TiC-Gerüstkörper	TiC-Gehalt	63%	50%	34%
	Wärmebehandlung	Härte Hv kg/mm² (HR_c)		
getränkt mit SS-Stahl 6–5–4–2	nach der Tränkung	650	460	420
	Weichgeglüht 840 °C	650	444	331
	Gehärtet 1240 °C (Öl)	974	866	858
	Angelassen 550 °C	1052	851	845
getränkt mit Stahl 2% C, 12% Cr	nach der Tränkung	736	533	470
	Weichgeglüht 850 °C	594	561	394
	Gehärtet 950 °C (Öl)	974	(66 HR_c)	(64 HR_c)
	Angelassen 400 °C	952	(65 HR_c)	(63 HR_c)
getränkt mit Werkzeugstahl 1,1% C	nach der Tränkung	800	492	434
	Weichgeglüht 710 °C	672 (56 HR_c)	436	422
	Gehärtet 780 °C (Wasser)	961	876	886
	Angelassen 100 °C	985	844	785
	Angelassen 300 °C	942	762	715
	Angelassen 400 °C	742	646	n.b.
getränkt mit säurebeständigem Stahl 18% Cr, 9% Ni	nach der Tränkung	581	415	352
	nach dem Härten 1180 °C Wasser (Austenisierung)	742	535	484

das Material spanabhebend bearbeitet werden, wenn der TiC-Gehalt 50% nicht übersteigt. Nach der Vergütungsbehandlung übertrifft die Härte und Zunderbeständigkeit die von Schnellstahl.

Sinngemäß ist auch eine höhere Verschleißfestigkeit zu erwarten. Ergänzend wurden Versuche unter Verwendung von WC–TiC- mit 50% TiC durchgeführt. Nach der Tränkung mit HSS-D Mo 5 wurden bei einem Gehalt von 54% Hartstoffanteil 48 bis 51 HR_c gemessen. Nach dem Weichglühen betrug die Härte 48 bis 49 HR_c und nach der Vergütung 69 bis 71 HR_c. Wurde der Hartstoffanteil auf 58% erhöht, so wurden nach der Tränkung 56 bis 57, nach dem Weichglühen 53 bis 55 und nach der Vergütung 73 bis 74 HR_c gemessen.

Bei der metallographischen Untersuchung wurden eine Titankarbid- und eine Stahl-Phase festgestellt. Die Stahlphase zeigt nach der Vergütungsbehandlung eine dem Schnellstahl ähnliche Struktur (Abb. 5).

Abb. 1 zeigt das Gefüge eines TiC-Gerüstkörpers, mit nichtrostendem Stahl getränkt, nach der Vergütung. Die wärmebehandelte Probe zeigt schön abgerundete TiC-Kristalle, wahrscheinlich auf Lösungserscheinungen bei 1180 °C zurückzuführen. Abb. 2 läßt das Gefüge eines Körpers erkennen, bei dem legierter Werkzeugstahl (2% C, 12% Cr) verwendet wurde. Es ist eine übereutektoide Struktur mit Streifenperlit, Ledeburit und einigen Zementitnadeln zu erkennen. In Abb. 3 kann man noch an einigen Stellen der Stahlphase streifigen Perlit sehen, der sich nach dem Weichglühen bei 810 °C in kugeligen Zementit (Abb. 4) umwandelt.

Zusammenfassung

Titankarbid-Gerüstkörper unterschiedlicher Porosität wurden sowohl mit Schnellstahllegierungen als auch mit korrosionsbeständigem Stahl getränkt. Die Eigenschaften dieser Werkstoffe sind abhängig vom TiC-Gehalt und der Wärmebehandlung. Es wird dadurch möglich, die Härte in weiten Grenzen zu verändern und das Metall in weichgeglühtem Zustand spanend zu bearbeiten. Nach entsprechender Wärmebehandlung erreicht man Härtewerte, die zwischen denen von Schnellstahl und denen für Hartmetalle liegen. Ähnliche Ergebnisse wurden für etwas abweichend aufgebaute Werkstoffe auch von amerikanischen Autoren mitgeteilt. Als praktische Anwendung sind vor allem Schnittwerkzeuge und Werkzeuge für die plastische Formung in Aussicht genommen.

Katowice (Polen), Huta Baildon

Literatur

[1] Goetzel, C. G. und Skolnick, L. P., Some Properties of a Recently Developed Hard Metal Produced by Infiltration. 2. Plansee-Seminar 1955 „Warmfeste und korrosionsbeständige Sinterwerkstoffe", Springer-Verlag, Wien 1956.

[2] Epner, M. and Gregory, E., Carbides of Elements of the Fifth Group of the Periodic Table Bonded with Steel. Planseeberichte für Pulvermetallurgie, Reutte, Tirol, Österreich, Bd. 7, Dezember 1959, S. 120—128.

[3] Epner, M., Properties of Various Heat Treated Steel Bonded Carbides (Martensitic Steel Bonded Titanium Carbide). Metal Treatment, March 1961, S. 12—14, 40—41.

[4] „Ferro-TiC", Bulletin Nr. 51, „Sintercast" West Nyack, New York und „Ferro-TiC Digest".

[5] „Ferro-TiC Digest" (Fall 1963, Winter 1963, Vol 1 Nr. 3, Vol 1 Nr. 4 und andere). Herausgegeben von „Sintercast" West Nyack, New York.

Diskussion

O. Foglar, Grenoble (Frankreich): Die Eigenschaften von Fe–TiC-Werkzeugen liegen zwischen denen von Stahl und Hartmetall, während der Preis mehr zum Hartmetall tendiert. Wie ist die Wirtschaftlichkeit?

E. Bryjak: Eine Anwendung erfolgt nur dort, wo Hartmetall den schweren Bedingungen beim Einsatz z. B. beim Spanen, Drehen, Fräsen nicht standhält und wo andererseits Werkzeuge aus Stahl eine zu geringe Lebensdauer und Leistungsfähigkeit aufweisen.

J. Mariacher, Krefeld: Der Vorteil des Fe–TiC liegt vor allem in der Möglichkeit, die Form des Werkzeuges rasch zu ändern. Das Werkzeug kann ausgeglüht und gehärtet werden.

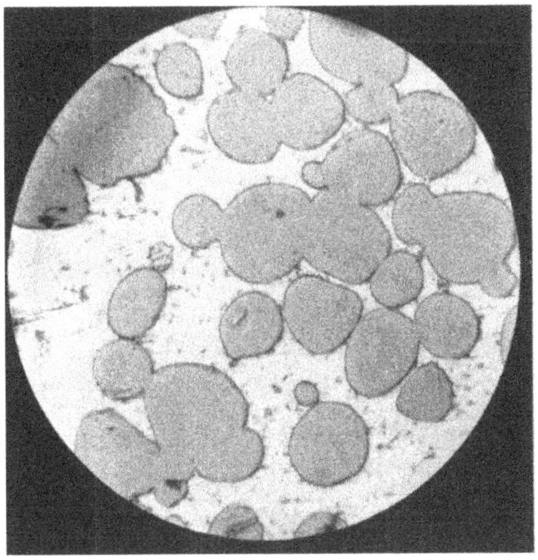

Abb. 1. TiC-Gerüstkörper, getränkt mit säurebeständigem Stahl, nach der Wärmebehandlung bei 1180 °C ungeätzt, V = 1400×

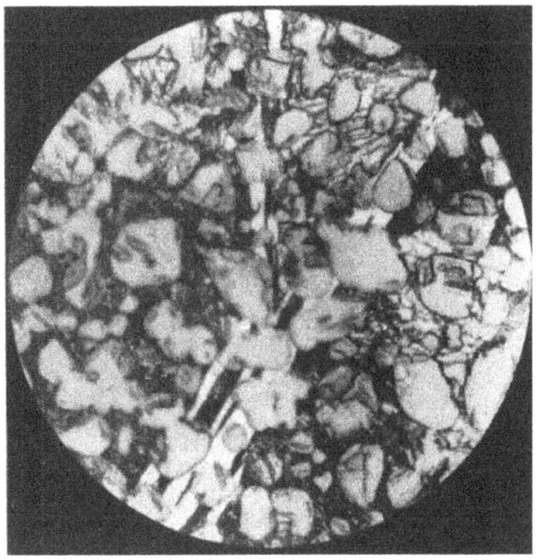

Abb. 2. TiC-Gerüstkörper, getränkt mit legiertem Werkzeugstahl, nach der Tränkung geätzt, V = 1400×

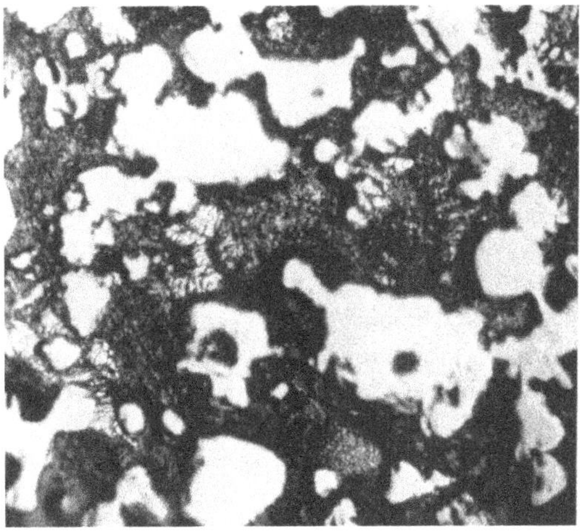

Abb. 3. TiC-Gerüstkörper, getränkt mit Schnellstahl, nach der Tränkung (Streifenperlit) geätzt, V = 1400×

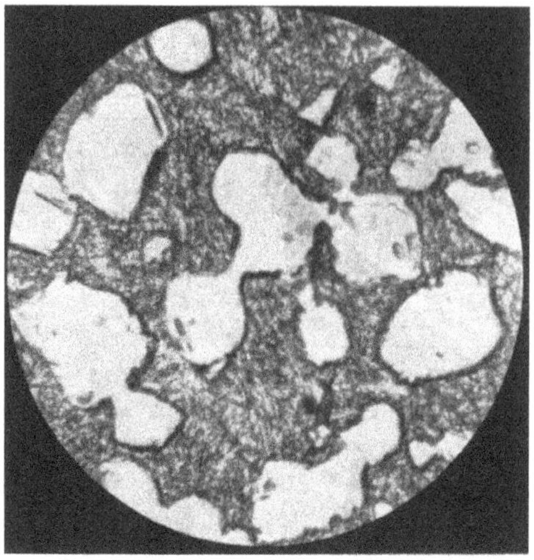

Abb. 4. TiC-Gerüstkörper, getränkt mit Schnellstahl, nach dem Weichglühen (Zementit- und TiC-Phase) geätzt, V = 1400 ×

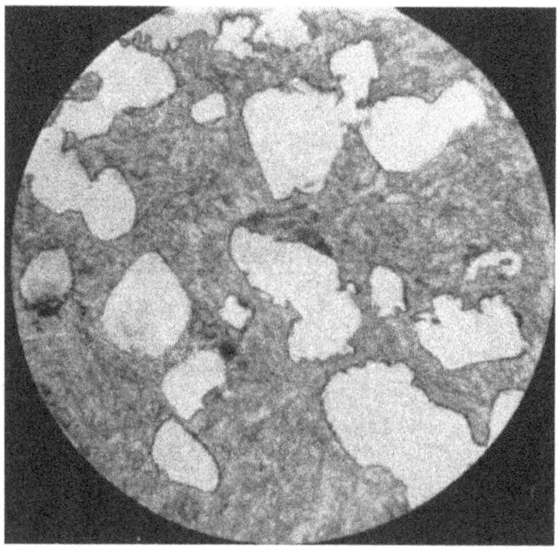

Abb. 5. TiC-Gerüstkörper, getränkt mit Schnellstahl, nach der Wärmebehandlung (Nadelmartensit und TiC-Phase) geätzt, V = 1400 ×

KÜRSCHNER, Immelborn: Wie ist die Bearbeitbarkeit von Körpern mit 65% TiC?

E. BRYJAK: Die Bearbeitung mit Hartmetall ist bis zu einer Härte von HRC 50 bis 60 möglich. Es ist aber vorteilhaft, den TiC-Gehalt so einzustellen, daß eine Härte von HRC 40 nicht überschritten wird.

E. NAGY, Budapest (Ungarn): Wurde das Tauch- oder Auflegetränkverfahren angewendet?

E. BRYJAK: Es wurden Formen aus Aluminiumoxid nach dem Spritzgußverfahren hergestellt und eine Auflegetränkung durchgeführt.

W. DÜBEL, Immelborn: Was hat Sie veranlaßt, das aufwendige Tränkverfahren anstelle der klassischen Methode des Pressens und Sinterns anzuwenden? Auch müssen die Körper nach dem Tränken bearbeitet werden, was einen hohen Preis bedingt.

E. BRYJAK: Die Arbeiten dienten vor allem dem wissenschaftlichen Interesse. Es wurde auch nach dem Drucksinterverfahren gearbeitet, wobei keine porenfreie Körper erhalten werden konnten. Nach dem beschriebenen Verfahren werden Spezialwerkstoffe hergestellt, z. B. Segmente für die Schraubenfertigung. Ein Erwärmen der Werkzeuge, das zu einem Weichglühen führen könnte, wird durch eine Wasserkühlung verhindert.

JUTTA MORGENTHAL-UHLMANN, Dresden: Wäre es erfolgversprechend, auch aus Chromkarbid Cr_3C_2 Skelettkörper darzustellen und zu tränken?

E. BRYJAK: Chromkarbid kann benutzt werden; es besitzt aber nicht diese Härte.

K. MAUER, Krefeld: Bei Tränkversuchen müssen mögliche Lösungsvorgänge beachtet werden, wobei TiC wesentlich träger als Cr_3C_2 ist, so daß hier u. U. Gußstruktur auftreten kann.

G. Verbundwerkstoffe und Pseudolegierungen

Die Anwendung der Reibungstheorie auf die Weiterentwicklung metallkeramischer Reibwerkstoffe

Von V. Dufek

1. Einleitung

Unter der Bezeichnung metallkeramische Reibwerkstoffe werden gewöhnlich drei materialmäßig unterschiedliche Gruppen zusammengefaßt. Zunächst sind dies die heute bereits als „klassisch" bezeichneten Materialien auf Bronze–Graphit-Basis, deren technologischer Forschung, Erzeugung und Anwendung in den vergangenen drei Jahrzehnten Aufmerksamkeit gewidmet wurde. Die zweite Gruppe bilden die Materialien auf Eisen–Graphit-Basis, welche erst im letzten Jahrzehnt Interesse gewannen. In beiden Gruppen überschreitet der volumenmäßige Anteil an nichtmetallischen Zusätzen 25 bis 40% nicht, so daß die einzelnen nichtmetallischen Teilchen in einem durch Sinterung gewonnenen metallischen Skelett eingelagert sind.

Die wichtigsten Erfahrungen hierbei hat der Autor in einer Monographie, die unlängst erschienen ist [1], zusammengefaßt.

Die dritte, bedeutend abweichende Gruppe, für welche die Bezeichnung keramisch-metallische Reibmaterialien zutreffender wäre, enthält grobkörnige nichtmetallische Bestandteile der Größe bis 0,5 mm und darüber in Mengen bis 75%, die ebenfalls metallisch gebunden sein können, ohne jedoch die Festigkeit der ersten beiden Gruppen zu erreichen. Auch der Reibcharakter dieser dritten Gruppe ist ein anderer. Er nähert sich mehr den Materialien auf Asbest-Basis mit metallischen Zusätzen. Darum werden wir uns mit ihr nicht befassen.

Die Eigenschaften der Bronze–Graphit-Materialien werden vor allem durch die Zusammensetzung bestimmt, während bei den Eisen–Graphit-Materialien außerdem noch die Bildung einer günstigen Struktur der Eisenkomponente sichergestellt werden muß, was den Herstellungsvorgang erschwert. Noch komplizierter sind aber die Vorgänge, die sich in den Oberflächenschichten der Reibmaterialien während des Reibvorganges abspielen und denen bisher im Vergleich zu dem Umfang der technologischen Forschung über die Herstellungsfragen nur wenig Beachtung geschenkt wurde.

In vorliegendem Beitrag sollen nun einige Erkenntnisse aus der Analyse des Reibvorganges wiedergegeben werden.

2. Zur Gütewertung von metallkeramischen Reibwerkstoffen

Die an die Friktionswerkstoffe gestellten Anforderungen erstrecken sich auf zwei Richtungen. Einerseits sind es Angaben, die das Reibverhalten kennzeichnen, andererseits Werte, welche die physikalischen und chemischen Eigenschaften festlegen, die den an andere pulvermetallurgisch hergestellten Konstruktionsteile gestellten Forderungen entsprechen. Im Hinblick darauf, daß solchen Eigenschaften, wie z. B. der Festigkeit, der Härte, dem Korrosionswiderstand etc., in der Literatur genügend Aufmerksamkeit geschenkt wurde, werden wir uns nur auf die Besprechung der Reibeigenschaften beschränken.

Die Reibeigenschaften können wir in eine breite Gruppe der Oberflächeneigenschaften von technischen Materialien einreihen. Es soll hervorgehoben werden, daß gerade diesen Eigenschaften eine besondere Bedeutung in der Pulvermetallurgie zukommt, und zwar nicht nur im Zuge der Sintervorgänge, sondern auch bei ihrer Verwendung selbst. Bei Reibmaterialien erscheint es noch wichtig, sich zu vergegenwärtigen, daß es nicht nur um die Eigenschaft eines Materials geht, sondern einer gegebenen Materialpaarung, womit wir aber nicht sagen wollen, daß nicht eines der beiden Materialien eine ausschlaggebende Rolle spielen kann.

Zur quantitativen Beurteilung der Berührungserscheinungen zweier aneinandergepreßter Körper, welche sich mit verschiedener relativer Geschwindigkeit bewegen, wird als Maß der Reibungskoeffizient μ angewandt. Er ist durch den Anteil der Reibkraft — also des Widerstandes, welchen die Berührungsflächen der Paarung der Bewegung entgegensetzen — und des Anpreßdruckes definiert.

Die Eigenschaft, deren Maß der Reibungskoeffizient ist, hat bisher keine genaue Bezeichnung. Weiter besteht die Forderung eines möglichst konstanten Widerstandes gegen die Bewegung bei verschiedenen Bedingungen sowohl für Reibmaterialien als auch für Gleitmaterialien, zwischen welchen keine bestimmte Grenze gezogen werden kann. Alle diese Tatsachen führen uns zu dem Vorschlag, den Begriff „Gleitvermögen" und als dessen Maß den reziproken Wert des Reibungskoeffizienten, die dimensionslose „Gleitziffer" $\nu = 1/\mu$ einzuführen. Je besser das Gleitvermögen, desto höher wird die Gleitziffer sein.

Zur Anschaulichkeit ist in Abb. 1 der Verlauf des Reibkoeffizienten und der Gleitziffer in Abhängigkeit von der Temperatur für die Paarung Eisen–Graphit-Reibmaterial Diafrikt F 1 gegen legiertes Gußeisen aufgetragen.

Des weiteren ist klar, daß nicht negative Werte des Reibwertes existieren können, so daß die Bezeichnung Antifriktionsmaterialien nicht richtig gewählt wurde. Vielmehr soll diese

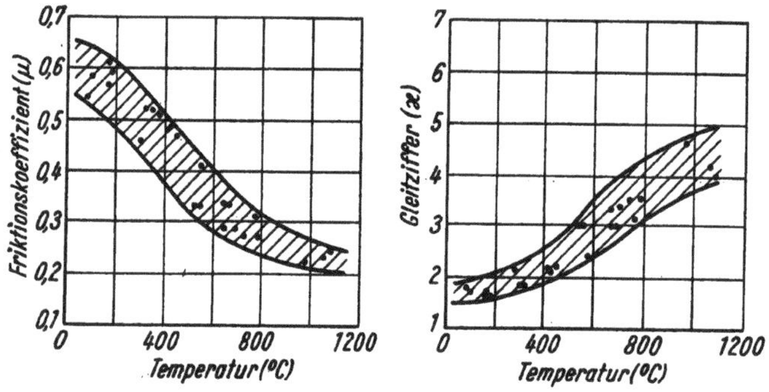

Abb. 1. Vergleich des Verlaufs des Reibungskoeffizienten und der Gleitziffer mit der Temperatur für das Reibpaar Eisen–Graphit-Reibmaterial Diafrikt F 1–Gußeisen legiert mit Ni, Mn und Cr auf der Prüfeinrichtung I-47

Bezeichnung ein gutes Gleitvermögen bzw. eine „Antischweißneigung" ausdrücken. Abschließend kann zu diesen Erwägungen gesagt werden, daß bei der weiteren Forschung das Bestreben sein muß, diese Eigenschaft auf einen gemeinsamen Nenner zu bringen und nicht unabhängig Theorien über „Friktion" und „Antifriktion" aufzubauen.

Mit den wachsenden Anforderungen an die Reibpaarungen, einschließlich der trockenlaufender Lager, drängt sich in den Vordergrund auch die Notwendigkeit der Verfolgung und der Ausdrucksform ihrer Reibstabilität. Eine einfache Berechnung hierfür kann der folgenden [2] Formel entnommen werden:

$$\alpha\ (\%) = 100 \cdot \frac{M_d}{M_{\max}} = 100 \cdot \frac{\nu_{\max}}{\nu_d} = 100 \cdot \frac{\mu_d}{\mu_{\max}}\,, \tag{1}$$

wobei M_d das Durchschnittsreibmoment und $M_{\max}$ das maximale Moment bedeuten, welche bei gegebener Prüfung festgestellt wurden. Ihnen entsprechen auch die aus ihnen errechneten Werte für die Gleitziffern ν_d und $\nu_{\max}$ oder für die Reibwerte μ_d und $\mu_{\max}$.

Aus Abb. 2, die die Prüfungen nach Rekovskij wiedergibt [3], geht hervor, daß die Reibstabilität der wolframhaltigen Eisen–Graphit-Sorte FMK-8 73% beträgt, während die Sorte

FMK-11, der sich auch unsere Sorte Diafrikt F 1 nähert, in dieser Richtung bedeutend besser ist und eine Reibstabilität von 90% aufweist.

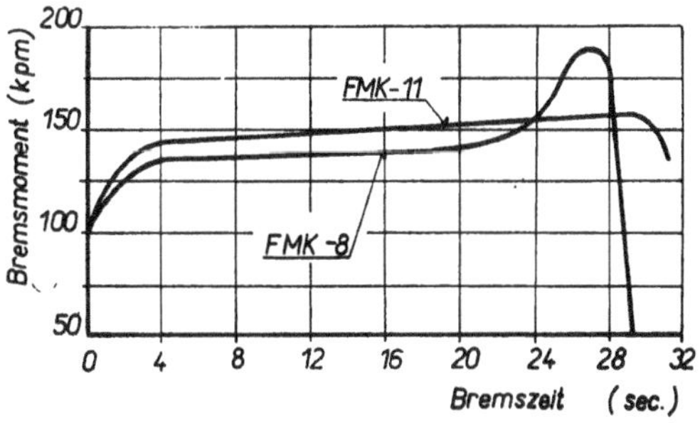

Abb. 2. Zeitlicher Verlauf der Reibmomente von zwei metallkeramischen Reibmaterialien nach V. S. REKOVSKIJ. *1* — Typ FMK-8, mit Wolframzusatz; *2* — Eisen–Graphit-Material Typ FMK-11

Bei Wahl eines „Normal-Moments" für den Zähler in der Formel (1) kann auch der Einfluß des spezifischen Anpreßdruckes oder der Gleitgeschwindigkeit auf die Änderung der Reibstabilität ausgedrückt werden, wenn man in den Nenner das Reibmoment einsetzt, welches

Abb. 3a. Gesamtansicht der Prüfeinrichtung Typ I-47

Abb. 3b. Probeaufnahme der Prüfeinrichtung

unter den jeweiligen Bedingungen ermittelt wurde. Erschwerend ist jedoch der Umstand, daß wachsende Gleitgeschwindigkeit und höhere Anpreßdrücke eine Temperatursteigerung an der Reibfläche zur Folge haben. Nachdem aber mit steigender Temperatur alle anderen Einflüsse in den Hintergrund rücken, zeigt sich als wichtigster Begriff aus dem Kreise der Reibstabilitätseigenschaften die „Temperaturreibbeständigkeit" [4]. Dieser Begriff schließt alle angegebenen Gesichtspunkte ein und erlaubt, die wichtigsten Erscheinungen beim Reibvorgang leistungsfähiger Reibpaarungen zu ermitteln. Eine zweckmäßige Modelleinrichtung für die Prüfungen dieser Eigenschaft wurde im Moskauer „Institut mašinovědenija" auf ähnlichem Prinzip wie bei den Lagermaterialprüfungen (z. B. [1]) entwickelt und als I-47 bezeichnet. Sie läßt für hohlzylindrische Proben von 28/20 mm Durchmessern Prüfbedingungen von 100 bis 5000 Umdrehungen pro Minute bei Anpreßdrücken bis 40 kp/cm² zu. In Abb. 3a ist die Gesamtansicht einer solchen Einrichtung und in Abb. 3b das Detail zweier Köpfe mit eingespannten Proben und Eichring mit Tensiometern zu erkennen.

Eine weitere Verbesserung bildet die Type IM-58, welche mit Proben bis 75 mm Durchmesser bei einer maximalen Drehzahl von 8000 U/min entsprechend eine Geschwindigkeit von 20 m/s zuläßt.

Die Ermittlung der Temperaturreibbeständigkeit für die Paarung Diafrikt F 1 – Gußeisen z. B. bei 1000 °C wird durch Einsetzen der entsprechenden Werte aus dem Diagramm nach Abb. 1 in die Formel (1) erhalten:

$$\alpha_{1000^\circ \mathrm{C}}\,(\%) = 100 \cdot \frac{\nu_{20^\circ \mathrm{C}}}{\nu_{1000^\circ \mathrm{C}}} = 40\,\% . \tag{2}$$

Schließlich soll noch der für die Lebensdauer maßgebende Begriff des Abriebwiderstandes eingeführt werden. Er wird gewöhnlich direkt bei den Gleitvermögensprüfungen ermittelt. Die zutreffendste Angabe des Abriebwiderstandes ist unserer Meinung nach die Dickenverminderung des Reibbelags in mm, die auf die pro Stunde umgesetzte Reibarbeit in PS bezogen wird.

3. Ableitung des Modells einer idealen Reibpaarung für Spitzenleistungen

Die Angaben der von einem Reibmaterial geforderten Eigenschaften sollten zu Erwägungen über ein Modell des Reibvorganges dienen. Durch genaue Analysierung des Reibvorganges wurde von Čičinadze [2] gefunden, daß nicht weniger als 28 Parameter diesen beeinflussen können. Die größte Anzahl hiervon wird durch die Wahl der Prüfeinrichtung und der Prüfbedingungen selbst bestimmt. In Übereinstimmung mit bestehender Praxis nahmen wir eine gewisse Beschränkung vor, darin bestehend, daß der zweite Partner der Paarung ein Eisenwerkstoff ist.

Zur weiteren Analyse erübrigt sich nun die Materialcharakteristik des eigentlichen Reibmateriales selbst.

Die Bestandteile der metallkeramischen Reibmaterialien werden gewöhnlich in drei Arten unterteilt, und zwar in die Komponenten, die sich an der Bildung des festen Skeletts im Zuge der Sinterung beteiligen, und dann in die den Reib- bzw. den Gleitvorgang unterstützenden Komponenten. Zur ersten Art gehören vorwiegend Metallpulver von Eisen, Kupfer und fallweise auch von Zinn, Zink, Aluminium etc.; zur zweiten Art die harten, scharfkantigen nichtmetallischen Teilchen, die sich am Sintervorgang überhaupt nicht beteiligen, wie z. B. Quarz, Korund, Mullit und ähnliche. Die restlichen Zusätze können aber nur schwer in eine Gruppe eingereiht werden, denn es sind dies einesteils nichtmetallische Pulver, wie z. B. Graphit oder Molybdändisulfid, die als Regulatoren der Reibstabilität wirken, und andererseits Metallpulver, wie z. B. Blei, welches außerdem als Regulator der Wärmebeständigkeit dient, nachdem es bei Steigerung der Temperatur in flüssigen Zustand übergeht und bei Erniedrigung der Temperatur nach Beendigung des Reibvorganges wiederum erstarrt. Bei Eisen-Graphit-haltigen Sorten im Temperaturgebiet über 800 °C übernehmen die Aufgabe des Bleis andere flüssige Komplexverbindungen, wie z. B. Sulfide oder Phosphide, die sich durch Reaktionen mit Metallen in Gegenwart von Kohlenstoff bilden. So kommen wir also bei der Materialanalyse zur Schlußfolgerung, daß bei metallkeramischen Reibmaterialien unter betrieblichen Verhältnissen bei erhöhten Temperaturen eine führende Rolle die entstehende Oberflächenschicht spielt. Sie muß in der Lage sein, in einen flüssigen Zustand überzugehen.

Nachstehende Abb. 4a umfaßt ein Komplexmodell der Reibvorgänge nach der bekannten BOWDENschen Theorie der Kaltschweißstellen [6], ergänzt durch weitere Typen nach KRAGELSKIJ [7]. Hiermit wird eine punktweise Berührung an den Oberflächenerhebungen unter Beweis gestellt. In Abb. 4b nach KOSTĚCKIJ [8] liegt eine Unterteilung der verschiedenen

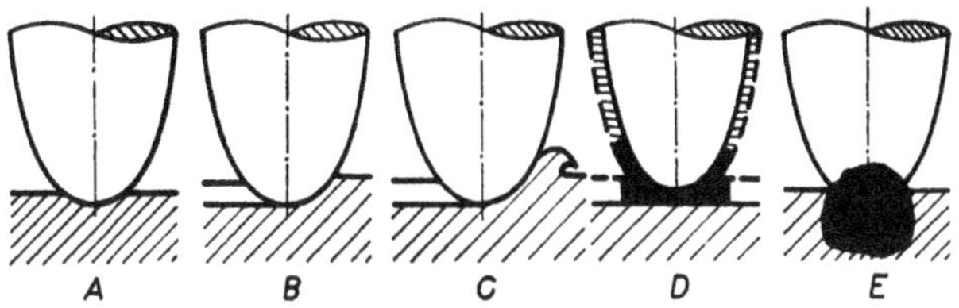

Abb. 4a. Schema verschiedener Arten von Berührungen der Oberflächenerhebungen bei der Reibung nach KRAGELSKIJ

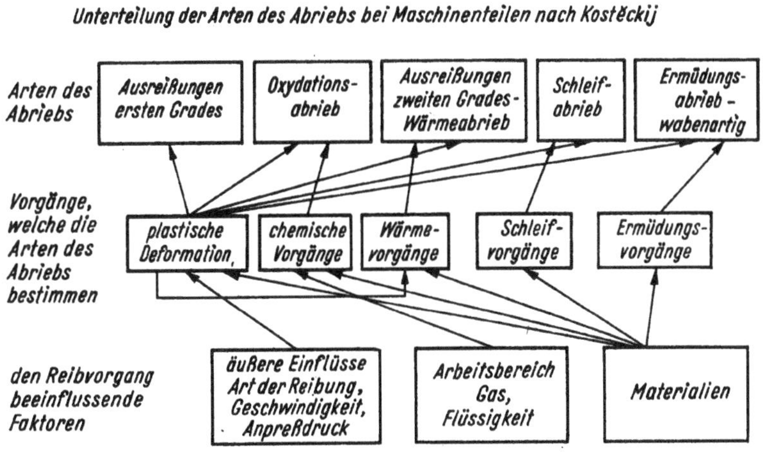

Abb. 4b. Unterteilung der Arten des Abriebs bei Maschinenteilen nach KOSTĚCKIJ

Abriebarten vor. Für metallkeramische Materialien betrachten wir als am bedeutendsten die Beobachtung von KOSTĚCKIJ, daß unter bestimmten Reibbedingungen einer der angeführten Abriebtypen weit überwiegt. Bei Spitzenleistungen von Reibmaterialien sind es selbstverständlich nicht die punktweisen Berührungen, also die Deformationserscheinungen in den Erhebungen, sondern ein voller Übergang zum Kontakt über die ganze Berührungsfläche, der durch die Zwischenschicht vermittelt wird und von plastischen Deformationen, chemischen und strukturellen Änderungen der unmittelbar unten liegenden Schichten begleitet wird. Gewöhnlich werden diese komplizierten Vorgänge einfach als die Bildung einer oxidhaltigen Schicht bei der sogenannten trockenen Reibung bezeichnet. Eine schematische Veranschaulichung des Entstehens der Zwischenschicht und ihres Einflusses auf den Wert des Reibungskoeffizienten nach ACHMATOV [9] geht aus Abb. 5 hervor. Es kann eindeutig gesagt werden, daß eine ideale trockene Reibung im makroskopischen Maßstab nicht existiert. Mit wachsender Zahl der rein metallischen Oberflächenkontakte wird ein rasches Einreiben erreicht.

Diesem Einreiben wird aber meist durch den Umstand vorgebeugt, daß sich z. B. nach TAMMAN eine entblößte Metalloberfläche schon nach 0,05 Sekunden mit einer adsorbierten Schicht in der Stärke von 14 Å überzieht.

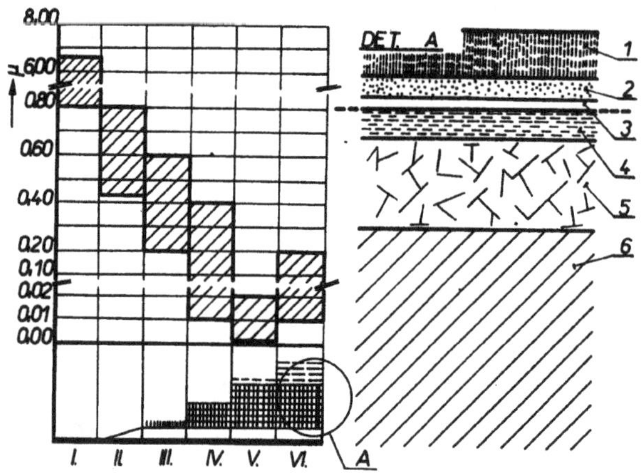

Abb. 5. Abhängigkeit der Werte des Reibungskoeffizienten vom Charakter und der Stärke der Zwischenschicht nach ACHMATOV mit schematischer Veranschaulichung des Falles VI

1 — Volumenstruktur des Metalls; *2* — durch Deformation verfestigte Oberflächenschicht des Metalls; *3* — Oxidschicht; *4* — Schicht der adsorbierten Gase; *5* — Schicht absorbierten Wassers — kondensierte Feuchtigkeit; 6 — Schmiermittelschicht

Die Bedeutung der Reibzwischenschicht, welche von KRAGELSKIJ als „dritter Körper der Reibpaarung“ bezeichnet wird, bekräftigt auch die Tab. 1 nach KOSTĚCKIJ. Sie wird in Arbeiten von ERNST und MERCHANT, ROACHE und GOODZEIT, COFFIN sowie SEMENOW und anderen, wie unter [1] zitiert, ebenfalls hervorgehoben.

Tabelle 1. Klassifikation der Metalle und Legierungen nach ihrer Schweißneigung und Abriebwiderstand nach KOSTĚCKIJ

Gruppe	Neigung zur Bildung der Schweißstellen	Abriebwiderstand der Oxidoberfläche	Beurteilung des Abriebwiderstands	Beispiel
1	ja	größer als Metall	in oxydierendem Arbeitsbereich gut	Fe, Cu und ihre Legierungen
2	nein	größer als Metall	gut unter allen Bedingungen	Sn, Pb und ihre Legierungen
3	nein	kleiner als Metall	gut nur in nichtoxydierendem Arbeitsbereich	Bi, Sb
4	ja	kleiner als Metall	schlecht	Zn, Mg

Die erste Erwähnung über die Bildung einer harten, nicht ätzbaren weißen amorphen Schicht stammt von BEILBY, der sich mit den Oberflächenerscheinungen beim Polieren von Metallen befaßte. Später wurde diese Schicht beim Bearbeiten von Metallen und bei Lebensdauerstudien von Konstruktionsteilen verschiedener Maschinen beobachtet. Die Wichtigkeit der sich bildenden Oberflächenschicht bei metallkeramischen Friktionsmaterialien betonte in der ČSSR OCETEK. Es ist klar, daß eine solche stabile Schicht nicht das lokale Verschweißen mit der Gegenfläche zuläßt, die Reibvorgänge stabilisiert und auch den mechanischen Abrieb vermindert.

In Abb. 6 ist im metallographischen Schliff die Zwischenschicht einer Paarung Diafrikt F 1–Gußeisen, welche im Temperaturbereich über 1000 °C bei der Prüfung auf der Maschine I-47 entstand, veranschaulicht. Dieses Lichtbild dient als Beweis, daß die Zwischenschicht sich an der Oberfläche des metallkeramischen Reibmaterials bildet und der Übergang der Struktur durchgehend ist. Die Grenze der Schicht sieht man nur auf der Seite des Gußeisens. Die Zwischenschicht hängt mit dem Reibmaterial völlig zusammen, man kann also nicht nur von einem Anhaften sprechen. Auf Abb. 7 ist ein günstiger Fall einer geringen Härteänderung beim Übergang vom metallkeramischen Material (580 kp/mm²) über die Zwischenschicht (620 kp/mm²) zur Oberfläche des Gußeisens (760 kp/mm²) mittels einer Mikrohärtemessung dargestellt.

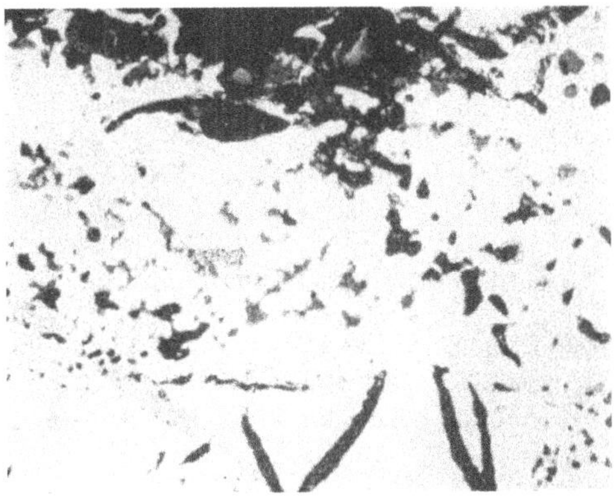

Abb. 6. Metallographische Aufnahme der Zwischenschicht zwischen dem Reibpaar Diafrikt F 1–Gußeisen bei 20facher Vergrößerung

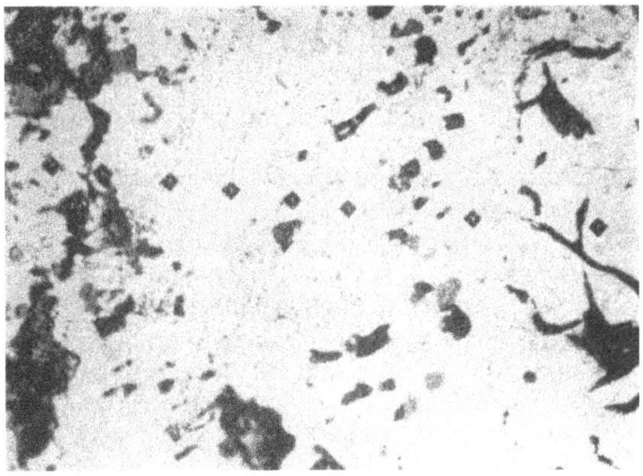

Abb. 7. Metallographische Aufnahme der Zwischenschicht nach Abb. 6 bei 300facher Vergrößerung mit Mikrohärteeindrücken

Im Falle von Belägen auf Asbestbasis und auch bei keramisch-metallischen Materialien ist jedoch die Bildung der Reibzwischenschicht ganz anders, und zwar bildet sie sich durch Materialänderungen der geriebenen Gegenfläche, wobei sich die Produkte des Reibvorganges von der Seite des Asbest-Reibmaterials selbstverständlich auch beteiligen.

Aus allen diesen Beobachtungen kommen wir zur Schlußfolgerung, daß man bei richtiger Wahl der Zusammensetzung und gleichbleibender Reibtemperatur einen solchen Gleichgewichtszustand erreichen kann, daß es nach Bildung einer Zwischenschicht bei vollkommener Reibungsbeständigkeit nicht zu weiterem Abrieb linear mit der Laufdauer kommt, was die Ursache der überraschend langen Lebensdauer dieser Materialien ist. Die Berührung nur in den Oberflächenerhebungen der Reibpaarung nach den bisherigen Modellen kommt überhaupt nicht in Frage, wenn wir die kurze anfängliche Berührungsperiode vernachlässigen. Die führende Rolle spielt die Zwischenschicht über die ganze Oberfläche, wozu ein ganz anderes Modell dienen muß.

In der Praxis tritt ein derartiger Gleichgewichtszustand leider nicht ein, denn die sich wiederholenden Reibzyklen haben öfter eine plötzliche Temperaturänderung zur Folge, so daß die einzelnen Anfangsperioden, Ermüdungserscheinungen usw. die Übertragung der Erkenntnisse von der Modellprüfung in die Praxis noch immer komplizieren.

4. Zusammenfassung

1. Die bisher nicht genau definierten Reibeigenschaften wurden einer Diskussion unterworfen und dabei der Begriff des „Gleitvermögens“ sowie eine einheitliche Bezeichnung für die

weiteren Reibeigenschaften vorgeschlagen, zu welchen außer dem Gleitvermögen und dem Abriebwiderstand noch die Reibstabilität und Temperaturreibbeständigkeit gehören.

2. Es wurde das Entstehen der für metallkeramische Reibmaterialien charakteristischen Reibzwischenschicht verfolgt und anhand ausgewählter Schliffaufnahmen von Reibwerkstoffen auf Eisen–Graphit-Basis metallographisch nachgewiesen und ihre Mikrohärte bestimmt.

3. Die bestehenden verschiedenen Ansichten über den Reibvorgang wurden kurz zusammengefaßt und auf Grund eigener Erkenntnisse ein Modell einer idealen Reibpaarung beschrieben.

Literatur

[1] Dufek, V., Kovokeramické třeci materiály. Metallkeramische Friktionsmaterialien. SNTL, Praha 1965.
[2] Čičinadze, A. V., Persönliche Mitteilung 1963.
[3] Rekovskij, V. S., Osnovy porośkogo metallovedenija. Grundlagen der pulvermetallurgischen Forschung. Oborongiz, Moskva 1962.
[4] RTM 6-60, Technische Vorschrift 6-60, Standartizdat, Moskva 1960.
[5] Siebel, E. und Kobitsch, R., Arch. Eisenhüttenwesen 16, (1942) 43, 409–13.
[6] Bowden, F. P. und Tabor, D., The Friction and Lubrication of Solids, Clarendon Press, II. Ed., Oxford 1954.
[7] Kragelskij, I. V., Trenie i iznos. Maśgiz, Moskva 1962.
[8] Kostěckij, B. I., Iznosostojkost detalej maśin, Maśgiz, Moskva 1961.
[9] Achmatov, A. S., Molekuljarnaja fizika graničnogo trenija. Gos. Izdat., Fiz.-Mat. Lit., Moskva 1963.

Diskussion

E. Strobel, Dresden: Wo werden in der ČSSR Eisen–Graphit-Friktionswerkstoffe angewandt?

V. Dufek: Normalerweise werden Bronze–Graphit-Reibbeläge hergestellt, für spezielle Zwecke, wie Bremsen in Flugzeugen, dagegen Eisen–Graphit-Beläge.

H. Henkel, Reichenbach: Der praktische Vorteil, statt des Reibungskoeffizienten das „Gleitvermögen“ als den reziproken Wert des Reibungskoeffizienten einzuführen, ist nicht ohne weiteres zu erkennen, zumal als reziproker Wert des Haftbeiwertes dann der Begriff des „Haftvermögens“ hinzukommen würde.

V. Dufek: Für wissenschaftliche Zwecke erscheint der Begriff „Gleitvermögen“ zweckmäßig, während für die Praxis die Angabe des Reibbeiwertes näher liegt. Das Haftvermögen läßt sich nicht aus dem Gleitvermögen erklären.

Eisen-Graphit-Friktionswerkstoffe für hohe Gleitgeschwindigkeiten

Von E. Strobel, H. Rebsch und H. Henkel

Verbundwerkstoffe auf Metall–Graphit-Basis haben sich als Friktionswerkstoffe schon seit Jahren bewährt. Während man sich in vielen Ländern zunächst vorwiegend mit Bronze–Graphit-Material beschäftigte, wurden in der DDR mit Rücksicht auf die Rohstofflage bevorzugt Eisen–Graphit-Verbundwerkstoffe für Friktionszwecke eingesetzt. Dabei konnten gute Erfolge erzielt werden, so daß ein steigendes Interesse für diesen Werkstoff besteht.

1. Einfluß der Bestandteile und der Herstellungsbedingungen auf die Eigenschaften von Eisen–Graphit-Friktionswerkstoffen

In jüngster Zeit ist in der Industrie die Tendenz zu verzeichnen, Friktionswerkstoffe bei immer höheren Gleitgeschwindigkeiten einzusetzen. Diesen Forderungen war die bisherige Eisen–Graphit-Qualität C 5 mit 17,5% Graphitgehalt nur bedingt gewachsen. Es zeigte sich, daß bei Gleitgeschwindigkeiten über 20 m/s ein sprungartiges Anwachsen des Verschleißes eintrat. Abb. 1 zeigt das Verschleißverhalten in Abhängigkeit von der Gleitgeschwindigkeit

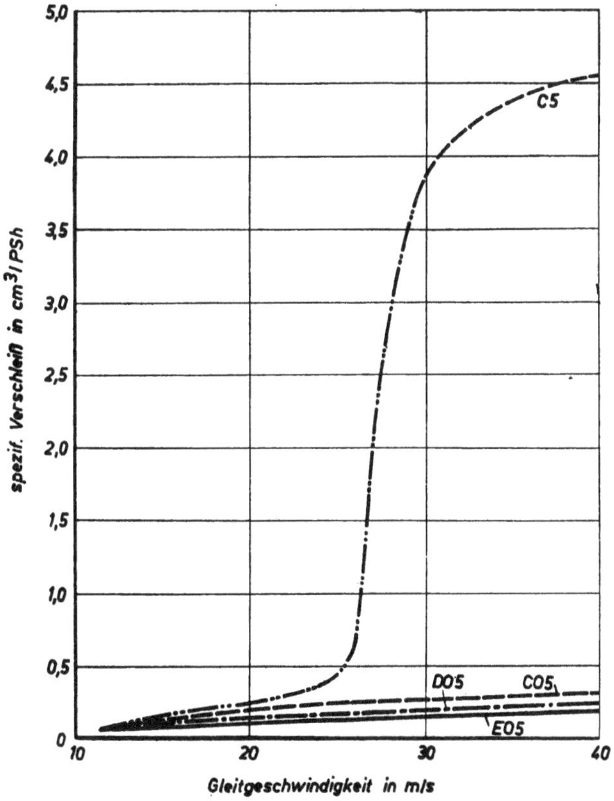

Abb. 1. Spezifischer Verschleiß von Eisen–Graphit-Friktionsmaterial in Abhängigkeit von der Gleitgeschwindigkeit

der bisherigen Qualität C 5 gegenüber den weiterentwickelten Qualitäten, die mit CO 5, DO 5 und EO 5 bezeichnet und deren Eigenschaften an späterer Stelle besprochen werden.

Die Arbeiten der Weiterentwicklung begannen zunächst mit der Untersuchung des Einflusses von Graphitgehalt und Graphitart auf die Eigenschaften von Eisen–Graphit-Friktionswerkstoffen. In einer früheren Arbeit von E. STROBEL [1] war festgestellt worden, daß bei Gehalten von 17,5% Graphit ein gutes Verschleißverhalten von Eisen–Graphit-Friktionswerkstoffen bis zu Gleitgeschwindigkeiten von 12 m/s erreicht wird. Bei höheren Gleitgeschwindigkeiten erwies sich diese Graphitmenge als nicht ausreichend. Wie Abb. 2a zeigt, geht aus

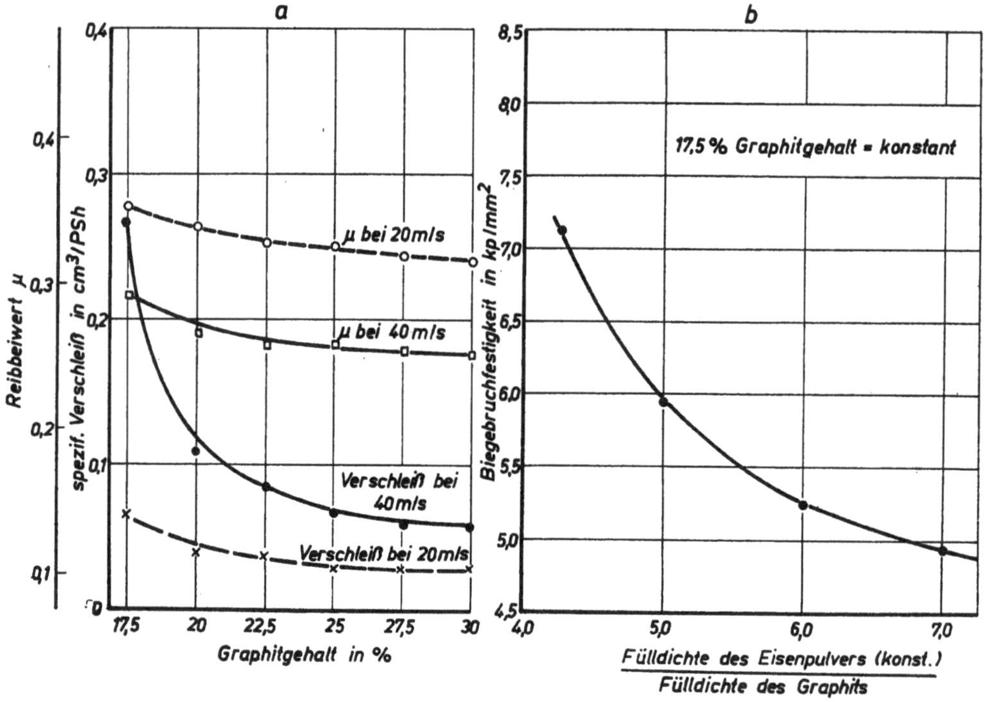

Abb. 2. Einfluß von Graphitgehalt und -art auf die Eigenschaften von Eisen–Graphit-Friktionswerkstoffen

den Versuchsergebnissen hervor, daß mit höheren Graphitanteilen der Verschleiß beachtlich abfällt und damit die Friktionseigenschaften erheblich verbessert werden können. Mit wachsendem Graphitanteil ist aber der Nachteil verbunden, daß die mechanischen Eigenschaften der Eisen–Graphit-Verbundwerkstoffe verschlechtert werden. Wie die Erfahrungen zeigten, müssen Festigkeit und Härte gewisse Mindestwerte aufweisen, um den Werkstoff als Friktionselement einsetzen zu können. Hieraus entstand die Aufgabe, Eisen–Graphit-Friktionswerkstoffe mit höherem Graphitgehalt und ausreichenden mechanischen Eigenschaften herzustellen. Die Versuche ergaben, daß durch Einsatz von Graphit mit gröberem Korn die mechanischen Werte verbessert werden können, ohne daß sich das Verschleißverhalten ändert. Dabei hat sich als zweckmäßig erwiesen, wenn zur Kennzeichnung der Korngröße und ihrer Verteilung das Füllvolumen bzw. die Fülldichte benutzt wird. Mit zunehmendem Anteil an gröberen Teilchen wird die Fülldichte des Graphits erhöht. Wie aus Abb. 2b hervorgeht, ist das Verhältnis der Fülldichte des Eisenpulvers zu der des Graphits bedeutungsvoll. Je kleiner es durch Verwendung von gröberem Graphit wird, um so mehr läßt sich die Biegebruchfestigkeit erhöhen. Gröberen Graphit kann man entweder durch Auswahl geeigneter Naturgraphitqualitäten erhalten oder künstlich durch Pressen oder Walzen mit anschließender Zerkleinerung auf geeignete Korngrößen herstellen.

Die mechanischen Eigenschaften und das Friktionsverhalten von Eisen–Graphit-Material werden weiterhin durch die Art und Korngröße des Eisenpulvers beeinflußt. Über die Abhängigkeit dieser Werte von der Korngröße gibt Abb. 3 Auskunft. Bei einem Eisen–Graphit-Friktionswerkstoff mit 17,5% Kohlenstoff ergab sich, daß ein Anteil von mehr als 80% an feinen Eisenpulverteilchen <0,06 mm zu Schwierigkeiten beim Pressen und deshalb zur Verschlechterung der mechanischen Eigenschaften führt. Gleichzeitig steigt dabei der spezifische Verschleiß außerordentlich an. Man muß also entsprechend dem in Abb. 3 gezeigten Verlauf von Biegebruchfestigkeit und Verschleiß ein Verhältnis zwischen fein- und grobkörnigem Eisenpulver wählen, welches eine brauchbare mechanische Festigkeit sicherstellt. Das dürfte bei etwa 70 bis 75% Anteil an feinem Eisenpulver <0,06 mm der Fall sein. Die Auswahl geeigneter Eisenpulver darf bei der Herstellung von Eisen–Graphit-Friktionswerkstoffen nicht unterschätzt werden.

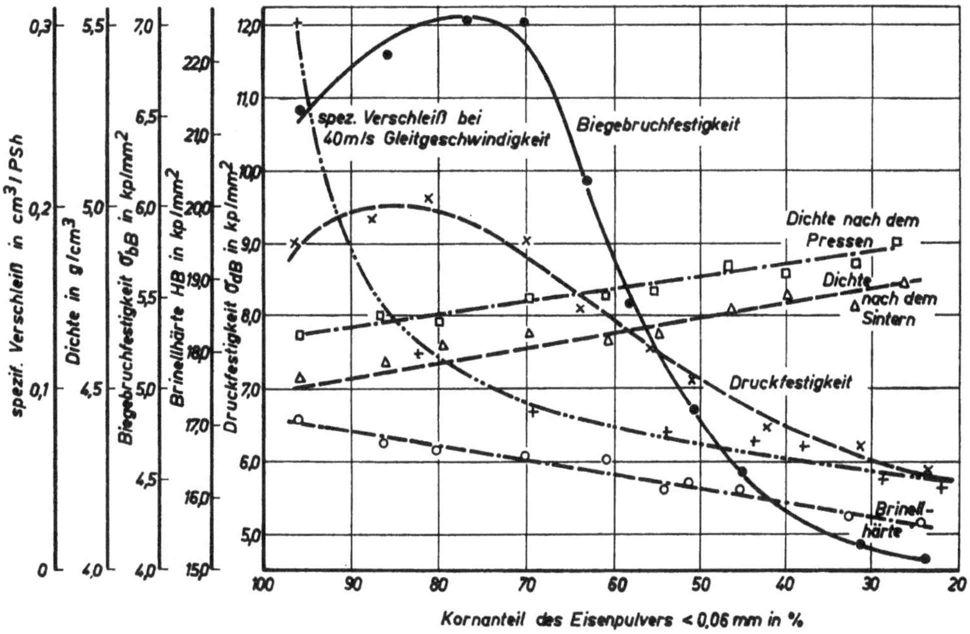

Abb. 3. Einfluß der Korngröße des Eisenpulvers auf die Eigenschaften von Eisen–Graphit-Verbundwerkstoffen mit 17,5%

Die Sinterung ist besonders auf die mechanischen Eigenschaften von Einfluß. Sie muß so durchgeführt werden, daß möglichst wenig Kohlenstoffverluste eintreten. Dies wird durch Anwendung einer Sinteratmosphäre aus den Gasgemischen Stickstoff–Kohlenmonoxid/Kohledioxid erreicht. Bei übereutektischen Temperaturen bildet sich das Eisen–Kohlenstoff-Eutektikum, welches den Graphit nicht benetzt und aus der Probe austritt. Deshalb muß die Sintertemperatur unter 1142 °C bleiben. Ökonomische Gesichtspunkte bei der Belastung der Sinteröfen lassen eine Sintertemperatur zwischen 1000 und 1060 °C ratsam erscheinen. Wichtig ist, den Sintervorgang so zu steuern, daß nach der Abkühlung feinlamellarer Perlit und möglichst wenig freier Zementit im Gefüge auftritt. Die harten Bestandteile des freien Zementits greifen beim Friktionsvorgang das Gegenmaterial an und verschlechtern dadurch das Reibverhalten des Materials. Es wurde beobachtet, daß bei Vorhandensein größerer Mengen freien Graphits die Bildung von sekundärem Zementit sehr gering ist. Ähnliche Ergebnisse findet auch E. NAVARA [2].

Zur Klärung dieses Verhaltens wurden Versuche durchgeführt. Verdüstes Eisenpulver wurde mit steigenden Mengen Graphit gemischt und anschließend, um eine Entkohlung zu vermeiden, in geschlossenen Schiffchen geglüht. Die Glüh- und Abkühlbedingungen waren die gleichen, wie sie für Eisen–Graphit-Friktionswerkstoff angewendet werden. Um die Versuchsergebnisse nicht durch die unterschiedlichen Mengen an freiem Kohlenstoff zu beeinflussen, wurden die gesinterten Mischungen zerkleinert und der freie Graphit weitestgehend mit Alkohol ausgewaschen. Durch analytische Bestimmung des Gesamtkohlenstoffgehaltes und des noch vorhandenen freien Kohlenstoffs im Eisenpulver kann auf den in Form von Zementit gebundenen Kohlenstoffanteil geschlossen werden. Die Versuchsergebnisse sind in Abb. 4 aufgetragen. Wie zu ersehen, ist bei einem Zusatz von etwa 4% Kohlenstoff der Zementitgehalt im Eisenpulver am größten. Bei höherem Kohlenstoffzusatz sinkt der im Eisen gelöste Kohlenstoffanteil ab, und zwar sogar unter die eutektoide Zusammensetzung. Metallographische Untersuchungen bestätigen die analytisch gewonnenen Werte.

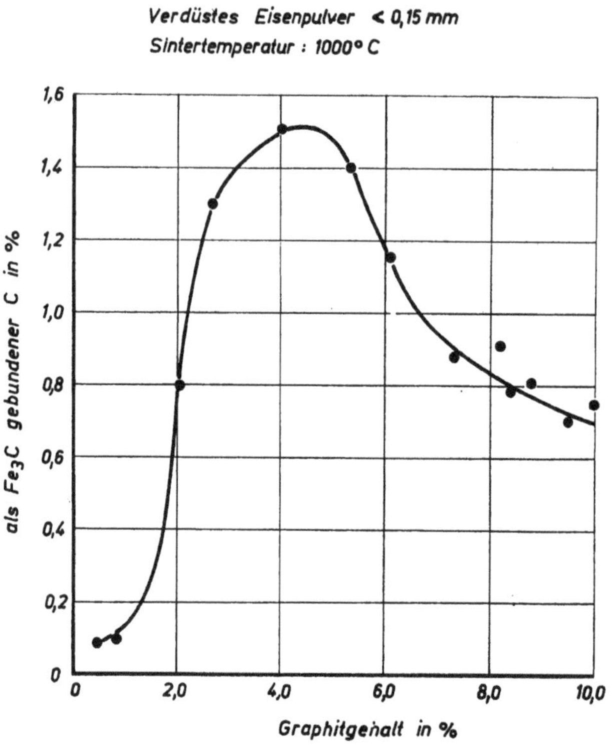

Abb. 4. Bildung von freiem Zementit in Eisenpulver in Abhängigkeit vom Graphitzusatz

2. Die Friktionsprüfung von Eisen–Graphit-Friktionswerkstoffen

Für die Entwicklung von Eisen–Graphit-Friktionswerkstoffen ist es notwendig, geeignete Prüfeinrichtungen zu schaffen, um das Reib- und Verschleißverhalten mit genügender Genauigkeit festlegen zu können. Dabei kommt es vor allem darauf an, die Prüfbedingungen so zu wählen, daß sie den praktischen Beanspruchungen entsprechen oder ihnen zumindest sehr nahekommen. So hat man z. B. bei der Leistungsprüfung über die Wahl der Probengröße zu entscheiden, um sowohl den Forderungen der Grundlagenforschung Rechnung zu tragen als auch für die praktische Anwendung brauchbare Ergebnisse zu erhalten. Die Erfahrungen bei Eisen–Graphit-Material zeigten, daß die Gesamtfläche der Proben in der Regel nicht unter 8 cm² liegen soll, da sonst die Versuchsergebnisse nicht genügend mit den in der Praxis gefundenen Werten übereinstimmen. Andererseits sind Probengrößen über 20 cm² leistungs- und meßtechnisch nur noch schwer zu beherrschen. Daraus ergibt sich, daß die für die Prüfeinrichtung erforderliche Leistung hoch genug sein muß, um Prüfungen bei hohen Geschwindigkeiten und großen Anpreßdrücken zuzulassen. Besonderes Augenmerk gilt auch der Wahl und der Vorbereitung des Gegenmaterials. Die Oberflächenhärte muß so hoch sein, daß kein Verschleiß eintritt. Das wird besonders beim Auftreten höherer Temperaturen problematisch. Deshalb ist die Reibpaarung auch für die Wahl des Prüfverfahrens bestimmend. Die Rauhigkeit des Gegenmaterials soll erfahrungsgemäß 5 µm nicht übersteigen und die Laufgenauigkeit unter 0,1 mm bleiben.

Abb. 5. Prüfstand zur Untersuchung von Friktionswerkstoffen im VEB Renak, Reichenbach

Zur Ermittlung der Friktionskennwerte der weiterentwickelten Eisen–Graphit-Friktionswerkstoffe wurde ein Prüfstand im VEB Reichenbacher Naben- und Kupplungswerke benutzt, den Abb. 5 zeigt. Er ermöglicht Leistungs- und Arbeitsprüfungen sowie die Untersuchung kompletter Kupplungen und Bremsen. Die Anlage wird mit einem 30-kW-Motor angetrieben. Die Gleitgeschwindigkeit läßt sich von 2 bis 45 m/s stufenlos einstellen. Zur Durchführung von Arbeitsprüfungen ist ein Schwungmassensatz vorhanden, der durch eine elektromagnetische Schaltkupplung wahlweise kraftschlüssig verbunden wird. Der Anpreßdruck wird durch Gewichte erzeugt und kann von 1 bis 80 kp/cm² variiert werden. Die Überprüfung der auf die Proben wirkenden Anpreßkraft erfolgt durch elektrische Messung. Eine mit Dehnmeßstreifen versehene Torsionswelle gestattet die Messung der Drehmomente. Die Meßwertänderungen werden von Schleifringen abgenommen, mit einem Dehnmeßgerät verstärkt und können mittels Schleifenoszillographen registriert werden. Zur Bestimmung der Temperaturen sind Thermoelemente eingesetzt, deren Meßwerte auf einem Kompensationsbandschreiber aufgezeichnet werden. Schließlich ist eine berührungslose und kontinuierliche Ermittlung des Verschleisses möglich. Der präzise Aufbau des Prüfstandes erlaubt, die Meßfehler unter 5% zu halten.

Die mit dieser Prüfeinrichtung ermittelten Friktionskennwerte der weiterentwickelten Eisen–Graphit-Friktionswerkstoffe in Abhängigkeit von der Gleitgeschwindigkeit zeigt Abb. 6. Es geht daraus hervor, daß es gelungen ist, Eisen–Graphit-Friktionswerkstoffe zu schaffen, die auch bei hoher Gleitgeschwindigkeit geringen Verschleiß neben guten Reibbeiwerten aufweisen. Um die Leistungsfähigkeit des Eisen–Graphit-Friktionswerkstoffes beurteilen zu können, wurde ein Vergleich mit zwei kunststoffgebundenen Asbestreibwerkstoffen unternommen, die z. Z. im Handel sind. Als Vergleichsbasis diente dabei die übertragbare spezifische Leistung bei Teilbelag-Leistungsprüfung, die sich aus dem Produkt von Anpreßdruck, Gleitgeschwindigkeit und Reibbeiwert ergibt. Die Ergebnisse sind in Abb. 7 aufgetragen. Die Kurven geben die höchstzulässige übertragbare Leistung für den jeweiligen Friktionswerkstoff an. Werden diese Werte überschritten, so ist bei den mit organischen Bindemitteln versehenen Asbest-Friktionswerkstoffen rasch fortschreitende Verkohlung und dadurch starke Verschleißerhöhung festzustellen. Bei Eisen–Graphit-Material wird auf Grund der hohen Wärmeentwicklung bei zu hohen spezifischen Belastungen primär das Gegenmaterial angegriffen, wodurch sekundär der Verschleiß des Reibstoffes ansteigt. Als Grenzwert wurde hier ein Verschleiß von 0,20 cm³/PSh eingesetzt.

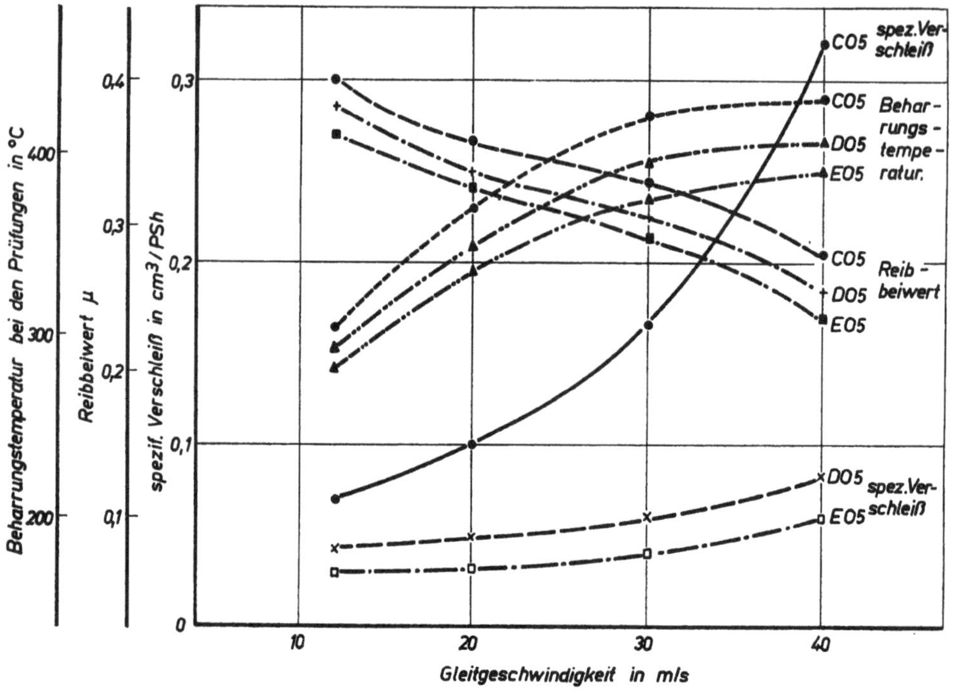

Abb. 6. Friktionskennwerte der Eisen–Graphit-Materialien CO 5, DO 5 und EO 5 in Abhängigkeit von der Gleitgeschwindigkeit

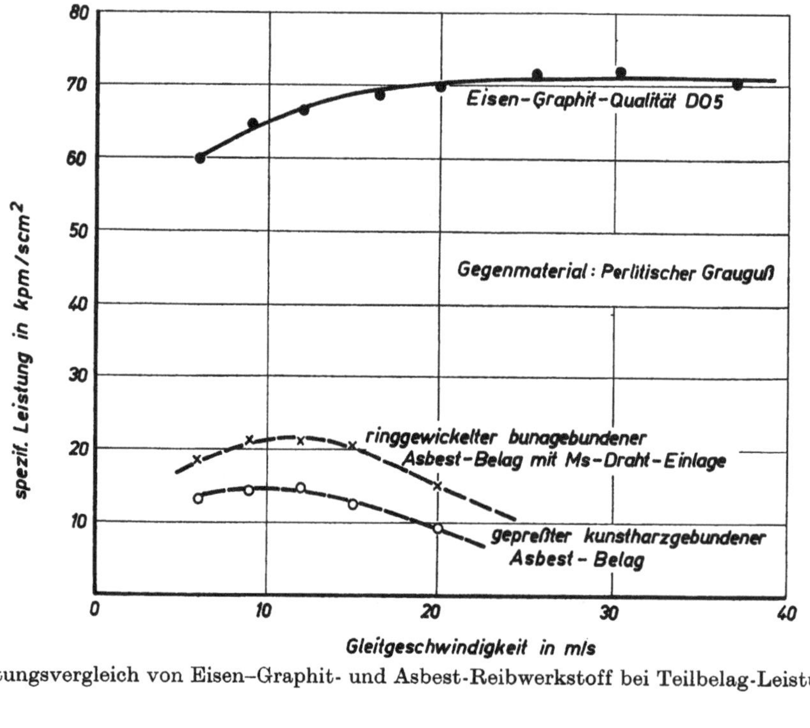

Abb. 7. Leistungsvergleich von Eisen–Graphit- und Asbest-Reibwerkstoff bei Teilbelag-Leistungsprüfung

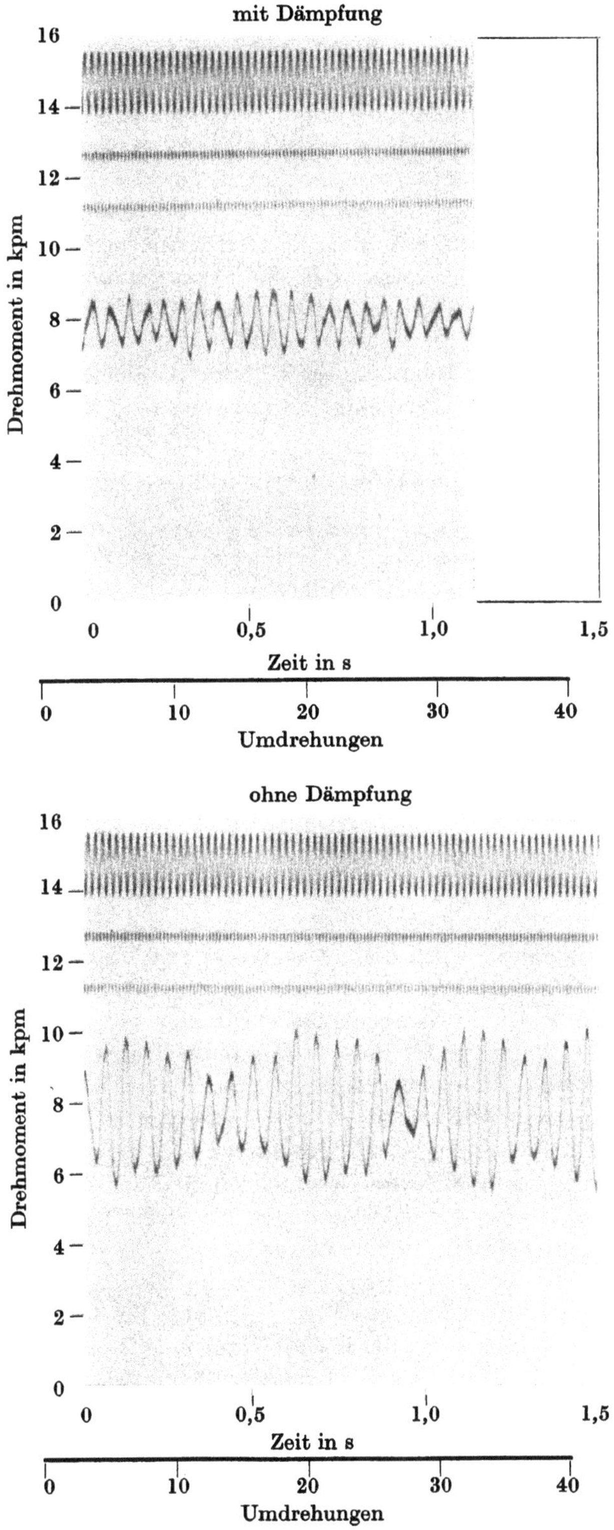

Abb. 8. Drehmomentschwingung von Eisen–Graphit-Friktionswerkstoff bei Teilbelag-Leistungsprüfung

Beim Einsatz von Eisen–Graphit-Friktionswerkstoffen ist eine Reihe von Faktoren zu beachten, die sich nachteilig auf deren Eigenschaften auswirken können. Eine bisher wenig untersuchte Einflußgröße ist das Auftreten von Reibschwingungen. Auf Grund seiner strukturellen Zusammensetzung ist der Eisen–Graphit-Reibwerkstoff weniger schwingungsdämpfend als kunststoff- oder bunagebundene Asbestbeläge. Die Versuche ergaben, daß Eisen–Graphit-Material beim Auftreten von zu großen Schwingungen einen Verschleißanstieg zeigt. Abb. 8 gibt oszillographisch aufgenommene Schwingungen beim Prüfen von Eisen–Graphit-Material DO 5 wieder. Dabei wurde mit und ohne Dämpfung gearbeitet. Bei fehlender Dämpfung war der Verschleiß um 25% höher als im Falle der gedämpften Schwingungen. Diese Ergebnisse zeigen, daß man der Frage des Auftretens von Schwingungen im praktischen Betriebseinsatz mehr Aufmerksamkeit als bisher widmen sollte. Alle für die Kraftübertragung in Frage kommenden Bauelemente sollten auf Eigenschwingungen und Resonanz überprüft und erforderliche Dämpfung oder Frequenzverlagerungen vorgenommen werden.

3. Praktische Erprobung der weiterentwickelten Eisen–Graphit-Friktionswerkstoffe

Anschließend sollen anhand zweier Anwendungsgebiete die Vorteile der Eisen–Graphit-Friktionswerkstoffe verdeutlicht werden.

An einem Hafenbrückenkran wurden die zur Funktion des Hubwerkes nötigen Außenbackenbremsen mit Eisen–Graphit-Material ausgerüstet. Die Tragfähigkeit des Kranes beträgt 20 t. Der Antrieb des Hubwerkes erfolgt durch zwei Motoren von je 125 kW. Das Abbremsen der Last und der beschleunigten Massen wird durch zwei Außenbackenbremsen mit einem Durchmesser von 630 mm durchgeführt. Die maximale Gleitgeschwindigkeit tritt beim Senken der Last auf und beträgt 36,0 m/s. Die bisher eingesetzten kunststoffgebundenen Asbest-Beläge erreichten bei 3schichtigem Verladebetrieb eine Standzeit von 4 bis 10 Tagen je nach Auslastung des Kranes. Besonders nachteilig war jedoch, daß bei der Bremstrommel aus GG 22 nach relativ kurzer Laufzeit auf Grund der geringen Wärmeleitfähigkeit des kunststoffgebundenen Belages Wärmerisse an der Oberfläche auftraten, die das Auswechseln der Trommeln erforderlich machten. Dies ist sehr aufwendig und bedeutet Ausfall der Verladekapazität. Für unsere Versuche wurden die Belagträger mit Eisen–Graphit-Material Qualität DO 5 bestückt. Dabei ist festgestellt worden, daß die Standzeit des Eisen–Graphit-Materials etwa das 3- bis 4fache des kunstharzgebundenen Belages beträgt. Auf Grund der guten Wärmeleitfähigkeit des Eisen–Graphit-Belages konnte die Temperatur an der Oberfläche beträchtlich gesenkt werden. Nach 60 Bremsungen unter Vollast wies die Bremstrommel beim Asbest-Belag eine Temperatur von 150 bis 160 °C auf, wohingegen bei Eisen–Graphit-Material nur 90 bis 95 °C festgestellt wurden. Die Verminderung der Oberflächentemperatur läßt erwarten, daß die Bildung von Wärmerissen weitgehend eingeschränkt werden kann. Zusätzlich besteht durch Umgestaltung des Belagträgers die Möglichkeit, noch größere Wärmemengen über den Eisen–Graphit-Belag abzuführen.

Ein weiteres Anwendungsgebiet ist der Einsatz von Eisen–Graphit-Friktionsmaterial in Fliehkraftreibungskupplungen von Separatoren. Hier hat die Kupplung für einen weichen Anlauf des Separators zu sorgen, wobei die Motorleistung möglichst klein gehalten werden soll. Diese Forderung läßt sich nur durch entsprechend lange Schlupfzeiten der Kupplung erreichen. Sie betragen vielfach bis zu 20 min. Während dieser Zeit erwärmt sich die Kupplung so stark, daß organisch gebundene Beläge nach kurzer Zeit verkohlen. Der Einsatz von Eisen–Graphit-Material führte zu befriedigenden Ergebnissen. Der Nachteil, daß bei den hierbei auftretenden Temperaturen bis 600 °C das Gegenmaterial angegriffen wurde, konnte durch Hartverchromung der Trommeln behoben werden.

Dresden (DDR), Institut für metallische Spezialwerkstoffe
der Deutschen Akademie der Wissenschaften zu Berlin

Literatur

[1] STROBEL, E., Friktionswerkstoffe insbesondere auf Eisen–Graphit-Basis. Technik 12 (1957) 12, 819 bis 824.

[2] NAVARA, E., Beitrag zur Sinterungskinetik von Eisen–Graphit. Vortrag, Pulvermetallurgische Konferenz in Krakau 1963.

Diskussion

H. LORENZ, Berlin: Mit welchen spezifischen Flächenbelastungen wird zur Zeit in der Praxis gerechnet?

H. REBSCH: Die Versuche wurden mit einem heute üblichen Anpreßdruck von 6 kp/cm² durchgeführt; eine Erhöhung auf 15 kp/cm² erscheint für das Material zumutbar.

H. GEBERS, Dessau: Welches Gegenmaterial wurde bei den Versuchen verwendet?

H. REBSCH: Es wurde perilitischer Grauguß benutzt.

H. LORENZ: Sind Eisen–Graphit-Reibwerkstoffe auch für Kupplungen unter Öl brauchbar?

H. REBSCH: Da ein solcher Bedarf bisher nicht vorlag, wurden in dieser Richtung nur wenige Versuche durchgeführt.

H. LORENZ: Ist die Qualität des Graphits bei den Reibwerkstoffen mit mehr als 17,5% Graphit von ausschlaggebender Bedeutung?

H. REBSCH: Dies trifft zu. Ein Wechsel in der Herkunft des Graphits bedingt neue Versuche hinsichtlich seiner Eignung. Der Aschegehalt des von uns verwendeten Graphits beträgt etwa 4%.

H. SILBEREISEN, Mönchengladbach: Ist eine sehr feine Verteilung des Graphits in Reibwerkstoffen wesentlich? Es ist auffällig, daß die beschriebenen Werkstoffe trotz ihres hohen Graphitgehalts eine relativ große Festigkeit besitzen.

H. REBSCH: Auf Feinstverteilung des Graphits wird keine besonderer Wert gelegt; im Gegenteil, durch eine gröbere Verteilung des Graphits erhält man ein festeres Eisenskelett.

K. KRETZSCHMAR, Frankfurt/Main: Beeinflußt die Teilchengestalt des Eisenpulvers die Versuchsergebnisse?

H. REBSCH: Die Versuche ergaben, daß eine Mischung aus kugeligem und spratzigem Eisenpulver günstig ist.

B. O. ROSELL, Västerös (Schweden): Wie wurde während der Prüfung dieser Werkstoffe die Temperatur gemessen?

H. REBSCH: Die Temperatur wurde 1 mm unter der Reibfläche mit einem Thermoelement gemessen. Diese Temperatur ist selbstverständlich niedriger als die Temperatur auf der Reibfläche.

V. DUFEK, Šumperk (ČSSR): Ist in der DDR beabsichtigt, die Prüfbedingungen zu standardisieren?

H. REBSCH: Prüfmethoden, die als Standard eingeführt werden können, sollen erarbeitet werden. Die Prüfbedingungen sollten der Praxis angepaßt sein. Dabei halten wir die Erkenntnis für wesentlich, daß aus Versuchen mit zu kleinen Proben sich keine einwandfreien Schlüsse ziehen lassen. Zuverlässige Ergebnisse liefern Versuche mit kompletten Brems- oder Kupplungsaggregaten.

Metall-Graphit-Verbundwerkstoffe mit hohem Graphitgehalt

Von I. M. Fedorčenko u. L. I. Pugina

Die Entwicklung spezieller Gleitwerkstoffe, die unter den Bedingungen der Trocken- oder gemischten Reibung, bei erhöhten Gleitgeschwindigkeiten und erhöhten Temperaturen und anderen erschwerten Bedingungen arbeiten, entspricht den Forderungen der modernsten Industriezweige. Die vorstehenden Anforderungen werden von den üblichen Gußlegierungen nicht erfüllt. In einigen Anwendungsfällen haben die pulvermetallurgisch hergestellten Verbundwerkstoffe auf Eisen- oder Kupferbasis mit Graphitzusätzen zu positiven Ergebnissen geführt; z. B. bewährten sich Kupfer–Graphit-, Eisen–Graphit- und Bronze–Graphit-Verbundwerkstoffe für elektrische Schleifkontakte und dergleichen. Der Graphitgehalt dieser Werkstofftype liegt im allgemeinen bei 5 bis 7%, da mit zunehmendem Graphitgehalt die Festigkeit des Werkstoffes stark abnimmt.

Der Bedarf des Maschinenbaues und insbesondere der chemischen Industrie hat zur Entwicklung einer Reihe von Metall–Graphit-Verbundwerkstoffen mit hohem Graphitgehalt, bis zu 30 Gew.-%, auf der Basis von Eisen, Kupfer, Silber, Messing, Bronze usw. geführt [1]—[5]. Diese Kombinationen werden in Abhängigkeit vom Basismetall für den Einsatz im Temperaturbereich 73 bis 873 °K empfohlen. Angaben über ihren Einsatz bei hohen Gleitgeschwindigkeiten sind jedoch aus der Literatur nicht bekannt.

Das Ziel der vorliegenden Arbeit bestand in der Entwicklung neuer, pulvermetallurgischer Antifriktionswerkstoffe und Untersuchungen ihrer Eigenschaften bei hohen Gleitgeschwindigkeiten. Im Falle erhöhter Gleitgeschwindigkeiten (>10 m/s) entstehen auf den Reibflächen hohe Temperaturen. Eine ausreichende Zunderbeständigkeit ist deshalb eine der Hauptforderungen an den einzusetzenden Werkstoff.

Untersuchungen zur Auswahl des Basismetalles haben gezeigt, daß Nickel–Kupfer- oder Nickel–Eisen-Legierungen bis zu Temperaturen von 873 °K eingesetzt werden können. Der Graphitgehalt wurde in breiten Grenzen zwischen 20 und 90 Vol.-% variiert und sein Einfluß auf die Gleiteigenschaften des Metall–Graphit-Verbundwerkstoffes ermittelt. Die Versuchsproben wurden nach den in der Pulvermetallurgie klassischen Verfahren, Pressen und nachfolgendes Sintern, hergestellt. Um maximale Festigkeitseigenschaften zu erzielen, wurde die Sinterung in Anwesenheit einer flüssigen Phase durchgeführt, was durch hohe Sintertemperaturen bis 1493 °K und Einsatz oberflächenaktivierender Zusätze in Form einer Silizium–Kalzium-Legierung bis zu 1 Gew.-% der Matrix erreicht wird. Das Gefüge eines solchen Werkstoffes besteht, wie Abb. 1a zeigt, aus zwei Bestandteilen: der metallischen Matrix (Mischkristall) und Graphiteinschlüssen; die Porosität betrug im Durchschnitt 8 bis 14%.

Aus den Versuchsreihen über den Einfluß des Kohlenstoffgehaltes auf die Festigkeit ist zu entnehmen, daß mit steigendem Graphitgehalt die Festigkeitseigenschaften rapid abfallen, während die das Reibverhalten charakterisierenden Eigenschaften sich verbessern. Optimale Kennwerte zeigen die Proben mit 30 bis 50 Vol.-% Graphit. Ihre Härte beträgt in Abhängigkeit vom Kohlenstoffgehalt 50 bis 18 kp/mm² und ihre Scherfestigkeit 8,5 bis 1,5 kp/mm². Die angegebenen Eigenschaften sind nur in unbedeutendem Maße von der Zusammensetzung der metallischen Komponente abhängig. Unter den Bedingungen der Trockenreibung weist der Reibungskoeffizient einen hohen Zahlenwert auf und erreicht bei einer Gleitgeschwindigkeit von 11,5 m/s und einem Anpreßdruck von 0,7 kp/cm² 0,3 bis 0,4 (stirnseitige Beanspruchung).

Die Versuchsproben mit Graphitgehalten <30 Vol.-% konnten bei den oben angegebenen Gleitgeschwindigkeiten nicht geprüft werden, da sie sich sofort bis zur Rotglut erhitzten, was einerseits zur Deformation der Prüfkörper und andererseits zu einem katastrophalen Verschleiß führt. Bei weiterer Steigerung des Graphitgehaltes vermindern sich der Reibungskoeffizient und der Werkstoffverschleiß nur unwesentlich. Ein Anstieg der Gleitgeschwindigkeit bis 42,5 m/s hingegen führt bei den angegebenen Anpreßdrücken zu einer enormen Temperaturerhöhung und Zunahme des Reibungskoeffizienten auf Werte von 0,5 bis 0,6 und teilweise zum Fressen der aufeinandergleitenden Flächen.

Wurden die Proben bei Ölschmierung unter annähernd den gleichen Prüfbedingungen untersucht, so konnten weitaus günstigere Gleiteigenschaften ermittelt werden. So zum Beispiel zeigte die Versuchsserie mit 50 Vol.-% Graphit bei einer Schmierung mit Transformatorenöl bis zu Gleitgeschwindigkeiten von 50 m/s und Anpreßdrücken von 3,3 bis 3,8 kp/cm² ausgezeichnete Laufeigenschaften (Tab. 1). Bei weiterer Erhöhung des Anpreßdruckes oder Steigerung der Gleitgeschwindigkeit beginnt das Öl zu verbrennen, und der Reibungskoeffizient nimmt rasch zu. Die durchgeführten Prüfungen lassen erkennen, daß die Metall–Graphit-Verbundwerkstoffe trotz ihres hohen Graphitgehaltes unter den Bedingungen der Trockenreibung nicht für hohe Gleitgeschwindigkeiten Verwendung finden können. Als eine der Ursachen hierfür sind wahrscheinlich die ungünstigen Gleiteigenschaften der metallischen Matrix anzusehen.

Tabelle 1. Prüfergebnisse von Metall–Graphit-Verbundwerkstoffen bei stirnseitiger Beanspruchung und Ölschmierung

Gleitgeschwindigkeit m/s	Anpreßdruck	Versuchsdauer s	Verschleiß/h m · 10^{-9}	Reibungskoeffizient
Kupfer–Nickel-Matrix				
11,5	5,5	3600	—	0,105
49,0	5,5	600	—	0,065 – 0,05
11,5	16,5	3600	—	0,052
49,0	16,5	600	—	0,052
21,5	33,0	3600	—	0,040
49,0	33,0	600	—	0,040
21,5	38,6	3600	1	0,045
32,0	38,6	600	—	0,045
49,0	38,6	600	—	0,040
Eisen–Nickel-Matrix				
11,5	8,2	10800	—	0,10 – 0,12
49,5	16,5	600	12	0,052
49,5	27,5	600	—	0,030
49,5	35,6	600	—	0,044 – 0,078

Mit dem Ziel, die Gleiteigenschaften der pulvermetallurgisch gefertigten Werkstoffe weiter zu verbessern, wurden von [6], [7] Schwefel und verschiedene Sulfide unmittelbar in den Chargenansatz gegeben. Dieses Verfahren wurde von uns übernommen und erfolgreich bei der Entwicklung von Metall–Graphit-Verbundwerkstoffen für hohe Gleitgeschwindigkeiten angewendet. Bei der Durchführung der Sinterversuche stellte sich jedoch heraus, daß sich die niedrigschmelzenden Nickelsulfide bilden und die Probekörper bereits bei Temperaturen um 1273 °K geschmolzen waren. Ohne zusätzliche technologische Veränderungen konnten deshalb keine qualitativ hochwertigen Prüfkörper hergestellt werden. Diese Schwierigkeit wurde

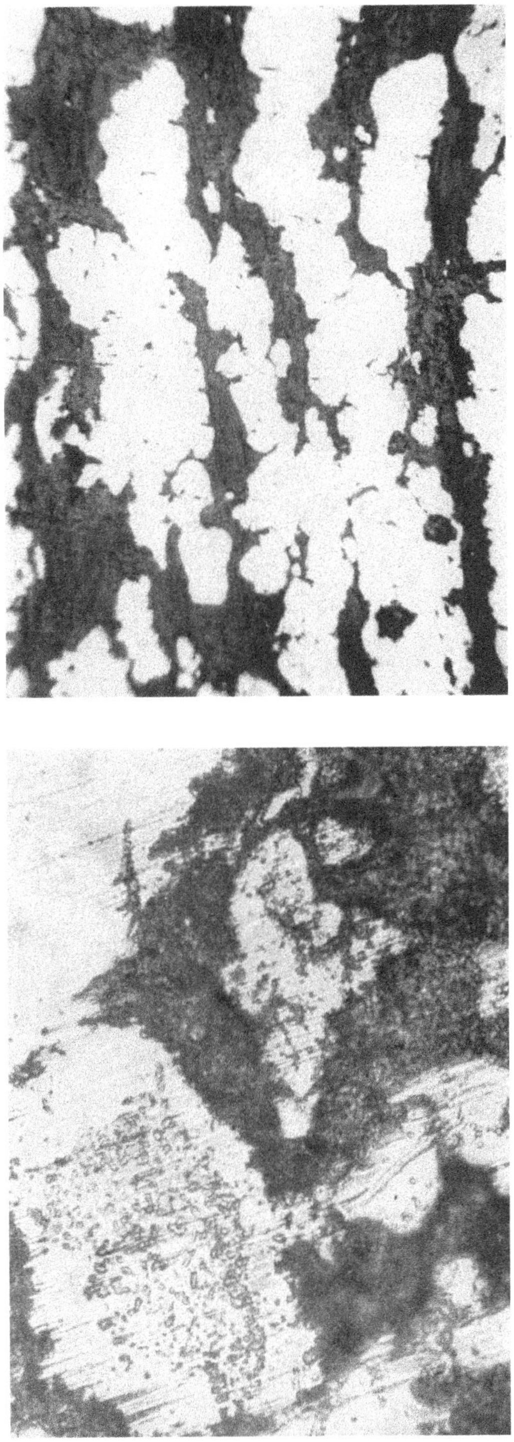

a)

b)

Abb. 1. Mikrogefüge von Metall-Graphit-Verbundwerkstoffen

a) 50 Vol.-% Graphit, ungeätzt, V = 200:1;
b) sulfidhaltig, ungeätzt, V = 500:1

von uns dadurch umgangen, daß die Metall–Graphit-Verbundwerkstoffe mit Mangan legiert, d. h. dem Ausgangsgemisch Ferromangan in Pulverform zugegeben wurde. Um ein einwandfreies Endprodukt zu erhalten, mußte der Manganzusatz im Überschuß, etwa die dreifache Menge im Vergleich zum Schwefelgehalt, zugegeben werden.

Es wurde eine Technologie zur Erzeugung sulfidhaltiger Metall–Graphit-Verbundwerkstoffe ausgearbeitet, nach der zweimal mit 3 bis 4 Mp/cm^2 gepreßt und bei 1273 °K und anschließend 1423 °K gesintert wird. Die erforderliche Menge an Schwefel gibt man in Form von Eisen-, Kupfer-, Zink- oder anderen Sulfiden in das Ausgangsgemisch zu, sie sollte 1% nicht überschreiten.

Sulfidhaltige Metall–Graphit-Verbundwerkstoffe zeichnen sich im Vergleich zu den sulfidfreien durch eine höhere mechanische Festigkeit aus. Auch ist ihre Härte um 8 bis 10 kp/mm^2 höher, was durch das Auftreten von zusätzlichen Einschlüssen und durch die Verfestigung der metallischen Matrix infolge Legierungsbildung hervorgerufen wird. Das Gefüge eines solchen Werkstoffes ist ähnlich dem des sulfidfreien, enthält jedoch, wie Abb. 1b zeigt, zusätzlich nichtmetallische Einschlüsse (Mangansulfid und die anderen zugegebenen Sulfide). Durch Verwendung der Sulfide wurden die Gleitcharakteristika des Metall–Graphit-Verbundwerkstoffes entscheidend verbessert und die Möglichkeiten geschaffen, diesen Werkstoff unter den Bedingungen der Trockenreibung bei hohen Gleitgeschwindigkeiten erfolgreich einzusetzen.

Die Zerstörung der sich im Laufe der Gleitung ausbildenden Laufschicht und die Aufrauhung des Werkstoffes schreiten mit zunehmendem Anpreßdruck fort. Die Aufrauhung verschwindet bei Erhöhung der Gleitgeschwindigkeit, und die Laufflächen der Proben bedecken sich mit einer gleichmäßigen, glänzenden Sulfidschicht. In Tabelle 2 sind die Ergebnisse aus der Untersuchung über das Reibverhalten von sulfidhaltigen Metall–Graphit-Verbundwerkstoffen bei Trockenlauf und Stahl der Sorte U 9 als Gegenmaterial angegeben (stirnseitige Beanspruchung).

Tabelle 2. Prüfergebnisse von sulfidhaltigen Metall–Graphit-Verbundwerkstoffen bei Trockenlauf

Gleitgeschwindigkeit m/s	Anpreßdruck	Versuchsdauer s	Verschleiß/h $m \cdot 10^{-9}$	Reibungskoeffizient
11,5	6,8	1200	24	0,34–0,43
23,0	6,8	1200	27	0,22–0,31
34,5	6,8	600	42	0,20
51,5	6,8	180	–	0,10–0,19
11,5	13,0	600	30	0,36–0,41
23,0	13,0	600	30	0,21–0,29
34,5	13,0	300	40	0,20–0,23
51,5	13,0	180	–	0,15

Kiew (UdSSR), Institut problem materialovedenija (Institut für Werkstoffkunde)

Literatur

[1] EISENKOLB, F. u. a., DWP 18191 v. 2. 2. 1960.
[2] US-Patent 2537591, Application 10. 10. 1945; 9. 1. 1956.
[3] Compressed Air and Hudrannt. Hydraulic Engineering 1960, 294, S. 365.
[4] TERENT'EV, JA. K., Energomašinostroenie 1961, 12, S. 45–46.
[5] HUMENIK, M. D., HALL, D. W. and VAN ALSTEN, R. L., Metal Progress. 81, 1962, 4, S. 101–108.
[6] PUGINA, L. I., Sul'fidirovanie legirovannogo železo-grafita. Konferencia Metallurgii Proszków, cześć 2. Kraków 1963, S. 75.
[7] PUGINA, L. I. und ŠAMRAIJ, F. I., Avtorskoe svidetel'stvo. Kl. 18b 23 Nr. 136747. Bjulleten' izobretenij 1961, 6.

Reibwerkstoffe auf Kupferbasis für Arbeiten unter Öl

Von W. Cegielski und W. Missol

1. Einleitung

Es wurde die Eignung von Friktionswerkstoffen auf Kupferbasis für den Einsatz in Reibkupplungen automatischer Kraftfahrzeuggetriebe untersucht.

Dabei sollten folgende Bedingungen erfüllt werden:

Reibwert $> 0{,}06$
bei maximaler Gleitgeschwindigkeit von 10 m/s
und einem maximalen Anpreßdruck von 50 kp/cm².

Die Untersuchungen erstreckten sich auf zwei Sorten von Friktionswerkstoffen mit der Zusammensetzung

a) Metall — Kupfer
b) Kunststoff — Metall

Literaturangaben über die Zusammensetzung derartiger Werkstoffe sind in Tabelle 1 zusammengetragen.

Tabelle 1. Friktionswerkstoffe auf Kupferbasis für Öltauchlauf

Chemische Zusammensetzung in Gew.-%										Dynamischer Reibbeiwert	Brinell-Härte	Nach Position im Literaturverzeichnis
Cu	Ni	Sn	Pb	Fe	Graphit	SiO_2	Asbest	Korund	Bakelit			
60	—	10	5	4	4	—	9	—	8	0,12—0,15	17—25	[1]
57	—	10	5	4	4	—	9	—	11	0,11—0,13	15—19	[1]
R	0—2	5—10	5—16	0—3	4—8	—	0—5	—	—	0,09—0,10	18—25	[2]
60	—	5,5	9	7	6	4,5	—	—	—	0,03—0,07	50—60	[3]
70	—	6	6,5	10	5	—	—	2,5	—	0,11—0,13	48—55	[4]
78	—	—	—	—	—	20	2	—	—	0,237	—	[5]

R — Rest

Die Friktionswerkstoffe, wie sie aus Tabelle 1 ersichtlich sind, haben die angegebenen Reibbeiwerte bei Anpreßdrücken von 7 bis 19 kp/cm² und Gleitgeschwindigkeiten von 7 bis 7,5 m/s erreicht.

Die Dichte der Metall–Kupfer-Friktionswerkstoffe bewegt sich zwischen 5,8 und 6,3 g/cm³, die der Werkstoffe auf Kunststoff-Metallbasis zwischen 3,0 und 3,4 g/cm³, letztere bei einer Porosität von 30 bis 35%.

2. Versuchsdurchführung

Als Ausgangsmaterial für die Proben diente elektrolytisch hergestelltes Kupfer–Eisen- und Nickelpulver und zerstäubtes Blei-, Zinn- und Zinkpulver.

Diesen metallischen Komponenten wurden nichtmetallische pulverförmige Bestandteile angemischt wie

Kieselsäure,
Korund,
Asbest,
Graphit.

Für die Friktionswerkstoffe auf Kunststoff–Metall-Grundlage hat man Gemische mit einem Zusatz von Phenol-Kunstharz hergestellt.

Die prozentuale Zusammensetzung der Metall–Kupfer-Werkstoffe liegt in nachstehenden Grenzen:

60 bis 75% Cu
5 bis 8% Sn
4 bis 7% Pb
0 bis 10% Ni
7% Fe
4 bis 7% Graphit
3 bis 4% keramische Bestandteile, wie SiO_2, Al_2O_3, Asbest.

Die Mischungen wurden mit 2,2—2,5 Mp/cm² gepreßt und bei 680 °C unter Wasserstoff 2 Stunden gesintert.

Einige der Proben wurden mit 2,5 Mp/cm² nachverdichtet. Die Dichte dieser Werkstoffe lag zwischen 4,9 und 6,1 g/cm³, die Brinell-Härte bei 10 bis 22 kp/mm² und die der nachverdichteten Proben bei 38 bis 45 kp/mm².

Die Untersuchungen ergaben, daß den entscheidenden Einfluß auf den Reibwert nicht die verwendeten Werkstoffe und deren verschiedene Zusammensetzungen ausüben, sondern die Porosität des Friktionswerkstoffes.

Abb. 1 zeigt die Abhängigkeit des Reibbeiwertes von der Gleitgeschwindigkeit für Werkstoffe unterschiedlicher Dichte. Aus Abb. 1 ist ersichtlich, daß der Friktionswerkstoff mit der größten Porosität, also mit der kleinsten Dichte, die günstigsten Reibeigenschaften aufweist.

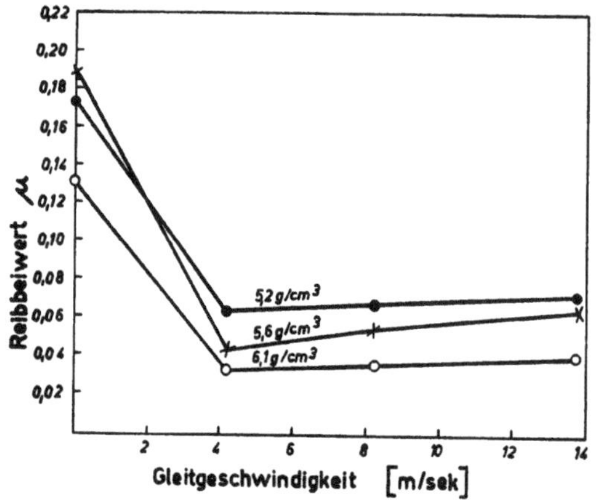

Abb. 1. Abhängigkeit des Reibbeiwertes von der Gleitgeschwindigkeit für den Friktionswerkstoff mit folgender Zusammensetzung: 72% Cu, 8% Sn, 4% Pb, 7% Fe, 6% Graphit, 3% Al_2O_3. Anpreßdruck $p = 6{,}65$ kp/cm²

a) einmal gepreßt und gesintert mit einer Dichte von 5,2 g/cm³; b) einmal gepreßt und gesintert mit einer Dichte von 5,6 g/cm³; c) zweimal gepreßt mit einer Dichte von 6,1 g/cm³

Diese Feststellung trifft jedoch nur zu, wenn die Anpreßdrücke nicht zu hoch gewählt werden. Bei hoher Belastung bis ca. 50 kp/cm² tritt für alle Werkstoffe auf Kupferbasis eine Abnahme des Reibwertes ein. Diese Erscheinung wurde erst nach einer gewissen Einlaufzeit des Friktionswerkstoffes offensichtlich. Das führte zu der Annahme, daß bei erhöhtem Anpreßdruck die Poren des Werkstoffes zugedrückt werden.

Als weiterer Beweis für den entscheidenden Einfluß der Porosität kann der ermittelte kleinere Reibbeiwert für die doppelt gepreßten Proben gelten.

Die Friktionswerkstoffe auf Basis Kunststoff–Metall waren für die Untersuchungen wie folgt zusammengesetzt:

58,7% Cu	6 % Graphit
4 % Zn	8 % Asbest
4 % Fe	8 % Novolack
5 % Pb	1 % Formin
5 % Sn	0,3% MgO

Die Probenherstellung erfolgte nach 3 Verfahren:

1. Kaltpressen mit 2 Mp/cm² und anschließend Aushärten 1 h bei 150 °C;
2. Warmpressen mit 2 Mp/cm² 5 min Halten in der auf 160 °C vorgewärmten Matrize unter Druck;
3. Kaltpressen mit 2 Mp/cm² und Sintern 2 h bei 300 °C unter Wasserstoff.

Die Dichte dieser Friktionswerkstoffe betrug 3,75 bis 4,0 g/cm³, die BRINELL-Härte lag bei 20 bis 28 kp/mm².

Die Ergebnisse der Reibwertbestimmungen für kaltgepreßte und anschließend ausgehärtete Werkstoffe auf Kunststoff–Kupfer-Basis sind in Tabelle 2 zusammengestellt.

Tabelle 2. Messung des Reibbeiwertes von Friktionswerkstoffen auf Kunststoff–Kupfer-Basis

Anpreßdruck in kp/cm²		12	28	52
Gleitgeschwindigkeit in m/s		7,5	9,4	9,4
Versuchsdauer in Std.		2	2	2
Reibbeiwert	mittel	0,111	0,102	0,063
	maximal	0,112	0,112	0,070
	minimal	0,110	0,092	0,056
Temperatur der Gegenscheibe nach 2 Std. in °C		150	175	185

Nach dieser Methode hergestellte Werkstoffe erfüllen die gestellten Forderungen, wohingegen die nach der normalen Kunststofftechnologie hergestellten Proben (Warmpressen und Halten unter Druck) bei einem Anpreßdruck von 52 kp/cm² und 9,4 m/sec Gleitgeschwindigkeit erweichten. Diese Erscheinung wird auf die zu kurze Aushärtezeit des Kunststoffes zurückgeführt.

Die Struktur der Friktionswerkstoffe ist den Abb. 2 und 3 zu entnehmen. Abb. 2 zeigt einen Werkstoff auf Kupferbasis, Abb. 3 den auf der Grundlage Kunststoff–Metall.

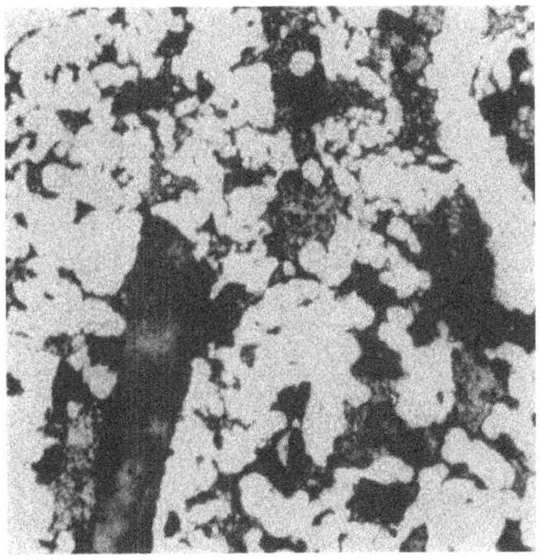

Abb. 2. Struktur eines Friktionswerkstoffes auf Kupferbasis mit Asbest-Zusätzen. Probe ungeätzt. ×380

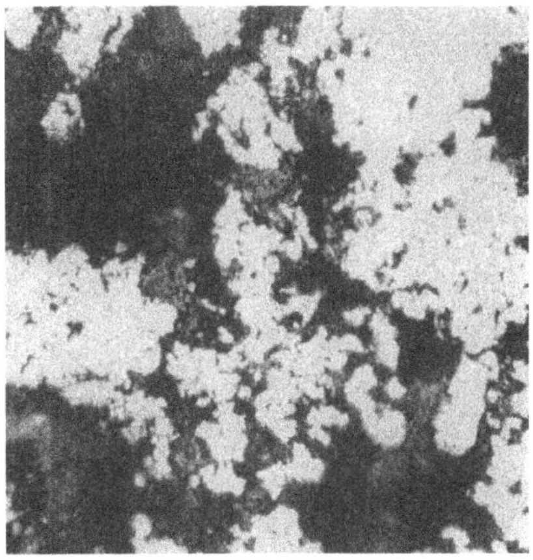

Abb. 3. Struktur eines Friktionswerkstoffes auf Kunststoff–Kupfer-Basis. Probe ungeätzt. ×380

3. Zusammenfassung

Bei Reibprozessen unter Öl übt die Porosität einen effektiven Einfluß auf das Reibverhalten aus. Die kunststoffhaltigen Friktionswerkstoffe sind den Werkstoffen auf Metall–Kupfer-Basis überlegen und genügen den eingangs aufgezeigten Anforderungen an die Reibeigenschaften.

Kaltpressen mit anschließender längerer Aushärtungszeit bei etwa 150 °C erwies sich als günstigste Technologie zur Herstellung kunststoffhaltiger Friktionswerkstoffe.

Gliwice (Polen), Institut für Nichteisenmetalle

Literatur

[1] Blagin, W. I. und Pospielow, B. S., Awtomobilnaja Promyschlennost H. 4 (1962) 36–39.
[2] Lawruchin, G. M. und Nardow, K. M., Awtomobilnaja Pomyschlennost H. 1 (1958) 14–16.
[3] Pensa, P., La Metallurgia Italiana V. 47 (1955), suppl. zu H. 12, 17–21.
[4] Martin, L. und Steiner, F., Forschungsbericht des Landes Nordrhein-Westfalen Nr. 849. Westdeutscher Verlag, Köln, Opladen 1961, S. 1–65.
[5] Saklinskij, W. W. und Rakowskij, W. S., Awtomobilnaja i Traktornaja Pomyschlennost H. 6 (1951) 13–14.

Diskussion

V. Dufek, Šumperk (ČSSR): Besitzen die beschriebenen Friktionsstoffe ein metallisches Skelett oder sind sie nur kunststoffgebunden? Würde eine Kombination beider Arten Vorteile bringen?

W. Cegielski: Es wurden beide Varianten untersucht; als Kunststoff wurde ein Phenolharz gewählt.

E. Strobel, Dresden: Schon vor dem zweiten Weltkrieg wurden in Deutschland Reibbeläge auf der Grundlage Stahlwolle-Buna für Trockenlauf hergestellt, die sich gut bewährten. Die Reibbeläge mit metallischem Skelett dürften Spitzenerzeugnisse sein; sie lassen sich auch unter Öl verwenden, wobei sie nicht, wie oft die kunststoffgebundenen, quellen.

Ermüdungserscheinungen bei niedrig legierter Sinterbleibronze

Von V. Procházka, E. Navara, A. Šalak

1. Einleitung

Im Maschinenbau sind viele Konstruktionsteile dynamischer Beanspruchung unterworfen und Materialbrüche häufig auf Ermüdung des Werkstoffs zurückzuführen. Soweit es sich um schmelzmetallurgisch erzeugte Werkstoffe handelt, ist darüber schon ausgiebig berichtet worden, kaum aber über die Dauerfestigkeit pulvermetallurgisch erzeugter Werkstoffe.

Dunmore und Smith [1] beobachteten die Ermüdungserscheinung an gesinterten Kupferkörpern bei Dauer-Torsionswechselbeanspruchung. Die Dauerfestigkeit erhöhte sich mit zunehmender Dichte der Versuchskörper. Die Erkenntnisse über die Ermüdungserscheinung bei kompakten Werkstoffen lassen sich nicht ohne weiteres auch auf Sinterwerkstoffe anwenden. Beispielsweise fallen die Wöhler-Linien gegenüber kompaktem Kupfer wesentlich weniger ab. Außerdem zeigt sich keine einheitliche Tendenz der Festigkeitswerte bei statischer und dynamischer Beanspruchung abhängig von der Sintertemperatur.

Wheatley und Smith [2] berichten von eingehenden Untersuchungen der Ermüdungserscheinung bei unterschiedlich porösem Sintereisen (Dichte zwischen 5,5 und 7,61 g/cm^3) und stellen gleichfalls fest, daß die Dauerfestigkeit umgekehrt proportional der Porosität ist. Zunehmende Porosität soll sich bei den untersuchten Werkstoffen nur in einer Verminderung des tragenden Querschnittes der Proben auswirken; die Kerbwirkung der Poren sei zu vernachlässigen.

Im Laboratorium der hüttenmännischen Technologie der Technischen Hochschule in Košice wurden Proben aus Stahlblech mit angesinterter Bleibronze auf Ermüdungserscheinungen bei dynamischer Beanspruchung hin untersucht und dabei der Einfluß des Bleigehaltes auf die Zahl der Lastwechsel bis zum Auftreten von Rissen ermittelt [3], [4]. Die Stahlblech–Bleibronze-Verbundproben unterlagen bei 150 °C einer Dauer-Biegewechselbeanspruchung. Bei den Proben mit 33 bis 39% Bleigehalt treten bereits nach verhältnismäßig wenig Lastwechseln Risse als Zeichen der Ermüdung der Bleibronze auf. Die Zahl der Lastwechsel bis zum Auftreten der ersten Risse nimmt in Abhängigkeit vom Bleigehalt einen anderen Verlauf als bei statischer Beanspruchung, wo die Festigkeit mit steigendem Bleigehalt linear abfällt.

Der Einfluß des Zusatzes von Nickel, Zink oder Zinn auf die Dauerfestigkeit gesinterter Bleibronze wurde noch nicht untersucht. Es schien notwendig, dies nachzuholen. Günstige Ergebnisse könnten zu einer Qualitätsverbesserung der Laufschicht gesinterter Bleibronze–Stahlblech-Verbundgleitlager führen.

2. Versuchsdurchführung

2.1 Herstellung des Versuchsmaterials

Das zerstäubte Bleibronzepulver mit 30% Bleigehalt für die Probekörper wurde nach dem DPG-Schleuderverfahren erzeugt, teils ohne, teils unter Zugabe von jeweils 1 und 3% Zink, Nickel oder Zinn zur Schmelze. Die chemische Zusammensetzung der Pulver und die Siebanalysen sind in Tabelle 1 aufgeführt.

Tabelle 1. Siebanalyse und chemische Zusammensetzung der Bleibronze-Pulver

Bezeichnung der Proben	1	2	3	4	5	6	7
Zusatzmetall	–	Zn	Ni	Sn	Zn	Ni	Sn
Menge [%]	–	1	1	1	3	3	3
Teilchengröße [%]							
< 0,04 mm	45,8	36,4	31,6	19,8	34,2	23,8	28,3
0,04 – 0,1 mm	48,1	57,4	59,1	69,7	59,3	68,6	64,4
0,1 – 0,15 mm	6,1	6,2	9,3	10,5	6,5	7,6	7,3
Cu [%]	68,70	68,90	69,08	68,92	66,22	67,82	66,44
Pb [%]	30,84	29,50	28,85	29,43	30,1	28,15	29,76
Zusatzmetall [%]	–	0,94	1,12	0,95	2,68	3,08	2,9

In flachen keramischen Formen wurde das etwa 6 mm dick lose geschüttete Pulver, Teilchengröße kleiner 0,15 mm, bei 850 °C 30 Minuten in Wasserstoff als Schutzgas gesintert. Es entstanden zunächst hochporöse Platten und daraus durch Teilung Abschnitte 50 × 85 mm groß. Diese wurden mit 1,5 Mp/cm² verdichtet und unter den gleichen Bedingungen wie angegeben nochmals gesintert. Nach einer weiteren Verdichtung der Hälfte der so behandelten Proben mit 3 Mp/cm² hatten diese eine Dicke von 2,4 mm angenommen. Die Oberfläche der Proben wurde mit Schmirgelpapier Nr. 400 behandelt.

2.2 Physikalische Eigenschaften des Versuchsmaterials

An allen Proben wurde neben dem Porenraum, der Zugfestigkeit und der Brinell-Härte *HB* 5 auch die Dauerfestigkeit ermittelt. Die Schliffbilder der lediglich mit 1,5 Mp/cm² verdichteten Proben zeigen ohne Ausnahme das nach Abb. 1 charakteristische Gefüge gesinterter Bleibronze.

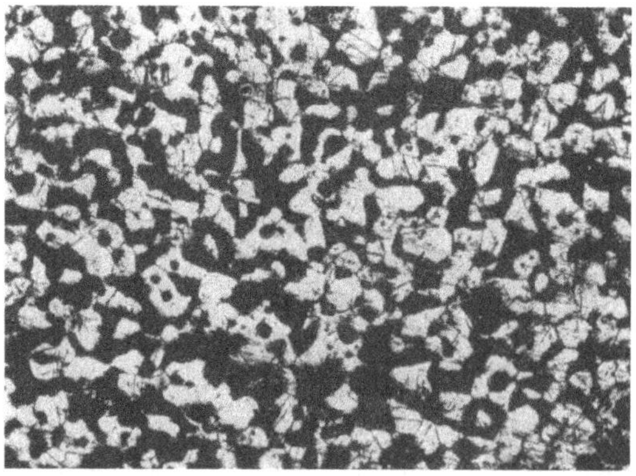

Abb. 1. Gesinterte Bleibronze 70% Cu – 30% Pb elektrolytisch poliert – geätzt, V = 100

Die Durchschnittswerte von Zugfestigkeit, Härte und Porenraum sämtlicher Proben sind in den Diagrammen Abb. 2 zusammengestellt.

Erwartungsgemäß ist die Zugfestigkeit der doppelt verdichteten Proben verglichen mit den nur einmal verdichteten wesentlich größer. Der Zusatz von Zink, Nickel oder Zinn macht sich aber kaum bemerkbar. Die Zugfestigkeit der einmal verdichteten Zweistoff-Bronze beträgt 6,2 kp/mm²; durch den Nickel- oder Zinnzusatz verbessert sie sich ohne wesentliche Unterschiede bis auf 7,4 kp/mm², bei den doppelt verdichteten Proben bis auf 10,5 kp/mm².

Die doppelte Verdichtung der Proben bewirkt naturgemäß auch verbesserte Härte des Werkstoffs. Abgesehen hiervon konnte lediglich durch Zusatz von 3% Zinn ein nennenswerter Härteanstieg erzielt werden.

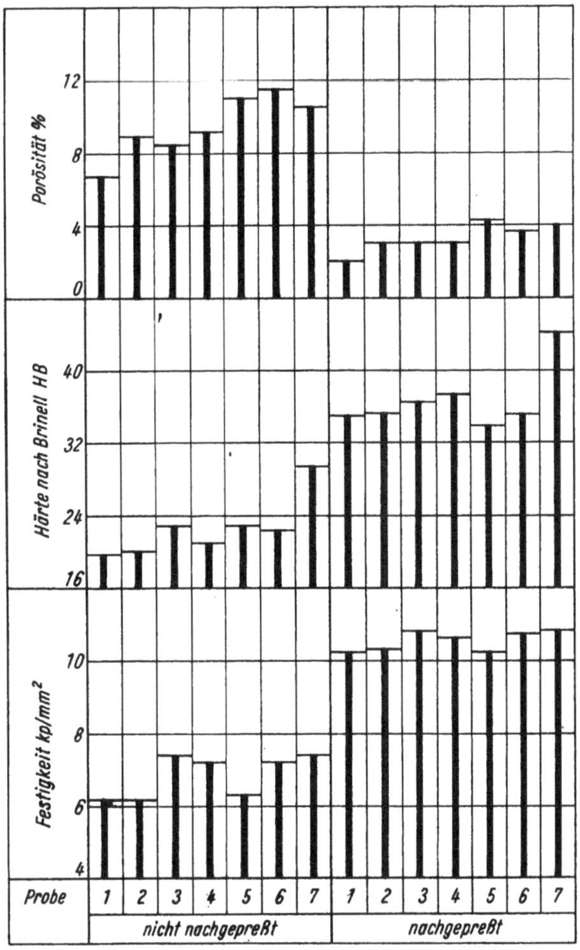

Abb. 2. Physikalische Eigenschaften des Versuchsmaterials

Den geringsten Porenraum zeigen die Bleibronze-Proben ohne Legierungszusatz, einerlei ob sie einfach oder doppelt verdichtet wurden. Anscheinend hemmen die angewandten Legierungszusätze, besonders in der größeren Menge von 3%, die Verdichtung der Bleibronze infolge unvollständigen Ablaufs von Diffusionsvorgängen beim Sintern.

2.3 Prüfung der Versuchskörper bei wechselnder Beanspruchung und Ergebnisse der Prüfung

Zur Untersuchung der Ermüdungserscheinungen bei Dauer-Biegewechselbeanspruchung wurde eine Apparatur mit elektromagnetischer Erregung eigener Konstruktion benutzt (Abb. 3). Die Apparatur, die nur für den Bereich der elastischen Verformung des Werkstoffs geeignet ist, besteht im wesentlichen aus:

1. Vorrichtung zum einseitigen Einspannen der Probe;
2. Elektromagnet, gespeist vom Frequenzwobbler;
3. Platte aus Stahlblech, befestigt am freien Probenende;
4. Dehnungsmeßstreifen zum Bestimmen der in der Probe auftretenden Spannungen;
5. Geräte zum Anzeigen und Registrieren der Spannungswerte.

Unterschiedliche Versuchsbedingungen lassen sich durch Änderung der Speisefrequenz und des Abstandes der Probe vom Elektromagneten herbeiführen. Die Zahl der Lastspiele errechnet sich aus Resonanzfrequenz und Prüfzeit.

Abb. 3. Apparatur zur Bestimmung der Dauerfestigkeit

Nach einer gewissen Zahl Lastwechsel machen sich die ersten Störungen im Aufbau des zu prüfenden Werkstoffs bemerkbar, woraus sich die Veränderungen der Dämpfung erklären. Die Resonanzfrequenz des RC-Generators kann trotz möglicher geringer Abweichungen als konstant gelten. Wesentlich größer ist der Abfall der Spannungsamplitude infolge des gestörten Gefügeaufbaus. Wie rasch dieser Vorgang abläuft, hängt von der Größe der Anfangsspannung und den Werkstoffeigenschaften des Prüfkörpers ab.

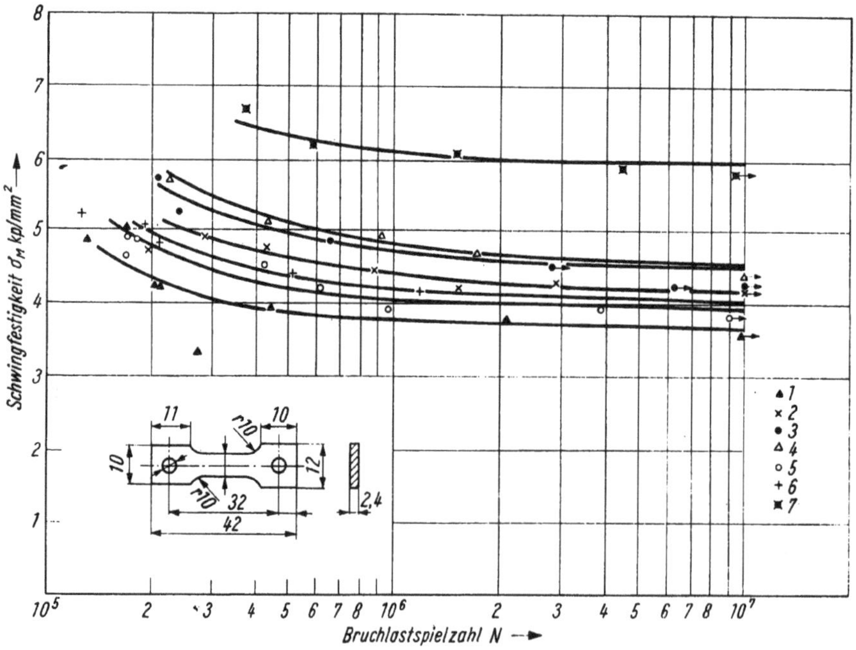

Abb. 4. Wöhler-Kurven der einfach verdichteten Proben

Gestalt und Abmessungen der Prüfkörper zeigt Abb. 4. Dort sind auch die Wöhler-Kurven für die nur einfach verdichteten Proben, ausgehend von unterschiedlichen Anfangsspannungen, zu sehen. Mit steigender Lastspielzahl vermindern sich die Dauerfestigkeit bzw. der

Spannungsausschlag, bei welchem Störungen im Gefüge der Probe auftreten. Die Gestalt der Wöhler-Kurven in Abb. 4 gleicht der der Wöhler-Kurven für reines Sinterkupfer [1].

Die niedrigste Dauerfestigkeit bei 10^7 Lastspielen zeigte mit 3,65 kp/mm² die einfach verdichtete binäre Bleibronze (Probe 1), die höchste, 5,9 kp/mm², die Probe 7 mit 3% Zinn. Lediglich 1% Zinn-Zugabe (Probe 4) läßt diesen Wert auf 4,6 kp/mm² absinken. Bei den übrigen Proben wurden für die Dauerfestigkeit Werte zwischen 4,6 und 3,65 kp/mm² ermittelt.

Die Dauerfestigkeit der einfach verdichteten Proben ist gering. Die Zerstörung des Gefüges beginnt bereits unmittelbar nach Versuchsbeginn, so daß es rasch zum Bruch der Probe kommt.

Die Dauerfestigkeit der nur einmal verdichteten Prüfkörper verbessert sich durch doppeltes Verdichten. Die Prüfung dieser Proben erfolgte, abweichend von den ursprünglich angewandten Bedingungen, bei konstanter und außerdem erhöhter Anfangsspannung.

Der Zusatz von 3% Zinn zur Bleibronze (Probe 7) wirkt sich wiederum günstig aus. Ausgehend von der Anfangsspannung 7,8 kp/mm² wurden auch nach 10^7 Lastspielen noch keine Anzeichen der Ermüdung des Werkstoffs beobachtet, im Gegensatz zur Probe 4 (Zinngehalt 1%), die nach $4{,}7 \times 10^6$ Lastspielen Ermüdungserscheinungen aufwies. Die binäre Bleibronze (Probe 1) fiel wiederum völlig ab.

Zusammenfassend läßt sich feststellen, daß man durch Zusatz von Zinn die Dauerfestigkeit einer Bleibronze mit 30% Blei wesentlich verbessern kann, wobei nach doppelter Kaltverformung die höchsten Werte vorliegen. Nickel und Zink der Bleibronze zugesetzt erhöhen trotz unveränderter Arbeitsweise bei der Herstellung der Prüfkörper die Dauerfestigkeit nur unwesentlich.

2.4 Messung des Dihedralwinkels

An Schliffen sämtlicher einfach verdichteten Proben wurde durch 100 und mehr Messungen der Dihedralwinkel bestimmt. Abb. 5 läßt in 500facher Vergrößerung die Dihedralwinkelscheinwerte gut erkennen. Da dem Schliff ein beliebiger Schnitt durch den dreidimensionalen Prüfkörper voranging, kann der Winkel, in dem zwei angeschnittene Ebenen zueinander liegen, Werte zwischen 0 und 180° annehmen. Nach D. Harker und E. R. Parker [5] entspricht der am häufigsten gemessene Winkel dem tatsächlichen Dihedralwinkel.

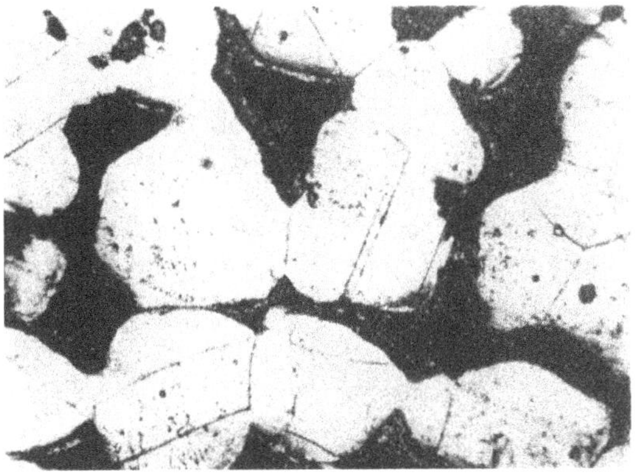

Abb. 5. Gefüge von Bleibronze V = 500
(zur Dihedralwinkelmessung)

An der Bleibronze ohne Zusatz eines dritten Metalls — Probe 1 — wurde dieser Winkel mit 50° ermittelt (Tabelle 2, Abb. 6). Bei den schon wiederholt hervorgehobenen Proben 4 und 7 erweitert er sich merklich auf 60 bis 70° bzw. 70 bis 80° (Abb. 7). Zusatz von Zink erhöht den Dihedralwinkel nur geringfügig auf 50 bis 60°; 3% Nickelzusatz vergrößert ihn auf 60°.

Tabelle 2. Dauerfestigkeit und Dihedralwinkel unterschiedlich zusammengesetzter Sinterbleibronzen

Probenbezeichnung	Dauerfestigkeit kp/mm²	Zunahme der Dauerfestigkeit gegenüber Probe 1 %	Dihedralwinkel Grad
1	3,65	—	50°
2	4,2	15,1	50° – 60°
3	4,5	23,2	50° – 60°
5	3,9	6,9	50° – 60°
6	4,0	9,6	60°
4	4,6	26,0	60° – 70°
7	5,9	61,5	70° – 80°

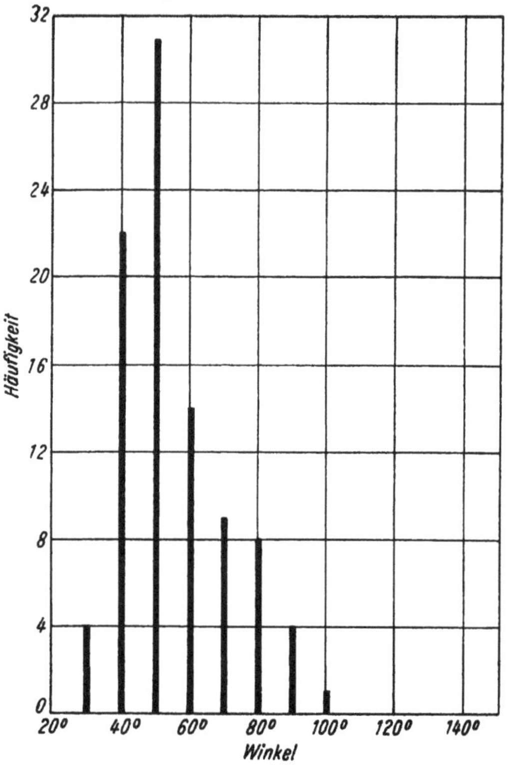

Abb. 6. Häufigkeit des Dihedralwinkels bei Probe 1

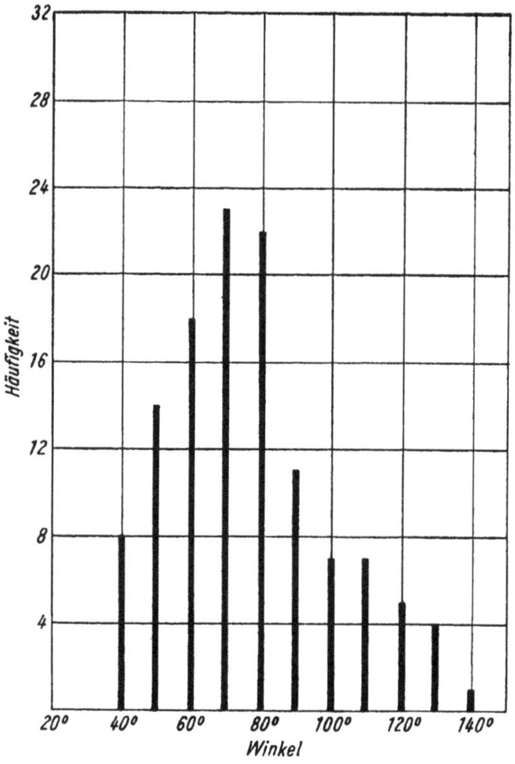

Abb. 7. Häufigkeit des Dihedralwinkels bei Probe 7

3. Schlußbetrachtungen

Mit Zusatz von Zinn läßt sich die Dauerfestigkeit einer 30%igen Bleibronze merklich erhöhen. Sie ist bei einmal verdichteten Proben mit 1% Zinnzusatz um 26% und bei Zugabe von 3% Zinn um 61,5% höher. Die WÖHLER-Kurven der Bleibronzen mit 1 und 3% Zugabe an Nickel und Zink liegen ziemlich eng beieinander zwischen den Kurven für die Bleibronze ohne und mit 1% Zinnzusatz. Der günstige Einfluß des Zinns auf die Dauerfestigkeit bleibt auch nach der zweiten Verdichtung des Werkstoffs erhalten. Die Dauerfestigkeit wird dadurch noch gefördert.

Unmittelbare Beziehungen zwischen Ermüdungserscheinungen und Festigkeitseigenschaften konnten nicht hergestellt werden. Die unterschiedlichen Werte der Dauerfestigkeit der geprüften Werkstoffe ließen sich auch nicht anhand der umfangreichen Untersuchungsergebnisse von R. CAZAUD [6] erklären. Der Einfluß des Zinns auf die Ermüdung läßt sich durch eine theoretische Analyse der Zweiphasenstruktur deuten. Mit dieser Problematik beschäftigten sich bereits SMITH [7], PROCHÁZKA und MAZANEK [8], [9] u. a. SMITH analysierte die Kontaktbedingungen, die zwischen 3 Körnern ein und derselben Phase mit denen einer zweiten, niedriger schmelzenden Phase bestehen. Die mathematische Analyse ergab, daß sich letztere Phase ohne Unterbrechung längs der Kornkanten der Phase mit höherem Schmelzpunkt erweitert, wenn der Dihedralwinkel $\Theta < 60°$ ist. Es kommt zur Bildung eines Netzwerkes der niedrig schmelzenden Phase. Diese Netzwerkbildung unterbleibt, wenn der vorliegende Dihedralwinkel $\geqq 60°$ ist. Die Auswertung der Dihedralwinkel Θ der im Rahmen dieser Arbeit untersuchten Legierungen bestätigt diese Modellanalyse. Die Legierungen mit 1 bis 3% Zinnzusatz zeigen Dihedralwinkel von 70 bis 80°, ein zusammenhängendes Netzwerk ist also nicht zu erwarten. Bei allen anderen Legierungen dagegen ist auf Grund der gemessenen Θ-Winkel ein zusammenhängendes Bleinetzwerk mit dreieckigem Querschnitt längs der Kornkanten der Kupferphase zu erwarten.

Die Ermüdung wurde wesentlich durch die Verteilung der beiden Phasen beeinflußt. Legierungen mit relativ kleinen Dihedralwinkeln, die also wahrscheinlich ein zusammenhängendes Bleinetzwerk haben, zeigen eine verhältnismäßig niedrige Ermüdungsgrenze. Hierzu zählen neben der binären Legierung Cu–Pb auch die mit Zink- und Nickelzusatz. Bei Legierungen mit Zinn-Zusatz ist der Dihedralwinkel $\Theta > 60°$; es ist kein Netzwerk vorhanden, so daß sich dadurch ein niedriger Kerbeffekt ergibt. Die Ermüdungsgrenze verschiebt sich hier zu höheren Werten. Ein Optimum wird bei 3% Sn-Zusatz festgestellt. Die Beziehung zwischen der Ermüdungsfestigkeit und den gemessenen Dihedralwinkeln ist in Tab. 2 dargestellt.

4. Zusammenfassung

Die durchgeführten Untersuchungen erbrachten die Möglichkeit einer Steigerung der Dauerfestigkeit von Bleisinterbronzen durch einen Zinnzusatz. Diese Beobachtung läßt sich durch eine Analyse der Zweiphasenstruktur erklären.

Košice (ČSSR), Technische Hochschule

Literatur

[1] DUNMORE, O. J. und SMITH, G. C., Symposium on Powder Metallurgy. London 1954, S. 209–213. London Iron & Steel Inst. 1956.

[2] WHEATLEY, J. M. und SMITH, G. C., Powder Metallurgy **12** (1963) 141–158.

[3] KUBELÍK, J., NAVARA, E. und PROCHÁZKA, V.: Neue Hütte **6** (1961) 2, 115–118.

[4] KUBELÍK, J., NAVARA, E. und PROCHÁZKA, V., Problemy práškovej metalurgie. Bratislava SAV 1963, S. 43–60.

[5] HARKER, D. und PARKER, R., Trans. ASM **34** (1945) 156–201.

[6] CAZAUD, R., La fatique des métaux. Dunod, Paris 1959.

[7] SMITH, C. S., Trans. Amer. Inst. Min Metallurg. Engrs. **175** (1948) 15–51.

[8] PROCHÁZKA, V., Hutnické listy **17** (1962) 8, 562–569.

[9] MAZANEC, K. und KAMENSKÁ, E., Hutnické listy **16** (1961) 1, 41–49.

Diskussion

F. Lochmann, Dresden: Welche Bedarfsfälle führten zur Untersuchung der Dauerfestigkeit gesinterter Bleibronzekörper?

E. Navara: Die Verwendung als Pleuellager in Verbrennungsmotoren, speziell bei Kraftfahrzeugen, wo Schwingungen auftreten. Dabei sollte die Zugabe von Zinn zur Bleibronze die Lebensdauer der Lager erhöhen.

Über die Herstellung wartungsfreier Sintermetall-Gleitlager

Von W. Scharfe

1. Einleitung

Zahlreiche Industriezweige erheben immer stärker die Forderung nach wartungsfreien Gleitlagern. Ein wartungsfreies Gleitlager soll die Lebensdauer der Maschine, in die es eingebaut wurde, erreichen oder übertreffen und auftretende Störungen selbst beseitigen. Das ist besonders notwendig bei Lagerstellen, die schwer zugänglich sind oder eine gute Abdichtung verlangen. Neben den bekannten ölgetränkten Sintermetall-Lagern auf der Basis von Sintereisen und Sinterbronze, die im Gebiet geringer Gleitgeschwindigkeiten hervorragende Notlaufeigenschaften besitzen, wurde in den letzten Jahren eine stetig steigende Zahl von Plasten als Lagerwerkstoffe angewendet. Neben den Duroplasten hat besonders der Thermoplast Polytetrafluoräthylen (PTFE) eine vielseitige Anwendung gefunden. Da reines PTFE eine geringe Wärmeleitfähigkeit, eine große Wärmeausdehnungszahl und eine geringe Festigkeit besitzt, ist es notwendig, das PTFE mit einem metallischen oder nichtmetallischen Werkstoff zu verbinden.

Das bekannteste Verbundlager ist das mehrschichtige DU-Lager (Herstellerbezeichnung), das aus einer verzinnten Stahlstützschale und einer Schicht aufgesinterter poriger Bronze, die mit einem Gemisch von PTFE und Blei gefüllt ist, besteht. In einer Veröffentlichung ohne Verfasserangabe [1] werden für Belastungen von 0,7 bis 100 kp/cm² Reibungszahlen zwischen 0,1 und 0,16 angegeben. R. E. Harmon [2] referierte über den gleichen Werkstoff und wies besonders auf den Einfluß des Bleipulvers als verschleißmindernden Zusatz zum PTFE in der Schmierschicht hin. Nach den vorliegenden Angaben lagen die Reibungszahlen bei Belastungen zwischen 10 und 1500 psi (0,7 und 105,0 kp/cm²) und Gleitgeschwindigkeiten von 40 bis 1000 fpm (0,2 bis 5,0 m/s) bei 0,13. Die Lager konnten erfolgreich in einem Temperaturarbeitsbereich zwischen —328 und +536 °F (—200 und +280 °C) eingesetzt werden. Nach Angaben der Firma „The Glacier Metal Company" [3] kann der DU-Werkstoff im Dauerbetrieb ohne Verringerung der festgelegten Belastungswerte beansprucht werden. Ähnliche Untersuchungen wurden durch A. K. Djatschkow [4] beschrieben. Bei spezifischen Belastungen der untersuchten Lager zwischen 14 und 76 kp/cm² traten Reibungszahlen zwischen 0,09 und 0,11 auf. R. R. Miller, S. Low und S. Ricklin [5] berichteten über die guten Eigenschaften von Gleitlagern mit „Rulon-Einlagen" aus einem mit Blei und PTFE oder anderen Plasten getränkten Bronzegeflecht in einer Stahlstützschale. Die Reibungszahlen wurden mit 0,15 bis 0,20 ermittelt. Die Lager liefen ununterbrochen 1000 Stunden ohne Zusatzschmierung bei einem PV-Wert (= Belastungsdruck × Gleitgeschwindigkeit) von 20000 psi × fpm (7,1 kp/cm² × m/s). Das Anwendungsgebiet dieses Lagerwerkstoffes liegt zwischen —400 und +550 °F (—240 und +288 °C). Weitere Lagerarten sind unter der Bezeichnung „Polyslip 1M" [6] bekannt geworden. Sie bestehen aus einem porigen Bronzeskelett, dessen Gleitflächen mit einem Gemisch von PTFE und Blei getränkt sind. Derartige Radiallager ohne Zusatzschmierung besitzen nach den Angaben einen PV-Wert von 6500 psi × fpm (2,32 kp/cm² × m/s). Durch Legieren des PTFE mit anderen, nicht näher bezeichneten Plasten erhielt man die „MP-Lager" [7]. Bei spezifischen Belastungen der Lager von 10 bis 1000 psi (0,7 bis 70 kp/cm²) und Gleitgeschwindigkeiten von 1000 fmp (5 m/s) ergaben sich Reibungszahlen unter 0,1,

2. Eigene Untersuchungen

Als Teilgebiet eines Forschungsauftrages wurden Radialgleitlager kleiner Abmessungen (16 mm Bohrungsdurchmesser) aus Sintereisen mit PTFE (Heydeflon) oder PTFE und Blei getränkt und anschließend auf einer Lagerprüfmaschine betriebsähnlichen Beanspruchungen unterworfen. Als Vergleichsproben dienten ölgetränkte Sintereisen-Lager, die industriell in der DDR gefertigt werden. Über die Herstellung der Sintereisen-Rohlinge und die dazu verwendeten Ausgangsmaterialien wurde bereits 1964 [8] berichtet. Das gleiche trifft auf das gewählte Tränkverfahren und die Tränkbedingungen zu. Zusammenfassend kann hierzu gesagt werden, daß die Sintereisen-Halbrohlinge einen Porenraum von etwa 25% besaßen, die Zerreißfestigkeit mit 5,9 kp/mm² und die Brinell-Härte mit 34 kp/mm² ermittelt wurden. Das Tränken der Buchsen erfolgte durch Heißpressen. Dabei konnten Eindringtiefen des PTFE bei verschiedenen Temperaturen und Drücken bis 0,6 mm erreicht werden. Für die nachfolgenden Gleitlageruntersuchungen betrug nach orientierenden Vorversuchen die günstigste Schichtdicke des eingedrungenen PTFE 0,6 mm. Diese Tränkschichtdicke blieb für alle Untersuchungen konstant.

Abb. 1

Zur Durchführung der Gleitlagerversuche stand eine Prüfmaschine der Firma Carl Schenck, Darmstadt, zur Verfügung (Abb. 1). Das zu untersuchende Gleitlager befindet sich in einem ringförmigen Lagergehäuse, das in einem endlosen Stahlband pendelnd aufgehängt und über ein Hebelsystem durch eine geeichte Zugfeder belastet wird. Mit Hilfe des stufenlos regelbaren Kettengetriebes und durch Austausch der Riemenscheiben sind Gleitgeschwindigkeiten bei Lagern mit 16 mm Bohrungsdurchmesser von 0,1 bis etwa 4,0 m/s einstellbar. Zur Bestimmung der Lagerübertemperatur:

$$\vartheta_U = \vartheta_L - \vartheta_0 \qquad \begin{aligned} \vartheta_L &= \text{Temperatur des Lagers in °C} \\ \vartheta_0 &= \text{Temperatur der umgebenden Luft in °C} \end{aligned}$$

befindet sich ein Thermoelement unterhalb des Belastungsscheitels in der Lagerwandung. Bei einem belasteten Lager dreht sich infolge Lagerreibung der linke Auslegerhebel nach unten und läßt eine Kontrollampe aufleuchten. Mit Hilfe einer Stellschraube kann über zwei geeichte

Zugfedern der Lagerträger wieder in Waage gebracht werden und aus der Reibungskraft das Reibungsmoment zur Bestimmung der Reibungszahl ermittelt werden:

$$\mu = \frac{M_R}{P \times r}, \quad \text{wobei} \quad \begin{array}{ll} M_R & = \text{Reibungsmoment in cmkp,} \\ P & = \text{Lagerbelastung in kp,} \\ r & = \text{Radius der Welle in cm.} \end{array}$$

Als Gegenwerkstoff zu den entwickelten Lagern wurde Stahl C 60 nach TGL 6547 verwendet. Die Härte des Laufzapfens der Welle betrug etwa 60 HRC, die Rauheit der Welle konnte mit $< 3\,\mu$m festgelegt werden. Die genauen Lagerabmessungen bei einem relativen Lagerspiel von 2,5 und 5,0 ‰ ergaben sich durch Kalibrieren der getränkten Lager. Nach dem Reinigen und Entfetten von Zapfen und Lager wurde zur Erreichung günstiger Einlaufbedingungen ein dünner Ölfilm von harz- und säurefreiem „Custanol S" auf die Lauffläche der Welle aufgebracht.

Bei der Durchführung der Lageruntersuchungen wurde in Anlehnung an die Arbeiten von H. LÜPFERT [9], W. GRÖBNER [10] sowie unter Berücksichtigung der TGL 0-50280 [11] die Flächenbelastung der Lager stufenweise gesteigert. Die spezifische Lagerbelastung $\bar{p}$ war aus den Abmessungen des Lagers und der auf das Lager wirkenden Normalkraft zu errechnen:

$$\bar{p} = \frac{P}{B \times D}, \quad \text{wobei} \quad \begin{array}{ll} P & = \text{Normalkraft in kp,} \\ B & = \text{Breite des Lagers in cm,} \\ D & = \text{Bohrungsdurchmesser des Lagers in cm.} \end{array}$$

Als Laststufen wurden gewählt:

$\bar{p}$ = 2,5 5,0 7,5 10,0 15,0 20,0 25,0 30,0 40,0 50,0 60,0 70,0 80,0 90,0 100,0 120,0 140,0 160,0 180,0 und 200,0 kp/cm².

Die Laufdauer betrug je Laststufe 30 Minuten. Für die einzelnen Versuche blieb bei steigender Belastung die Drehzahl konstant.

Bei jeder gewählten Gleitgeschwindigkeit von:

v = 0,11 0,2 0,4 0,8 und 1,0 m/s

erfolgte Abbruch des Versuches, wenn eine der folgenden Grenzbedingungen erreicht wurde:

1. Lagertemperatur oberhalb 200 °C oder plötzlicher Anstieg der Temperatur;
2. Reibungszahl über 0,3 oder plötzlicher Anstieg der Reibungszahl;
3. Auftreten von quietschenden Geräuschen;
4. Erreichen der spezifischen Belastung von 200 kp/cm².

Für jeden entwickelten Lagertyp wurde bei der Auswertung der Versuche die Übertemperatur des Lagers graphisch dargestellt.

Dabei gelten folgende Bezeichnungen:

Kurve 1: Gleitgeschwindigkeit v = 0,11 m/s,
Kurve 2: Gleitgeschwindigkeit v = 0,2 m/s,
Kurve 3: Gleitgeschwindigkeit v = 0,4 m/s,
Kurve 4: Gleitgeschwindigkeit v = 0,8 m/s,
Kurve 5: Gleitgeschwindigkeit v = 1,0 m/s.

Die Reibungszahlen sind in Tabellen zusammengefaßt.

2.1 Ölgetränkte Sintereisen-Lager als Vergleichsmaterial

Die als Vergleichsproben verwendeten ölgetränkten Sintereisen-Lager wurden mit Spindelöl SPR 25 getränkt. Die Tragfähigkeit eines Sintermetall-Lagers ist auch von der Viskosität des

Tränköles abhängig, die im vorliegenden Fall vom VEB Minol mit 16 cSt = 2,5 °E angegeben ist.

Wie zu erwarten war, konnten die Gleitlager ohne Zusatzschmierung bei den kleinsten Gleitgeschwindigkeiten von $v = 0{,}11$ m/s am höchsten belastet werden (Abb. 2). Die maximale Belastbarkeit betrug 140 kp/cm². Mit steigender Gleitgeschwindigkeit sank die Belastbarkeit und ergab bei $v = 1{,}0$ m/s nur noch einen Wert von $\overline{p} = 50$ kp/cm². Wurde die Belastung auf 160 kp/cm² erhöht, stiegen die ermittelten Übertemperaturen steil an, und die Lager quietschten. Bei den Reibungszahlen (Tab. 1) war ein Absinken der Werte mit steigender Belastung festzustellen. Das trat besonders bei Gleitgeschwindigkeiten über 0,4 m/s auf und ist auf die Ausbildung eines tragfähigeren Schmierkeiles zurückzuführen.

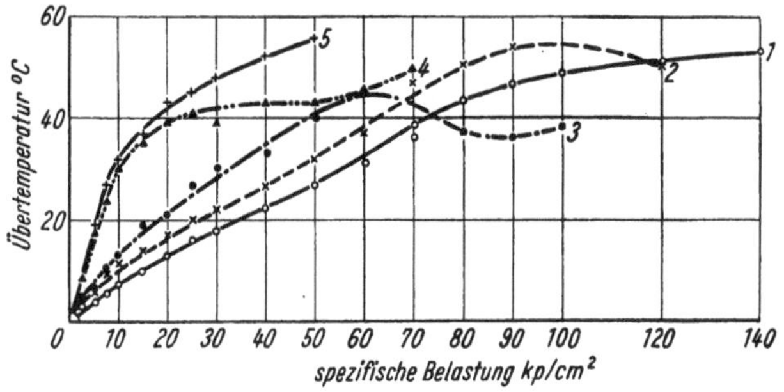

Abb. 2

Tabelle 1

spezifische Belastung kp/cm²	Gleitgeschwindigkeit 0,11 m/s	0,2 m/s	0,4 m/s	0,8 m/s	1,0 m/s
2,5	0,03	0,08	0,08	0,06	0,09
5,0	0,05	0,10	0,05	0,07	0,08
7,5	0,08	0,09	0,06	0,04	0,07
10	0,08	0,09	0,05	0,03	0,06
15	0,10	0,08	0,06	0,02	0,04
20	0,10	0,07	0,06	0,02	0,03
25	0,10	0,06	0,05	0,01	0,02
30	0,09	0,06	0,05	0,01	0,02
40	0,10	0,06	0,04	0,01	0,01
50	0,10	0,07	0,06	0,01	0,01
60	0,10	0,07	0,04	0,01	
70	0,11	0,08	0,01	0,01	
80	0,11	0,07	0,01		
90	0,10	0,07	0,01		
100	0,10	0,06	0,01		
120	0,08	0,04			
140	0,08				

Tabelle 2

spezifische Belastung kp/cm²	Gleitgeschwindigkeit 0,11 m/s	0,2 m/s	0,4 m/s	0,8 m/s
2,5	0,10	0,14	0,13	0,18
5,0	0,11	0,20	0,20	0,18
7,5	0,18	0,24	0,21	0,13
10	0,20	0,24	0,25	0,17
15	0,21	0,25	0,22	0,15
20	0,24	0,24	0,19	
25	0,24	0,24	0,20	
30	0,20	0,17		
40	0,16	0,17		
50	0,14	0,17		
60	0,14	0,17		
70	0,15			
80	0,14			
90	0,14			

2.2 Mit PTFE getränkte Sintereisen-Lager, Einlaufschmierung

Die geprüften Sintereisen-Lager wurden mit Tränkschichten aus PTFE (Heydeflon) gefertigt. Die Schichtdicken betrugen 0,2, 0,4 und 0,6 mm. Auf Grund der Lageruntersuchungen ergab sich ein eindeutiger Einfluß der Schichtdicke. Mit steigender Schichtdicke erhöhte sich die Belastbarkeit. Als Beispiel zeigt Abb. 3 die Abhängigkeit der ermittelten Übertemperatur von der spezifischen Belastung bei Sintereisen-Lagern mit 0,6 mm Schichtdicke. Die Übertemperaturen stiegen besonders bei $v = 0{,}4$ m/s steil an. Wie weiter aus dem Diagramm zu entnehmen ist, konnten bei $v = 0{,}11$ m/s nur spezifische Belastungen von 90 kp/cm² erreicht werden. Bei den ermittelten Reibungszahlen (Tab. 2) war keine eindeutige Tendenz festzustellen. Die Ergebnisse lagen, abhängig von spezifischer Belastung und Gleitgeschwindigkeit, zwischen 0,10 und 0,25. Das Versagen der Gleitlager machte sich in allen Fällen durch steilen Anstieg von Temperatur und Reibungszahl oder durch starke Quietschgeräusche bemerkbar.

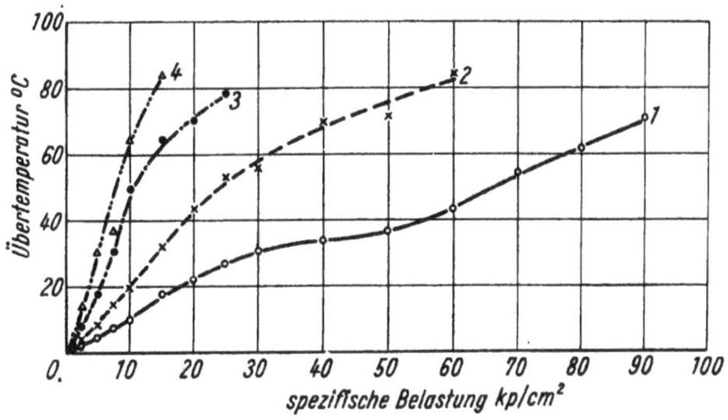

Abb. 3

2.3 *Mit PTFE und Blei getränkte Sintereisen-Lager, Einlaufschmierung*

Zur Erhöhung der Verschleißfestigkeit und zur Verbesserung der Gleiteigenschaften enthalten nach Literaturangaben Plastverbundgleitlager oft Zusätze von Blei. Bei dem bereits erwähnten DU-Material waren dem PTFE etwa 20% Blei zugemischt. Es fehlen aber Angaben darüber, ob es sich bei der zugesetzten Menge an Blei um Volumen- oder Gewichtsprozente handelte. Für die eigenen Versuche enthielt der zum Tränken verwendete Körper 80 Gew.-% PTFE und 20 Gew.-% Bleipulver (95,4 Vol.-% PTFE und 4,6 Vol.-% Pb). Die Sintereisen-Buchsen ließen sich durch das bereits beschriebene Verfahren mit der Tränkmischung imprägnieren. Bei den anschließenden Lageruntersuchungen betrug auf Grund der Ergebnisse mit PTFE-getränkten Lagern die Dicke der Tränkschicht einheitlich 0,6 mm.

Die Belastbarkeit der Lager wurde bei Gleitgeschwindigkeiten von 0,11 und 0,2 m/s mit 100 kp/cm² ermittelt (Abb. 4). Die Werte sanken bei $v = 0{,}4$ m/s auf 50 kp/cm², ergaben aber bei $v = 1{,}0$ m/s und $\bar{p} = 15$ kp/cm² noch brauchbare Werte. Unterhalb $v = 0{,}4$ m/s stiegen die Lagertemperaturen langsam und erreichten bei $v = 0{,}8$ m/s und geringen Belastungen bereits Werte bis 140 °C. Die Reibungszahlen (Tab. 3) lagen niedrig und ergaben nur einmal bei $\bar{p} = 7{,}5$ kp/cm² und $v = 0{,}4$ m/s den Wert von 0,20. Auch bei $v = 1{,}0$ m/s nahmen die

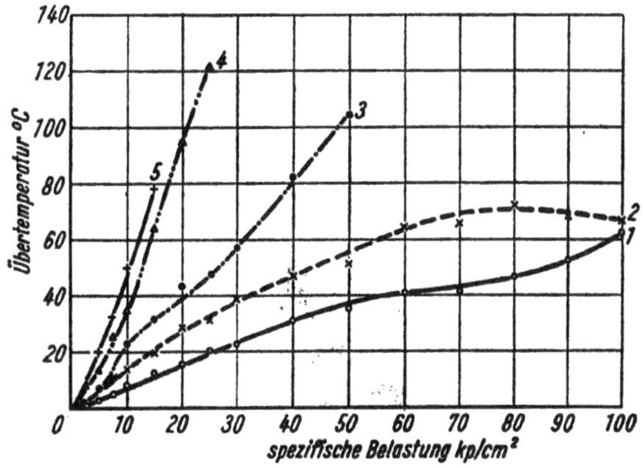

Abb. 4

ermittelten Reibungszahlen nicht zu. Plötzlich ansteigende Werte der Lagertemperatur und der Reibungszahl waren die Ursache zum Abbruch der Versuche.

Tabelle 3

spezifische Belastung kp/cm²	Gleitgeschwindigkeit				
	0,11 m/s	0,2 m/s	0,4 m/s	0,8 m/s	1,0 m/s
2,5	0,06	0,08	0,06	0,07	0,03
5,0	0,08	0,10	0,16	0,08	0,05
7,5	0,10	0,14	0,20	0,06	0,07
10	0,15	0,15	0,17	0,11	0,11
15	0,16	0,16	0,15	0,17	0,10
20	0,16	0,17	0,15	0,17	
25	0,19	0,15	0,15	0,15	
30	0,18	0,15	0,15		
40	0,13	0,14	0,15		
50	0,13	0,15	0,15		
60	0,12	0,13			
70	0,11	0,12			
80	0,11	0,11			
90	0,10	0,08			
100	0,10	0,07			

Tabelle 4

spezifische Belastung kp/cm²	Gleitgeschwindigkeit				
	0,11 m/s	0,2 m/s	0,4 m/s	0,8 m/s	1,0 m/s
2,5	0,02	0,04	0,03	0,03	0,07
5,0	0,06	0,12	0,09	0,11	0,15
7,5	0,12	0,13	0,14	0,16	0,15
10	0,14	0,12	0,15	0,17	0,19
15	0,17	0,13	0,17	0,19	0,17
20	0,17	0,12	0,17	0,17	0,18
25	0,16	0,15	0,17	0,20	
30	0,15	0,16	0,17	0,18	
40	0,15	0,16	0,16		
50	0,15	0,15	0,15		
60	0,15	0,16			
70	0,15	0,16			
80	0,15	0,14			
90	0,14	0,14			
100	0,14	0,14			
120	0,14				
140	0,13				
160	0,13				
180	0,12				
200	0,12				

2.4 Mit PTFE und Blei getränkte Sintereisen-Lager, Gewinde für Depotschmierung, ohne Einlaufschmierung

Die Menge des eingedrungenen Schmiermittels an PTFE oder PTFE und Blei ist bei Sintereisen-Lagern mit 25% Porenraum gering. Durch Schmiermittelreservoirs (die Lager werden als „Sintereisen-Lager mit Depotschmierung" bezeichnet) wurde versucht, die Gleiteigenschaften der Lager zu verbessern. Als einfaches Verfahren erwies sich das Eindrehen von Rillen in Form eines Gewindes in die Oberfläche der Lagerbohrung. Die Breite und Tiefe der Gewindegänge betrugen 1 mm. Die Steigung wurde mit 2, 4 und 6 mm festgelegt. Zum Füllen des entstandenen Hohlraumes war auch das bisherige Tränkverfahren geeignet. Abb. 5 zeigt drei getränkte und aufgeschnittene Lager mit unterschiedlicher Gewindesteigung. Das gefüllte Gewinde und die zusätzlich angebrachten umlaufenden Rillen an den Stirnseiten der Lager sind als schwarze Flächen gut erkennbar.

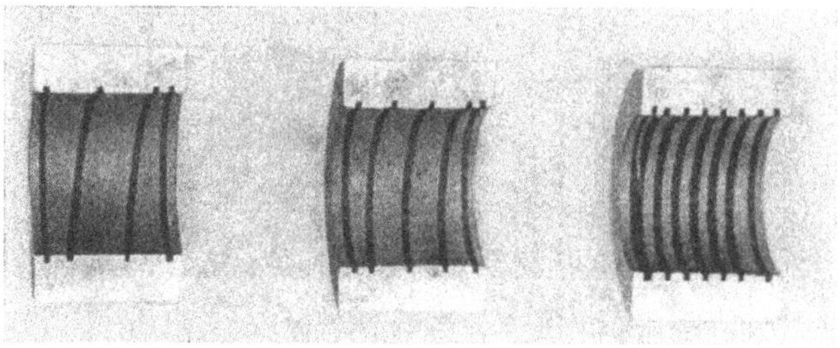

Abb. 5

Bei den Vorversuchen ergaben sich die günstigsten Gleiteigenschaften bei Lagern mit 4 mm Gewindesteigung. Für die folgenden Untersuchungen wurden nur derartige Lager verwendet. Im Gegensatz zu den bisherigen Versuchen sollten die fertig bearbeiteten Sintereisen-Lager mit Depotschmierung im Trockenlauf untersucht werden. Dazu war ein gründliches Reinigen und Entfetten der Lager und Wellen erforderlich. Derartig vorbehandelte Lager konnten bei $v = 0{,}11$ m/s bis zu dem angegebenen Höchstwert von $\bar{p} = 200$ kp/cm² belastet werden (Abb. 6). Die Übertemperaturen lagen bei den trocken-laufenden Lagern zwar allgemein höher als bei den bisher besprochenen, blieben aber bei allen Belastungen unterhalb des festgelegten Grenzwertes. Die Reibungszahlen (Tab. 4) stiegen in keinem Fall über den Wert von 0,20. Wurden Gleitgeschwindigkeiten von 0,11, 0,2 und 0,4 m/s verwendet, so trat nach Überschreiten der maximalen Reibungszahl zwischen 0,15 und 0,17 ein Abfall auf. Das bedeutet bei den erhöhten Lagertemperaturen und dem gleichzeitigen stärkeren Ausdehnen der Mischung aus PTFE und Blei im Lagerkörper eine verbesserte Versorgung der Gleitpaarung mit dem Schmiermittel.

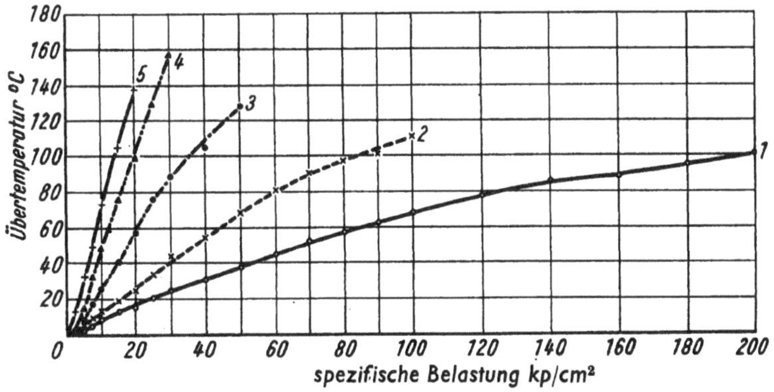

Abb. 6

3. Vergleich der untersuchten Lagerwerkstoffe

Die spezifische Belastung von ölgetränkten Sintereisen-Lagern, die im vorliegenden Bericht zum Vergleich verwendet wurden, ist stark abhängig von der Gleitgeschwindigkeit. Der Wert von $\bar{p} = 140$ kp/cm² bei $v = 0{,}11$ m/s ist mit Literaturangaben zu vergleichen, wenn man berücksichtigt, daß allgemein als Tragfähigkeit eines Lagers $^1/_2$ bis $^2/_3$ des Wertes festgelegt wird, der sich im Prüfstandversuch als höchste Belastung ergibt. Bei Sintereisen-Lagern mit Tränkschichten aus PTFE konnten die spezifischen Belastungen der ölgetränkten Sintereisen-Lager nicht erreicht werden. Sie betrugen im günstigsten Fall (0,6 mm Schichtdicke) bei $v = 0{,}11$ m/s nur 90 kp/cm². Die Reibungszahlen, die bei ölgetränkten Lagern auf maximal 0,11 anstiegen, ergaben bei Lagern mit PTFE Werte über 0,20.

Durch Mischungen aus PTFE und Blei als Tränkmaterial war eine Verbesserung der Gleiteigenschaften zu erreichen. Die spezifischen Belastungen bei $v = 0{,}11$ und 0,2 m/s konnten auf $\bar{p} = 100$ kp/cm² erhöht werden. Die Reibungszahlen lagen niedriger als bei PTFE-getränkten Lagern ohne Bleizusatz.

Bessere Versuchsergebnisse wurden durch Anwendung einer Depotschmierung erzielt. Trotzdem die Lager ohne Einlaufschmierung liefen, ergaben sich beim Vergleich mit allen bisher besprochenen Sintereisen-Lagern und Einlaufschmierung höhere Tragfähigkeiten. Der festgelegte Grenzwert der spezifischen Belastung $\bar{p} = 200$ kp/cm² wurde bei $v = 0{,}11$ m/s erreicht. Die Lagertemperaturen stiegen aber stärker an. Dagegen lagen die Reibungszahlen in der gleichen Größenordnung der Lager ohne Depotschmierung. Vergleicht man die Ergebnisse mit ölgetränkten Sintereisen-Lagern, so ist bei Gleitgeschwindigkeiten von 0,11 m/s eine Erhöhung der spezifischen Belastbarkeit um 60 kp/cm² zu erkennen. Die Übertemperaturen und die Reibungszahlen lagen bei den mit PTFE und Blei getränkten Lagern und Depotschmierung wesentlich höher. Das bedeutet den möglichen Einsatz bei Temperaturen, die oberhalb des Grenzwertes von ölgetränkten Sintermetall-Lagern (80 °C) auftreten.

Eine zusammenfassende Betrachtung der Ergebnisse zeigt, daß die Untersuchungen auf der Lagerprüfmaschine ein gutes Bild von den Zusammenhängen beim Vergleich verschiedener Werkstoffe für wartungsfreie Gleitlager untereinander ergeben. Eine große Zahl von Einflußfaktoren, die unter den idealisierten Bedingungen nicht alle berücksichtigt werden konnten, spielen bei der Prüfung eine wichtige Rolle. Weiterhin muß betont werden, daß die ermittelten Werte Prüfstandergebnisse sind, die nur eine qualitative Auswertung zulassen und nicht auf jeden Anwendungsfall zu übertragen sind.

Magdeburg (DDR), Deutsches Amt für Meßwesen und Warenprüfung

Literatur

[1] Anonym, Mehrschichtige Trockenlager brauchen keine Schmierung. VDI-Nachrichten **1** (1963) 6.
[2] Harmon, R. E., Powdered lead fluorcarbon plastic spherial bronze steel back-up strip new dry bearing. Machine Design **30** (1958) 15, 22–24.
[3] Prospekt, D.U. Trockenlagerwerkstoff; The Glacier Metal Company Limited, Wembly, England.
[4] Djatschkow, A. K., Letkow, N. L., Kokorew, A. A. und Welenkaja, C. W., Lagermaterial für großen Anlaufreibwert. Vestn. Mašinostr. **40** (1960) 11, 50–53.
[5] Miller, R. R., Low, S. and Ricklin, S., TFE-bronze bearing material. Materials in Design Engineering **48** (1958) 4, 142, 144 und 146.
[6] Anonym, Polyslip 1M dry bearings. Automobile Engineer **51** (1961) 4, 138–139.
[7] Mellor, H. C., Alloyd plastics give oilless bearings. Prod. Engineering **30** (19159) 29, 58–60.
[8] Scharfe, W., Über die Herstellung von Verbundwerkstoffen mit guten Gleiteigenschaften aus Sintereisen oder Sinterbronze und Kunststoffen. In: Neue Werkstoffe durch pulvermetallurgische Verfahren. Akademie-Verlag, Berlin 1964, S. 179–188.
[9] Lüpfert, H., Die Notlaufeigenschaften der Gleitlagermetalle in Maschinen der Feinmechanik. VDI-Forschungsheft 417, Ausgabe B, **13** (1942), 1–28.
[10] Gröbner, W., Ein Lagerwerkstoff für schwere Anlaufbedingungen. VDI-Zeitschrift **104** (1962) 13, 587–588.
[11] TGL 0-50280, Werkstoffprüfung — Laufversuche an Quergleitlagern (Radiallager) — Allgemeine Gesichtspunkte, 1963.

Diskussion

H. Silbereisen, Mönchengladbach: Es wird vermutet, daß die Nuten in der Lauffläche des Lagers, die Schraubengängen ähneln und mit PTFE und Blei gefüllt sind, die Belastbarkeit des Lagers mindern.

W. Scharfe: Das Gegenteil trifft zu; die zusätzliche Schmierwirkung des PTFE und Blei in den Nuten erhöhte die Belastbarkeit des Lagers.

H. Silbereisen: Es ist anzunehmen, daß die herkömmlichen ölgetränkten Sintereisen- und Sinterbronzelager nach dem bisherigen Stand der Entwicklung von dem beschriebenen Sinterlager noch nicht überholt sind.

W. SCHARFE: Die mit PTFE und Blei getränkten Lager können bei höheren Temperaturen angewandt werden als ölgetränkte Sintermetall-Lager. Außerdem sind letztere nicht überall brauchbar, z. B. in Maschinen der Lebensmittelindustrie, wo Ölspritzer unerwünscht sind. Weitere Beispiele sind in der chemischen Industrie zu finden.

F. EIFERT, Krefeld: Das PTFE im Lager setzt sich nach längerem Lauf auf der Welle ab. Wie wirkt sich dies auf die Maßhaltigkeit der Lagerbohrungen aus?

W. SCHARFE: Durch eine Zusatzeinrichtung an der benutzten Lagerprüfmaschine ließ sich der Abrieb in der Lagerbohrung messen. Die Dauerlaufversuche erstreckten sich über mehrere hundert Stunden und wurden beendet, wenn der Abrieb einen bestimmten Wert überschritt. Der Verschleiß ist nach dem Einlaufen des Lagers sehr gering. Er macht sich in einem von dem Plastwerkstoff und dem Blei herrührenden grünlichen Belag auf der Welle bemerkbar.

Untersuchungen über das Tränken von Eisensinterkörpern mit Kupfer und Kupferlegierungen

Von S. Stolarz

1. Einleitung

Erzeugnisse aus gesinterten Metallpulvern sind durch eine gewisse Porosität gekennzeichnet, wodurch die Festigkeitseigenschaften herabgesetzt werden. Die vorgenommenen Untersuchungen haben ergeben, daß eine vollständige oder teilweise Beseitigung der Porosität eine Erhöhung der Festigkeitseigenschaften bewirkt; diese entspricht beinahe denen erschmolzener Werkstoffe. In der Praxis kann dies durch Heißpressen, mehrfaches Pressen und Sintern oder durch das Tränkverfahren erreicht werden.

Beim Tränkverfahren wird ein Skelettkörper aus schwerer schmelzendem Metall mit einem leichter schmelzenden Metall oder einer Legierung getränkt. Dieses Verfahren gibt je nach den Imprägnationsbedingungen die Möglichkeit, die Poren des Sinterkörpers vollständig oder teilweise auszufüllen und bedeutend höhere mechanische und physikalische Eigenschaften des Sinterwerkstoffes zu erzielen.

Durch das Tränkverfahren ist es möglich, die Vorteile des Sinterns mit flüssiger Phase mit dem Sintern ohne flüssige Phase zu verbinden [1].

Das Tränken kann nach verschiedenen Verfahren durchgeführt werden: durch Eintauchen, durch Kapillarwirkung und Auflagetränkung. Die Erscheinungen, welche beim Tränkverfahren auftreten, waren das Thema vieler Veröffentlichungen [2], [3].

Das Tränken von Eisensinterkörpern mit Kupfer wurde in vielen Forschungsarbeiten behandelt, deren Ergebnisse die entsprechenden Parameter bei der Herstellung dieser Stoffe festlegten und die Richtungen der weiteren Forschungen und der praktischen Anwendung der entwickelten Werkstoffe wiesen [4], [5], [6], [7], [8].

Die Anwendung verschiedener Zusätze bewirkt eine Verbesserung der Eigenschaften der Eisensinterkörper, hauptsächlich der Festigkeitseigenschaften. Gute Ergebnisse wurden durch Kupfer erzielt, wodurch eine Ausscheidungshärtung in den Eisen–Kupfer-Legierungen erzielt werden kann. Die durchgeführten Untersuchungen, welche das Thema dieses Berichtes sind, bilden einen Beitrag zu den zahlreichen Forschungsarbeiten auf dem Gebiete der Infiltration von Eisen mit Kupfer.

2. Der Verlauf der Untersuchungen und ihre Ergebnisse

Für die Herstellung von Proben wurden 4 Eisenpulversorten verwendet: mit Hilfe von Preßluft zerstäubtes (RZ), eines mit höherem (1,39%) und das zweite mit niedrigerem Kohlenstoffgehalt (0,83%), weiter ein Elektrolyteisenpulver und Hametagpulver. Die angeführten Eisenpulversorten wurden durch Sieben in 5 Korngrößen geteilt und aus diesen die einzelnen Probeserien hergestellt.

Außer den Eisenpulvern wurde Elektrolytkupferpulver M 1 K und Messingpulver M 70 mit 30% Zink verwendet.

Die Eisenpulver wurden nach der Wasserstoffreduktion unter einem Druck von 1 bis 8 Mp/cm^2 zu Formkörpern mit einem Durchmesser von 16 mm und unter einem Druck von 3 Mp/cm^2 zu Formkörpern von $5 \times 5 \times 60$ mm^3 gepreßt; die letzteren waren für die Festigkeitsprüfungen bestimmt. Das Sintern der Preßkörper wurde in einem Temperaturbereich von 900 bis 1300 °C in einer Wasserstoffatmosphäre durchgeführt.

Das Tränken von Eisenskeletten mit Kupfer wurde nach dem Eintauchverfahren bei einer Temperatur von 1150 bis 1200 °C 3 bis 5 min lang in Wasserstoffatmosphäre vorgenommen. Eine längere Zeit der Infiltration wurde nicht angewandt, da sonst auf der Oberfläche der getränkten Proben Anfressungen auftreten. Das Tränken mit Messing wurde auch in Wasserstoffatmosphäre bei 950 bis 1000 °C 20 min lang durchgeführt. Diese Imprägnierung diente zum Vergleich, weil die Grunduntersuchungen sich nur mit dem Tränken von Eisen mit Kupfer beschäftigt haben.

Die Dichte der hergestellten Eisensinterkörper, getränkt mit Kupfer, ändert sich bei einem Preßdruck von 1 bis 8 Mp/cm² und bei einer Korngröße des Pulvers unter 60 µm von 7,87 bis 8,18 g/cm³ für das Hametagpulver und von 7,95 bis 8,23 g/cm³ für das Elektrolyteisenpulver.

Auf Abb. 1 ist die Dichte nach dem Pressen, Sintern und Tränken der Proben aus Hametagpulver mit einer Korngröße unter 60 µm in Abhängigkeit von der Höhe des Preßdrucks dargestellt.

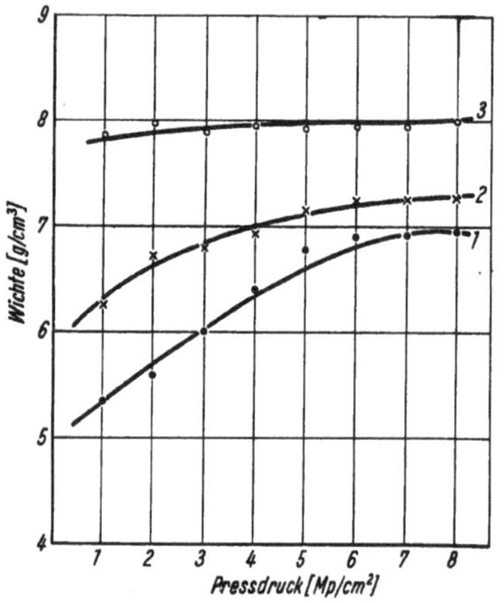

Abb. 1. Die Dichte der Eisen–Kupfer-Sinterkörper, hergestellt aus Hametag-Eisenpulver, in Abhängigkeit von der Höhe des Preßdruckes

Kurve 1 — die Proben nach dem Pressen;
2 — nach dem Sintern;
3 — nach dem Tränken

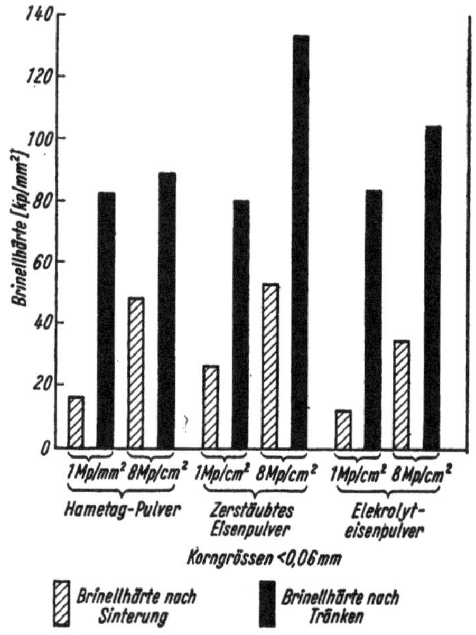

Abb. 2. Die Härte der Eisen–Kupfer-Sinterkörper aus verschiedenen Eisenpulversorten nach dem Sintern und Tränken

In Abhängigkeit vom Preßdruck ändert sich die Porosität, welche in Vol.-% errechnet wurde. Die Porosität wird auch durch die Korngröße des Pulvers beeinflußt. Für das Hametagpulver mit einer Korngröße unter 60 µm betrug die Porosität bei einem Preßdruck von 1 Mp/cm² etwa 14% und bei einem Preßdruck von 8 Mp/cm² etwa 4%. Für die anderen Sorten des Eisenpulvers waren die Ergebnisse ähnlich.

Auf Abb. 2 wird die Härte nach dem Sintern und Tränken für Hametageisenpulver, zerstäubtes Pulver und Elektrolyteisenpulver, gepreßt unter einem Druck von 1 bis 8 Mp/cm², dargestellt. Die größte Härte besitzen die ungeprägten Sinterkörper aus zerstäubtem Eisenpulver und die niedrigsten die aus Elektrolyteisenpulver. Nach dem Tränken wurde die größte Härte an den Sinterkörpern aus zerstäubtem Pulver festgestellt, welche bei einem Preßdruck von 8 Mp/cm² einen Wert von 135 kp/mm² erreichten.

Der Härteverlauf in Abhängigkeit von der Höhe des Preßdruckes weist für die Proben aus den gegebenen Pulversorten nach dem Sintern und Tränken für die einzelnen Pulverkorngrößen keine größeren Abweichungen auf.

Nach dem Tränken wurde die Gewichtszunahme der Proben bestimmt, deren Verlauf der Änderung der Porosität in Abhängigkeit von der Höhe des Preßdruckes ähnlich ist.

Für die Prüfungen der Festigkeitseigenschaften wurden Proben von entsprechenden Abmessungen gemäß der Verbindlichkeitsnormen vorbereitet. Der Zerreißstab hatte einen Durchmesser von 5 mm und eine Meßlänge von 25 mm, die Gesamtlänge betrug 60 mm. Die Prüfungen wurden in einer Zerreißmaschine mit einer Zugkraft von 1 Mp durchgeführt. Die Zerreißproben waren unter dem gleichen Druck gepreßt worden.

Die Zugfestigkeit nach dem Tränken bei Proben aus dem Hametageisenpulver beträgt je nach der Korngröße 37,4 bis 43,4 kp/mm², aus Elektrolyteisenpulver 37,0 bis 47,3 kp/mm², aus zerstäubtem Eisenpulver I 35,3 bis 46,3 kp/mm² und aus zerstäubtem Eisenpulver II 15,4 bis 21,2 kp/mm² (Abb. 3). Die Dehnung ist verhältnismäßig klein und beträgt durchschnittlich nach dem Tränken für das Hametageisenpulver 3%, für das Elektrolyteisenpulver 4%, für das zerstäubte Eisenpulver I 1,5% und für das zerstäubte Eisenpulver II 0,8%.

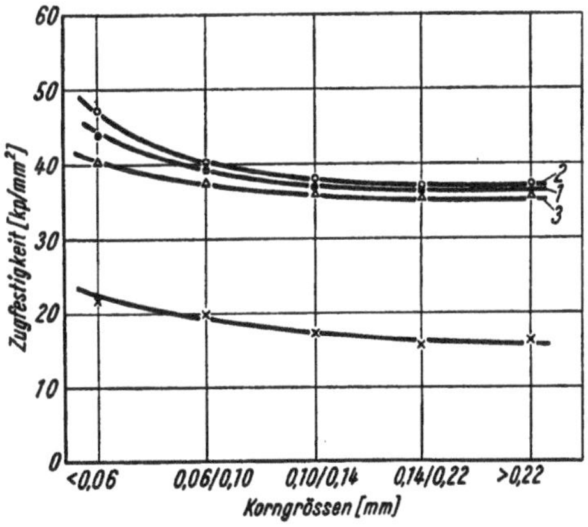

Abb. 3. Die Zugfestigkeit der Eisen–Kupfer-Sinterkörper nach dem Tränken in Abhängigkeit von der Korngröße und Eisenpulverart

Kurve 1 — Hametag-Eisenpulver;
2 — Elektrolyteisenpulver;
3 — zerstäubtes Pulver I;
4 — zerstäubtes Pulver II

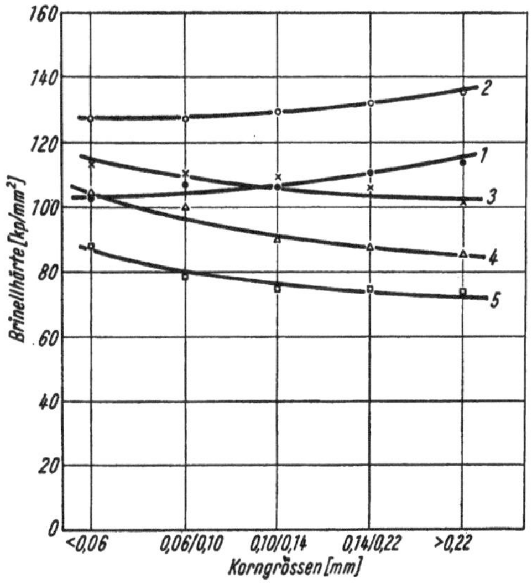

Abb. 4. Die Brinell-Härte $HB_{2,5/62,5\ 30}$ der Eisen–Kupfer-Sinterkörper, hergestellt aus Elektrolyteisenpulver, in Abhängigkeit von der Korngröße des Eisenpulvers

Kurve 1 — nach dem Tränken;
2 — nach dem Lösungsglühen;
3 — nach dem Lösungsglühen mit 5 h Alterung;
4 — nach dem Lösungsglühen und 10 h Alterung;
5 — nach dem Lösungsglühen und 15 h Alterung

Die Eisen–Kupfer-Sinterkörper wurden nach dem Tränken einer Ausscheidungshärtung unterzogen, welche aus einem Lösungsglühen und einer Alterung bestand. Das Lösungsglühen wurde bei einer Temperatur von 900 °C 5 min in Wasserstoffatmosphäre durchgeführt, anschließend wurden die Proben in Wasser abgeschreckt. Die Alterung bestand aus 5, 10 und

15 Stunden Glühen der vergüteten Proben bei einer Temperatur von 500 °C in Wasserstoffatmosphäre.

Die mit Kupfer getränkten Eisensinterkörper wurden nach der Wärmebehandlung auf Härte, Zugfestigkeit und Dehnung untersucht. Auf der Abb. 4 ist der Verlauf der Härte für die kupfergetränkten Sinterkörper aus Elektrolyteisenpulver in Abhängigkeit von der Korngröße und der Glühzeit im Vergleich mit der Härte vor der Wärmebehandlung dargestellt. Aus der Abbildung geht hervor, daß die durchschnittliche BRINELL-Härte der Sinterkörper nach dem Tränken ca. 110 beträgt, nach dem Lösungsglühen etwa 130, nach 5 Stunden Alterung 110, nach 10 Stunden Alterung 92 und nach 15 Stunden Alterung 80. Ein ähnlicher Verlauf der Härteänderung wurde für die übrigen untersuchten Eisenpulversorten festgestellt.

Abb. 5, 6 und 7 zeigen die Änderung der Zugfestigkeit und der Dehnung der mit Kupfer getränkten Eisensinterkörper in Abhängigkeit von der Änderung der durchgeführten Wärme-

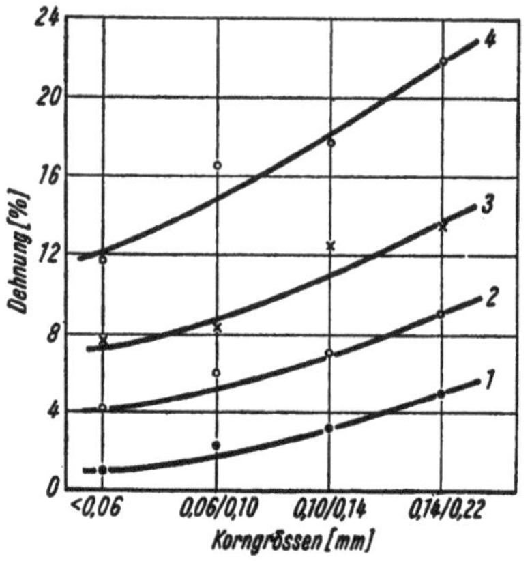

Abb. 5. Die Zugfestigkeit der Eisen–Kupfer-Sinterkörper, hergestellt aus Elektrolyteisenpulver in Abhängigkeit von der Korngröße und der Glühzeit

Kurve 1 — nach dem Tränken;
2 — nach dem Lösungsglühen und 5 h Alterung;
3 — nach dem Lösungsglühen und 10 h Alterung;
4 — nach dem Lösungsglühen und 15 h Alterung

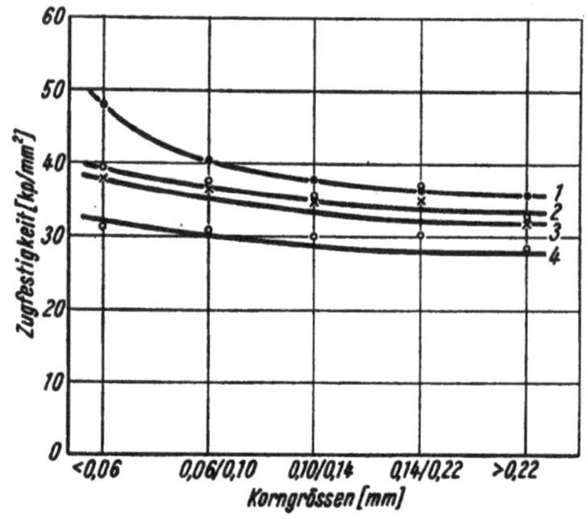

Abb. 6. Die Dehnung der Eisen–Kupfer-Sinterkörper, hergestellt aus Hametagpulver, in Abhängigkeit von der Korngröße und Glühzeit

Kurve 1 — nach dem Tränken;
2 — nach dem Lösungsglühen und 5 h Alterung;
3 — nach dem Lösungsglühen und 10 h Alterung;
4 — nach dem Lösungsglühen und 15 h Alterung

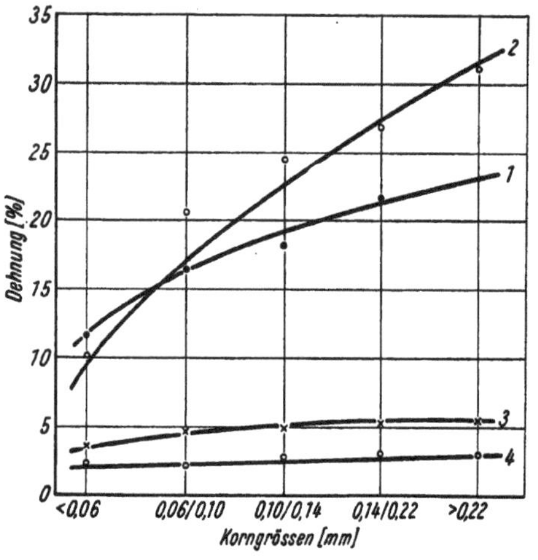

Abb. 7. Die Dehnung der Eisen–Kupfer-Sinterkörper nach dem Härten und 15 Stunden Glühen bei 500 °C, in Abhängigkeit von der Korngröße und der Eisenpulversorte

Kurve 1 — Hametag-Eisenpulver;
2 — Elektrolyteisenpulver;
3 — zerstäubtes Eisenpulver I;
4 — zerstäubtes Eisenpulver II

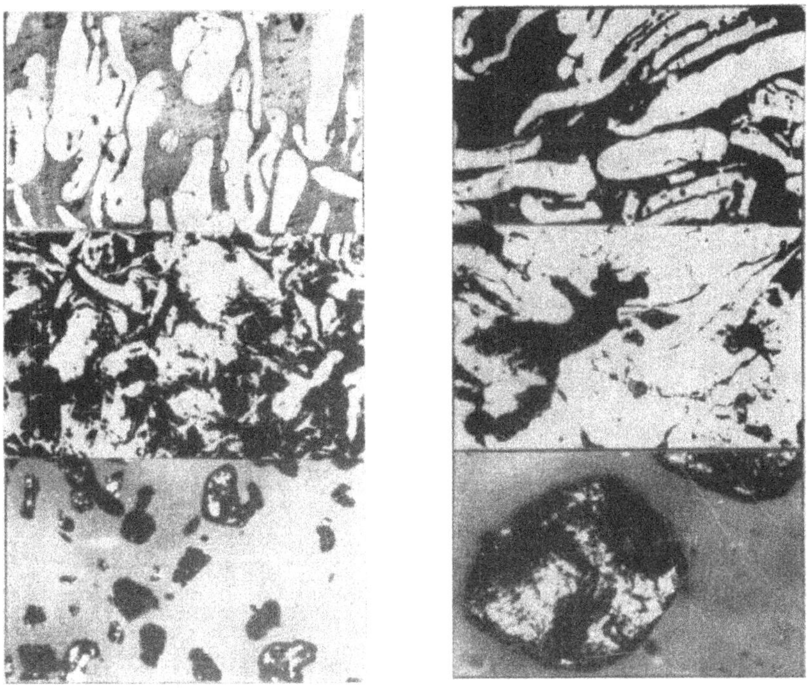

links rechts

Abb. 8. Mikroaufnahmen des Hametag-Eisenpulvers, des porösen Sinterkörpers und des Sinterkörpers nach der Tränkung mit Kupfer, V = 125:1

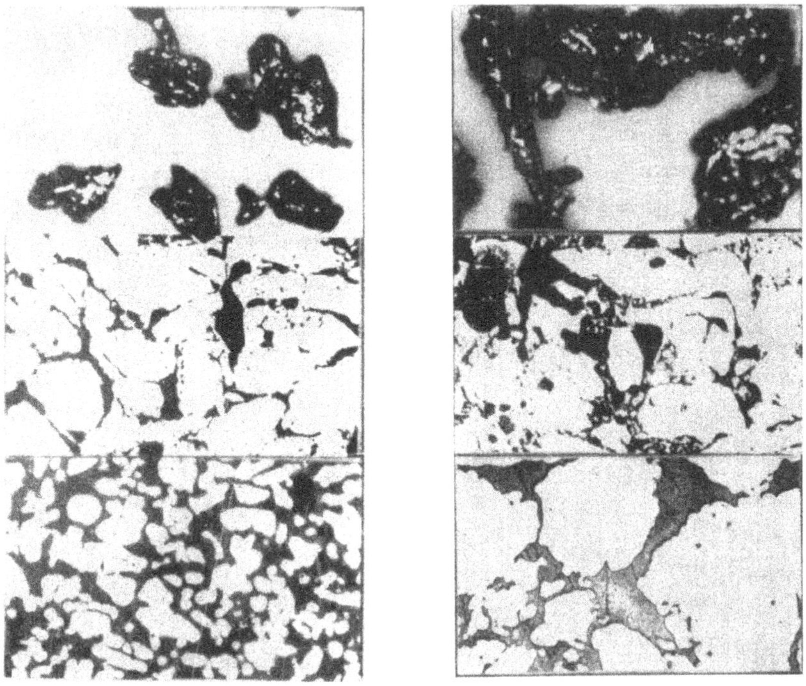

links rechts

Abb. 9. Mikroaufnahmen des Elektrolyteisenpulvers, des porösen Sinterkörpers und des Sinterkörpers nach der Tränkung mit Kupfer, V = 125:1

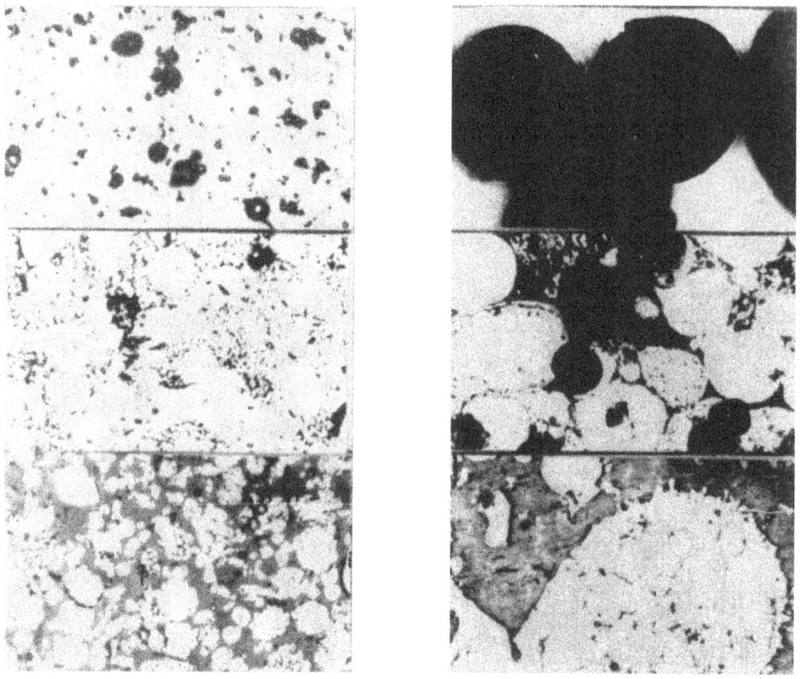

links rechts

Abb. 10. Mikroaufnahmen des zerstäubten Pulvers I, des porösen Sinterkörpers und des Sinterkörpers nach der Tränkung mit Kupfer, V = 125:1

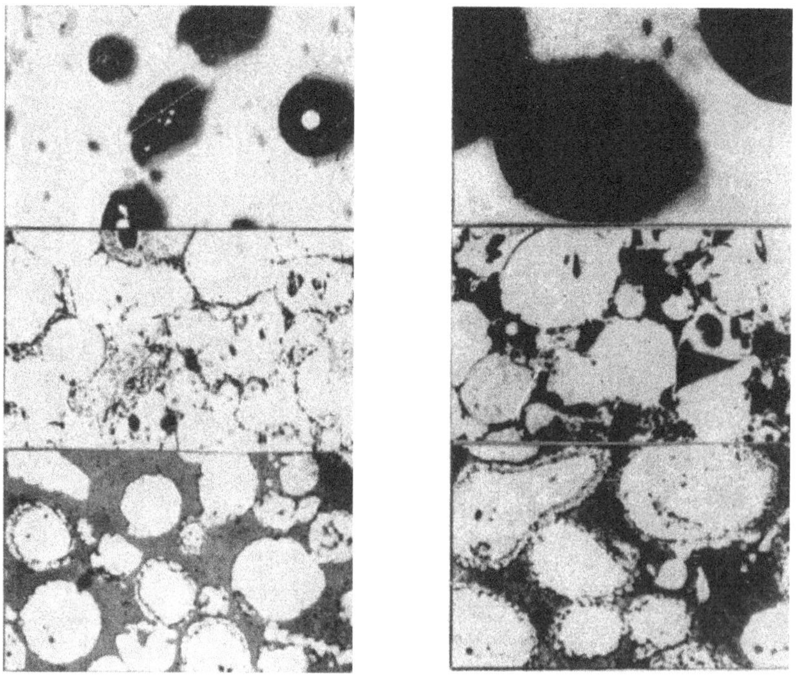

links rechts

Abb. 11. Mikroaufnahmen des zerstäubten Eisenpulvers II, des porösen Sinterkörpers und des Sinterkörpers nach der Tränkung mit Kupfer, V = 125:1

behandlung. Bei lösungsgeglühten Proben wurde eine bedeutende Steigerung der plastischen Eigenschaften erzielt. Die Dehnung der 15 h bei einer Temperatur von 500 °C geglühten Proben betrug etwa 18% für das Hametagpulver, etwa 23% für das Elektrolyteisenpulver, etwa 5% für das zerstäubte Pulver I und etwa 3% für das zerstäubte Pulver II.

In den Abb. 8, 9, 10 und 11 wird das Mikrogefüge der angewendeten Eisenpulver, der porösen Skelette nach dem Sintern und der Sinterkörper mit Kupfer getränkt dargestellt. Aus der Gefügeuntersuchung der Sinterkörper geht hervor, daß fast alle Poren mit Kupfer ausgefüllt sind. Abb. 12 zeigt die Änderung der Zugfestigkeit und Dehnung der mit Messing getränkten Eisensinterkörper. Für die Proben aus Hametagpulver beträgt die Zugfestigkeit durchschnittlich 38 kp/mm², aus Elektrolyteisenpulver 34 kp/mm², aus zerstäubtem Pulver I 24 kp/mm² und aus zerstäubtem Pulver II 20 kp/mm². Die Dehnung beträgt etwa 20% für Hametagpulver, 18% für Elektrolyteisenpulver, etwa 4% für das zerstäubte Pulver I und etwa 1% für das zerstäubte Pulver II.

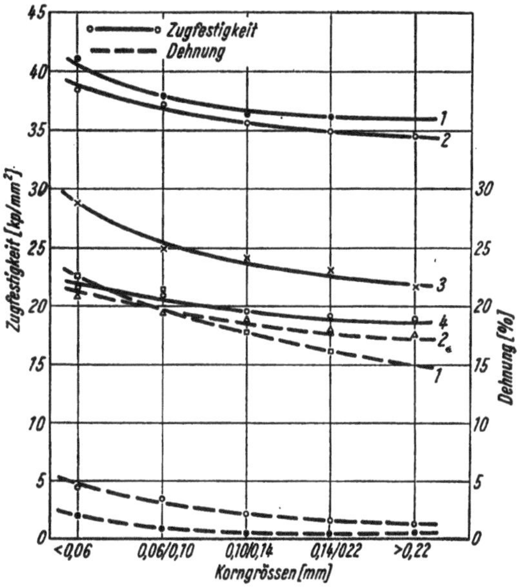

Abb. 12. Zugfestigkeit und Dehnung der Eisensinterkörper, getränkt mit Messing, in Abhängigkeit von der Korngröße und der Eisenpulversorte

Kurve 1 — Hametagpulver;
2 — Elektrolyteisenpulver;
3 — zerstäubtes Pulver I;
4 — zerstäubtes Pulver II

Die Untersuchungen über das Tränken von Eisen mit Kupfer umfaßten nur das Eintauchverfahren, welches, wie festgestellt wurde, zu einer vollständigen Ausfüllung der Poren durch Kupfer führte. Andererseits muß auf die Löslichkeit des Kupfers im Eisen hingewiesen werden, welche zu einer Zerstörung der Oberfläche der getränkten Proben führt. Das reine Kupfer, das als Infiltrationsstoff der Eisenskelette diente, bewirkt die Bildung von tiefen örtlichen Anfressungen und Korrosionskanälen, durch welche eine große Menge des Tränkungsmetalls eingedrungen ist. Dieser Nachteil wurde durch eine kurze Dauer der Tränkung beseitigt und die erlangte Oberfläche der Proben wurde im wesentlichen nicht beschädigt.

Bei der Tränkung mit Kupfer wird sich allmählich das Eisen im Kupfer lösen und seine schädigende Wirkung wird vermindert. Infolge der Korrosionswirkung an der Oberfläche des Skeletts geht das Eisen in eine Lösung mit Kupfer über, und weitere Proben weisen keine Zerstörung der Oberfläche beim Tränken auf. Die Korrosion der Oberfläche der Eisenskelette kann durch Anwendung von Kupferlegierungen zum Tränken beseitigt werden, aus diesem Grunde wurden Untersuchungen über die Infiltration des Eisens mit Messing unternommen.

Wenn man die Eisenpulversorten zur Herstellung von Skeletten betrachtet, muß man feststellen, daß die besten Festigkeitseigenschaften, vor allem die hohen Dehnungswerte, an den Proben aus Hametagpulver und Elektrolyteisenpulver erzielt wurden. Das zerstäubte Pulver, welches aus den ersten Zerstäubungsversuchen stammte, wies noch keine guten Eigenschaften auf, seine chemische Zusammensetzung war ungeeignet. Das erklärt die niedrigen Festigkeitseigenschaften der aus ihnen hergestellten Sinterkörper, vor allem die niedrigen Dehnungswerte nach der Wärmebehandlung im Vergleich mit den Proben aus Hametagpulver und Elektrolyteisenpulver.

3. Schlußfolgerungen

1. Die Untersuchungen über die Tränkung der Eisenskelette mit Kupfer und Messing führten zu einer fast vollständigen Beseitigung der Porosität und zur Steigerung der Festigkeitseigenschaften.
2. Wegen der Korrosionswirkung von Kupfer auf Eisen (gegenseitige Löslichkeit) soll die Dauer der Tränkung beim Eintauchverfahren möglichst kurz sein oder die Tränkung soll mit geeigneten Kupferlegierungen vorgenommen werden.
3. Die Eisensinterkörper mit Kupfer können nach dem Tränkungsverfahren hergestellt werden, wobei die richtigen Parameter folgende sein sollen:
   Höhe des Preßdruckes 2 bis 3 Mp/cm^2, Sintertemperatur 1100 °C, Tränkungstemperatur 1150 bis 1200 °C, Tränkungsdauer 5 min. Beim Tränken mit Messing beträgt die Tränkungstemperatur 1000 °C und die Infiltrationsdauer 20 min.
4. Die Tränkung von Eisen mit Kupfer oder Messing oder anderen Kupferlegierungen soll in einer Schutzgasatmosphäre durchgeführt werden.
5. Die Anwendung der Wärmebehandlung der mit Kupfer getränkten Eisensinterkörper verursacht eine gewisse Steigerung der plastischen Eigenschaften.

Gliwice (Polen), Institut für Nichteisenmetalle

Literatur

[1] Schwarzkopf, P., Beitrag zur Theorie des pulvermetallurgischen Tränkverfahrens. Zeitschrift für anorganische Chemie **262** (1950) 218–222.

[2] Kieffer, R. und Benesovsky, F., Die Herstellung und Eigenschaften von neuartigen Sinterlegierungen (Tränkwerkstoffe). Berg- und Hüttenmännische Monatshefte **94** (1949), 8/9, 284–294.

[3] Kieffer, R. und Hotop, W., Metalurgia proszków i materiały spiekane. Pánstwowe Wydawnistwa Techniczne Katowice 1951, S. 37, 122–125, 194–197, 316–317, 424–427.

[4] Stern, G., An investigation of the effect of final density of copper infiltrated on physical properties. Powder Metallurgy Bulletin **6** (1951), 1, 57–62.

[5] Zapf, G., Technische Sinterwerkstoffe aus dem System Eisen–Kupfer. Stahl und Eisen **74** (1954) 6, 226–234.

[6] Elliott, J. E., Characteristics of copper-infiltrated porous iron. Metallurgia **52** (1955) 313, 226–234.

[7] Johnson, C. G., Copper or copper-base infiltration of iron parts. Proceedings Twelfth Annual Meeting, Metal Powder Association (1956) 70–76.

[8] Francevič I. N. und Teodorovič, O. V., O nekotorych svoistvach zelezomiedlych splawow, Poluczajemych Metodom propitki Metallowiedenje i Obrabotka Metallov (1958) 9, 20–23.

Diskussion

H. Silbereisen, Mönchenbladbach: In der Praxis arbeitet man ausschließlich nach dem Verfahren der Auflegetränkung. Lag ein besonderer Grund vor, das Eintauchen in schmelzflüssige Bäder anzuwenden? Veröffentlichungen über die Infiltration von Eisen mit Kupfer–Mangan-Legierungen zeigen, daß infolge der größeren Benetzbarkeit von Eisen durch diese Legierungen die Tränkung selbst und damit die Eigenschaften verbessert werden. Haben Sie durch eine zu lange Homogenisierung bei messinginfiltrierten Proben eine Entzinkung beobachtet?

G. Stolarz: Es wurde hier über den ersten Teil einer Versuchsreihe zur Tränkung von Sintereisen berichtet. Die Methode der Auflegetränkung wird noch untersucht. Die messinggetränkten Proben wurden nicht wärmebehandelt.

Untersuchungen an Sinteraluminium-Legierungen mit zusätzlichem Oxidgehalt

Von R. Schmidt

Von den gegenwärtig bekannten Methoden zur Erzielung feindisperser Phasen in einem Grundwerkstoff haben für Aluminium nur zwei Verfahren technische Bedeutung erlangt. Sie unterscheiden sich im wesentlichen durch das verwendete Ausgangspulver:

Für die Herstellung oxidhaltiger Aluminiumsinterwerkstoffe, wie z. B. SAP, MPA und ASW, werden Folienabfälle oder zerstäubte Pulver verwendet, die unter Zusatz von Kohlenwasserstoffen, Fett, Fettsäuren oder ähnlichem weiterzerkleinert werden. In Abhängigkeit von den Mahlbedingungen entsteht so ein mehr oder minder feines, oberflächlich oxydiertes schuppenförmiges Ausgangspulver. Je nach der Mahldauer kann der Oxidgehalt zwischen 5 und 20% variiert werden. Die Teilchengröße und die Dicke der Aluminiumoxidschicht sind für die Dispersion und damit für die mechanischen Eigenschaften der gesinterten Werkstoffe von ausschlaggebender Bedeutung [1], [2], [3], [4].

Im Gegensatz dazu werden die Sinteraluminium-Legierungen aus vorlegiertem zerstäubtem Pulver, welches nicht weiterzerkleinert wird, hergestellt. Durch die hohe Abkühlungsgeschwindigkeit der geschmolzenen Vorlegierung während des Zerstäubens mit Luft werden in den Pulverteilchen intermetallische Phasen in feinstverteilter Form ausgeschieden, wobei der Dispersionsgrad weitgehend von den Zerstäubungsbedingungen abhängig ist. Diese legierten Ausgangspulver unterscheiden sich somit von den unlegierten, durch Feinmahlen oberflächlich oxydierten Ausgangspulvern dadurch, daß sie bestimmte Legierungselemente enthalten, aber nur einen beim Zerstäuben entstandenen Oxidgehalt von etwa 0,5% aufweisen [5].

Es besteht nun die Möglichkeit, die mechanischen Eigenschaften von dispersionsverfestigten Aluminiumsinterwerkstoffen durch zweckmäßiges Verbinden beider Herstellungsmethoden zu verbessern. Analog zu den Sinteraluminium-Legierungen mit mischkristallbildenden Zusätzen [6], [7] wurde untersucht, welcher festigkeitssteigernde Effekt bei Sinteraluminium-Legierungen mit intermetallischen Phasen durch einen zusätzlichen Oxidanteil erzielbar ist.

Zu diesem Zweck wurde von dem jeweils mit Fe, Cr, Mn, Ni, Ti, W bzw. Co vorlegierten und zerstäubten Pulver ein Teil in der Schwingmühle unter oxydierender Atmosphäre mit Benzin weiterzerkleinert. Auf diese Weise entstand nach einer Mahldauer von 4 bzw. 8 Stunden ein zusätzlich oxydiertes, schuppenförmiges Feinpulver. Die Weiterverarbeitung der Ausgangspulver mit verschiedenem Oxidgehalt erfolgte durch Kaltverdichte, Strangpressen bei erhöhten Temperaturen und Kaltwalzen mit einem Verformungsgrad von 50%.

In Abb. 1 ist der Einfluß des Oxidgehaltes auf die Festigkeit von 4 der untersuchten Verbundwerkstoffe jeweils nach dem Strangpressen, dem Kaltwalzen sowie nach 250 h Glühen bei 600 °C graphisch dargestellt. Von dem Versuchsmaterial AlFe 5,9 Cr 4,8 konnten wegen seiner sehr schlechten Verformbarkeit infolge Versprödung nur einzelne Bruchstücke für die Untersuchungen verwendet werden. Auffallend ist bei allen Sinterlegierungen, daß durch die Glühbehandlung ein erheblicher Festigkeitsverlust eintritt. Zur Klärung der Ursachen wurden elektronenmikroskopische Strukturuntersuchungen vorgenommen. Abb. 2 und 3 zeigen eine nach dem Glühen bei allen Sinteraluminium-Legierungen typische starke Agglomerierung der intermetallischen Phasen. Dieser Vorgang ist darauf zurückzuführen, daß bevorzugt die kleineren Teilchen dissoziieren und sich an den größeren wieder anlagern. Die sich einstellende mittlere Teilchengröße ist von der Temperatur und der Glühzeit abhängig. Außerdem haben die Teilchen durch örtliche Diffusion ausnahmslos eine mehr oder weniger globulitische Form angenommen und sind meist von einer Diffusionszone umgeben. Im Gegensatz dazu zeigen die Aluminiumoxidteilchen nach der Glühbehandlung noch keine deutlich sichtbaren Veränderungen.

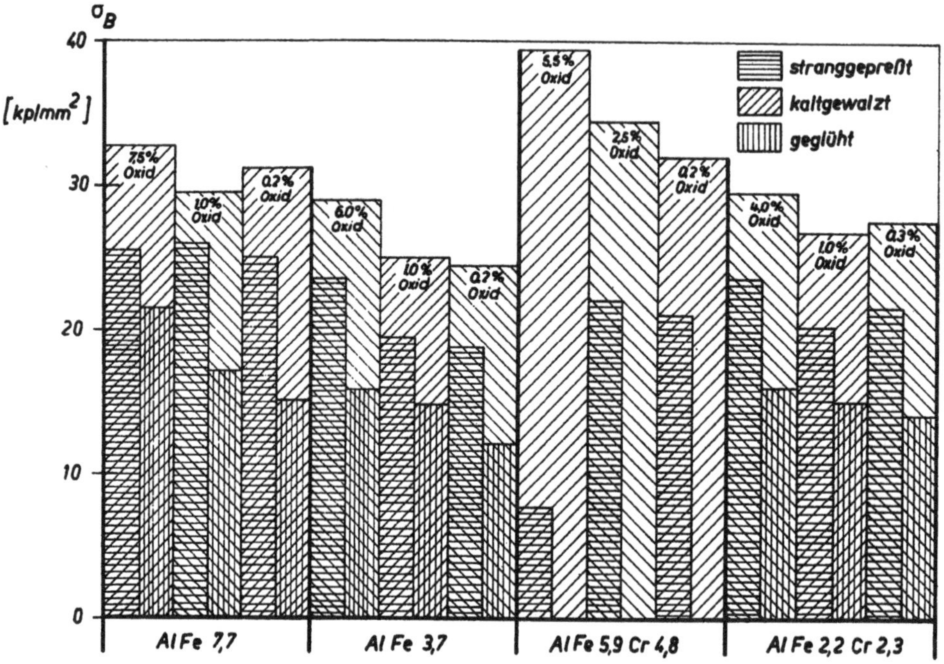

Abb. 1. Zugfestigkeit von Aluminiumsinterlegierungen mit verschiedenen Oxidgehalten nach dem Strangpressen, Kaltwalzen und 250 h Glühen bei 600 °C

Als Triebkraft für die beiden thermisch aktivierten Prozesse ist das Bestreben nach Verminderung der inneren Energie durch Bildung von kugligen Teilchen bestimmter Größe anzusehen, wobei die Bildungsenthalpie der sekundären Phase ein Maß für die Stabilität der Teilchen darstellt.

Die röntgenographischen Untersuchungen ergaben, daß nach 250 h Glühen bei 600 °C lediglich die Proben aus Al Fe 3,7 mit 0,2% Oxid vollständig rekristallisiert waren.

Ausgehend von diesen Ergebnissen wurde versucht, das Festigkeitsverhalten der Aluminiumverbundwerkstoffe in die gegenwärtig für dispersionsgehärtete Werkstoffe vorherrschenden Theorien einzuordnen. Danach sind Größe und Abstand sowie die Eigenschaften der dispersen Teilchen von ausschlaggebender Bedeutung [8].

Zunächst wurde der Einfluß des Gesamtvolumens der dispersen Teilchen auf die Zugfestigkeit der Verbundwerkstoffe AlFe 7,7 und AlFe 3,7 mit verschiedenem Oxidgehalt untersucht. Die erhaltenen Werte sind in Abb. 4 graphisch dargestellt. Der Festigkeitsanstieg nach dem Kaltwalzen ist auf die teilweise erfolgte Zerkleinerung der eingelagerten Teilchen und auf die Verfestigung des Aluminiums zurückzuführen. Nach dem Glühen war bei allen Sinteraluminium-Legierungen neben der Entfestigung des Grundwerkstoffes eine Vergrößerung des mittleren Teilchendurchmessers und des mittleren Abstandes der Teilchen festzustellen. Eine Beziehung zwischen der Streckgrenze und dem mittleren Abstand bzw. Durchmesser der dispersen Teilchen konnte wegen der stark streuenden Werte nicht eindeutig festgestellt werden. Aus dem zum Vergleich in Abb. 4 eingezeichneten Kurvenverlauf ist zu

Abb. 2. Elektronenmikroskopische Aufnahmen von der Aluminiumsinterlegierung AlFe 2,2 Cr 2,3 mit verschiedenem Oxidgehalt (Silberabdruckmethode).

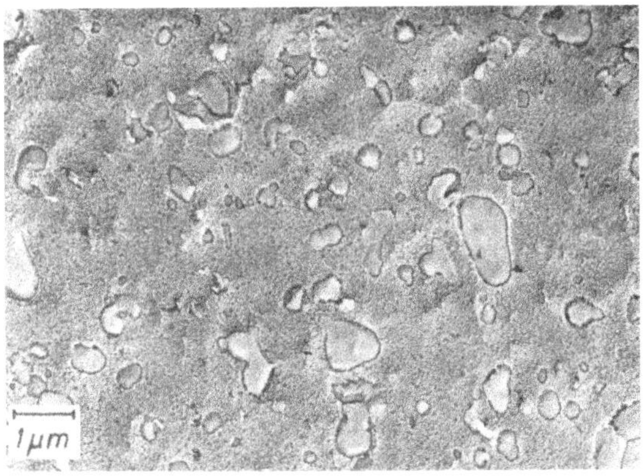

a) kaltgewalzt (0,3% Oxidgehalt);

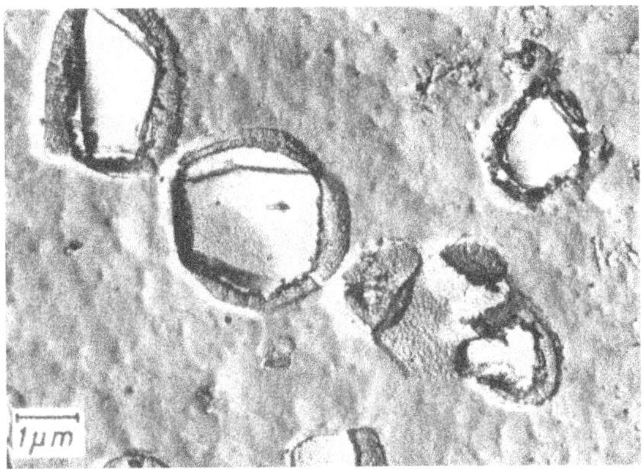

b) 250 h bei 600 °C geglüht (0,3% Oxidgehalt);

c) kaltgewalzt (4,0% Oxidgehalt);

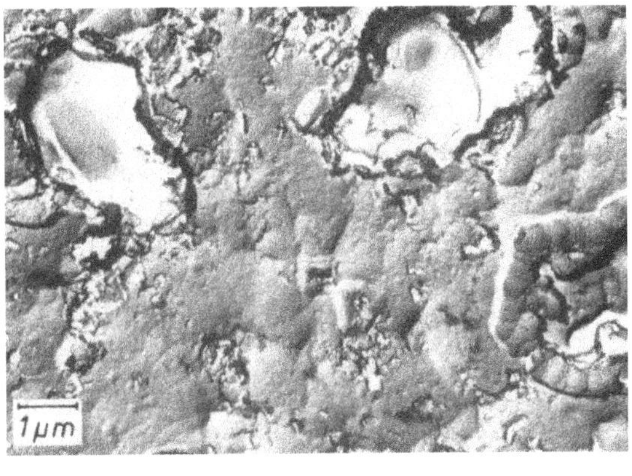

d) 250 h bei 600 °C geglüht (4,0% Oxidgehalt)

Abb. 3. Elektronenmikroskopische Aufnahmen von der Aluminiumsinterlegierung AlFe 7,7 mit verschiedenem Oxidgehalt (Silberabdruckmethode).

a) kaltgewalzt (0,2% Oxidgehalt);

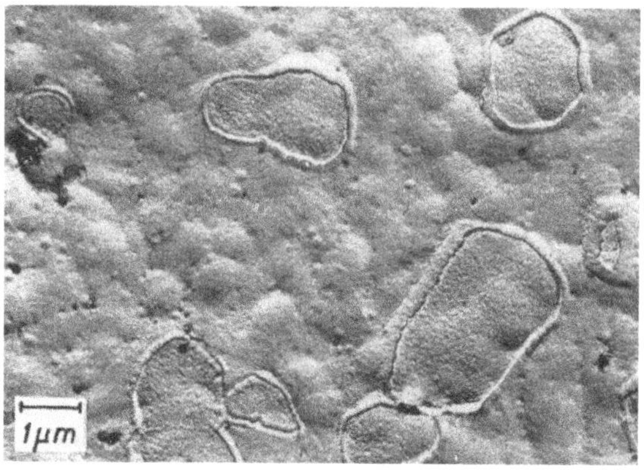

b) 250 h bei 600 °C geglüht (0,2% Oxidgehalt)

c) kaltgewalzt (7,5% Oxidgehalt);

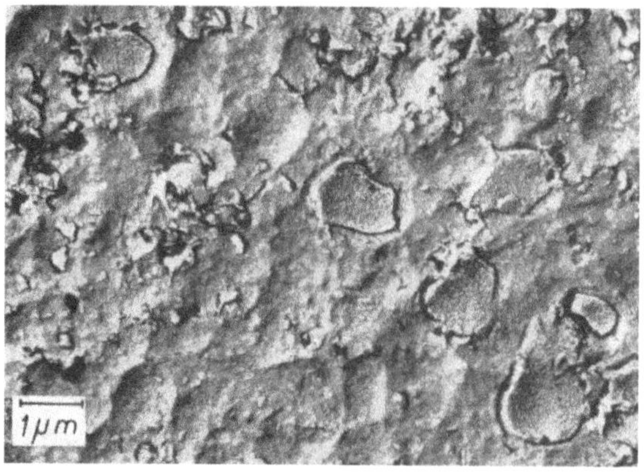

d) 250 h bei 600 °C geglüht (7,5% Oxidgehalt)

entnehmen, daß der zusätzliche Oxidanteil in den Sinteraluminium-Legierungen die Zugfestigkeit erhöht, aber nicht in dem Maße, wie es bei gleichem Oxidgehalt in unlegiertem Sinteraluminium der Fall ist. Die statistische Ermittlung des Abstandes und Durchmessers der Teilchen ergab linkssteile Häufigkeitskurven mit sehr breitem Streubereich. Der mittlere Teilchenabstand ist bei den untersuchten Werkstoffen angenähert proportional dem mittleren Durchmesser der Teilchen. Durch den zusätzlichen Oxidgehalt wurde die maximale Häufigkeit weiter nach den kleineren Abmessungen hin verschoben. Die damit verbundene, relativ geringe Festigkeitssteigerung ist offenbar auf die sehr unterschiedliche Behinderung der Versetzungsbewegungen zurückzuführen. Es muß deshalb angenommen werden, daß zumindest bei dem legierten Sinteraluminium der mittlere Teilchenabstand nur bedingt als Kriterium für die Fließgrenze angesehen werden kann.

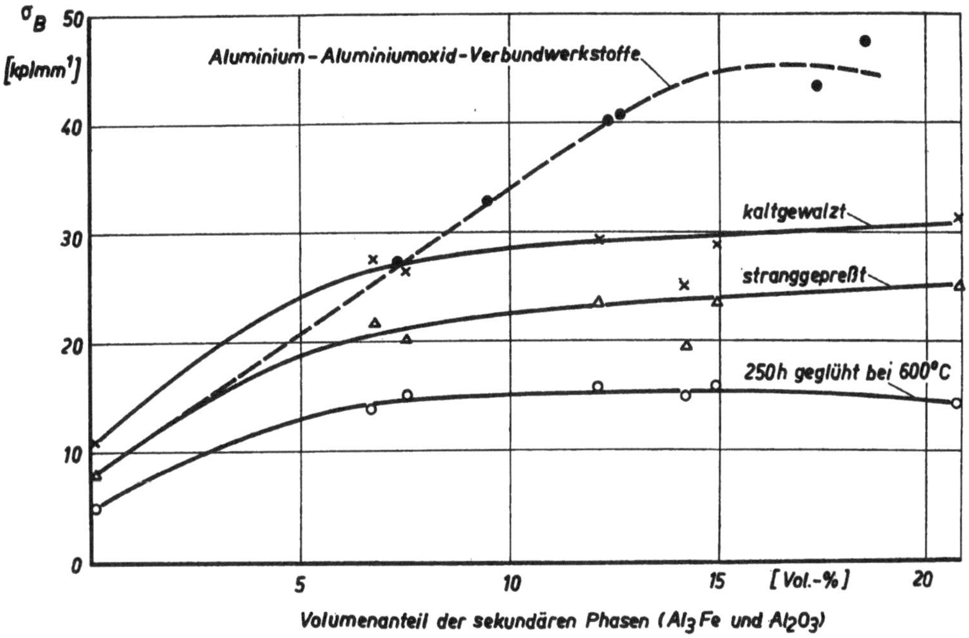

Abb. 4. Zugfestigkeit der Verbundwerkstoffe AlFe 7,7 und AlFe 3,7 mit verschiedenem Oxidgehalt in Abhängigkeit vom Gesamtvolumen der dispersen Phasen

Weitere Untersuchungen an Sinteraluminium mit genauer zu definierenden Dispersionen werden zeigen, ob eine Übereinstimmung mit den theoretischen Vorstellungen erzielbar ist.

Dresden (DDR), Forschungsinstitut für metallische Spezialwerkstoffe
der Deutschen Akademie der Wissenschaften zu Berlin

Literatur

[1] IRMANN, R., S.A.P. — der Aluminium-Sinterwerkstoff mit hoher Warmfestigkeit. Aluminium 33 (1957) 4, 250—259.

[2] LYLE, J. P., Aluminium Powder Metallurgy Products. Materials & Methods 43 (1956) 4, 106—111.

[3] EISENKOLB, F., STROBEL, E. und SCHMIDT, R., Verfahren zur Herstellung von Aluminiumschwerpulver. Patentschrift 22445, WP 40b/50555, Anmeldung v. 17. August 1957.

[4] REPKIN, JU. D., Metallokeramitscheskie. Sharoprotschnye Splawy Isdatelstwo AN USSR 1964.

[5] Towner, R. J., Atomized powder alloys of aluminium. Metal Progress, Bd. 73 (1958) Heft 5, 20—76, 176 und 178.

[6] Strobel, E. und Schmidt, R., Herstellung von Sinter-Aluminiumlegierungen für Sonderzwecke. Bericht über die II. Internationale Pulvermetallurgische Tagung in Eisenach vom 1.—3. Juni 1961. Abhandlungen der Deutschen Akademie der Wissenschaften zu Berlin, Akademie-Verlag, Berlin 1962, S. 125—129.

[7] Strobel, E., Schmidt, R., Thümmler, F. und Spindler, H., Verfahren zur Herstellung warmfester und gleichzeitig korrosionsbeständiger Aluminiumsinterwerkstoffe. Patentschrift WP 40b/70394, angemeldet Dez. 1960.

[8] Lenel, F. V. und Ansell, G. S., A Theory of Dispersion Strenghtening. Proc. Internat. Powder Metallurgy Conf. 1960, New York 1961.

H. Festigkeitsverhalten, Materialprüfung, Korrosionsschutz

Die Beurteilung des Bruchverhaltens spröder Sinterkörper

Von A. MERZ

1. Einleitung

Wenn man die Festigkeit eines Werkstoffes an Probestäben mißt, so stellt man im allgemeinen fest, daß die ermittelten Werte nicht alle vollständig gleich sind, sondern über einen gewissen Bereich streuen. Der Streubereich wird um so größer sein, je spröder der betrachtete Werkstoff ist. Weiter ist auch bekannt, daß die gefundenen Werte für die Zug- und die Biegebruchfestigkeit sich unterscheiden, und zwar bei spröden Werkstoffen mehr als bei duktilen [1]. Zu diesen Beobachtungen und weiteren Gesetzmäßigkeiten, wie der Abhängigkeit der gemessenen Festigkeitsmittelwerte von der Probengestalt, bestehen Zusammenhänge, auf die zum ersten Male W. WEIBULL [2] hingewiesen hat. Die Schwankungen in den Meßwerten für die Festigkeit sind vor allem darauf zurückzuführen, daß der Bruch einer Probe seinen Ausgang nimmt von Störstellen, die irgendwie im Körper statistisch verteilt sind, und es ist nun möglich, auf Grund von Versuchsergebnissen Rückschlüsse auf die Verteilung dieser störenden Stellen zu ziehen. Die vorliegende Arbeit bringt neben ergänzenden Bemerkungen zur WEIBULLschen Theorie Vorschläge und Beobachtungen zu diesen Fragen. Sie soll zeigen, welche Aussagekraft in einer Serie von Meßwerten für die Festigkeit eines Werkstoffes und in der beobachteten Streuung enthalten ist.

2. Die Statistik des spröden Bruches

2.1 Grundzüge der Theorie von W. WEIBULL *[2]*

Die Ergebnisse einer größeren Zahl von Versuchen zur Festigkeitsbestimmung eines Werkstoffes kann man in Abhängigkeit von der Belastung als Häufigkeitsverteilung $H(\sigma)$ darstellen (Abb. 1a). Die Wahrscheinlichkeit S für das Eintreten des Bruches erhält man durch Integration dieser Häufigkeitskurve, wobei man es durch geeignete Wahl der Maßeinheiten erreicht, daß die Bruchwahrscheinlichkeit höchstens den Wert 1 annehmen kann (Abb. 1b). Für die weiteren Betrachtungen ist es zweckmäßig, daneben noch die Standwahrscheinlichkeit $W = 1 - S$ einzuführen (Abb. 1c). Der arithmetische Mittelwert der Meßwerte für die Festigkeit σ_B ist in dieser Darstellung

$$\sigma_B = \int_0^\infty W \cdot d\sigma = \int_0^1 \sigma \, dW \,. \tag{1}$$

Als Gleichung für den Verlauf der Kurve in Abb. 1c hat W. WEIBULL vorgeschlagen [2], [3]

$$W(\sigma) = \exp\left(- \int_V \frac{1}{V_0} \cdot \left(\frac{\sigma}{\sigma_0}\right)^m \cdot dV \right). \tag{2}$$

Diese Formulierung besagt, daß die Bruch- (bzw. Stand-)Wahrscheinlichkeit abhängt von der Größe der Störung, die im Werkstoff herrscht, und dem Volumen, für das ein bestimmter Spannungszustand gilt. Die Abhängigkeit der Bruchwahrscheinlichkeit vom Volumen wird verständlich, wenn man annimmt, daß jeder spröde Bruch von einer schwachen Stelle im Gefüge — einer Störstelle — ausgeht, und daß die Art dieser Stellen und ihre räumliche Verteilung für die Statistik des Bruchs verantwortlich sind. Unterwirft man zwei Probestäbe gleicher Art zusammen der gleichen Belastung, so ist die Wahrscheinlichkeit des Bruches größer als nur bei einem Stab, da im doppelten Volumen schwächere Stellen mit größerer Wahrscheinlichkeit auftreten. Die Mittelwerte für die Bruchfestigkeiten, die man aus den Formeln (2) und (1) für verschiedene Arten der Belastung findet, sind dementsprechend in irgendeiner Weise von der Gestalt der Proben abhängig. WEIBULL behandelt besonders den Fall, daß die

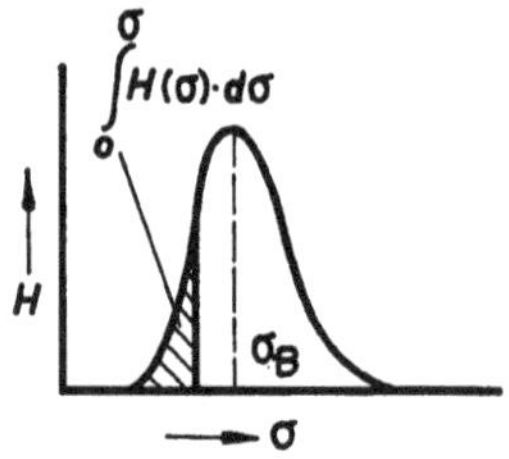

a) Bruchhäufigkeit $H(\sigma)$

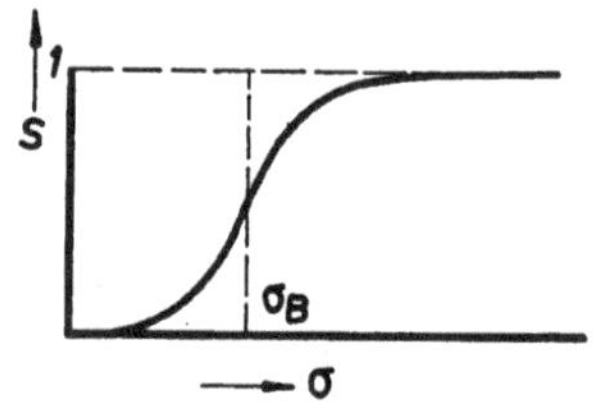

b) Bruchwahrscheinlichkeit $S(\sigma) = \frac{\int_0^\sigma H\, d\sigma}{\int_0^\infty H\, d\sigma}$

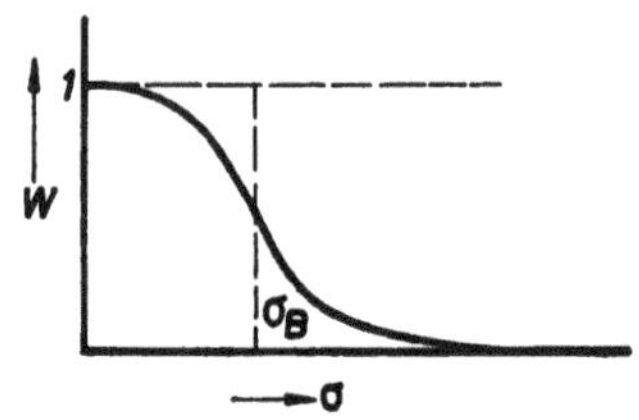

c) Standwahrscheinlichkeit $W = 1 - S$

Mittelwert der Bruchfestigkeit:

$$\sigma_B = \int_0^\infty W \cdot d\sigma = \int_0^1 \sigma \cdot dW$$

Standwahrscheinlichkeit (WEIBULL):

$$W(\sigma) = \exp\left(-\int_V \frac{1}{V_0} \cdot \left(\frac{\sigma}{\sigma_0}\right)^m \cdot dV\right)$$

Abb. 1. Grundbegriffe der Statistik des spröden Bruches

Störstellen, von denen der Bruch ausgeht, gleichmäßig im Volumen verteilt sind. Man kann jedoch auch andere Verteilungen vorgeben. Technisch interessiert der Fall, daß der Bruch bevorzugt von Störstellen an der Oberfläche der Körper ausgeht. Für beide Fälle sind im folgenden die Formeln für den Mittelwert der Festigkeit zusammengestellt, und zwar für die Zugfestigkeit und für die Biegebruchfestigkeit. Für den Biegeversuch ist der Fall behandelt, daß eine rechteckige Probe (im speziellen Fall quadratischer Querschnitt) auf zwei Schneiden aufliegt und in der Mitte zwischen diesen Auflagen belastet ist.

a) Störstellen gleichmäßig im Volumen verteilt

$$\sigma_{zB} = \Pi\left(\frac{1}{m}\right) \cdot \sigma_0 \cdot \left(\frac{V_0}{V}\right)^{\frac{1}{m}} \qquad \text{(Zugfestigkeit)} \qquad (3)$$

$$\sigma_{bB} = \Pi\left(\frac{1}{m}\right) \cdot [2(m+1)^2]^{\frac{1}{m}} \cdot \sigma_0 \left(\frac{V_0}{V}\right)^{\frac{1}{m}} \qquad \text{(Biegebruchfestigkeit)} \qquad (4)$$

b) Bruch bevorzugt von der Oberfläche ausgehend

$$\sigma_{zB} = \Pi\left(\frac{1}{m}\right) \cdot \sigma_0 \cdot \left(\frac{O_0}{O}\right)^{\frac{1}{m}} \qquad \text{(Zugfestigkeit)} \qquad (5)$$

$$\sigma_{bB} = \Pi\left(\frac{1}{m}\right) \cdot \sigma_0 \cdot \frac{O_0^{\frac{1}{m}}}{\left[\frac{b \cdot l}{m+1} + \frac{h \cdot l}{(m+1)^2}\right]^{\frac{1}{m}}} \qquad \text{(Biegebruchfestigkeit, rechteckiger Querschnitt)} \qquad (6)$$

$$\sigma_{bB} = \Pi\left(\frac{1}{m}\right) \cdot \sigma_0 \cdot \left[\frac{4\,(m+1)^2}{m+2}\right]^{\frac{1}{m}} \cdot \left(\frac{O_0}{O}\right)^{\frac{1}{m}} \qquad \text{(Biegebruchfestigkeit, quadratischer Querschnitt)} \qquad (7)$$

(Π = Gausssche Π-Funktion; V = Volumen; O = Oberfläche; V_0 = Einheitsvolumen; O_0 = Einheitsoberfläche; b = Breite, h = Höhe, l = Länge der Probe; σ_0 = Festigkeitskonstante; m = Homogenitätsfaktor).
σ_0 und m bestimmen die Gestalt der Kurven in den Abb. 1a, b, c und sind experimentell zu bestimmen.

2.2 Der Homogenitätsfaktor m

2.21 Zusammenhang mit der mittleren Streuung der Meßwerte

Nach Gleichung (2) werden Lage und Gestalt der Kurven für die Standwahrscheinlichkeit durch die Konstanten σ_0 und m festgelegt. m ist ein Maß für Homogenität des Werkstoffes, d. h. für die Menge der Störstellen im Gefüge, und hängt mit der mittleren Streuung a der Meßwerte für die Festigkeit σ zusammen. Diese Beziehung ist in Abb. 2 dargestellt. Kleines m entspricht einer starken Inhomogenität und einer großen Streubreite, während umgekehrt ein großes m einem homogenen Werkstoff zuzuordnen ist und einer schmalen Streuglocke entspricht. Selbstverständlich muß gewährleistet sein, daß die beobachtete Streuung nur auf Eigenschaften des Werkstoffes und nicht auf Fehler der Meßmethode zurückzuführen ist.

$$\frac{a}{\sigma_B} = \left(\frac{\Pi\left(\frac{2}{m}\right)}{\Pi^2\left(\frac{1}{m}\right)} - 1 \right)^{\frac{1}{2}}$$

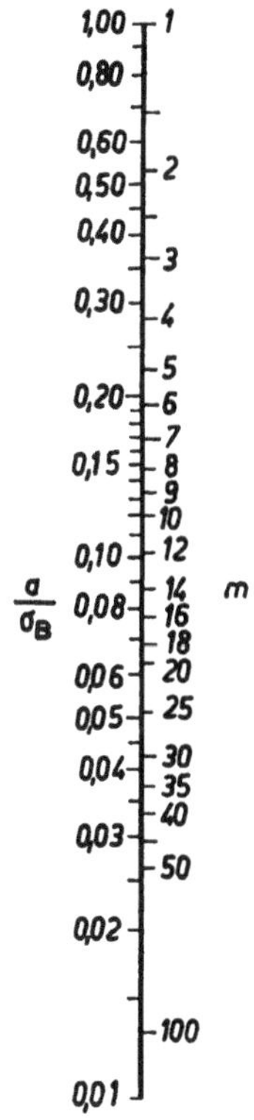

Abb. 2. Zusammenhang zwischen mittlerer Streuung $\frac{a}{\sigma_B}$ der Meßwerte und dem Homogenitätsfaktor m

2.22 Zusammenhang mit der Änderung der Meßwerte in Abhängigkeit von der Probengestalt

Logarithmiert man die Gleichungen (3) bis (7), so ist der Logarithmus der Festigkeit linear abhängig vom Logarithmus des Volumens bzw. der Oberfläche der Probe (für Gleichung (6) von der Länge der Probe). Die Neigung der Geraden ist jeweils ein Maß für m. Ermittelt man deshalb den Mittelwert der Festigkeit an Probeserien unterschiedlichen Volumens (bzw. Oberfläche) und trägt die Ergebnisse in doppeltlogarithmischem Maßstab in Abhängigkeit vom Volumen oder der Oberfläche auf, so entnimmt man $1/m$ aus der Neigung der gefundenen Geraden. Weiter ist es möglich, Rückschlüsse darauf zu ziehen, ob die bruchauslösenden Störstellen im Volumen verteilt oder bevorzugt an der Oberfläche der Proben anzutreffen sind, je nachdem in welchem Fall sich die Meßpunkte besser zu einer geraden Linie einordnen. Für einigermaßen sichere Aussagen sind hier jedoch große Meßreihen notwendig.

2.3 Die Größe σ_0

Die Konstante σ_0 bringt keine weiteren Einsichten in die Zusammenhänge. Sie ist definiert als derjenige Festigkeitswert, für den eine Probe vom Volumen 1 (bzw. mit der Oberfläche 1) eine Standwahrscheinlichkeit $1/e$ aufweist. Sie hängt von der Größe des Einheitsvolumens ab, ist also verschieden, je nachdem ob man die Proben in mm oder in cm mißt.

2.4 Das Verhältnis der Meßwerte von Biegebruchfestigkeit zu Zugfestigkeit

Betrachtet man Probenserien mit gleichen Maßen, so zeigt sich, daß das Verhältnis der Mittelwerte von Biegebruch- zu Zugfestigkeit von dem Homogenitätsfaktor m abhängt. Man sieht das, wenn man die Gleichung (4) und (3) bzw. (7) und (5) durcheinander dividiert. Die zahlenmäßigen Zusammenhänge zeigt Abb. 3. Die gemessenen Mittelwerte für die Biegebruchfestigkeit sind also stets größer als die für die Zugfestigkeit. Der Unterschied ist für

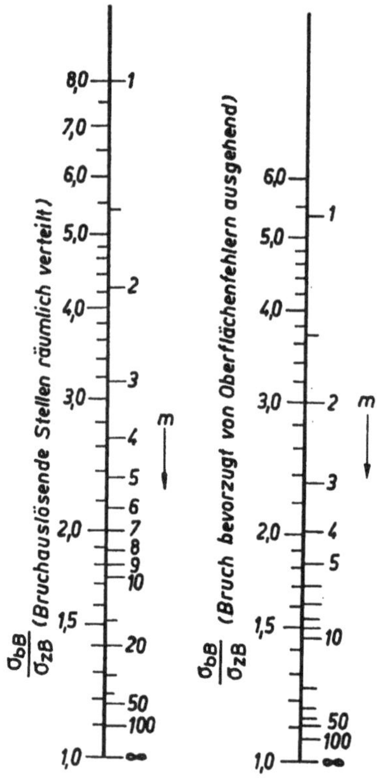

Bruchauslösende Störstellen

a) im Volumen verteilt

$$\frac{\sigma_{bB}}{\sigma_{zB}} = [2\,(m+1)^2]^{\frac{1}{m}}$$

b) bevorzugt an der Oberfläche

$$\frac{\sigma_{bB}}{\sigma_{zB}} = \left[\frac{4\,(m+1)^2}{m+2}\right]^{\frac{1}{m}}$$

(Proben mit gleichen Maßen und quadratischem Querschnitt)

Abb. 3. Abhängigkeit des Verhältnisses von mittlerer Biegebruch- zu Zugfestigkeit von dem Homogenitätsfaktor m

stärkere Inhomogenität (kleines m) größer als für homogene Werkstoffe. Außerdem ist der Effekt etwas mehr ausgeprägt, wenn die bruchauslösenden Störstellen im Volumen verteilt sind gegenüber dem Fall, daß der Bruch von der Oberfläche ausgeht. Da die Mittelwerte für die Festigkeit in jedem Fall von der Gestalt der Probe abhängen, kann man in dieser Darstellung nur Proben mit gleichen Abmessungen vergleichen.

3. Experimentelle Ergebnisse zur Statistik des spröden Bruches

3.1 Änderung der gemessenen Festigkeitswerte in Abhängigkeit vom Volumen und von der Oberfläche der Proben

Abb. 4 zeigt die Ergebnisse einiger Versuchsreihen mit Probestäben aus Mn–Zn-Ferrit. Dieser Werkstoff war als Modellsubstanz verwendet worden. Es lagen Probestäbe mit drei verschiedenen Querschnitten, und zwar 3×3 mm², $5{,}5 \times 5{,}5$ mm² und $8{,}5 \times 8{,}5$ mm², vor. Diese Probengruppen wurden mit verschiedenen Auflageabständen gebrochen, so daß sich die unterschiedlichen wirksamen Volumina bzw. Oberflächen ergaben, für die in Abb. 4 Meßpunkte angegeben sind. Je nach den Sinterbedingungen zeigen die Probeserien unterschied-

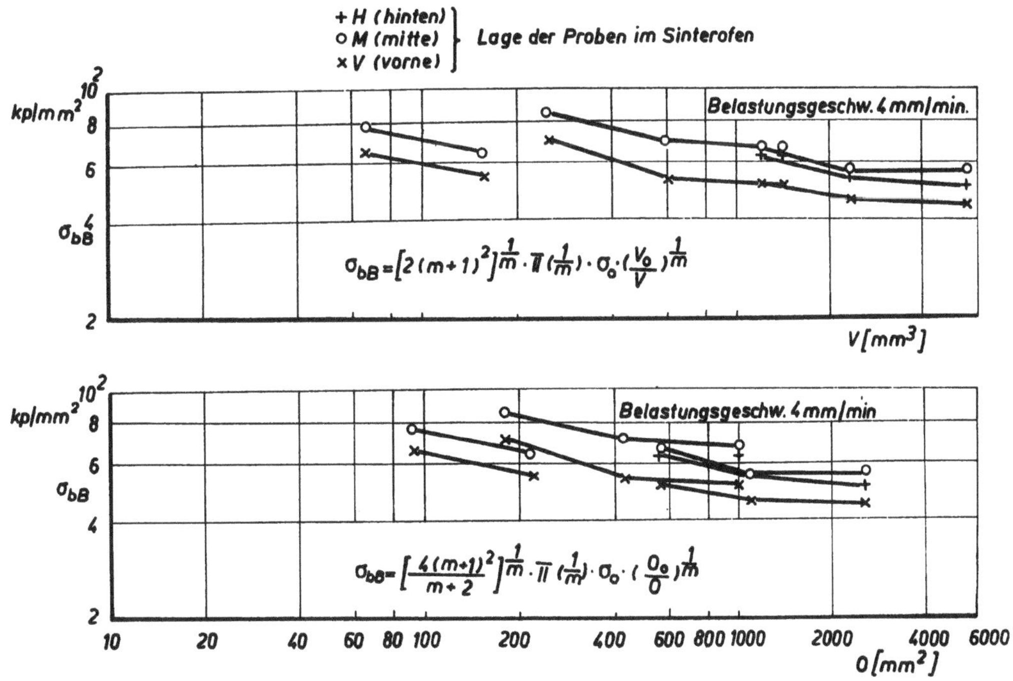

Abb. 4. Abhängigkeit der Mittelwerte für die Biegebruchfestigkeit von Volumen und Oberfläche der Proben (Mn–Zn-Ferrit)

liche Homogenität, und zwar „*M*" (Mitte) die besten und „*V*" (vorn) oder „*H*" (hinten) geringere Homogenitäten. (Die Angaben beziehen sich auf die Lage der Proben im Sinterofen). Der Abfall der Festigkeit in Abhängigkeit von der Probengröße ist deutlich zu sehen, und der Homogenitätsfaktor kann abgeschätzt werden. Die Meßwerte der Proben mit den kleinsten Querschnitten fügen sich nicht ganz so gut in den allgemeinen Kurvenverlauf ein. Es scheint, daß im Fall, in dem die Abhängigkeit der Festigkeit von der Oberfläche aufgetragen ist, die geringeren Abweichungen der Meßwerte von einem gradlinigen Zusammenhang auftreten, was auf eine besondere Rolle des Oberflächenzustandes für das Bruchverhalten hindeutet.

Hinweise auf die Bedeutung der Oberfläche der Proben für den spröden Bruch finden sich in Beobachtungen über die Einflüsse des Schleifens und der Politur oder über die Wirkung zäher Oberflächenschichten [4], [5].

3.2 *Vergleich von Homogenitätsfaktoren m, die auf verschiedene Weise ermittelt wurden*

Nach dem oben Gesagten bestehen mehrere Möglichkeiten, aus experimentellen Daten Hinweise auf die Größe des Homogenitätsfaktors m zu erhalten. Einmal ist der direkte Schluß aus der Breite der Streukurve gemäß Abb. 2 möglich, und dann ist er aus der Abhängigkeit der Meßwerte von der Probengestalt zu ermitteln (Abb. 4). In Tab. 1 sind Werte für m gegenübergestellt, die nach den beiden Verfahren erhalten wurden. Für jede Zeile der Tabelle wurden etwa 15 Proben ausgewertet. Sie wurden mit unterschiedlichen Auflageabständen gebrochen, wodurch sich die Abhängigkeit von der Probengröße ergab. Für einen Meßpunkt der Kurven in Abb. 4 waren dann jeweils zwischen 15 und 60 Versuche auszuwerten. Die Tabelle zeigt, daß die Werte für m etwa in der gleichen Größe liegen, und die Korrelation in Abhängigkeit von der Größe des Zahlwertes für m ist auch zu erkennen. Eine bessere Übereinstimmung ist bei dem geringen Umfang der Meßreihen nicht zu erwarten.

Tabelle 1. Ermittlung des Homogenitätsfaktors m nach verschiedenen Verfahren

$\frac{a}{\sigma_{bB}}$	m (Streubreite)	m (Probengröße)
0,125	9,6	7,7
0,150	7,9	10,0
0,154	7,7	9,1
0,170	6,9	8,3
0,145	8,2	5,7
0,363	3,0	3,6
0,144	8,1	6,2
0,408	2,7	3,9

Probenzahl ca. 15 — Anzahl der Versuche bis zu 120 in jeder Versuchsreihe

3.3 Das Verhältnis Biegebruchfestigkeit zu Zugfestigkeit

Der Zusammenhang zwischen Biegebruchfestigkeit und Zugfestigkeit ist nach Abb. 3 zu beurteilen. Herr Dipl.-Ing. R. Siegel stellte zur Auswertung freundlicherweise 2 Meßreihen an Sinterstahlproben aus einer bisher nicht veröffentlichten Arbeit zur Verfügung, die in anderem Zusammenhang ausgeführt worden waren. Für den Zugversuch standen 12 Proben $5{,}7 \times 5{,}7 \times 37\ \text{mm}^3$ und für den Biegebruchversuch 8 Proben $5{,}7 \times 5{,}7 \times 28\ \text{mm}^3$ zur Verfügung. (Die Länge bedeutet die jeweils wirksame Meßlänge.) Die Bedingung gleicher Probenabmessungen war demnach annähernd erfüllt. Tab. 2 zeigt die Ergebnisse: In den ersten zwei Spal-

Tabelle 2. Zug- und Biegebruchfestigkeit im Zusammenhang mit dem Homogenitätsfaktor m an Sinterstahlproben

	Ergebnisse aus dem Verhältnis $\frac{\sigma_{bB}}{\sigma_{zB}}$		Ergebnisse aus der Streuung beim Biegeversuch	Ergebnisse aus der Streuung beim Zugversuch
Störstellen bevorzugt	an der Oberfläche	im Volumen		
$\frac{\sigma_{bB}}{\sigma_{zB}}$	**1,76**	**1,76**	1,6	1,45
$\frac{a}{\sigma_B}$	0,19	0,12	**0,088**	**0,068**
m	6	10	14	18

Fettgedruckte Daten sind Ausgangswerte
Ausgangswerte: $\sigma_{bB} = 81{,}5 \pm 7{,}21\ \text{kp/mm}^2$ aus 8 Proben;
$\sigma_{zB} = 46{,}1 \pm 3{,}15\ \text{kp/mm}^2$ aus 12 Proben

ten ist das gemessene Verhältnis $\frac{\sigma_{bB}}{\sigma_{zB}}$ eingesetzt und m bzw. $\frac{a}{\sigma_B}$ aus den Abb. 3 und 2. In den Spalten 3 und 4 sind die mittleren Streuungen der Meßreihen als Ausgangswerte eingesetzt und $\frac{\sigma_{bB}}{\sigma_{zB}}$ sowie m aus den Leitertafeln diese Arbeit ermittelt. Die Übereinstimmung ist so gut, wie sie mit der kleinen ausgewerteten Probenzahl überhaupt zu erwarten ist.

4. Zusammenfassung

Die Streuung der Meßwerte bei Festigkeitsuntersuchungen an Sinterwerkstoffen ist zu interpretieren mit der Vorstellung, daß der Bruch von statistisch verteilten Störstellen der Proben ausgeht. Demnach ist im allgemeinen anzustreben, den Streubereich soweit wie möglich zu verkleinern. Die Mittelwerte der Meßreihen sind je nach Art der Beanspruchung und der Größe der Proben verschieden. Das Verhalten eines Werkstoffes unter verschiedenartiger Beanspruchung ist jedoch zu beschreiben, wenn man zwei Konstanten ermittelt, den Homogenitätsfaktor m und die Festigkeitskonstante σ_0. Es ist in übersichtlicher Weise gezeigt, wie m mit der mittleren Streuung der Meßwerte zusammenhängt, wie sich die Mittelwerte für die Biegebruch- und die Zugfestigkeit unterscheiden, welcher Einfluß die Größe der Proben hat, und welche Hinweise sich für die Art der bruchauslösenden Störstellen ergeben. Die rechnerischen Zusammenhänge sind durch Versuchsreihen überprüft.

Meinen Mitarbeitern, Herrn Dipl.-Chem. I. KALNING und Herrn Chem.-Ing. G. PUTZKY danke ich für ihre Unterstützung bei der Herstellung der Proben und der Durchführung der Messungen.

Dresden (DDR), Forschungsinstitut für metallische Spezialwerkstoffe
der Deutschen Akademie der Wissenschaften zu Berlin

Literatur

[1] KRUG, H. J., Festigkeitsverhalten spröder Körper bei gleichförmiger und ungleichförmiger Beanspruchung. Diss. TH Stuttgart 1938.

[2] WEIBULL, W., A statistical theory of the strength of materials. Ingeniörsvetenskapsakademin Handlingar Nr. 151 (1939).

[3] MERZ, A., Zur Biegebruchfestigkeit spröder Werkstoffe. In: II. Internat. Pulvermet. Tagung Eisenach, Abh. Dt. Akad. Wiss. Berlin (1962) 1, S. 373–379.

[4] FELGAR, R. P. und LUBAHN, J. D., Mechanical behavior of cemented carbides. Proc. Amer. Soc. Testing Materials 57 (1957), 770–790.

[5] LAWRENCE, W. G., Ceramic materials for high temperatures. In: The defect solid state, New York, Interscience Publishers 1957, S. 375–443.

Diskussion

H. E. EXNER, Stuttgart: Hat die Wiederverwendung bereits gebrochener Proben für Biegeversuche mit kleinerem Auflageabstand einen Einfluß auf das Meßergebnis?

A. MERZ: Bei den verwendeten spröden Werkstoffen (Mangan-Zink-Ferrit) kann ein derartiger Einfluß vernachlässigt werden, da keine Verformung der Proben beim Biegeversuch beobachtet wurde.

H. E. EXNER: In einer eigenen Untersuchung an Hartlegierungen mit 10% Kobalt und 90% Wolframkarbid wurden die Biegefestigkeitsdaten nach der Extremwertstatistik ausgewertet [1], [2]. Es zeigte sich, daß der Homogenitätsfaktor von der Korngröße und der Kornverteilung des Karbidanteils abhängig ist und daher nicht als Materialkonstante für eine Werkstoffgruppe, sondern als wichtige Kenngröße des Festigkeitsverhaltens gelten sollte. Diese Beobachtungen bestätigen erneut die Berechtigung des WEIBULLschen Ansatzes. Im Rahmen dieser Arbeiten wurde ein Verfahren ausgearbeitet, das mit Hilfe eines Diagrammblattes eine sehr einfache und schnelle Ermittlung der Kennwerte und damit die Auswertung von Zähigkeitsdaten nach WEIBULL für die betriebliche Praxis ermöglicht. In das Diagrammblatt werden die an 12 Proben einer Qualität ermittelten Festigkeitswerte (Biege-, Druck-, Zug- oder Schlagbiegefestigkeit) eingetragen und der Homogenitätsfaktor sowie die Festigkeitswerte für 10, 50 und 90% Bruchwahrscheinlichkeit abgelesen.

[1] Exner, H. E., Struktur und Eigenschaften der Hartlegierung WC 10% Co. Dissertation, Leoben 1964.
[2] Exner, H. E., Die Auswertung von Zähigkeitsdaten spröder Werkstoffe mit Hilfe der Extremwertstatistik. Im Druck.

E. Bryjak, Katowice (Polen): Welchen Einfluß hat die Belastungsgeschwindigkeit, da bekannt ist, daß bei kleineren Geschwindigkeiten höhere Festigkeiten gemessen werden ?

A. Merz: Es wurde im Gegenteil gefunden, daß bei größeren Geschwindigkeiten eine größere Festigkeit gemessen wird, wobei aber die hier geprüften Gesetzmäßigkeiten nicht merklich beeinflußt wurden. Die an dieser Stelle wiedergegebenen Versuchsergebnisse stellen jedoch nur einen Teil der durchgeführten Arbeiten dar.

Beitrag zu den mechanischen Prüfverfahren von porösen ringförmigen Sintereisenwerkstücken

Von L. Botha

Einige neuere Arbeiten haben die Notwendigkeit einer Festigkeitsprüfmethode von Sintereisenwerkstoffen durch Radialdruck der zylindrischen ringförmigen Proben hervorgehoben [1], [2].

Zu diesem Zweck wurde die Formel (1) vorgeschlagen, die man aus der Biegemomentgleichung ableiten kann, wenn einige vereinfachende Annahmen vorausgesetzt werden:

$$\sigma_k = \frac{P_{\max} \cdot D_m}{b\, t^2} \, (\mathrm{kp/mm^2}) \,. \tag{1}$$

σ_k = die Radialdruckfestigkeit
$P_{\max}$ = die Bruchkraft
D_m = der mittlere Durchmesser des Prüfstückes
b = die Länge des Prüfstückes
t = die Wandstärke des Prüfstückes.

Nach dieser Methode wurde ein Sinterwerkstoff mit folgender Zusammensetzung geprüft:

FREM-Eisenpulver	96,5% (< 150 μm)	[3]
reduziertes Kupferpulver	3,0% (< 60 μm)	[4]
Graphit	0,5%.	

Abb. 1 zeigt den Einfluß des Porositätsgrades auf die Werte der Radialdruckfestigkeit σ_k. Die Proben hatten folgende Abmessungen: $D_m = 23$ mm; $b = 25$ mm; $t = 3$ mm. Sie wurden 100 min bei 1100 °C in Ammoniakspaltgas gesintert und danach langsam abgekühlt.

Der Verlauf der Kurve (Abb. 1) zeigt die Tendenz einer Näherung an eine schräge Gerade, welche die lineare Änderung der Festigkeit σ_k in ausschließlicher Abhängigkeit von der Zunahme der Dichte darstellt.

Im Vergleich zu den Zugfestigkeitswerten σ_r von Probestäben, die direkt auf standardisierte Dimensionen gepreßt und gesintert wurden, kann man folgende Versuchsbeziehung feststellen:

$$\sigma_r = (0{,}45 - 0{,}55) \cdot \sigma_k \,.$$

Das Radialdruckverfahren ist auf Grund von folgenden Vorteilen vorzuziehen:

1. leichtes Einhalten der genauen geometrischen Abmessungen der Proben;
2. leichtes Anlegen der Probestücke zwischen den beiden Preßplatten und zuverlässige Ausführung der Beanspruchung und besonders
3. der Möglichkeit, zu jedem Zeitpunkt des Beanspruchungsvorganges die Verformung, d. h. die Entfernung zwischen den beiden Preßplatten, mit hoher Genauigkeit zu messen.

Der Wert dieser Verformung, die durch den Biegungspfeil f bezeichnet wird, stellt die allmähliche Verminderung des Außendurchmessers in der Richtung der Druckkraft P dar. Der Wert f ändert sich gleichzeitig mit der Druckkraft P nach einer Kurve, deren Form in Abb. 2a dargestellt wird. Aus dieser Abb. folgt, daß für die Werte der Kraft P

$$\frac{1}{5} \cdot P_{\max} < P < \frac{3}{4} \cdot P_{\max}$$

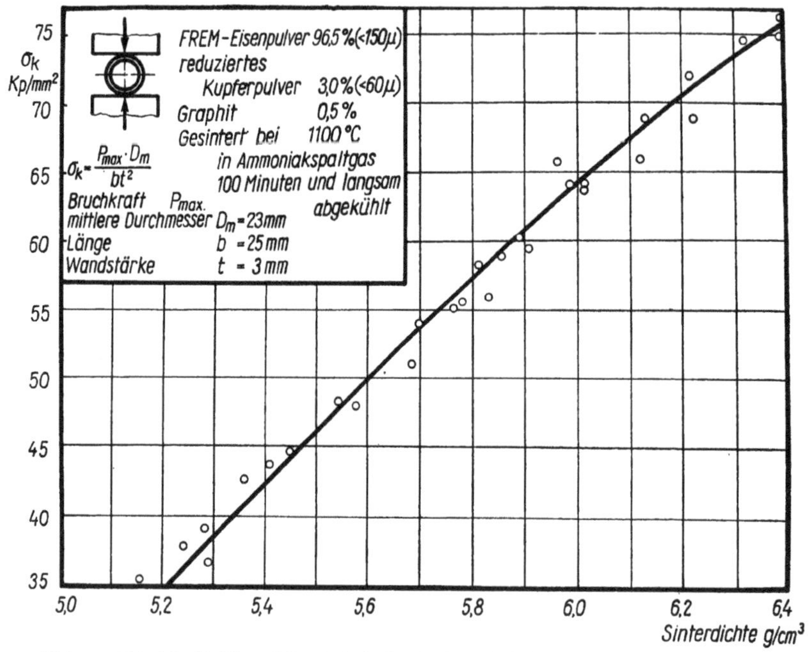

Abb. 1. Die Radialdruckfestigkeit in Abhängigkeit von der Sinterdichte

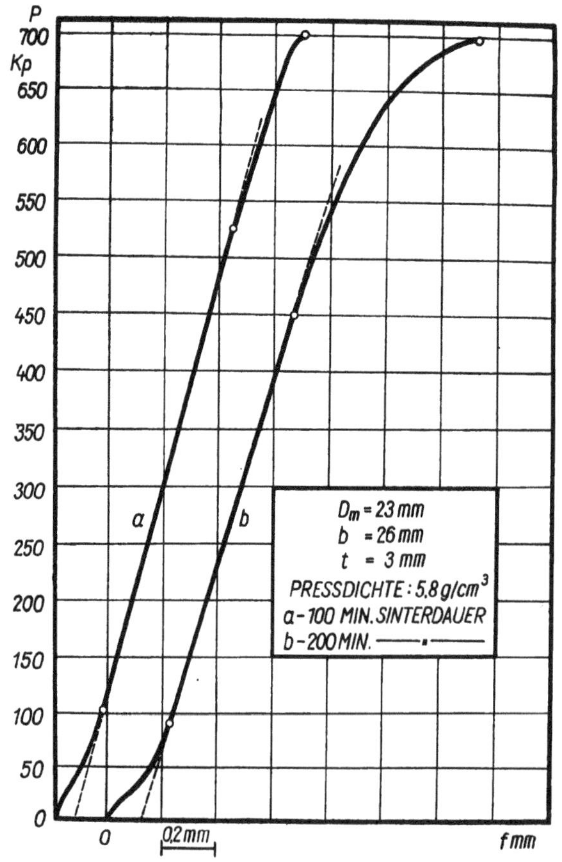

Abb. 2. Die Beanspruchungs-Verformungs-Kurve beim Radialdruckverfahren
a — 100 min Sinterdauer; b — 200 min Sinterdauer

die Verhältnisse P/f proportional sind. Ihre Werte, oder die Neigung der Beanspruchungs-Verformungs-Kurve, hängen von D_m, t und b sowie von der Porosität und den Herstellungsbedingungen ab.

Bei Verlängerung der Sinterdauer der Probestücke bis 200 min wird bei gleichem Material, wenn die übrigen technologischen Bedingungen unverändert bleiben, eine andere Beanspruchungs-Verformungs-Kurve beobachtet (Kurve 2b). Aus dieser Abbildung ist im Vergleich zu der Kurve 2a folgendes sichtbar:

1. Die Proportionalitätsgrenze der Verhältnisse P/f sinkt bis zu $P < 2/3 \cdot P_{max}$; oberhalb des Proportionalitätsgebietes findet eine größere plastische Verformung statt;
2. die gesamte Verformung f_{max} in der Richtung der Druckkraft P nimmt mit 15 bis 25% zu.

Diese Feststellungen bestätigen die Hypothese über den Einfluß von Form, Größe und Verteilung der Poren auf die Festigkeit. Mit Verlängerung der Sinterdauer nimmt die Sprödigkeit des Materials ab, insbesondere als Folge der Veränderung der Porenform (Rundung) und ihrer Verkleinerung, wodurch der Kerbeffekt vermindert wird. Die angewandte Methode liefert also überzeugende Aufschlüsse über die Zähigkeit der Sinterwerkstoffe im Vergleich mit der Zugprüfung, wo das Messen der Verformung für solche Materialien oft schwieriger ist.

Die Deformationsgleichung (2) eines vollkommen elastischen Ringes kann auf Grund derselben vereinfachenden Annahmen wie in Formel (1) errechnet werden [5].

$$E = 0{,}149 \frac{R_m^3}{I_z} \cdot \frac{P}{f} \,(\text{kp/mm}^2) \tag{2}$$

R_m = mittlerer Radius
I_z = Trägheitsmoment.

Werden aber die Werte der Verhältnisse P/f aus dem Proportionalitätsgebiet in Gl. (2) eingeführt, wird festgestellt, daß bei Änderung der Abmessungen der Probestücke der Wert E nicht konstant bleibt; das trifft auch dann zu, wenn die Porosität und die Herstellungsbedingungen nicht verändert werden.

Aus Abb. 3 wird ersichtlich, daß Gl. (2) nur dann verwendet werden kann, wenn der Wert des Verhältnisses D_m/t sehr groß ist, besonders durch Vergrößerung des Durchmessers $t \leqq 4$ mm. Für ein Verhältnis $D_m/t > 18$ wird ein Wert des Elastizitätsmoduls E erhalten, der im Rahmen der veröffentlichten, mittels anderer Methoden erhaltenen Werte liegt.

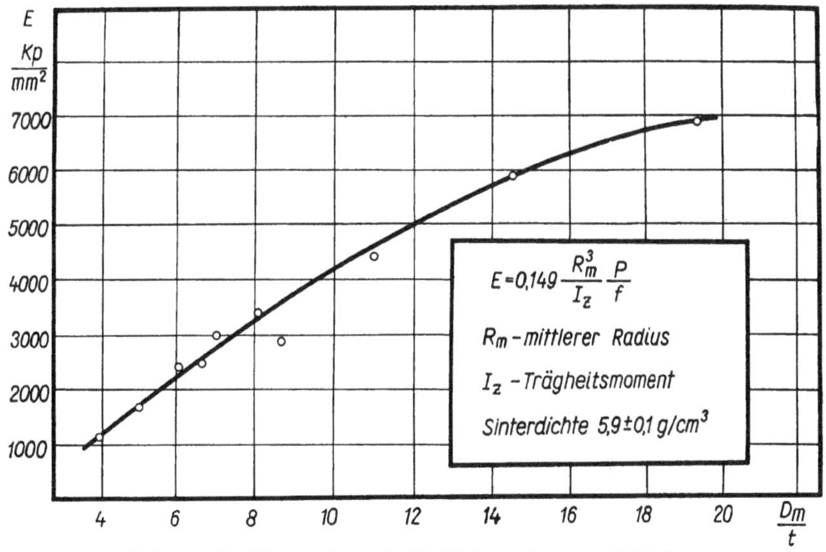

Abb. 3. Die Werte des mit Gl. (2) berechneten E-Moduls

Zusammenfassung

Es wurde der Einfluß der Porosität eines mit Kupfer und Graphit gesinterten Eisenwerkstoffes auf die Radialdruckfestigkeit einiger zylindrischer ringförmiger Probestücke festgestellt. Durch Verlängerung der Sinterdauer ändert sich der Lauf der Beanspruchungs-Verformungs-Kurve. Es wurde auf dieser Kurve ein Proportionalitätsgebiet zwischen Druckkraft und Verformung beobachtet. Mit Hilfe dieser Proportionalitätsverhältnisse kann man nur bei gewissen geometrischen Abmessungen der Probestücke auch den Elastizitätsmodul E berechnen.

Cluj (Rumänien), Polytechnisches Institut, Laboratorium für Pulvermetallurgie

Literatur

[1] PRICE, S. A. und OAKLEY, I., Notes on the relationship between porosity and strenght of sintered rings pressed from iron powder. Powder Metallurgy **12** (1963) 87–93.

[2] BOTHA, L. und DOMŞA, AL., Contributii la studiul rezistenţei materialelor sinterizate feroase prin încercarea epruvetelor cilindrice inelare. Sesiunea ştiinţifică a Institutului politehnic Cluj (1964) (unveröffentlicht).

[3] DOMŞA, A., PÁLFALVI, A., SZABO, L., SPÎRCHEZ, Z. und BOTHA, L., Über die Herstellung von Eisenpulver durch direkte Reduktion mit Methan. III. Tagung Eisenach, 1965.

[4] NICOLAE, V., DOMŞA, A., BERKOVITS, S. und BOTHA, L., Elaborarea pulberii fine de cupru prin pulverizare, oxidare şi reducere. Sesiunea ştiinţifică a Institutului politehnic Cluj (1964) (unveröffentlicht).

[5] BUZDUGAN, GH., Rezistenţa materialelor. Ed. didactică şi ştiintifică Bucureşti, 1964.

Pneumatische Methode zur Feststellung der wahren Dichte pulverförmiger Materialien

Von A. Pálfalvi

Zur Bestimmung der Gesamtporosität von Halbfabrikaten oder Fertigerzeugnissen ist eine genaue Kenntnis der wirklichen Dichte der pulverförmigen Ausgangsstoffe erforderlich. Ebenso wichtig ist deren Kenntnis auch bei der granulometrischen Analyse durch Sedimentation, bei der Schnellbestimmung der Reinheit des Pulvers durch Dichtebestimmungen, beim Berechnen der spezifischen Oberfläche mittels des Körnungsnetzes nach Rosin-Rammler und auch bei anderen Bestimmungen. Die densimetrischen Werte aus Tabellen führen oft zu unrichtigen Ergebnissen, weil z. B. der Oxidgehalt die wirkliche Dichte der metallischen Pulver verändert. Die Dichte von Legierungen und verschiedenen Mischungen sind in den Dichtetabellen meist nicht verzeichnet.

Die üblichen Methoden zur Bestimmung der Dichte von festen Stoffen, wie die pyknometrische (mit und ohne Verwendung von Vakuum), die des hydrostatischen Wiegens u. a. können im Falle eines feinen Pulvers entweder überhaupt nicht angewendet werden oder ergeben ungenaue Resultate. Andere Nachteile dieser Methoden sind, daß die Bestimmung viel Zeit in Anspruch nimmt und die nötigen Meßgeräte ziemlich kompliziert sind.

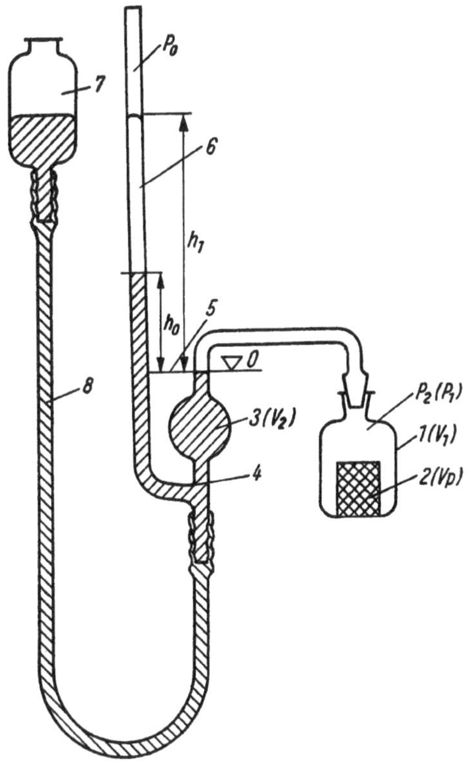

Abb. 1. Schema des pneumatischen Densimeters

Die pneumatische Methode beseitigt die bei den pyknometrischen Methoden auftretenden Schwierigkeiten, da für das Ausfüllen des Zwischenraumes der Pulverkörner Luft oder andere Gase benützt werden, die sehr vorteilhaft die Immersionsflüssigkeit ersetzen. Die Gase, die oberhalb der Pulverprobe verdichtet sind, haben geringe Viskosität und Molekülabmessungen; sie können deshalb leicht in die Poren und Risse eindringen und den freien Raum zwischen dem Pulver vollkommen ausfüllen.

Die Methode beruht auf dem isothermen Verdichten der Gase in einem mit der Pulverprobe gefüllten Behälter und der Berechnung des Volumens bzw. der Dichte des Pulvers aus dem Druckanstieg in dem System. In Abb. 1 ist das Gerät schematisch dargestellt. Wenn das Quecksilber durch Heben des Niveaubehälters *7* an die Verbindungsstelle *4* des Manometerrohres *6* gelangt, werden der Meßbehälter *1* und der Ballon *3* von der Außenluft abgeschlossen, mit der beide durch das am oberen Ende offene Manometerrohr in Verbindung standen. Durch Weiterheben des Niveaubehälters wird die Luft aus dem Ballon und aus dem angrenzenden Verbindungsrohr (Volumen V_2) in dem leeren Meßbehälter verdichtet. Wenn das Quecksilber bis zum Nullzeichen des Gerätes (*5*) gestiegen ist, wird in dem Manometerrohr ein Überdruck von h_0 abgelesen, falls der Meßbehälter leer ist. Wenn man in den Behälter *1* vorher die Pulverprobe *2* eingebracht hat, erhält man einen Niveauunterschied h_1, der größer als h_0 ist. Je größer das vom Pulver eingenommene Volumen V_P ist, um so mehr verkleinert sich das anfänglich freie Volumen V_1 des Meßbehälters, und das Luftvolumen V_2 aus dem Ballon wird in einem kleineren freien Raum $V_1 - V_P$ verdichtet, wodurch ein größerer Überdruck entsteht. Aus dem Höhenunterschied $h_1 - h_0$ kann man das Volumen V_P der Pulverprobe berechnen:

$$V_P = V_1 \left(1 - \frac{h_0}{h_1}\right) [\mathrm{cm}^3] .$$

Daraus folgt direkt die Dichte des Pulvers, wenn man das Gewicht des eingeführten Pulvers kennt.

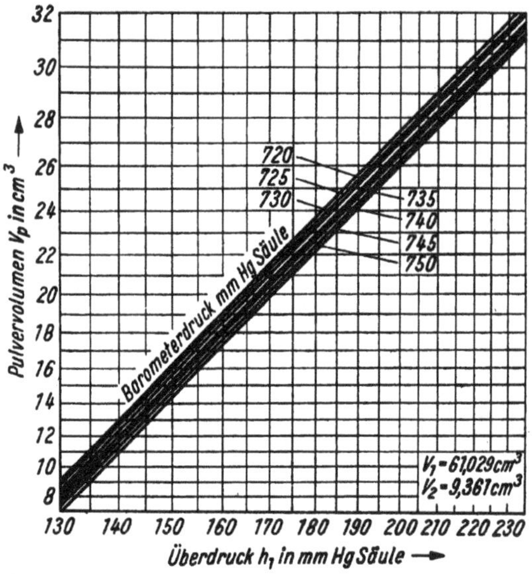

Abb. 2. Eichkurve für das pneumatische Densimeter

Bei dauernden Bestimmungen empfiehlt es sich, das Volumen V_P aus dem Eichdiagramm des Gerätes zu entnehmen, wodurch man rascher zum Ergebnis kommt. Die Kurve, die in dem Diagramm die Höhe der Quecksilbersäule h_1 in Abhängigkeit vom Volumen V_P der Pulverprobe wiedergibt, ist ein Hyperbelteil. Diese experimentell ermittelte Eichkurve ist jedoch nur für einen einzigen Barometerdruck p_0 gültig — der äußere Luftdruck beeinflußt auch den dem leeren Behälter entsprechenden Druck h_0 — und muß durch eine Reihe von Hyperbeln ergänzt werden, die den verschiedenen Barometerdrücken entsprechen. Das Aufzeichnen dieser Kurvenschar kann nach einer Methode erfolgen, die in einer früheren Arbeit des Autors angegeben ist [1].

In dem logarithmischen Diagramm (Abb. 2) wird die Eichkurve eine Gerade; die Punkte zum Zeichnen der Geradenschar, die den verschiedenen Barometerdrücken entspricht, werden mit der Formel

$$h_1 = \frac{V_2}{V_1 - V_P} \cdot p_0$$

berechnet. Es wird für jeden Barometerdruck p_0 jeweils ein einziger Punkt festgelegt, durch den parallele Geraden unter 135° gezogen werden.

Die experimentellen Untersuchungen bestätigen, daß die Genauigkeit dieser Methode ziemlich hoch ist; die Fehler liegen unter 0,4%. Die Methode des pneumatischen Densimeters kann deshalb als zuverlässig angesehen werden, zumal die anderen Dichtebestimmungsmethoden bei feinen Pulvern zu Fehlern von 1 bis 10% führen.

Das pneumatische Densimeter ermöglicht auch die schnelle Ermittlung des Reduktionsgrades. Wenn die Dichte des Reinmetalls und der Oxide desselben bekannt ist, kann man durch Bestimmung der wirklichen Dichte des Pulvers den Anteil an Oxiden bzw. an Sauerstoff errechnen [2]. Die Berechnungen werden durch Anwendung von Nomogrammen vereinfacht. Das entsprechende Nomogramm für Eisen ist in Abb. 3 wiedergegeben.

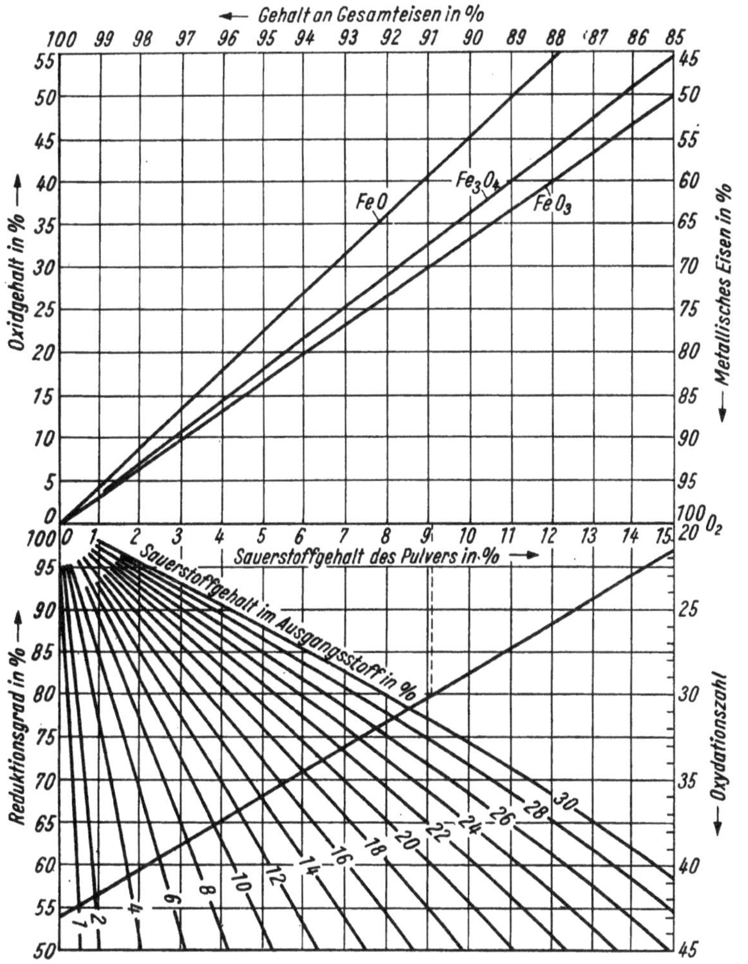

Abb. 3. Nomogramm zur Ermittlung des Reduktionsgrades, des Sauerstoff- und Oxidgehaltes in Eisenpulvern

Mit Hilfe des pneumatischen Densimeters kann die Dauer einer Sauerstoffbestimmung auf 5 bis 6 min herabgesetzt werden; dagegen nehmen übliche chemische Analysen etwa 1 bis 2 h in Anspruch. Die beschriebene Methode der Sauerstoffbestimmung wurde erfolgreich verwendet z. B. bei der Herstellung von Metallpulvern durch Reduktion der Oxide und hat sich bei der laufenden Betriebsüberwachung von Metallpulvern gut bewährt.

Cluj (Rumänien), Institutul politehnic (Polytechnisches Institut),
Laboratorium für Pulvermetallurgie

Literatur

[1] Pálfalvi, A., Dissertationsarbeit. Institutul politehnic Cluj, 1962, S. 76—106.
[2] Samsonov, G. V. und Plotkin, S. Ja., Proizvodstvo železnovo poroška. Metallurgisdat, Moskva 1957, S. 120—122.

Fertigungskontrolle pulvermetallurgischer Erzeugnisse durch Röntgenfluoreszenzanalyse

Von W. Flurschütz

1. Einleitung

Das pulvermetallurgische Fertigungsverfahren erfordert während des Produktionsprozesses eine ständige Kontrolle der Legierungen bezüglich ihrer Zusammensetzung. Die Gesamtanalyse von Hartmetallen, welche in der Regel Karbide der Metalle der 4.—6. Gruppe des Periodensystems der Elemente neben Hilfsmetallen der Fe-Gruppe sowie verschiedenartige Verunreinigungen enthalten können, gehört mit zu den schwierigsten Aufgaben der klassischen analytischen Chemie. Von besonderem Einfluß auf die Karbid- bzw. Mischkarbidbildung sind die Metalle Tantal, Niob, Chrom, Vanadium, Zirkonium, Hafnium und andere. Bei der quantitativen Ermittlung der einzelnen Elemente in der beim Hartmetall vorliegenden Kombination spielt trotz des Einsatzes kollorimetrischer, elektrometrischer und emmissionsspektroskopischer Untersuchungsmethoden die gravimetrische und maßanalytische Bestimmung der Einzelbestandteile die wichtigste Rolle.

Bei Magnetwerkstoffen ist es ähnlich. Der sehr hochwertige Werkstoff Alnico 350 z. B. kann bei geringen Schwankungen der Elemente Aluminium und Titan in seinen magnetischen Eigenschaften stark beeinflußt werden. Die Trennung und gleichzeitige Bestimmung von Al und Ti in Werkstoffen ist, wenn sie ungefähr im gleichen Verhältnis vorliegen, ebenfalls schwierig und die dabei auftretende Genauigkeit nicht exakt reproduzierbar. Bei der Suche nach objektiven und automatisierungsfähigen Analysemethoden bietet sich die Spektralanalyse für die hier vorliegenden Verhältnisse, insbesondere die Röntgenspektralanalyse, an.

2. Beschreibung des Gerätes und Prinzip der Röntgenfluoreszenzmethode

Seit einiger Zeit ist im VEB Hartmetallwerk Immelborn ein automatisch arbeitendes Röntgenfluoreszenzgerät der Firma Hilger & Watts, London, zur Überwachung der Fertigung im Einsatz. Es handelt sich um das Gerät „Fluroprint Y 150". Es ist besonders im Hinblick auf die Bedürfnisse der Schnellanalyse und für Routinearbeiten entwickelt worden (s. Abb. 1).

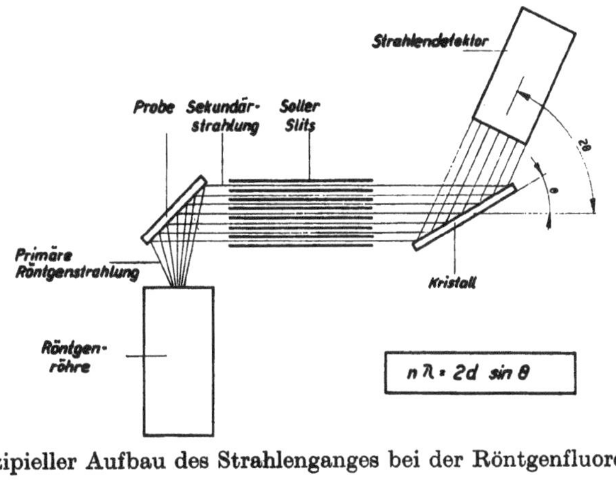

Abb. 1. Prinzipieller Aufbau des Strahlenganges bei der Röntgenfluoreszenzanalyse

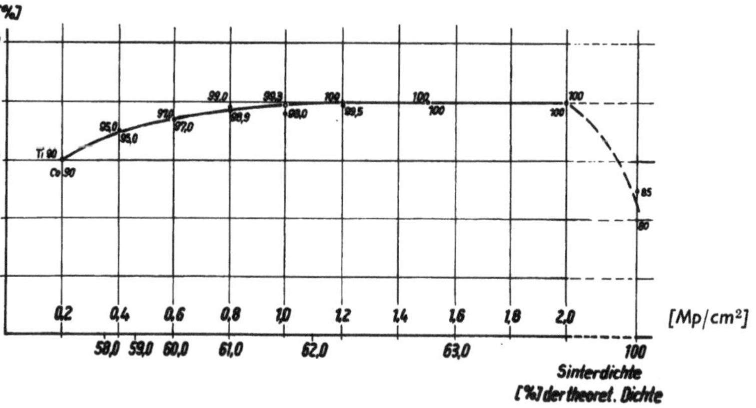

Abb. 2. Abhängigkeit der Impulsrate von der Verdichtung bei Hartmetallen

Das Gerät besteht im wesentlichen aus drei Teilen: dem Spektrometer mit der Röntgeneinrichtung, dem elektronischen Meß- und Verstärkerteil, dem Pult, in dem die gesamte Steuereinrichtung sowie der Ergebnisdrucker untergebracht sind. Das Hilgerfluroprint arbeitet nach dem Sequenzsystem, bei dem die einzelnen Elementlinien während des Betriebes nach einem Programm abgefahren und ausgemessen werden. Dieses System gestattet eine sehr einfache und sichere Bedienung, erfordert allerdings ein umfangreiches elektronisches System für den Meß- und Vergleichskanal sowie für die ganze Verstärkereinrichtung. Das Gerät ist mit einem Impulshöhen-Diskriminator und -Analysator ausgerüstet, und die Meßdaten werden während der Analyse über einen Ergebnisdrucker ausgedruckt.

Die Konstruktion ist so ausgeführt, daß eine möglichst geringe Entfernung zwischen dem Austrittsfenster der Röntgenröhre und der Probe besteht. Die Probe kann sehr schnell mittels eines Probeschlittens in das Gerät eingebracht werden. Dieser Schlitten nimmt 2 Proben auf, von denen sich immer eine unter einem Strahlenschutzschild befindet und analysiert wird. Die andere Probe liegt frei und kann entfernt und durch die nächste ersetzt werden. Das Spektrometer bleibt ständig evakuiert, so daß vor der Betätigung des Probeschlittens nur eine kleine Luftkammer ausgepumpt werden muß. Das Vakuum soll in der Regel kleiner als 0,1 Torr sein, es ist durchschnittlich 0,02 Torr. Bis zu 20 Elemente können in einem Programm an einer Probe bestimmt werden. Außerdem ist es möglich, eine kontinuierliche Aufnahme eines Röntgenspektrums mittels eines Schreibers anzufertigen. Die Programmierung erfolgt über ein Schaltbrett, welches die Einstellung verschiedener Parameter unabhängig voneinander gestattet, so daß die Wahl optimaler Bedingungen für jede Messung erfolgen kann. Es sind programmierbar: Der Winkel auf 1/50°, Diskriminator oder Analysator, die Meßzeit, zwei verschiedene Beugungskristalle, Filter und 2 verschiedene Sollerslits, ca. 0,05 und 0,1 mm. Die Umstellung von einem Analysenprogramm auf ein anderes kann verhältnismäßig schnell erfolgen.

Das Gerät ist mit den Kristallen LiF und EDDT ausgerüstet. Diese Kristalle sind für den Routinebetrieb für die Bestimmung der Bestandteile in Hartmetallen und Sintermagneten am geeignetsten. Mit ihnen können alle Elemente von Aluminium an mit aufsteigender Ordnungszahl bestimmt werden. Die Reproduzierbarkeit der Ergebnisse wird sekundärseitig durch ein 2. Meßsystem, durch einen sogenannten Referenzkanal, gewährleistet. Die Röntgenröhre wird bei voller Leistung mit 50 kV und 30 mA betrieben. Zur Anregung wird die unter anderem entstehende Bremsstrahlung der Wolframantikathode, die ein verhältnismäßig kontinuierliches Spektrum der Wellenlängen von 0,2 bis 1,0 Å besitzt und deren maximale Intensität bei ca. 0,4 Å liegt, benutzt. Bei der Bestrahlung einer zu analysierenden Probe mit dieser Bremsstrahlung sendet jedes darin enthaltene Element eine sekundäre charakteristische Wellenstrahlung bestimmter Wellenlänge aus, die entsprechend der beim Licht beobachteten Erscheinung auch Fluoreszenzstrahlung genannt wird. Diese Eigenstrahlung wird durch einen schlitzförmigen Kollimator parallelisiert und nach der BRAGGschen Gleichung an einem Kristall in seine Komponenten, entsprechend ihrer unterschiedlichen Wellenlänge, gebeugt. Als Strahlungsdetektor kommen ein Szintillationszähler und ein Durchflußproportionalzählrohr, das mit einem Argon–Methan-Gemisch im Verhältnis 9:1 arbeitet, zur Anwendung. Beide Zählrohre sind kombiniert und die Impulse addieren sich. Die Winkellage kennzeichnet das Element. Die Intensität der gemessenen Linie ist das Maß für die Konzentration.

2.1 Probenbeschaffenheit und -vorbereitung

Die Anwendung der Röntgenfluoreszenzanalyse ist nicht nur in den Fällen möglich, in denen die Elemente in elementarer Form vorliegen, sondern auch bei jeder gebundenen Form läßt sich die Analyse durchführen. Die Röntgenfluoreszenzmethode kann sowohl für feste als auch für pulverförmige Proben verwendet werden. Bei der Ausarbeitung der Prüfmethode wurde davon ausgegangen, die Probenvorbereitung so einfach wie möglich zu gestalten, um ein Einschleichen von Fehlern durch eine von der normalen Produktion abweichenden Technologie zu unterbinden. Aus diesen Gründen erschien es zweckmäßig, der Möglichkeit der Verwendung von pulverförmigen Proben für die Routineuntersuchungen größere Aufmerksamkeit zu schenken als der von Festkörpern. Beim Einsatz von pulverförmigen Proben darf zur Vermeidung von Entmischungen infolge unterschiedlicher Dichte der einzelnen Komponenten durch Hin- und Herschütteln des Haufwerkes eine Korngröße von 20 und 60 μm nicht überschritten werden. Die Korngröße bei Hartmetall- und Magnetpulvern liegt weit darunter. Da Karbide nicht plastisch preßbar sind, müssen Hartmetallpulver mit einem Plastifikator versehen werden. Der Plastifikator selbst übt überhaupt keinen Einfluß auf die Zählraten bzw. Meßergebnisse aus. Selbstverständlich muß der Verdünnungseffekt beachtet werden. Ganz allgemein gesehen besteht ein Unterschied der Intensität zwischen pulverförmigen und gesinterten Proben, und zwar wird die Intensität größer mit steigender Dichte. Sie bleibt in einem gewissen Bereich konstant und fällt schließlich bei weiterer Verdichtung, die allerdings nicht mehr durch Pressen, sondern nur durch Sintern erreicht werden kann, bis auf ca. 80 bis 85% der höchsten gemessenen Intensität ab (s. Abb. 2).

Die Abbildung veranschaulicht die Zählrate als Funktion der Dichte. Selbstverständlich muß bei pulverförmig gepreßten Proben darauf geachtet werden, daß ein glatter, nach Möglichkeit polierter Preßstempel verwendet wird. Der optimale Bereich des anzuwendenden Preßdruckes überstreicht also eine ziemlich große Strecke. Wir haben für unsere Zwecke einen Preßdruck von 0,8 bis 1,0 Mp/cm² ausgewählt. Bei Magnetpulvern, die ja bekanntlich bei höheren Drücken im Gebiet der platischen Verformung verpreßt werden, liegt der optimale Preßdruck der Herstellung von Proben, die für die Röntgenfluoreszenzanalyse geeignet sind, bei 5 bis 10 Mp/cm² spezifischen Preßdruckes und stimmt ebenfalls mit der allgemein angewendeten Technologie zur Herstellung von Magnetrohlingen überein.

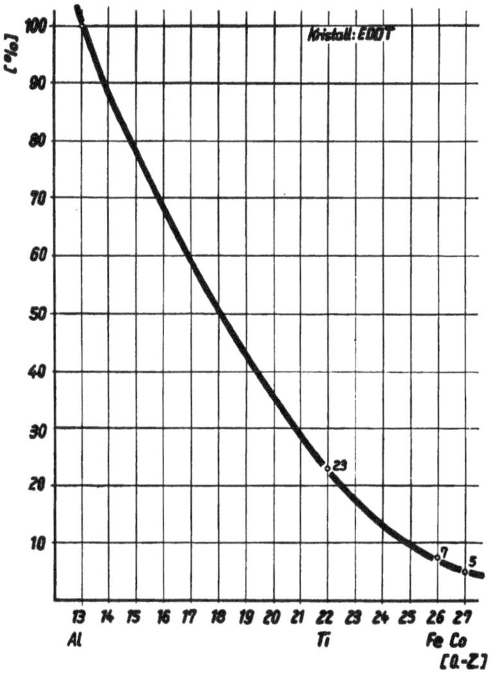

Abb. 3. Abhängigkeit der Absorption der Röntgenfluoreszenz-Intensität in Mylarfolie 30 μm von der Stellung der Elemente im Periodensystem

Die Probekörper also, die unter den oben geschilderten Bedingungen hergestellt werden, zeigen über längere Meßreihen Konstantheit in den Meßergebnissen. Es ist jedoch empfehlenswert, bei der Verwendung von Preßlingen zur Abdeckung des Fensters eine für die Röntgenfluoreszenzstrahlung möglichst durchlässige Folie zu verwenden, damit keine Pulverteilchen auf das Strahlenaustrittsfenster der Röntgenröhre, das sich direkt unterhalb der Probe befindet, fallen können. Für derartige Zwecke ist eine sogenannte Mylarfolie im Handel, die aus einem polyäthylenähnlichen Kunststoff besteht und für die Röntgenfluoreszenzstrahlung weitestgehend durchlässig ist. Die Durchlässigkeit ist von der Wellenlänge und von der Dicke der Folie abhängig (s. Abb. 3 und 4).

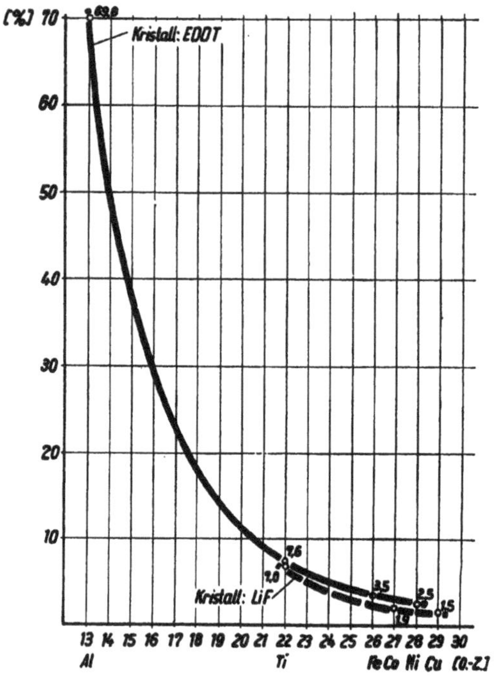

Abb. 4. Abhängigkeit der Absorption der Röntgenfluoreszenz-Intensität in Mylarfolie 6,3 μm von der Stellung der Elemente im Periodensystem

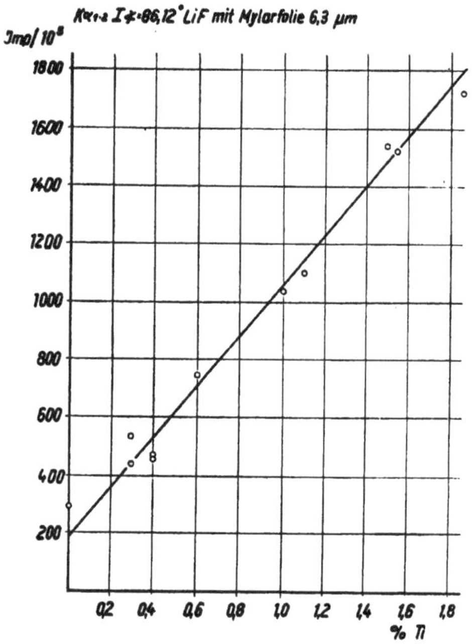

Abb. 5. Ti in Hartmetall gepreßt 0,8 Mp/cm²

In diesen beiden Abbildungen ist die Absorption als Funktion der Ordnungszahl bei zwei verschiedenen Mylarfoliendicken dargestellt. Man sieht deutlich, daß im Bereich der Elemente mit den Ordnungszahlen von 13 bis 22 nur die dünnere Folie verwendet werden kann. Außerdem spielen hier Schwankungen in der Dicke der Folie, die beim Herstellungsprozeß bei diesem Durchmesser nicht zu vermeiden sind, überhaupt keine Rolle.

Die Probenvorbereitung ist also relativ einfach. Die Probe kann innerhalb von ca. 15 min genommen und verpreßt sein, und nach 30 min können für 2 bis 3 Chargen die Ergebnisse vorliegen (s. Abb. 5—7).

Bei der Verwendung von geschliffenen Sinterproben ist bei der Herstellung der Oberfläche besonders sorgfältig zu verfahren. Untersuchungen in dieser Richtung haben ergeben, daß die beim Schleifen auftretenden Schleifrillen in Beziehung auf ihre Anzahl, Tiefe und Lage in das Meßergebnis eingehen. Wir haben festgestellt, daß Rauhtiefen bis zu 2 μm sowohl bei senkrechter als auch bei paralleler Lage zur Winkelebene der Röntgenstrahlung die Genauigkeit der Ergebnisse überhaupt nicht beeinflussen. Oberhalb dieser Rauhtiefe bis zu 5 μm kann der vorgegebene Fehler eingehalten werden, wenn man darauf achtet, daß die Schleifrillen immer parallel zur Winkelebene der Röntgenstrahlung liegen. Es ist zu empfehlen, daß zur Probenvorbereitung von gesinterten oder geschmolzenen Festkörpern diese, je nach ihrer Zusammensetzung, nach dem Vorschliff auf einer Siliziumkarbid- bzw. Korundschleifscheibe der feinsten Körnung fertig bearbeitet werden. Besonders günstig wirkt sich dabei aus, vor allem bei Hartmetallen, wenn anschließend die Oberfläche mit einer Diamantscheibe der Körnung D 50 oder D 30 abgezogen wird. Selbstverständlich muß der Schliff eben sein, darf keine Balligkeit aufweisen und muß frei von Oxid- und Schleifrückständen sein.

2.2 Genauigkeitsbetrachtungen und Ausblick

In der Literatur und in den Unterlagen von HILGER und WATTS wird der relative Gesamtfehler mit max. ca. 3% angegeben. Innerhalb der zahlreichen von uns durchgeführten Versuche wurde festgestellt, daß die relativen Fehlergrenzen für Einzelmessungen in unterschiedlichen Konzentrationsbereichen angegeben werden müssen. Untersuchungen an einer Vielzahl von Preßlingen, gemessen über längere Zeiträume, ergeben das in der Tabelle 1 dargestellte Bild.

Tabelle 1. Ermittelte Fehlergrenzen bei der Bestimmung der Zusammensetzung von Hartmetall mit Hilfe der Röntgenfluoreszenzanalyse

Element	Bereich [%]	relativer Fehler [%]
Ti	0,5···30	± 2,4
Co	0,5···30	± 5,5
Ta	0,5···20	± 3
Nb	0,5···20	± 3
Fe	< 1	± 15

Das entspricht gegenüber der klassischen Analyse für die Titanbestimmung einer Verbesserung der Genauigkeit um etwa das Doppelte und für die Tantal- und Niobbestimmungen einer Verbesserung um das etwa 5- bis 10fache. Besonders bemerkenswert ist, daß die Trennung und gleichzeitige Bestimmung von Tantal und Niob im Gegensatz zur klassischen Analytik nun kein Problem mehr ist.

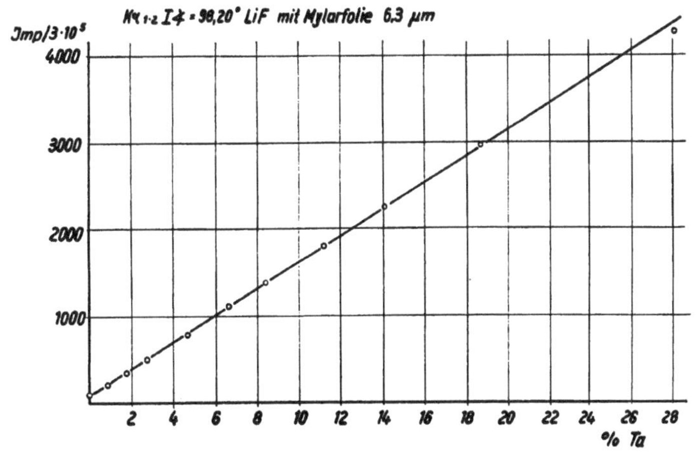

Abb. 6. Ta in Hartmetall gepreßt 0,8 Mp/cm²

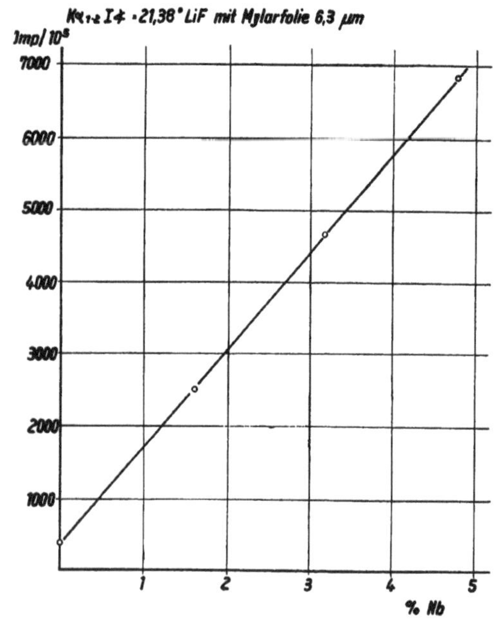

Abb. 7. Nb in Hartmetall gepreßt 0,8 Mp/cm²

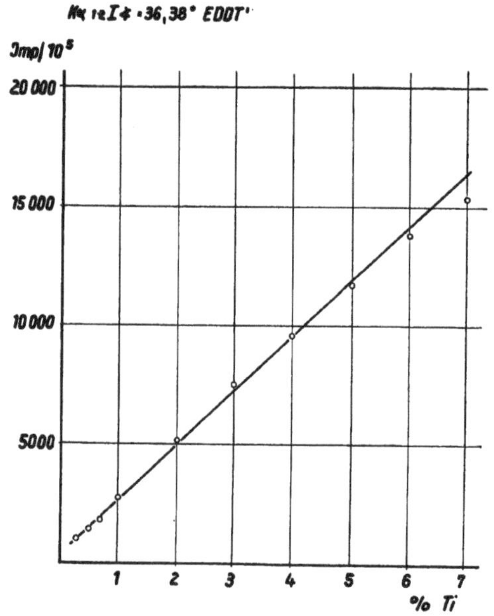

Abb. 8. Ti in Magnetwerkstoff gesintert

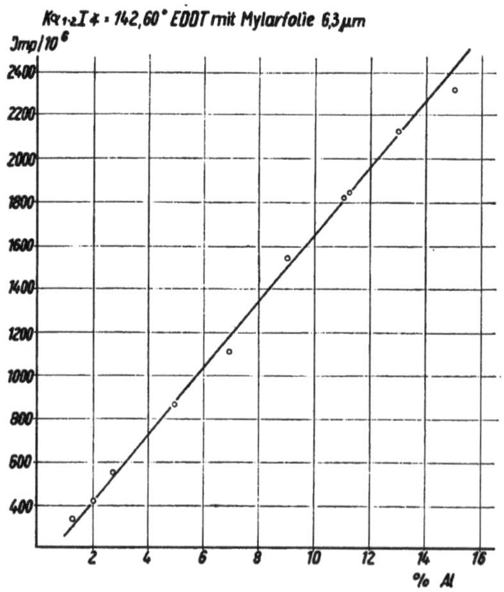

Abb. 9. Al in Magnetwerkstoffen gepreßt 7,5 Mp/cm²

Bei den Elementen Zirkonium, Hafnium, Vanadium und Molybdän liegen noch nicht solche umfangreichen Erfahrungen vor. Zieht man jedoch die bisher gemessenen Werte in Betracht, so ist daraus zu ersehen, daß sich ein ähnliches Bild ergeben wird.

Bei Magnetwerkstoffen, die in der Regel 1 bis 10% Aluminium, 0,5 bis 10% Titan, 1 bis 30% Nickel, 0,5 bis 5% Kupfer und 5 bis 30% Kobalt enthalten, liegen die ermittelten Fehler für Aluminium, Titan, Kupfer und Kobalt in dem Bereich bis ± 4% relativ (s. Abb. 8 und 9).

Das Hilgerfluroprint wird seit geraumer Zeit zur planmäßigen Kontrolle der Produktion von Hartmetallen im VEB Hartmetallwerk Immelborn eingesetzt. Die besonderen Vorteile sind, daß die Analysenergebnisse frei von subjektiven Fehlern in verhältnismäßig kurzer Zeit vorliegen und demzufolge bei nicht qualitätsgerechter Zusammensetzung noch entsprechend notwendige Maßnahmen eingeleitet werden können.

Immelborn (DDR), VEB Hartmetallwerk Immelborn

Diskussion

A. MERZ, Dresden: Das Gerät ist sehr teuer. Konnten Sie eine Berechnung der Wirtschaftlichkeit durchführen?

W. FLURSCHÜTZ: Quantitative Angaben hierüber sind schwierig zu machen. Einerseits wird das naßchemische Labor nicht vollständig überflüssig, und andererseits werden infolge der Schnelligkeit und Zuverlässigkeit der Analysen häufigere Kontrollen durchgeführt.

G. TSCHORN, Magdeburg: Wir betreiben ein Emissionsgerät und haben festgestellt, daß die Analysenpreise auf 50% gesunken sind. Wir rechnen mit einer Amortisationszeit bis zu 7 Jahren.

W. FLURSCHÜTZ: Bei uns sind ebenfalls außer den angeführten Vorteilen auch Einsparungen an Material und Arbeitskräften eingetreten.

Korrosionsschutz für Sintereisenteile

Von Pálma Széki

Die Pulvermetallurgie hat in den letzten Jahrzehnten erheblich an Bedeutung zugenommen. Aus Metallpulvern werden durch Pressen und Sintern Massenteile mit hoher Maßgenauigkeit hergestellt. Dieses zeitgemäße Fertigungsverfahren wird jedoch durch die Tatsache beeinflußt, daß der Korrosionsschutz der auf diese Weise hergestellten Formteile nur sehr schwer durchgeführt werden kann. Auf Korrosionsschutz sind sie aber in erhöhtem Maße angewiesen.

Eine kennzeichnende Eigenschaft der pulvermetallurgischen Teile ist die Porosität. Sie ist in erster Linie von der Art und Korngröße des Pulvers und der Höhe des angewandten Preßdruckes abhängig.

Die Porosität ist mitunter eine erwünschte Eigenschaft, z. B. bei Lagern. In den Poren dieser Lager wird Schmiermittel gespeichert, das beim Ausbleiben der Schmierung ausreichende Notlaufeigenschaften sichert. Eine gewisse Porosität ist jedoch auch dann vorhanden, wenn sie nicht unbedingt notwendig ist.

Die meisten Poren sind untereinander in Verbindung, so daß Flüssigkeiten und Gase durch die freien Porenkanäle durchdringen können. Nur ein kleiner Teil der Porenkanäle mündet nicht in die Oberfläche, sondern ist geschlossen und undurchdringlich.

Die offenen Porenkanäle erweitern die Oberfläche der Gegenstände erheblich. Mit der Vergrößerung der Oberfläche wächst proportional die Korrosionsempfindlichkeit. Das Diagramm (Abb. 1) zeigt die Korrosionsgeschwindigkeit von mit verschiedenem Preßdruck gepreßten Proben, welche demnach auch unterschiedliche Porosität aufweisen. Die Kurven wurden in 3%iger Kochsalzlösung und in destilliertem Wasser durch alternierende Tauchversuche von A. Buckowiecki und K. A. Eugster ermittelt.

Das Bild zeigt zum Vergleich die Korrosionsgeschwindigkeit von Stahlblech, das praktisch dieselbe Zusammensetzung hat. Man kann hieraus feststellen, daß mit geringerem Preßdruck bzw. größerer Porosität die Korrosionsgeschwindigkeit zunimmt.

Mit der Erweiterung des Anwendungsbereiches der pulvermetallurgischen Erzeugnisse ist es außer einer korrosionsschützenden Wirkung auch aus dekorativen Gesichtspunkten wünschenswert, die Sinterteile mit geeigneten Metallüberzügen zu versehen, da das Aussehen der gepreßten und gesinterten Teile dadurch wesentlich gewinnt.

Bei geringer Porosität — d. h., daß der Körper praktisch als kompakt angesehen werden kann — läßt sich die Oberflächenbehandlung auf normale Weise durchführen.

Sinterteile, die stärkere Porosität aufweisen, können nicht ohne besondere Maßnahmen oberflächenbehandelt werden wie kompakte Stücke. Beim Beizen dringt Säure und beim Galvanisieren Elektrolyt in die Porenkanäle ein. Die Flüssigkeit verbleibt nach der Behandlung in der Probe und verursacht innere Korrosion oder Ausblühungen.

Um diesen Mangel zu beheben, sind zwei Verfahren bekannt geworden. Es wird vorgeschlagen, die Abschließung der Poren vor der Galvanisierung vorzunehmen oder aber eine nachträgliche Entfernung der eingeschlossenen Flüssigkeit anzuschließen.

Die Porenschließung kann beispielsweise durch Imprägnieren mit fremden Stoffen, Metalltränkung oder durch Oxydation im überhitzten Wasserdampf erfolgen.

In der Literatur wurden zahlreiche Vorschläge zum Imprägnieren angegeben. Hiernach sind Maschinenöl, Kunstharze, Polystyrol, Silikonfabrikate geeignet. Gleich welche Imprägnierstoffe zur Anwendung kommen, muß vor der Galvanisierung das an der Oberfläche haftende Imprägniermittel entfernt werden.

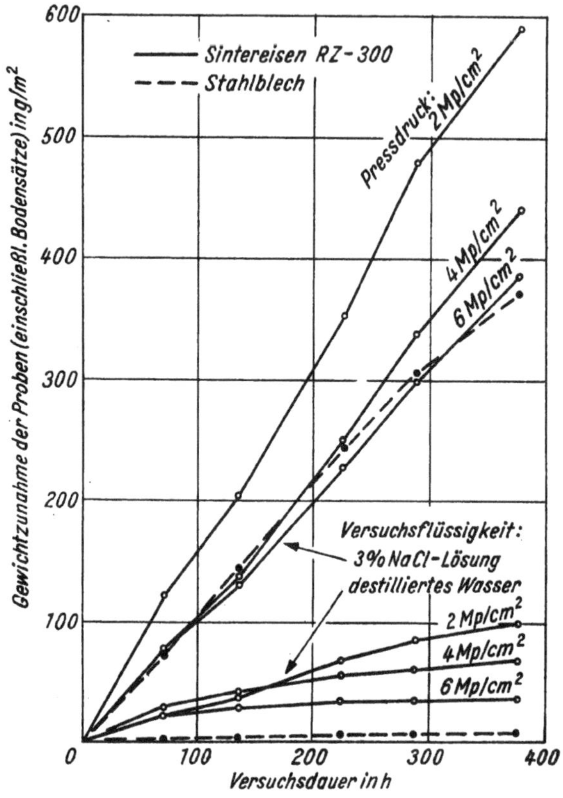

Abb. 1

Es erscheint als einfache Lösung, eine Tränkung des porösen Sintereisens mit Metall oder Metallegierung durchzuführen, deren Schmelzpunkte niedriger sind als die des Eisens. Mit Kupfer getränkte Sintereisenteile kann man beispielsweise gut mit Nickel elektroplattieren, und es ist nicht zu befürchten, daß Elektrolytreste im Innern des Materials eingeschlossen bleiben. Das Verfahren ist aber infolge des hohen Preises der zur Tränkung geeigneten Metalle recht kostspielig. Aus Eisenpulver gefertigte und mit Kupfer getränkte Massenartikel wären deshalb viel teuerer, als wenn die Teile mittels weniger produktiver Verfahren hergestellt worden wären.

Die einfachste Methode zum Schließen der Poren ist die Oxydation mit überhitztem Wasserdampf. Das Eisen reagiert mit Wasserdampf bei einer Temperatur über 300 °C und wandelt sich in Abhängigkeit von der Temperatur zu Magnetit (Fe_3O_4) oder Wüstit (FeO) um. Es gilt

$$\text{bei Temperaturen unter } 570\ ^\circ\text{C: } 3\,Fe + 4\,H_2O \rightarrow Fe_3O_4 + 4\,H_2\,,$$

$$\text{bei Temperaturen über } 570\ ^\circ\text{C: } Fe + H_2O \rightarrow FeO + H_2\,.$$

Bei der Abkühlung bildet sich aus dem größten Teil des Wüstits Magnetit. Bei kompakten Eisengegenständen wird nur die Oberfläche mit Eisenoxid überzogen, bei porösen Sinterteilen hingegen dringt der Wasserdampf in die Porenkanäle ein und das entstandene Eisenoxid versperrt oder verengt die Poren in starkem Maße. Hierdurch werden die Porenkanäle geschlossen.

Das in den Porenkanälen entstandene Oxid ist fest mit dem Oberflächenoxid verbunden. Daraus folgt, daß die Adhäsion der Oberflächenoxidschicht sehr gut ist.

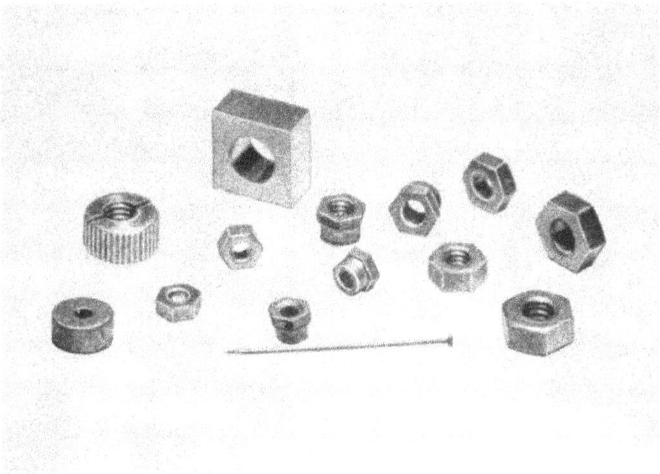

Abb. 2

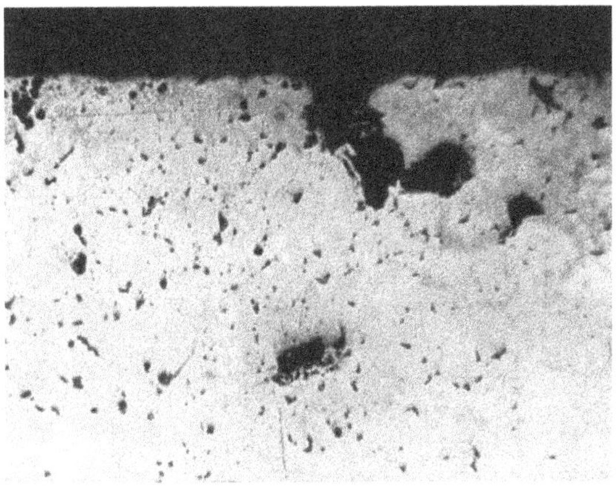

Abb. 3. V = 800

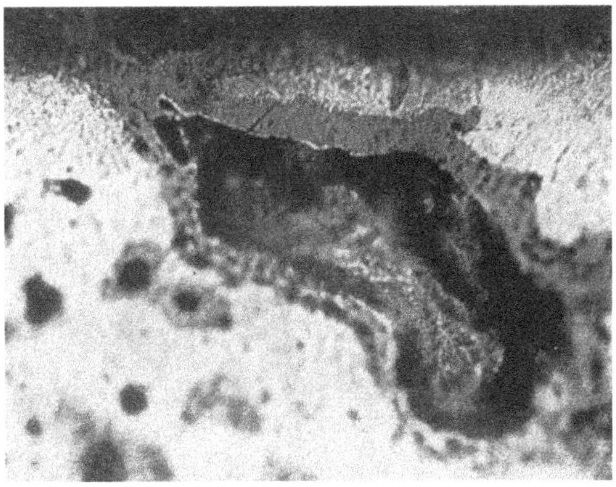

Abb. 4. V = 800

Abb. 5. V = 400

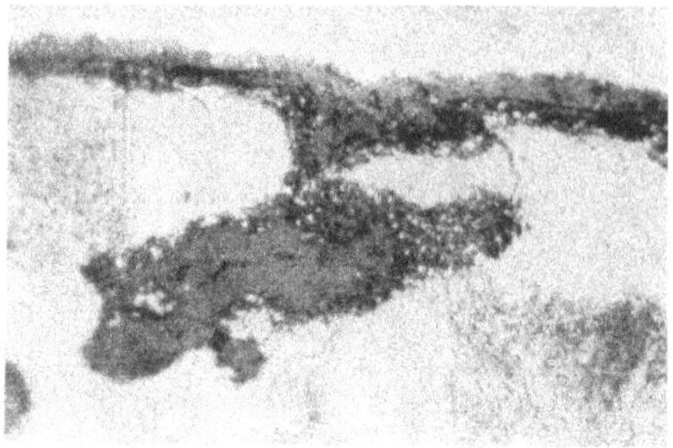

Abb. 6. V = 1000

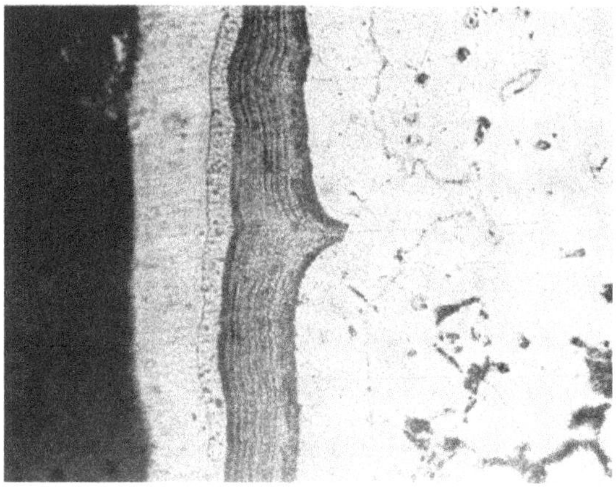

Abb. 7. V = 400

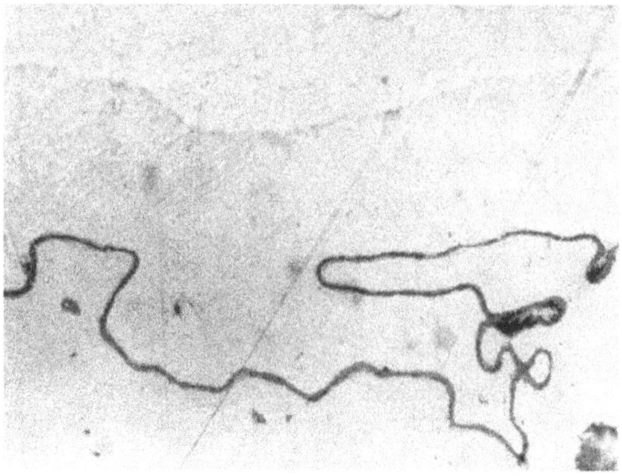

Abb. 8. V = 400

Durch die Behandlung mit überhitztem Wasserdampf werden also die Poren verschlossen, aber auch die Oberfläche der Teile wird mit einer Oxidschicht überzogen. Solche Oberflächen sind gemäß der allgemeinen Auffassung zur Galvanisierung nicht geeignet.

Versuche haben jedoch gezeigt, daß man auf diese gleichmäßige, aus Magnetit bestehende Oxidschicht eine gut haftende galvanische Metallschicht abscheiden kann. Wenn die Werkstücke unmittelbar nach der Oxydation zur Galvanisierung gelangen, ist gar keine Vorbereitung (Entfettung, Beizen) notwendig. Selbstverständlich muß man sich hüten, die Werkstücke zu beschmutzen. Nur mit reinen Handschuhen darf die notwendige Handhabung ausgeführt werden.

Die neuesten Erzeugnisse der Pulvermetallurgie sind Schraubenmuttern mit einem spezifischen Gewicht zwischen 6,5 bis 7,1 g/cm³ in den Größen M 3 — M 4 — M 5.

Diese kleinen Muttern werden im allgemeinen aus sechseckigem Automatenstahl durch spanabhebendes Verfahren hergestellt. Durch verschiedene Arbeitsgänge, wie Abstechen, Kantenbrechen und Bohren geht mehr als die Hälfte des Materials verloren. Die Erzeugung der Muttern auf pulvermetallurgischem Wege ist deshalb nicht nur produktiver, sondern auch mit großer Materialersparnis verbunden. Die pulvermetallurgisch hergestellten Muttern sind aber mit den aus kompakten Stahl hergestellten so lange nicht gleichwertig, wie die Frage der Oberflächenbehandlung nicht gelöst ist.

Aus diesem Grunde haben wir im Laboratorium des Allgemeinen Projektinstistutes für die Maschinenindustrie Versuche mit pulvermetallurgisch hergestellten Muttern der Größe M 4 und M 5 durchgeführt. Es sollte festgestellt werden, inwieweit Schutzschichten auf Sinterteilen, deren Poren mit den genannten Methoden verschlossen wurden, die gleiche Schutzwirkung auszuüben vermögen wie auf kompaktem Material aufgebrachte Schichten.

Die zu den Versuchen benutzten Muttern wurden aus der Eisenpulvermischung „Sintropac 5005" der Firma Mannesmann AG hergestellt, welches 5% Kupfer- und 0,7% Graphit-Zusatz enthält. Die Preßlinge wurden bei 1120 °C in Wasserstoff 1 h lang gesintert. Danach wurde das Gewinde geschnitten. Die Festigkeit der hergestellten Muttern entsprach den Vorschriften. Abb. 2 zeigt die auf pulvermetallurgischem Wege hergestellten Muttern. Im Gefügebild kann man die Poren gut erkennen (Abb. 3).

Die mit der beschriebenen Methode hergestellten und zur Vermeidung der Rostbildung mit Öl getränkten Muttern wurden im Laboratorium des Allgemeinen Projektinstitutes für die Maschinenindustrie der folgenden Behandlung unterworfen: Entfettung, Porenschließung, Galvanisieren und anschließende Korrosionsuntersuchungen.

Zwei Methoden der Porenschließung wurden untersucht: die Oxydation mit überhitztem Wasserdampf und die Imprägnierung mit Silikonlack.

Das Oxydationsverfahren wurde folgendermaßen ausgeführt: Die geölten Muttern wurden nach Entfetten mit heißem Trichloräthylen in einer Wasserdampfatmosphäre teilweise bei 550 bis 560 °C und bei 620 °C 2 h behandelt. Bei der niedrigen Temperatur entstand reiner Magnetit, bei der höheren Temperatur Magnetit und Wüstit.

Der Porenverschluß wurde mikroskopisch kontrolliert (Abb. 4, 5 und 6). Das bei 620 °C entstandene Oxid besteht aus zwei Schichten, einem hellgrauen Magnetit und einem dunkelgrauen Wüstit. Es ist interessant zu beobachten, daß im Wüstit bei hoher Vergrößerung Kupferkörnchen erkennbar sind, welche durch die Oxydation nicht verändert wurden.

Einen Teil der Schraubenmuttern haben wir mit Silikonlack imprägniert. Dieses Verfahren hat die schwedische Firma „Högenäs" ausgearbeitet. Zu diesem Versuch wurde ein lufttrocknender Lack der Firma Nitrokêmia mit der Bezeichnung „Silonit 4680" in einer 2%igen Benzinlösung verwendet. Vor der Imprägnierung wurde selbstverständlich eine Entfettung mit Trichloräthylen durchgeführt. Danach folgte das Scheuern in einer Trommel mit einem Gemisch von 4% Cu_2O und 96% Sand 15 Minuten lang.

Die Porosität der Sinterteile wurde vor und nach dem Porenschließen durch das bekannte Verfahren mit Paraffin ermittelt. Wir haben die folgenden Ergebnisse erhalten:

Die Porosität der unbehandelten Teile betrug	3,5 bis 15,7%;
die Porosität der mit überhitztem Wasserdampf oxydierten Teile betrug	0,1 bis 0,2%;
die Porosität der imprägnierten Teile betrug	1,08 bis 1,7%.

Anschließend wurden auf die Sinterteile insgesamt 10 µm dicke Überzüge galvanisch abgeschieden. Die Überzüge bestanden aus Schichten von Cd, Zn, ferner von Cu + Cd, Cu + Zn und Cu + Ni + Cr. Ein Teil der verkadmeten und verzinkten Teile wurde in einem Chromsäurebad passiviert. Zum Vergleich haben wir pulvermetallurgisch hergestellte Schraubenmuttern mit nicht abgedichteten Poren und solche aus Flußstahl ebenfalls galvanisiert.

Die Abb. 7 und 8 zeigen Gefügeaufnahmen einiger oxydierter und galvanisierter Teile. Die so behandelten Teile haben wir Korrosionsbeanspruchungen unterworfen. Hierzu wurden Kurzzeitkorrosionsversuche und Naturkorrosionsversuche ausgeführt, um die Schutzwirkung der Überzüge zu beobachten.

Einer der Korrosionskurzzeitversuche wurde in der Sauerstoffkammer ausgeführt. In den Luftraum der Kammer wurde Sauerstoff eingeleitet, der noch 0,5 Raumprozent CO_2 und 0,05 Raumprozent SO_2 enthielt.

Bei diesem Versuch zeigten die im überhitzten Wasserdampf oxydierten und mit einer Cu + Ni + Cr-Schicht überzogenen Teile den besten Korrosionswiderstand. Fast die gleichen Werte ergaben die oxydierten, verkadmeten und passivierten Teile.

Dieselbe Korrosionsreihenfolge entstand beim Kochsalzsprühversuch.

Der Wechseltauchversuch in destilliertem Wasser sowie der Versuch in feuchtwarmer Prüfkammer zeigten eine viel mildere Inanspruchnahme als die beiden vorgenannten. Hierdurch wurde hauptsächlich das rasche Versagen der Zinküberzüge bestätigt, aber zwischen den Methoden des Porenverschlusses war keine wesentliche Differenz bemerkbar.

Unter natürlichen Bedingungen ins Freie ausgesetzte Proben haben wir 7 Monate lang beobachtet. Die Auslegstelle lag in der Nähe eines Bahnhofes, dessen Atmosphäre mit SO_2 verunreinigt war, und daher als industrielle Atmosphäre betrachtet werden kann.

Dieser Beanspruchnahme leisteten die verkadmeten und passivierten, ferner die verzinkten und passivierten Proben den stärksten Widerstand, abgesehen davon, mit welchen Methoden die Poren abgedichtet wurden.

Von den in der Sauerstoffkammer behandelten Proben haben wir die Bruchgefüge untersucht. Es konnte festgestellt werden, daß weder die wasserdampfoxydierten noch die mit Silikonlack getränkten und galvanisierten Proben nach einer 21tägigen Lagerung in der Sauerstoffkammer im Probeninneren Rostspuren aufweisen.

Im Gegensatz hierzu traten an den Bruchstellen der ohne Vorbehandlung galvanisierten Proben schon nach 8tägiger Beanspruchung in der Sauerstoffkammer Rostflecken auf. Dieser Versuch hat auf entscheidende Weise bewiesen, daß sowohl die in überhitztem Wasserdampf ausgeführte Oxydation als auch die Imprägnierung mit Silikonlack die innere Korrosion nach dem Galvanisieren der pulvermetallurgisch hergestellten Teile vollkommen verhindert.

Von den beiden Porenverschlußverfahren hat sich die Wasserdampfoxydation gegenüber der Silikonlackimprägnierung als günstiger erwiesen. Das ist damit zu erklären, daß die Magnetitschicht selbst eine korrosionsschützende Wirkung hat und dadurch den Schutzwert des galvanischen Überzuges verstärkt.

Auch aus wirtschaftlichen Gesichtspunkten ist die Wasserdampfoxydation vorteilhafter als das Imprägnieren mit Silikonlack. Außer Wasserdampf ist kein anderes Material nötig. Die zur Durchführung des Verfahrens nötigen Spezialöfen kann man fertig beziehen, aber auch jeder für die Wärmebehandlung geeignete Ofen kann zu diesem Zwecke umgestaltet werden.

Durch die Wasserdampfoxydation ändern sich teilweise auch die mechanischen Eigenschaften der pulvermetallurgischen Teile. Es steigen Härte und Druckfestigkeit. Die Härtesteigerung ist häufig erwünscht. Aus diesem Grunde wendet man in vielen pulvermetallurgischen Betrieben die Wasserdampfoxydation an, ohne sich bewußt zu werden, daß diese Behandlung gleichzeitig eine gute Vorbereitung zur galvanischen Aufbringung von Schutzüberzügen darstellt.

Budapest (Ungarn), Allgemeines Projektinstitut für die Maschinenindustrie

Diskussion

R. Buchta, Dresden: Zum Korrosionsschutz und zur Verbesserung des Aussehens gesinterter Preßteile ist die elektrolytische Verzinnung von Sinterteilen aussichtsreich, wie vor einiger Zeit bei uns aufgenommene Versuche zeigen. Dabei werden vor der galvanischen Zinnabscheidung die Sinterkörper nach gründlicher Reinigung mit einer nicht aggressiven, höhersiedenden Flüssigkeit getränkt, die das Eindringen des Elektrolyten in den porigen Körper verhindert, ohne das Metall und den Elektrolyten nachteilig zu beeinflussen. Wir benutzen dazu höhere, mit Wasser nicht mischbare Alkohole. Nach dem Verzinnen werden die Teile im Trockenschrank so lange erhitzt, bis das Tränkmittel durch die Poren des Zinnüberzuges verdampft ist. Anschließend wird die Zinnschicht durch kurzes Erhitzen aufgeschmolzen, wobei ein glatter porenfreier Überzug angestrebt wird. Schichtdicke, Temperatur und Zeit sind entscheidend für das Gelingen dieses Arbeitsganges.

H. Silbereisen, Mönchengladbach: Die Kombination von Dampfbehandlung und Vernickelung ist schon seit Jahren bekannt, wird aber meines Wissens nur zum Teil den gestellten Forderungen gerecht. Da die aus Magnetit bestehende dampfbehandelte Oberfläche sich nicht in gleichem Maß mit galvanischen Niederschlägen „befreundet" wie blanke Metalle, ist mit einem Abblättern, in Sonderfällen sogar mit einer Korrosion unter der galvanischen Schicht zu rechnen. Wäre demnach nicht die Dampfbehandlung ausreichend, wenn es gilt, die Sinterteile vorübergehend vor Korrosion zu schützen ? Die aufgetragenen Metallniederschläge sind kein zusätzlicher Korrosionsschutz; sie haben lediglich eine Dekorwirkung.

Pálma Széki: Proben, die bereits vor 4 Jahren behandelt wurden, zeigten noch keine schadhaften Stellen. Auch bei der Korrosionsprüfung trat kein Abplatzen der Schicht auf. Das beschriebene Verfahren soll in Ungarn 1966 betriebsmäßig eingeführt werden, während es nach Mitteilung der Firma Höganäs in den USA von mehreren Betrieben bereits erfolgreich angewendet wird.

www.ingramcontent.com/pod-product-compliance
Lightning Source LLC
LaVergne TN
LVHW081346011026
849161LV00013BB/3013